MATHE
MATICS

절댓값 방정식 원과 직선
최대공약수 부등식 도형 제곱근
최솟값 실수
최소공배수 최소공배수 일
원
최소공배수 삼각비
문자와 식 삼각형 입체도형 최댓값 이차함수
다항식 유리수 확률 산포도

중학생을 위한

新 영재수학의

지름길 3단계 −상

중국 사천대학교 지음

G&T MATH

'지앤티'는 영재를 뜻하는 미국·영국식
약어로 Gifted and talented의 줄임말로 '축복
받은 재능' 이라는 뜻을 담고 있습니다.

씨실과 날실

씨실과 날실은 도서출판 세화의 자매브랜드입니다.

新 영재수학의 지름길(중학G&T)과 함께
꿈의 날개를 활짝 펼쳐보세요.

新 영재수학의 지름길

중학 3단계 상

■ 이 책을 감수하신 선생님들

이주형 선생님 e-mail : moldlee@dreamwiz.com

이성우 선생님 e-mail : superamie@naver.com

조현득 선생님 e-mail : gegura12@naver.com

김 준 선생님 e-mail : matholic_kje@naver.com

문지현 선생님 e-mail : yubkidrug@hanmail.net

정한철 선생님 e-mail : jdteacher@daum.net

현해균 선생님 e-mail : suhaksesang@hanmail.net

* 이 책의 내용에 관하여 궁금한 점이나 상담을 원하시는 독자 여러분께서는 www.sehwapub.co.kr의 게시판에 글을
남겨주시거나 전화로 연락을 주시면 적절한 확인 절차를 거쳐서 상세 설명을 받으실수 있습니다.

본 도서는 중국 사천대학교의 도서를 공식 라이선스한 책으로 원서 내용 중 우리나라 교육과정과 정서에 맞지 않는 부분은 수정, 보완 편집하였습니다.

중학
사고력 新 영재수학의 지름길 3단계—상 | 중학 G&T 3-1

원저 중국사천대학교 이 책을 감수하신 선생님들 이주형, 이성우, 조현득, 김준, 문지현, 정한철 이 책에 도움을 주신 분들 정호영, 김강식, 한승우 선생님

펴낸이 박정석 펴낸곳 (주)씨실과 날실 발행일 3판 1쇄 2020년 1월 30일 등록번호 (등록번호: 2007.6.15 제302-2007-000035)
주소 경기도 파주시 회동길 325-22(서패동 469-2) 1층 전화 (02)523-3143-4 팩스 (02)597-6627
표지디자인/제작 dmisen* 삽화 부창조 인쇄 (주)대우인쇄 종이 (주)신승제지

판매대행 도서출판 세화 주소 경기도 파주시 회동길 325-22(서패동 469-2)
전화 (031)955-9332-3 구입문의 (02)719-3142, (031)955-9332 팩스 (02)719-3146 홈페이지 www.sehwapub.co.kr
정가 25,000원 ISBN 978-89-93456-41-7 53410

*독자여러분의 의견을 기다립니다. 잘못된 책은 바꾸어드립니다.

Copyright ⓒ Ssisil & nalsil Publishing Co.,Ltd.

이 책에 실린 모든 글과 일러스트 및 편집 형태에 대한 저작권은 (주)씨실과 날실에 있으므로 무단 복사, 복제는 법에 저촉됩니다.

머리말

新 영재 수학의 지름길(중학G&T) 중학편 감수 및 편집을 마치며

　본 도서는 국내 많은 선생님과 학생들의 사랑을 받아온 '올림피아드 수학의 지름길 중급편'의 최신 개정판 교재로 내신 심화와 영재고 및 경시대회 준비 학생 교육용 교재입니다.

　'올림피아드 수학의 지름길'은 중국사천대학교의 영재교육용 교재로 이미 탁월한 효과를 입증한 바 있습니다. 이 시리즈 또한 최신 영재유형 문제와 상세한 풀이를 수록하였기 때문에 더욱더 우수한 학습효과를 얻을 수 있을것입니다. 영재교육 프로그램에 참여하지 않는 일반 학생들에게도 내신심화와 연결된 좋은 참고서가 될것이며 혼자서도 익혀갈 수 있도록 잘 꾸며져 있습니다. 또한 특수분야를 제외한 나머지 대부분의 내용은 정규과정의 학습에도 많은 도움을 주도록 잘 가꾸어진 내용들로 꾸며져 있습니다. 그리고 영재교육을 담당하는 교사들에게도 좋은 교재와 참고자료가 되리라고 생각합니다.

　원서 내용 중 우리나라 교육과정에 맞게 장별 순서와 목차를 바꾸었으며 정서에 맞지 않는 부분과 문제 및 강의를 수정, 보완 편집하였고 각 단계 상하에 모의고사 2회분을 추가하였습니다.

　무엇보다도 영재수학학습은 지도하시는 선생님들과 공부하는 학생들의 포기하지 않는 인내와 끈기 그리고 반드시 해내겠다는 집념과 노력이 가장 중요합니다.

　우리나라의 우수한 학생들이 축복받은 재능의 날개를 활짝 펴고 세계적인 인재로 성장할 수 있도록 수학 능력 개발에 조금이나마 도움이 되길 바라며 이 책을 출판하기까지 많은 질책과 격려를 아끼지 않았던 독자님들과 많은 도움을 주신 여러 학원 종사자 및 학부모, 선생님들께 무한한 감사를 드리며 도와주신 중국 사천대학 및 세화출판사 임직원 여러분께 감사드립니다.

감수자 및 (주) 씨실과 날실 편집부 일동

이 책의 구성과 활용법

이 책은 중학교 내신심화와 경시 및 영재교육 과정에서 다루는 수학 과정을 체계적으로 나열하고 있으며 주제들의 구성과 전개에 있어 몇가지 특징을 두어 엮었습니다. 특히 영재수학에서 다루는 기본개념을 중심으로 자세한 설명을 하였습니다.

이 책으로 공부하는 학생들은 이 기본개념과 문제의 풀이과정을 충분히 이해함으로써 어떠한 유형의 문제라도 해결할 수 있는 단단한 능력을 갖추게 될 것입니다.

기본개념의 숙지와 응용문제 해결 능력을 키우기 위하여 각 장별로 다음과 같이 구성하였습니다.

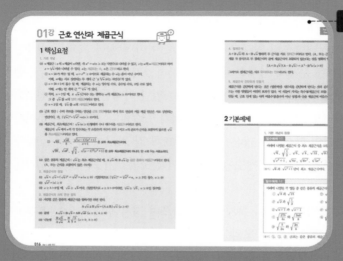

1 필수예제문제

■ 핵심요점과 필수예제

각 강의에서 꼭 알아야 하는 핵심요점을 설명하고 이와 관련된 필수예제를 실어 기본개념을 확고히 인식할 수 있도록 하였습니다.

1. 각 강의별로 핵심이론 설명 후 강의에 따른 필수예제를 구성하였습니다.
2. 예제풀이 과정을 상세히 기술하여 문제에 대한 적응력 및 집중도를 높이도록 하였습니다.

2 참고 및 분석

■ 참고 및 분석

예제문제 풀이시 난이도가 높은 문제는 참고할 수 있는 팁 (TIP)을 구성하여 유형연습에 도움이 되도록 하였습니다.

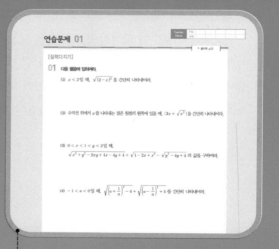

3 연습문제

■ 연습문제

앞에서 학습한 내용을 확인하는 문제를 실력다지기 문제, 실력향상 문제, 응용 문제 3단계로 분류하여 개념을 확인하고 고급 문제를 대비할 수 있도록 하였습니다.

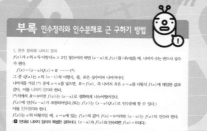

4 부록문제

■ **부록문제**

강의별 부록으로 심화이론 설명 및 단원별 Test 문제를 수록하여 앞에서 배웠던 단원의 핵심을 꿰뚫어 보고 부족한 부분은 다시 학습할 수 있는 기회를 제공합니다.

5 부록_자주 출제되는 경시문제 유형

■ **자주 출제되는 경시문제 유형 (Ⅰ)~(Ⅲ)**

단계별 강의에서 다루지 못했던 심화강의를 전체 커리큘럼 후 부록으로 엮어 최대한 원문을 전달하도록 하였습니다.

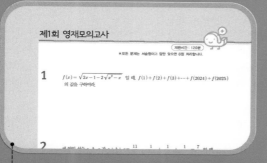

6 영재모의고사

■ **영재모의고사**

모의고사 2회 분(각 20문제)을 수록하여 단계별로 학습한 강의에 대한 최종점검 및 실전 연습을 갖도록 하였습니다.

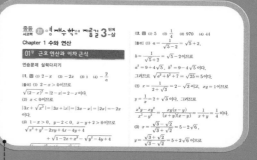

7 연습문제 정답과 풀이

■ **연습문제 정답과 풀이**

책속의 책으로 연습문제 정답과 풀이를 분권으로 분리하여 강의 및 학습배양에 편의를 기하도록 하였습니다.
문제의 이해력을 높일수 있도록 하였습니다.

이 책의 활용법

기본 개념을 충분히 숙지해야 합니다. 창의적 사고력은 기본개념에 대한 지식 없이 길러질 수 없습니다. 각 강의의 핵심요점 설명을 정독하여야 합니다. 만약 필수예제를 풀 수 없는 학생이 있다면, 핵심요점에 나와 있는 개념설명을 자신이 얼마나 소화했는가를 판단해 보고 다시 한번 정독하여 기본개념을 충분히 숙지하도록 해야 할 것입니다.

종합적인 사고를 할 수 있어야 합니다. 기본 개념을 숙지한 후에는 수학 과목 상호간의 다른 개념들과의 연관성을 항상 염두에 두고 있어야 합니다. 하나의 문제는 여러가지 기본 개념들을 종합적으로 활용할 때 풀릴수 있는 경우가 많기 때문입니다. 필수예제문제와 연습문제는 이를 확인하기 위해 설정된 코너입니다.

Contents

중학 G&T 3-1

영재수학의
新 지름길 **3** 단계
상

Gifted and Talented
in mathemathics

위대한 성취는 부지런한 노동과 정비례된다. 즉 일한것만큼 수확이 있게 되고 그 수확이 하나하나 쌓여
기적을 창조하게 된다. 〈로신〉

Part I 수와 연산

01강 근호 연산과 제곱근식

1 핵심요점

1. 기본 개념

(1) n제곱근 : x의 n제곱이 a라면, 즉 $x^n = a\,(n \geq 2$는 자연수)로 나타낼 수 있고, x는 a의 n제곱근이라고 하며 $x = \sqrt[n]{a}$ 이라 나타낼 수 있다. a는 제곱되는 수, n은 근지수라고 한다.

① $n = 2k$가 짝수 일 때, $a = x^{2k} \geq 0$이므로 제곱되는 수 a는 음이 아닌 수이다.

이때, a에는 서로 상반되는 두 개의 근 '$\pm\sqrt[2k]{a}\,(k$는 자연수)'가 있다.

② $n = 2k+1$이 홀수 일 때, 제곱되는 수 a는 양수일 수도, 음수일 수도, 0일 수도 있다.

이때, a에는 한 개의 근 '$\sqrt[2k+1]{a}$'가 있다.

③ 특히, $n = 2$일 때, $\pm\sqrt{a}\,($근지수 2는 생략$)$는 a의 제곱근$(a \geq 0)$이라고 한다.

그 중 $\sqrt{a}$ 를 a의 양의 제곱근이라고 한다.

④ $n = 3$일 때, $\sqrt[3]{a}$ 를 a의 세제곱근이라고 한다.

(2) 근호 연산 : 수의 루트를 구하는 연산을 근호 연산이라고 하며 루트 연산과 거듭 제곱 연산은 서로 상반되는 연산이다. 즉, $(\sqrt[n]{a})^n = \sqrt[n]{a^n} = a\,(a \geq 0)$이다.

(3) 제곱근식, 최소제곱근식 : $\sqrt{a}\,(a \geq 0)$형태의 수나 대수식을 제곱근식이라고 한다.

제곱근식 $\sqrt{a}$ 에서 a의 각 인수(또는 각 소인수)의 지수가 모두 1이고 a의 분모가 근식을 포함하지 않으면 $\sqrt{a}$ 를 최소제곱근식이라고 한다.

> 예 $\sqrt{65}$, $\dfrac{\sqrt{ab}}{b}$, $\dfrac{\sqrt{(x-1)(x^2+1)}}{x+1}$ 은 모두 최소제곱근식이며,
>
> $\sqrt{20}$, $\sqrt{ab^3}$, $\sqrt{\dfrac{a}{b}}$, $\sqrt{(x-1)^3(x^2+1)}$ 은 모두 최소제곱근식이 아니다. 단 a와 b는 서로소이다.

(4) 같은 종류의 제곱근식 : $\sqrt{a}$ 는 최소 제곱근식일 때, $A\sqrt{a}$ 와 $B\sqrt{a}$ 는 같은 종류의 제곱근식이라고 한다. (A, B는 근식을 포함하지 않은 수(식))

2. 제곱근식의 성질

(1) $\sqrt{a} \times \sqrt{a} = (\sqrt{a})^2 = \sqrt{a^2} = a\,(a \geq 0)$ (일반적으로 $(\sqrt[n]{a})^n = \sqrt[n]{a^n} = a$, $n \geq 2$인 정수, $a \geq 0$)

(2) $\sqrt{a^2} = |a| \geq 0$

(3) $a \geq b > 0$일 때, $\sqrt{a} \geq \sqrt{b}$ 이다. (일반적으로 $a \geq b > 0$이라면, $\sqrt[n]{a} \geq \sqrt[n]{b}$, $n \geq 0$인 정수임)

3. 제곱근식의 사칙 연산 법칙

(1) 가감법 같은 종류의 제곱근식을 합하기만 하면 된다.

$$A\sqrt{a} \pm B\sqrt{a} = (A \pm B)\sqrt{a}\,(a \geq 0)$$

(2) 곱셈 $A\sqrt{a} \times B\sqrt{b} = AB\sqrt{ab}\,(a \geq 0,\ b \geq 0)$

(3) 나눗셈 $\dfrac{B\sqrt{b}}{A\sqrt{a}} = \dfrac{B}{A}\sqrt{\dfrac{b}{a}}\,(a > 0,\ b \geq 0)$

4. 켤레근식

$A + B\sqrt{a}$ 와 $A - B\sqrt{a}$ 형태의 두 근식을 서로 **켤레근식**이라고 한다. (A, B는 근식을 포함하지 않는 수(식))
제곱 차 공식으로 두 켤레근식의 곱에 제곱근식이 포함되지 않는다는 것을 명확히 알 수 있다.

$$(A + B\sqrt{a})(A - B\sqrt{a}) = A^2 - B^2 a \ (a > 0)$$

그러므로 켤레근식은 서로 **유리화되는 인수**라고도 한다.

5. 제곱근식 간단하게 만들기

제곱근식을 간단하게 만드는 것은 (일반적인) 대수식을 간단하게 만드는 것과 같으므로 대수식을 간단하게 만드는 각종 방법들이 여전히 효과가 있다. 이 식들이 가지는 특수성(제곱근식 포함) 때문에 제곱근식을 간단하게 만들 때, 근호 안에 있는 식의 비음수성(음수가 아닌 성질)과 산술 제곱근의 비음수성에 특히 주의해야한다.

2 기본예제

1. 기본 개념의 응용

필수예제 1-1

아래에 나열된 제곱근식 중 최소 제곱근식을 모두 구하여라.

$$\sqrt{6}, \ \sqrt{\frac{1}{2}}, \ \sqrt{8}, \ \sqrt{4}, \ \sqrt{12}, \ \sqrt{0.5}, \ \sqrt{\frac{x}{3}}, \ \sqrt{x^2 y^3}$$

$$\sqrt{x^2 + 1}, \ \sqrt{8x}, \ \sqrt{6x^3}, \ \sqrt{5x^2}.$$

[풀이] $\sqrt{6}$ 과 $\sqrt{x^2+1}$ 만이 최소 제곱근식이다.

🗈 풀이참조

필수예제 1-2

아래에 나열된 각 쌍들 중 같은 종류의 제곱근식을 모두 구하여라.

① $\sqrt{8}$ 과 $\sqrt{18}$ ② $\sqrt{12}$ 와 $\sqrt{27}$

③ $\sqrt{3}$ 과 $\sqrt{\frac{1}{3}}$ ④ $\sqrt{a^2 b}$ 와 $\sqrt{ab^2}$

⑤ $\sqrt{a+1}$ 과 $\sqrt{a-1}$ ⑥ $\sqrt{3ab^2}$ 과 $\sqrt{3ab^2 c}$

⑦ $\sqrt{\frac{27b}{4a}}$ 와 $\sqrt{\frac{9ab}{8}}$ ⑧ $\sqrt{\frac{3}{2} a^3 b^4}$ 과 $\sqrt{\frac{2}{3} a^4 b^3}$

⑨ $\sqrt{\frac{b}{2a}}$ 와 $\sqrt{\frac{2a}{b}}$

[풀이] ①, ②, ③, ⑨조는 같은 종류의 제곱근식이다.

그 이유는 다음과 같다.

① $\sqrt{8}=2\sqrt{2}$, $\sqrt{18}=3\sqrt{2}$

② $\sqrt{12}=2\sqrt{3}$, $\sqrt{27}=3\sqrt{3}$

③ $\sqrt{3}$, $\sqrt{\dfrac{1}{3}}=\dfrac{1}{3}\sqrt{3}$

⑨ $\sqrt{\dfrac{b}{2a}}=\dfrac{1}{2|a|}\sqrt{2ab}$, $\sqrt{\dfrac{2a}{b}}=\dfrac{1}{|b|}\sqrt{2ab}$

📋 풀이참조

필수예제 2

다음 물음에 답하여라.

(1) 실수 p의 수직선상의 위치는 아래 그림과 같을 때, $\sqrt{(p-1)^2}+\sqrt{(p-2)^2}$ 을 간단히 나타내어라.

(2) $a<1$일 때, $\sqrt{1-2a+a^2}$ 을 간단히 나타내어라.

(3) $xy>0$일 때, 제곱근식 $x\sqrt{-\dfrac{y}{x^2}}$ 를 간단히 나타낸 것은?

① $\sqrt{y}$ ② $\sqrt{-y}$

③ $-\sqrt{y}$ ④ $-\sqrt{-y}$

(4) $a\sqrt{-\dfrac{1}{a}}-\dfrac{1}{b}\sqrt{-b^3}$ 을 간단히 나타내어라.

[풀이] (1) $1<p<2$이므로

$$원식=|p-1|+|p-2|=p-1+2-p=1이다. \qquad\qquad 📋\ 1$$

(2) 원식$=\sqrt{(1-a)^2}=|1-a|=1-a$ 📋 $1-a$

(3) $xy>0$이므로 x, y는 부호가 같다.

$\sqrt{\dfrac{-y}{x^2}}$ 이 주어진 식에 있으므로 $-y>0$, 즉 $y<0$이고 $x<0$이다.

원식$=x\dfrac{\sqrt{-y}}{\sqrt{x^2}}=x\dfrac{\sqrt{-y}}{|x|}=x\times\dfrac{1}{-x}\sqrt{-y}$

$-\sqrt{-y}$ 이다. 그러므로 정답은 ④이다.   📋 ④

(4) $\sqrt{-\dfrac{1}{a}}$ 이 주어진 식에 있으므로 $-\dfrac{1}{a}>0$,

즉, $a<0$이다.

$\dfrac{1}{b}\sqrt{-b^3}$ 이 주어진 식에 있으므로 $-b^3 > 0$,

즉, $b^3 < 0$이므로 $b < 0$이다.

즉, 원식$= a\sqrt{-\dfrac{a}{a^2}} - \dfrac{1}{b}\sqrt{b^2(-b)}$

$\qquad = a \times \dfrac{1}{|a|}\sqrt{-a} - \dfrac{1}{b} \times |b|\sqrt{-b}$

$\qquad = a \times \dfrac{1}{(-a)}\sqrt{-a} - \dfrac{1}{b} \times (-b)\sqrt{-b}$

$\qquad = -\sqrt{-a} + \sqrt{-b}$

또는 원식$= (-a)\sqrt{-\dfrac{1}{a}} + \left(-\dfrac{1}{b}\right)\sqrt{-b^3}$

$\qquad = -\sqrt{(-a)^2\left(-\dfrac{1}{a}\right)} + \sqrt{\left(-\dfrac{1}{b}\right)^2(-b^3)}$

$\qquad = -\sqrt{-a} + \sqrt{-b}$

이다.

$\qquad\qquad\qquad\qquad\qquad\qquad$ 답 $-\sqrt{-a} + \sqrt{-b}$

[평론] (4)번 문제의 첫 번째 풀이 방법은 "근호 $\sqrt{}$를 벗긴 것이고" 두 번째 풀이 방법은 "근호 $\sqrt{}$ 안으로 넣은 것이다." 이 두 가지 풀이 방법은 모두 근호 안의 수를 "넣거나", "빼서" 양수로 만드는 것이다. 이것이 이 문제를 푸는 핵심이다.

2. 간단하게 만들어 값 구하기

필수예제 3-1

다음 식을 계산하여라.

$$\dfrac{2+\sqrt{2}}{2-\sqrt{2}} - \dfrac{1}{\sqrt{2}+1}$$

[풀이] 원식$= \dfrac{(2+\sqrt{2})^2}{(2-\sqrt{2})(2+\sqrt{2})} - \dfrac{\sqrt{2}-1}{(\sqrt{2}+1)(\sqrt{2}-1)}$

$\qquad = \dfrac{4+4\sqrt{2}+2}{4-2} - \dfrac{\sqrt{2}-1}{2-1}$

$\qquad = 3+2\sqrt{2} - \sqrt{2}+1$

$\qquad = 4+\sqrt{2}$

$\qquad\qquad\qquad\qquad\qquad\qquad$ 답 $4+\sqrt{2}$

다음 식을 계산하여라.

$$\frac{1}{2+\sqrt{3}}+\sqrt{27}-6\sqrt{\frac{1}{3}}$$

[풀이] 원식 $= \dfrac{2-\sqrt{3}}{(2+\sqrt{3})(2-\sqrt{3})}+3\sqrt{3}-6\times\dfrac{\sqrt{3}}{3}$

$\qquad = 2-\sqrt{3}+3\sqrt{3}-2\sqrt{3}$

$\qquad = 2$

답 2

필수예제 3-3

다음 식을 계산하여라.

$$\sqrt{18}+\frac{\sqrt{2}-1}{\sqrt{2}+1}-4\sqrt{\frac{1}{8}}$$

[풀이] 원식 $= 3\sqrt{2}+\dfrac{(\sqrt{2}-1)^2}{(\sqrt{2}+1)(\sqrt{2}-1)}-4\times\dfrac{\sqrt{2}}{4}$

$\qquad = 3\sqrt{2}+3-2\sqrt{2}-\sqrt{2}$

$\qquad = 3$

답 3

필수예제 4-1

$x=2$, $y=3$일 때, 제곱근식 $\dfrac{\sqrt{x}}{\sqrt{x}-\sqrt{y}}-\dfrac{\sqrt{y}}{\sqrt{x}+\sqrt{y}}$ 의 값을 구하여라.

[풀이] 원식 $= \dfrac{\sqrt{x}\,(\sqrt{x}+\sqrt{y})-\sqrt{y}\,(\sqrt{x}-\sqrt{y})}{(\sqrt{x}-\sqrt{y})(\sqrt{x}+\sqrt{y})}$

$\qquad = \dfrac{x+\sqrt{xy}-\sqrt{xy}+y}{(x-y)}$

$\qquad = \dfrac{x+y}{x-y}$

$x=2$, $y=3$일 때, 원식의 값 $=-5$이다.

답 -5

필수예제 4-2

$x=\dfrac{\sqrt{3}}{2-\sqrt{3}}$ 일 때, $\left(\dfrac{x+3}{x^2-3x}-\dfrac{x-1}{x^2-6x+9}\right)\div\dfrac{x-9}{3x-x^2}$ 의 값을 구하여라.

분석 tip

모든 문제는 우선 원래의 식을 간단하게 만든 후 숫자를 대입 해야 한다.

대입할 숫자가 비교적 복잡하다 하더라도 우선 수식을 간단하게 만든 후 숫자를 대입한다.

[풀이] 원식 $= \left(\dfrac{x+3}{x(x-3)} - \dfrac{x-1}{(x-3)^2} \right) \div \dfrac{x-9}{-x(x-3)}$

$$= \frac{(x+3)(x-3) - x(x-1)}{x(x-3)^2} \div \frac{x-9}{-x(x-3)}$$

$$= \frac{x-9}{x(x-3)^2} \times \frac{-x(x-3)}{x-9}$$

$$= -\frac{1}{x-3}$$

즉, $x = \dfrac{\sqrt{3}}{2-\sqrt{3}} = \dfrac{\sqrt{3}(2+\sqrt{3})}{(2-\sqrt{3})(2+\sqrt{3})} = 3+2\sqrt{3}$ 일 때,

원래의 값 $= -\dfrac{1}{3+2\sqrt{3}-3} = -\dfrac{1}{2\sqrt{3}} = -\dfrac{\sqrt{3}}{6}$ 이다.　　📋 $-\dfrac{\sqrt{3}}{6}$

필수예제 4-3

$\dfrac{\sqrt{x-1}}{x-1} \div \sqrt{\dfrac{1}{x^2-x}}$ 을 간단히 나타내어 원래의 식에 답이 존재하도록

자신이 좋아하는 두 수를 대입하여 2개의 정수 값을 구하여라.

[풀이] 원식 $= \dfrac{\sqrt{x-1}}{x-1} \div \sqrt{\dfrac{1}{x(x-1)}}$

　　　(문제에 답이 있으려면 $x > 1$ 이어야 한다.)

$$= \frac{\sqrt{x-1}}{x-1} \times \sqrt{x(x-1)}$$

$$= \sqrt{x} \times \frac{\sqrt{(x-1)^2}}{x-1}$$

$$= \sqrt{x}$$

$x = 4$ 또는 9일 때, 원식의 값 $= 2$ 또는 3이다.

📋 $x = 4$ 또는 9 등 제곱수 모두 가능

분석 tip

$a^3 b^3 - c^3 = (ab)^3 - c^3$ 이므로 이미 알고 있는 조건들을 사용하여 ab, c^3의 값만을 구하면 된다.

필수예제 5

$a+b = \sqrt{\sqrt{2022}+2}$, $a-b = \sqrt{\sqrt{2022}-2}$, $|b^3 + c^3| = b^3 - c^3$

일 때, $a^3 b^3 - c^3$ 의 값은?

　① $2022\sqrt{2022}$ 　　　　　② 2021

　③ 1 　　　　　　　　　　　④ 0

[풀이] $(a+b)^2 - (a-b)^2 = 4ab$이므로 처음 두 등식으로부터

$$(a+b)^2 - (a-b)^2 = \sqrt{2022} + 2 - (\sqrt{2022} - 2) = 4$$이다.

그러므로 $4ab = 4$이고 $ab = 1$이다.

$|b^3 + c^3| = b^3 - c^3$에서

(i) 만약 $b^3 + c^3 \geq 0$이면, $b^3 + c^3 = b^3 - c^3$이다. 따라서 $c^3 = 0$이다.

(ii) 만약 $b^3 + c^3 < 0$이면, $-(b^3 + c^3) = b^3 - c^3$이다. 따라서 $b^3 = 0$이다.
이것은 $ab = 1(b \neq 0$이므로$)$과 모순된다.

그러므로 $a^3 b^3 - c^3 = 1 - 0 = 1$이다. ③을 골라야 한다.

답 ③

3. 공식 $\sqrt{a \pm 2\sqrt{ab} + b} = \sqrt{a} \pm \sqrt{b} \, (a > b > 0)$의 응용

필수예제 6

다음을 공식을 이용하여 간단히 하여라.

$$\sqrt{a \pm 2\sqrt{ab} + b} = \sqrt{\sqrt{a^2} + 2\sqrt{ab} + \sqrt{b^2}}$$
$$= \sqrt{(\sqrt{a} \pm \sqrt{b})^2}$$
$$= \sqrt{a} \pm \sqrt{b}$$

(1) $\sqrt{3 + 2\sqrt{2}}$

(2) $\sqrt{5 - \sqrt{24}}$

(3) $\sqrt{2 + \sqrt{3}} + \sqrt{2 - \sqrt{3}}$.

[풀이] (1) $\sqrt{3 + 2\sqrt{2}} = \sqrt{2 + 2\sqrt{2 \times 1} + 1}$
$$= \sqrt{2} + 1 \qquad\qquad\qquad \text{답} \ \sqrt{2} + 1$$

(2) $\sqrt{5 - \sqrt{24}} = \sqrt{5 - 2\sqrt{6}}$
$$= \sqrt{3 - 2\sqrt{3 \times 2} + 2}$$
$$= \sqrt{3} - \sqrt{2} \qquad\qquad \text{답} \ \sqrt{3} - \sqrt{2}$$

(3) 원식 $= \sqrt{\dfrac{4 + 2\sqrt{3}}{2}} + \sqrt{\dfrac{4 - 2\sqrt{3}}{2}}$

$$= \frac{1}{\sqrt{2}} \left(\sqrt{4 + 2\sqrt{3}} + \sqrt{4 - 2\sqrt{3}} \right)$$

$$= \frac{\sqrt{2}}{2} \left(\sqrt{3 + 2\sqrt{3 \times 1} + 1} + \sqrt{3 - 2\sqrt{3 \times 1} + 1} \right)$$

$$= \frac{\sqrt{2}}{2} (\sqrt{3} + 1 + \sqrt{3} - 1) = \frac{\sqrt{2}}{2} \times 2\sqrt{3}$$

$$= \sqrt{6} \qquad\qquad\qquad\qquad \text{답} \ \sqrt{6}$$

[평론] 이 문제는 다음과 같이 풀 수도 있다.

$x = \sqrt{2+\sqrt{3}} + \sqrt{2-\sqrt{3}}$ $(x>0)$이다.

$x^2 = 2 + \sqrt{3} + 2\sqrt{(2+\sqrt{3})(2-\sqrt{3})} + 2 - \sqrt{3}$

$\quad = 4 + 2\sqrt{4 - \sqrt{3}^2}$

$\quad = 4 + 2$

$\quad = 6$

그러므로 $x = \sqrt{6}$ 이다. ($x>0$이므로 $x = -\sqrt{6}$ 은 해당되지 않는다.)

4. 기타 예제

필수예제 7·1

민호는 수학 문제를 풀다가 다음과 같은 문제를 발견하였다.

$$\sqrt{1 - \frac{1}{2}} = \sqrt{\frac{1}{2}}, \quad \sqrt{2 - \frac{2}{5}} = 2\sqrt{\frac{2}{5}},$$

$$\sqrt{3 - \frac{3}{10}} = 3\sqrt{\frac{3}{10}}, \quad \sqrt{4 - \frac{4}{17}} = 4\sqrt{\frac{4}{17}}, \cdots$$

위 규칙에 따라 다섯 번째 등식을 구하고, n번째 등식을 구하여라.

[풀이] 다섯 번째 등식은 $\sqrt{5 - \frac{5}{26}} = 5\sqrt{\frac{5}{26}}$ 이고

n번째 등식은 $\sqrt{n - \frac{n}{n^2+1}} = n\sqrt{\frac{n}{n^2+1}}$ 이다.

실제로,

$$\sqrt{n - \frac{n}{n^2+1}} = \sqrt{\frac{n^3 + n - n}{n^2+1}} = \sqrt{\frac{n^3}{n^2+1}} = n\sqrt{\frac{n}{n^2+1}}$$

이다.

📋 $5\sqrt{\frac{5}{26}}$, $n\sqrt{\frac{n}{n^2+1}}$

필수예제 7·2

$\sqrt{15} - 3 < a < \sqrt{26} - 2$일 때, 이 부등식을 만족시키는 정수 a의 값을 구하여라.

[풀이] $\sqrt{9} < \sqrt{15} < \sqrt{16}$ 이므로

즉, $3 < \sqrt{15} < 4$이고 $0 < \sqrt{15} - 3 < 1$이다.

또 $\sqrt{25} < \sqrt{26} < \sqrt{36}$,

즉, $5 < \sqrt{26} < 6$이므로 $3 < \sqrt{26} - 2 < 4$이다.

그러므로 $0 < a < 4$이고 a는 정수이므로

$a = 1$, 2, 3이다.

📋 $a = 1$, 2, 3

필수예제 8

$x\sqrt{y} + y\sqrt{x} - \sqrt{2017x} - \sqrt{2017y} + \sqrt{2017xy} = 2017$을
만족시키는 자연수 $(x,\ y)$는 몇 개인지 구하여라.

[풀이] 주어진 등식을 변형하면 (문제에서 $x > 0$, $y > 0$이므로)

$\sqrt{xy}(\sqrt{x} + \sqrt{y}) - \sqrt{2017}(\sqrt{x} + \sqrt{y}) + \sqrt{2017}(\sqrt{xy} - \sqrt{2017}) = 0$,

$(\sqrt{xy} - \sqrt{2017})(\sqrt{x} + \sqrt{y} + \sqrt{2017}) = 0$

이다. $\sqrt{x} + \sqrt{y} + \sqrt{2017} \neq 0$이므로 $\sqrt{xy} - \sqrt{2017} = 0$이고 $xy = 2017$
이다.

x, y는 자연수이고 2017은 소수이므로

$(x,\ y) = (1,\ 2017)$ 또는 $(2017,\ 1)$만이 가능하다.

📋 2개

[실력다지기]

01 다음 물음에 답하여라.

(1) $x < 2$일 때, $\sqrt{(2-x)^2}$ 을 간단히 나타내어라.

(2) 수직선 위에서 x를 나타내는 점은 원점의 왼쪽에 있을 때, $|3x + \sqrt{x^2}|$을 간단히 나타내어라.

(3) $0 < x < 1 < y < 2$일 때,

$$\sqrt{x^2 + y^2 - 2xy + 4x - 4y + 4} + \sqrt{1 - 2x + x^2} - \sqrt{y^2 - 4y + 4}$$ 의 값을 구하여라.

(4) $-1 < a < 0$일 때, $\sqrt{\left(a + \dfrac{1}{a}\right)^2 - 4} + \sqrt{\left(a - \dfrac{1}{a}\right)^2 + 4}$ 를 간단히 나타내어라.

02 (1) $a = \dfrac{1}{\sqrt{5} - 2}$, $b = \dfrac{1}{\sqrt{5} + 2}$ 일 때, $\sqrt{a^2 + b^2 + 7}$ 의 값을 구하여라.

(2) $x = \dfrac{1}{2+\sqrt{3}}$, $xy=1$일 때, $\dfrac{x^2y - xy^2}{x^2 - y^2}$의 값을 구하여라.

(3) $x = \dfrac{\sqrt{3} - \sqrt{2}}{\sqrt{3} + \sqrt{2}}$, $y = \dfrac{\sqrt{3} + \sqrt{2}}{\sqrt{3} - \sqrt{2}}$일 때, $\dfrac{y}{x^2} + \dfrac{x}{y^2}$의 값을 구하여라.

(4) $\dfrac{1}{1+\sqrt{2}} + \dfrac{1}{\sqrt{2}+\sqrt{3}} + \dfrac{1}{\sqrt{3}+\sqrt{4}} + \cdots + \dfrac{1}{\sqrt{2024}+\sqrt{2025}}$을 구하여라.

03 (1) $a = 2 - \sqrt{5}$, $b = \sqrt{5} - 2$, $c = 5 - 2\sqrt{5}$일 때, a, b, c의 크기를 비교하여라.

(2) $\sqrt{4a+b}$와 $\sqrt[a-b]{23}$은 같은 종류의 제곱근식일 때, $a+b$를 구하여라.

(3) $ab \neq 0$, 등식 $-\sqrt{-\dfrac{a^5}{b}} = a^3 \sqrt{-\dfrac{1}{ab}}$이 성립하려면 어떤 조건이 필요한지 구하여라.

04 다음 물음에 답하여라.

(1) $2\sqrt{3-2\sqrt{2}} + \sqrt{17-12\sqrt{2}}$ 를 간단히 나타내어라.

(2) $1 \le x \le 2$일 때, $\sqrt{x+2\sqrt{x-1}} - \sqrt{x-2\sqrt{x-1}}$ 을 간단히 나타내어라.

05 (1) 다음에 나열된 식들을 통해 규칙을 찾아내고, 자연수 $n\,(n \ge 1)$을 포함한 제곱근식을 구하여라.

$$\sqrt{1+\frac{1}{3}} = 2\sqrt{\frac{1}{3}}, \quad \sqrt{2+\frac{1}{4}} = 3\sqrt{\frac{1}{4}}, \quad \sqrt{3+\frac{1}{5}} = 4\sqrt{\frac{1}{5}}, \cdots$$

(2) a, b는 모두 실수, $b = \sqrt{\dfrac{2a+1}{4a-3}} + \sqrt{\dfrac{1+2a}{3-4a}} + 1$일 때, a^2+b^2의 값을 구하여라.

[실력 향상시키기]

06 (1) $x = \dfrac{\sqrt{2}}{2}$ 일 때, $\left(\dfrac{\sqrt{x}}{1+\sqrt{x}} + \dfrac{1-\sqrt{x}}{\sqrt{x}} \right) \div \left(\dfrac{\sqrt{x}}{1+\sqrt{x}} - \dfrac{1-\sqrt{x}}{\sqrt{x}} \right)$ 의 값을 구하여라.

(2) $\sqrt{x} + \dfrac{1}{\sqrt{x}} = 2$ 일 때, $\sqrt{\dfrac{x}{x^2+3x+1}} - \sqrt{\dfrac{x}{x^2+9x+1}}$ 의 값을 구하여라.

07 (1) a 가 $\dfrac{1}{3-\sqrt{5}}$ 의 소수 부분을 나타낼 때, 식 $4a^2 + 2a - 2$ 의 값을 구하여라.

(2) $\dfrac{1}{3-\sqrt{7}}$ 의 정수 부분을 a, 소수 부분을 b 라고 할 때, 식 $a^2 + (1+\sqrt{7}) \cdot ab$ 의 값을 구하여라.

(3) a, b, c 는 모두 3보다 작지 않은 실수일 때, $\sqrt{a-2} + \sqrt{b+1} + |1 - \sqrt{c-1}|$ 의 최솟값을 구하여라.

08 $2x = \sqrt{2 - \sqrt{3}}$ 일때, $S = \dfrac{x}{\sqrt{1-x^2}} + \dfrac{\sqrt{1-x^2}}{x}$ 의 값을 구하여라.

09
(1) $\left(6+\dfrac{a+\sqrt[3]{-131-a^3+\sqrt{17160}}}{|a-\sqrt[3]{131+a^3-\sqrt{17160}}\,|}\right)^4$ 의 값을 구하여라.

(2) $2\sqrt{3+\sqrt{5-\sqrt{13+\sqrt{48}}}}$ 을 간단히 나타내어라.

[응용하기]

10 $ab \neq 0$이고, $a^2+b^2=1$이라고 가정한다.

$x=\dfrac{a^4+b^4}{a^6+b^6}$, $y=\dfrac{a^4+b^4}{\sqrt{a^6+b^6}}$, $z=\dfrac{\sqrt{a^4+b^4}}{a^6+b^6}$ 일때, x, y, z의 대소 관계는?

① $x < y < z$ ② $y < z < x$ ③ $y < x < z$ ④ $z < x < y$

11 $a=\dfrac{\sqrt[3]{3}}{\sqrt{2}}$, $b=\dfrac{\sqrt[3]{2}+m}{\sqrt{3}+m}$, $c=\dfrac{\sqrt[3]{3}+m}{\sqrt{2}+m}$ 이고, $m > 0$일때, a, b, c의 대소 관계는?

① $a > b > c$ ② $c > a > b$ ③ $a > c > b$ ④ $b > c > a$

힌트
① $a \geq b > 0$이라면 $\sqrt[n]{a} \geq \sqrt[n]{b}$ ($n \geq 2$인 정수)이다.
② 임의의 정수 $m \geq 2$, $n \geq 2$에 대해서 $\sqrt[n]{a}=\sqrt[n]{\sqrt[m]{a^m}}=\sqrt[m]{\sqrt[n]{a^m}}=\sqrt[mn]{a^m}$ ($a > 0$)이다.

부록 실수의 성질

우리는 근호 연산을 배운 후 "수"에 대한 지식이 자연수에서부터 시작하여 음의 정수, 유리수, 무리수 그리고 실수 범위까지 넓어졌다.
- 실수 : 유리수─유한 소수와 순환 소수로 이루어진 수(즉, 정수와 분수로 이루어짐)

  무리수─순환하지 않는 무한소수로 이루어진 수, 예를 들어 원주율 π, 더 이상 나누어지지 않는 모든 제곱근식(예 $\sqrt{2}$, $\sqrt{3}$, $\sqrt[3]{5}$, $\cdots$)

실수의 자주 사용되는 성질

- 성질 1(닫힘성) : 유리수, 실수는 모두 사칙연산의 닫힘성을 가지고 있다. 즉, 다음과 같다.
  (1) 임의의 두 유리수의 덧셈, 뺄셈, 곱셈, 나눗셈(제수≠0)의 결과는 여전히 유리수이다.
  (2) 임의의 두 실수의 덧셈, 뺄셈, 곱셈, 나눗셈(제수≠0)의 결과는 여전히 실수이다.

  ※주의 : 무리수는 이러한 "닫힘성"을 가지고 있지 않는다. 즉, 두 무리수의 덧셈 뺄셈 곱셈 나눗셈(제수≠0)의 결과는 무리수가 아닐 수도 있다. 예 두 무리수 $\pm\sqrt{2}$의 덧셈 뺄셈 곱셈 나눗셈의 결과는 유리수이다.

- 성질 2 : 유리수와 무리수의 덧셈, 뺄셈, 곱셈(그 중 유리수≠0), 나눗셈(그 중 유리수≠0)의 결과는 무리수이다. 예 $3\pm\sqrt{2}$, $5\sqrt{2}$, $\dfrac{\sqrt{3}}{2}$은 모두 무리수이다.

- 성질 3(조밀성) : 임의의 두 실수 사이에 적어도 하나의 실수가 존재한다. (여기에서 다음 사실을 알 수 있다─임의의 두 실수 사이에는 무한히 많은 실수들이 있다.)

- 성질 4(순서성) : 실수 간에 대소 관계를 비교할 수 있다. 그러나 전체 실수 중에는 가장 작은 것도 가장 큰 것도 없다.

- 성질 5 : a_1, a_2, b_1, b_2는 유리수이고 α는 무리수라고 가정한다.

  $a_1 + b_1\alpha = a_2 + b_2\alpha$라면 $a_1 = a_2$, $b_1 = b_2$이다. 역도 역시 성립된다.

  특히, $a + b\alpha = 0$(a, b는 유리수이고, α는 무리수이다.)이라면 $a = b = 0$이다. 역도 역시 성립된다.

- 성질 6 : $a_1 + c\sqrt{b_1} = a_2 + c\sqrt{b_2}$ (여기에서 a_1, a_2, b_1, b_2, c는 유리수이고, $\sqrt{b_1}$, $\sqrt{b_2}$는 무리수이다.)이면 $a_1 = a_2$, $b_1 = b_2$이다. 역도 역시 성립된다.

아래에 최근 몇 년 사이 중학교 시험 문제와 경시대회 문제에서 응용되었던 성질(특히, 성질 5, 6)에 대해 나열해보겠다.

예제 01 (1) $\sqrt{2}$ 와의 곱이 유리수인 무리수를 찾아라.

(2) a, b는 모두 무리수이고, $a+b=2$이다. a, b의 값을 구하여라. (a, b에 조건을 만족시키는 값을 쓰면 된다.)

예제 02 **다음에 세 가지 명제가 있다.**

> **(갑)** α, β가 서로 다른 무리수라면 $\alpha\beta+\alpha-\beta$는 무리수이다.
>
> **(을)** α, β가 서로 다른 무리수라면 $\dfrac{\alpha-\beta}{\alpha+\beta}$ 는 무리수이다.
>
> **(병)** α, β가 서로 다른 무리수라면 $\sqrt{a}+\sqrt[3]{\beta}$ 는 무리수이다.

이 중에서 맞는 내용의 명제는 몇 개인가?

① 0   ② 1   ③ 2   ④ 3

예제 03 x, y는 모두 유리수이고, 방정식 $\left(\dfrac{1}{2}+\dfrac{\pi}{3}\right)x+\left(\dfrac{1}{3}+\dfrac{\pi}{2}\right)y-4-\pi=0$을 만족할 때, $x-y$의 값을 구하여라.

Part Ⅱ 문자와 식

02강 인수분해

1 핵심요점

1. 정리

하나의 정식을 여러개의 정식의 곱으로 바꾼 것을 인수분해라고 하고, 그 과정을 인수를 분해한다고 하며, 곱셈 형식 중의 각 정식을 (곱의) 인수라고 부른다. 이로서 인수를 분해하는 것이 사실상 정식 곱셈공식의 역과정임을 알 수 있다.

2. 방법

인수 분해에 자주 사용되는 방법은 다음과 같다.

① 공통인수로 묶는 방법,　② 공식을 사용하는 방법,　③ 조를 나누어 분해하는 방법,
④ 크로스 방법,　⑤ 항목을 첨가하거나 생략하는 방법,　⑥ 미정계수법 등

인수분해를 잘 하려면 위의 방법을 종합하여 잘 사용해야 한다.

3. 자주 사용하는 기본 공식

(1) $a^2 - b^2 = (a+b)(a-b)$

(2) $a^2 \pm 2ab + b^2 = (a \pm b)^2$

(3) $a^3 \pm b^3 = (a \pm b)(a^2 \mp ab + b^2)$

(4) $x^2 + (a+b)x + ab = (x+a)(x+b)$

(5) $acx^2 + (ad+bc)x + bd = (ax+b)(cx+d)$

(6) $a^2 + b^2 + c^2 + 2ab + 2bc + 2ca = (a+b+c)^2$

(7) $a^3 \pm 3a^2b + 3ab^2 \pm b^3 = (a \pm b)^3$

(8) $x^3 + (a+b+c)x^2 + (ab+bc+ca)x + abc = (x+a)(x+b)(x+c)$

(9) $a^4 + a^2b^2 + b^4 = (a^2 - ab + b^2)(a^2 + ab + b^2)$

(10) $a^3 + b^3 + c^3 - 3abc = (a+b+c)(a^2 + b^2 + c^2 - ab - bc - ca)$

인수를 분해한다는 것은 유리수 범위 안에서 더 이상 분해할 수 없을 때까지 분해한다. 그렇지 않다면 인수 분해를 끝내지 못한다.

2 기본예제

분석 tip

(1) 우선 항을 묶어서 1, 3, 4항을 공식으로 인수분해하면 $(a-b)^2$이다. 다시 -1과 합차 공식을 사용하여 분해한다.

(2) $(x-y)^3$이 있으므로 우선 $(x-2)^3 - (y-2)^3$을 공식으로 인수분해하면 인수 $(x-y)$를 얻을 수 있고, 공통 인수 $(x-y)$를 제시할 수 있다.

1. 조를 나누는 방법, 공식법의 응용

필수예제 1

다음 식을 인수분해 하여라.

(1) $a^2 - 1 + b^2 - 2ab$

(2) $(x-2)^3 - (y-2)^3 - (x-y)^3$

[풀이] (1) 원식 $= (a^2 - 2ab + b^2) - 1$

$\qquad = (a-b)^2 - 1$

$\qquad = (a-b+1)(a-b-1)$　　　　答 $(a-b+1)(a-b-1)$

(2) 원식 $= \{(x-2)^3 - (y-2)^3\} - (x-y)^3$

$\quad\quad = (x-y)\{(x-2)^2 + (x-2)(y-2) + (y-2)^2\} - (x-y)^3$

$\quad\quad = (x-y)(3xy - 6x - 6y + 12)$

$\quad\quad = 3(x-y)\{x(y-2) - 2(y-2)\}$

$\quad\quad = 3(x-y)(x-2)(y-2)$ 　　　　📄 $3(x-y)(x-2)(y-2)$

[평론] 인수분해 문제를 풀 때는

① 분해되는 정식의 특징과 이용할 수 있는 "분해"의 정보를 제대로 파악
　 해야 한다.

② "한 단계 나아갈 때마다 세 단계 돌아보는" 통찰 분석 능력이 있어야
　 한다.

이 문제에서 이 두 가지 내용의 중요성을 느낄 수 있다.

항을 왜 이렇게 나누었는가? 항을 이렇게 나눈 후 또 어떻게 분해할 수
있는가?

첫 번째 분해 후 또 어떻게 분해할 수 있는가? 인수분해를 모두 끝낼 때
까지 계속된다.

인수분해는 비교적 강한 "종합법"을 가지고 있다. 즉, 한 문제라 할지라도
동시에(반복해서) 여러 가지 방법을 사용하여야 마지막까지 분해할 수 있다.

예를 들어 필수예제(1)에서는 "분해법", "공식법"을 사용하였고,

필수예제(2)에서는 "분해법", "공식법", "공통인수로 묶는 방법"을 사용하였다.

이외, 많은 인수분해는 해법에 있어 다양한 방법을 가지고 있다.

예제를 들어 우리는 본 예제(2)를 아래와 같은 두 가지 방법으로 분해할
수도 있다.

① 세 제곱을 직접 사용하여 전개한 후 x^3, y^3을 소거하면 다음과 같다.

　 원식 $= -6(x^2 - y^2) + 12(x-y) + 3xy(x-y)$

　　　 $= 3(x-y)(xy - 2x - 2y + 4)$

　　　 $= 3(x-y)(x-2)(y-2)$

② $a = x-2$, $b = y-2$이다. 이때, $a-b = x-y$이고 다음과 같다.

　 원식 $= a^3 - b^3 - (a-b)^3$

　　　 $= a^3 - b^3 - (a^3 - 3a^2b + 3ab^2 - b^3)$

　　　 $= 3a^2b - 3ab^2 = 3ab(a-b)$

　 즉, 원식 $= 3(x-y)(x-2)(y-2)$.

2. 항목을 첨가하고 생략하는 방법

분석 tip
이 문제는 직접 분해하기 매우 어렵다. 관건은 a^5을 어떻게 처리하는가에 있다. a^2 또는 a^3을 첨가하여 공통인수로 묶어 횟수를 낮추는 것이 한 가지 방법이다. 계산해보면 다음과 같은 사실을 알 수 있다.
a^3을 첨가하면
$a^5 - a^3 = a^3(a+1)(a-1)$이기는 하지만, $a^3 + a + 1$은 계속해서 분해할 방법이 없다. 그러므로 a^2을 첨가해야한다.

필수예제 2

$a^5 + a + 1$을 인수분해 하여라.

[풀이] 원식 $= a^5 - a^2 + a^2 + a + 1$
$$= a^2(a^3 - 1) + (a^2 + a + 1)$$
$$= a^2(a-1)(a^2 + a + 1) + (a^2 + a + 1)$$
$$= (a^2 + a + 1)(a^3 - a^2 + 1)$$

目 $(a^2 + a + 1)(a^3 - a^2 + 1)$

분석 tip
인수분해되는 특징을 관찰하여라. 만약 $-23x^2$을 $2x^2$과 $-25x^2$으로 나눈다면 전자는 $x^4 + 1$과 함께 $(x^2 + 1)^2$이 되고, $-25x^2 = -(5x)^2$으로 쓰면 인수분해 할 수 있다.

필수예제 3

$x^4 - 23x^2 + 1$을 인수분해 하여라.

[풀이] 원식 $= (x^4 + 2x^2 + 1) - 25x^2$
$$= (x^2 + 1)^2 - (5x)^2$$
$$= (x^2 + 1 + 5x)(x^2 + 1 - 5x)$$
$$= (x^2 + 5x + 1)(x^2 - 5x + 1)$$

[평론] 유리수(계수는 모두 유리수) 범위 내에서는 풀이와 같은 형식으로만 분해할 수 있다. $(x^2 \pm 5x + 1)$가 유리수 범위 내에서 두 x의 일차식의 곱으로 또 분해될 수 없기 때문이다. "실수 개념"을 배웠다면, 실수 범위 내에서 위의 식은 네 개의 x의 일차식의 곱 형식으로 다시 분해될 수도 있다.

분석 tip
위의 필수예제 3과 같이 (1)에 a^2b^2을 가감하고, (2)에 $2x^2y^2$을 가감하여 인수분해 할 수 있다.

필수예제 4

다음 식을 인수분해 하여라.

(1) $a^4 + a^2b^2 + b^4$

(2) $x^4 + y^4 + (x+y)^4$

[풀이] (1) 원식 $= a^4 + 2a^2b^2 + b^4 - a^2b^2$
$$= (a^2 + b^2)^2 - (ab)^2$$
$$= (a^2 + b^2 + ab)(a^2 + b^2 - ab)$$

(2) 원식 $= x^4 + 2x^2y^2 + y^4 - x^2y^2 + (x+y)^4 - x^2y^2$
$$= \{(x^2 + y^2)^2 - (xy)^2\} + \{(x+y)^4 - (xy)^2\}$$
$$= (x^2 + y^2 + xy)(x^2 + y^2 - xy) + \{(x+y)^2 + xy\}\{(x+y)^2 - xy\}$$
$$= (x^2 + y^2 + xy)(x^2 + y^2 - xy) + (x^2 + y^2 + 3xy)(x^2 + y^2 + xy)$$
$$= (x^2 + y^2 + xy)(2x^2 + 2xy + 2y^2)$$
$$= 2(x^2 + xy + y^2)^2$$

3. 크로스 방법을 확대하여 응용하기

필수예제 5

다음 식을 인수분해 하여라.

(1) $(x^2 - 5x)(x^2 - 5x - 2) - 24$

(2) $x^2 + 2xy - 8y^2 + 2x + 14y - 3$

[풀이] (1) 원식 $= (x^2 - 5x)^2 - 2(x^2 - 5x) - 24$

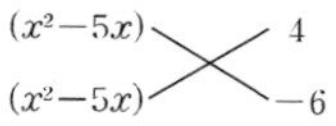

$(x^2 - 5x)$를 하나로 본다.

$(x^2 - 5x)$의 크로스 방법을
사용하면(오른쪽 그림) 다음과 같다.

원식 $= (x^2 - 5x + 4)(x^2 - 5x - 6)$

$\qquad = (x - 4)(x - 1)(x - 6)(x + 1)$

(2) 원식에서 각 두 번째 항에 크로스 방법을
확대하는 형식 중 하나를 사용하여 분해하면

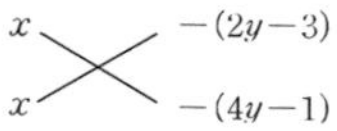

$x^2 + 2xy - 8y^2 = (x - 2y)(x + 4y)$이므로

다시 크로스 방법을 확대하는 형식 중 하나를
사용하여 다음과 같이 분해할 수 있다. (오른쪽 그림)

원식 $= (x - 2y)(x + 4y) + 2x + 14y - 3$

$\qquad = (x - 2y + 3)(x + 4y - 1)$

[평론] 크로스 방법 확대 형식은 (1), (2)의 풀이방법에서 이미 사용되었던 세 가
지 형식을 제외하고(위의 세 가지 그림이 나타내는 형식) 또 다른 형식들
이 있다.

예를 들어 (2)에는 다음과 같은 풀이 방법이 있다.

원식 $= x^2 + (2y + 2)x - (8y^2 - 14y + 3)$

$\qquad = x^2 + (2y + 2)x - (2y - 3)(4y - 1)$

$\qquad = (x - 2y + 3)(x + 4y - 1)$

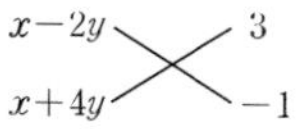

(오른쪽 그림)

4. 치환법

위의 필수예제 1(2)(평론과 주석에서 소개된 두 번째 풀이 방법), 필수예제 5(1)에는 사실상 이미 "치환"이 사용되었다. (필수예제 1(2)에 $a = x-2$, $b = y-2$를 필수예제 4(1)에 $y = x^2 - 5x$를 넣으면 원식 $= y^2 - 2y - 24 = (y-6)(y+4)$가 되므로 원식 $= (x^2 - 5x - 6)(x^2 - 5x + 4) = (x-6)(x+1)(x-4)(x-1)$이 된다.

분석 tip
두 괄호 안에는 $x^4 + x^2$이 모두 있으므로 $y = x^4 + x^2$으로 바꿔 대입하면 차수를 낮출 수 있어 쉽게 인수분해 할 수 있다.

필수예제 6

다음 식을 인수분해 하여라.

$$(x^4 + x^2 - 4)(x^4 + x^2 + 3) + 10$$

[풀이] $y = x^4 + x^2$으로 바꿔 대입한다.

$$\begin{aligned}
\text{원식} &= (y-4)(y+3) + 10 \\
&= y^2 - y - 2 \\
&= (y-2)(y+1)
\end{aligned}$$

다시 대입하면 다음과 같다.

$$\begin{aligned}
\text{원식} &= (x^4 + x^2 - 2)(x^4 + x^2 + 1) \\
&= (x^2 - 1)(x^2 + 2)(x^4 + 2x^2 + 1 - x^2) \\
&= (x-1)(x+1)(x^2 + 2)\{(x^2+1)^2 - x^2\} \\
&= (x-1)(x+1)(x^2 + 2)(x^2 + x + 1)(x^2 - x + 1)
\end{aligned}$$

분석 tip
두 괄호 안에 $x^4 + 1$이 모두 있으므로 $y = x^4 + 1$을 넣을 수 있다. 이렇게 하면 원식을 y의 이차3항식으로 바꿀 수 있고, 인수분해 할 수 있다.

필수예제 7

다음 식을 인수분해 하여라.

$$(x^4 - 4x^2 + 1)(x^4 + 3x^2 + 1) + 10x^4$$

[풀이] $y = x^4 + 1$로 바꿔 대입한다.

$$\begin{aligned}
\text{즉, 원식} &= (y - 4x^2)(y + 3x^2) + 10x^4 \\
&= y^2 - x^2 y - 12x^4 + 10x^4 \\
&= y^2 - x^2 y - 2x^4 \\
&= (y - 2x^2)(y + x^2)
\end{aligned}$$

다시 대입하면 다음과 같다.

$$\begin{aligned}
\text{원식} &= (x^4 + 1 - 2x^2)(x^4 + 1 + x^2) \\
&= (x^2 - 1)^2(x^4 + 2x^2 + 1 - x^2) \\
&= (x-1)^2(x+1)^2\{(x^2+1)^2 - x^2\} \\
&= (x-1)^2(x+1)^2(x^2 + x + 1)(x^2 - x + 1)
\end{aligned}$$

5. 인수분해에서의 미정계수법의 응용

"미정계수법"에 대해서는 이론 근거, 구체적인 방법 및 다방면적인 응용(인수분해 포함)을 뒤에서 자세하게 설명할 것이다. 여기에서는 간단한 예제만을 들어 미정계수법이 인수분해에서 어떻게 응용되는가에 대해 설명하겠다.

필수예제 8

다음 식을 인수분해 하여라.

(1) $2x^2 - 5xy - 3y^2 + 3x + 5y - 2$

(2) $x^2 - 3y^2 - 8z^2 + 2xy + 2xz + 14yz$

[풀이] (1) 원식은 x, y의 이차식이므로 분해하려면 반드시 두 x, y의 일차식의 곱으로 인수분해 해야 한다. 또 원식의 이차항식은

$2x^2 - 5xy - 3y^2 = (2x+y)(x-3y)$이므로 원식 분해의 두 x, y의 일차식의 곱은 반드시

$(2x+y+a)(x-3y+b)$이다. 그 중 a, b는 미정계수이다.

그러므로 다음과 같이 가정할 수 있다.

$2x^2 - 5xy - 3y^2 + 3x + 5y - 2 = (2x+y+a)(x-3y+b)$

그 중 a, b는 미정계수이다. 오른쪽 변을 전개하면 다음과 같다.

$2x^2 - 5xy - 3y^2 + 3x + 5y - 2 = 2x^2 - 5xy - 3y^2 + (a+2b)x$
$+ (b-3a)y + ab$

위의 식은 x, y의 항등식이므로(즉, 임의의 x, y에 모두 성립), 양변에 같은 항의 계수는 반드시 상등해야한다. 그러므로 다음과 같다.

$a + 2b = 3 \cdots\cdots$ ㉠

$b - 3a = 5 \cdots\cdots$ ㉡

$ab = -2 \quad\cdots\cdots$ ㉢

㉠, ㉡을 연립하면 $a = -1$, $b = 2$를 얻을 수 있다.

이것은 또 ㉢을 만족시킨다.

그러므로 원식 $= (2x+y-1)(x-3y+2)$이다.

(2) 원식의 각 항은 모두 x, y, z의 이차식(이차 동차식이라고 부른다.)이므로 인수분해하려면 반드시 x, y, z의 일차동차식으로 분해해야 한다.

원식 중의 $x^2 + 2xy - 3y^2 = (x+3y)(x-y)$이므로

원식 $= (x+3y+Az)(x-y+Bz)$로 가정한다.

그 중 A, B는 미정계수이다. 즉

$x^2 - 3y^2 - 8z^2 + 2xy + 2xz + 14yz$
$= x^2 + 2xy - 3y^2 + (A+B)xz + (3B-A)yz + ABz^2$

양변의 같은 항의 계수는 반드시 같아야하므로 다음과 같다.

$A + B = 2 \quad\cdots\cdots$ ㉠

$3B - A = 14 \cdots\cdots$ ㉡

$AB = -8 \cdots\cdots\cdots$ ㉢

㉠, ㉡을 연립하면 $A=-2$, $B=4$를 얻을 수 있다.

이것은 또 ㉢을 만족시킨다.

그러므로 원식$=(x+3y-2z)(x-y+4z)$이다.

▶ 풀이책 p.05

[실력다지기]

01 다음 식을 인수분해 하여라.

(1) $ac - bc + a^2 - b^2$

(2) $x^4 - x^2 + 8x - 16$

(3) $abx^2 + (ac - b^2)x - bc$

(4) $a^3 - 6a^2b + 12ab^2 - 8b^3$

02 다음 식을 인수분해 하여라.

(1) $4x^2 - 4x - y^2 + 4y - 3$

(2) $x^2 - 21xy + x - 7y + 98y^2$

(3) $a^4 + 2a^3b + 2a^2b^2 + 2ab^3 + b^4$

03 다음 식을 인수분해 하여라.

(1) $a^4 + 4$

(2) $x^3 + ax^2 + ax + a - 1$

04 다음 식을 인수분해 하여라.

(1) $(x^2 + 3x - 3)(x^2 + 3x + 4) - 8$

(2) $(x^2 + x + 1)(x^2 - 6x + 1) + 12x^2$

05 다음 식을 인수분해 하여라.

(1) $x(x-1) + y(y+1) - 2xy$

(2) $a^4 + 2a^3b + 3a^2b^2 + 2ab^3 + b^4$

[실력 향상시키기]

06 다음 식을 인수분해 하여라.

$6x^2 + 7xy + 2y^2 - 8x - 5y + 2$

07 다음 식을 인수분해 하여라.

(1) $(x+1)(x+3)(x+5)(x+7) + 15$

(2) $(x^2 + xy + y^2)(x^2 + xy + 2y^2) - 12y^4$

08 다음 식을 인수분해 하여라.

$(x+1)^4 + (x+3)^4 - 272$

밑줄 힌트

$y = x + \dfrac{1+3}{2} = x+2$를 대입하여라.

09 다음 식을 인수분해 하여라.

$8x^{15} + y^{15}$

[응용하기]

10 다음 물음에 답하여라.

(1) 다음 인수분해 공식을 증명하여라.

$a^3 + b^3 + c^3 - 3abc = (a+b+c)(a^2+b^2+c^2-ab-bc-ca)$

(2) 위에서 증명한 (1)의 공식을 응용하여 인수분해 하여라.

(a) $a^3 + b^3 + 3ab - 1$

(b) $a^3 + b^3 + c^3 + bc(b+c) + ca(c+a) + ab(a+b)$

부록 인수정리와 인수분해로 근 구하기 방법

1. 인수 정리와 나머지 정리

$f(x)$가 x의 n차 다항식($n \geq 2$인 정수)이라 하면 $(x-a)$로 $f(x)$를 나누었을 때, 나머지 수는 반드시 상수가 된다.

$$f(x) = (x-a)Q(x) + R \quad \cdots\cdots(*)$$

그 중 $Q(x)$는 x의 $(n-1)$차 다항식, 몫, R은 상수이자 나머지이다.

나머지를 가진 $(*)$ 중에 $x = a$를 넣으면, $R = f(a)$, 즉 나머지 R은 $x = a$를 다항식 $f(x)$에 대입한 값과 같다. 이를 **나머지 정리**라 한다.

$(*)$식에서 $R = 0$이면 $f(x)$는 $(x-a)$로 정확하게 나누어떨어진다.

$f(x)$에 인수$(x-a)$가 포함되어있다.(또는 $f(x)$는 $(x-a)Q(x)$로 인수분해 할 수 있다.)

이를 **인수정리**라 한다.

$f(x)$는 x의 다항식일 때, $x = a$에 있는 $f(x)$의 값이 $f(a) = 0$이라면 $(x-a)$는 $f(x)$의 인수라 한다.

(**주** 반대로 나머지 정리의 특별한 경우이다. $(x-a)$가 $f(x)$의 인수라면 $f(a) = 0$이다.)

2. 인수분해로 근 구하기 방법

위에서 인수 정리는 다항식의 일차 인수를 구하는 한 가지 방법을 제시하였다.

즉, 근 구하기 인수 분해법(간단하게 근 구하기 방법이라고 함) a가 $f(x)$의 근 이라면(즉, a가 $f(a) = 0$으로 만든다면) $(x-a)$는 $f(x)$의 인수이다.

예제 01 다음 다항식을 인수분해 하여라.

$$f(x) = 3x^3 + 5x^2 - 4x - 4$$

예제 02 다음 다항식을 인수분해 하여라.

$$f(x) = x^3 + 2x^2 + 2x + 1$$

상술한 예는 ±1이 다항식의 근인지 어떻게 판단하고 다른 근들은 또 어떻게 찾을 수 있는지에 대해 동시에 우리에게 알려준다.

일반적으로 첫 번째 항의 계수가 1인 정계수 n차 다항식($n \geq 2$은 정수)은 다음과 같다.

$$f(x) = x^n + a_1 x^{n-1} + a_2 x^{n-2} + \cdots + a_{n-1}x + a_n$$

우리는 대수학의 지식에 근거하여 그 근이 상수항 a_n의 약수만 가능함을 알 수 있다. 그러므로 우리는 a_n의 모든 약수만 하나하나 $f(x)$에 대입하면 된다. 0인지 아닌지 계산하여 0이면 근이고, 0이 아니면 근이 아니다. 예를 들면 다음과 같다.

$$f(x) = x^4 + x^3 - 3x^2 - 4x - 4$$

위의 식에서 상수항은 -4이고 -4의 (모든) 약수는 ± 1, ± 2, ± 4이다. 이 여섯 개의 숫자를 하나하나 대입하여 계산해 보면 $f(2) = 0$, $f(-2) = 0$만 있음을 알 수 있다. 즉, $f(x)$는 $(x-2)$와 $(x+2)$, 두 개의 일차 인수를 가지므로 $f(x)$는 인수 $(x-2)(x+2) = x^2 - 4$이다.

따라서 $f(x) \div (x^2 - 4) = x^2 + x + 1$(아래의 세로식과 같음)이다.

그러므로 $f(x) = (x-2)(x+2)(x^2 + x + 1)$이다.

$$
\begin{array}{r}
x^2 + x + 1 \\
x^2 - 4 \enclose{longdiv}{x^4 + x^3 - 3x^2 - 4x - 4} \\
\underline{x^4 + 0 - 4x^2} \qquad\qquad \\
x^3 + x^2 - 4x - 4 \\
\underline{x^3 \qquad - 4x} \qquad \\
x^2 \qquad - 4 \\
\underline{x^2 \qquad - 4} \\
0
\end{array}
$$

03강 인수분해 기초 응용

1 핵심요점

인수분해는 대수학의 기본 중 하나로 정식 항등 변형의 주요 도구이다. 인수분해는 다방면에서 활발하게 응용된다. 이 강에서는 정식에서 수식 간단히 하기, 값 구하기, 크기 비교하기, 계산 등 몇 가지 대수 방면과 기하 방면의 초보적인 응용을 소개한다.

2 필수예제

1. 정식의 수식 간단히 하기, 값 구하기

필수예제 1·1

$a-b=3$, $b+c=-5$일 때, 대수식 $ac-bc+a^2-ab$의 값을 구하여라.

[풀이] $ac-bc+a^2-ab=c(a-b)+a(a-b)$
$$=(a-b)(c+a)$$

$a-b=3\cdots\bigcirc$이고, $b+c=-5\cdots\bigcirc$이며

$\bigcirc+\bigcirc$은 $a+c=-2\cdots\bigcirc$이다.

$\bigcirc$, $\bigcirc$으로 원식$=3\times(-2)=-6$이다.

답 -6

필수예제 1·2

두 자연수의 차는 14이고, 곱은 975이다. 이 두 수의 제곱의 합을 구하여라.

[풀이] 두 자연수를 x, $y(x>y)$라 하면, $x-y=14$이고 $xy=975$이다.
$$x^2+y^2=x^2-2xy+y^2+2xy=(x-y)^2+2xy$$이므로
$$x^2+y^2=14^2+2\times975=2146$$이다.
두 수의 제곱의 합은 2146이다.

답 2146

[평론과 주석] 필수예제 1-1에서 이미 알고 있는 조건으로 a, b, c를 각각 구할 수 없고 (2)에서 이미 알고 있는 조건으로 x, y를 구하기 쉽지 않으므로 상술한 풀이방법에서는 모두 "공통인수로 묶고 대입"하여 값을 구하였다. 즉, $(a-b)$, $(a+c)$, $(x-y)$, xy를 묶음으로 대입하여 값을 구한다. 이것은 (조건적) 값 구하기에서 자주 사용되는 방법 중 하나이다.

분석 tip

필수예제 2-1에서 이미 알고 있는 조건으로 x값을 구할 수는 있지만 비교적 복잡하므로 "공통인수로 묶고 대입"하여 문제를 푼다.

필수예제 2-1

$x^2 + x - 1 = 0$일 때, $x^3 + 2x^2 + 3$의 값을 구하여라.

[풀이] $x^3 + 2x^2 + 3 = x^3 + x^2 - x + x^2 + x + 3$
$$= x(x^2 + x - 1) + (x^2 + x - 1) + 4$$
$$= x \times 0 + 0 + 4 = 4$$

[평론과 주석] "대입"으로도 풀 수 있다.
$x^2 = 1 - x$이므로 $x^3 + 2x^2 + 3 = x(1-x) + 2x^2 + 3 = x^2 + x + 3$
$= (x^2 + x - 1) + 4 = 4$이다.

답 4

분석 tip

필수예제 2-2에서 이미 알고 있는 등식으로 a, b, c를 얻는 것은 불가능하다. 그러므로 a, b, c를 구해 대입하여 풀이하는 방법은 사용할 수 없고, 이미 알고 있는 등식 항등 변형을 사용하여 값을 구해야 한다.

필수예제 2-2

a, b, c는 $a + b + c = 0$, $a^2 + b^2 + c^2 = 0.1$일 때, $a^4 + b^4 + c^4$의 값을 구하여라.

[풀이] $a + b + c = 0$의 양변을 제곱하면 다음과 같다.
$$a^2 + b^2 + c^2 + 2(ab + bc + ca) = 0$$
$a^2 + b^2 + c^2 = 0.1$을 대입하면 $ab + bc + ca = -0.05$이다.
위 식의 양변을 제곱하면 다음과 같다.
$$a^2b^2 + b^2c^2 + c^2a^2 + 2abc(a + b + c) = 0.0025$$
그러므로 $a^2b^2 + b^2c^2 + c^2a^2 = 0.0025$이다.
또 $a^2 + b^2 + c^2 = 0.1$의 양변을 제곱하면 다음과 같다.
$$a^4 + b^4 + c^4 + 2(a^2b^2 + b^2c^2 + c^2a^2) = 0.01$$
즉, $a^4 + b^4 + c^4 = 0.01 - 2 \times 0.0025 = 0.005$

답 0.005

[평론과 주석] (1) "대입"으로도 풀 수 있다.
$x^2 = 1 - x$이므로 $x^3 + 2x^2 + 3 = x(1-x) + 2x^2 + 3 = x^2 + x + 3$
$= (x^2 + x - 1) + 4 = 4$이다.

필수예제 3

$x^2 + xy + y = 14$, $y^2 + xy + x = 28$일 때, $x + y$의 값을 구하여라.

[풀이] 주어진 두 등식을 서로 더하면 다음과 같다.
$$x^2 + 2xy + y^2 + (x + y) = 42$$
즉, $(x + y)^2 + (x + y) - 42 = 0$이므로
$(x + y - 6)(x + y + 7) = 0$이고, $x + y - 6 = 0$ 또는 $x + y + 7 = 0$이다.
즉, $x + y = 6$ 또는 -7이다.

답 6 또는 -7

[평론과 주석] 이 풀이방법은 필수예제 1, 2의 "공통인수로 묶고 대입"이 아니고, 이미 알고 있는 조건의 특징 "두 식을 서로 더했을 때 왼쪽 변이 $(x+y)$의 이차식" 임에 근거하여 $(x+y)$를 구한 것이다. "x, y를 각각 구하고 다시 $x+y$를 구하는 방법"을 사용할 수 없다.

2. 크기 비교

필수예제 4

$a < b$, $x < y$일 때, $ax+by$와 $bx+ay$의 크기를 비교하여라.

분석 tip
크기를 직접 비교하기는 어렵다. 자주 사용되는 차를 구하는 방법이나 몫을 구하는 방법을 사용할 수 있다. 몫을 구하는 방법을 사용하면 수식을 간단하게 하기 어렵다. 차를 구하는 방법을 사용할 수 있다.
$ax+by$와 $bx+ay$를 서로 빼면 분해할 수 있는 다항식 $ax+by-bx-ay$를 얻을 수 있다.
그 다음 이 식이 0보다 큰가, 같은가, 작은가를 알아보면 된다.

[풀이]
$$\begin{aligned}(ax+by)-(bx+ay) &= ax+by-bx-ay \\ &= (ax-bx)-(ay-by) \\ &= x(a-b)-y(a-b) \\ &= (a-b)(x-y)\end{aligned}$$

$a < b$, $x < y$이므로 $a-b < 0$, $x-y < 0$이다.
그러므로 $(a-b)(x-y) > 0$, 즉 $(ax+by)-(bx+ay) > 0$이다.
따라서 $ax+by > bx+ay$이다.

$$\boxed{\text{답}}\ ax+by > bx+ay$$

[평론과 주석] 대수식의 크기를 비교하는데 주로 차를 구하는 방법이나 몫을 구하는 방법을 사용한다. 이 방법들은 모두 식을 간단하게 정리해야만 가능한 방법들이므로 인수분해는 여기에서 중요한 역할을 담당한다.

3. 범위 구하기

필수예제 5

x, y, z가 모두 1을 넘지 않는 음이 아닌 수이다.
$k = x+y(1-x)+z(1-x)(1-y)$일 때, k의 범위를 구하여라.

[풀이] $k = x+y(1-x)+z(1-x)(1-y)$이므로 다음과 같다.
$$\begin{aligned}k &= 1-1+x+y(1-x)+z(1-x)(1-y) \\ &= 1-(1-x)+y(1-x)+z(1-x)(1-y) \\ &= 1-(1-x)\{1-y-z(1-y)\} \\ &= 1-(1-x)(1-y)(1-z)\end{aligned}$$

또 x, y, z가 모두 1을 넘지 않는 음이 아닌 수이므로 다음과 같다.
$$0 \le x \le 1,\ 0 \le y \le 1,\ 0 \le z \le 1$$
따라서 $0 \le 1-x \le 1$, $0 \le 1-y \le 1$, $0 \le 1-z \le 1$이고,
$0 \le (1-x)(1-y)(1-z) \le 1$이다.
즉, $0 \le 1-(1-x)(1-y)(1-z) \le 1$이고, $0 \le k \le 1$이다.

$$\boxed{\text{답}}\ 0 \le k \le 1$$

4. 삼각형 형태 판정하기

필수예제 6

삼각형의 세 변 a, b, c가

$$(a-b)c^3 - (a^2-b^2)c^2 - (a^3-a^2b+ab^2-b^3)c + a^4-b^4 = 0$$ 일 때,

이 삼각형은 어떤 삼각형이며, 그 이유를 설명하여라.

제03장

분석 tip

변으로 삼각형의 형태를 결정한다면 다음과 같은 몇 가지 상황이 나올 수 있다.

① $a=b=c$라면 이것은 정삼각형이다.

② a, b, c 중 두 변만이 같다면 이것은 이등변삼각형이다.

③ a, b, c 중 두 변의 제곱의 합과 나머지 한 변의 제곱이 같다면 이것은 직각삼각형이다.

④ a, b, c 중 두 변의 제곱의 합이 나머지 한 변의 제곱보다 크다면 이것은 예각삼각형이다.

⑤ a, b, c 중 두 변의 제곱의 합이 나머지 한 변의 제곱보다 작다면 이것은 둔각삼각형이다.

그러므로 우리는 반드시 이미 알고 있는 등식으로부터 출발하여 a, b, c의 (비교적 간단한) 관계를 알아내야한다. 이때, 인수분해가 필요하다.

[풀이] 주어진 등식의 왼쪽 변을 다음 순서와 같이 인수분해 한다.

$$(a-b)\{c^3-(a+b)c^2-(a^2+b^2)c+(a+b)(a^2+b^2)\}=0,$$

$$(a-b)[c^2\{c-(a+b)\}-(a^2+b^2)\{c-(a+b)\}]=0,$$

$$(a-b)(c-a-b)(c^2-a^2-b^2)=0,$$

$c \neq a+b$ ($c=a+b$라면 a, b, c는 삼각형을 구성할 수 없다.)이므로

$a-b=0$ 또는 $c^2-a^2-b^2=0$만이 가능하다.

즉, $a=b$ 또는 $c^2=a^2+b^2$이다.

따라서 조건을 만족시키는 삼각형은 $a=b$인 이등변삼각형 또는 빗변의 길이가 c인 직각삼각형이다.

📄 $a=b$인 이등변삼각형 또는 빗변의 길이가 c인 직각삼각형

5. 수식을 간단하게 하여 계산하기

필수예제 7

다음 식을 간단히 하여라.

$$\frac{\left(2^4+\frac{1}{4}\right)\left(4^4+\frac{1}{4}\right)\left(6^4+\frac{1}{4}\right)\left(8^4+\frac{1}{4}\right)\left(10^4+\frac{1}{4}\right)\left(12^4+\frac{1}{4}\right)}{\left(1^4+\frac{1}{4}\right)\left(3^4+\frac{1}{4}\right)\left(5^4+\frac{1}{4}\right)\left(7^4+\frac{1}{4}\right)\left(9^4+\frac{1}{4}\right)\left(11^4+\frac{1}{4}\right)}$$

분석 tip

이 문제를 직접 계산하려면 매우 복잡하다. 분자, 분모의 각 인수에 근거하면 모두

$$n^4+\frac{1}{4} \ (n=1, 2, \cdots, 12)$$

이라는 특징을 가지고 있으므로 인수분해를 사용하여 "차수를 줄이고" 약분한 후 수식을 간단히 하여 계산하는 방법을 사용할 수 있다.

[풀이] $n^4+\dfrac{1}{4}=n^4+n^2+\dfrac{1}{4}-n^2$

$$=\left(n^2+\frac{1}{2}\right)^2-n^2$$

$$=\left(n^2-n+\frac{1}{2}\right)\left(n^2+n+\frac{1}{2}\right)$$

$$=\left\{\left(n-\frac{1}{2}\right)^2+\frac{1}{4}\right\}\left\{\left(n+\frac{1}{2}\right)^2+\frac{1}{4}\right\}$$

그러므로

원식$=\dfrac{\left\{\left(2-\frac{1}{2}\right)^2+\frac{1}{4}\right\}\left\{\left(2+\frac{1}{2}\right)^2+\frac{1}{4}\right\}}{\left\{\left(1-\frac{1}{2}\right)^2+\frac{1}{4}\right\}\left\{\left(1+\frac{1}{2}\right)^2+\frac{1}{4}\right\}} \times \dfrac{\left\{\left(4-\frac{1}{2}\right)^2+\frac{1}{4}\right\}\left\{\left(4+\frac{1}{2}\right)^2+\frac{1}{4}\right\}}{\left\{\left(3-\frac{1}{2}\right)^2+\frac{1}{4}\right\}\left\{\left(3+\frac{1}{2}\right)^2+\frac{1}{4}\right\}}$

$$\times \cdots \times \dfrac{\left\{\left(12-\dfrac{1}{2}\right)^2+\dfrac{1}{4}\right\}\left\{\left(12+\dfrac{1}{2}\right)^2+\dfrac{1}{4}\right\}}{\left\{\left(11-\dfrac{1}{2}\right)^2+\dfrac{1}{4}\right\}\left\{\left(11+\dfrac{1}{2}\right)^2+\dfrac{1}{4}\right\}}$$

$$=\dfrac{\left\{\left(12+\dfrac{1}{2}\right)^2+\dfrac{1}{4}\right\}}{\left\{\left(1-\dfrac{1}{2}\right)^2+\dfrac{1}{4}\right\}}=\dfrac{\dfrac{626}{4}}{\dfrac{2}{4}}=313$$

답 313

6. 기타

인수분해는 다방면적으로 이용되고 있다. 다음 예를 더 들어보도록 하겠다.

필수예제 8

n은 자연수이고, n^4-16n^2+100은 소수일 때, n의 값을 구하여라.

[풀이] $\quad n^4-16n^2+100 = n^4+20n^2+100-36n^2$
$$= (n^2+10)^2-(6n)^2$$
$$= (n^2+6n+10)(n^2-6n+10)$$

n^4-16n^2+100은 소수(임의의 자연수 n에 대해 모두 해당)이므로 $(n^2+6n+10)$, $(n^2-6n+10)$ 중 하나는 반드시 1(그렇지 않을 경우 소수라는 점에 있어 모순이 생김)이어야 한다.

그리고 n이 자연수일 때, $n^2+6n+10 \neq 1$이다.

그러므로 $n^2-6n+10=1$만이 가능하다. 즉, $n^2-6n+9=0$이고, $(n-3)^2=0$이다.

따라서 $n=3$이다.

[평론과 주석] 문제 안에 있는 유효한 정보를 제대로 잡는 것이 문제를 푸는 데 가장 중요한 점이다. 이 문제에서는 소수라는 단어에 대한 이해가 바로 이 문제의 돌파구이다.

문제에서 유효한 정보를 얻을 후, 다시 기억 속에서 이것과 관련된 정보를 생각해 낸다. 이 두 정보로 논리에 적합한 구조를 만들어내고, 이로서 문제를 풀 수 있다.

답 $n=3$

▶ 풀이책 p.08

[실력다지기]

01 다음 물음에 답하여라.

(1) $x+y=1$일 때, $\dfrac{1}{2}x^2+xy+\dfrac{1}{2}y^2$의 값을 구하여라.

(2) $a^5-a^4b-a^4+a-b-1=0$, $2a-3b=1$일 때, a^3+b^3의 값을 구하여라.

(3) $a=\dfrac{1}{20}x+20$, $b=\dfrac{1}{20}x+19$, $c=\dfrac{1}{20}x+21$일 때, $a^2+b^2+c^2-ab-bc-ca$의 값을 구하여라.

02 다음 물음에 답하여라.

(1) $a+b=-\dfrac{1}{5}$, $a+3b=1$일 때, $3a^2+12ab+9b^2+\dfrac{3}{5}$의 값을 구하여라.

(2) $3x^3-x=1$일 때, $9x^4+12x^3-3x^2-7x+2017$의 값을 구하여라.

03 $a+b+c=0$일 때, $a^3+a^2c-abc+b^2c+b^3$의 값을 구하여라.

04 다음 물음에 답하여라.

(1) $\triangle ABC$의 세 변의 길이 a, b, c가 $a^2 - 2bc = c^2 - 2ab$를 만족할 때, $\triangle ABC$는 어떤 삼각형인지 구하여라.

(2) $\triangle ABC$의 세 변의 길이 a, b, c가 $a^4 + b^2c^2 - a^2c^2 - b^4 = 0$을 만족할 때, $\triangle ABC$는 어떤 삼각형인지 구하여라.

05 x, y, z가 $x^2 + y^2 + z^2 = 1$일 때, $m = xy + yz + zx$에 대한 설명 중 옳은 것은?

① 최댓값만 있다.   ② 최솟값만 있다.

③ 최댓값도 있고 최솟값도 있다.   ④ 최댓값도 없고 최솟값도 없다.

[실력 향상시키기]

06 $a \neq b$, $a < 0$, $b < 0$이다. $a^3 + b^3$와 $a^2b + ab^2$의 크기를 비교하면?

① $a^3 + b^3 > a^2b + ab^2$ ② $a^3 + b^3 < a^2b + ab^2$

③ $a^3 + b^3 = a^2b + ab^2$ ④ 알 수 없다.

07 x에 대한 방정식 $(4-k)(8-k)x^2 - (80 - 12k)x + 32 = 0$의 해가 모두 정수일 때, 정수 k의 값을 구하여라.

08 다음 물음에 답하여라.

(1) 세 정수 a, b, c의 합은 홀수일 때, $a^2 + b^2 - c^2 + 2ab$의 값의 홀짝성을 밝혀라.

(2) 2보다 큰 모든 자연수 n에 대해서, $n^5 - 5n^3 + 4n$의 최대공약수를 구하여라.

09 1, 2, $\cdots$, 2022 중 어떤 자연수 n은 $x^2 + x - n$을 두 개의 정수계수 일차식의 곱으로 나눌 수 있다. 이런 n의 총 개수를 구하여라.

[응용하기]

10 a, b, c는 $a+b+c=1$, $a^2+b^2+c^2=2$, $a^3+b^3+c^3=3$을 만족한다. 이때, 다음 물음에 답하여라.

    (1) abc의 값을 구하여라.

    (2) $a^4+b^4+c^4$의 값을 구하여라.

11 다음 물음에 답하여라.

    (1) $m^2=n+2$, $n^2=m+2$ $(m \neq n)$이라면, $m^3-2mn+n^3$의 값을 구하여라.

    (2) $x+y=-1$이라면, $x^4+5x^3y+x^2y+8x^2y^2+xy^2+5xy^3+y^4$의 값을 구하여라.

부록 대칭식과 윤환식 인수분해

1. 대칭식

(여러 개 문자의) 다항식에서 임의의 두 문자를 서로 바꿔도 그 다항식이 여전히 바뀌지 않는다면 그 다항식을
이 문자들의 **대칭식**(간단히 대칭식이라고 부름)이라고 부른다.

> 예 $x+y$, x^2-xy+y^2, $x^2y+x^2z+y^2z+y^2x+z^2x+z^2y$는 모두 대칭식

2. 윤환식

다항식에서 그 안의 자모 x, y, z를 돌려가며 호환해도 그 다항식이 여전히 바뀌지 않는다면 그 다항식을
x, y, z의 **윤환대칭식**(간단히 윤환식이라고 부름)이라고 부른다.

> 예 $x^2y+y^2z+z^2x$, $(x-y)^3+(y-z)^3+(z-x)^3$은 모두 윤환식이다.

3. 대칭식과 윤환식의 성질

① 대칭식은 반드시 윤환식이지만, 윤환식이 반드시 대칭식인 것은 아니다.

> 예 $x^2y+y^2z+z^2x$는 교대식이지만 대칭식은 아니다.

② 차수가 2를 넘지 않는 윤환식은 반드시 대칭식이다. (**참** ①, ②를 종합해보면 차수가 2를 넘지 않는 대칭식과
윤환식의 개념은 동일하다.)

③ 두 대칭식의 합, 차, 곱, 몫(정확하게 나누어떨어질 때)은 반드시 대칭식이다.
두 윤환식의 합, 차, 곱, 몫(정확하게 나누어떨어질 때)은 반드시 윤환식이다.

> 예   대칭식 $(x+y)^2$과 $x+y$(또는 윤환식)의 합, 차, 곱, 몫
> $$(x+y)^2+(x+y), \ (x+y)^2-(x+y),$$
> $$(x+y)^2(x+y)=(x+y)^3, \ (x+y)^2\div(x+y)=x+y$$
> 는 여전히 대칭식(윤환식)이다.

4. 대칭식과 윤환식의 인수분해

위에서 설명한 대칭식과 윤환식의 성질(특히, 성질③)과 인수 정리를 이용하여 일부 대칭식, 윤환식의 인수분해
문제를 해결할 수 있다.

예제 01 다음을 인수분해 하여라.
$$(ab+bc+ca)(a+b+c)-abc$$

예제 02 다음을 인수분해 하여라.
$$xy(x^2-y^2)+yz(y^2-z^2)+zx(z^2-x^2)$$

04강 항등식 변형 (Ⅱ)

1 핵심요점

항등식 변형 (Ⅰ)을 기초로 하여 제곱근식의 항등식 변형을 통하여 수식을 간단하게 만들기, 값 구하기, 등식 증명하기에 대해 보충 설명하겠다.

2 필수예제

1. 수식 간단하게 만들기

필수예제 1

분석 tip

$\sqrt{m^2-2m+1}=\sqrt{(m-1)^2}$ $=|m-1|$이므로 핵심은 m과 1의 크기 관계를 아는 것이다. 이것은 이미 알고 있는 등식으로 알 수 있다.

m은 실수이고, $|1-m|=|m|+1$이다. 다음 중 대수식 $\sqrt{m^2-2m+1}$ 을 간단히 한 것은?

① $|m|-1$ ② $-|m|+1$

③ $m-1$ ④ $-m+1$

[풀이] $m \geq 1$이면 $|1-m|=m-1$이고 $|m|+1=m+1$이므로

$|1-m| \neq |m|+1$이 되어 주어진 조건을 만족하지 않는다.

그러므로 $m<1$이다. 이때,

$$\sqrt{m^2-2m+1}=\sqrt{(m-1)^2}=|m-1|=-(m-1)=-m+1$$

이다. 그러므로 답은 ④이다.

답 ④

필수예제 2·1

분석 tip

두 문제는 모두 근호 안의 식을 완전 제곱한 후 근호 밖으로 "꺼내는" 문제이다. 단지 (1)은 제곱근식으로 만든다. 즉, 이중근호 공식을 응용하여 제곱근식으로 만든다.

$\sqrt{a \pm 2\sqrt{a \cdot b}+b}$ $=\sqrt{a} \pm \sqrt{b}\,(a \geq b>0)$

다음 중 식 $2\sqrt{4+2\sqrt{3}}-\sqrt{21-12\sqrt{3}}$ 을 간단히 한 것은?

① $5-4\sqrt{3}$ ② $4\sqrt{3}-1$

③ 5 ④ 1

[풀이] 원식 $=2\sqrt{3+2\sqrt{3 \times 1}+1}-\sqrt{12-2\sqrt{12 \times 9}+9}$

$\qquad =2(\sqrt{3}+1)-(\sqrt{12}-3)$

$\qquad =2\sqrt{3}+2-2\sqrt{3}+3$

$\qquad =5$

그러므로 정답은 ③이다.

답 ③

필수예제 2·2

다음 중 식 $\sqrt{1+\dfrac{1}{n^2}+\dfrac{1}{(n+1)^2}}$ 을 간단히 한 것은?

① $1+\dfrac{1}{n}+\dfrac{1}{n+1}$ ② $1-\dfrac{1}{n}+\dfrac{1}{n+1}$

③ $1+\dfrac{1}{n}-\dfrac{1}{n+1}$ ④ $1-\dfrac{1}{n}-\dfrac{1}{n+1}$

[풀이] 원식 $= \sqrt{\left(1+\dfrac{1}{n}\right)^2 - \dfrac{2}{n} + \dfrac{1}{(n+1)^2}}$

$= \sqrt{\left(1+\dfrac{1}{n}\right)^2 - 2\times\left(1+\dfrac{1}{n}\right)\times\dfrac{1}{n+1} + \left(\dfrac{1}{n+1}\right)^2}$

$= \sqrt{\left(1+\dfrac{1}{n}-\dfrac{1}{n+1}\right)^2}$

$= 1+\dfrac{1}{n}-\dfrac{1}{n+1}. \quad \left(\because 1+\dfrac{1}{n}-\dfrac{1}{n+1} > 0\right)$

그러므로 정답은 ③이다.

답 ③

분석 tip

핵심은 절댓값 부호를 없애는 데 있다. 이것은 이미 알고 있는 사실들로 해결할 수 있다.

필수예제 3

$a<0$, $ab<0$일 때, $\dfrac{1}{|a-b-3\sqrt{2}\,|-|b-a+\sqrt{3}\,|}$ 을 간단히 하여라.

[풀이] $a<0$, $ab<0$이므로 $b>0$이고, $a-b<0$, $b-a>0$이다.

그러므로 $a-b-3\sqrt{2}<0$, $b-a+\sqrt{3}>0$이다.

즉, 원식 $= \dfrac{1}{-(a-b-3\sqrt{2})-(b-a+\sqrt{3}}=\dfrac{1}{3\sqrt{2}-\sqrt{3}}$

$= \dfrac{3\sqrt{2}+\sqrt{3}}{(3\sqrt{2}-\sqrt{3})(3\sqrt{2}+\sqrt{3})} = \dfrac{3\sqrt{2}+\sqrt{3}}{15}$ 이다.

답 $\dfrac{3\sqrt{2}+\sqrt{3}}{15}$

[평론과 주석] 마지막 결과에서 분모는 유리화되어야 한다. 그러므로 분자와 분모에 모두 $(3\sqrt{2}-\sqrt{3})$의 켤레제곱근 $3\sqrt{2}+\sqrt{3}$ 을 곱해준다.

분석 tip

제곱근에서 답이 존재하려면 '근호 안의 식'이 0보다 작지 않아야 한다. 두 문제는 모두 이 조건에서 분석을 시작하여 답을 얻을 수 있다.

필수예제 4-1

실수 x, y가 관계식 $y = \sqrt{\dfrac{x^2-2}{5x-4}} - \sqrt{\dfrac{x^2-2}{4-5x}} + 2$을 만족할 때, $x^2 + y^2$을 구하여라.

[풀이] 제곱근의 조건으로 $\dfrac{x^2-2}{5x-4} \geq 0$이고, $\dfrac{x^2-2}{4-5x} \geq 0$(즉, $\dfrac{x^2-2}{5x-4} \leq 0$)이다.

그러므로 $\dfrac{x^2-2}{5x-4} = 0$, 즉 $x^2 = 2$이고, 그러므로 $y = 2$이다.

따라서 $x^2 + y^2 = 2 + 2^2 = 6$이다.　　　　　답 6

필수예제 4-2

x는 실수이고, $(x^2 - 9x + 20)\sqrt{3-x} = 0$일 때, $x^2 + x + 1$의 값은?

① 31　　　　　　　② 21

③ 13　　　　　　　④ 13 또는 21 또는 31

[풀이] $x^2 - 9x + 20 = x^2 - 2 \times \dfrac{9}{2}x + \left(\dfrac{9}{2}\right)^2 - \left(\dfrac{9}{2}\right)^2 + 20 = \left(x - \dfrac{9}{2}\right)^2 - \left(\dfrac{1}{2}\right)^2$이므로

$x^2 - 9x + 20 = 0$이면, 즉 $\left(x - \dfrac{9}{2}\right)^2 = \left(\dfrac{1}{2}\right)^2$이다.

다시 말해 x가 $x - \dfrac{9}{2} = \pm\dfrac{1}{2}$을 만족시켜야 하므로

$x = 5$ 또는 4일 때, $x^2 - 9x + 20 = 0$이 된다.

그런데 $\sqrt{3-x}$에서 $x \leq 3$이므로, $x \leq 3$의 범위 내에서

$x^2 - 9x + 20 \neq 0$이다.

그러므로 $(x^2 - 9x + 20)\sqrt{3-x} = 0$을 만족시키는 x는 오직 $x = 3$뿐이다.

구하는 답은 $x^2 + x + 1 = 3^2 + 3 + 1 = 13$이다.

정답은 ③이다.　　　　　답 ③

분석 tip

구하고자 하는 값의 분자와 분모는 모두 $\sqrt{m} + 2\sqrt{n}$을 포함하고 있다. 그러므로 이미 알고 있는 조건식이 $\sqrt{m} + 2\sqrt{n}$을 포함하도록 바꾼 후 묶음 대입을 한다.

필수예제 5

양수 m, n은 $m + 4\sqrt{mn} - 2\sqrt{m} - 4\sqrt{n} + 4n = 3$을 만족시킨다. 이때, $\dfrac{\sqrt{m} + 2\sqrt{n} - 8}{\sqrt{m} + 2\sqrt{n} + 2012}$의 값을 구하여라.

[풀이] $m + 4\sqrt{mn} - 2\sqrt{m} - 4\sqrt{n} + 4n = 3$이다.

그러므로 $m + 4\sqrt{mn} + 4n - 2(\sqrt{m} + 2\sqrt{n}) - 3 = 0$,

$(\sqrt{m} + 2\sqrt{n})^2 - 2(\sqrt{m} + 2\sqrt{n}) - 3 = 0$,

$(\sqrt{m} + 2\sqrt{n} - 3)(\sqrt{m} + 3\sqrt{n} + 1) = 0$이다.

즉, $\sqrt{m}+2\sqrt{n}>3$ 또는 $\sqrt{m}+2\sqrt{n}=-1$이다. 그런데

$\sqrt{m}+2\sqrt{n}=3$이므로 $\sqrt{m}+2\sqrt{n}=3$ 이다.

따라서 $\dfrac{\sqrt{m}+2\sqrt{n}-8}{\sqrt{m}+2\sqrt{n}+2012}=\dfrac{3-8}{3+2012}=-\dfrac{5}{2015}=-\dfrac{1}{403}$ 이다.

[평론과 주석] 구한 값을 직접 대입하는 것은 가장 기본적인 방법이다. 일반적으로 어려운 값 구하기 문제들은 우선 조건의 형식을 바꾸거나 구하고자 하는 대수식을 간단하게 만든 후 대입시켜야 하거나 동시에 조건과 대수식을 바꾼 후 대입시켜야 한다.

필수예제 6

자연수 n에 대하여 $\dfrac{1}{(n+1)\sqrt{n}+n\sqrt{n+1}}=\dfrac{1}{\sqrt{n}}-\dfrac{1}{\sqrt{n+1}}$ 이다.

자연수 k에 대해 $\dfrac{1}{2\sqrt{1}+1\times\sqrt{2}}+\dfrac{1}{3\sqrt{2}+2\sqrt{3}}+\dfrac{1}{4\sqrt{3}+3\sqrt{4}}$

$+\cdots+\dfrac{1}{(k+1)\sqrt{k}+k\sqrt{k+1}}=\dfrac{2}{3}$ 를 만족할 때, k를 구하여라.

분석 tip
문제에서 제시한 k를 만족시키는 공식을 사용하여 각 항을 나누고 앞뒤를 분석하여 수식을 간단하게 만든다.

[풀이] 문제에서 제시한 공식을 사용하여 등식의 왼쪽 변을 다음과 같이 변형한다.

$$\left(\dfrac{1}{\sqrt{1}}-\dfrac{1}{\sqrt{2}}\right)+\left(\dfrac{1}{\sqrt{2}}-\dfrac{1}{\sqrt{3}}\right)+\left(\dfrac{1}{\sqrt{3}}-\dfrac{1}{\sqrt{4}}\right)+\cdots$$

$$+\left(\dfrac{1}{\sqrt{k}}-\dfrac{1}{\sqrt{k+1}}\right)=1-\dfrac{1}{\sqrt{k+1}}$$

그러므로 k는 $1-\dfrac{1}{\sqrt{k+1}}=\dfrac{2}{3}$, 즉 $\dfrac{1}{\sqrt{k+1}}=\dfrac{1}{3}$ 을 만족시킨다.

양변을 제곱하면 $\dfrac{1}{k+1}=\dfrac{1}{9}$, 즉 $k+1=9$이다.

따라서 $k=8$이다.   🖹 $k=8$

[평론과 주석] 이 문제는 연속한 제곱근 식의 합에 관한 문제를 다루고 있다.

"항을 나누는 것"은 자주 사용되는 방법이다.

문제에서 "항을 나누는" 공식을 제시하지 않았다 하더라도 우리는 다음과 같이 추론할 수 있다.

임의의 자연수 n에 관해서 다음이 성립한다.

$$\begin{aligned}\dfrac{1}{(n+1)\sqrt{n}+n\sqrt{n+1}}&=\dfrac{1}{\sqrt{n}\sqrt{n+1}}\cdot\dfrac{1}{\sqrt{n+1}+\sqrt{n}}\\&=\dfrac{1}{\sqrt{n}\sqrt{n+1}}\cdot\dfrac{\sqrt{n+1}-\sqrt{n}}{(n+1)-n}\\&=\dfrac{\sqrt{n+1}-n}{\sqrt{n}\sqrt{n+1}}\\&=\dfrac{1}{\sqrt{n}}-\dfrac{1}{\sqrt{n+1}}\end{aligned}$$

이미 알고 있는 조건은 "연비"이 므로 각 비율을 k로 가정할 수 있다. k를 "매개변수"로 A, B, M과 a, b, m과의 관계를 알 수 있고 이로서 증명하고자 하는 문 제를 간단히 할 수 있다.

$\dfrac{A}{a} = \dfrac{B}{b} = \dfrac{M}{m}$ 이고, A, B, M, a, b, m은 모두 양수일 때,

$\sqrt{Aa} + \sqrt{Bb} + \sqrt{Mm} = \sqrt{(A+B+M)(a+b+m)}$ 을 증명하여라.

[증명] $\dfrac{A}{a} = \dfrac{B}{b} = \dfrac{M}{m} = k$라고 하면, $A = ak$, $B = bk$, $M = mk$이다.

그러므로 좌변$= \sqrt{Aa} + \sqrt{Bb} + \sqrt{Mm} = \sqrt{a^2 k} + \sqrt{b^2 k} + \sqrt{m^2 k}$

$\qquad\qquad\quad = (a+b+m)\sqrt{k}$,

우변$= \sqrt{(A+B+M)(a+b+m)}$

$\qquad = \sqrt{(ak+bk+mk)(a+b+m)} = \sqrt{k(a+b+m)^2}$

$\qquad = (a+b+m)\sqrt{k}$ 이다.

좌변$=$우변, 이로서 식은 성립된다.

[평론] 문제에 문자가 너무 많이 나올 경우 기본적인 방법은 조건을 사용하여 "매개변수" k로 나타내고 k에 대한 식을 이용하여 간단히 나타낸다.

이 문제를 처음 접했을 때는 어디에서부터 증명을 시작해야 하는지 잘 몰랐을 것이다. 이미 알고 있는 조건으로 근호를 없 애고 변형시켜야한다.

$\sqrt{a-x} + \sqrt{b-x} - \sqrt{c-x} = 0$일 때,

$(a+b+c+3x)(a+b+c-x) = 4(ab+bc+ca)$를 증명하여라.

[증명] $\sqrt{a-x} + \sqrt{b-x} = \sqrt{c-x}$ 이다.

양변을 제곱하면 $(a-x) + (b-x) + 2\sqrt{a-x} \cdot \sqrt{b-x} = c-x$이다.

즉, $2\sqrt{a-x} \cdot \sqrt{b-x} = c-a-b+x$이다.

양변은 다시 제곱하면 $4(a-x)(b-x) = (c-a-b+x)^2$이다.

위 식을 전개하여 정리하면

$a^2 + b^2 + c^2 - 2ab - 2bc + 2ca + 2(a+b+c)x - 3x^2 = 0 \cdots (*)$이다.

결론을 증명하려면

$(a+b+c)^2 + 2(a+b+c)x - 3x^2 = 4(ab+bc+ca)$만 증명하면 된다.

즉, $a^2 + b^2 + c^2 - 2ab - 2bc - 2ca + 2(a+b+c)x - 3x^2 = 0 (*)$을 증명한다.

이 식은 위에서 항등 변형으로 얻은 $(*)$식과 동일하다.

그러므로 $(a+b+c+3x)(a+b+c-x) = 4(ab+bc+ca)$이다.

[평론] 이 문제를 증명하기 위해 이미 알고 있는 조건과 증명하고자 하는 결론을 변형하였더니 동일한 등식이 나왔다. 이런 등식을 증명하는 방법은 분석 법과 종합법을 결합하여 사용한 결과이다.

🔁 풀이참조

연습문제 04

▶ 풀이책 p.10

[실력다지기]

01 (1) $\sqrt{19-8\sqrt{3}}+\sqrt{4+2\sqrt{3}}$ 을 간단히 하면?

① $2+\sqrt{3}$ ② $\sqrt{2}+\sqrt{3}$ ③ 3   ④ 5

(2) $x=\dfrac{\sqrt{3}+\sqrt{2}}{\sqrt{3}-\sqrt{2}}$, $y=\dfrac{\sqrt{3}-\sqrt{2}}{\sqrt{3}+\sqrt{2}}$ 이다. $\dfrac{x}{y}+\dfrac{y}{x}$ 의 값을 구하여라.

(3) $x=\sqrt{6}+\sqrt{5}$ 이다. $\left(x+\dfrac{1}{x}\right):\left(x-\dfrac{1}{x}\right)$ 를 구하면?

① $\sqrt{6}:\sqrt{5}$ ② $6:5$ ③ $x^2:1$ ④ $1:x$

02 (1) x는 실수이다. $\sqrt{x-\pi}+\sqrt{\pi-x}+\dfrac{x-1}{\pi}$ 의 값은?

① $1-\dfrac{1}{\pi}$ ② $1+\dfrac{1}{\pi}$ ③ $\dfrac{1}{\pi}-1$ ④ 알 수 없음

(2) $x=\sqrt{\dfrac{1}{2}-\dfrac{\sqrt{3}}{4}}$ 일 때, $\dfrac{x}{\sqrt{1-x^2}}+\dfrac{\sqrt{1-x^2}}{x}$ 의 값을 구하여라.

(3) $x=\dfrac{\sqrt{3}-1}{\sqrt{3}+1}$, $y=\dfrac{\sqrt{3}+1}{\sqrt{3}-1}$ 일 때, x^4+y^4을 구하여라.

03 $\triangle ABC$는 직각삼각형이고, $\angle ACB = 90°$ 이며 $AB + BC + CA = 2 + \sqrt{6}$ 이다. 빗변이 1 일 때, $AC \cdot BC$를 구하여라.

04 $P = \sqrt{1 + \dfrac{1}{1^2} + \dfrac{1}{2^2}} + \sqrt{1 + \dfrac{1}{2^2} + \dfrac{1}{3^2}} + \sqrt{1 + \dfrac{1}{3^2} + \dfrac{1}{4^2}} + \cdots + \sqrt{1 + \dfrac{1}{2014^2} + \dfrac{1}{2015^2}}$ 이다. P와 가장 가까운 정수를 구하여라.

05 (1) $(x + \sqrt{x^2 + 2002})(y + \sqrt{y^2 + 2002}) = 2002$ 이다.

$x^2 - 3xy - 4y^2 - 6x - 6y + 58$을 구하여라.

(2) $x + y = \sqrt{3\sqrt{5} - \sqrt{2}}$, $x - y = \sqrt{3\sqrt{2} - \sqrt{5}}$ 이다. xy의 값을 구하여라.

[실력 향상시키기]

06 (1) 실수 a, b는 $|a - b| = \dfrac{b}{a} < 0$를 만족시킨다. 식 $\left(\dfrac{1}{a} - \dfrac{1}{b}\right)\sqrt{(a - b - 1)^2}$을 a에 대한

식으로 나타내어라.

(2) 직각삼각형에서 직각을 끼고 있는 두 변의 길이를 a, b, 빗변을 c, 빗변에 대한 높이를 h 라고 가정한다. 다음 중 옳은 것은 어느 것인가?

① $ab = h^2$

② $a^2 + b^2 = 2h^2$

③ $\dfrac{1}{a^2} + \dfrac{1}{b^2} = \dfrac{1}{h^2}$

④ $\dfrac{1}{a} + \dfrac{1}{b} = \dfrac{1}{h}$

07 (1) $x = \sqrt{3} - \sqrt{2}$ 일 때, $x^7 + 3x^6 - 10x^5 - 29x^4 + x^3 - 2x^2 + x - 1$의 값은?

① $23 + \sqrt{3} - \sqrt{2} - 10\sqrt{6}$

② $23 + \sqrt{3} + \sqrt{2} + 10\sqrt{6}$

③ $-27 + \sqrt{3} - \sqrt{2} + 10\sqrt{6}$

④ $27 + \sqrt{3} - \sqrt{2} + 10\sqrt{6}$

(2) $f(x) = (x^2 - 4x + 3)^{2021} + (x^2 - 4x + 1)^{2021}$ 일 때, $f(2 + \sqrt{2})$을 구하여라.

08 양수 a, b, c가 $a + c = 2b$를 만족할 때, $\dfrac{1}{\sqrt{a} + \sqrt{b}} + \dfrac{1}{\sqrt{b} + \sqrt{c}} = \dfrac{2}{\sqrt{c} + \sqrt{a}}$ 를 증명하여라.

09 a, b, c, d는 자연수이고, $a < b$, $c < d$, $bc > ad$이며, 삼각형의 세 변의 길이는 각각 $\sqrt{a^2+c^2}$, $\sqrt{b^2+d^2}$, $\sqrt{(b-a)^2+(d-c)^2}$ 이다. 이 삼각형의 넓이를 구하여라.

[응용하기]

10 (1) $a = \sqrt[3]{4} + \sqrt[3]{2} + \sqrt[3]{1}$ 이다. $\dfrac{3}{a} + \dfrac{3}{a^2} + \dfrac{1}{a^3}$ 의 값을 구하여라.

(2) 임의의 자연수 n은 $f(n) = \dfrac{1}{\sqrt[3]{n^2+2n+1} + \sqrt[3]{n^2-1} + \sqrt[3]{n^2-2n+1}}$ 이다.

$f(1) + f(3) + f(5) + \cdots + f(999)$의 값을 구하여라.

(3) 실수 a가 $\sqrt[3]{\sqrt[3]{2}-1} = \dfrac{1}{\sqrt[3]{a}}(1 - \sqrt[3]{2} + \sqrt[3]{4})$을 만족할 때,

a의 값을 구하여라.

11 (1) $\dfrac{a\sqrt{a}+b\sqrt{b}}{\sqrt{a}+\sqrt{b}}-\sqrt{ab}=\left(\dfrac{a-b}{\sqrt{a}+\sqrt{b}}\right)^2$ 을 증명하여라.

(2) $ax^3=by^3=cz^3$이고, $\dfrac{1}{x}+\dfrac{1}{y}+\dfrac{1}{z}=1$이다. $\sqrt[3]{ax^2+by^2+cz^2}=\sqrt[3]{a}+\sqrt[3]{b}+\sqrt[3]{c}$ 을 증명하여라.

05강 이차방정식의 해법 정리

1 핵심요점

형태가 $ax^2 + bx + c = 0$의 방정식을 x의 **이차방정식**(단, $a \neq 0$일 때)이라 한다.
a, b, c는 상수라 하고 x를 **미지수**라고 한다.

1. 기본 풀이 방법

이차방정식의 해법은 아래와 같이 세 가지가 있고, 구체적인 방정식의 형태에 따라 그에 적당한 간단한 풀이법을 선택한다. (**참고** 필수예제 1, 필수예제 2)

(1) **직접 제곱하는 방법**(또는 완전 제곱법이라 한다). 하나의 완전제곱식으로 $(x+m)^2 = n$의 형태로 한다.
  $n \geq 0$일 때, 두 변을 제곱하여 구한 두 개의 근은 $x_{1,\,2} = -m \pm \sqrt{n}$이다. ($n < 0$일 때, 방정식은 실수 범위에서는 해가 없다.)

(2) **근의 공식법** : 이차방정식 $ax^2 + bx + c = 0 (a \neq 0)$을 완전제곱식의 형태로 유도하여 x에 관해 정리한다. 즉,
  $\left(x + \dfrac{b}{2a}\right)^2 = \dfrac{b^2 - 4ac}{4a^2}$의 형식으로, $b^2 - 4ac \geq 0$일 때, 두 개의 실근을 구하는 공식은

  $$x_{1,\,2} = \frac{-b \pm \sqrt{b^2 - 4ac}}{2a} \quad (b^2 - 4ac < 0 \text{일 때, 방정식은 실근이 없다.})$$

(3) **인수분해법** : $a \neq 0$인 이차 3항식 $ax^2 + bx + c$를 두 개의 일차방정식으로 분해하는 방법이다.
  즉, 식을 일차인수식의 곱의 형태로 나타내어 두 방정식의 근을 구한다.

2. 이차방정식으로 전환시켜 그 해를 구한다.

한 방정식을 풀어 이차방정식으로 변형하여 그 해를 구하는 것이다. (**참고** 필수예제 3, 필수예제 4)

3. 이차방정식의 응용문제

일상생활과 과학에서 여러 가지 문제를 이차방정식으로 구하여 풀 수 있다. (**참고** 필수예제 7, 필수예제 8)

2 필수예제

1. 세 가지 풀이 방법의 응용과 선택

분석 tip
임의의 이차방정식은 모두 "근의 공식법"으로 그의 해 또는 실수 범위 내에서 해가 없음을 판정하고 방법이 정해지지 않은 상황에서 비교하여 간략하게 하는 방법으로 이 예제는
(1) 인수분해법
(2) 완전제곱법
(3) 근의 공식법을 사용하여 간단히 한다.

필수예제 1

다음 방정식의 해를 구하여라.

(1) $x^2 = \sqrt{2}\,x$

(2) $x^2 - 4x + 1 = 0$

(3) $3x^2 - 6x + 1 = 0$

[풀이] (1) (인수분해) 원래의 방정식을 간단히 하면 $x^2 - \sqrt{2}\,x = 0$

즉, $x(x - \sqrt{2}) = 0$, 즉 방정식의 두 개의 해는 $x = 0$ 또는 $\sqrt{2}$ 이다.

탑 $x = 0$ 또는 $\sqrt{2}$

(2) (제곱법) 원래의 방정식을 간단히 하면 $x^2 - 4x = -1$,

$$x^2 - 4x + \left(\frac{-4}{2}\right)^2 = -1 + \left(\frac{-4}{2}\right)^2, \ (x-2)^2 = 3,$$

즉, $x - 2 = \pm \sqrt{3}$ 이다.

그러므로 두개의 해는 $x_{1,2} = 2 \pm \sqrt{3}$.

탑 $x_{1,2} = 2 \pm \sqrt{3}$

(3) (근의 공식법) $a = 3$, $b = -6$, $c = 1$이므로

즉, $x_{1,2} = \dfrac{-(-6) \pm \sqrt{(-6)^2 - 4 \times 3 \times 1}}{2 \times 3} = 1 \pm \dfrac{\sqrt{6}}{3}$ 이다.

탑 $x_{1,2} = 1 \pm \dfrac{\sqrt{6}}{3}$

주의 tip

만약 "인수분해법"을 사용하지 않고 근의 공식법을 적용한다면 매우 복잡한 계산이 필요하게 된다.

필수예제 2

방정식 $2002^2 x^2 - 2003 \cdot 2001x - 1 = 0$의 두 근 중 큰 근을 r, 방정식 $2001x^2 - 2002x + 1 = 0$의 두 근 중 작은 근을 s라고 할 때, $r - s$의 값을 구하여라.

[풀이] $2002^2 x^2 - 2003 \cdot 2001x + 1 = 0$으로부터, $(2002^2 x - 1)(x - 1) = 0$이다.

즉, $x_1 = \dfrac{1}{2002^2}$, $x_2 = 1$이 되므로 $r = 1$이다.

$2001x^2 - 2002x + 1 = 0$으로부터, $(x - 1)(2001x - 1) = 0$이다.

즉, $x_1 = 1$, $x_2 = \dfrac{1}{2001}$이 되므로 $s = \dfrac{1}{2001}$이다.

따라서 $r - s = 1 - \dfrac{1}{2001} = \dfrac{2000}{2001}$이다.

탑 $\dfrac{2000}{2001}$

2. 매개 변수에 관하여 정리한 후 이차방정식의 해를 구하는 방법

필수예제 3

x의 방정식 $x^4 - 2ax^2 - x + a^2 - a = 0\,(a \geq \dfrac{3}{4})$의 해를 구하여라.

이 문제의 경우 x의 사차방정식으로 직접 해를 구하는 것은 복잡하다. 왼쪽의 식은 a의 이차식이므로 원래의 방정식을 a에 관한 이차방정식으로 보고 a값을 구한 뒤 x를 구하는 것이 좋다.

[풀이] a에 관하여 원래의 방정식을 정리하면

$$a^2 - (2x^2 + 1)a + (x^4 - x) = 0 \text{이다.}$$

"근의 공식법"으로 구하면 $a = x^2 + x + 1$ 또는 $a = x^2 - x$이다.

$a = x^2 + x + 1$일 때, 즉 $x^2 + x + 1 - a = 0$의 해를 구하면

$$x_{1,2} = \frac{-1 \pm \sqrt{4a-3}}{2} \text{이다.}$$

$a = x^2 - x$일 때, 즉 $x^2 - x - a = 0$의 해를 구하면

$$x_{3,4} = \frac{1 \pm \sqrt{4a+1}}{2} \text{이다.}$$

따라서 $a \geq \dfrac{3}{4}$일 때, 4개의 해는 $x_1,\ x_2,\ x_3,\ x_4$이다.

$$\text{답}\quad x_{1,2} = -1 \pm \frac{\sqrt{4a-3}}{3},\ x_{3,4} = 1 \pm \frac{\sqrt{4a+1}}{2}$$

필수예제 4

$a,\ b$ 모두 양의 실수라 하고, 또 $\dfrac{1}{a} + \dfrac{1}{b} - \dfrac{1}{a-b} = 0$일 때, $\dfrac{b}{a}$의 값은?

① $\dfrac{1 + \sqrt{5}}{2}$　　　　　　　② $\dfrac{1 - \sqrt{5}}{2}$

③ $\dfrac{-1 + \sqrt{5}}{2}$　　　　　　④ $\dfrac{-1 - \sqrt{5}}{2}$

[풀이] 주어진 식을 간단히 정리하면 $\dfrac{a+b}{ab} - \dfrac{1}{a-b} = 0$이고

양변에 최소공배수를 곱하면 $(a+b)(a-b) - ab = 0$이다.

이를 정리하면 $a^2 - b^2 - ab = 0$이 된다.

$a > 0$이므로 a^2으로 나누면 $1 - \left(\dfrac{b}{a}\right)^2 - \dfrac{b}{a} = 0$, 즉, $\left(\dfrac{b}{a}\right)^2 + \dfrac{b}{a} - 1 = 0$이다.

이를 풀면 $\dfrac{b}{a} = \dfrac{-1 \pm \sqrt{5}}{2}$이고, 또 $a, b > 0$이므로 즉, $\dfrac{b}{a} > 0$이고

따라서 $\dfrac{b}{a} = \dfrac{-1 + \sqrt{5}}{2}$이다.

그러므로 구하는 답은 ③이다.

답 ③

3. 문자 수가 포함된 방정식

필수예제 5

x에 관한 방정식 $abx^2 - (a^4 + b^4)x + a^3b^3 = 0$을 구하여라.

[풀이] (1) $ab \neq 0$일 때, 원래의 방정식은 x의 이차방정식으로, "인수분해법"(등식의 왼쪽은 $(ax - b^3)(bx - a^3)$)로 두 개의 근 $x_1 = \dfrac{b^3}{a}$, $x_2 = \dfrac{a^3}{b}$이 존재한다.

(2) a, b 중에서 임의의 하나가 0일 때 원래의 방정식은 $a \neq 0$, $b = 0$일 때, a에 관한 일차방정식이 되고 또는 $a = 0$, $b \neq 0$일 때, b에 관한 일차방정식이 되는 경우, 모두 하나의 해 $x = 0$이다.

(3) $a = b = 0$일 때, 원래 방정식은 모두 실수 범위 내에서 모두 성립되기 때문에 (즉, 항등식이 되므로) 이때, 방정식의 해는 모든 실수이다.

🔲 풀이참조

4. 대수식의 값

필수예제 6

양수 a가 방정식 $x^2 - x - 2000 = 0$의 근일 때,

$3 + \dfrac{2000}{1 + \dfrac{2000}{1 + \dfrac{2000}{a}}}$ 의 값을 구하여라.

[풀이] a는 방정식 $x^2 - x - 2000 = 0$의 근이다.

그러므로 $a^2 - a - 2000 = 0$, 즉 $a^2 = a + 2000$이다.

$a \neq 0$이므로, $a = 1 + \dfrac{2000}{a}$이다.

주어진 식 $= 3 + \dfrac{2000}{1 + \dfrac{2000}{a}}$

$= 3 + \dfrac{2000}{a}$

$= 2 + 1 + \dfrac{2000}{a}$

$= 2 + a$

또 $a^2 - a - 2000 = 0$에서 양의 실근을 구하면 $a = \dfrac{1 + 3\sqrt{889}}{2}$이다.

따라서 원래의 식의 값은 $2 + \dfrac{1 + 3\sqrt{889}}{2} = \dfrac{5 + 3\sqrt{889}}{2}$이다.

🔲 $\dfrac{5 + 3\sqrt{889}}{2}$

5. 이차방정식의 응용 사례

이차방정식은 다방면으로 응용된다. 다음 예제를 들어 보자.

필수예제 7

아래 그림에서 갑, 을 두 대의 차가 A, B 두 곳에서 서로 마주 향하여 달릴 때, 점 C에서 서로 마주치고, 각각 B, A 두 종점에 도착한 후 다시 돌아서 D점에서 만났다. $\overline{AC} = 30$km, $\overline{AD} = 40$km일 때, $\overline{AB}$의 거리를 구하고 갑과 을의 속력의 비를 구하여라.

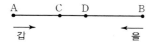

[풀이] 갑의 속력을 $v_갑$, 을의 속력을 $v_을$, DB $= x$km라 하자.

그러면, 갑, 을 두 차가 첫 번째 만났을 때 소요된 시간은 같아서

$$\frac{AC}{v_갑} = \frac{CD + DB}{v_을}, \ \text{즉} \ \frac{30}{v_갑} = \frac{10 + x}{v_을}. \quad \cdots\cdots\cdots\cdots① $$

또 갑, 을 두 차가 두 번째 만났을 때 걸린 시간은 같아서

$$\frac{CD + 2 \cdot DB}{v_갑} = \frac{AC + AD}{v_을}, \ \text{즉} \ \frac{10 + 2x}{v_갑} = \frac{70}{v_을} \quad \cdots\cdots②$$

②÷①를 하면 $\dfrac{10 + 2x}{30} = \dfrac{70}{10 + x}$이다.

이를 정리하면 $x^2 + 15 - 1000 = 0$, $(x - 25)(x + 40) = 0$이다.

이를 풀면 $x = 25(-40$을 버린다.)이다.

그러므로 AB $=$ AD $+$ DB $= 40 + 25 = 65$(km)

따라서 식 ①에 의해 구하는 $v_갑 : v_을 = 30 : (10 + 25) = 30 : 35 = 6 : 7$이다.

답 6 : 7

▶ 풀이책 p.14

[실력다지기]

01 x에 관한 다음 방정식을 풀어라.

(1) $3(x-2)^2 - x(x-2) = 0$

(2) $x^2 - 2x - 5 = 0$

(3) $4(x+3)^2 = 25(x-2)^2$

02 x에 관한 다음 방정식을 풀어라.

(1) $x^2 - 3x + 2 = mx^2 - mx$

(2) $1 + 2x + x^2 = n^2\left(1 + \dfrac{2x}{n^2} + \dfrac{x^2}{n^4}\right)(n \neq 0)$

03 x_1, x_2는 x에 관한 방정식 $3x^2 - 19x + m = 0$의 두 근이다.

$x_1 = \dfrac{m}{3}$일 때, m의 값을 구하여라.

04 $x^2 + xy + y = 14$, $y^2 + xy + x = 28$일 때, $x + y$의 값을 구하여라.

05 아래 그림 중 오른쪽의 정사각형을 4조각으로 자르면 왼쪽의 직사각형의 모양과 같다. 만약 $a = 1$이라면 이 정사각형의 넓이는?

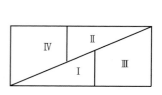
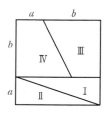

① $\dfrac{7 + 3\sqrt{5}}{2}$ ② $\dfrac{3 + \sqrt{5}}{2}$ ③ $\dfrac{\sqrt{5} + 1}{2}$ ④ $(1 + \sqrt{2})^2$

[실력 향상시키기]

06 x에 관한 방정식 $x^4 - 10x^3 - 2(a - 11)x^2 + 2(5a + 6)x + 2a + a^2 = 0(a \geq 6$을 풀어라.

07 x_0가 이차방정식 $ax^2 + bx + c = 0(a \neq 0)$의 근일 때, 판별식 $\triangle = b^2 - 4ac$와 제곱식 $\mathrm{M} = (2ax_0 + b)^2$의 대소 관계는?

① $\triangle > \mathrm{M}$ ② $\triangle = \mathrm{M}$ ③ $\triangle < \mathrm{M}$ ④ 알 수 없다.

08 $a < 0$, $b \leq 0$, $c > 0$이며, $\sqrt{b^2 - 4ac} = b - 2ac$일 때, $b^2 - 4ac$의 최솟값을 구하여라.

09 실수 계수의 이차방정식 $ax^2 + 2bx + c = 0$의 두 실근은 x_1, x_2이고,
$a > b > c$, $a + b + c = 0$일 때, $d = |x_1 - x_2|$의 범위를 구하여라.

[응용하기]

10 $1 + 2 + 3 + \cdots + n$의 합이 같은 수로 된 세 자리 수일 때, 자연수 n을 구하여라.

11 m, n은 유리수이고, 또 방정식 $x^2 + mx + n = 0$은 $\sqrt{5} - 2$를 한 개의 근으로 가질 때, $m + n$을 구하여라.

06강 판별식(△)과 비에트의 정리

1 핵심요점

1. 이차방정식의 판단식의 작용

이차방정식 $ax^2 + bx + c = 0(a \neq 0)$의 $\triangle = b^2 - 4ac$을 판별식(아래의 모든 계산과정에서 판별식을 간단히 $\triangle$으로 표시한다)이라 한다.

(1) $\triangle > 0$일 때, 두 개의 서로 다른 실근 존재

(2) $\triangle = 0$일 때, 두 개의 같은 실근(중근) 존재

(3) $\triangle < 0$일 때, 실근은 없다.

2. 근과 계수간의 관계(비에트의 정리)

x_1, x_2가 이차방정식 $ax^2 + bx + c = 0(a \neq 0)$의 두 근이면 $x_1 + x_2 = -\dfrac{b}{a}$, $x_1 x_2 = \dfrac{c}{a}$이고,

$x^2 + px + q = 0$의 두 근이 x_1, x_2이면, $x_1 + x_2 = -p$, $x_1 x_2 = q$이다.

이와 같은 결론을 비에트의 정리라고 한다.

역으로 두 근 x_1, x_2가 $x_1 + x_2 = -p$, $x_1 x_2 = q$를 만족하면, x_1, x_2는 방정식 $x^2 + px + q = 0$의 두 근이다.

2 필수예제

1. △과 근과 계수의 관계에 관한 간단한 응용

분석 tip

(1) 방정식에 실근이 있을 때, $\triangle \geq 0$이다. 이 식을 정리하면 m에 관한 부등식이 나타나므로 이를 풀면 m의 범위가 나온다.

(2) $x_1^2 + x_2^2 = (x_1 + x_2)^2 - 2$이므로 근과 계수의 관계에 의해 부등식을 m에 관한 부등식이 되게 하고, 부등식 (1)과 연립하여 정수 m의 값을 구할 수 있다.

필수예제 1

x_1, x_2는 이차방정식 $2x^2 - 2x + m + 1 = 0$의 두 실근이다.

(1) 실수 m의 범위를 구하여라.

(2) x_1, x_2는 부등식 $7 + 4x_1 x_2 > x_1^2 + x_2^2$을 만족시킬 때, 정수 m의 값을 구하여라.

[풀이] (1) 주어진 방정식에 두 개의 실근이 존재하므로

판별식 $\triangle = (-2)^2 - 4 \times 2(m+1) \geq 0$이다. 따라서 $m \leq -\dfrac{1}{2}$이다.

$$\boxed{目} \ m \leq -\dfrac{1}{2}$$

(2) 비에트의 정리로부터 $x_1 + x_2 = 1$, $x_1 x_2 = \dfrac{m+1}{2}$이다.

그러므로 $x_1^2 + x_2^2 = (x_1 + x_2)^2 - 2x_1 x_2 = 1 - (m+1) = -m$이다.

$x_1^2 + x_2^2 = -m$, $x_1 x_2 = \dfrac{m+1}{2}$을 부등식에 대입하면

$7 + 4 \cdot \dfrac{m+1}{2} > -m$이다. 이를 풀면 $m > -3$이다.

(1)로부터 $-3 < m \leq -\dfrac{1}{2}$ 이다. 또 m은 정수이므로 $m = -2$ 또는 -1 이다.

답 $m = -2$ 또는 -1

필수예제 2

x에 관한 이차방정식 $2x^2 - 2x + 3m - 1 = 0$의 두 실근이 x_1, x_2이고 또 $x_1 x_2 > x_1 + x_2 - 4$일 때, m의 범위는?

① $m > -\dfrac{5}{3}$ ② $m \leq \dfrac{1}{2}$

③ $m < -\dfrac{5}{3}$ ④ $-\dfrac{5}{3} < m \leq \dfrac{1}{2}$

[풀이] 방정식에 두 실근이 존재하므로 $\triangle \geq 0$이다.

즉, $4 - 8(3m - 1) \geq 0$을 간단히 하면 $-6m + 3 \geq 0$ ……㉠이고,

$x_1 + x_2 = 1$, $x_1 x_2 = \dfrac{3m-1}{2}$이므로 이를 주어진 부등식에 대입하면

$\dfrac{3m-1}{2} > 1 - 4$이다. 즉, $3m > -5$ ……㉡이다.

㉠, ㉡의 연립부등식을 풀면 $-\dfrac{5}{3} < m \leq \dfrac{1}{2}$이므로 ④을 선택해야 한다.

답 ④

2. 판별식($\triangle$)의 적용

$\triangle$는 이차방정식에 실근이 있는가, 없는가를 판별하고 만약 실근이 있다면 두 근이 같은지, 다른지를 판별하는 것이다.

① $\triangle > 0$일 때, 두 개의 다른 실근이 존재한다.

② $\triangle = 0$일 때, 두 개의 같은 실근이 존재한다.

③ $\triangle \geq 0$일 때, 실근이 존재한다.

④ $\triangle < 0$일 때, 실근이 존재하지 않는다.

필수예제 3

3개의 방정식 $x^2 - 4x + 2a - 3 = 0$, $x^2 - 6x + 3a + 12 = 0$,

$x^2 + 3x - a + \dfrac{25}{4} = 0$ 중에서 적어도 1개의 방정식은 실근을 가질 a의 범위를 구하여라.

분석 tip

적어도 한 개의 방정식이 실근을 갖거나, 두 개 또는 세 개의 방정식이 실근을 가질 수 있다. 이는 복잡한 계산이 필요하므로 귀류법을 적용하여 해결하자. 즉, 모든 방정식이 해가 없도록 하는 범위를 구한 후 구하려는 범위를 구한다.

[풀이] 세 개의 방정식의 판별식을 각각 $\triangle_1$, $\triangle_2$, $\triangle_3$이라 하자.

만약 세 개의 방정식에 모두 실근이 없다면

$$\begin{cases} \triangle_1 = 16 - 8a + 12 < 0 \\ \triangle_2 = 36 - 12a - 48 < 0 \\ \triangle_3 = 9 + 4a - 25 < 0 \end{cases} \quad \text{즉,} \quad \begin{cases} a > \dfrac{7}{2} \\ a > -1 \\ a < 4 \end{cases} \quad \text{이다.}$$

이를 풀면 $\dfrac{7}{2} < a < 4$이다. 그러므로 $\dfrac{7}{2} < a < 4$일 때, 세 방정식은 모두 실근이 없다.

그러므로 적어도 하나의 방정식이 실근이 가질 때, a의 범위는 $a \le \dfrac{7}{2}$ 또는 $a \ge 4$이다.

$$\boxed{\text{답}} \quad a \le \dfrac{7}{2} \ \text{또는} \ a \ge 4$$

3. 비에트 정리의 응용 1– 근으로 표현된 대수식의 값 구하기

우리는 필수예제 1의 (2)에서 이미 비에트의 정리를 사용하여 두 개의 근의 제곱과 $(x_1^2 + x_2^2)$의 값을 구하는 것을 설명하였는데, 여기에서 두 개의 예제를 더 소개한다.

필수예제 4

방정식 $x^2 + 8x - 4 = 0$의 두 근이 각각 x_1, x_2일 때, $\dfrac{1}{x_1} + \dfrac{1}{x_2}$의 값은?

① 2   ② -2

③ 1   ④ -1

[풀이] $x_1 + x_2 = -8$, $x_1 x_2 = -4$이므로 $\dfrac{1}{x_1} + \dfrac{1}{x_2} = \dfrac{x_1 + x_2}{x_1 x_2} = \dfrac{-8}{-4} = 2$이다.

그러므로 ①을 선택해야 한다.

[평주] 필수예제 1의 (2)에서 구한 $x_1^2 + x_2^2$의 값과 $\dfrac{1}{x_1} + \dfrac{1}{x_2}$의 값에서 구한 값은 모두 두 개의 근의 "대칭식"의 값이다.

또 예를 들어 $\dfrac{x_2}{x_1} + \dfrac{x_1}{x_2}$, $x_1^3 + x_2^3$, $x_1 x_2^2 + x_1^2 x_2$, $\cdots$ 등의 형태이다.

만약 방정식에서 x_1, x_2의 값을 구하여 다시 대입하면 매우 복잡한 계산이 되지만(실근은 쉽게 구할 수 있지만 식에 대입되면 복잡한 유리식이나 굉장히 큰 정수가 될 수 있다.) 비에트 정리의 적용 시 간단한 대칭 형태의 $(x_1 + x_2)$과 $x_1 x_2$의 대수식으로 된다.

만약 대수식의 값이 두 개의 근 x_1, x_2의 대칭식이 아니라면 어떻게 할까? 아래의 필수예제 5에서 방법을 알아보자.

$$\boxed{\text{답}} \ ①$$

필수예제 5·1

x_1, x_2는 방정식 $x^2 - 2x - 2 = 0$의 두 실근이다. 아래의 식의 값을 구하여라.

(1) $x_2 + \dfrac{2}{x_1}$

(2) $\dfrac{1}{x_2} - \dfrac{1}{x_1}$

[풀이] (1) 비에트의 정리로부터 $x_1 + x_2 = 2$, $x_1 x_2 = -2$이다.

그러므로 $(x_1 - x_2)^2 = (x_1 + x_2)^2 - 4x_1 x_2 = 4 + 8 = 12$이다.

즉, $x_1 - x_2 = \pm \sqrt{12} = \pm 2\sqrt{3}$ 이다.

따라서 $x_2 + \dfrac{2}{x_1} = \dfrac{x_1 x_2 + 2}{x_1} = \dfrac{-2 + 2}{x_1} = 0$이다. 답 0

(2) $\dfrac{1}{x_2} - \dfrac{1}{x_1} = \dfrac{x_1 - x_2}{x_1 x_2} = \dfrac{\pm 2\sqrt{3}}{-2} = \pm \sqrt{3}$ 이다. 답 $\pm \sqrt{3}$

필수예제 5·2

α, β는 방정식 $x^2 - x - 1 = 0$의 두 실근일 때, $\alpha^4 + 3\beta$의 값을 구하여라.

[풀이] 비에트의 정리로부터, $\alpha + \beta = 1$, $\alpha\beta = -1$이다.

또 $\alpha^2 - \alpha - 1 = 0$이다.

즉, $\alpha^4 + 3\beta = \alpha^4 - \alpha^3 - \alpha^2 + \alpha^3 + \alpha^2 + 3\beta$

$= \alpha^2(\alpha^2 - \alpha - 1) + \alpha^3 - \alpha^2 - \alpha + 2\alpha^2 + \alpha + 3\beta$

$= \alpha^2 \cdot 0 + a(\alpha^2 - \alpha - 1) + 2\alpha^2 - 2\alpha - 2 + 3\alpha + 2 + 3\beta$

$= \alpha \cdot 0 + 2(\alpha^2 - \alpha - 1) + 3(\alpha + \beta) + 2$

$= \alpha \cdot 0 + 3 \times 1 + 2 = 5$ 답 5

[평주] (2)에서 풀이한 방법은 항을 나누고 항을 채우는 방법이다.

$B = \beta^4 + 3\alpha$와 $A = \alpha^4 + 3\beta$는 상대적으로 대응한다.

a, β의 대칭식

$A + B = (\alpha^4 + \beta^4) + 3(\alpha + \beta)$

$= (\alpha^2 + \beta^2)^2 - 2\alpha^2\beta^2 + 3(\alpha + \beta)$

$= \{(\alpha + \beta)^2 - 2\alpha\beta\}^2 - 2(\alpha\beta)^2 + 3(\alpha + \beta)$

$= (1 + 2)^2 - 2 + 3 = 0$

또 $A - B = (\alpha^2 - \beta^2)(\alpha^2 + \beta^2) - 3(\alpha - \beta)$

$= (\alpha - \beta)(\alpha + \beta) \times \{(\alpha + \beta)^2 - 2\alpha\beta\} - 3$

$= (\alpha - \beta)1 \times (1 + 2) - 3 = 0$

$A = \dfrac{1}{2}\{(A + B) + (A - B)\}$

$= \dfrac{1}{2}(10 + 0)$

$= 5$

4. 근과 계수의 관계식에 관한 정리 응용 2- 방정식 풀이

α, β가 $\alpha+\beta=-p$, $\alpha\beta=q$의 식을 만족시킬 때, α, β는 이차방정식 $x^2+px+q=0$의 두 근이다. 이것은 두 근을 알고 있을 때, 이차방정식을 푸는 방법이며 "두 수의 합, 곱 값을 알고 두 수를 구하는" 간단한 방법이다. 예를 들어 $x+y=3$, $xy=2$를 알고 x, y의 값을 구할 때 비에트의 정리로부터 x, y는 $u^2-3u+2=0$의 두 근이고, 이 방정식에서 $u_1=1$, $u_2=2$이다. 즉, $x=1$, $y=2$ 또는 $x=2$, $y=1$이다.

다시 예를 들면 x, y는 $\dfrac{1}{x}+\dfrac{1}{y}=-3$, $xy=\dfrac{1}{2}$을 만족시킬 때 x, y의 값을 구한다.

$\dfrac{1}{x}$, $\dfrac{1}{y}$는 $\dfrac{1}{x}+\dfrac{1}{y}=-3$, $\dfrac{1}{x}\cdot\dfrac{1}{y}=2$를 만족시키므로 $\dfrac{1}{x}$, $\dfrac{1}{y}$은 방정식 $u^2+3u+2=0$의 두 근이다. 이 방정식의 해는 $u_1=-2$, $u_2=-1$이고, x, y의 값은 $x=-\dfrac{1}{2}$, $y=-1$ 또는 $x=-1$, $y=-\dfrac{1}{2}$이다.

분석 tip

방정식 $bx^2+cx-a=0$의 근을 구하려면 a, b, c의 값을 알아야 한다. 주어진 조건으로부터 a, b를 두 근으로 하는 이차방정식을 만든다. 방정식에 실근이 있다는 것에 근거하여 $\triangle \geq 0$이므로 상수 c의 값을 구할 수 있다. a, b의 값을 구하고 방정식 $bx^2+cx-a=0$에 대입하면 이 방정식의 근을 구할 수 있다.

필수예제 6

실수 a, b, c가 다음 식을 만족시킬 때,

$$\begin{cases} a+b=8 \\ ab-c^2+8\sqrt{2}\,c=48 \end{cases}$$

방정식 $bx^2+cx-a=0$의 근을 구하여라.

[풀이] $\begin{cases} a+b=8 \\ ab=c^2-8\sqrt{2}\,c+48 \end{cases}$ 로부터 a, b는 방정식

$x^2-8x+c^2-8\sqrt{2}\,c+48=0$의 두 실근이다.

$\triangle \geq 0$으로부터 $64-4c^2+32\sqrt{2}\,c-192 \geq 0$이다.

이를 정리하면 $c^2-8\sqrt{2}\,c+32 \leq 0$, 즉 $(c-4\sqrt{2})^2 \leq 0$이다.

그런데 $(c-4\sqrt{2})^2 \geq 0$이므로, $c-4\sqrt{2}=0$이다. 즉, $c=4\sqrt{2}$이다.

따라서 $a+b=8$, $ab=16$이다.

a, b는 이차방정식 $x^2-8x+16=0$의 두 실근이므로,

$a=b=4$이고, 문제의 이차방정식은 $4x^2+4\sqrt{2}\,x-4=0$이다.

즉, $x^2+\sqrt{2}\,x-1=0$이다. 그러므로 구하는 근 $x=\dfrac{-\sqrt{2}\pm\sqrt{6}}{2}$.

$$\boxed{\text{답}}\ x=\dfrac{-\sqrt{2}\pm\sqrt{6}}{2}$$

5. △과 비에트 정리의 종합응용

앞에서 우리는 각각의 △과 비에트의 정리에 관한 약간의 응용을 설명하였고 간단한 예제로부터 종합적인 응용을 기초적으로 소개하였다. 아래는 난이도가 있는 종합적인 예제를 설명한다.

필수예제 7

실수 a, b가 $a^2 + ab + b^2 = 1$과 $t = ab - a^2 - b^2$을 만족한다면, t의 범위를 구하여라.

분석 tip

$a+b$, ab를 t를 포함한 대수식으로 표현하여 a, b를 두 근으로 하는 이차방정식을 만들고, △의 적용으로 t의 범위를 구할 수 있다.

[풀이] $a^2 + ab + b^2 = 1$ ······㉠

$ab - a^2 - b^2 = t$ ······㉡

㉠+㉡을 구하면 $ab = \dfrac{t+1}{2}$이다.

즉, $(a+b)^2 = a^2 + ab + b^2 + ab = 1 + \dfrac{t+1}{2} = \dfrac{t+3}{2} \geq 0$이다.

그러므로 $t \geq -3$이다. 또, $a+b = \pm\sqrt{\dfrac{t+3}{2}}$ 이다.

a, b는 방정식 $x^2 \pm \sqrt{\dfrac{t+3}{2}}\,x + \dfrac{t+1}{2} = 0$의 두 실근이므로,

$\triangle = \left(\pm\sqrt{\dfrac{t+3}{2}}\right)^2 - 4 \times \dfrac{t+1}{2} \geq 0$, 즉 $-3t - 1 \geq 0$이다.

이를 풀면 $t \leq -\dfrac{1}{3}$이다. 그러므로 t의 범위는 $-3 \leq t \leq -\dfrac{1}{3}$이다.

답 $-3 \leq t \leq -\dfrac{1}{3}$

필수예제 8

실수 a, b, c는 $a+b+c = 2$, $abc = 4$를 만족한다.

(1) a, b, c 중 가장 큰 수의 최솟값을 구하여라.

(2) $|a| + |b| + |c|$의 최솟값을 구하여라.

분석 tip

먼저 $a+b+c = 2$, $abc = 4$에서 두 개 수의 합과 이 두 수의 곱의 값을 고려하고, a, b, c 모두 실수이므로, 두 수를 근으로 하는 이차방정식을 만들고 $\triangle \geq 0$이면 간단히 해결할 수 있다.

[풀이] (1) a를 a, b, c 중의 가장 큰 수라고 하면 $a \geq b$, $a \geq c$이다.

그런데 $a+b+c = 2$이므로 $a > 0$이다.

또 $b+c = 2-a$, $bc = \dfrac{4}{a}$로부터 b, c는 이차방정식

$x^2 - (2-a)x + \dfrac{4}{a} = 0$의 두 실근이므로 $\triangle = (2-a)^2 - \dfrac{16}{a} \geq 0$이다.

$a > 0$이므로 $a^3 - 4a^2 + 4a - 16 \geq 0$이고 즉, $(a^2 + 4)(a - 4) \geq 0$이다.

$a^2 + 4 > 0$이므로 $a - 4 \geq 0$이다. 즉, $a \geq 4$이다.

그러므로 a의 최솟값은 4이다.

실제로, $a = 4$, $b = c = -1$일 때, 문제의 조건을 만족한다. 답 4

(2) a를 가장 크다고 하자. $abc = 4 > 0$이므로, $a > 0$, $b > 0$, $c > 0$ 또는 $a > 0$, $b < 0$, $c < 0$이다.

① 만약 $a > 0$, $b > 0$, $c > 0$이면,

$a \geq 4$이므로 $a + b + c = 2$를 만족하지 않는다.

② 만약 $a > 0$, $b < 0$, $c < 0$이면,

$$|a| + |b| + |c| = a - b - c = a - (b + c)$$
$$= a - (2 - a) = 2a - 2$$

$a \geq 4$이므로 $2a - 2 \geq 6$이다.

또한 $a = 4$, $b = c = -1$은 부등식의 등호 조건이 된다.

부등식의 등호가 성립할 때, 주어진 식이 최소가 된다.

따라서 $|a| + |b| + |c|$의 최솟값은 6이다.

답 6

▶ 풀이책 p.15

[실력다지기]

01 (1) $\angle C = 90°$ 인 직각삼각형 ABC 에서 빗변 $c = \sqrt{5}$ 이고, 직각을 낀 두 변 a, b 의 길이는 방정식 $x^2 - (m+1)x + m = 0$ 의 두 실근일 때, m 의 값을 구하여라.

(2) 직각삼각형 ABC 에서 빗변 $AB = 5$ 이고, 직각을 낀 두 변 BC, AC 의 길이는 이차방정식 $x^2 - (2m-1)x + 4(m-1) = 0$ 의 두 근일 때, m 의 값은?

① 4 ② -1 ③ 4 또는 -1 ④ -4 또는 1

02 실수 x, y, z 는 $x + y = 5$, $z^2 = xy + y - 9$ 를 만족할 때, $x + 2y + 3z$ 의 값을 구하여라.

03 x 에 관한 이차방정식 $(m^2 - 4)x^2 + (2m-1)x + 1 = 0 \,(m$ 은 실수$)$의 두 실근의 역수의 합이 S 일 때, S 의 범위를 구하여라.

04 a, b는 정수이고, x에 관한 방정식 $\frac{1}{4}x^2 - ax + a^2 + ab - a - b - 1 = 0$의 두 실근이 같을 때, $a - b$의 값은?

① 1   ② 2   ③ ±1   ④ ±2

05 a는 실수이고, x에 관한 방정식 $x^2 + a^2x + a = 0$이 실근을 가질 때, x의 최댓값을 구하여라.

[실력 향상시키기]

06 a, b, c는 서로 다른 실수이고, $b^2 + c^2 = 2a^2 + 16a + 14$, $bc = a^2 - 4a - 5$일 때, a의 가능한 범위를 구하여라.

07 x에 관한 방정식 $x^2 + 4x + 3k - 1 = 0$의 두 실근의 제곱의 합은 두 실근의 곱보다 작지 않다고 한다. 또한 반비례 함수 $y = \frac{1 + 5k}{x}$의 그래프의 두 부분은 각자가 속한 사분면 내에서 x좌표가 증가함에 따라 y좌표는 감소한다고 한다. 위의 두 조건을 모두 만족하는 정수 k의 값을 구하여라.

08 a, b, c, $d > 0$일 때, 아래의 방정식

$$\frac{1}{2}x^2 + \sqrt{2a+b}\,x + \sqrt{cd} = 0, \quad \frac{1}{2}x^2 + \sqrt{2b+c}\,x + \sqrt{ad} = 0,$$

$$\frac{1}{2}x^2 + \sqrt{2c+d}\,x + \sqrt{ab} = 0, \quad \frac{1}{2}x^2 + \sqrt{2d+a}\,x + \sqrt{bc} = 0$$에서

적어도 두 개의 방정식은 실근을 가짐을 증명하여라.

09 오른쪽 그림에서, 직각삼각형 ABC 의 두 변 AC, BC 의 합이 a이고, M 은 AB 의 중점이며 MC = MA = 5일 때, a의 범위를 구하여라.

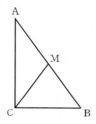

[응용하기]

10 수학시간에 선생님은 $x^2 + ax + b = 0$인 방정식을 주고 아래와 같이 알려 주셨다. 숫자 1, 3, 5, 7 중에서 마음대로 뽑아 그것을 a, 숫자 0, 4, 8 중에서 마음대로 뽑아 그것을 b라 하고 서로 다른 방정식 m개를 만들어 그 중에서 n개의 방정식이 실근이 있다면 $\dfrac{n}{m}$의 값을 구하여라.

11 $b^2 - 4ac$가 방정식 $ax^2 + bx + c = 0\,(a \neq 0)$의 하나의 실근일 때, ab의 범위는?

① $ab \geq \dfrac{1}{8}$ ② $ab \leq \dfrac{1}{8}$ ③ $ab \geq \dfrac{1}{4}$ ④ $ab \leq \dfrac{1}{4}$

07강 이차방정식의 근의 특징 (Ⅰ)
– 근과 계수의 부호 관계, 배수 관계의 근, 공통근

1 핵심요점

1. 근과 계수의 부호관계

이차방정식 $ax^2 + bx + c = 0 (a \neq 0)$의 특징은 계수 a, b, c에 의해 결정된다. 따라서 근의 특징은 계수 a, b, c로 판단한다. "$\triangle$"과 "근과 계수의 관계식"으로부터 아래의 표에 근의 분리에 관한 특징을 얻을 수 있다.

이차방정식 $ax^2 + bx + c = 0 (a \neq 0)$	
근의 특징 및 조건(결론 A)	계수를 이용한 실제 적용(조건 B)
① 두 근은 모두 양수	$\triangle \geq 0$, $-\dfrac{b}{a} > 0$, $\dfrac{c}{a} > 0$
② 두 근은 모두 음수	$\triangle \geq 0$, $-\dfrac{b}{a} < 0$, $\dfrac{c}{a} > 0$
③ 두 근 중에서 어느 하나는 음수 어느 하나는 양수	$\dfrac{c}{a} < 0 (\triangle > 0)$ $\triangle = b^2 - 4ac$에서 $b^2 \geq 0$이고, $ac < 0$이므로 $\triangle$는 항상 > 0
④ 절댓값은 같지만 부호는 서로 다른 두 수	$b = 0$, $ac < 0 (\triangle > 0)$
⑤ 서로 역수관계인 두 근	$\triangle \geq 0$, $a = c$
⑥ 두 근 중 하나만 0	$b \neq 0$, $c = 0 (\triangle > 0)$
⑦ 두 근 모두 0	$b = c = 0$
⑧ $x = 1$인 하나의 근	$a + b + c = 0$
⑨ $x = -1$인 하나의 근	$a - b + c = 0$

[주] 결론(A)의 조건(B)의 의미는 조건(B)가 성립되면 결론(A)가 성립함을 알 수 있다. 결론(A)가 성립된다면 조건 ②가 성립됨을 추리할 수 있고 일반적으로 화살표 "⇔"로 표기한다. 결론(A) ⇔ 조건(B)

[설명] 양의 근의 절댓값이 음의 근의 절댓값 보다 크면 $\dfrac{c}{a} < 0$, $-\dfrac{b}{a} > 0$, 음의 근의 절댓값이 양의 근의 절댓값보다 크면 $\dfrac{c}{a} < 0$, $-\dfrac{b}{a} < 0$으로 관계를 표시한다.

2. 배수 관계의 근 문제

이차방정식의 두 근 사이의 배수관계에 대한 문제를 '배수관계의 근' 문제라고 한다. 이러한 문제의 기본해결 방법은 비에트의 정리(근과 계수와의 관계)를 이용하여 푼다. (**참고** 필수예제 5, 6)

2 필수예제

1. 근과 계수사이의 부호관계

필수예제 1

x에 관한 이차방정식 $x^2 - x + a(1-a) = 0$가 서로 다른 양의 근을 가질 때, a의 범위를 구하여라.

[풀이] 원래의 방정식의 서로 다른 두 양의 실근을 x_1, x_2라고 하면

$x_1 \neq x_2$, $x_1 > 0$, $x_2 > 0$의 동치 조건은

$$\begin{cases} \triangle = 1 - 4a(1-a) > 0 \\ x_1 + x_2 = -(-1) > 0 \\ x_1 \cdot x_2 = a(1-a) > 0 \end{cases}$$

$1 - 4a(1-a) = 4a^2 - 4a + 1 = (2a-1)^2 \geq 0$이므로 $\triangle > 0$이므로 $a \neq \dfrac{1}{2}$이다.

또 $a(1-a) > 0$로부터 $0 < a < 1$이다. 동치 조건의 해는 $0 < a < 1$, $a \neq \dfrac{1}{2}$이다.

그러므로 a의 범위는 $0 < a < 1$이고, $a \neq \dfrac{1}{2}$이다.

$$\boxed{\text{답}}\ 0 < a < 1,\ a \neq \dfrac{1}{2}$$

필수예제 2

다음 4개의 식에서 옳은 것은 모두 몇 개인가?

(1) $|a| = |b|$라면, $a|a| = b|b|$이다.

(2) $a^2 - 5a + 5 = 0$이라면, $\sqrt{(1-a)^2} = a - 1$이다.

(3) x에 관한 부등식 $(m+3)x > 1$의 해가 $x < \dfrac{1}{m+3}$이면, $m < -3$이다.

(4) x에 관한 방정식 $x^2 + mx - 1 = 0$, $m > 0$일 때, 이 방정식에는 하나의 양의 근과 하나의 음의 근을 가진다면 음의 근의 절댓값이 양의 근보다 크다.

① 1개　　　　　　　　② 2개

③ 3개　　　　　　　　④ 4개

[풀이] (1) 틀리다. $a = 1$, $b = -1$의 경우 등식이 성립하지 않는다.

(2) 맞다. 방정식의 해가 $a = \dfrac{5 \pm \sqrt{5}}{2}$이므로, $a - 1 = \dfrac{3 \pm \sqrt{5}}{2} > 0$이다.

(3) 맞다. $(m+3)x > 1$에의 해가 $x < \dfrac{1}{m+3}$ 이므로, $m+3 < 0$이고,

즉, $m < -3$이다.

(4) 맞다. 원래의 방정식의 두 근을 x_1, x_2라 하면

$x_1 x_2 = -1$에 의해 두 근의 부호가 다르고,

$x_1 + x_2 = -m < 0$이므로, 음의 근의 절댓값은 양의 근의 절댓값보다

크다.

따라서 답은 ③이다.

답 ③

필수예제 3-1

x에 관한 이차방정식 $(3k+2)x^2 - 7(k+4)x + k^2 - 9 = 0$의 한 근은 0보다 크고, 다른 한 근은 0일 때, k의 값을 구하여라.

[풀이] 한 근이 0보다 크고 다른 한 근이 0일 때의 조건에 의해(근의 분리) k는

$$\begin{cases} c = k^2 - 9 = 0 \\ -\dfrac{b}{a} = \dfrac{7(k+4)}{3k+2} > 0 \end{cases} \text{ 를 만족해야 한다.}$$

위의 식으로부터 $\begin{cases} k = \pm 3 \\ k < -4 \text{ 또는 } k > -\dfrac{2}{3} \end{cases}$ 이다.

따라서, $k = 3$이다.

답 $k = 3$

필수예제 3-2

x에 관한 이차방정식 $k^2 x^2 - 2(k+1)x - 3 = 0$의 두 근이 서로 반수(절댓값은 같고, 부호는 다른 수)일 때, k의 값을 구하여라.

[풀이] 두 근이 서로 절댓값은 같고 부호는 반대라는 조건에 의해 k는 아래의 조건을 만족시켜야 한다.

$$\begin{cases} \triangle = [-2(k+1)]^2 + 12k^2 > 0 \\ x_1 + x_2 = \dfrac{2(k+1)}{k^2} = 0 \end{cases}$$

즉, $\begin{cases} (k+1)^2 + 3k^2 > 0 \\ k = -1 \end{cases}$ 이다.

따라서, $k = -1$이다.

답 $k = -1$

제07강

필수예제 4

x_1, x_2는 x에 관한 이차방정식 $4x^2 + 4(m-1)x + m^2 = 0$의 0이 아닌 두 실근이다. x_1, x_2는 같은 부호인지 판별하여라. 또, 만약 같은 부호이면 m의 범위를 구하여라.

분석 tip
실근이 존재하므로 $\triangle \geq 0$이며, 실근이 0이 아니므로 $m \neq 0$이고, $m^2 > 0$ 때문에 같은 부호를 가진 실근이다. 다음과 같은 양의 실근, 같은 음의 실근에 근거하여 m의 범위를 구하자.

[풀이] 실근이 0이 아니므로 주어진 조건으로부터 m은

$$\begin{cases} \triangle = [4(m-1)]^2 - 4 \times 4m^2 \geq 0 \\ m \neq 0 \left(\because \dfrac{c}{a} = \dfrac{m^2}{4} > 0 \right) \end{cases} \quad \text{을 만족한다.}$$

즉, $\begin{cases} -2m+1 \geq 0 \\ m \neq 0 \end{cases}$ 을 만족한다.

이를 통해 m의 범위를 구하면 $m \leq \dfrac{1}{2}$이고, $m \neq 0$이다.

방정식의 두 개의 실근은 $x_1 x_2 = m^2 > 0 \, (m \neq 0)$,

즉 x_1과 x_2는 같은 부호이다.

만약 x_1, x_2 모두 양의 근일 때,

$$\begin{cases} \triangle = -2m+1 \geq 0 \\ x_1 + x_2 = -(m-1) > 0 \\ \dfrac{1}{4}m^2 > 0 \end{cases} \quad \text{을 만족하는 } m \text{의 범위는 } m \leq \dfrac{1}{2} \text{이고,}$$

$m \neq 0$이다.

만약 x_1, x_2 모두 음일 때,

$$\begin{cases} \triangle = -2m+1 \geq 0 \\ x_1 + x_2 = -(m-1) < 0 \\ \dfrac{1}{4}m^2 > 0 \end{cases} \quad \text{을 만족하는 } m \text{의 범위는 존재하지 않는다.}$$

따라서 원래의 방정식의 두 개의 근은 모두 양의 근이고, $m \leq \dfrac{1}{2}$, $m \neq 0$이다.

답 같은 부호, $m \leq \dfrac{1}{2}$, $m \neq 0$

2. 배수 관계의 근의 문제

필수예제 5

m이 실수일 때, x에 관한 이차방정식 $x^2 + 3mx + m^2 + 4 = 0$의 한 근이 다른 한 근의 2배가 되도록 하는 m의 값을 구하여라.

[풀이] 방정식의 한 근을 x_1, 다른 한 근을 $x_2 = 2x_1$이라고 하자.

비에트의 정리로 부터

$$\begin{cases} x_1 + 2x_1 = -3m \\ x_1 \times 2x = m^2 + 4 \end{cases}, \quad 즉, \quad \begin{cases} x_1 = -m \\ 2x_1^2 = m^2 + 4 \end{cases} \quad 이다.$$

그러므로 $2(-m)^2 = m^2 + 4$, 즉 $m = \pm 2$를 얻는다.

$m = \pm 2$일 때, 방정식의 한 근은 다른 한 근의 2배이다.

[평주] 이와 같은 예제로 알 수 있듯이 배수 관계의 근이 있는 문제를 해결하는 기본 방법은 근과 계수의 관계의 활용인 것을 알 수 있다.

$m = \pm 2$

필수예제 6

x에 관한 두 개의 방정식

$$2x^2 + (m+4)x + m - 4 = 0 \cdots\cdots\cdots ①$$
$$mx^2 + (n-2)x + m - 3 = 0 \cdots\cdots\cdots ②$$

에서 방정식 ①은 서로 다른 두 음의 실근이 있고, 방정식 ②는 두 개의 실근이 있다.

(1) 방정식 ②의 두 근의 부호가 같음을 증명하여라.

(2) 방정식 ②의 두 근이 α, β라 하면, $\alpha : \beta = 1 : 2$이고 m, n이 정수일 때, m의 최솟값을 구하여라.

[풀이] (1) 방정식 ②의 두 근이 부호가 같다는 조건에서

$\triangle \geq 0$, $x_1 x_2 = \dfrac{m-3}{m} > 0$이다.

주어진 방정식 ②의 실근이 두 개이므로, $\triangle \geq 0$이다.

그러므로 주어진 조건아래에서 $\dfrac{m-3}{m} > 0$임을 증명해야 한다.

$m = 0$이면 주어진 식이 실근을 갖는다는 조건에 모순되므로, $m \neq 0$이다.

또한 방정식 ①에 두 개의 같지 않은 음의 실근이 있다는 조건에 의해

$$\begin{cases} \triangle = (m+4)^2 - 4 \cdot 2(m-4) > 0 \\ x_1 + x_2 = -\dfrac{m-4}{2} < 0 \\ x_1 \cdot x_2 = \dfrac{m-4}{2} > 0 \end{cases}$$ 의 연립부등식을 풀어 m의 범위를

구하면 $m > 4$이다. 따라서 $\dfrac{m-3}{m} > 0$이고,

방정식 ②의 두 근의 부호는 같다.

(2) $\alpha : \beta = 1 : 2$, $\beta = 2\alpha$이므로

$\alpha + \beta = 3\alpha = -\dfrac{n-2}{m}$, $\alpha\beta = 2\alpha^2 = \dfrac{m-3}{m}$이다.

두 식에서 α를 m, n에 관한 식으로 표현하여 정리하면

$2 \times \left(-\dfrac{n-2}{3m}\right)^2 = \dfrac{m-3}{m}$이고, 즉, $(n-2)^2 = \dfrac{9}{2}m(m-3)$이다.

(1)에서 알 수 있듯이 $m > 4$, $m(m-3)$은 $m > 4$에서 증가하므로 $m = 5$, 6, $\cdots$을 차례대로 대입해 보면

(i) $m = 5$일 때, $(n-2)^2 = \dfrac{9}{2} \times 5 \times (5-3) = 45$가 되어 n이 정수라는 조건을 만족하지 못한다.

(ii) $m = 6$일 때, $(n-2)^2 = 81$, 정수해 $n = 11$ 또는 -7이 있다.

따라서 $m = 6$, $n = 11$일 때, $\triangle = 9 > 0$이고,

$m = 6$, $n = -7$일 때, $\triangle = 1 > 0$이므로 m의 최솟값은 6이다.

🖹 6

[평주] 근의 비례관계의 문제는 근의 배수 관계의 문제로 볼 수 있다.

만약 두 근 α, β를 만족시키는 $\alpha : \beta = m : n$, 즉, $\alpha = \dfrac{m}{n}\beta$

(또는 $\beta = \dfrac{n}{m}\alpha$)이다.

제07강

3. 공통근 문제

공통근을 구하는 두 가지 기본 방법 : 첫째는 "제곱 항을 없애는 방법"이며 둘째는 "근을 구하고 비교하는 방법"이다. 아래는 두 개의 방법으로 풀이한 예제이다.

필수예제 7

a를 상수라 할 때, x에 관한 이차방정식 ① $x^2 - ax - 2a^2 = 0$과 x에 관한 이차방정식 ② $x^2 - (2a+3)x + a(a+3) = 0$에 공통근이 있다면 공통근과 공통근 이외의 근을 구하여라.

[풀이1] (제곱 항을 없애는 방법) 방정식 ①, ②의 공통근을 x_0이라 하면

$$x_0^2 - ax_0 - 2a^2 = 0, \quad x_0{}^2 - (2a+3)x_0 + a(a+3) = 0$$

두 식을 서로 빼면 $-(a+3)x_0 + 3a(a+1) = 0$이다.

그러므로 $x_0 = \dfrac{3a(a+1)}{a+3} \ (a \neq -3)$이다.

또 x_0을 방정식 ①에 대입하면 (방정식 ②에 대입해도 된다.)

$\left[\dfrac{3a(a+1)}{a+3}\right]^2 - a \times \dfrac{3a(a+1)}{a+3} - 2a^2 = 0$에서 공통분모를 구하고 간단히 하면

$a^2(2a^2 - 3a - 9) = 0$, 즉 $a^2(a-3)(2a+3) = 0$이다.

그러므로 $a = 0$ 또는 3 또는 $\dfrac{3}{2}$이다.

(i) $a = 0$일 때, 두 방정식 $x^2 = 0$과 $x^2 - 3x = 0$의 공통근은 $x = 0$이고 공통이외의 근은 0과 3이다.

(ii) $a = 3$일 때, 두 방정식 $x^2 - 3x - 18 = 0$과 $x^2 - 9x + 18 = 0$의 공통근은 6이고, 공통이외의 근은 -3, 3이다.

(iii) $a = -\dfrac{3}{2}$일 때, 두 방정식 $2x^2 + 3x - 9 = 0$과 $4x^2 - 9 = 0$의 공통근은 $\dfrac{3}{2}$이고 공통이외의 근은 -3, $-\dfrac{3}{2}$이다.

[풀이2] (근을 구하여 비교하는 방법) 인수분해로 해를 구한다.

방정식 ①의 근은 $x_1 = -a$, $x_2 = 2a$이고,

방정식 ②의 근은 $x_1{}' = a$, $x_2{}' = a + 3$이다.

두 근을 비교하면

$x_1 = x_1{}'$일 때, $a = 0$이고, $x_1 = x_2{}'$일 때, $a = -\dfrac{3}{2}$이다.

$x_2 = x_1{}'$일 때, $a = 0$이고, $x_2 = x_2{}'$일 때, $a = 3$이다.

그러므로 $a = 0$ 또는 3 또는 $-\dfrac{3}{2}$이고, 그 다음 부분은 [풀이1]과 같다.

📑 풀이참조

필수예제 8

> a, b는 x에 관한 이차방정식 $x^2 - 4x + m = 0$의 두 실근이고, b, c는 x에 관한 이차방정식 $x^2 - 8x + 5m = 0$의 두 근일 때, m의 값을 구하여라.

[풀이] 주어진 조건에서 b는 방정식의 공통근이며 이것을 두 방정식에 대입하면
$$b^2 - 4b + m = 0, \quad b^2 - 8b + 5m = 0 \text{이다.}$$
b^2을 소거하면 $b = m$이다. 또 비에트의 정리로 $ab = m$, 즉, $am = m$이다.
그러므로 $m = 0$ 또는 $a = 1(m \neq 0)$이다.
또 $a + b = 4$에서, 즉, $a + m = 4$에서, $a = 1$를 대입하면 $m = 3$이다.
그러므로 $m = 0$ 또는 3이다.

[평주] 두 번째의 방정식에서 비에트의 정리로 $bc = 5m$, $b + c = 8$이다.
그러므로 $m = 0$ 또는 3(이때, $c = 5$)이다.

目 $m = 0$ 또는 3

[실력다지기]

01 x에 관한 이차방정식

$$x^2 - 2(m+1)x + m^2 - 2m - 3 = 0 \quad \cdots \ ①$$

의 서로 다른 두 실근 중 한 근이 0이다. 실수 k가 어떤 값을 가질 때, x에 관한 이차방정식

$$x^2 - (k-m)x - k - m^2 + 5m - 2 = 0 \ \cdots \ ②$$

의 두 실근 x_1, x_2의 차가 1이 될 수 있는가? 만약 안 된다면 그 이유를 설명하여라.

02 x에 대한 이차방정식 $x^2 + px + q = 0 \cdots ㉠$ 이 양의 실근과 음의 실근을 갖고, 음의 실근의 절댓값은 양의 실근의 절댓값보다 작다. 이때, x에 관한 이차방정식 $qx^2 + px + 1 = 0 \cdots ㉡$의 음의 실근과 양의 실근 중 어느 것의 절댓값이 더 큰가?

03 x에 관한 이차방정식 $x^2 + mx + 3m - 9 = 0$의 두 근의 비는 $2 : 3$이다. 이때, m의 값을 구하고 이 이차방정식을 풀어라.

04 $a > 2$, $b > 2$일 때, x에 관한 이차방정식 $x^2 - (a+b)x + ab = 0$과 $x^2 - abx + (a+b) = 0$은 공통근이 있는지 판단하고 그 이유를 설명하여라.

05 x에 관한 이차방정식 $x^2 - 4x + k = 0$은 두 개의 서로 다른 실근이 있다.

(1) k의 범위를 구하여라.

(2) k가 (1)에서 구한 조건을 만족하는 최대 정수이고, 또 이차방정식 $x^2 - 4x + k = 0 \cdots \bigcirc$ 과 $x^2 - mx - 1 = 0 \cdots \bigcirc$에 하나의 공통근이 있다면 m의 값은 얼마인가?

[실력 향상시키기]

06 x에 관한 방정식 $a(2x + a) = x(1 - x)$의 두 실근은 x_1, x_2이고, $S = \sqrt{x_1} + \sqrt{x_2}$ 이다.

(1) $a = -2$일 때, S를 구하여라.

(2) $S = 1$일 때, 정수 a의 값을 구하여라.

(3) $S^2 \geq 25$일 때, 음수 a는 존재하는가? 만약 있다면 a의 범위는? 만약 없다면 그 이유를 설명하여라.

07 $a \neq b$이고, $(a+1)^2 = 3 - 3(a+1)$, $3(b+1) = 3 - (b+1)^2$을 만족할 때,

$b\sqrt{\dfrac{b}{a}} + a\sqrt{\dfrac{a}{b}}$ 의 값은?

① 23   ② -23 ③ -2 ④ -13

08 x에 관한 이차방정식 $ax^2 + bx + c = 0$에 실근이 없다. 하지만 갑 학생이 이차항의 계수를 잘못 보고 구한 두 근이 2와 4이고, 을 학생이 어느 한 항의 부호를 잘못보고 구한 두 근이 -1과 4이다. 이때, $\dfrac{2b+3c}{a}$ 의 값을 구하여라.

09 p, q, r이 모두 양수일 때, x에 관한 아래의 세 개의 이차방정식

$$x^2 - \sqrt{p}\,x + \frac{q}{8} = 0$$

$$x^2 - \sqrt{q}\,x + \frac{r}{8} = 0$$

$$x^2 - \sqrt{r}\,x + \frac{p}{8} = 0$$

에서 적어도 어느 하나의 방정식에 서로 다른 두 개의 양의 실근이 있다는 것을 증명하여라.

[응용하기]

10 x에 관한 방정식 $\dfrac{3x+2a}{x+b}=x$ (a, b는 실수)의 두 근의 비가 -1일 때, a, b의 범위를 구하여라.

11 다음 세 개의 이차방정식

$$x^2+2x+a=0 \cdots ① , \quad 2x^2+ax+1=0 \cdots ② , \quad ax^2+x+2=0 \cdots ③$$

에 공통근이 존재할 때, 실수 a의 값을 구하여라.

08강 이차방정식의 근의 특징 (Ⅱ)
– 유리수근, 정수근의 성질

1 핵심요점

1. 유리수근의 특징

유리수는 사칙연산에 관하여 닫혀있음을 근거로 하여 쉽게 증명할 수 있다.

유리수근의 판정 : 유리계수의 이차방정식 $ax^2 + bx + c = 0 (a \neq 0, \ a, \ b, \ c$는 모두 유리수$)$에서 $\triangle = b^2 - 4ac$가 완전제곱식이라면 방정식의 근은 유리수이다. 반대로 유리수를 계수로 하는 이차방정식 $ax^2 + bx + c = 0 (a \neq 0, \ a, \ b, \ c$는 모두 유리수$)$의 근이 유리수라면 $\triangle = b^2 - 4ac$은 완전제곱식이다.

2. 정수근의 특징

정수근의 판정 : 최고차 항의 계수가 1인, 정수를 계수로 한 이차방정식 $x^2 + px + q = 0 (p, \ q$는 정수$)$의 $\triangle = p^2 - 4q$가 완전제곱식이라면 이 방정식의 근은 정수이다.

※ 주의 : 이 결론은 최고차항의 계수가 1이 아닌 정수의 이차방정식에서는 사용하지 못한다.

　예 이차방정식 $5x^2 - 7x + 2 = 0$은 $\triangle = 49 - 40 = 3^2$이지만 근은 1과 $\dfrac{2}{5}$로 모두 정수는 아니다.

정수로 나누어 떨어지는 성질과 홀짝성의 증명 :

[결론 1] 정수를 계수로 한 x에 관한 이차방정식 $x^2 + px + q = 0 (p, \ q$은 정수$)$에서 정수근 x를 k라 하면, k는 q의 약수(음수 포함)이다.

[결론 2] $a, \ b$는 짝수이고, c는 홀수라면, x에 관한 이차방정식 $ax^2 + bx + c = 0 (a \neq 0)$의 근은 중근이 아니다.

[결론 3] $a, \ b, \ c$ 모두 홀수라면, x에 관한 이차방정식 $ax^2 + bx + c = 0$의 근은 유리수 근도 아니고 정수근도 아니다.

2 필수예제

1. 유리수근의 판별의 응용

> **필수예제 1·1**
>
> $a, \ b, \ c$가 유리수일 때, x에 관한 방정식
> $(a + b - c)x^2 + 2bx + (b + c - a) = 0$은 유리수근을 갖음을 증명하여라.
> (단, $a + b - c \neq 0$)

[풀이] $\triangle = 4b^2 - 4(a+b-c)(b+c-a) = 4b^2 - 4[b^2 - (a-c)^2] = 4(a-c)^2 \geq 0$
유리수 $2(a-c)$는 완전제곱수이다. 유리수근의 판정으로부터 원래의 방정식의 두 근은 유리수이다. (**주의** 홀수 항의 계수의 합과 짝수 항의 계수의 합이 같아서 직접 한 개의 근이 $x_1 = -1$이고, 다른 한 근은 비에트의 정리로 구하면 유리수이다.)

필수예제 1·2

x에 관한 방정식 $kx^2 - (k-1)x + 1 = 0$이 유리수근을 가질 때, 정수 k의 값을 구하여라.

[풀이] (i) $k=0$일 때, 원래 방정식은 $x+1=0$이고 해는 $x=-1$인 유리수이다.

(ii) $k \neq 0$(k는 정수)일 때, 방정식에는 유리수 근이 있으므로 유리수 근의 판정으로부터

$\triangle = (k-1)^2 - 4k = k^2 - 6k + 1$은 반드시 완전제곱수여야 한다.

즉, $k^2 - 6k + 1 = m^2$(단, $m \geq 0$)라고 하면, $(k-3)^2 - m^2 = 8$이다.

그러므로 $(k-3+m)(k-3-m) = 8$ (*) 이다.

$(k-3+m)$와 $(k-3-m)$는 홀짝성이 같고, 그들의 곱이 8이므로, $(k-3+m)$과 $(k-3-m)$은 모두 짝수이다.

또 $m \geq 0$이고, $k-3+m \geq k-3-m$이므로

$$\begin{cases} k-3+m = 4 \\ k-3-m = 2 \end{cases} \quad \text{또는} \quad \begin{cases} k-3+m = -2 \\ k-3-m = -4 \end{cases} \text{이다.}$$

이를 풀면, $k \neq 0$이므로, $k = 6$이다.

따라서 방정식 $kx^2 - (k-1)x + 1 = 0$에 유리수 근이 있을 때, $k=0$ 또는 $k=6$이다.

($k=0$일 때 $x=-1$이고, $k=6$일 때 $x=\frac{1}{2}, \frac{1}{3}$이다.)

[평주] (2)에서 (*)의 식은 부정방정식을 사용하였다.

🖳 $k=0$ 또는 6

2. 정수근의 판별의 응용

필수예제 2·1

x에 관한 이차방정식 $x^2 - ax + a - 1 = 0$(a는 정수)의 근이 정수임을 증명하여라.

[풀이] $\triangle = a^2 - 4(a-1) = (a-2)^2 \geq 0$이 완전제곱수이고,

원래의 방정식의 계수가 정수이고 첫 번째 항의 계수가 1이므로 정수근의 판정으로부터 알 수 있듯이 원방정식의 근은 정수이다. (주의 실제로 계수들의 합이 0이므로 원래의 방정식의 한 근이 $x_1 = 1$, 다른 한 근은 근과 계수의 관계로부터 $x_2 = a - 1$을 구할 수 있으므로 정수이다)

필수예제 2·2

이차방정식 $x^2 - 6x - 4n^2 - 32n = 0$의 근이 모두 정수일 때, 정수 n의 값을 구하여라.

[풀이] 원래의 방정식의 근이 모두 정수(첫 항의 계수는 1이다)이므로 정수근의 판정으로부터 $\triangle = 36 - 4(-4n^2 - 32n) = 4(4n^2 + 32n + 9)$는 완전제곱수이다.

그러므로 $4n^2 + 32n + 9 = k^2 (k \geq 0$는 정수$)$라고 하면,

$4n^2 + 32n + 64 - 55 = k^2$, $(2n+8)^2 - k^2 = 55$이고,

좌변을 인수분해하면 $(2n+8+k)(2n+8-k) = 55$이다.

$2n+8+k \geq 2n+8-k$이고,

$55 = 55 \times 1 = 11 \times 5 = -1 \times (-55) = (-5) \times (-11)$이므로,

① $\begin{cases} 2n+8+k = 55 \\ 2n+8-k = 1 \end{cases}$

② $\begin{cases} 2n+8+k = 11 \\ 2n+8-k = 5 \end{cases}$

③ $\begin{cases} 2n+8+k = -1 \\ 2n+8-k = -55 \end{cases}$

④ $\begin{cases} 2n+8+k = -5 \\ 2n+8-k = -11 \end{cases}$

각각 ①~④의 해는 $n = 10$, 0, -18, -8이고

따라서 정수 n의 값은 10, 0, -18, -8이다.

$\boxed{\text{답}}$ $n = 10$, 0, -18, -8

필수예제 3

p는 소수이고, x에 관한 이차방정식 $x^2 - 2px + p^2 - 5p - 1 = 0$의 두 근이 모두 정수일 때, p의 값을 구하고, 그 때의 해를 구하여라.

[풀이] 주어진 계수(최고차항의 계수가 1인 정수)인 이차방정식에 정수근이 있으므로

$\triangle = 4p^2 - 4(p^2 - 5p - 1) = 4(5p+1)$에서 $5p+1$은 완전제곱수이다.

$5p+1 = n^2$라고 하면, $p \geq 2$이므로 $n \geq 4$이다. 또, n은 자연수이다.

$5p = (n+1)(n-1)$이고 $(n+1)$, $(n-1)$ 중 어느 하나는 5의 배수이다.

즉, $n = 5k \pm 1 (k$는 양의 정수$)$이므로,

$5p + 1 = 25k^2 \pm 10k + 1$, $p = k(5k \pm 2)$이다.

p는 소수이고, $5k \pm 2 > 1$, $k = 1$이므로 $p = 3$ 또는 7이다.

(i) $p = 3$일 때, 주어진 방정식을 고치면 $x^2 - 6x - 7 = 0$이다.

이를 풀면 $x_1 = -1$, $x_2 = 7$이다.

(ii) $p = 7$일 때, 주어진 방정식을 고치면 $x^2 - 14x + 13 = 0$이다.

이를 풀면 $x_1 = 1$, $x_2 = 13$이다.

그러므로 $p = 3$일 때, 해는 -1, 7이고 $p = 7$일 때, 해는 1, 13이다.

$\boxed{\text{답}}$ 풀이참조

3. 비에트의 정리를 활용하여 다른 미지수의 값 구하기

앞의 필수예제 2의 (2)와 필수예제 3에서는 모두 정수근의 판정을 활용하여 서로 다른 방정식을 간단히 하여 다른 미지수의 값을 구하였다. 실제로 "근과 계수의 관계"는 정수 근을 구하는 문제에서 널리 응용되고 있다. 아래의 두 문제를 예로 들어 설명하겠다.

필수예제 4

x에 관한 방정식 $rx^2 + (r+2)x + r - 1 = 0$의 근은 정수근일 때, 모든 유리수 r의 값을 구하여라.

분석 tip
r은 유리수이므로 △의 완전제곱이 되는가의 확인으로는 근이 정수임을 판정할 수 없다. 그러므로 "근과 계수의 관계"를 생각해 본다.

[풀이] $r = 0$일 때, $2x - 1 = 0$이고 $x = \dfrac{1}{2}$는 정수가 아니다.

즉, 이때는 정수근이 존재하지 않는다.

따라서 $r \neq 0$이고 방정식의 두 근을 $x_1, \ x_2(x_1 \leq x_2)$라고 하면

$x_1 + x_2 = -\dfrac{r+2}{r}, \ x_1 x_2 = \dfrac{r-1}{r}$이고 r에 관하여 정리한 후

r을 없애면 $2x_1 x_2 - (x_1 + x_2) = 3$, 즉, $4x_1 x_2 - 2(x_1 + x_2) + 1 = 7$이다. 인수분해를 통하여 식을 변형하면

$(2x_1 - 1)(2x_2 - 1) = 1 \times 7 = (-7) \times (-1)$이다.

$x_1, \ x_2$는 정수이고, $x_1 \leq x_2$이므로

$\begin{cases} 2x_1 - 1 = 1 \\ 2x_2 - 1 = 7 \end{cases}, \ \begin{cases} 2x_1 - 1 = -7 \\ 2x_2 - 1 = -1 \end{cases} \cdot$ 즉, $\begin{cases} x_1 = 1 \\ x_2 = 4 \end{cases}, \ \begin{cases} x_1 = -3 \\ x_2 = 0 \end{cases}$ 이다.

따라서 $r = -\dfrac{1}{3}, \ r = 1$이다.

[평주] 이 문제에서는 "근과 계수의 관계"를 활용하여 다른 미지수의 값을 없애는 것(그 미지수에 관한 정리를 통하여)이 핵심이다. 즉, 다른 미지수의 값을 없앤 다음 방정식의 해를 구하고 그 다음 없었던 다른 미지수의 값을 구하였다.

답 $r = -\dfrac{1}{3}, \ 1$

p, q는 소수이고, x에 관한 이차방정식 $x^2 - (8p - 10q)x + 5pq = 0$에 적어도 하나의 양의 정수근이 있을 때, (p, q)를 모두 구하여라.

분석 tip

근과 계수의 관계로부터 두 근은 모두 양의 정수이다.
두 근의 곱이 $5pq$임을 이용하여 두 근의 모든 가능한 값을 찾고, 두 근의 합으로부터 부정방정식을 풀어 p, q의 값을 구한다.

[풀이] 이차방정식의 두 근의 곱이 $5pq$이므로 두 근의 합은 양의 정수 $8p - 10q$이다.

방정식의 한 근이 양의 정수이므로 다른 한 근도 양의 정수이다.

방정식의 두 양의 정수근을 x_1, $x_2 (x_1 \le x_2)$라면

$$x_1 + x_2 = 8p - 10q \qquad \cdots\cdots \text{㉠}$$

$$x_1 x_2 = 5pq \qquad \cdots\cdots \text{㉡}$$

5, p, q는 모두 소수이고, ㉡으로부터

$$\begin{cases} x_1 = 1, \ 5, \ p, \ q, \ 5p, \ 5q \\ x_2 = 5pq, \ pq, \ 5q, \ 5p, \ q, \ p \end{cases} \text{의 경우가 나온다.}$$

$x_1 + x_2 = 1 + 5pq$, $5 + pq$, $p + 5q$, $q + 5p$를 각각 ㉠에 대입해 보면

(1) $x_1 + x_2 = 1 + 5pq$ 일 때, $1 + 5pq = 8p - 10q$.

 p, q는 소수이고, $q \ge 2$이므로 $5pq \ge 10p$이다.

 따라서 $1 + 5pq > 10p$이고 $8p - 10q > 10p$이다.

 그러므로 $-10q > 2p$가 되어 모순이 된다.

(2) $x_1 + x_2 = 5 + pq$, 즉 $5 + pq = 8p - 10q$일 때, 인수분해를 하면

 $(p + 10)(q - 8) = -85$이 되고, p, q는 소수(또는 $p + 10 > 0$)이므로

 $\begin{cases} p + 10 = 17 \\ q - 8 = -5 \end{cases}$ 에서 p, q의 가능한 값을 구하면 $\begin{cases} p = 7 \\ q = 3 \end{cases}$ 이다.

 그러므로 소수 $(p, q) = (7, 3)$으로 문제에 맞는다.

(3) $x_1 + x_2 = p + 5q$일 때, $p + 5q = 8p - 10q$, 즉 $7p = 15g$이고

 이 식을 만족시키는 (p, q)의 순서쌍은 없다.

(4) $x_1 + x_2 = q + 5p = 8p - 10q$일 때, $3p = 11q$이고 $(p, q) = (11, 3)$이다.

따라서 식을 만족시키는 소수 $(p, q) = (7, 3)$ 또는 $(11, 3)$이다.

답 $(7, 3)$ 또는 $(11, 3)$

4. 근을 구하여 다른 미지수의 값 문제를 해결하기

"정수근 문제"에서 계수에 미지수가 있는 이차방정식의 근은 인수분해 또는 근의 공식으로 구할 수 있다. (계수의 미지수가 간단한 식의 형태일 때)

필수예제 6

x에 관한 이차방정식 $(6-k)(9-k)x^2 - (117-15k)x + 54 = 0$의 두 근이 정수일 때, 실수 k의 값을 구하여라.

[풀이] 원래의 방정식을 풀면 $\{(6-k)x-9\}\{(9-k)x-6\}=0$이다.

즉, 두 근은 $x_1 = \dfrac{9}{6-k}$, $x_2 = \dfrac{6}{9-k}$이다.

① 만약 모든 조건을 만족하는 정수 k의 값을 구할 때,

x_1, x_2는 모두 정수근이므로 x에 대하여 $6-k=\pm1$, ±3, ±9이어야 한다.

따라서 $k=5$, 7, 3, 9, -3, 15이다. ……㉠

x에 대하여 $9-k=\pm1$, ±2, ±3, ±6이고

$k=8$, 11, 7, 10, 6, 12, 3, 15이다. ……㉡

그러므로 ㉠, ㉡을 동시에 만족시키는 정수인 $k=3$, 7, 15이다.

② "모든 조건을 만족시키는 실수 k의 값"은 $x_1 = \dfrac{9}{6-k}$, $x_2 = \dfrac{6}{9-k}$로부터

$6x_1 - kx_1 = 9$, $9x_2 - kx_2 = 6$이고, k를 없애면,

$k = \dfrac{6x_1 - 9}{x_1} = \dfrac{9x_2 - 6}{x_2}$이다.

이를 정리하면 $9x_1x_2 - 6x_1 = 6x_1x_2 - 9x_2$이다.

즉 $x_1x_2 - 2x_1 + 3x_2 = 0$이므로 $(x_1+3)(x_2-2) = -6$이다.

그런데 x_1, x_2는 정수이므로

$x_1 + 3 = -6$, -3, -2, -1, 1, 2, 3, 6

$x_2 - 2 = 1$, 2, 3, 6, -6, -3, -2, -1

이다. 즉, $x_1 = -9$, -6, -5, -4, -2, -1, 0(등식을 만족못함), 3이다.

그런데 $x_1 = \dfrac{9}{6-k}$, $k = 6 - \dfrac{9}{x_1}$이므로 조건을 만족시키는

실수 k의 값은 7, $\dfrac{15}{2}$, $\dfrac{39}{5}$, $\dfrac{33}{4}$, $\dfrac{21}{2}$, 15, 3이다.

(**주의** x_2의 값을 $\dfrac{6}{9-k}$에 대입해도 마찬가지이다.)

[평주] 조건을 만족시키는 정수 k와 실수 k의 값을 구하는 방법은 인수분해 식을 얻은 후 달라진다. 앞선 k가 정수일 때는 정수인 인수의 성질을 활용하여 풀이할 수 있으나 k는 실수이므로 정수인 인수의 성질을 활용하여 풀이할 수 없으며 반드시 k를 없앤 후에 인수분해를 통하여 해를 구한다.

답 7, $\dfrac{15}{2}$, $\dfrac{39}{5}$, $\dfrac{33}{4}$, $\dfrac{21}{2}$, 15, 3

5. 기타 방법 예제

"판별식을 활용하는 방법", "근과 계수와의 관계식"과 "근의 공식"은 정수근 문제를 해결하는 문제의 기본 방법이다. (어떤 때는 부정방정식의 방법을 사용). 그러나 어떤 정수근 문제에는 위의 방법을 적용하지 않고 문제의 유형에 따라 적합한 기타 방법을 선택해야 한다.

분석 tip

먼저 $m = 0$일 때, $x = -\dfrac{2}{5}$ 이므로 정수근이 아니다. 동시에 문제에서 두 개 근이 정수라고 알려주지 않았기 때문에 $m \neq 0$인 경우를 보면 "판별식을 이용한 방법"과 "근과 계수와의 관계"는 적합하지 않다.
따라서 원래의 방정식을 고쳐보면 $m(x+1)^2 - 10(x+1) + 6 = 0$이고 이 식을 상수에 관하여 정리하면 $(x+1)\{m(x+1)-10\} = -6$의 형태가 되며 이때의 정수근에 대해 생각하여 구한다.

> **필수예제 7**
>
> m은 정수이고, x에 관한 방정식 $mx^2 + 2(m-5)x + m - 4 = 0$에 정수근이 있을 때, m의 값을 구하여라.

[풀이] $m = 0$일 때, 원래의 방정식을 고치면 $-5x - 2 = 0$은 정수근이 없다.

그러므로 $m \neq 0$일 때만이 정수근이 있다.

원래의 방정식을 변형하면 $(x+1)\{m(x+1)-10\} = -6$이다.

또, $-6 = \pm 1 \times (\mp 6),\ \pm 6 \times (\mp 1),\ \pm 3 \times (\mp 2),\ \pm 2 \times (\mp 3)$이므로 아래의 8가지일 가능성이 있다.

$$\begin{cases} x+1 &= +1,\ -1,\ +6,\ -6,\ +3,\ -3,\ +2,\ -2 \\ m(x+1)-10 &= -6,\ +6,\ -1,\ +1,\ -2,\ +2,\ -3,\ +3 \end{cases}$$

가짓수　　　1　2　3　4　5　6　7　8

그러나 3, 4, 5, 7, 8번째 경우는 연립 방정식에 정수근의 해가 없다.
그러므로

① $x = 0,\ m = 4$

② $x = -2,\ m = -16$

⑥ $x = -4,\ m = -4$

그러므로 m의 값은 4, -16, -4이다.

답 4, -16, -4

6. 이차부정방정식 중복적 응용

필수예제 8

방정식 $x^2 + y^2 = 2(x+y) + xy$를 만족시키는 양의 정수 x, y를 모두 구하여라.

분석 tip

원래의 방정식을 정리하면
$x^2 - (y+2)x + y^2 - 2y = 0 \cdots$
(*)이고 방정식의 판별식
$\triangle = (y+2)^2 - 4(y^2 - 2y)$
$\quad = -3(y-2)^2 + 16$
이며,
$0 \leq \triangle = 16 - 3(y-2)^2 \leq 16$
의 범위 내에서 $\triangle$은 완전제곱수이다.

[풀이] 원래의 방정식을 x에 대한 이차방정식으로 보고 정리하면,

$$x^2 - (y+2)x + y^2 - 2y = 0 \quad \cdots\cdots\cdots\cdots\cdots (*)$$

판별식 $\triangle = (y+2)^2 - 4(y^2 - 2y) = -3(y-2)^2 + 16$에서

$0 \leq \triangle = 16 - 3(y-2)^2 \leq 16$이므로

방정식 $(*)$에 정수근의 판정을 이용하면

$\triangle$은 완전제곱수로서 $\triangle = 0,\ 1,\ 4,\ 9,\ 16$이 가능하다.

(i) $\triangle = 0$일 때, $\triangle = -3(y-2)^2 + 16 = 0$이고 이때, 정수근 y는 없다.

(ii) $\triangle = 1$, $\triangle = 9$일 때에도 정수근 y는 없다.

(iii) $\triangle = 4$일 때, $\triangle = -3(y-2)^2 + 16 = 4$이고 이때, $y = 4$이다.

(iv) $\triangle = 16$일 때, $\triangle = -3(y-2)^2 + 16 = 16$이고 이때, $y = 2$이다.

$\qquad y = 4$일 때, 원래의 방정식에 대입하여 x를 구하면 $x = 2$ 또는 4이다.

$\qquad y = 2$일 때, 원래의 방정식에 대입하여 x를 구하면 $x = 4$이다.

따라서 원래의 방정식의 양의 정수해는 $(x, y) = (2, 4),\ (4, 4),\ (4, 2)$이다.

답 $(2,\ 4),\ (4,\ 4),\ (4,\ 2)$

[실력다지기]

01 m이 정수일 때, x에 관한 방정식 $(2m-1)x^2 - (2m+1)x + 1 = 0$은 유리수근이 존재하는가? 만약 존재하면 m의 값을 구하고, 없다면 그 이유를 설명하여라.

02 a, b가 양의 정수이고, $a = b - 2013$를 만족하고, x에 관한 이차방정식 $x^2 - ax + b = 0$에 양의 정수근이 있을 때, a의 최솟값을 구하여라.

03 k는 정수이고, 이차방정식 $x^2 + kx - k + 1 = 0$에 서로 다른 두 개의 양의 정수근이 있을 때, k의 값을 구하여라.

04 정수 p, q가 x에 관한 이차방정식 $x^2 - \dfrac{p^2 + 11}{9}x + \dfrac{15}{4}(p+q) + 16 = 0$의 서로 다른 두 근일 때, p, q의 값을 구하여라.

05 세 개의 정수 a, b, c에 대하여 $a + b + c = 13$이고, $\dfrac{b}{a} = \dfrac{c}{b}$이다. a의 최댓값과 최솟값을 구하고, 그 때의 b, c의 값을 구하여라.

[실력 향상시키기]

06 직각삼각형의 각 변의 길이는 양의 정수이고, 그 둘레의 길이가 80이다. 세 변의 길이를 구하여라.

07 양의 정수 a, b가 x에 관한 방정식 $x^2 - \dfrac{a^2 - 9}{13}x + 10b + 56 + 5\sqrt{205 + 52b} = 0$의 두 근일 때, a, b의 값을 구하여라.

08 x에 관한 이차방정식 $x^2 - (m^2 + 2m - 3)x + 2(m + 1) = 0$의 두 근은 절댓값은 같으나 부호가 반대이다. 이때, 다음 물음에 답하여라.

(1) 실수 m의 값을 구하여라.

(2) x에 관한 이차방정식 $x^2 - (k + m)x - 3m - k - 5 = 0$의 두 근이 모두 정수일 때, 실수 k의 값을 구하여라.

09 x에 관한 두 이차방정식 $4x^2 - 8nx - 3n = 2$와 $x^2 - (n+3)x - 2n^2 + 2 = 0$이 있다. 첫 번째 이차방정식의 두 근의 차의 제곱이 두 번째 이차방정식의 한 개의 정수근과 같게 되는 n의 값이 존재하는가? 존재한다면 그때 n의 값을 구하고, 존재하지 않는다면 그 이유를 설명하여라.

[응용하기]

10 어떤 네 자리 수가 있다. 그 수의 앞의 두 자릿수와 뒤의 두 자릿수로 각각 구성된 두 자릿수의 합의 제곱은 처음의 네 자리 수와 같다. 이 네 자리 수를 구하여라.

11 두 이차방정식 $x^2 + bx + c = 0$, $x^2 + cx + b = 0$에는 각각 두 개의 정수근 x_1, x_2와 $x_1{}'$, $x_2{}'$ 가 있고, $x_1 x_2 > 0$, $x_1{}' x_2{}' > 0$이다.

(1) $x_1 < 0$, $x_2 < 0$, $x_1{}' < 0$, $x_2{}' < 0$임을 증명하여라.

(2) $b - 1 \le c \le b + 1$임을 증명하여라

(3) b, c의 값을 모두 구하여라.

09강 이차방정식으로 바꿀 수 있는 분수 방정식

1 핵심요점

1. 일반적인 방법

분수방정식을 이차방정식으로 전환하는 방법에는 분모를 없애는 방법과 대입법(**참고** 필수예제 1~5), 특히 "근과 계수에 관한 관계식"의 방법으로 특수하게 처리하는 방법(**참고** 필수예제 6)도 있지만 어떤 방법이든지 모두 무연근(분모가 0이 되게 하는 미지수의 값)을 검사해야 한다.

2. 분수식 방정식에서 다른 미지수의 값을 구하는 문제

다른 미지수의 값이 무엇인지(또는 그 범위)를 생각할 때 분수 방정식의 성질(실근이 있나, 없나, 또는 정수근인가, 유리수근인가 또는 몇 개의 근인가 등)을 알아야 하고, 다른 미지수의 값 또는 그 범위를 구한다.

2 필수예제

1. 분모를 없애는 방법

분수 방정식의 각 분모의 최소공배수를 각 항에 곱하고 분모를 약분하여 방정식의 해를 구한다. 마지막에는 꼭 무연근 여부를 검사해야 한다.

필수예제 1-1

$$\frac{2}{x^2 - 1} - \frac{1}{x - 1} = 1$$을 풀어라.

[풀이] 원래의 방정식을 간단히 하면 $\frac{2}{(x-1)(x+1)} - \frac{1}{x-1} = 1$이다.

등식의 양변에 $(x-1)(x+1)$을 곱하고 정리하면

$2 - (x+1) = (x-1)(x+1)$, $x^2 + x - 2 = 0$이고,

이를 풀면, $x_1 = 1$, $x_2 = -2$이다.

$x_1 = 1$은 식을 만족시키지 못하므로 (분모를 0이 되게 함) 버린다.

$x = -2$는 방정식을 만족시키므로 $x = -2$가 원래의 방정식의 근이다.

답 -2

필수예제 1-2

$$\frac{1}{x^2 + x - 2} + \frac{1}{x^2 + 7x + 10} = 2$$를 풀어라.

[풀이] 원래의 방정식의 분모를 인수분해하고 부분분수로 정리하면

$$\frac{1}{(x-1)(x+2)} + \frac{1}{(x+2)(x+5)} = 2$$

$$\frac{1}{3}\left(\frac{1}{x-1}-\frac{1}{x+2}\right)+\frac{1}{3}\left(\frac{1}{x+2}-\frac{1}{x+5}\right)=2\text{이다.}$$

이 식을 간단히 정리하면 $\frac{1}{x-1}-\frac{1}{x+5}=6$이 되고

등식의 양쪽에 $(x-1)(x+5)$를 곱하면

$x+5-(x-1)=6(x-1)(x+5)$, 즉 $x^2+4x-6=0$이다.

이를 풀면 x_1, $x_2=-2\pm\sqrt{10}$이다. 그러므로

원래의 방정식의 두 해는 $x_{1,2}=-2\pm\sqrt{10}$이다.

🖪 $-2\pm\sqrt{10}$

[평주] (1) 각 분모의 최소공배수인 식은 $(x-1)(x+1)$이고,

$(x^2-1)(x-1)$이 아니다.

(2) 만약 먼저 부분분수 형태도 고쳐서 하지 않고

최소공배수 $(x-1)(x+2)(x+5)$를 곱하면 x에 관한 3차방정식이

되어 풀기 어렵다.

2. 대입법

대입법으로 분수 방정식을 줄이는 방법에는 일반적으로 4가지 대입 형태가 있다. 아래와 같이 예제를 들어 설명한다. (🅼 마지막에는 무연근(분모가 0이 되는 미지수의 값)을 꼭 검사해야 한다.)

필수예제 2

방정식 $\left(\dfrac{x}{x-2}\right)^2+\dfrac{x}{2-x}-6=0$을 풀어라.

[풀이] $y=\dfrac{x}{x-2}$ 라 두면, 원래의 방정식은 $y^2-y-6=0$이고,

이를 풀면, $y=3$ 또는 $y=-2$이다.

$y=3$일 때, $\dfrac{x}{x-2}=3$, 즉 $x=3x-6$으로, $x=3$이다.

또 $y=-2$일 때, $\dfrac{x}{x-2}=-2$, 즉 $x=-2x+4$으로 $x=\dfrac{4}{3}$이다.

그러므로 원래의 방정식의 해는 $x=3$ 또는 $\dfrac{4}{3}$이다.

[평주] 식을 변형하여 간단한 형태의 이차방정식의 풀이로 전환시켰다.

🖪 $x=3$ 또는 $\dfrac{4}{3}$

방정식 $\dfrac{x^2+3}{x} - \dfrac{4x}{x^2+3} = 3$을 풀어라.

[풀이] $y = \dfrac{x^2+3}{x}$ 라고 하면, 원래의 방정식은 $y - \dfrac{4}{y} = 3$이고,

즉, $y^2 - 3y - 4 = 0$이다. 이를 풀면, $y = 4$ 또는 -1이다.

$y = 4$일 때 $\dfrac{x^2+3}{x} = 4$, 즉, $x^2 - 4x + 3 = 0$이고,

이를 풀면 $x_1 = 3$, $x_2 = 1$.

$y = -1$일 때, $\dfrac{x^2+3}{x} = -1$, 즉 $x^2 + x + 3 = 0$이고, 이는 실근이 없다.

그러므로 $x = 3$ 또는 $x = 1$이 원래의 방정식의 해이다.

[평주] $u = \dfrac{x}{x^2+3}$로 변형하여 이 예제를 풀어도 된다.

🔳 $x = 3$ 또는 1

방정식 $2x^2 - 4x - \dfrac{3}{x^2 - 2x - 1} = 3$을 풀어라.

[풀이] 원래의 방정식을 고치면 $2(x^2 - 2x - 1) - \dfrac{3}{x^2 - 2x - 1} = 1$이다.

$y = x^2 - 2x - 1$라 두면, 위 방정식은 $2y^2 - y - 3 = 0$이다.

이를 풀면 $y = -1$ 또는 $\dfrac{3}{2}$이다.

$y = -1$일 때, $x^2 - 2x - 1 = -1$이고, 이를 풀면 $x = 0$ 또는 2이다.

$y = \dfrac{3}{2}$일 때, $x^2 - 2x - 1 = \dfrac{3}{2}$이고, 이를 풀면 $x = \dfrac{2 \pm \sqrt{14}}{2}$이다.

무연근을 제거하면, 원래의 방정식의 해는 $x = 0$, 2, $\dfrac{2 \pm \sqrt{14}}{2}$이다.

🔳 $x = 0$, 2, $\dfrac{2 \pm \sqrt{14}}{2}$

필수예제 5

방정식 $1 - \dfrac{2}{x} - \dfrac{1}{x^2} = 2x + x^2$ 을 풀어라.

[풀이] 원래의 방정식을 변형하면 $\left(x^2 + \dfrac{1}{x^2}\right) + 2\left(x + \dfrac{1}{x}\right) - 1 = 0$ 이고,

$x + \dfrac{1}{x} = y$ 라 하면, $x^2 + \dfrac{1}{x^2} = y^2 - 2$ 이므로,

위 방정식은 $y^2 - 2 + 2y - 1 = 0$ 이고, 즉, $y^2 + 2y - 3 = 0$ 이다.

이를 풀면 $y = 1$ 또는 -3 이다.

$y = 1$ 일 때, $x + \dfrac{1}{x} = 1$, 즉 $x^2 - x + 1 = 0$ 이고, 이를 만족하는 실근은 없다.

$y = -3$ 일 때, $x + \dfrac{1}{x} = -3$, 즉 $x^2 + 3x + 1 = 0$ 이고,

이를 풀면 $x = \dfrac{-3 \pm \sqrt{5}}{2}$ 이다.

무연근을 제거하면 $x = \dfrac{-3 \pm \sqrt{5}}{2}$ 이다.

[평주] $y = x + \dfrac{1}{x}(a \neq 0)$ 으로 변형하여 방정식에서 $\left(x + \dfrac{1}{x}\right)$ 와 $\left(x^2 + \dfrac{1}{x^2}\right)$ 를

y에 관한 식으로 변형할 수 있고 y값을 구한 후 x값을 구할 수 있다.

답 $x = \dfrac{-3 \pm \sqrt{5}}{2}$

3. 비에트의 정리

필수예제 6·1

$2m^2 - 5m - 1 = 0$, $\dfrac{1}{n^2} + \dfrac{5}{n} - 2 = 0$ 이고, $m \neq n$ 일 때,

$\dfrac{1}{m} + \dfrac{1}{n}$ 의 값을 구하여라.

[풀이] 주어진 두 번째 등식의 양변에 n^2을 곱하면

$1 + 5n - 2n^2 = 0$ 이고, 즉, $2n^2 - 5n - 1 = 0$ 이다.

두 방정식으로부터 m, n은 $2t^2 - 5t - 1 = 0$ 의 두 근이다.

근과 계수와의 관계에 의해 $m + n = \dfrac{5}{2}$, $mn = -\dfrac{1}{2}$ 이다.

그러므로 $\dfrac{1}{m} + \dfrac{1}{n} = \dfrac{m+n}{mn} = \dfrac{5}{2} \div \left(-\dfrac{1}{2}\right) = -5$ 이다.

답 -5

실수 x, y가 $\dfrac{x}{3^3+4^3}+\dfrac{y}{3^3+6^3}=1$, $\dfrac{x}{5^3+4^3}+\dfrac{y}{5^3+6^3}=1$을 만족할

때, $x+y$의 값을 구하여라.

[풀이] 주어진 두 개의 등식에서 3^3, 5^3은 t에 관한 방정식

$\dfrac{x}{t+4^3}+\dfrac{y}{t+6^3}=1$의 두 근이다.

즉, 방정식 $t^2+(4^3+6^3-x-y)t+(4^3\times 6^3-6^3x-4^3y)=0$의 두 근이므로
근과 계수와의 관계로 부터 $3^3+5^3=-(4^3+6^3-x-y)$이다.

즉, $x+y=3^3+4^3+5^3+6^3=432$이다.

답 432

4. 양의 정수에 관한 문제

x에 관한 방정식 $(a^2-1)\left(\dfrac{x}{x-1}\right)^2-(2a+7)\left(\dfrac{x}{x-1}\right)+1=0$이 실근

을 가질 때, 다음 물음에 답하여라.

(1) a의 범위를 구하여라.

(2) 원래의 방정식의 두 개의 실근이 x_1, x_2이고, $\dfrac{x_1}{x_1-1}+\dfrac{x_2}{x_2-1}=\dfrac{3}{11}$

을 만족할 때, a의 값을 구하여라.

[풀이] (1) $\dfrac{x}{x-1}=t$라고 하자. $t=1$일 때, $\dfrac{x}{x-1}=1$의 해는 없으므로, 변형된

식에 대입하는 과정 중에서 $t\neq 1$이어야 한다.

$t\neq 1$일 때, 원래의 방정식을 고치면

$(a^2-1)t^2-(2a+7)t+1=0 \cdots (*)$

① $a^2-1=0$ 즉, $a=\pm 1$일 때, 방정식은 $-9t+1=0$ 또는

$-5t+1=0$이다. 이를 풀면 $t=\dfrac{1}{9}$ 또는 $\dfrac{1}{5}$이다.

즉, $\dfrac{x}{x-1}=\dfrac{1}{9}$ 또는 $\dfrac{x}{x-1}=\dfrac{1}{5}$이다.

이로부터 해를 구하면 $x=-\dfrac{1}{8}$ 또는 $-\dfrac{1}{4}$이다.

그러므로 $a=\pm 1$일 때, 원래의 방정식은 실근이 있다.

② $a^2-1\neq 0$일 때, 실근을 가지므로, $(*)$의 판별식 $\triangle \geq 0$이다.

즉, $[-(2a+7)]^2-4(a^2-1)\geq 0$이다. 이를 정리하면 $a\geq -\dfrac{53}{28}$

이다.

$t \neq 1$이므로, $t=1$를 (*)에 대입하면,

$(a^2-1) \times 1^2 - (2a+7) \times 1 + 1 = 0$이고, 이를 풀면 $a = 1 \pm 2\sqrt{2}$이다.

그리고 $1 \pm 2\sqrt{2} > -\dfrac{53}{28}$이다.

따라서 원래의 방정식에 실근이 있을 때, a의 범위는 $a \geq -\dfrac{53}{28}$이고, $a \neq 1 \pm 2\sqrt{2}$이다.

🖪 $a \geq -\dfrac{53}{28}$이고, $a \neq 1 \pm 2\sqrt{2}$

(2) (1)에서와 같이 $t = \dfrac{x}{x-1}$로 치환하면 $\dfrac{x_1}{x_1-1}$, $\dfrac{x_2}{x_2-1}$은 방정식의

$(a^2-1)t^2 - (2a+7)t + 1 = 0 \, (a \neq \pm 1)$의 두 근이고,

근과 계수와의 관계와 주어진 조건으로부터

$\dfrac{2a+7}{a^2-1} = \dfrac{3}{11}$이다. 이를 풀면 $a_1 = 10$, $a_2 = -\dfrac{8}{3}$이다.

(1)의 a의 범위에 속하는 a는 $a=10$뿐이다.

🖪 10

필수예제 8

a에 관한 방정식 $\dfrac{x+1}{x-1} + \dfrac{x-1}{x+1} + \dfrac{2x+a+2}{x^2-1} = 0$을 만족하는 해가 오직 한 개일 때, 실수 a값들의 합을 구하여라.

[풀이] 원래의 방정식을 변형하면 $2x^2 + 2x + a + 4 = 0 \cdots\cdots$㉠이다.

방정식 ㉠이 중근을 가지므로, 판별식 $\triangle = 4 - 4 \times 2 \times (a+4) = 0$이다.

이를 풀면 $a_1 = -\dfrac{7}{2}$이다. 이때, ㉠의 하나의 근은 $x = -\dfrac{1}{2}$이다.

검산하면 $x = -\dfrac{1}{2}$이 원래의 식을 만족시킨다는 것을 알 수 있다.

방정식 ㉠에 두 개의 서로 다른 실근이 있다면

판별식 $\triangle = 4 - 4 \times 2 \times (a+4) > 0$이고, 이를 풀면 $a < -\dfrac{7}{2}$이다.

㉠은 분수 방정식의 분모를 없애 구한 정방정식으로 만약 ㉠에서 서로 다른 두 개의 실근이 있다면 그 중 하나의 근은 ㉠의 근이나 원래의 방정식에서는 무연근이다. 즉, $x=1$은 방정식 ㉠의 근이지만 원래의 방정식에서 $x=1$은 무연근이다.

㉠에 대입하면 $a_2 = -8 \left(< -\dfrac{7}{2} \right)$을 구하고, 이때 원래의 방정식에서 $x = -2$는 무연근이지만 ㉠에서 $x=-2$도 조건을 만족하므로 (이때, $a_2 = -8$)근이 될 수 있다.

만약 $x=-1$은 방정식 ㉠의 근이라면 원래의 방정식에서는 무연근이다.
방정식 ㉠에 대입하면 $a_3=-4\left(<-\dfrac{7}{2}\right)$이 되고 이때, ㉠의 다른 한 근인
$x=0$을 원래의 식에 대입해 보면 등식을 만족시킨다.
따라서 실수 a는 $a_1=-\dfrac{7}{2}$, $a_2=-8$, $a_3=-4$이고,
이들의 합은 $a_1+a_2+a_3=-\dfrac{31}{2}$이다.

답 $-\dfrac{31}{2}$

[실력다지기]

01 다음 방정식을 풀어라.

(1) $\dfrac{1}{x^2+x}+\dfrac{1}{x^2+3x+2}+\dfrac{1}{x^2+5x+6}+\dfrac{1}{x^2+7x+12}=\dfrac{4}{21}$

(2) $\dfrac{2x}{1-x^2}+\dfrac{2a}{1-a^2}+\dfrac{2b}{1-b^2}=\dfrac{2x}{1-x^2}\times\dfrac{2a}{1-a^2}\times\dfrac{2b}{1-b^2}$

(단, $a=(\sqrt{3}-\sqrt{2})(\sqrt{2}-1),\ b=-(\sqrt{3}+\sqrt{2})(\sqrt{2}+1)$)

02 다음 방정식을 풀어라.

(1) $\dfrac{x^2+3x}{2x^2+2x-8}+\dfrac{x^2+x-4}{3x^2+9x}=\dfrac{11}{12}$

(2) $x^2+x+1=\dfrac{6}{x^2+x}$

03 다음 방정식을 풀어라.

$x^2+\dfrac{4}{x^2}=3\left(x+\dfrac{2}{x}\right)$

04 x에 관한 방정식 $\dfrac{2k}{x-1} - \dfrac{x}{x^2-x} = \dfrac{kx+1}{x}$ 은 오직 하나의 해를 가질 때, k의 값을 구하여라.

05 어떤 공사를 갑, 을 두 팀이 같이 하면 $2\dfrac{2}{5}$ 일이면 완성하고 지불해야 할 금액은 180000 원이고, 을, 병 두 팀이 같이하면 $3\dfrac{3}{4}$ 일이면 완성하고 150000 원이 필요하다. 갑, 병 두 팀이 함께 하면 $2\dfrac{6}{7}$ 일이면 완성하고 160000 원이 필요하다. 지금 어느 한 팀이 맡아서 일주일 만에 완성하려고 한다. 어느 팀이 맡을 때 비용이 적게 드는가?

[실력 향상시키기]

06 다음 방정식을 풀어라.

$$\frac{13x-x^2}{x+1}\left(x+\frac{13-x}{x+1}\right)=42$$

07 x에 관한 방정식 $\dfrac{x-1}{x-2} - \dfrac{2-x}{x+1} = \dfrac{2x+a}{x^2-x-2}$ 의 해가 음수일 때, a의 값을 구하여라.

08 실수 x, y, z가 $x + \dfrac{1}{y} = 4$, $y + \dfrac{1}{z} = 1$, $z + \dfrac{1}{x} = \dfrac{7}{3}$ 을 만족할 때, xyz의 값을 구하여라.

09 어떤 작업의 총 급여가 이미 정해져 있다. 갑이 혼자 일을 완성하는데, 을이 걸린 시간보다 5일이 빠르다. 지금 갑, 을이 함께 6일 만에 완성하려고 한다. 갑이 을에 비해 작업율이 높으므로 갑이 매일 받는 급여는 을보다 18000원이 많다. 갑, 을이 매일 받는 급여를 구하여라.

[응용하기]

10 x에 관한 방정식 $(ax + a^2 - 1)^2 + \dfrac{x^2}{(x+a)^2} + 2a^2 - 1 = 0$이 실근을 가질 때의 a의 범위를 구하여라.

11 $\dfrac{x+y-xy}{x+y+2xy} = \dfrac{y+z-2yz}{y+z+3yz} = \dfrac{z+x-3zx}{z+x+4zx}$ 이고, $\dfrac{2}{x} = \dfrac{3}{y} - \dfrac{1}{z}$ 일 때, x, y, z의 값을 구하여라.

10강 연립 이차방정식

1 핵심요점

1. 기본 개념

x, y에 관한 방정식

$$\begin{cases} a_1x^2 + b_1xy + c_1y^2 + d_1x + e_1y + f_1 = 0 \\ a_2x^2 + b_2xy + c_2y^2 + d_2x + e_2y + f_2 = 0 \end{cases} \cdots (*)$$

과 같은 형태의 방정식을 연립 이차방정식(연립방정식)이라 한다. 그 중 a_1, a_2, b_1, b_2, $\cdots$, f_1, f_2는 상수이다. 연립 이차방정식은 하나의 일차방정식과 하나의 이차방정식으로 이루어진 기본 방정식과 두 개의 이차방정식으로 이루어진 연립 이차방정식의 두 가지 유형이 있다.

2. 연립 이차방정식의 기본 풀이

연립 이차방정식의 기본 풀이 방법은 대입법이다. 즉, 연립 이차방정식 중 한 개의 방정식에서 한 문자에 관해 정리한 후 다른 한 개의 이차방정식에 대입하여 이차방정식으로 변형해서 푼다. (**참고** 필수예제 1의 풀이 1)

3. 대입법 이외의 풀이

주로 인수분해법, 가감 및 소거법, 변형법 등으로 연립 이차방정식을 연립 일차방정식으로 변형한 뒤 푼다.

4. 매개변수를 포함한 연립 이차방정식의 값을 구하고 판단한다.

2 필수예제

1. 연립 이차방정식의 기본 풀이방법

필수예제 1

$x^2 + y^2 = 25 \cdots \bigcirc$ 에서 $x + y = 7 \cdots \bigcirc$ 이고, $x > y$일 때, $x - y$의 값을 구하여라.

[풀이1] ("대입법" 이용)

ⓒ식에서 $x = 7 - y$를 ⓒ식에서 대입하여 정리하면 $y^2 - 7y + 12 = 0$이다.

이를 풀면 $y_1 = 3$, $y_2 = 4$이다.

검산하여 조건에 맞는 해를 구하면 $x_1 = 4$, $x_2 = 3$이다.

그러므로 $x - y = 4 - 3 = 1$이다.

[풀이2] (비에트의 정리 이용)

ⓒ식의 제곱에서 ⓒ식을 빼면 $xy = 12$이다.

근과 계수와의 관계로 부터

x, y는 $t^2 - 7t + 12 = 0$의 두 개의 근 $t_1 = 3$, $t_2 = 4$이고 $x > y$이므로

$x = t_2 = 4$, $y = t_1 = 3$이다.

그러므로 $x - y = 4 - 3 = 1$

답 1

2. 특수한 연립 이차방정식의 풀이 방법

(가) 인수 분해

필수예제 2·1

다음 연립방정식을 풀어라.

$$\begin{cases} xy - 6x - 4y + 24 = 0 \\ x^2 - y^2 + x + 5y - 6 = 0 \end{cases}$$

[풀이] 두 개의 방정식의 좌편을 인수분해하여 고치면

$\begin{cases} (x-4)(y-6) = 0 \\ (x+y-2)(x-y+3) = 0 \end{cases}$ 은 아래와 같이 4쌍의 연립 일차방정식을

구할 수 있다.

$\begin{cases} x-4=0 \\ x+y-2=0 \end{cases}$, $\begin{cases} x-4=0 \\ x-y+3=0 \end{cases}$

$\begin{cases} y-6=0 \\ x+y-2=0 \end{cases}$, $\begin{cases} y-6=0 \\ x-y+3=0 \end{cases}$

위의 4개의 방정식의 해를 구하면

$\begin{cases} x=4 \\ y=-2 \end{cases}$, $\begin{cases} x=4 \\ y=7 \end{cases}$, $\begin{cases} x=-4 \\ y=6 \end{cases}$, $\begin{cases} x=3 \\ y=6 \end{cases}$

답 풀이참조

필수예제 2·2

다음 연립방정식을 풀어라.

$$\begin{cases} x^2 + 3y^2 - 2y = 0 \\ 3x^2 + y^2 - 2x = 0 \end{cases}$$

[풀이] 원래의 방정식의 두 개의 방정식을 서로 빼면

$-2x + 2y - 2y + 2x = 0$, 즉 $(x-y)(x+y-1) = 0$이다.

그러므로 $x - y = 0$ 또는 $x + y - 1 = 0$이다.

원래의 연립방정식을 아래의 두 개의 연립방정식으로 바꾸어 생각한다.

$\begin{cases} x-y=0 \\ x^2+3y^2-2y=0 \end{cases}$, $\begin{cases} x+y-1=0 \\ x^2+3y^2-2y=0 \end{cases}$

이 연립방정식을 풀면

$\begin{cases} x_1=0 \\ y_1=0 \end{cases}$, $\begin{cases} x_2=\dfrac{1}{2} \\ y_2=\dfrac{1}{2} \end{cases}$ 이다.

답 풀이참조

(나) (가감)소거법으로 두 번째 항을 없앤다.

필수예제 3

다음 연립방정식을 풀어라.

$$\begin{cases} x^2 - 2xy - y^2 + 2x + y + 2 = 0 & \cdots\cdots \text{ㄱ} \\ 2x^2 - 4xy - 2y^2 + 3x + 3y + 4 = 0 & \cdots\cdots \text{ㄴ} \end{cases}$$

[풀이] $2 \times \text{ㄱ} - \text{ㄴ}$를 하면 $x - y = 0$, 즉 $x = y$이다.

이를 ㄱ 또는 ㄴ을 대입하면 $-2x^2 + 3x + 2 = 0$이다.

이를 풀면 $x_1 = 2$, $x_2 = -\dfrac{1}{2}$이고, $y_1 = 2$, $y_2 = -\dfrac{1}{2}$이다.

그러므로 원래의 방정식의 해는 $x_1 = y_1 = 2$, $x_2 = y_2 = -\dfrac{1}{2}$이다.

$$\text{🔖 } x_1 = y_1 = 2, \ x_2 = y_2 = -\dfrac{1}{2}$$

분석 tip
원래의 방정식의 각 계수를 관찰하면 두 개의 방정식의 2차항의 계수는 비례한다. 하나의 방정식의 몇 배와 다른 하나의 방정식을 가감하면 모든 2차항을 없애 하나의 미지수가 2개인 일차방정식을 구하고, 그 중의 하나의 방정식을 연립하여 해를 구한다.

(다) 가감법으로 소거하여 x(또는 y)를 포함한 항을 얻는다.

필수예제 4·1

다음 연립방정식을 풀어라.

$$\begin{cases} x^2 + 2y^2 - 2x + y - 3 = 0 & \cdots\cdots\cdots \text{ㄱ} \\ 2x^2 + 5y^2 - 4x + y - 6 = 0 & \cdots\cdots\cdots \text{ㄴ} \end{cases}$$

[풀이] 원래의 방정식 중에서 x를 포함한 항의 계수가 비례하므로

x를 포함한 항을 없애기 위해 $\text{ㄴ} - 2 \times \text{ㄱ}$를 하면,

$y^2 - y = 0$이다. 이를 풀면 $y_1 = 0$, $y_2 = 1$이다.

$y_1 = 0$일 때, $x = 3$ 또는 -1이고, $y_2 = 1$일 때, $x = 0$ 또는 2이다.

그러므로 원래의 방정식의 해는

$$\begin{cases} x_1 = 3 \\ y_1 = 0 \end{cases} \begin{cases} x_2 = -1 \\ y_2 = 0 \end{cases} \begin{cases} x_3 = 0 \\ y_3 = 1 \end{cases} \begin{cases} x_4 = 2 \\ y_4 = 1 \end{cases} \text{이다.}$$

🔖 풀이참조

필수예제 4-2

다음 연립방정식을 풀어라.

$$\begin{cases} x^2 - 15xy - 3y^2 + 2x + 9y - 98 = 0 \cdots\cdots\cdots\cdots ⊙ \\ 5xy + y^2 - 3y + 21 = 0 \qquad \cdots\cdots\cdots\cdots\cdots\cdots ⊙ \end{cases}$$

[풀이] 두 개의 방정식에 y를 포함한 항의 계수가 비례하므로,
필수예제 4-1과 같은 방법으로 y를 소거하여 원래의 방정식의 해를 구
한다. 그러면,

$$\begin{cases} x_1 = -7 \\ y_1 = 19 + 2\sqrt{85} \end{cases} , \quad \begin{cases} x_2 = -7 \\ y_2 = 19 - 2\sqrt{85} \end{cases} , \quad \begin{cases} x_3 = 5 \\ y_3 = -1 \end{cases} , \quad \begin{cases} x_4 = 5 \\ y_4 = -21 \end{cases}$$

이다.

☐ 풀이참조

(라) 가감법으로 이차항 또는 상수항 또는 y (또는 x)를 포함하지 않은 항을 없앤다.

필수예제 5-1

다음 연립방정식을 풀어라.

$$\begin{cases} x^2 - 3xy + y^2 + 4x + 5y - 1 = 0 \cdots\cdots ⊙ \\ x^2 - 7xy + 4y^2 + 8x + 10y - 2 = 0 \cdots ⊙ \end{cases}$$

[풀이] 두 개의 방정식 중에서 이차가 아닌 항의 계수가 비례하므로 상수항을
없앤다.

$2 \times ⊙ - ⊙$을 하면 $x^2 + xy - 2y^2 = 0$이고, 즉, $(x + 2y)(x - y) = 0$이다.
그러므로 $x + 2y = 0$ 또는 $x - y = 0$이다.

원래의 방정식을 다음과 같은 두 개의 연립방정식으로 바꾼다.

$$\begin{cases} x^2 - 3xy + y^2 + 4x + 5y - 1 = 0 \\ x + 2y = 0 \end{cases} , \quad \begin{cases} x^2 - 3xy + y^2 + 4x + 5y - 1 = 0 \\ x - y = 0 \end{cases}$$

두 연립방정식을 풀면

$$\left(\frac{-3 \pm \sqrt{53}}{11} , \ \frac{3 \mp \sqrt{53}}{22} \right) , \ \left(\frac{9 \pm \sqrt{77}}{2} , \ \frac{9 \pm \sqrt{77}}{2} \right)$$

☐ 풀이참조

필수예제 5-2

다음 연립방정식을 풀어라.

$$\begin{cases} 31xy - 3x^2 - 5y^2 - 45 = 0 \cdots \textcircled{ㄷ} \\ 3x^2 + xy + y^2 - 15 = 0 \quad \cdots\cdots \textcircled{ㄹ} \end{cases}$$

[풀이] 상수항을 없앤다(일차 항이 없으므로)

$\textcircled{ㄷ} - 3 \times \textcircled{ㄹ}$을 하면 $3x^2 - 7xy + 2y^2 = 0$이고, 즉, $(x-2y)(3x-y) = 0$ 이므로,

$x - 2y = 0$ 또는 $3x - y = 0$이다.

원래의 방정식을 다음과 같은 두 개의 연립방정식으로 바꾼다.

$$\begin{cases} x - 2y = 0 \\ 3x^2 + xy + y^2 - 15 = 0 \end{cases}, \quad \begin{cases} 3x - y = 0 \\ 3x^2 + xy + y^2 - 15 = 0 \end{cases}$$

두 연립방정식을 풀면

$$\begin{cases} x_1 = 2 \\ y_1 = 1 \end{cases}, \quad \begin{cases} x_2 = -2 \\ y_2 = -1 \end{cases}, \quad \begin{cases} x_3 = 1 \\ y_3 = 3 \end{cases}, \quad \begin{cases} x_4 = -1 \\ y_4 = -3 \end{cases}$$

이다.

📋 풀이참조

필수예제 5-3

다음 연립방정식을 풀어라.

$$\begin{cases} x^2 + xy + 2y^2 - 3y - 5 = 0 \cdots\cdots \textcircled{ㅁ} \\ 2x^2 + xy + 2y^2 - 5y - 10 = 0 \cdots \textcircled{ㅂ} \end{cases}$$

[풀이] y를 포함하지 않는 항의 계수가 비례하므로, $\textcircled{ㅁ} \times 2 - \textcircled{ㅂ}$를 하면

$xy + 2y^2 - y = 0$, 즉 $y(x + 2y - 1) = 0$이므로, $y = 0$ 또는 $x + 2y - 1 = 0$이다.

원래의 방정식을 다음과 같은 두 개의 연립방정식으로 바꾼다.

$$\begin{cases} y = 0 \\ x^2 + xy + 2y^2 - 3y - 5 = 0 \end{cases}, \quad \begin{cases} x + 2y - 1 = 0 \\ x^2 + xy + 2y^2 - 3y - 5 = 0 \end{cases}$$

두 연립방정식을 풀면

$$\begin{cases} x_1 = \sqrt{5} \\ y_1 = 0 \end{cases}, \quad \begin{cases} x_2 = -\sqrt{5} \\ y_2 = 0 \end{cases}, \quad \begin{cases} x_3 = -3 \\ y_3 = 2 \end{cases}, \quad \begin{cases} x_4 = 2 \\ y_4 = -\dfrac{1}{2} \end{cases}$$

이다.

📋 풀이참조

(마) 두 번째 유형의 이차 연립방정식의 변형법

필수예제 6-1

다음 연립방정식을 풀어라.

$$\begin{cases} (x+y)(x+y+1) = 56 \\ (x-y)(x-y-1) = 12 \end{cases}$$

[풀이] $u = x+y$, $v = x-y$라고 두고, 원래 연립방정식을 대입하면

$$\begin{cases} u(u+1) = 56 \\ v(v-1) = 12 \end{cases}, \quad \text{즉} \quad \begin{cases} (u+8)(u-7) = 0 \\ (v-4)(v+3) = 0 \end{cases} \text{이다.}$$

이를 풀면 $u_1 = -8$, $u_2 = 7$, $v_1 = 4$, $v_2 = -3$이다.
그러므로

$$\begin{cases} x+y = -8 \\ x-y = 4 \end{cases} \begin{cases} x+y = -8 \\ x-y = -3 \end{cases} \begin{cases} x+y = 7 \\ x-y = 4 \end{cases} \begin{cases} x+y = 7 \\ x-y = -3 \end{cases}$$

이다. 따라서 원래의 연립방정식의 해는

$$\begin{cases} x_1 = -2 \\ y_1 = -6 \end{cases} \begin{cases} x_2 = -5.5 \\ y_2 = -2.5 \end{cases} \begin{cases} x_3 = 5.5 \\ y_3 = 1.5 \end{cases} \begin{cases} x_4 = 2 \\ y_4 = 5 \end{cases}$$

이다.

답 풀이참조

필수예제 6-2

다음 연립방정식을 풀어라.

$$\begin{cases} x^2 + y^2 + x + y = 18 \\ x^2 + xy + y^2 = 19 \end{cases}$$

[풀이] 각각의 방정식 중에서 x, y를 바꾼 후에도 방정식이 변하지 않으므로 (대칭 연립방정식이라 함), 대칭 방정식으로 변형한다.

$u = x+y$, $v = xy$라 두고, 원래의 방정식에 대입하면

$$\begin{cases} u^2 - 2v + u = 18 \\ u^2 - v = 19 \end{cases} \text{이다. 이를 풀면,}$$

$$\begin{cases} u_1 = -4 \\ v_1 = -3 \end{cases} \begin{cases} u_2 = 5 \\ v_2 = 6 \end{cases} \text{이다. 즉,} \begin{cases} x+y = -4 \\ xy = -3 \end{cases}, \begin{cases} x+y = 5 \\ xy = 6 \end{cases} \text{이다.}$$

이 두 연립방정식을 풀면 원래의 연립방정식의 해를 구할 수 있다.

$$\begin{cases} x_1 = 2 \\ y_1 = 3 \end{cases}, \begin{cases} x_2 = 3 \\ y_2 = 2 \end{cases}, \begin{cases} x_3 = -2+\sqrt{7} \\ y_3 = -2-\sqrt{7} \end{cases}, \begin{cases} x_4 = -2-\sqrt{7} \\ y_4 = -2-\sqrt{7} \end{cases}$$

답 풀이참조

3. 연립 이차방정식 중 매개변수의 문제

필수예제 7

x, y의 방정식 $\begin{cases} x^2 - y + k = 0 \cdots\cdots\cdots\cdots\cdots\cdots ① \\ (x-y)^2 - 2x + 2y + 1 = 0 \cdots\cdots ① \end{cases}$ 는 두 개의 서로 다른 실근이 있다.

(1) 실수 k의 범위를 구하여라.

(2) 연립방정식의 두 개의 서로 다른 실수해가 $\begin{cases} x = x_1 \\ y = y_1 \end{cases}$ 과 $\begin{cases} x = x_2 \\ y = y_2 \end{cases}$ 라고 할 때,

$y_1 y_2 - \dfrac{x_1}{x_2} - \dfrac{x_2}{x_1} = 2$ 를 만족하는 k의 값이 존재하면 구하고, 없으면

그 이유를 설명하여라.

[풀이] (1) ①으로부터 $x - y = 1$이고, 이를 ①식에 대입하면 $x^2 - x + 1 + k = 0$

이다. 그런데 판별식 $\triangle = 1 - 4(1+k) > 0$이므로, $k < -\dfrac{3}{4}$이다.

답 $k < -\dfrac{3}{4}$

(2) ①으로부터 $x - y = 1$이고, 또 $y_1 = x_1 - 1$, $y_2 = x_2 - 1$라 하면,

$x_1 + x_2 = 1$, $x_1 x_2 = 1 + k$이다.

만약 $y_1 y_2 - \dfrac{x_1}{x_2} - \dfrac{x_2}{x_1} = 2$이면, 즉, $(x_1 - 1)(x_2 - 1) - \dfrac{x_1{}^2 + x_2{}^2}{x_1 x_2} = 2$

이면, $x_1 x_2 - (x_1 + x_2) + 1 - \dfrac{1}{x_1 x_2}\{(x_1 + x_2)^2 - 2x_1 x_2\} = 2$이다.

즉, $(1+k) - 1 + 1 - \dfrac{1}{1+k}\{1 - 2(1+k)\} = 2$이다.

이를 풀면 $k = -2$ 또는 0이다. $0 > -\dfrac{3}{4}$이므로 $k \neq 0$이다.

$k = -2$가 존재하므로 $y_1 y_2 - \dfrac{x_1}{x_2} - \dfrac{x_2}{x_1} = 2$가 성립한다.

답 -2

필수예제 8

실수 x, y, z가 $x+y=5$와 $z^2=xy+y-9$를 만족할 때, $x+2y+3z$의 식의 값을 구하여라.

[풀이] 주어진 두 개의 식을 변형하면 $(x+1)+y=6$, $(x+1)y=z^2+9$이다.

근과 계수와의 관계로 부터 $(x+1)$, y는 (t에 관한)이차방정식

$t^2-6t+(z^2+9)=0$의 두 실근이다.

그러므로 판별식 $\triangle=(-6)^2-4(z^2+9)=-4z^2\geq 0$, 즉, $z=0$이다.

그러므로 t는 $t^2-6t+9=0$을 만족하고, 해를 구하면, $t_1=t_2=3$이다.

즉, $x+1=3$, $y=3$이다.

따라서 $x=2$, $y=3$이고, $x+2y+3z=2+2\times 3+3\times 0=8$이다.

답 8

연습문제 10

[실력다지기]

01 다음 연립방정식을 풀어라.

$$\begin{cases} x^2 + y^2 - 5x - 2y = 0 \\ 10x + 4y = 29 \end{cases}$$

02 실수 x, y는 연립방정식 $\begin{cases} x + xy + y = 2 + 3\sqrt{2} \cdots\cdots \text{㉠} \\ x^2 + y^2 = 6 \quad\cdots\cdots\cdots\cdots\cdots \text{㉡} \end{cases}$ 을 만족한다.

이때, $|x + y + 1|$의 값을 구하여라.

03 연립방정식 $\begin{cases} x^2 - 12y = 0 \\ x - 3y = m \end{cases}$ 가 오직 한 쌍의 실수해를 가질 때, m의 값은?

① 0   ② −1   ③ 1   ④ ±1

04 실수 x, y, z가 $x + y + z = 5$, $xy + yz + zx = 3$을 만족할 때, z의 최댓값을 구하여라.

05 a, b, c가 연립방정식 $\begin{cases} a+b=8 \\ ab-c^2+8\sqrt{2}\,c=48 \end{cases}$ 을 만족할 때,

방정식 $bx^2+cx-a=0$의 근을 구하여라.

[실력 향상시키기]

06 연립방정식 $\begin{cases} x^2-5|x|+|y|=0 \\ y^2-5|y|+|x|=0 \end{cases}$ 의 실수해의 쌍의 개수는?

① 5개 보다 많다. ② 5개

③ 3개 ④ 1개

07 2개의 양의 정수 a, b가 있다. 두 정수의 제곱의 합이 585일 때, 최대공약수와 최소공배수의 합은 87이다. $a+b$의 값을 구하여라.

08 다음 연립방정식을 풀어라.

(1) $\begin{cases} x^2+2x=y^2-2y \\ x^2+y^2=8 \end{cases}$

(2) $\begin{cases} x^2+xy+x=14 \\ y^2+xy+y=28 \end{cases}$

(3) $\begin{cases} xy - x + y - 7 = 0 \\ xy + x - y - 13 = 0 \end{cases}$

(4) $\begin{cases} 3x^2 - xy - 2x - 12 = 0 \\ 2x^2 - xy + 3x - 18 = 0 \end{cases}$

09 다음 연립방정식을 풀어라.

(1) $\begin{cases} xy(x + y) = 30 \\ x^3 + y^3 = 35 \end{cases}$

(2) $\begin{cases} 5x^2 + 4y^2 - 10x + 5y = 0 \\ 4x^2 + 5y^2 + 5x - 10y = 0 \end{cases}$

[응용하기]

10 어느 공장에서 매년 일정한 개수의 제품을 더 생산하도록 3년 동안의 증산계획을 세운다고 한다. 만약 3년째 생산한 제품의 개수를 1000개 늘리게 되면, 매년 동일한 비율로 증산한 결과가 되고 또한 원래의 계획대로 생산한 3년 동안의 총 제품 개수의 반이 된다고 한다. 이 경우 원래의 3년 증산계획에서 매년 생산하는 제품의 개수를 구하여라.

11 갑, 을 두 사람이 각각 A, B 두 곳에서 동시에 서로 마주보고 출발하여 서로 만났을 때 갑은 을보다 24km를 더 갔고, 만난 후 갑은 다시 4시간이 지나 B에 도착했으며, 을은 다시 9시간이 지나 A에 도착하였다. A, B의 거리와 갑, 을 두 사람의 걸음의 속력을 구하여라.

11강 무리방정식의 해법

– 근호와 절댓값이 있는 방정식의 풀이법

1 핵심요점

1. 무리방정식의 정의

근호 안에 미지수를 포함한 방정식을 **무리방정식**이라 한다.

2. 무리방정식의 기본 풀이방법

제곱법 : 양변을 몇 차례 거듭제곱하여 정식 형태의 방정식으로 만든 후 해를 구한다. 그리고 검산과정을 통해 무연근을 제거하고, 원래의 무리방정식의 해를 구한다. (**참고** 필수예제 1, 2)

식의 변형 후 역 대입하기 : 역 대입을 통하여 원래의 방정식을 정식 형태의 방정식으로 유도하거나 또는 직접 제곱하는 방법으로 해를 구하고 마지막에 검산을 통해(원래의 방정식에 대입하여) 무연근을 제거하고, 원래의 방정식의 해를 구한다.

3. 매개변수가 포함된 무리수 방정식

매개변수가 포함된 무리수 방정식도 매개변수를 구하는 문제와 매개변수에 관하여 생각하는 문제이다.
(**참고** 필수예제 6, 7)

4. 절댓값이 있는 방정식의 풀이방법

절댓값의 부호가 들어있는 방정식(여기에는 일차방정식이 아닌 것)의 일반적인 풀이 방법은 "영점구분법(절댓값 안이 0이 되는 x값을 기준으로 구간을 나누는 방법)" 이다. (**참고** 필수예제 8)

2 필수예제

1. 무리방정식의 제곱법

필수예제 1·1

방정식 $\sqrt{7-x} = x-1$을 풀어라.

[풀이] 원래의 방정식의 양변을 제곱하면 $7-x = (x-1)^2$이고,

이를 정리하면 $x^2-x-6 = 0$이다. 이를 풀면 $x = 3$ 또는 $x = -2$이다.

검산하면 $x = 3$은 원래의 방정식을 만족하고

$x = -2$는 원래의 방정식을 만족시키지 못한다. 즉, $x = -2$는 무연근이다.

그러므로 원래의 방정식의 근은 $x = 3$이다.

답 3

필수예제 1-2

방정식 $\sqrt{7x^2+9x+13}+\sqrt{7x^2-5x+13}=7x$를 풀어라.

[풀이] $\sqrt{7x^2+9x+13}=7x-\sqrt{7x^2-5x+13}$에서 양변을 제곱하면

$$7x^2+9x+13=49x^2-14x\sqrt{7x^2-5x+13}+7x^2-5x+13$$

이를 정리하면 $2\sqrt{7x^2-5x+13}=7x-2\,(x\neq 0)$이다.

또 등식의 양변을 제곱하면

$$4(7x^2-5x+13)=49x^2-28x+4,$$

이다. 즉, $21x^2-8x-48=0$이다.

이를 풀면 $x=\dfrac{12}{7}$ 또는 $x=-\dfrac{4}{3}$이다.

무연근 여부를 확인하면 $x=\dfrac{12}{7}$은 원래의 방정식을 만족시키고,

$x=-\dfrac{4}{3}$는 원래 방정식을 만족하지 않는다.

따라서 원래의 방정식의 근은 $x=\dfrac{12}{7}$이다.

답 $\dfrac{12}{7}$

필수예제 2

연립방정식 $\begin{cases} \sqrt{x+2}+\sqrt{y-1}=5 & \cdots\cdots\cdots ① \\ x+y=12 & \cdots\cdots\cdots\cdots\cdots ② \end{cases}$ 을 풀어라.

[풀이] ①에서 $\sqrt{x+2}=5-\sqrt{y-1}$의 양변을 제곱하면

$x+2=25-10\sqrt{y-1}+y-1$이다. 즉, $10\sqrt{y-1}=y-x+22$이다.

이를 ②식을 대입하면 $10\sqrt{y-1}=y-(12-y)+22$이다.

즉, $5\sqrt{y-1}=y+5$이다. 이 식의 양변을 제곱하면

$25(y-1)=y^2+10y+25$, 즉, $y^2-15y+50=0$이다.

이를 풀면 $y_1=5$, $y_2=10$이다.

이를 ②식에 대입하면 $x_1=7$, $x_2=2$이다.

무연근 확인을 위해 검산을 하면 $(x,\ y)=(7,\ 5),\ (2,\ 10)$은 모두 원래의 방정식을 만족시키는 근임을 알 수 있다.

[평주] 제곱하는 방법은 "제곱"을 한 후 일차 또는 이차정방정식으로 고치는데 적합할 때까지 계속 반복하여 제곱한다.

답 $(x,\ y)=(7,\ 5),\ (2,\ 10)$

제11강

2. 무리방정식의 풀이–치환법

필수예제 3·1

무리방정식 $2x^2 - 15x - \sqrt{2x^2 - 15x + 1998} = -18$을 풀어라.

분석 tip
(1) $y = 2x^2 - 15x + 180$이라고 두고, 원래 방정식을 간단히 한다.
(2) 양변에 x를 곱하고, (1)의 방법을 적용 시킨다.

[풀이] $y = 2x^2 - 15x + 18$이라고 두고, 원래 방정식을 간단히 하면
$y - \sqrt{y + 1980} = 0$이다. 즉 $\sqrt{y + 1980} = y$이다.
양변을 제곱하면 $y + 1980 = y^2$이다. 이를 풀면 $y \geq 0$이므로, $y = 45$이다.
따라서 $2x^2 - 15x + 18 = 45$를 풀면 $x_1 = 9$, $x_2 = -\dfrac{3}{2}$이다.
무연근을 확인하기 위해서 검산하면 $x_1 = 9$, $x_2 = -\dfrac{3}{2}$은
모두 원래의 방정식의 해이다.
그러므로 원래의 방정식의 해는 $x = 9$ 또는 $-\dfrac{3}{2}$이다.

$$\text{답}\quad x = 9 \text{ 또는 } -\dfrac{3}{2}$$

필수예제 3·2

방정식 $x - \dfrac{4}{x} + \dfrac{3\sqrt{x(x-2)}}{x} = 2$을 풀어라.

[풀이] 원래의 방정식의 양변에 x를 곱하고 정리하면
$x^2 - 2x - 4 + 3\sqrt{x^2 - 2x} = 0$.
$y = \sqrt{x^2 - 2x}$ 라고 두면, $y^2 + 3y - 4 = 0$이다.
이를 풀면 $y \geq 0$이므로, $y_1 = 1$이다.
따라서 $\sqrt{x^2 - 2x} = 1$. 양변을 제곱하면 $x^2 - 2x = 1$이다.
이를 풀면 x_1, $x_2 = 1 \pm \sqrt{2}$이고, 무연근 확인을 위해서 검산하면,
x_1, x_2는 원래의 방정식의 해이다.
그러므로 원래의 방정식의 해는 $x_{1,2} = 1 \pm \sqrt{2}$이다.

$$\text{답}\quad x_{1,2} = 1 \pm \sqrt{2}$$

[평주] (1) $u = \sqrt{2x^2 - 15x + 1998}$ 로 치환해도 된다.
(2) $v = x^2 - 2x$로 치환해도 모두 위의 풀이방법에서의 해가 같다. 이 두 개의 예는 식의 변형 후 역 대입하는 방법이 가장 기본적이고 정상적임을 보여준다.

<u>분석 tip</u>
$\sqrt{x+2}=u$, $\sqrt{y-1}=v$로 치환하고, u와 v를 두 근으로 이차방정식을 만들고, 근과 계수와의 관계를 이용하여푼다.

필수예제 4

치환법으로 다음 연립방정식을 풀어라.

$$\begin{cases} \sqrt{x+2}+\sqrt{y-1}=5 & \cdots\cdots\cdots ① \\ x+y=12 & \cdots\cdots\cdots\cdots ② \end{cases}$$

[풀이] $\sqrt{x+2}=u$, $\sqrt{y-1}=v$라 두고, 원래의 방정식에 대입하면,

$$\begin{cases} u+v=5 & \cdots ③ \\ u^2+v^2=13 & \cdots ④ \end{cases}$$ 이다.

④식으로부터 $(u+v)^2-2uv=13$이므로, ③식을 대입하면 $uv=6$이다.

u, v는 방정식 $t^2-5t+6=0$의 두 개의 근이므로, 2, 3이다.

$u=2$, $v=3$일 때, $x=2$, $y=10$이고,

$u=3$, $v=2$일 때, $x=7$, $y=5$이다.

무연근 확인을 위해 검산하면, 원래의 연립방정식의 해는

$(x,\ y)=(2,\ 10)$ 또는 $(7,\ 5)$이다.

[평주] 필수예제 3과 다른 치환 방법이다. x, y의 연립 무리방정식을 u, v의 연립정방정식으로 고치는 것도 유용한 치환법 중의 한 가지 형태이다.

🔲 $(x,\ y)=(2,\ 10)$ 또는 $(7,\ 5)$

3. 기타 방법의 예제

필수예제 5·1

다음 방정식을 풀어라.

$$\sqrt{x^2-x-6}+\sqrt{2x^2-11x+15}=x-3$$

<u>분석 tip</u>
이 두 방정식을 만약 계속 제곱하면 4차 방정식이 되어 풀기 어렵다.
만약 필수예제 3, 4의 풀이 방법이 아닌 치환법을 이용하여 원래의 방정식을 변형시키면 해결할 수 있다.

[풀이] $x-3\geq 0$, 즉, $x\geq 3$이므로, 원래의 방정식을 $\sqrt{x-3}$으로 묶으면

$$\sqrt{x-3}\,(\sqrt{x+2}+\sqrt{2x-5}-\sqrt{x-3})=0$$

이다. 따라서 $\sqrt{x-3}=0$ 또는 $\sqrt{x+2}+\sqrt{2x-5}-\sqrt{x-3}=0$이다.

이를 풀면 앞의 식에서 $x=3$이고, 뒤의 식에서는 해가 없다.

무연근 확인을 위해 검산하면 원래의 방정식의 근은 $x=3$이다.

🔲 $x=3$

필수예제 5·2

다음 방정식을 풀어라.

$$2x^2-x-2x\sqrt{x^2+x-1}=-1$$

[풀이] 원래의 방정식을 $3x^2 - (x^2 + x - 1) - 2x\sqrt{x^2 + x - 1} = 0$으로 변형시킨 후,
$y = \sqrt{x^2 + x - 1}$ 라고 치환한 후 대입하면, $3x^2 - y^2 - 2xy = 0$이다.
즉, $(3x + y)(x - y) = 0$이다.
그러므로 $3x + y = 0$ 또는 $x - y = 0$이다.

(i) $3x + y = 0$일 때, $3x + \sqrt{x^2 + x - 1} = 0$이고, 양변을 제곱하여 풀면, 실수인 해가 없다.

(ii) $x - y = 0$일 때, $x - \sqrt{x^2 + x - 1} = 0$이고, 양변을 제곱하여 풀면, $x = 1$이다.

따라서 원래의 방정식의 해는 $x = 1$이다.

📋 $x = 1$

[평주] $\sqrt{ab} = \sqrt{a} \cdot \sqrt{b}$이 공식을 이용할 때 반드시 $a \geq 0$, $b \geq 0$의 조건이 필요하다.

4. 무리방정식에 매개변수가 포함된 문제

필수예제 6

x에 관한 방정식 $\sqrt{x^2 + (m+1)x + (m-2)} = \sqrt{x-1}\,(0 < m \leq 1)$
의 실근의 개수는?

① 2　　　　② 1　　　　③ 0　　　　④ 알 수 없다.

[풀이] 방정식의 양변을 제곱하면 $x^2 + (m+1)x + (m-2) = x - 1$이다.
즉, $x^2 + mx + m - 1 = 0$이다. 이를 풀면 $x \geq 1$이므로, $x = 1 - m$이다.
$x = 1 - m$일 때,
$x^2 + (m+1)x + (m-2) = (1-m)^2 + (m+1) \cdot (1-m) + m - 2 = -m$
$0 < m \leq 1$, 즉 $-m < 0$이므로 $x^2 + (m+1)x + (m-2) < 0$이 된다.
그러므로 원래의 방정식은 실근이 없다.
그러므로 ③이다. (**주의** 만약 미지수 m이 만족하는 조건이 $0 \leq m \leq 1$
또는 $m < 0$으로 바뀌면, 원래의 방정식은 실근이 있다.)

📋 ③

필수예제 7

x에 관한 방정식 $a\sqrt{x^2}+\dfrac{1}{2}\sqrt[4]{x^2}-\dfrac{1}{3}=0$이 두 개의 서로 다른 실근을 가질 때, a의 범위를 구하여라.

[풀이] $y=\sqrt[4]{x^2}\,(y\geq 0)$라 두고, 원래의 방정식에 대입하면

$$ay^2+\frac{1}{2}y-\frac{1}{3}=0 \qquad \cdots\cdots\text{㉠}$$

만약 방정식 ㉠에 오직 하나의 양의 근이 있으면 원 방정식에는 두 개의 서로 다른 실수해가 존재한다.

(i) $a=0$일 때, ㉠의 해는 $y=\dfrac{2}{3}>0$이므로 a를 구할 수 있다.

(ii) $a\neq 0$일 때, ㉠은 $f(y)=y^2+\dfrac{1}{2a}y-\dfrac{1}{3a}=0 \qquad \cdots\cdots\text{㉡}$ 이 된다.

㉡에서 만약 하나의 양의 근과 음의 근이 있으면 $f(0)=-\dfrac{1}{3a}<0$이다.

따라서 $a>0$이다. 즉, $a>0$일 때, ㉠은 하나의 양의 근이 있으므로 원래의 방정식도 두 개의 다른 실수인 해가 있다.

㉡에서 중근을 갖으면 판별식 $\triangle=\left(\dfrac{1}{2a}\right)^2-4\times\left(-\dfrac{1}{3a}\right)=0$이다.

이를 풀면, $\dfrac{-1}{2a}>0$이므로 $a=-\dfrac{3}{16}$이다.

즉, $a=-\dfrac{3}{16}$일 때, ㉠은 하나의 양의 근이 있고 원래의 방정식도 서로 다른 두 개의 실수해가 있다.

따라서 구하는 a의 범위는 $a\geq 0$ 또는 $a=-\dfrac{3}{16}$이다.

$$\boxed{\text{답}}\ a\geq 0,\ a=-\frac{3}{16}$$

5. 절댓값이 있는 방정식의 풀이

필수예제 8-1

0이 아닌 실수 x, y가 $|x| + y = 3$, $|x|y + x^3 = 0$을 만족시킬 때, $x + y$ 의 값은?

① 3

② $\sqrt{13}$

③ $\dfrac{1 - \sqrt{13}}{2}$

④ $4 - \sqrt{13}$

[풀이] $y = 3 - |x|$을 $|x|y + x^3 = 0$에 대입하면 $x^3 - x^2 + 3|x| = 0$이다.

"영점 구분법"으로 이 방정식을 풀면 ($x \neq 0$).

$x > 0$일 때, $x^3 - x^2 + 3x = 0$, 즉, $x^2 - x + 3 = 0$의 실근은 없다.

$x < 0$일 때, $x^3 - x^2 - 3x = 0$ 즉 $x^2 - x - 3 = 0$의 해는 $x = \dfrac{1 - \sqrt{13}}{2}$이다.

이로부터 $y = 3 - |x| = 3 + \dfrac{1 - \sqrt{13}}{2} = \dfrac{7 - \sqrt{13}}{2}$이므로

$x + y = \dfrac{1 - \sqrt{13}}{2} + \dfrac{7 - \sqrt{13}}{2} = 4 - \sqrt{13}$이다.

그러므로 ④이 답이다.

🔲 ④

필수예제 8-2

방정식 $\big| |x^2 - 6x - 16| - 10 \big| = a$가 6개의 실근을 가질 때, a의 값을 구하여라.

[풀이] $a \geq 0$이므로 $|x^2 - 6x - 16| - 10 = \pm a$, 즉,

$|x^2 - 6x - 16| = 10 \pm a$ ………(*)

$a = 10$일 때, (*)식은 $|x^2 - 6x - 16| = 0$ 또는 $|x^2 - 6x - 16| = 20$이다.

즉, $x^2 - 6x - 16 = 0$ 또는 $x^2 - 6x - 16 = \pm 20$이다.

따라서 $x^2 - 6x - 16 = 0$ 또는 $x^2 - 6x - 36 = 0$ 또는 $x^2 - 6x + 4 = 0$이다.

이 세 개의 방정식은 모두 각각 2개의 실근이 있다.

$a \neq 10$일 때 실근이 6개 나올 수가 없다. (그래프를 통하여 확인해보자)

그러므로 $a = 10$일 때, 원 방정식은 6개의 실근이 있다.

[평주] (*)를 a의 범위에 따라 구간을 나누어 생각하면 원래의 방정식은

$a = 0$일 때, 4개의 실근을 갖는다.

$0 < a < 10$일 때, 8개의 실근을 갖는다.

$10 < a < 15$일 때, 4개의 실근을 갖는다.

$a = 15$일 때, 3개의 실근을 갖는다.

$a > 15$일 때, 2개의 실근을 갖는다.

🔲 $a = 10$

[실력다지기]

01 다음 연립방정식을 풀어라.

$$\begin{cases} x+y+z = \sqrt{x+y+z+1}+11 \\ \dfrac{x}{2} = \dfrac{y}{3} = \dfrac{z}{4} \end{cases}$$

02 연립방정식 $\begin{cases} \sqrt[3]{x+1} + \sqrt[3]{y-1} = 2 \\ x+y = 26 \end{cases}$ 을 풀어라.

03 방정식 $\sqrt{p-2x}=-x$가 두 개의 서로 다른 실근을 가질 때, p의 범위는?

① $p > -1$ ② $p \le 0$ ③ $-1 < p \le 0$ ④ $-1 \le p < 0$

04 실수 x_0, y_0가 연립방정식 $\begin{cases} y = \dfrac{1}{x} \\ y = |x| + 1 \end{cases}$ 의 해일 때, $x_0 + y_0$의 값을 구하여라.

05 방정식 $|x^2 + ax| = 4$가 서로 다른 세 실근이 있을 때, a의 값과 세 실근을 구하여라.

[실력 향상시키기]

06 유리수 x, y, z가 $\sqrt{x} + \sqrt{y-1} + \sqrt{z-2} = \dfrac{1}{2}(x+y+z)$를 만족할 때, $(x-yz)^3$의 값을 구하여라.

07 실수 x, y가 $x^2 - 2x|y| + y^2 - 6x - 4|y| + 27 = 0$을 만족할 때, y의 범위를 구하여라.

08 $\dfrac{1}{a} - |a| = 1$일 때, $\dfrac{1}{a} + |a|$의 값은?

① $\dfrac{\sqrt{5}}{2}$ ② $-\dfrac{\sqrt{5}}{2}$ ③ $-\sqrt{5}$ ④ $\sqrt{5}$

09 다음 방정식을 풀어라.

(1) $2(x+1) - 2\sqrt{x(x+8)} = \sqrt{x} - \sqrt{x+8}$

(2) $2(x + \sqrt{x^2-1}) = (x - 1 + \sqrt{x+1})^2$

[응용하기]

10 $\sqrt{2x^2+x+5} + \sqrt{x^2+x+1} = \sqrt{x^2-3x+13}$ 을 만족시키는 실수 x의 값을 구하여라.

11 이차함수 $f(x) = x^2 + x - 1$은 0이 아닌 모든 실수 a에 대하여 $f(a) + f\left(\dfrac{2}{a}\right) = 0$을 만족한다.

다음 물음에 답하여라.

(1) a의 값을 구하여라.

(2) (1)에서 구한 a에 대하여, x에 관한 방정식 $\sqrt{x+k} - \sqrt{2x-4} = a$에 하나의 무연근 4가 있을 때, k의 값을 구하여라.

1 핵심요점

1. 제곱근 멱평균-산술-기하-조화평균 부등식

양의 실수 a_1, a_2, $\cdots$, a_n에 대하여, 제곱근 멱평균, 산술평균, 기하평균, 조화평균을 다음과 같이 정의한다.

$$\text{제곱근 멱평균(SQM)} = \sqrt{\frac{a_1^2 + a_2^2 + \cdots + a_n^2}{n}}$$

$$\text{산술평균(AM)} = \frac{a_1 + a_2 + \cdots + a_n}{n}$$

$$\text{기하평균(GM)} = \sqrt[n]{a_1 a_2 \cdots a_n}$$

$$\text{조화평균(HM)} = \frac{n}{\dfrac{1}{a_1} + \dfrac{1}{a_2} + \cdots + \dfrac{1}{a_n}}$$

이때, $\text{SQM} \geq \text{AM} \geq \text{GM} \geq \text{HM}$이 성립한다. 등호는 $a_1 = a_2 = \cdots = a_n$일 때, 성립한다.

2. 코사-슈바르츠 부등식

두 0이 아닌 실수 $a_1, a_2, \cdots, a_n, b_1, b_2, \cdots, b_n$에 대하여

$$(a_1^2 + a_2^2 + \cdots + a_n^2)(b_1^2 + b_2^2 + \cdots + b_n^2) \geq (a_1 b_1 + a_2 b_2 + \cdots + a_n b_n)^2$$

이 성립한다. 단, 등호성립조건은 $\dfrac{a_1}{b_1} = \dfrac{a_2}{b_2} = \cdots = \dfrac{a_n}{b_n}$이다.

보조정리 1.

실수 a, b와 실수 $x, y > 0$에 대하여,

$$\frac{a^2}{x} + \frac{b^2}{y} \geq \frac{(a+b)^2}{x+y}$$

이 성립한다. 단, 등호성립조건은 $\dfrac{a}{x} = \dfrac{b}{y}$이다. 이를 확장하면,

실수 a, b, c와 실수 $x, y, z > 0$에 대하여,

$$\frac{a^2}{x} + \frac{b^2}{y} + \frac{c^2}{z} \geq \frac{(a+b)^2}{x+y} + \frac{c^2}{z} \geq \frac{(a+b+c)^2}{x+y+z}$$

이다. 또, 수학적 귀납법의 원리로부터

실수 $a_1, \cdots, a_n$과 실수 $x_1, \cdots, x_n > 0$,

$$\frac{a_1^2}{x_1} + \frac{a_2^2}{x_2} + \cdots + \frac{a_n^2}{x_n} \geq \frac{(a_1 + a_2 + \cdots + a_n)^2}{x_1 + x_2 + \cdots + x_n}$$

이 성립함을 알 수 있다. 단, 등호성립조건은 $\dfrac{a_1}{x_1} = \dfrac{a_2}{x_2} = \cdots = \dfrac{a_n}{x_n}$이다.

2 필수예제

필수예제 1

양의 실수 x, y, z에 대하여 다음 부등식을 증명하여라.

$$\frac{x^2}{3^3} + \frac{y^2}{4^3} + \frac{z^2}{5^3} \geq \frac{(x+y+z)^2}{6^3}$$

[풀이] $3^3 + 4^3 + 5^3 = 6^3$이므로 코시–슈바르츠 부등식을 이용하자.

$a_1 = \dfrac{x}{\sqrt{3^3}}$, $a_2 = \dfrac{y}{\sqrt{4^3}}$, $a_3 = \dfrac{z}{\sqrt{5^3}}$

$b_1 = \sqrt{3^3}$, $b_2 = \sqrt{4^3}$, $b_3 = \sqrt{5^3}$ 로 잡으면

$\left(\dfrac{x^2}{3^3} + \dfrac{y^2}{4^3} + \dfrac{z^2}{5^3} \right)(3^3 + 4^3 + 5^3) \geq (x+y+z)^2$ 이다. 그러면

$\dfrac{x^2}{3^3} + \dfrac{y^2}{4^3} + \dfrac{z^2}{5^3} \geq \dfrac{(x+y+z)^2}{6^3}$ 이다.

답 풀이참조

필수예제 2

양의 실수 x, y, z에 대하여

$$\frac{4x}{y+z} + \frac{9y}{z+x} + \frac{16z}{x+y}$$

의 최솟값을 구하여라.

[풀이] 코시–슈바르츠 부등식에 의하여

$\dfrac{4x}{y+z} + \dfrac{9y}{z+x} + \dfrac{16z}{x+y} + (4+9+16)$

$= (x+y+z)\left(\dfrac{4}{y+z} + \dfrac{9}{z+x} + \dfrac{16}{x+y} \right)$

$= \dfrac{1}{2}((y+z)+(z+x)+(x+y))\left(\dfrac{4}{y+z} + \dfrac{9}{z+x} + \dfrac{16}{x+y} \right)$

$\geq \dfrac{1}{2}(\sqrt{4} + \sqrt{9} + \sqrt{16})^2$

이다. 그러므로

$\dfrac{4x}{y+z} + \dfrac{9y}{z+x} + \dfrac{16z}{x+y} \geq \dfrac{1}{2}(\sqrt{4} + \sqrt{9} + \sqrt{16})^2 - 29 = \dfrac{23}{2}$

이다. 따라서 최솟값은 $\dfrac{23}{2}$이다.

단, 등호는 $\dfrac{y+z}{2} = \dfrac{z+x}{3} = \dfrac{x+y}{4}$일 때, 성립한다.

답 $\dfrac{23}{2}$

제12장

필수예제 3

양의 실수 x, y가 $x+y \leq 1$을 만족할 때, $xy + \dfrac{1}{xy}$의 최솟값을 구하여라.

[풀이] 이 문제는 산술–기하평균 부등식을 바로 이용할 수 없다.

왜냐하면, 등호성립조건 $xy = 1$을 만족하지 않기 때문이다.

산술–기하평균부등식에 의하여 $\dfrac{1}{xy} \geq \dfrac{4}{(x+y)^2} \geq 4$이다.

$a = \dfrac{1}{xy}$이라 하면, 주어진 문제는 $a \geq 4$일 때, $a + \dfrac{1}{a}$의 최솟값을 구하는

문제가 되고, $a = 4$를 착안점으로 생각하여

이 문제의 등호성립조건을 찾아보면 $\dfrac{a}{k} = \dfrac{1}{a}$이다.

이를 풀면 $k = a^2 = 16$이다.

그러면

$$a + \dfrac{1}{a} = \dfrac{a}{16} + \dfrac{1}{a} + \dfrac{15}{16}a \geq 2\sqrt{\dfrac{a}{16} \cdot \dfrac{1}{a}} + \dfrac{15}{16}a \geq 2 \cdot \dfrac{1}{4} + \dfrac{15}{16} \cdot 4 = \dfrac{17}{4}$$

이다. 위 부등식의 등호는 $a = 4$일 때, 즉 $x = y = \dfrac{1}{2}$일 때, 성립한다.

답 $\dfrac{17}{4}$

필수예제 4

양의 실수 x, y, z가 $x+y+z = 3$을 만족할 때,

$$\dfrac{xy}{x+y} + \dfrac{yz}{y+z} + \dfrac{zx}{z+x}$$

의 최댓값을 구하여라.

[풀이] 산술–기하평균 부등식에 의하여 $\dfrac{x+y}{2} \geq \sqrt{xy}$이므로 $\dfrac{x+y}{4} \geq \dfrac{xy}{x+y}$

이다.

그러므로

$$\dfrac{xy}{x+y} + \dfrac{yz}{y+z} + \dfrac{zx}{z+x} \leq \dfrac{x+y}{4} + \dfrac{y+z}{4} + \dfrac{z+x}{4} = \dfrac{x+y+z}{2} = \dfrac{3}{2}$$

이다. 따라서 최댓값은 $\dfrac{3}{2}$이다. 단, 등호는 $x = y = z = 1$일 때, 성립한다.

답 $\dfrac{3}{2}$

필수예제 5

양의 실수 a, b, c에 대하여, $\dfrac{a}{b+c}+\dfrac{b}{c+a}+\dfrac{c}{a+b}$ 의 최솟값을 구하여라.

[풀이] 보조정리 1로부터

$$\frac{a}{b+c}+\frac{b}{c+a}+\frac{c}{a+b}=\frac{a^2}{ab+ac}+\frac{b^2}{bc+ba}+\frac{c^2}{ca+cb}\geq\frac{(a+b+c)^2}{2(ab+bc+ca)}$$

이다. 또, $a^2+b^2+c^2\geq ab+bc+ca$이다. 그러므로

$$\frac{(a+b+c)^2}{2(ab+bc+ca)}\geq\frac{3}{2}$$

이다. 따라서 구하는 최솟값은 $\dfrac{3}{2}$이다. 단, 등호는 $a=b=c$일 때, 성립한다.

답 $\dfrac{3}{2}$

필수예제 6

양의 실수 a, b, c가 $abc\geq 1$을 만족한다. 이때, 다음 부등식을 증명하여라.

$$\left(a+\frac{1}{a+1}\right)\left(b+\frac{1}{b+1}\right)\left(c+\frac{1}{c+1}\right)\geq\frac{27}{8}.$$

[풀이] 산술-기하평균 부등식에 의하여

$$\frac{a+1}{4}+\frac{1}{a+1}\geq 2\sqrt{\frac{a+1}{4}\cdot\frac{1}{a+1}}=1,$$

$$\frac{3a}{4}+\frac{3}{4}\geq 2\sqrt{\frac{3a}{4}\cdot\frac{3}{4}}=\frac{3}{2}\sqrt{a}$$

이다. 등호는 모두 $a=1$일 때, 성립한다.

위 두 부등식을 변변 더하면,

$$a+\frac{1}{a+1}\geq\frac{3}{2}\sqrt{a}$$

이다. 같은 방법으로

$$b+\frac{1}{b+1}\geq\frac{3}{2}\sqrt{b},\quad c+\frac{1}{c+1}\geq\frac{3}{2}\sqrt{c}$$

이다. 등호는 $b=1$, $c=1$일 때, 성립한다. 따라서

$$\left(a+\frac{1}{a+1}\right)\left(b+\frac{1}{b+1}\right)\left(c+\frac{1}{c+1}\right)\geq\frac{3}{2}\sqrt{a}\cdot\frac{3}{2}\sqrt{b}\cdot\frac{3}{2}\sqrt{c}$$

$$=\frac{27}{8}\sqrt{abc}\geq\frac{27}{8}$$

이다. 등호는 $a=b=c=1$일 때, 성립한다.

답 풀이참조

1보다 큰 실수 x에 대하여 $\dfrac{x^4 - x^2}{x^6 + 2x^3 - 1}$의 최댓값을 구하여라.

[풀이] 주어진 식을 변형하면

$$\frac{x^4 - x^2}{x^6 + 2x^3 - 1} = \frac{x - \dfrac{1}{x}}{x^3 + 2 - \dfrac{1}{x^3}} = \frac{x - \dfrac{1}{x}}{\left(x - \dfrac{1}{x}\right)^3 + 2 + 3\left(x - \dfrac{1}{x}\right)}$$

이다. $x > 1$이므로, $1 > \dfrac{1}{x}$이고, $x - \dfrac{1}{x} > 0$이다. 그러므로
산술-기하평균부등식에 의하여

$$\left(x - \frac{1}{x}\right)^3 + 2 = \left(x - \frac{1}{x}\right)^3 + 1 + 1 \geq 3\sqrt[3]{\left(x - \frac{1}{x}\right)^3 \cdot 1 \cdot 1} = 3\left(x - \frac{1}{x}\right)$$

이다. 따라서

$$\frac{x^4 - x^2}{x^6 + 2x^3 - 1} = \frac{x - \dfrac{1}{x}}{x^3 + 2 - \dfrac{1}{x^3}}$$

$$= \frac{x - \dfrac{1}{x}}{\left(x - \dfrac{1}{x}\right)^3 + 2 + 3\left(x - \dfrac{1}{x}\right)} \leq \frac{x - \dfrac{1}{x}}{3\left(x - \dfrac{1}{x}\right) + 3\left(x - \dfrac{1}{x}\right)} = \frac{1}{6}$$

이다. 등호는 $x - \dfrac{1}{x} = 1$일 때, 성립한다. 답 $\dfrac{1}{6}$

$0 \leq a \leq b \leq 1$을 만족하는 실수 a, b, c에 대하여
$$a^2(b - a) + b^2(1 - b)$$
의 최댓값을 구하여라.

[풀이] 산술-기하평균 부등식에 의하여,

$$a^2(b - a) + b^2(1 - b) = \frac{1}{2}(a \cdot a \cdot (2b - 2a)) + b^2(1 - b)$$

$$\leq \frac{1}{2}\left(\frac{a + a + 2b - 2a}{3}\right)^3 + b^2(1 - b)$$

$$= b^2\left(\frac{4b}{27} + 1 - b\right)$$

$$= b^2\left(1 - \frac{23b}{27}\right)$$

$$= \left(\frac{54}{23}\right)^2\left(\frac{23b}{54}\right)\left(\frac{23b}{54}\right)\left(1 - \frac{23b}{27}\right) \leq \left(\frac{54}{23}\right)^2\left(\frac{1}{3}\right)^3$$

$$= \frac{108}{529}$$

이다. 단, 등호는 $a = 2b - 2a$, $\dfrac{23b}{54} = 1 - \dfrac{23b}{27}$일 때, 성립한다.

즉, $a = \dfrac{12}{23}$, $b = \dfrac{18}{23}$일 때, 성립한다. 답 $\dfrac{108}{529}$

필수예제 9

양의 실수 a, b, c에 대하여

$$\frac{(a+b)^2}{c} + \frac{c^2}{a} \geq 4b$$

가 성립함을 증명하여라.

[풀이] 코시–슈바르츠 부등식과 산술–기하평균 부등식에 의하여

$$(c+a)\left(\frac{(a+b)^2}{c} + c^2\right) \geq \left(\sqrt{c}\cdot\sqrt{\frac{(a+c)^2}{c}} + \sqrt{a}\sqrt{\frac{c^2}{a}}\right)^2$$

$$= (a+b+c)^2$$

$$= (b+(a+c))^2$$

$$\geq (2\sqrt{b\cdot(a+c)})^2$$

$$= 4b\cdot(a+c)$$

이다. 양변을 $a+c$로 나누면

$$\frac{(a+b)^2}{c} + \frac{c^2}{a} \geq 4b$$

이다. 단, 등호는 $c=2a$, $b=a+c$일 때, 즉, $a:b:c=1:3:2$일 때, 성립한다.

📋 풀이참조

필수예제 10

0보다 크고, 1보다 작은 임의의 양의 실수 x, y에 대하여, 다음 부등식이 성립함을 보여라.

$$\frac{x^2}{x+y} + \frac{y^2}{1-x} + \frac{(1-x-y)^2}{1-y} \geq \frac{1}{2}$$

[풀이] 보조정리 1로부터

$$\frac{x^2}{x+y} + \frac{y^2}{1-x} + \frac{(1-x-y)^2}{1-y} \geq \frac{(x+y+1-x-y)^2}{x+y+1-x+1-y} = \frac{1}{2}$$

이다. 단, 등호는 $x=y=\dfrac{1}{3}$일 때, 성립한다.

📋 풀이참조

[실력다지기]

01 방정식 $x^2 + 2y^2 - 2xy - 4 = 0$을 만족하는 실수 x, y에 대하여, $xy(x-y)(x-2y)$의 최댓값을 구하여라.

02 $0 \le x \le 1$인 실수 x에 대하여, $x(1 - x^3)$의 최댓값을 구하여라.

03 임의의 양의 실수 a, b, c에 대하여, 다음 부등식이 성립함을 증명하여라.

$$\frac{a^3}{c(a^2 + bc)} + \frac{b^3}{a(b^2 + ca)} + \frac{c^3}{b(c^2 + ab)} \ge \frac{3}{2}$$

04 1보다 큰 양의 실수 x, y에 대하여, $\dfrac{x^2}{y-1} + \dfrac{y^2}{x-1}$의 최솟값을 구하여라.

05 양의 실수 a, b, c가 $a^2 + b^2 + c^2 = 3$을 만족할 때, $a + b + c + \dfrac{25}{a+b+c}$의 최솟값을 구하여라.

06 양의 실수 x, y, z가 $x^2 + y^2 + z^2 = 1$을 만족할 때, $x + y + z + \dfrac{1}{xyz}$의 최솟값을 구하여라.

[실력 향상시키기]

07 1이상 2이하인 실수 x, y, z에 대하여, 다음 부등식을 증명하여라.

$$(x+y+z)\left(\frac{1}{x}+\frac{1}{y}+\frac{1}{z}\right) \le 10$$

08 0이 아닌 실수 x에 대하여, $\dfrac{x^6+64}{x^4+4x^2}$ 의 최솟값을 구하여라.

09 $x > 3$, $y > 4$인 실수 x, y에 대하여, $\dfrac{(x+y)^2}{\sqrt{x^2-9}+\sqrt{y^2-16}}$ 의 최솟값을 구하여라.

10 양의 실수 x, y, z가 $x+2y+3z \geq 20$을 만족할 때, $x+y+z+\dfrac{3}{x}+\dfrac{9}{2y}+\dfrac{4}{z}$의 최솟값을 구하여라.

Part III 함수

13강 이차함수의 그래프 및 식의 특징

1 핵심요점

1. 정의
$y = ax^2 + bx + c$ (a, b, c는 상수, $a \neq 0$)인 함수를 **이차함수**라 하며 x의 범위는 모든 실수이다.

2. 이차함수의 그래프와 특징

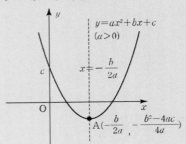

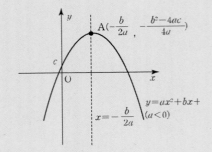

이차함수 $y = ax^2 + bx + c$ ($a \neq 0$)의 그래프는 대칭축은 y축에 평행인 직선 $x = -\dfrac{b}{2a}$이고,

꼭짓점 좌표는 $A\left(-\dfrac{b}{2a}, \ -\dfrac{b^2-4ac}{4a}\right)$이다.

$a > 0$일 때, 위의 왼쪽 그림과 같이 그래프는 아래로 볼록이고 최댓값은 없다.

$$y_{\text{최솟값}} = -\frac{b^2-4ac}{4a} \ \left(x = -\frac{b}{2a} \ \text{일 때}\right)\text{이다.}$$

$a < 0$일 때, 위의 오른쪽 그림과 같이 그래프는 위로 볼록이고 최솟값은 없다.

$$y_{\text{최댓값}} = -\frac{b^2-4ac}{4a} \ \left(x = -\frac{b}{2a} \ \text{일 때}\right)\text{이다.}$$

3. 이차함수 그래프의 평행이동

이차함수 그래프는 평행이동을 해도 이차함수의 그래프의 방향과 폭은 변하지 않는다. (오른쪽 그림과 같이 그림 중의 ①, ②, ③, ④는 각각 평행이동한 이차함수의 그래프로서 각각의 이차함수의 그래프는 왼쪽, 오른쪽, 위쪽, 아래쪽으로 평행이동한 그래프이다.)

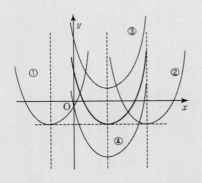

이차함수 $y = f(x)$의 그래프가 왼쪽(또는 오른쪽)으로 h만큼 평행이동 했을 때의 표준형은 $y = f(x+h)$ (또는 $y = f(x-h)$)이고, $y = f(x)$의 그래프가 위쪽(또는 아래쪽)으로 k만큼 평행이동 했을 때의 표준형은 $y = f(x) + k$ (또는 $y = f(x) - k$)이다.

예를 들어 $y = ax^2$에서

왼쪽으로 h만큼 평행이동하면 $y = a(x+h)^2$이고,

오른쪽으로 h만큼 평행이동하면 $y = a(x-h)^2$이고,

위쪽으로 k만큼 평행이동하면 $y = ax^2 + k$이고,

아래쪽으로 k만큼 평행이동하면 $y = ax^2 - k$이다.

오른쪽으로 h만큼 평행이동하고 위쪽으로 k만큼 평행이동하면 $y=a(x-h)^2+k$이 된다.
(주) 유사한 $y=a(x+h)^2-k$는 함수 $y=ax^2$를 왼쪽으로 h만큼 평행이동하고 아래쪽으로 k만큼 평행이동 하여 얻은 결과임을 주의해야 한다.)

4. 이차함수의 함수식

(1) 이차함수의 자주 쓰는 함수식은 아래의 3가지이다.

   ① 일반형 : $y=ax^2+bx+c$, 단, a, b, c는 상수이고, $a \neq 0$이다. (여기서, c는 y절편)

   ② 표준형 : $y=a(x-h)^2+k$, 단, a, h, k는 상수이고, $a \neq 0$이다. (여기서, 그래프의 꼭짓점은 (h, k)이며, 대칭축은 $x=h$이다.)

   ③ 인수분해 형 : $y=a(x-x_1)(x-x_2)$, 단, a, x_1 x_2는 상수이고, $a \neq 0$이다. (여기서, x_1 x_2는 이차함수와 x축과의 두 개의 교점의 x좌표로 즉, 이차방정식 $x^2+bx+c=0$의 두 개의 실근이다.)

(2) 이차함수의 함수식을 구하는 방법

   ① 만약 주어진 조건(주어졌거나 또는 구한 값)이 세 점을 지날 때는 일반형 $y=ax^2+bx+c$을 활용하여 계수인 a, b, c에 대한 연립방정식을 푼다.

   ② 그래프의 대칭축 또는 최댓값과 관계가 있는 조건이 주어지면 표준형인 $y=a(x-h)^2+k$을 활용하여 함수식을 구한다. (참고 필수예제 6)

   ③ 함수의 그래프가 지나는 점(근)에 대한 조건이 주어지면 인수분해 형태의 $y=a(x-x_1)(x-x_2)$을 활용하여 함수식을 구한다.(참고 필수예제 7)

2 필수예제

1. 이차함수의 그래프의 평행이동에 대한 예제

필수예제 1

이차함수 $y=-x^2+2x+3$의 그래프를 x축으로 -1만큼 평행이동하고, y축으로 -2만큼 평행이동한 함수식을 구하여라.

[풀이] 이차함수 $y=-x^2+2x+3$의 그래프를 x축으로 -1만큼 평행이동한 후의 이차함수의 함수식은 $y=f(x+1)=-(x+1)^2+2(x+1)+3$이다.
즉 $y=-x^2+4$이다.
그러므로 $y=-x^2+2x+3$의 그래프를 x축으로 -1만큼 평행이동하고 y축으로 -2만큼 평행이동하면 즉, $y=-x^2+4$이 y축으로 2만큼 평행이동하므로 $y=(-x^2+4)-2$이고, $y=-x^2+2$이다.

답 $y=-x^2+2$

2. 그래프의 식별과 응용예제

분석 tip
그래프의 형태와 a, b, c 부호들 사이의 관계는 그래프를 판단하는데 중요한 역할을 한다.

일차함수 $y = ax + c$와 이차함수 $y = ax^2 + bx + c$의 그래프를 좌표평면 위에 나타내면?

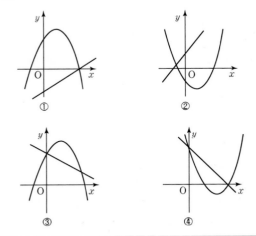

① ② ③ ④

[풀이]　①의 직선에서 즉, $a > 0$, 이차함수의 그래프는 위로 볼록이므로 $a < 0$ 이므로 모순이 생긴다. 그러므로 ①을 제외되고, 이와 같은 이유로 ④도 제외시킨다.

또 ②의 직선의 y절편은 $c > 0$이고, 이차함수의 y절편은 $c < 0$이므로 모순된다.

그러므로 ②를 제외시키면 답은 ③이다.

[평주]　두 개의 그래프는 y절편 모두 c와 같은데 이와 같은 것은 그림 ③, ④ 만 성립되고, D의 직선은 $a < 0$이고, 이차함수는 $a > 0$이면 모순이 되므로, ③이 답이다.

답 ③

이차함수 $y = ax^2 + bx + c$의 그래프가 오른쪽그림과 같을 때, 아래의 관계식 중 틀린 것은?

① $abc > 0$

② $a + b + c > 0$

③ $a - b + c > 0$

④ $2a + b < 0$

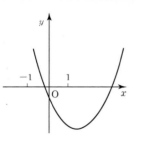

[풀이] 그림에서 그래프가 아래로 볼록하므로 $a>0$이고, y절편은 $c<0$이다.

꼭짓점의 x좌표가 1보다 크므로 $-\dfrac{b}{2a}>1$, $(a>0$이므로) 즉 $b<0$이다.

또한 $2a<-b$이므로 $2a+b<0$이기에 ①, ④는 성립된다.

또 $x=-1$일 때, 함숫값은 $a\cdot(-1)^2+b\cdot(-1)+c>0$으로,

즉 $a-b+c>0$이고, ③은 성립된다.

그러므로 답은 ②이다.

[평주] 그래프 $x=1$일 때, 함숫값은 음이므로, 즉 $a\cdot1^2+b\cdot1+c<0$이고,

$a+b+c<0$이므로 ②은 성립되지 않으므로 정답은 ②이다.

답 ②

3. 이차함수의 함수식을 구하는 방법의 예제

(1) 일반형을 활용하거나, 꼭짓점(대칭축)을 활용하는 표준형, 주어진 두 근을 활용하는
인수분해형태의 함수식으로 주로 3가지의 형태를 활용한다.

필수예제 3

오른쪽 그림과 같이 넓이가 18인 직각이등변삼각형 OAB의 밑변(직각변) OA는 x축에 있고, 이차함수 $y=ax^2+bx+c(a\neq0)$의 그래프가 원점, 점 A, OB의 중점 M을 지날 때, 이차함수의 함수식을 구하여라.

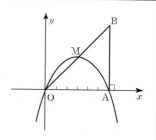

[풀이] $\triangle OAB$는 직각이등변삼각형이므로

$\angle OAB=90°$, $OA=AB$이다.

$\dfrac{1}{2}\cdot OA\cdot AB=18$에서 $OA^2=36(=6^2)$이고,

$OA=AB=6$, $A(6,0)$, $B(6,6)$이다.

M은 OB의 중점이므로 M의 좌표를 (x_0, y_0)이라 하면,

원점은 $O(0,0)$이므로 $x_0=\dfrac{0+6}{2}=3$, $y_0=\dfrac{0+6}{2}=3$이다.

(또는 $x_0=\dfrac{1}{2}\times OA=\dfrac{1}{2}\times6=3$, $y_0=\dfrac{1}{2}\times AB=\dfrac{1}{2}\times6=3$)

즉, M의 좌표는 $(3, 3)$이다. 아래는 3종류의 방법으로 함수식을 구할 수 있다.

① 이차함수는 세 점 $O(0, 0)$ $A(6, 0)$, $M(3, 3)$을 지나므로,

$y=ax^2+bx+c$(여기서 a, b, c는 상수)에 세 좌표를 각각 대입하면

$\begin{cases}0=a\cdot0^2+b\cdot0+c\\0=a\cdot6^2+b\cdot6+c\\3=a\cdot3^2+b\cdot3+c\end{cases}$ 이다. 이를 풀면 $\begin{cases}c=0\\a=-\dfrac{1}{3}\\b=2\end{cases}$ 이다.

그러므로 $y=-\dfrac{1}{3}x^2+2x$이다.

분석 tip

어떠한 방법의 함수식을 쓰든지 모두 세 점 O, A, M의 좌표로 특정상수를 확인해야하며, 이미 알고 있는 조건 A, M의 좌표로 구하는 것이 관건이다.

② 이차함수의 그래프와 x축의 교점은 $O(0, 0)$ $A(6, 0)$이고,

인수분해된 형태의 함수식 $y = a(x-0)(x-6)(a$는 상수$)$라 하자.

$M(3, 3)$의 좌표를 대입하면, $3 = a \cdot 3(3-6)$이고, 즉, $a = -\dfrac{1}{3}$이다.

그러므로 $y = -\dfrac{1}{3}x(x-6)$, 즉 $y = -\dfrac{1}{3}x^2 + 2x$이다.

③ M은 이차 함수의 대칭축 $x = \dfrac{0+6}{2}$(즉, $x=3$)위에 있으므로,

$M(3, 3)$은 이차함수 그래프의 꼭짓점이므로,

$y = a(x-3)^2 + 3(a$는 상수$)$라 하자.

$O(0, 0)$ 또는 $A(6, 0)$을 위의 식에 대입하면, $a = -\dfrac{1}{3}$.

그러므로 함수식은 $y = -\dfrac{1}{3}(x-3)^2 + 3$, 즉, $y = -\dfrac{1}{3}x^2 + 2x$이다.

📑 풀이참조

(2) 기타 특징을 가지고 있는 이차함수를 분석하는 방법

필수예제 4

이차함수 $y = ax^2 + bx + c(a > 0, \ b < 0)$의 그래프는 x축, y축과 한 점에서 만나고 x축의 교점은 P이고, y축의 교점은 Q이다.

$|PQ| = 2\sqrt{2}$ 일 때, $b + 2ac = 0$인 이 함수의 함수식을 구하여라.

[풀이] 주어진 조건에 의해 $\triangle = b^2 - 4ac = 0 \cdots\cdots \bigcirc$

P 점의 좌표는 $\left(-\dfrac{b}{2a}, a\right)$(꼭짓점은 x축 위에 존재함),

Q 점의 좌표는 $(0, c)$이다.

피타고라스 정리를 적용하면 $|PQ| = \sqrt{\left(-\dfrac{b}{2a}\right)^2 + c^2} = 2\sqrt{2}$,

양변을 제곱해서 정리하면, $b^2 + 4a^2c^2 = 32a^2 \cdots\cdots \bigcirc$

주어진 조건 $b + 2ac = 0 \cdots\cdots \bigcirc$

$\bigcirc$, $\bigcirc$, $\bigcirc$ $(a > 0, \ b < 0)$을 연립하여 풀면 $a = \dfrac{1}{2}$, $b = -2$, $c = 2$이다.

그러므로 구하는 함수식은 $y = \dfrac{1}{2}x^2 - 2x + 2$이다.

[평주] 먼저 $\bigcirc$, $\bigcirc$을 구하면 $b = -2(b = 0$을 버린다)와 $ac = 1$이고,

다시 $\bigcirc$에 대입하여 구하면 $a = \dfrac{1}{2}$ ($a = -\dfrac{1}{2}$을 버린다), $c = 2$이다.

📑 $y = \dfrac{1}{2}x^2 - 2x + 2$

분석 tip

이차함수를 분석할 때(3개의 미지수) a, b, c를 확인해야 하고, (일반) a, b, c와 관련된 3개와 관계식(연립할 때) $|PQ| = 2\sqrt{2}$와 $b + 2ac = 0$인 두 개의 관계식이 있다. 주어진 조건 중에서 관계식을 골라서 풀이한다.

$a > 0$이므로 그래프는 아래로 볼록이고 이차함수는 x축에 하나의 교점을 가지므로 x축에 접한다. 즉, 방정식 $ax^2 + bx + c = 0$과 같은 실근으로 이들의 판별식 $\triangle = b^2 - 4ac = 0$이 되고, 이 문제의 조건 중에 숨겨있는 하나의 등식을 찾아낼 수 있으며 3개의 연립방정식으로 a, b, c를 구할 수 있다.

필수예제 5

이차함수 $y = ax^2 + bx + c$와 일차함수 $y = k(x-1) - \dfrac{1}{4}k^2$이 있다.

두 그래프가 임의의 실수 k값에 관계없이 하나의 교점을 가질 때, 이차함수의 함수식을 구하여라.

[풀이] 주어진 두 식을 연립하면 $y = ax^2 + bx + c = k(x-1) - \dfrac{1}{4}k^2$이다.

이를 정리하면, $ax^2 + (b-k)x + \left(c + k + \dfrac{1}{4}k^2\right) = 0$.

그러므로 하나의 교점을 가지므로, 중근을 가져야 한다.

즉, 판별식 $\triangle = (b-k)^2 - 4a\left(c + k + \dfrac{1}{4}k^2\right) = 0$이고, 이를 정리하면

$(1-a)k^2 - 2(b+2a)k + (b^2 - 4ac) = 0$이다.

위의 식이 임의의 실수 k에 대하여 성립하려면,

$$1 - a = 0 \cdots\cdots ㉠$$
$$-2(b+2a) = 0 \cdots\cdots ㉡$$
$$b^2 - 4ac = 0 \cdots\cdots ㉢$$

동시에 성립된다. 이 ㉠, ㉡, ㉢을 연립하여 풀면

$a = 1$, $b = -2$, $c = 1$. 그러므로 구하는 함수식은 $y = x^2 - 2x + 1$이다.

답 $y = x^2 - 2x + 1$

필수예제 6

이차함수 $y = ax^2 + bx + c$의 그래프는 $(c, 2)$를 지나며,

$a|a| + b|b| = 0$을 만족한다. 또 부등식 $ax^2 + bx + c - 2 > 0$의 해는 없다.

이때, 이차함수 $y = ax^2 + bx + c$의 함수식을 구하여라.

[풀이] 이차함수이므로 $a \neq 0$이고, 주어진 $a|a| + b|b| = 0$를 살펴보면

$b \neq 0$이고, a, b는 다른 부호이고, 또 $a + b = 0 \cdots\cdots ㉠$

그리고 $ax^2 + bx + c - 2 > 0$의 해는 없다. 즉 $ax^2 + bx + c \leq 2$이다.

또 $y = ax^2 + bx + c$의 그래프가 지나는 점 $(c, 2)$는 $y = ax^2 + bx + c$의 교점이고, $a < 0$이므로,

$$a \cdot c^2 + b \cdot c + c = 2 \cdots\cdots ㉡$$
$$-\dfrac{b}{2a} = c \cdots\cdots ㉢$$

㉠, ㉡, ㉢을 연립하여 풀면 $a = -6$, $b = 6$, $c = \dfrac{1}{2}$.

그러므로 구하는 함수식 $y = -6x^2 + 6x + \dfrac{1}{2}$이다.

[평주] 여기서 중요한 것은 a, b, c의 관계식과 필수예제 4, 5와는 다르다는 것이다. 여기는 꼭짓점을 확인한 후 ㉡, ㉢을 구하는 방법을 사용하였다.

꼭짓점 $(c, 2)$이 주어져 있을 때, 이차함수의 함수식(표준형)은

$y = a(x-c)^2 + 2$,

즉 $y = ax^2 - 2acx + ac^2 + 2$이다.

그러므로 $b = -2ac$……㉣, $c = ac^2 + 2$……㉤

또 $|a| + b|b| = 0$을 풀면 $a + b = 0$이다……㉥

㉣, ㉤, ㉥을 연립하여 풀면 $c = \dfrac{1}{2}$ (㉣, ㉥으로 구하면), $a = -6$, $b = 6$이다.

그러므로 구하는 함수식은 $y = -6x^2 + 6x + \dfrac{1}{2}$

📋 $y = -6x^2 + 6x + \dfrac{1}{2}$

필수예제 7

오른쪽 그림에서, 점 P는 x축에 있고, P를 원의 중심으로 하는 원과 x축의 교점은 A, B이고, y축과의 교점은 C, D이다. 원 P의 반지름은 $2\,\mathrm{cm}$이며 $\mathrm{CD} = 2\sqrt{3}\,\mathrm{cm}$이다.

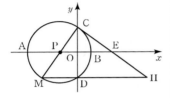

(1) 점 P, 점 C의 좌표를 구하여라.

(2) 점 C에서 원 P에 접하는 직선이 x축과 만나는 점 E라 하자. CD를 연결하고, CP의 연장선이 원과 만나는 점을 M이라 하고 MD의 연장선이 직선 CE와 만나는 점은 H라고 하자.

$\triangle\mathrm{CDH}$의 외접원의 넓이와 원 P의 넓이의 비가 $h:1$일 때, 아래의 3가지 조건을 만족하는 이차함수의 함수식을 구하여라.

① P, E를 지나는 점

② 꼭짓점에서 x축과의 거리는 $h\,\mathrm{cm}$이다.

③ 대칭축과 y축은 평행하다.

[풀이] (1) $\mathrm{OP} \perp \mathrm{CD}$, $\mathrm{CD} = 2\sqrt{3}$ 이므로

$\mathrm{OC} = \mathrm{OD} = \sqrt{3}$ ($\because$ 지름은 현을 수직이등분 한다.).

그러므로 $\mathrm{C}(0, \sqrt{3})$이다. 또 $\mathrm{P} = 2$이므로,

$\mathrm{OP} = \sqrt{\mathrm{PC}^2 - \mathrm{OC}^2} = 1$이다. 그러므로 $\mathrm{P}(-1, 0)$.

📋 $\mathrm{P}(-1, 0)$, $\mathrm{C}(0, \sqrt{3})$

(2) CM은 원 P의 지름이므로 $\angle\mathrm{CDM} = 90°$이다.

그러므로 $\angle\mathrm{CDH} = 90°$이고, CH는 $\triangle\mathrm{CDH}$의 외접원의 지름이다.

CH는 원 P의 접선이므로, $\mathrm{PC} \perp \mathrm{CE}$이고, $\mathrm{CO} \perp \mathrm{PE}$이다.

그러므로 직각삼각형 COE와 직각삼각형 POC는 닮음이다.

따라서 $\dfrac{CE}{PC}=\dfrac{OC}{PO}$. $PC=2$, $OC=\sqrt{3}$, $PO=1$이므로

$CE=2\sqrt{3}$ 이고,

$OE=\sqrt{CE^2-OC^2}=\sqrt{(2\sqrt{3})^2-(\sqrt{3})^2}=3$ 이므로 E$(3,\ 0)$이다.

$OE /\!/ DH$, $OC=OD$이므로, $HE=CE=2\sqrt{3}$ 이다.

그러므로 $\triangle CDH$의 외접원의 넓이$=\pi(2\sqrt{3})^2=12\pi$이고,

원 P의 넓이$=\pi\cdot2^2=4\pi$이다. 즉, $h=\dfrac{12\pi}{4\pi}=3$이다.

구하는 이차함수는 점 P$(-1,\ 0)$, E$(3,\ 0)$를 지나고, (즉, x의 축과 만나는 P, E 두 점), 또한 대칭축과 y축은 평행하므로 이 이차함수의 인수분해된 형태에서 생각해보면 $y=a(x+1)(x-3)$,

즉, $y=a(x-1)^2-4a$이다.

꼭짓점에서 x축까지의 거리 $h=3$이므로

$|-4a|=h=3$, 즉 $a=\pm\dfrac{3}{4}$.

그러므로 이차함수의 함수식은 $y=\pm\dfrac{3}{4}(x+1)(x-3)$이다.

즉 $y=\dfrac{3}{4}x^2-\dfrac{3}{2}x-\dfrac{9}{4}$ 또는 $y=-\dfrac{3}{4}x^2+\dfrac{3}{2}x+\dfrac{9}{4}$.

[평주] (2)에서 중요한 사항은 E의 좌표와 h의 값을 구하는 것이다. 도형과 대수의 지식을 종합적으로 이용하는 것이 중요하다.

$$\text{답}\quad y=\dfrac{3}{4}x^2-\dfrac{3}{2}x-\dfrac{9}{4}\ \text{또는}\ y=-\dfrac{3}{4}x^2+\dfrac{3}{2}x+\dfrac{9}{4}$$

4. 매개변수와 관련된 문제

마지막 예제는 매개변수의 값과 관련된 함수식을 구하는 문제이다.

필수예제 8

함수 $y=(m-1)x^2-4\sqrt{3}x+m$과 x축과의 교점이 하나일 때, 이 함수의 함수식을 구하여라.

분석 tip

x^2항의 계수는 매개변수를 포함하고 있어서 두 가지 상황으로 볼 수 있다. $m-1=0$과 $m-1\neq0$로 나누어 살펴봐야 한다.

[풀이] ① $m-1=0$, 즉 $m=1$일 때, 함수식 $y=-4\sqrt{3}x+1$은 일차함수이다.

② $m-1\neq0$, 즉 $m\neq1$일 때, 주어진 함수 y는 x의 이차함수이다.

방정식 $(m-1)x^2-4\sqrt{3}x+m=0$의 판별식 $\triangle=0$이므로

$(-4\sqrt{3})^2-4(m-1)\cdot m=0$이고,

이를 정리하면 $m^2-m-12=0$이다.

이를 풀면, $m=4$ 또는 -3이다.

따라서 $m\neq1$일 때, $y=3x^2-4\sqrt{3}x+4$ 또는 $y=-4x^2-4\sqrt{3}x-3$ 이다.

($m=1$일 때, 함수식 $y=-4\sqrt{3}x+1$

$m\neq1$일 때, $y=3x^2-4\sqrt{3}x+4$ 또는 $y=-4x^2-4\sqrt{3}x-3$

[실력다지기]

01 이차함수 $y = x^2 + bx + c$의 그래프를 왼쪽으로 2만큼 평행이동하고, 다시 위로 3만큼 평행이동
하여 얻은 함수식이 $y = x^2 - 2x + 1$이다. b, c의 값을 구하면?

① 6, 4　　　　② -8, 14　　　　③ -6, 6　　　　④ -8, -4

02 오른쪽 그림에서 직선 $x = 1$은 이차함수 $y = ax^2 + bx + c$의 대칭축
이다. 다음 중 옳은 것은?

① $a + b + c > 0$

② $b > a + c$

③ $c > 2b$

④ $abc < 0$

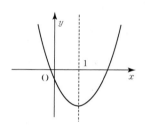

03 A, B는 이차함수 $y = 2x^2 + 4x - 2$ 위의 점이고, 선분 AB의 중점은 원점일 때,
A, B 두 좌표를 구하여라.

04 오른쪽 그림에서 두 점 A$(-1, 0)$, B$(4, 0)$는 x축에 있고,
AB가 지름인 반원 P와 y축이 만나는 점이 C일 때,
A, B, C를 지나는 이차함수의 식을 구하여라.

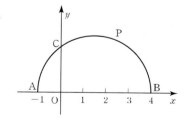

05 오른쪽 그림에서 이차함수 $y = ax^2 + bx + c$가 x축과 서로 다른 두 점 A, B에서 만날 때, A, B는 각각 원점의 왼쪽, 오른쪽에 위치해 있고 함수의 y절편을 C라 하자.

$\overline{OB} = \overline{OC} = 4 \cdot \overline{OA}$이고, △ABC의 넓이가 40일 때, 이 이차함수의 함수식을 구하여라.

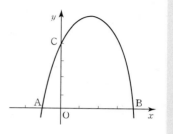

[실력 향상시키기]

06 곡선 C는 함수 $y = ax^2 + bx + c(a \neq 0)$의 그래프이다. 곡선 C_1은 C와 y축에 대칭이고, 곡선 C_2는 C_1과 x축 대칭일 때, 곡선 C_2의 함수식을 구하여라.

07 이차함수 $y = x^2 + mx - \dfrac{3}{4}m^2(m > 0)$과 x축의 교점은 A, B이다. 점 A, B에서 원점까지의 거리가 각각 $\overline{OA}$, $\overline{OB}$일 때, $\dfrac{1}{\overline{OB}} - \dfrac{1}{\overline{OA}} = \dfrac{2}{3}$를 만족시키는 m의 값을 구하여라.

08 이차함수 $y = ax^2 + bx + c$의 꼭짓점은 $(4, -11)$이고 또 x축과의 두 교점(근)이 서로 다른 부호일 때, a, b, c중에서 양수인 것은?

① a ② b ③ c ④ a와 b

09 이차함수 $y = a(a+1)x^2 - (2a+1)x + 1$ 에서 a는 양의 정수이다.

(1) 함수 y의 그래프와 x축이 서로 다른 두 점 A, B에서 만날 때, 선분 AB의 길이를 구하여라.

(2) a에 1, 2, $\cdots$, 2015를 순서대로 대입하면 함수 y의 그래프와 x축이 서로 다른 2015개의 점에서 만난다. 이때, 각 선분을 각각 $\overline{A_1B_1}$, $\overline{A_2B_2}$, $\cdots$, $\overline{A_{2015}B_{2015}}$라 할 때, 이 2015개 선분의 길이의 합을 구하여라.

[응용하기]

10 이차함수의 그래프가 아래로 볼록하며, 꼭짓점은 $(1,\ -2)$이다. x축과의 교점은 A, B이고, y축과의 교점은 C이며 O는 원점이다. 또, $|OC|^2 = |OA| \cdot |OB|$를 만족한다.

(1) 이차함수의 식을 구하여라.

(2) $\triangle ABC$의 넓이를 구하여라.

14강 이차함수의 최댓값과 응용

1 핵심요점

1. 기본 개념

이차함수 $y = f(x) = ax^2 + bx + c(a \neq 0,\ a,\ b,\ c$는 상수)의 그래프는 y축과 평행한 대칭축을 가진 그래프이다. 그래프를 이용하여 직접 아래와 같은 결론을 내릴 수 있다.

1. $a > 0$의 형태(아래로 볼록인 형태의 그래프)

(1) x는 실수 전체에서 정의되며 $x = -\dfrac{b}{2a}$일 때(대칭축), y의 최솟값은 $f\left(-\dfrac{b}{2a}\right) = -\dfrac{b^2 - 4ac}{4a}$이며 최댓값은 없다. [그림 1]

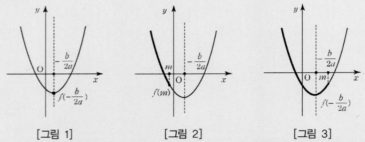

[그림 1]　　　　　[그림 2]　　　　　[그림 3]

(2) $x \leq m$의 상황

　① $m \leq -\dfrac{b}{2a}$일 때, y는 $x = m$일 때 최솟값 $f(m)$을 가지고 이때, 최댓값은 없다.
　　[그림 2]

　② $m > -\dfrac{b}{2a}$일 때, y는 $x = -\dfrac{b}{2a}$일 때 최솟값 $f\left(-\dfrac{b}{2a}\right) = -\dfrac{b^2 - 4ac}{4a}$를 가지며 최댓값은 없다.
　　[그림 3]

(3) $x \geq m$일 때 상황

　① 만약 $m \leq -\dfrac{b}{2a}$일 때, 즉 y는 $x = -\dfrac{b}{2a}$일 때 최솟값은 $f\left(-\dfrac{b}{2a}\right) = -\dfrac{b^2 - 4ac}{4a}$이며, 최댓값은 없다.
　　[그림 4]

　② $m > -\dfrac{b}{2a}$일 때, y는 $x = m$일 때 최솟값 $f(m)$을 가지며, 최댓값은 없다. [그림 5]

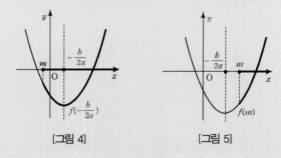

[그림 4]　　　　　[그림 5]

(4) $m \leq x \leq n$의 상황

① 만약 $n \leq -\dfrac{b}{2a}$일 때, 즉 y는 $x=m$일 때 최댓값 $f(m)$을 갖고 $x=n$일 때 최솟값 $f(n)$을 갖는다.

[그림 6]

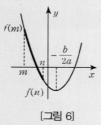

[그림 6]

② 만약 $m \geq -\dfrac{b}{2a}$일 때, y는 $x=n$에서 최댓값 $f(n)$을 갖고, $x=m$일 때 최솟값 $f(m)$을 갖는다.

[그림 7]

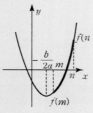

[그림 7]

③ 만약 $m < -\dfrac{b}{2a} < n$일 때, y는 $x=-\dfrac{b}{2a}$에서 최솟값 $f\left(-\dfrac{b}{2a}\right)=-\dfrac{b^2-4ac}{4a}$을 가지며,

또 최댓값은 $f(m)$, $f(n)$중 큰 것을 선택한다. [그림 8]

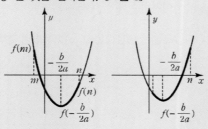

[그림 8]

2. $a < 0$ 상황(위로 볼록인 형태의 그래프)

$a > 0$의 상황에서 비슷한 결과 ($a > 0$의 "최솟값"은 "최댓값"으로 변하고, "최댓값"은 "최솟값"으로 변할 때)
이럴 때는 [그림 1~8] 중의 각각의 그림에 x축을 따라 $180°$ 돌린 형태가 된다.

2 필수예제

1. 전체 실수 범위 내에서 최대 또는 최솟값을 구하기

필수예제 `1

함수 $y = x^2 - 8x + 6$의 최솟값이 -10임을 보여라.

[풀이] 이차함수 $y = x^2 - 8x + 6$는 전체 실수 범위 내에서 의미가 있고,

또 $a = 1 > 0$이므로, $x = -\dfrac{b}{2a} = -\dfrac{-8}{2 \times 1} = 4$일 때, 최솟값을 갖고,

그때의 함숫값은 $-\dfrac{b^2 - 4ac}{4a} = -\dfrac{(-8)^2 - 4 \times 1 \times 6}{4 \times 1} = -10$이다.

[평주] 완전제곱식으로 바꿔서 풀면 $y = (x-4)^2 - 10$, 즉, $x = 4$일 때,

$y_{최솟값} = -10$이다.

📋 풀이참조

2. 제한변역 내에서 최댓값을 구하는 방법

필수예제 2

이차함수 $y = x^2 - x - 2$이고, 실수 $a > -2$일 때, 다음 물음에 답하여라.

(1) x범위가 $-2 \le x \le a$일 때, 최솟값을 구하여라.

(2) x범위가 $a \le x \le a + 2$일 때, 최솟값을 구하여라.

분석 tip

주어진 이차함수 x의 범위는 전체실수가 아니므로, 하나의 제한 범위이다. 따라서 포물선 꼭짓점의 x좌표와 x의 범위의 위치관계를 고려해야 한다.

[풀이] 이차함수 $y = f(x) = x^2 - x - 2 = \left(x - \dfrac{1}{2}\right)^2 - \dfrac{9}{4}$이므로

아래 그림과 같이 이차함수의 꼭짓점은 $P\left(\dfrac{1}{2}, -\dfrac{9}{4}\right)$이다.

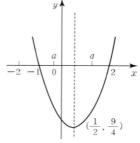

$-2 \le x \le a$인 경우, $a > -2$이므로, 꼭짓점의 x의 좌표 $\dfrac{1}{2}$은

$-2 < a < \dfrac{1}{2}$과 $a \ge \dfrac{1}{2}$ 두 가지 상황이 가능하다.

① $-2 < a < \dfrac{1}{2}$일 때, $y_{최솟값} = f(a) = a^2 - a - 2$

② $a \ge \dfrac{1}{2}$일 때, $y_{최솟값} = f\left(\dfrac{1}{2}\right) = -\dfrac{9}{4}$

📋 풀이참조

(2) $a \leq x \leq a+2$ $(a > -2)$인 경우, 꼭짓점의 x좌표 $\frac{1}{2}$은

① $a+2 < \frac{1}{2}$, $a > -2$(즉, $-2 < a < -\frac{3}{2}$)

② $a < \frac{1}{2} \leq a+2$ (즉, $-\frac{3}{2} \leq a < \frac{1}{2}$),

③ $a \geq \frac{1}{2}$의 3가지 경우가 가능하다.

① $a+2 < \frac{1}{2}$, $a > -2$, 즉 $-2 < a < -\frac{3}{2}$일 때,

  $y_{최솟값} = f(a+2) = (a+2)^2 - (a+2) - 2 = a^2 + 3a$

② $a < \frac{1}{2} < a+2$, 즉 $-\frac{3}{2} \leq a < \frac{1}{2}$일 때, $y_{최솟값} = f\left(\frac{1}{2}\right) = -\frac{9}{4}$

③ $a \geq \frac{1}{2}$일 때, $y_{최솟값} = f(a) = a^2 - a - 2$

🗒 풀이참조

[평주]　제한변역 내에서 대칭축이 어떤 구간에 놓이게 되는지 면밀히 확인해 보아야 한다. 만약, 제한변역에 변수가 있다면 대칭축을 기준으로 비교 구분해 나가야 한다.

3. 대수식의 변형으로 이차함수의 최댓값, 최솟값 구하기

필수예제 3

분석 tip
y, z를 x에 관한 식으로 변형한 뒤, $x^2 + y^2 + z^2$에 대입하여 x의 이차함수 관계식을 유도하여 최솟값을 구한다.

$x - 1 = \dfrac{y+1}{2} = \dfrac{z-2}{3}$ 일 때, $x^2 + y^2 + z^2$의 최솟값은?

① 3　　　　　　　　　② $\dfrac{59}{14}$

③ $\dfrac{9}{2}$　　　　　　　　　④ 6

[풀이]　x에 관한 식으로 y, z를 변형하면 $y = 2x - 3$, $z = 3x - 1$이다.

이를 $x^2 + y^2 + z^2$에 대입하면 $x^2 + y^2 + z^2 = x^2 + (2x-3)^2 + (3x-1)^2$이다.

즉, $(x^2 + y^2 + z^2) = 14x^2 - 18x + 10$은 x의 이차함수(x는 전체 실수를 취할 수 있다.)이므로 $(x^2 + y^2 + z^2)$는 $x = -\dfrac{b}{2a} = -\dfrac{-18}{2 \times 14} = \dfrac{9}{14}$일 때,

최솟값을 $-\dfrac{b^2 - 4ac}{4a} = -\dfrac{(-18)^2 - 4 \times 14 \times 10}{4 \times 14} = \dfrac{59}{14}$이므로 ②가 답이다.

🗒 ②

분석 tip

비에트의 정리로부터
$x_1 + x_2 = -a$, $x_1 x_2 = a - 2$
이다. 이를 이용하여
$(x_1 - 2x_2)(x_2 - 2x_1)$를 a의
이차함수로 바꾸고, 판별식 $\triangle \geq 0$
을 이용하여 a의 범위를 구한다.

필수예제 4

x_1, x_2는 x에 관한 이차방정식 $x^2 + ax + a = 2$의 두 실근이다.

이때, $(x_1 - 2x_2)(x_2 - 2x_1)$의 최댓값을 구하여라.

[풀이] x_1, x_2는 $x^2 + ax + a - 2 = 0$의 두 실근이므로, 비에트의 정리에 의하여
$x_1 + x_2 = -a$, $x_1 x_2 = a - 2$이다.

그러므로 $(x_1 - 2x_2)(x_2 - 2x_1) = 5x_1 x_2 - 2(x_1^2 + x_2^2)$

$= 5x_1 x_2 - 2[(x_1 + x_2)^2 - 2x_1 x_2]$

$= 9x_1 x_2 - 2(x_1 + x_2)^2$

$= 9(a - 2) - 2(-a)^2$

$= -2a^2 + 9a - 18$.

또 이차방정식은 두 실근을 가지므로

판별식 $\triangle = a^2 - 4(a - 2) = (a - 2)^2 + 4 \geq 0$이다.

즉, 모든 a에서 성립 된다.

(**주의** 항상 실근의 존재조건을 확인하자).

그러므로 모든 실수 범위에서 $(-2a^2 + 9a - 18)$의 최댓값을 구하면 된다.

$-\dfrac{9^2 - 4 \times (-2) \times (-18)}{4 \times (-2)} = -\dfrac{63}{8}$ ($a = \dfrac{9}{4}$일 때, 최댓값을 갖는다.)

답 $-\dfrac{63}{8}$

4. 도형문제에서의 최댓값, 최솟값 구하기

분석 tip

xy평면에서 임의의 두 점 $M(x_1,\ y_1)$ $N(x_2,\ y_2)$ 사이의 거리는
$MN = \sqrt{(x_1 - x_2) + (y_1 - y_2)^2}$
으로 표현된다. 이러한 점과 점 사이의 거리공식을 이용하여
$AD^2 + BE^2 + CF^2$을 a, b에 관한 식으로 표현하여 최솟값을 구하자.

필수예제 5

좌표평면에서 세 점 $A(0, 1)$, $B(1, 3)$, $C(2, 6)$이 주어져 있다.
$y = ax + b$ 위의 점으로, x좌표가 각각 0, 1, 2의 점으로 각각 D, E, F 라고 하자. $AD^2 + BE^2 + CF^2$이 최솟값을 가질 때, a, b의 값(또는 범위)과 그 때의 최솟값을 구하여라.

[풀이] D의 x좌표는 0, y좌표는 $y = a \cdot 0 + b = b$이다. 즉, D의 좌표는 $(0, b)$이다.

같은 방법으로 $E(1, a + b)$, $F(2, 2a + b)$이다. 그러므로

$AD^2 + BE^2 + CF^2$

$= \sqrt{0^2 + (b - 1)^2}^2 + \sqrt{(1 - 1)^2 + (a + b - 3)^2}^2$

$\quad + \sqrt{(2 - 2)^2 + (2a + b - 3)^2}^2$

$= (b - 1)^2 + (a + b - 3)^2 + (2a + b - 6)^2$

$$= 5a^2 + (6b - 30)a + 3b^2 - 20b + 46$$

$$= 5\left\{ a^2 + \frac{6b - 30}{5} \cdot a + \left(\frac{6b - 30}{2 \times 5} \right)^2 \right\} - 5 \times \left(\frac{6b - 30}{2 \times 5} \right)^2 + 3b^2 - 20b + 46$$

$$= 5\left(a + \frac{3}{5}b - 3 \right)^2 + \frac{6}{5}b^2 - 2b + 1$$

$$= 5\left(a + \frac{3}{5}b - 3 \right)^2 + \frac{6}{5}\left(b - \frac{5}{6} \right)^2 + \frac{1}{6} \geq \frac{1}{6}$$

$a + \frac{3}{5}b - 3 = 0$, $b - \frac{5}{6} = 0$일 때, 즉, $b = \frac{5}{6}$, $a = \frac{5}{2}$일 때,

윗 식의 등호가 성립한다. (즉, 최솟값은 $\frac{1}{6}$)

그러므로 $a = \frac{5}{2}$, $b = \frac{5}{6}$일 때, $AD^2 + BE^2 + CF^2$의 최솟값은 $\frac{1}{6}$이다.

답 $\frac{1}{6}$

필수예제 6

오른쪽 그림에서 $\triangle ABC$에서 $BC = 6$, $AC = 4\sqrt{2}$, $\angle C = 45°$, 점 P는 변 BC 위를 움직이는 점이고 $PD // AB$이고, PD와 AC의 교점을 D라 하고, AP를 연결한다.

$\triangle ABP$, $\triangle APD$, $\triangle CDP$의 넓이를 각각 S_1, S_2, S_3라 하고, $BP = x$라 한다.

(1) S_1, S_2, S_3을 x에 관한 식으로 표현하여라.

(2) 점 P가 변 BC 위 어느 곳에 위치할 때 S_2의 넓이가 최대가 되며 또한 그때, S_1, S_2, S_3 사이에는 서로 어떤 관계를 갖게 되는가?

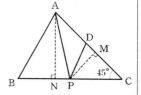

[풀이] (1) $DP // AB$에 의하여 $\dfrac{AD}{BP} = \dfrac{AC}{BC}$이다.

$BP = x (0 < x < 6)$로 잡으면 $BC = 6$, $AC = 4\sqrt{2}$이므로

$AD = \dfrac{AC \cdot BP}{BC} = \dfrac{4\sqrt{2}x}{6} = \dfrac{2\sqrt{2}}{3}x$이다.

A를 지나 $AN \perp BC$가 되도록 변 BC 위에 N을 잡고 P를 지나 $PM \perp AC$가 되도록 변 AC 위에 M을 잡자.

그러면 $PM = \dfrac{\sqrt{2}}{2}(6 - x)$이고, 삼각비의 성질에 의하여

$AN = AC \cdot \sin C = 4\sqrt{2} \times \dfrac{\sqrt{2}}{2} = 4$이다.

$S_1 = S_{\triangle ABP} = \dfrac{1}{2}BP \times AN = \dfrac{1}{2}x \times 4 = 2x$,

$$S_2 = S_{\triangle APD} = \frac{1}{2}AD \times PM$$

$$= \frac{1}{2} \times \frac{2\sqrt{2}}{3}x \times \frac{\sqrt{2}}{2}(6-x)$$

$$= -\frac{1}{3}x^2 + 2x,$$

$$S_3 = S_{\triangle CDP} = \frac{1}{2}CD \times PM$$

$$= \frac{1}{2}(AC - AD) \times PM$$

$$= \frac{1}{2}(4\sqrt{2} - \frac{2\sqrt{2}}{3}x) \times \frac{\sqrt{2}}{2}(6-x)$$

$$= \frac{1}{3}(6-x)^2 \qquad \text{🔲 풀이참조}$$

(2) $S_2 = -\frac{1}{3}x^2 + 2x = -\frac{1}{3}(x-3)^2 + 3$으로 $x = 3$일 때,

S_2는 최댓값 3을 갖는다. $x = 3$일 때, $S_1 = 2 \times 3 = 6$이고,

$S_3 = \frac{1}{3}(6-3)^2 = 3$이다.

즉, S_2가 최대일 때 S_1, S_2, S_3 사이에는 $S_1 = 2S_2$, $S_3 = S_2$,

$S_1 = 2S_3$의 관계식을 갖게 된다. 즉, $S_1 = S_2 + S_3$이다

주의 직각이등변삼각형의 성질과 피타고라스 정리를 활용하여 PM과

AN을 구하여 적절한 관계식을 유도하자.

🔲 풀이참조

5. 생활 속 활용

필수예제 7

어떤 상품의 가격을 $x\%$ 인상 하니 판매량이 $\frac{5}{6}x\%$ 만큼 감소하였다.

그러나 매출이 최대가 되었다면 그때의 x값은?

① 10   ② 20   ③ 30   ④ 40

[풀이] 이 상품의 원가를 "a" 라고 하고 판매량을 "Q" 라 하자.

가격의 인상률을 x라 하면, 인상된 후의 가격은 $\frac{a}{100}(100+x)$이고,

판매량은 $\frac{Q}{100}(100 - \frac{5}{6}x)$가 된다.

이때, 가격 인상 후의 매출을 식으로 나타내면

$$y = \frac{a}{100}(100+x), \ \frac{Q}{100}(100 - \frac{5}{6}x)$$

$$= \frac{aQ}{10000}(-\frac{5}{6}x^2 + \frac{100}{6}x + 10000)$$

$$= \frac{aQ}{10000}\left[-\frac{5}{6}(x-10)^2 + \frac{60500}{6}\right]$$

그러므로 $x = 10$일 때, 매출은 최대이다. 즉, 답은 ①이다.   🔲 ①

필수예제 8

어느 회사의 상품에 대한 원가는 각각 2만원이고, 판매 가격은 3만원이며, 연 판매량은 100만개이다. 더 좋은 이익을 내기 위하여 회사는 자금을 들여 광고를 하기로 했다. 시장조사를 해보니 매년 투자한 광고비용이 x(10억 원)일 때, 상품의 연 판매량은 원래의 판매량의 y배가 되면서 동시에 y는 x의 이차함수식으로 표현된다는 사실을 알게 되었다.

x, y간의 일부 주어진 자료는 아래의 표와 같다.

x	0	1	2
y	1	1.5	1.8

(1) y의 x에 관한 함수식을 구하여라.

(2) 순이익을 판매수익에서 원가와 광고비를 뺀 후의 이익이라고 하자. 연 순이익 S(10억 원)와 광고비 x(10억 원)간에는 어떤 함수관계가 있는가? S를 x에 관한 식으로 표현하여라.

(3) 일 년에 투자한 광고비가 10~30억 원이라 한다. 광고비는 어느 범위 내에 있어야 회사의 연 순이익이 광고비가 커질수록 커지는가?

[**풀이**] (1) y의 x에 관한 이차함수식을 $y = ax^2 + bx + c$라고 하자.

이차함수 식에 주어진 자료를 대입하면,

$c = 1$, $a + b + c = 1.5$, $4a + 2b + c = 1.8$이다.

이를 연립하여 풀면 $a = -\dfrac{1}{10}$, $b = \dfrac{3}{5}$, $c = 1$이다.

$\therefore y = -\dfrac{1}{10}x^2 + \dfrac{3}{5}x + 1 \, (x \geq 0)$

풀이참조

(2) 조건에서 알 수 있듯이 광고를 하기 전에,

연 판매수익은 $\dfrac{3 \times 100}{10}$(10억 원)$= 10 \times 3$(10억 원)이고,

원가는 $\dfrac{2 \times 100}{10}$(10억 원)$= 10 \times 2$(10억 원)이다.

광고 후, 연 판매 수익은 $(10 \times 3)y$(10억 원), 원가는 $(10 \times 2)y$(10억 원)이다.

그러므로 광고 후의 연 순이익은

$S = (10 \times 3)y - (10 \times 2)y - x = 10 \times (3-2)y - x$

$= 10 \times (3-2)\left(-\dfrac{1}{10}x^2 + \dfrac{3}{5}x + 1\right) - x$

즉, $S = -x^2 + 5x + 10 \, (x \geq 0)$이다.

풀이참조

제14강

(3) $S = -x^2 + 5x + 10 = -\left(x - \dfrac{5}{2}\right)^2 + \dfrac{65}{4}$ $(1 \leq x \leq 3)$이므로,

$1 \leq x \leq \dfrac{5}{2} = 2.5$일 때, S는 x의 증가함에 따라 같이 증가한다.

즉, 광고비가 10억 원~25억 원일 때,

회사의 연 순이익도 광고비와 함께 증가한다.

📋 풀이참조

연습문제 14

▶ 풀이책 p.32

[실력다지기]

01 x_1, x_2는 방정식 $2x^2 - 4mx + 2m^2 + 3m - 2 = 0$의 두 실근이다. $x_1^2 + x_2^2$의 값이 가장 작을 때의 m의 값과 그때의 최솟값을 구하여라.

02 이차함수의 대칭축은 직선 $x = 1$이고 x축과 만나는 두 점 A, B와 y축과 만나는 C점이 주어져 있다. 점 A, C의 좌표는 각각 $(-1, 0)$, $\left(0, \dfrac{3}{2}\right)$일 때, 다음 물음에 답하여라.

(1) 주어진 함수의 함수식을 구하여라.

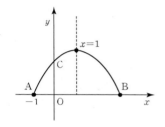

(2) 점 P가 이 이차함수 위의 $y > 0$인 부분을 움직일 때, $\triangle ABP$의 넓이의 최댓값을 구하여라.

03 이차함수 y_1과 y_2가 있다. $x = a(a > 0)$일 때, y_1의 최댓값은 5이고, y_2의 함숫값은 25이다. 또한 y_2의 최솟값은 -2이며, $y_1 + y_2 = x^2 + 16x + 13$일 때, a의 값과 이차함수 y_1, y_2의 함수식을 각각 구하여라.

04 좌표평면에서 사각형 OABC는 직사각형이고, 점 A, B의 좌표는 각각 $(3, 0)$, $(3, 4)$이다. 동점 M, N은 각각 O, B에서 동시에 출발하여 초당 1의 속력으로 움직인다. 그중에 점 M은 O에서 A를 향해 이동하고, 점 N은 B에서 변 BC를 따라 C를 향해 이동한다. NP ⊥ BC가 되도록 변 BC 위에 N을 잡고 연장하여 대각선 AC와 만나는 점을 P라 하고 변 OA 위의 M을 연결한다. 동점은 x초 동안 운동하였다.

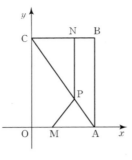

(1) P 점의 좌표를 x에 관한 식으로 표현하여라.

(2) △MPA의 넓이가 최대일 때, x의 값을 구하여라.

(3) x가 어떤 값을 가질 때, △MPA가 이등변삼각형일 때 x의 값을 구하여라.

　　(Hint 가능한 모든 경우를 생각하여라.)

05 어느 상품의 품질을 10개의 등급으로 나누는데, 가장 낮은 등급의 상품은 개당 8만원의 이익이 있고, 한 단계 높은 등급은 2만원의 이익을 더 갖게 된다. 같은 근무 시간에 가장 낮은 등급의 상품은 매일 60개씩 생산하고, 한 단계 높은 등급의 물건은 전의 물건보다 3개 적게 생산한다고 할 때, 이익을 최대로 하려면 상품을 몇 등급으로 잡아야 하겠는가?(최저등급은 첫 번째이고, 순서 대로 상품의 등급도 좋아진다.)

① 5 　　　　　　② 7 　　　　　　③ 9 　　　　　　④ 10

[실력 향상시키기]

06 $-1 < x < 0$일 때, 이차함수 $y = x^2 - 4mx + 3$의 함숫값은 1 보다 크다. m의 범위를 구하여라.

07 오른쪽 그림에서, AOB는 반지름이 1인 원 O의 사분원이고, 반원 $\mathrm{O_1}$의 원의 중심은 OA에 있고, 또 $\overset{\frown}{\mathrm{AB}}$와 내접하는 점 A, 반원 $\mathrm{O_2}$의 원의 중심은 OB에 있으며, 또 $\overset{\frown}{\mathrm{AB}}$와 내접하는 점 B, $\mathrm{O_1}$과 $\mathrm{O_2}$는 서로 접한다. 두 개의 반원의 반지름의 합이 x일 때 넓이의 합은 y이다.

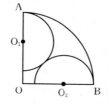

(1) x를 미지수(독립변수)로 갖는 y의 함수식을 구하여라.

(2) 함수 y의 최솟값을 구하여라.

08 어느 부동산 회사에 "각이 잘려진 직사각형"의 땅 $ABCDE$가 있다. 이 곳에 직사각형의 동북쪽 방향의 아파트를 하나 건설하려 하는데 토대를 표시하고, 그 토대의 넓이가 가장 클 때를 구하여라. (단, 변의 길이는 그림에 표시되어 있다.)

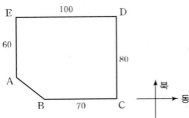

[응용하기]

09 두 개의 이차함수 $y_A = x^2 + 3mx - 2$와 $y_B = 2x^2 + 6mx - 2$가 있다.(단, $m > 0$)
$y_A > y_B$일 때는 $y = y_A$이고, $y_A \leq y_B$일 때, $y = y_B$라고 정의하자.
x가 $-2 \leq x \leq 1$의 범위를 가질 때, 함수 y의 최댓값과 최솟값을 구하여라.

10 오른쪽 그림에서 사각형 $ABCD$의 넓이는 32이고, AB, CD, AC의 길이는 모두 자연수이며 그들의 합은 16이다.

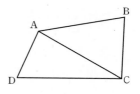

(1) 이러한 사각형은 몇 개 있는가? (단, 돌려서 같으면 같은 것으로 본다.)

(2) 이러한 사각형의 변의 길이의 제곱의 합의 최솟값을 구하여라.

15강 이차방정식의 근의 분포

1 핵심요점

1. 기본 개념

x에 관한 이차방정식 $ax^2 + bx + c = 0\,(a \neq 0)$의 두 실근 x_1, x_2의 분포 상황은 다양하다.

(1) 두 실근이 양 또는 모두 음일 때, 또는 다른 부호일 때, 하나의 근이 0일 때, 등등의 몇 가지 간단한 근의 분포 형식

이 몇 가지의 간단한 분포 형식은 "근과 계수의 관계"(즉, 비에트의 정리)로 간단히 해결할 수 있다.

$\triangle = b^2 - 4ac$라 하면,

① x_1, x_2 모두 양의 근일 때 : $\begin{cases} \triangle \geq 0 \\ -\dfrac{b}{a} > 0 \\ \dfrac{c}{a} > 0 \end{cases}$

② x_1, x_2 모두 음의 근일 때 : $\begin{cases} \triangle \geq 0 \\ -\dfrac{b}{a} < 0 \\ \dfrac{c}{a} > 0 \end{cases}$

③ x_1, x_2 서로 다른 부호의 근일 때 : $\dfrac{c}{a} < 0\,(\triangle > 0)$

④ 하나의 근이 0일 때 : $\begin{cases} b \neq 0 \\ c = 0 \end{cases}$

(2) 일반적인 근의 분리

이차방정식 $ax^2 + bx + c = 0\,(a > 0)$의 근의 분리는
이차함수 $y = f(x) = ax^2 + bx + c\,(> 0)$의 그래프의 특징을 활용하여 간단하게 해결한다.

① 두 근이 어떤 수의 양쪽에 위치하는 상황이다.

    방정식 $ax^2 + bx + c = 0\,(a > 0)$의 하나의 근은 m보다 크고, 다른 하나의 근은 m보다 작을 때는 $f(m) < 0$이다. [그림 1] (이와 같은 의미를 갖는 조건은 $(x_1 - m)(x_2 - m) < 0$, 즉 $x_1 x_2 - m(x_1 + x_2) + m^2 < 0$이다.

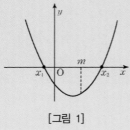

[그림 1]

② 두 근이 어떤 수 사이에 존재할 때,

    즉, 방정식 $ax^2 + bx + c = 0\,(a > 0)$의 두 근이 m과 $n\,(m < n)$ 사이에 있다면,

$\begin{cases} \triangle \geq 0\ (\text{즉},\ f\left(-\dfrac{b}{2a}\right) \leq 0) \\ m < -\dfrac{b}{2a} < n \\ f(m) > 0 \\ f(n) > 0 \end{cases}$ 의 조건을 활용할 수 있다. [그림 2]

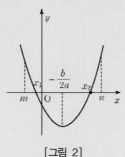

[그림 2]

③ 두 근이 어떤 수를 기준으로 하여 같은 쪽에 놓일 때

방정식 $ax^2 + bx + c = 0 (a > 0)$의 두 실근이 모두 m보다 큰 조건 : $\begin{cases} \triangle \geq 0 \\ -\dfrac{b}{2a} > m \\ f(m) > 0 \end{cases}$ [그림 3]

방정식 $ax^2 + bx + c = 0 (a > 0)$의 두 실근이 모두 n보다 작을 조건 : $\begin{cases} \triangle \geq 0 \\ -\dfrac{b}{2a} < n \\ f(n) > 0 \end{cases}$ [그림 4]

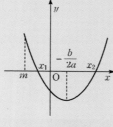

[그림 3]

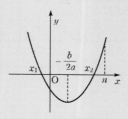

[그림 4]

④ 하나의 근은 m보다 작고, 다른 하나는 $n(m < n)$보다 클 때

방정식 $ax^2 + bx + c = 0 (a > 0)$의 한 근은 m보다 작고, 다른 하나는 $n(m < n)$보다 클 조건은 $f(m) < 0$이고, $f(n) < 0$. [그림 5]

⑤ 어느 한 근이 두 수 사이에 놓일 때

이차방정식 $ax^2 + bx + c = 0 (a > 0)$의 하나의 근이 m과 n 사이에 $(m < n)$, 놓일 조건은 $f(m) \cdot f(n) < 0$.

[그림 6](두 가지 상황) (주 이 조건은 $a < 0$일 때, 역시 성립한다.)

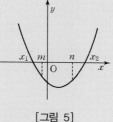

[그림 5]

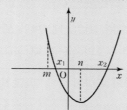

[그림 6]

⑥ 하나의 근은 이미 알고 있고, 다른 하나의 근이 어떤 수와 특정한 대소 관계로 주어지는 경우

㉠ 이차방정식 $ax^2 + bx + c = 0 (a > 0)$의 하나의 근 x_1은 알고 있고 다른 하나의 근이 x_1과 $n(x_1 < n)$ 사이에 놓여 있을 조건은

$\begin{cases} f(x_1) = 0 \\ x_1 < -\dfrac{b}{2a} < n \\ f(n) > 0 \end{cases}$ 이다. [그림 7]

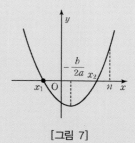

[그림 7]

ⓛ 방정식 $ax^2+bx+c=0\,(a>0)$의 한 근 x_2는 이미 주어져 있고, 다른 하나
의 근이 m과 $x_2\,(m<x_2)$ 사이에 놓일 조건은

$$\begin{cases} f(x_2)=0 \\ m<-\dfrac{b}{2a}<x_2 \quad \text{[그림 8]} \\ f(m)>0 \end{cases}$$

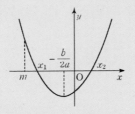

[그림 8]

주 $a<0$일 때의 근의 분리는 $a>0$일 때와 비슷하다. 실제로 문제를 풀이할 때
$a<0$의 상황을 $a>0$(방정식의 양변에 (-1)을 곱한다.)에서 유도한 결과를 바탕
으로 풀이 할 수 있다.

2 필수예제

1. 비에트의 정리로 푸는 가장 간단한 근의 분리

x에 관한 이차방정식 $x^2+(2m-1)x+m^2-1=0$에 대하여 다음 물음
에 답하여라.

(1) 한 근만 0일 때, m의 조건을 구하여라.

(2) 방정식이 두 개의 양의 실근을 가질 때, m의 범위를 구하여라.

(3) 방정식이 두 개의 음의 실근일 때, m의 범위를 구하여라.

(4) 방정식이 서로 다른 부호의 실근일 때, m의 범위를 구하여라.

[풀이] (1) 방정식의 하나의 근만이 0이 될 조건은

$$\begin{cases} x_1+x_2=-2m+1\neq 0 \\ x_1x_2=m^2-1=0 \end{cases} \text{이고, 즉,} \begin{cases} m\neq \dfrac{1}{2} \\ m=\pm 1 \end{cases} \text{이다.}$$

즉, $m=\pm 1$일 때, 방정식의 하나의 근은 0이다.   🗎 풀이참조

(2) 방정식이 두 개의 양의 실근을 가질 조건은

$$\begin{cases} \triangle=(2m-1)^2-4(m^2-1)\geq 0 \\ x_1+x_2=-(2m-1)>0 \\ x_1x_2=m^2-1>0 \end{cases} \text{이고,}$$

$$\text{즉,} \begin{cases} m\leq \dfrac{5}{4} \\ m<\dfrac{1}{2} \\ m>1 \text{ 또는 } m<-1 \end{cases} \text{이다.}$$

이를 풀면, $m<-1$이다.

그러므로 $m<-1$일 때, 두 개의 양의 실근을 가진다.

🗎 풀이참조

(3) 방정식이 두 개의 음의 실근을 가질 조건은

$$\begin{cases} \triangle = (2m-1)^2 - 4(m^2-1) \geq 0 \\ x_1 + x_2 = -(2m-1) < 0 \\ x_1 x_2 = m^2 - 1 > 0 \end{cases} \quad \text{이고,}$$

즉, $\begin{cases} m \leq \dfrac{5}{4} \\ m > \dfrac{1}{2} \\ m > 1 \text{ 또는 } m < -1 \end{cases}$ 이다.

이를 풀면 $1 < m \leq \dfrac{5}{4}$ 이다.

그러므로 $1 < m \leq \dfrac{5}{4}$ 일 때, 방정식이 두개의 음의 실근을 가진다.

📖 풀이참조

(4) 방정식이 서로 다른 부호의 근을 가질 조건은 $x_1 x_2 = m^2 - 1 < 0$, 즉 $-1 < m < 1$ 이다.

그러므로 $-1 < m < 1$ 일 때, 서로 다른 부호의 실근을 가진다.

📖 풀이참조

2. 어떤 수가 두 근 사이에 놓일 때

필수예제 2

x에 관한 이차방정식 $x^2 + (3a-1)x + a + 8 = 0$의 서로 다른 두 실근 x_1, x_2가 $x_1 < 1$, $x_2 > 1$일 때, 실수 a의 범위를 구하여라.

[풀이] $y = f(x) = x^2 + (3a-1)x + a + 8$의 두 실근이 $x = 1$의 양 쪽에 있을 조건은 $f(1) < 0$이다. 즉, $1^2 + 3(a-1) \times 1 + a + 8 < 0$이다. 이를 풀면, $a < -2$ 이다.

그러므로 a의 범위는 $a < -2$이다.

[평주] 비에트의 정리를 이용하여 풀면, $x_1 + x_2 = -(3a-1)$, $x_1 x_2 = a + 8$이므로 $(x_1 - 1)(x_2 - 1) = x_1 x_2 - (x_1 + x_2) + 1 = a + 8 + (3a-1) + 1 = 8 + 4a < 0$ 이다.

이를 풀면 $a < -2$이다.

📖 $a < -2$

3. 두 개의 근이 두 개의 수 사이에 존재할 때

필수예제 3

m은 정수이고, 방정식 $3x^2 + mx - 2 = 0$의 두 근 모두 $-\dfrac{9}{5}$보다 크고 $\dfrac{3}{7}$보다 작을 때, m의 값을 구하여라.

[풀이] $f(x) = 3x^2 + mx - 2$, $a = 3 > 0$이므로,

방정식 $f(x) = 0$의 두 근이 $-\dfrac{9}{5}$와 $\dfrac{3}{7}$ 사이에 있을 조건은

$$\begin{cases} \triangle = m^2 + 24 \geq 0 \quad\cdots\cdots\cdots\cdots\cdots\cdots\cdots\cdots\cdots\cdots ㉠ \\ -\dfrac{9}{5} < \dfrac{m}{2 \times 3} < \dfrac{3}{7} \quad\cdots\cdots\cdots\cdots\cdots\cdots ㉡ \\ f\left(-\dfrac{9}{5}\right) = 3 \times \left(-\dfrac{9}{5}\right)^2 + m \cdot \left(-\dfrac{9}{5}\right) - 2 > 0 \quad\cdots\cdots ㉢ \\ f\left(\dfrac{3}{7}\right) = 3 \times \left(\dfrac{3}{7}\right)^2 + m \cdot \left(\dfrac{3}{7}\right) - 2 > 0 \quad\cdots\cdots\cdots\cdots ㉣ \end{cases}$$ 이다.

즉, ㉠에서 m은 모든 정수이고, ㉡에 의해 $-\dfrac{18}{7} < m < \dfrac{54}{5}$이고,

㉢에 의해 $m < \dfrac{193}{45} = 4\dfrac{13}{45}$이고, ㉣에 의해 $m > \dfrac{71}{21} = 3\dfrac{8}{21}$이다.

그러므로 ㉠~㉣을 모두 만족하는 m의 범위는 $3\dfrac{8}{21} < m < 4\dfrac{13}{45}$이다.

그런데 m은 정수이므로 $m = 4$이다.

目 $m = 4$

필수예제 4

$k < 0$일 때, 방정식 $3x^2 + 2k(k+1)x + k^3 = 0$의 서로 다른 두 실근은 모두 $-\dfrac{2}{3}k^2$과 $-\dfrac{2}{3}k$ 사이에 있음을 증명하여라.

[증명] $k < 0$일 때,

$$\triangle = \{2k(k+1)\}^2 - 4 \times 3 \times k^3 = 4k^2\left\{\left(k - \dfrac{2}{3}\right)^2 + \dfrac{3}{4}\right\} > 0,$$

$$f\left(-\dfrac{2}{3}k^2\right) = 3\left(-\dfrac{2}{3}k^2\right)^2 + 2k(k+1) \times \left(-\dfrac{2}{3}k^2\right) + k^3 = -\dfrac{1}{3}k^3 > 0,$$

$$f\left(-\dfrac{2}{3}k\right) = 3\left(-\dfrac{2}{3}k\right)^2 + 2k(k+1)\left(-\dfrac{2}{3}k\right) + k^3 = -\dfrac{1}{3}k^3 > 0\text{이다.}$$

또 포물선 $y = f(x)$의 꼭짓점의 x좌표 $\dfrac{-2k(k-1)}{2 \times 3}$과 $k < 0$에 대해

$$-\dfrac{2k(k+1)}{6} - \left(-\dfrac{2}{3}k^2\right) = \dfrac{k(k-1)}{3} > 0\text{이고}$$

$$-\dfrac{2k(k+1)}{6} - \left(-\dfrac{2}{3}k\right) = \dfrac{k(1-k)}{3} < 0\text{이다.}$$

분석 tip

$f(x) = 3x^2 + 2k(k+1)x + k^3$ 라고 두고,

$$\begin{cases} \triangle > 0, \\ -\dfrac{2}{3}k^2 < \dfrac{-2k(k+1)}{2 \times 3} < -\dfrac{2}{3}k, \\ f\left(-\dfrac{2}{3}k^2\right) > 0, \\ f\left(-\dfrac{2}{3}k\right) > 0 \end{cases}$$

이고, $k < 0$이다.

그러므로 임의의 $k < 0$에 대하여 $-\dfrac{2}{3}k^2 < \dfrac{-2k(k+1)}{6} < -\dfrac{2}{3}k$ 로

원래의 방정식의 서로 다른 두 실근은 $-\dfrac{2}{3}k^2$와 $-\dfrac{2}{3}k$의 사이에 있다.

📖 풀이참조

4. 두 개의 근이 어떤 수에 대해 같은 쪽에 있는 상황

필수예제 5

x에 관한 방정식 $(1-m^2)x^2 + 2mx - 1 = 0$의 근이 모두 1보다 작은 양의 실수일 때, 실수 m의 범위를 구하여라.

[풀이] ① $m = 1$일 때 방정식은 $2x - 1 = 0$, $x = \dfrac{1}{2}$이므로 문제에 맞는다.

② $m = -1$일 때, 방정식은 $-2x - 1 = 0$, $x = -\dfrac{1}{2}$이므로 문제에 맞지 않는다.

③ $m \neq \pm 1$일 때, 인수분해하여 두 근을 구하면,

$$x_1 = \frac{1}{m+1}, \quad x_2 = \frac{1}{m-1} \text{이다.}$$

그러면 $\begin{cases} 0 < \dfrac{1}{m+1} < 1 \\ 0 < \dfrac{1}{m-1} < 1 \end{cases}$ 이다. 즉 $\begin{cases} m > 0 \\ m > 2 \end{cases}$ 이다.

이를 풀면 $m > 2$이다.

그러므로 m의 범위는 $m = 1$ 또는 $m > 2$이다.

[평주] ③의 해법의 설명 : 만약 매개변수방정식의 풀이를 간단히 하려면 직접 "해를 만족시키는 부등식(조)"을 푼다. 이것이 가장 좋은 방법이다.

이런 형태의 문제를 이차함수의 특성을 활용하여 풀면 비교적 과정이 복잡하다.

예를 들어, 이 문제의 $m \neq \pm 1$일 때의 상황은 다음과 같이 풀 수 있다.

$m \neq \pm 1$일 때, 원래의 방정식을 변형하면 $x^2 + \dfrac{2m}{1-m^2}x - \dfrac{1}{1-m^2} = 0$이다.

$f(x) = x^2 + \dfrac{2m}{1-m^2}x - \dfrac{1}{1-m^2}$ 라고 두면, 방정식 $f(x) = 0$의

모든 근이 1보다 작은 양의 실수일 조건은

$$\begin{cases} \Delta = \left(\dfrac{2m}{1-m^2}\right)^2 + \dfrac{4}{1-m^2} \geq 0 & \cdots\cdots\cdots \text{㉠} \\ 0 < -\dfrac{1}{2} \times \dfrac{2m}{1-m^2} < 1 & \cdots\cdots\cdots\cdots \text{㉡} \\ f(0) = -\dfrac{1}{1-m^2} > 0 & \cdots\cdots\cdots\cdots\cdots \text{㉢} \\ f(1) = 1 + \dfrac{2m}{1-m^2} - \dfrac{1}{1-m^2} > 0 & \cdots\cdots \text{㉣} \end{cases}$$

먼저 ⓒ에서 $m^2-1>0$을 구할 수 있고 ④의 식을 간단히 하면
$m(m-2)>0$, 즉 $m>2$ 또는 $m<0$이다.

ⓒ의 식을 $m^2-1>m$으로 간단히 하면 $m>0$이므로 $m>\dfrac{\sqrt{5}+1}{2}$이다.

ⓒ의 식을 간단히 하면 $4>0$이므로 성립된다.

그러므로 ⑦~ⓔ식을 동시에 만족시키는 m의 조건은 $m>2$이다.

🔖 $m=1$ 또는 $m>2$

5. 한 근은 어떤 수 보다 작고, 또 다른 한 근은 다른 어떤 수 보다 큰 경우

필수예제 6

방정식 $x^2+2mx+m^2-9=0$의 한 근은 7보다 크고, 다른 한 근은 2보다 작을 때, m의 범위를 구하여라.

[풀이] $f(x)=x^2+2mx+m^2-9$라고 두면, m은 다음을 만족한다.

$$\begin{cases} f(2)=2^2+2m\times2+m^2-9<0 \\ f(7)=7^2+2m\times7+m^2-9<0 \end{cases}$$ 이다.

즉, $\begin{cases} m^2+4m-5<0 \\ m^2+14m+40<0 \end{cases}$ 이다.

다시 인수분해하여 풀면, $\begin{cases} -5<m<1 \\ -10<m<-4 \end{cases}$ 이다.

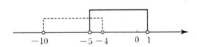

따라서 m의 범위는 $-5<m<-4$이다. (그림에서, 실선과 점선의 공통부분)

🔖 $-5<m<-4$

6. 두 수 사이에 존재하는 하나의 근을 알 때의 상황

필수예제 7

a, b, c는 실수이고, $ac < 0$, $\sqrt{2}\,a + \sqrt{3}\,b + \sqrt{5}\,c = 0$일 때, 이차방정식 $ax^2 + bx + c = 0$의 한 근이 $\dfrac{3}{4}$보다 크고, 1보다 작은 근임을 증명하여라.

분석 tip

$f(x) = ax^2 + bx + c$라 두고, 직접 문제에 맞는 "조건"으로 변형하여 풀면

$f\left(\dfrac{3}{4}\right) \cdot f(1) < 0$, 즉

$\left(\dfrac{9}{16}a + \dfrac{3}{4}b + c\right)(a+b+c) < 0$

과 주어진 조건 $ac < 0$,
$\sqrt{2}\,a + \sqrt{3}\,b + \sqrt{5}\,c = 0$을 이용하여 푼다.

주의 tip

(이 조건은 $a > 0$ 또는 $a < 0$로 성립된다.(참고 "핵심요점 (2)⑤"의 주석)

[증명] $f(x) = ax^2 + bx + c$라고 두자.

주어진 등식 $\sqrt{2}\,a + \sqrt{3}\,b + \sqrt{5}\,c = 0$에서 $\dfrac{\sqrt{3}}{\sqrt{5}}b + c = -\dfrac{\sqrt{2}}{\sqrt{5}}a$이므로

$f\left(\dfrac{\sqrt{3}}{\sqrt{5}}\right) = \dfrac{3}{5}a + \dfrac{\sqrt{3}}{\sqrt{5}}b + c = \dfrac{3}{5}a - \dfrac{\sqrt{2}}{\sqrt{5}}a = \dfrac{3 - \sqrt{10}}{5}a \cdots\cdots$㉠

또 $f(1) = a + b + c = a + b + c - \dfrac{1}{\sqrt{3}}(\sqrt{2}\,a + \sqrt{3}\,b + \sqrt{5}\,c)$

$= \dfrac{a}{\sqrt{3}}\left\{(\sqrt{3} - \sqrt{2}) - \dfrac{c}{a}(\sqrt{5} - \sqrt{3})\right\} \cdots\cdots$㉡

$3 - \sqrt{10} < 0$, $\sqrt{3} - \sqrt{2} > 0$, $\sqrt{5} - \sqrt{3} > 0$, $-\dfrac{c}{a} > 0$이므로,

$f\left(\dfrac{\sqrt{3}}{\sqrt{5}}\right) \times f(1) = \dfrac{3 - \sqrt{10}}{5\sqrt{3}}\left\{(\sqrt{3} - \sqrt{2})a^2 - \dfrac{c}{a}(\sqrt{5} - \sqrt{3})a^2\right\} < 0$

이다. 그러므로 방정식 $f(x) = 0$은 반드시 하나의 근은 $\dfrac{\sqrt{3}}{\sqrt{5}}$과 1의 사이에 있다. 또 $\dfrac{3}{4} < \dfrac{\sqrt{3}}{\sqrt{5}}$이므로, 방정식은 $\dfrac{3}{4}$보다 크고 1보다 작은 근이 있다.

🖩 풀이참조

7. 두 개의 근 각각이 서로 다른 범위에 놓이게 되는 상황

일반적 유형의 근의 분리 문제가 아닐 때에는 상황에 근거하여 각각의 상황에 맞는 적절한 관계를 찾아내어 풀이해 나간다.

필수예제 8

방정식 $3x^2 + (2k+1)x + 2k + 3 = 0$의 두 근은 x_1, x_2가 $-1 < x_1 < 0$, $x_2 > 1$일 때, k의 범위를 구하여라.

분석 tip

$f(x) = 3x^2 + (2k+1)x + 2k + 3$에서 그래프의 대략적인 형태는 아래 그림과 같이 $-1 < x_1 < 0$이며 $x_2 > 1$인 근의 분리 형태를 지닌 이차함수로 나타낼 수 있다.(단, x_1, x_2는 서로 다른 실근) 그러므로, 이런 상황에 적합한 조건은 $f(-1) > 0$, $f(0) < 0$, $f(1) < 0$이다.

[증명] $f(x) = 3x^2 + (2k+1)x + 2k + 3$라고 두자.

방정식 $f(x) = 0$의 두 근 x_1, x_2를 만족하는 분포의 조건은

$$\begin{cases} f(-1) = 3 - (2k+1) + 2k + 3 = 5 > 0 \\ f(0) = 2k + 3 < 0 \\ f(1) = 3 + (2k+1) + 2k + 3 = 4k + 7 < 0 \end{cases} \text{이다.}$$

즉, $\begin{cases} k < -\dfrac{3}{2} \\ k < -\dfrac{7}{4} \end{cases}$ 이다.

이를 풀면, $k < -\dfrac{7}{4}$이다.

[평주] $y = f(x)$는 이차함수이므로 주어진 조건에 의해

"$f(-1) > 0$, $f(0) < 0$, $f(1) < 0$"은 $f(x) = 0$의 두 실근 x_1, x_2 $(x_1 < x_2)$(즉, $\triangle > 0$)에 대한 조건이며, 또한 $-1 < x_1 < 0$, $x_2 > 1$이므로 조건에 "$\triangle > 0$"인 조건을 추가할 필요가 없다.

이차방정식의 근의 분포 상황은 매우 다양하므로 "근의 분리 조건"에 대하여 전부 소개할 수는 없다. 특수한 상황에서의(일반적이지 않은)근의 분리 문제라면 문제의 조건에 근거하여 이차함수를 그래프로 표현한 후 알아낼 수 있는 정보들을 활용하여 해결한다. (필수예제 8이 그 하나의 예이다)

$$\text{☑} \quad k < -\frac{7}{4}$$

연습문제 15

[실력다지기]

01 x에 관한 방정식 $x^2 + (m+2)x + m + 5 = 0$이 두 개의 양의 실근을 가질 때, m의 범위를 구하여라.

02 x에 관한 방정식 $x^2 + 2px + 1 = 0$의 두 실근 중 한 근이 1보다 작고, 다른 한 근이 1보다 클 때, 실수 p의 범위를 구하여라.

03 x에 관한 이차방정식 $x^2 - 2x - a^2 - a = 0 \, (a > 0)$이 있다.

(1) 이 방정식의 한 근이 2보다 크고 다른 한 근이 2보다 작다는 것을 증명하여라.

(2) 만약, $a = 1, \ 2, \ \cdots, \ 2014$일 때, 각 이차방정식의 두 근은 각각
$\alpha_1, \ \beta_1, \ \alpha_2, \ \beta_2, \ \cdots, \ \alpha_{2014}, \ \beta_{2014}$일 때,
$\dfrac{1}{\alpha_1} + \dfrac{1}{\beta_1} + \dfrac{1}{\alpha_2} + \dfrac{1}{\beta_2} + \cdots + \dfrac{1}{\alpha_{2014}} + \dfrac{1}{\beta_{2014}}$의 값을 구하여라.

04 m, n이 양의 정수이고, x에 관한 방정식 $4x^2 - 2mx + n = 0$의 두 실근이 1보다 크고 2보다 작을 때, m, n의 값을 구하여라.

05 x에 대한 방정식 $x^2 - (2m-3)x + m - 4 = 0$의 두 근 x_1, x_2이 $-3 < x_1 < -2$, $x_2 > 0$을 만족할 때, m의 범위를 구하여라.

[실력 향상시키기]

06 a, b는 모두 양의 정수이고, 이차함수 $y = ax^2 + bx + 1$과 x축이 만나는 두 점이 A, B이고, A점에서 B까지의 거리는 1보다 작을 때, $a + b$의 최솟값을 구하여라.

07 이차함수 $y = x^2 + px + q$ 위의 한 점 $M(x_0, y_0)$이 x축 아래에 있다.
(1) 이 이차함수의 그래프와 x축의 교점이 두 개임을 증명하여라.

(2) 이 이차함수의 그래프와 x축의 교점이 $A(x_1, 0)$, $B(x_2, 0)$이며, $x_1 < x_2$이다. $x_1 < x_0 < x_2$를 증명하여라.

08 방정식 $4x^2 - 4mx + 2m - 1 = 0$의 두 근이 x_1, x_2이고, $0 < x_1 < 1$, $3 < x_2 < 4$일 때, 정수 m의 값을 구하여라.

09 x에 관한 방정식 $mx^2 + (m-3)x + 1 = 0$에 적어도 하나의 양의 실근이 있을 때, m의 범위를 구하여라.

[응용하기]

10 방정식 $2x - x^2 = \dfrac{2}{x}$의 양의 실근의 개수는?

① 0   ② 1   ③ 2   ④ 3

11 정수계수 이차방정식 $ax^2 + bx + c = 0 \, (a \neq 0)$의 두 실근 x_1, x_2은 각각 $x_1 > 1$, $-1 < x_2 < 0$이고, $\triangle = b^2 - 4ac = 5$이다. 이때, a, b, c와 x_1, x_2의 값을 구하여라.

부록　모의고사

제한시간 : 120분

＊모든 문제는 서술형이고 답만 맞으면 0점 처리합니다.

1 $f(x) = \sqrt{2x - 1 - 2\sqrt{x^2 - x}}$ 일 때, $f(1) + f(2) + f(3) + \cdots + f(2024) + f(2025)$ 의 값을 구하여라.

2 세 양의 실수 a, b, c 가 $a + b + c = \dfrac{11}{3}$, $\dfrac{1}{a+b} + \dfrac{1}{b+c} + \dfrac{1}{c+a} = \dfrac{7}{4}$ 일 때,

$\dfrac{a + \dfrac{1}{3}}{b+c} + \dfrac{b + \dfrac{1}{3}}{c+a} + \dfrac{c + \dfrac{1}{3}}{a+b}$ 의 값을 구하여라.

3 두 소수 p 와 q 에 대하여, x 에 관한 이차방정식 $x^2 + 8px - q^2 = 0$ 의 두 근 α 와 β 가 모두 정수일 때, $|\alpha - \beta| + p + q$ 의 값을 구하여라.

4 x에 대한 이차방정식 $ax^2 - bx + 3c = 0$이 다음 두 조건

> (가) a, b, c는 한 자리의 자연수이다.
>
> (나) 두 근 α, β에 대하여, $1 < \alpha < 2$, $5 < \beta < 6$이다.

을 만족시킬 때, a, b, c를 구하여라.

5 $\left[(\sqrt{7} + \sqrt{3})^6 \right]$ 을 구하여라.

(단, $[x]$는 x를 넘지 않는 최대의 정수이다.)

6 다음 연립방정식을 풀어라.

$$\begin{cases} x + y - z = 4 \\ x^2 + y^2 - z^2 = 12 \\ x^3 + y^3 - z^3 = 34 \end{cases}$$

7 x에 관한 이차방정식 $x^2 + (m-17)x + m - 2 = 0$의 두 근이 모두 양의 서로 다른 정수일 때, 정수 m의 값을 구하여라.

8 다음 등식을 만족하는 x의 범위를 구하여라.
$$\sqrt{5 + x - 4\sqrt{x+1}} + \sqrt{10 + x - 6\sqrt{x+1}} = 1$$

9 양의 실수 a, b가 $\dfrac{1}{a} - \dfrac{1}{b} - \dfrac{1}{a+b} = 0$을 만족시킬 때, $\left(\dfrac{b}{a}\right)^3 + \left(\dfrac{a}{b}\right)^3$의 값을 구하여라.

10 자동차 4대 A, B, C, D 가 같은 도로 위를 달리고 있다. A 는 B 와 C 를 각각 오전 7시, 오전 9시에 만났고, 오전 11시에는 D 와 만났다. D 는 B 와 C 를 각각 오후 2시, 오후 5시에 만났다. 이때, B 가 C 와 만나는 시간을 구하여라. (단, A, B, C, D 는 일정한 속력으로 달린다.)

11 실수 a, b, c 가 다음 연립방정식을 만족한다.

$$\begin{cases} a^2 - bc - 8a + 7 = 0 \\ b^2 + c^2 + bc - 6a + 6 = 0 \end{cases}$$

이때, a 값의 최댓값을 구하여라.

12 임의의 실수 x 에 관하여 다음 등식이 항상 성립할 때, $a_1^2 - 2a_2$ 의 값을 구하여라.

$$(x+1)(x+2)(x+3) \cdots (x+8)(x+9)(x+10) = x^{10} + a_1 x^9 + a_2 x^8 + \cdots + a_9 x + 10!$$

13 다음 식의 값을 계산하여라.

$$\frac{\left(2^4+\dfrac{1}{4}\right)\left(4^4+\dfrac{1}{4}\right)\left(6^4+\dfrac{1}{4}\right)\left(8^4+\dfrac{1}{4}\right)\left(10^4+\dfrac{1}{4}\right)\left(12^4+\dfrac{1}{4}\right)\left(14^4+\dfrac{1}{4}\right)}{\left(1^4+\dfrac{1}{4}\right)\left(3^4+\dfrac{1}{4}\right)\left(5^4+\dfrac{1}{4}\right)\left(7^4+\dfrac{1}{4}\right)\left(9^4+\dfrac{1}{4}\right)\left(11^4+\dfrac{1}{4}\right)\left(13^4+\dfrac{1}{4}\right)}$$

14 실수 a, b, c는 $a+b+c=2$, $abc=4$를 만족한다. 다음 물음에 답하여라.

(1) a, b, c 중 가장 큰 수의 최솟값을 구하여라.

(2) $|a|+|b|+|c|$의 최솟값을 구하여라.

15 계수가 모두 정수이고 삼차항의 계수는 1인 삼차방정식 $f(x) = 0$의 정수인 해가 존재하고 $f(7) = -3$이며 $f(11) = 73$일 때, $f(x) = 0$의 정수인 해를 구하여라.

16 한 변의 길이가 1인 정사각형 모양의 종이 $ABCD$에서 점 A가 변 CD 위에 오도록 한번 접는다. 이때, 점 A와 점 B가 옮겨진 점을 각각 점 E와 점 F, 접히는 선을 선분 GH라고 한다. 사다리꼴 $EHGF$의 넓이의 최솟값을 구하여라.

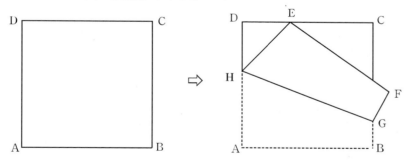

17 좌표평면에서 이차함수 $y = 2 - x^2$ 과 직선 $y = x$가 만나는 두 점을 A, B 라 하자. 점 P (a, b)가 이 이차함수를 따라 A 에서 B 까지 움직인다. $\triangle APB$가 이등변삼각형일 때, a의 값을 구하여라.

18 네 양수 a, b, c, d에 대하여 $ac = 1$, $bd = 1$, $c + d = 4$가 성립할 때, $a + b + ab$의 최솟값을 구하여라.

19 세 변의 길이가 $\overline{AB} = 10\,\text{cm}$, $\overline{BC} = 5\,\text{cm}$, $\overline{AC} = 5\sqrt{3}\,\text{cm}$인 삼각형 ABC 의 내부에 있는 점 P 에 대하여 다음 물음에 답하여라.

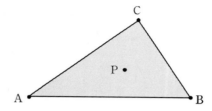

(1) 점 P 에서부터 $\triangle$ ABC 의 각 꼭짓점까지의 거리의 합 $\overline{PA} + \overline{PB} + \overline{PC}$ 의 최솟값을 구하여라.

(2) 문제 (1)에서 구한 $\overline{PA} + \overline{PB} + \overline{PC}$ 의 값이 최소가 되도록 하는 점 P 에 대하여 세 점 P , A , B 를 지나는 원의 반지름의 길이를 구하여라.

20 양의 실수 a, b, c가 $a + b + c = 1$을 만족할 때, 다음 물음에 답하여라.

(1) abc의 최댓값을 구하여라.

(2) $a^2 + b^2 + c^2 \geq \dfrac{1}{3}$ 임을 보여라.

(3) $\left(a + \dfrac{1}{a}\right)^2 + \left(b + \dfrac{1}{b}\right)^2 + \left(c + \dfrac{1}{c}\right)^2$ 의 최솟값을 구하여라.

제한시간 : 120분

＊모든 문제는 서술형이고 답만 맞으면 0점 처리합니다.

1 1보다 큰 서로 다른 세 자연수 x, y, z 가 $\dfrac{1}{x} + \dfrac{1}{y} + \dfrac{1}{z} > 1$ 을 만족할 때, $\dfrac{1}{x} + \dfrac{1}{y} + \dfrac{1}{z}$ 의 최솟값을 구하여라.

2 x 에 대한 일차방정식 $a(ax-1) - (x+1) = 0$ 이 근을 갖지 않을 때, $x^2 - (4a-1)x - 5a + 1 = 0$ 의 두 근 α, β 에 대해 $\alpha^3 + \beta^3$ 의 값을 구하여라.

3 $0 \le x \le 1$ 인 임의의 실수 x 에 대하여, $2f(x) + 3f(\sqrt{1-x^2}) = x$ 일 때, $f\left(\dfrac{1}{5}\right)$ 를 구하여라.

4   다음 식을 간단히 하여라.

$$\frac{1}{2\sqrt{1}+\sqrt{2}} + \frac{1}{3\sqrt{2}+2\sqrt{3}} + \cdots + \frac{1}{2020\sqrt{2019}+2019\sqrt{2020}}$$

5 x_1, x_2는 방정식 $x^2 - (k-2)x + (k^2 + 3k + 5) = 0$의 두 개의 실근일 때, $x_1^2 + x_2^2$의 최댓값과 최솟값을 구하여라.

6 $y = \dfrac{1}{\sqrt{1+2020^2}} + \dfrac{1}{\sqrt{2+2020^2}} + \cdots + \dfrac{1}{\sqrt{2020+2020^2}}$ 일 때, $[2020y]$의 값을 구하여라. (단, $[x]$는 x를 넘지 않는 최대의 정수이다.)

7 x에 대한 이차방정식 $x^2 - 10x - 5 = ax + b$가 두 양의 실근 $\alpha,\ \beta$를 갖도록 하는 정수 a의 최솟 값과 그때의 $\alpha^2 + \beta^2$의 최솟값을 구하여라.

8 $a,\ b$가 2차방정식 $x^2 - x + m = 0$의 두 근일 때, 관계식 $a^3 + b^3 + 3(a^3 b + ab^3) + 6(a^3 b^2 + a^2 b^3)$의 값을 구하여라.

9 $x^2 + x + 1 = 0$의 두 근을 $a,\ b$ 라 할 때, $\dfrac{1}{a^5} + \dfrac{1}{b^5}$ 의 값을 구하여라.

10 다음 식을 만족하는 실수 x, y, z의 값을 구하여라.

$$\begin{cases} x+y+z = 6 \\ x^2+y^2+z^2 = 14 \qquad (\text{단, } x \geq y \geq z) \\ x^3+y^3+z^3 = 36 \end{cases}$$

11 이차함수 $y = ax^2$ 위에 점 $A(-2, 2)$를 잡고 점 A를 지나고 기울기가 1인 직선과 이차함수와의 교점을 B라고 하고, 점 B를 지나고 직선 AB에 수직인 직선과 y축과의 교점을 C라 하자. 이때, 직선 AB와 y축의 교점을 지나고 $\triangle ABC$의 넓이를 이등분하는 직선의 방정식을 구하여라.

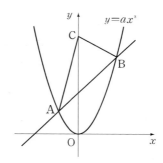

12 $x > y$를 만족하는 양의 실수 x, y에 대하여 $xy = 32$일 때, $\dfrac{(x+y)^4}{(x-y)^2}$의 최솟값을 구하여라.

13 x가 실수이고 $x \neq \dfrac{7}{3}$일 때, 식 $\dfrac{x^2 - 2x + 21}{6x - 14}$의 값의 범위를 구하여라.

14   양의 실수 a, b에 대하여 $ab^2 = \dfrac{1}{16}$일 때,

$$(a^3 - a^2 + 3)(8b^3 - 2b + 3)$$

의 최솟값을 구하여라.

15   이차방정식 $x^2 - 2x - 1 = 0$의 두 실근을 x_1, x_2라고 할 때, x_1^7, x_2^7을 두 근을 갖는 이차방정식을 구하여라.

16 함수 $f(x)$는 임의의 실수 x에 대하여 $f(6+x) = f(6-x)$를 만족한다. 방정식 $f(x) = 0$이 세 개의 서로 다른 실근을 가질 때, 이 실근의 합을 구하여라.

17 세 실수 a, b, c에 대하여 $a+b+c = 2$, $a^2+b^2+c^2 = 14$, $a^3+b^3+c^3 = 20$일 때, $(a+b)(b+c)(c+a)$의 값을 구하여라.

18 항상 일정한 개수의 계단이 보이고, 일정한 속력으로 올라오는 에스컬레이터가 있다. A, B 두 사람이 동시에 일정한 속력으로 타고 올라오면서 서로 일정한 속력으로 한걸음에 한 계단씩 걸어 올라온다, A의 걸음걸이 속력이 B의 걸음걸이 속력보다 4배 빠르고, A는 32걸음걸이로 올라왔고, B는 20걸음걸이로 올라왔다고 할 때, 이 에스컬레이터에서 보이는 항상 일정하게 보이는 계단의 개수를 구하여라.

19 방정식 $x^2 - (a+b)x + \dfrac{a^2 + 2b^2 - 2b + 1}{2} = 0$이 두 개의 실근을 가질 때, 실수 a, b의 값 또는 범위를 구하여라.

20 자연수 n에 대하여 $R(n, r) = (1+2+3+ \cdots +n) + r$ $(0 \le r < n+$ 타 정의할 때, 다음 물음에 답하여라.

(1) 12를 $R(a, b)$로 나타낼 때, a, b의 값을 구하여라.

(2) $39 + R(12, 11)$의 값을 $R(c, d)$로 나타낼 때, c, d의 값을 구하여라.

(3) $R(2007, 1999) + R(100, 8)$의 값을 $R(e, f)$로 나타낼 때, e, f의 값을 구하여라.

중학생을 위한

중학 G&T 3-1

新 영재수학의 지름길 **3**단계 **-상**

연습문제 정답과 풀이

중국 사천대학교 지음

G&T MATH

'지앤티'는 영재를 뜻하는 미국·영국식
약어로 Gifted and talented의 줄임말로 '축복
받은 재능'이라는 뜻을 담고 있습니다.

씨실과 날실

씨실과 날실은 도서출판 세화의 자매브랜드입니다.

연습 문제
정답과 풀이

중학 3단계-상

Chapter 1 수와 연산

01강 근호 연산과 이차 근식

연습문제 실력다지기

01. 답 (1) $2-x$ (2) $-2x$ (3) 1 (4) $-\dfrac{2}{a}$

[풀이] (1) $2-x>0$이므로

$\sqrt{(2-x)^2}=|2-x|=2-x$이다.

(2) $x<0$이므로

$|3x+\sqrt{x^2}|=|3x+|x||=|3x-x|=|2x|=-2x$
이다.

(3) $1-x>0$, $y-2<0$, $x-y+2>0$이므로

$\sqrt{x^2+y^2-2xy+4x-4y+4}$
$\qquad +\sqrt{1-2x+x^2}-\sqrt{y^2-4y+4}$
$=\sqrt{(x-y)^2+4(x-y)+4}$
$\qquad +\sqrt{(1-x)^2}-\sqrt{(y-2)^2}$
$=\sqrt{(x-y+2)^2}+|1-x|-|y-2|$
$=|x-y+2|+|1-x|-|y-2|$
$=x-y+2+1-x+y-2$
$=1$

(4) $-1<a<0$이므로 $\dfrac{1}{a}<-1$이다.

그러므로 $a-\dfrac{1}{a}>0$, $a+\dfrac{1}{a}<0$이다.

따라서

$\sqrt{(a+\dfrac{1}{a})^2-4}+\sqrt{(a-\dfrac{1}{a})^2+4}$
$=\sqrt{\left(a-\dfrac{1}{a}\right)^2}+\sqrt{\left(a+\dfrac{1}{a}\right)^2}$
$=\left|a-\dfrac{1}{a}\right|+\left|a+\dfrac{1}{a}\right|$
$=a-\dfrac{1}{a}-a-\dfrac{1}{a}$
$=-\dfrac{2}{a}$

02. 답 (1) 5 (2) $\dfrac{1}{4}$ (3) 970 (4) 44

[풀이] (1) $a=\dfrac{1}{\sqrt{5}-2}=\sqrt{5}+2$,

$b=\dfrac{1}{\sqrt{5}+2}=\sqrt{5}-2$이므로

$a^2=9+4\sqrt{5}$, $b^2=9-4\sqrt{5}$이다.

그러므로 $\sqrt{a^2+b^2+7}=\sqrt{25}=5$이다.

(2) $x=\dfrac{1}{2+\sqrt{3}}=2-\sqrt{3}$이고, $xy=1$이므로

$y=\dfrac{1}{x}=2+\sqrt{3}$이다. 그러므로

$\dfrac{x^2y-xy^2}{x^2-y^2}=\dfrac{xy(x-y)}{(x+y)(x-y)}=\dfrac{1}{x+y}=\dfrac{1}{4}$이다.

(3) $x=\dfrac{\sqrt{3}-\sqrt{2}}{\sqrt{3}+\sqrt{2}}=5-2\sqrt{6}$,

$y=\dfrac{\sqrt{3}+\sqrt{2}}{\sqrt{3}-\sqrt{2}}=5+2\sqrt{6}$이므로

$x+y=10$, $xy=1$이다. 그러므로

$\dfrac{y}{x^2}+\dfrac{x}{y^2}=\dfrac{x^3+y^3}{x^2y^2}=(x+y)^3-3xy(x+y)$
$\qquad\qquad\qquad =10^3-30=970$

이다.

(4) $\dfrac{1}{\sqrt{n}+\sqrt{n+1}}=-\sqrt{n}+\sqrt{n+1}$ 이므로

$\dfrac{1}{1+\sqrt{2}}+\dfrac{1}{\sqrt{2}+\sqrt{3}}+\dfrac{1}{\sqrt{3}+\sqrt{4}}$
$\qquad +\cdots +\dfrac{1}{\sqrt{2024}+\sqrt{2025}}$
$=-1+\sqrt{2}-\sqrt{2}+\sqrt{3}-\sqrt{3}+\sqrt{4}$
$\qquad +\cdots -\sqrt{2024}+\sqrt{2025}$
$=\sqrt{2025}-1$
$=45-1$
$=44$

03. 답 (1) $a<b<c$ (2) 8 (3) $a<0,\ b>0$

[풀이] (1) $a-b=4-2\sqrt{5}=\sqrt{16}-\sqrt{20}<0$이고,

$b-c=3\sqrt{5}-7=\sqrt{45}-\sqrt{49}<0$이다.

따라서 $a<b<c$이다.

(2) $a-b=2$, $4a+b=23$이므로 이를 연립하여 풀면,

$a=5$, $b=3$이다. 그러므로 $a+b=8$이다.

(3) $-\sqrt{-\dfrac{a^5}{b}} = a^3\sqrt{-\dfrac{1}{ab}}$ 의 우변에서 근호 안이

양수이므로 $ab < 0$이다. 또,

$$-\sqrt{-\dfrac{a^5}{b}} = -\sqrt{-\dfrac{a^6}{ab}}$$

$$= -|a^3|\sqrt{-\dfrac{1}{ab}}$$

$$= a^3\sqrt{-\dfrac{1}{ab}}$$

이므로 $a^3 < 0$이다. 즉, $a < 0$, $b > 0$이다.

04. 답 (1) 1 (2) $2\sqrt{x-1}$

[풀이] (1) $2\sqrt{3-2\sqrt{2}} + \sqrt{17-12\sqrt{2}}$

$$= 2\sqrt{(\sqrt{2}-1)^2} + \sqrt{17-2\sqrt{72}}$$

$$= 2|\sqrt{2}-1| + \sqrt{(\sqrt{9}-\sqrt{8})^2}$$

$$= 2\sqrt{2}-2 + \sqrt{9} - \sqrt{8}$$

$$= 2\sqrt{2}-2 + 3 - 2\sqrt{2}$$

$$= 1$$

(2) $x - 1 \geq 0$이고, $\sqrt{x-1}-1 \leq 0$이므로

$$\sqrt{x + 2\sqrt{x-1}} - \sqrt{x - 2\sqrt{x-1}}$$

$$= \sqrt{(\sqrt{x-1}+1)^2} - \sqrt{(\sqrt{x-1}-1)^2}$$

$$= |\sqrt{x-1}+1| - |\sqrt{x-1}-1|$$

$$= \sqrt{x-1}+1 + \sqrt{x-1}-1$$

$$= 2\sqrt{x-1}$$

05. 답 (1) $\sqrt{n+\dfrac{1}{n+2}} = (n+1)\sqrt{\dfrac{1}{n+2}}$ (2) $\dfrac{5}{4}$

[풀이] (1) $\sqrt{n+\dfrac{1}{n+2}} = \sqrt{\dfrac{n(n+2)+1}{n+2}}$

$$= \sqrt{\dfrac{(n+1)^2}{n+2}} = (n+1)\sqrt{\dfrac{1}{n+2}}$$ 이다.

따라서 $\sqrt{n+\dfrac{1}{n+2}} = (n+1)\sqrt{\dfrac{1}{n+2}}$ 이다.

(2) $b = \sqrt{\dfrac{2a+1}{4a-3}} + \sqrt{\dfrac{1+2a}{3-4a}} + 1$에서,

$\dfrac{2a+1}{4a-3} \geq 0$, $\dfrac{1+2a}{3-4a} \geq 0$이므로

$0 \leq \dfrac{2a+1}{4a-3} \leq 0$이다. 즉, $2a+1 = 0$이다.

그러므로 $a = -\dfrac{1}{2}$이고, $b = 1$이다.

따라서 $a^2 + b^2 = \dfrac{5}{4}$이다.

06. 답 (1) $\sqrt{2}+1$ (2) $\dfrac{11\sqrt{5}-5\sqrt{11}}{55}$

[풀이] (1)

$$\left[\dfrac{\sqrt{x}}{1+\sqrt{x}} + \dfrac{1-\sqrt{x}}{\sqrt{x}}\right] \div \left[\dfrac{\sqrt{x}}{1+\sqrt{x}} - \dfrac{1-\sqrt{x}}{\sqrt{x}}\right]$$

$$= \dfrac{1}{\sqrt{x}+x} \div \dfrac{2x-1}{\sqrt{x}+x}$$

$$= \dfrac{1}{2x-1} = \dfrac{1}{\sqrt{2}-1} = \sqrt{2}+1$$

(2) $\sqrt{x}+\dfrac{1}{\sqrt{x}} = 2$의 양변을 제곱하면, $x+\dfrac{1}{x} = 2$이

다. 즉, $x^2 - 2x + 1 = 0$, $(x-1)^2 = 0$이다.

그러므로 $x = 1$이다. 따라서

$$\sqrt{\dfrac{x}{x^2+3x+1}} - \sqrt{\dfrac{1}{x^2+9x+1}}$$

$$= \sqrt{\dfrac{1}{5}} - \sqrt{\dfrac{1}{11}} = \dfrac{11\sqrt{5}-5\sqrt{11}}{55}$$ 이다.

07. 답 (1) -1 (2) 10 (3) $2+\sqrt{2}$

[풀이] (1) $\dfrac{1}{3-\sqrt{5}} = \dfrac{3+\sqrt{5}}{4} = 1 + \dfrac{\sqrt{5}-1}{4}$에서,

$a = \dfrac{\sqrt{5}-1}{4}$이다.

$4a+1 = \sqrt{5}$에서 양변을 제곱하여 정리하면,

$16a^2 + 8a - 4 = 0$이다. 즉, $4a^2 + 2a - 1 = 0$이다.

그러므로 $4a^2 + 2a - 2 = -1$이다.

(2) $\dfrac{1}{3-\sqrt{7}} = \dfrac{3+\sqrt{7}}{2} = 2 + \dfrac{\sqrt{7}-1}{2}$에서,

$a = 2$, $b = \dfrac{\sqrt{7}-1}{2}$이다. 그러므로

$$a^2 + (1+\sqrt{7}) \cdot ab$$

$$= 4 + (1+\sqrt{7})(\sqrt{7}-1) = 4 + 7 - 1 = 10$$

(3) $a \geq 3$, $b \geq 3$, $c \geq 3$이므로

$a - 2 \geq 1$, $b + 1 \geq 4$, $c - 1 \geq 2$이다.

그러므로

$$\sqrt{a-2} + \sqrt{b+1} + |1-\sqrt{c-1}|$$

$$\geq 1 + 2 + |1-\sqrt{2}|$$

$$= 1 + 2 - 1 + \sqrt{2} = 2 + \sqrt{2}$$ 이다.

08. 冒 4

[풀이] $2x = \sqrt{2-\sqrt{3}} = \sqrt{\dfrac{4-2\sqrt{3}}{2}} = \dfrac{\sqrt{3}-1}{\sqrt{2}}$

에서 $x = \dfrac{\sqrt{2}}{4}(\sqrt{3}-1)$ 이다. 그러면,

$1 - x^2 = 1 - \dfrac{1}{4}(2-\sqrt{3}) = \dfrac{1}{8}(\sqrt{3}+1)^2$ 이다.

따라서

$S = \dfrac{x}{\sqrt{1-x^2}} + \dfrac{\sqrt{1-x^2}}{x}$

$\quad = \dfrac{\sqrt{3}-1}{\sqrt{3}+1} + \dfrac{\sqrt{3}+1}{\sqrt{3}-1} = 4$

이다.

09. 冒 (1) 625 (2) $\sqrt{6}+\sqrt{2}$

[풀이] (1) $131^2 = 17161$ 이므로 $131 > \sqrt{17160}$ 이고,

$\sqrt[3]{131 + a^3 - \sqrt{17160}} > \sqrt[3]{a^3} = a$ 이다.

$\left(6 + \dfrac{a + \sqrt[3]{-131 - a^3 + \sqrt{17160}}}{|a - \sqrt[3]{131 + a^3 - \sqrt{17160}}|} \right)^4$

$= (6-1)^4 = 625$ 이다.

(2) $2\sqrt{3 + \sqrt{5 - \sqrt{13 + \sqrt{48}}}}$

$= 2\sqrt{3 + \sqrt{5 - \sqrt{13 + 2\sqrt{12}}}}$

$= 2\sqrt{3 + \sqrt{5 - (\sqrt{12}+1)}}$

$= 2\sqrt{3 + \sqrt{4 - 2\sqrt{3}}}$

$= 2\sqrt{3 + (\sqrt{3}-1)}$

$= \sqrt{2}\sqrt{4 + 2\sqrt{3}}$

$= \sqrt{6} + \sqrt{2}$

응용하기

10. 冒 ③

[풀이] $(a^2+b^2)^2 = a^4 + 2a^2b^2 + b^4 = 1$ 에서,

$a^4 + b^4 = 1 - 2a^2b^2 < 1$ 이다.

$(a^2+b^2)^3 = a^6 + 3a^2b^2(a^2+b^2) + b^6 = 1$ 에서,

$a^6 + b^6 = 1 - 3a^2b^2 < 1$ 이다.

그러므로 $\dfrac{x}{y} = \dfrac{1}{\sqrt{a^6+b^6}} > 1$, $\dfrac{x}{z} = \sqrt{a^4+b^4} < 1$

이다.

따라서 $y < x < z$ 이다.

답은 ③이다.

11. 冒 ③

[풀이] $\sqrt[6]{9} > \sqrt[6]{8}$ 이므로 $\sqrt[3]{3} > \sqrt{2}$ 이다.

따라서 $a - c = \dfrac{m(\sqrt[3]{3} - \sqrt{2})}{\sqrt{2}(\sqrt{2}+m)} > 0$ 이다.

같은 방법으로

$b - c$

$= \dfrac{(\sqrt[3]{2}+m)(\sqrt{2}+m) - (\sqrt{3}+m)(\sqrt[3]{3}+m)}{(\sqrt{3}+m)(\sqrt{2}+m)}$

$= \dfrac{(\sqrt[3]{2}\sqrt{2} - \sqrt{3}\sqrt[3]{3}) + (\sqrt[3]{2} + \sqrt{2} - \sqrt[3]{3} - \sqrt{3})m}{(\sqrt{3}+m)(\sqrt{2}+m)}$

< 0

이다. 따라서 $a > c > b$ 이다. 답은 ③이다.

부록 : 실수의 성질

예제 **01.**

冒 (1) 풀이참조 (2) 풀이참조

[풀이] (1) $\sqrt{2}$ 는 무리수이며 $x\sqrt{2} = a$ (여기에서 a 는

유리수), 그러니까 $x = \dfrac{a}{\sqrt{2}} = \dfrac{a}{2}\sqrt{2}$ (무리수)이다.

그러므로 써야하는 무리수는 $\dfrac{a}{2}\sqrt{2}$ 와 같은 형식의 임

의 무리수(여기에서 a 는 임의의 유리수)이다.

물론 여러분은 임의의 한 무리수를 답하면 된다.

예를 들어 $3\sqrt{2}$ 면 된다. (이때, a 는 6)

(2) $a = 1+\sqrt{2}$, $b = 1 - \sqrt{2}$ 는 두 무리수이고,

$a + b = 2$ 를 만족시킨다. (a , b 에 들어갈 답은 무궁무

진하다.)

예제 **02.**

冒 ①

[풀이] $\alpha = 1+\sqrt{2}$, $\beta = -1+\sqrt{2}$ 이면

(갑) 식 $= (\alpha-1)(\beta+1) + 1 = \sqrt{2} \times \sqrt{2} + 1 = 3$ 은

유리수이므로

(갑)은 옳지 않다.

$\alpha = 2\sqrt{2}$, $\beta = \sqrt{2}$ 이면 $\dfrac{\alpha-\beta}{\alpha+\beta} = \dfrac{\sqrt{2}}{3\sqrt{2}} = \dfrac{1}{3}$ 은

유리수이므로

(을)은 옳지 않다.

$\alpha = \sqrt[3]{2}$, $\beta = -\sqrt{2}$ 이면

$\sqrt{a} + \sqrt[3]{\beta} = \sqrt{\sqrt[3]{2}} + \sqrt[3]{-\sqrt{2}}$

$\qquad = \sqrt[6]{2} - \sqrt[3]{\sqrt[2]{2}} = \sqrt[6]{2} - \sqrt[6]{2} = 0$ 이다.

따라서 (병)은 옳지 않다.
(여기에서는 연습문제 11번의 힌트 ② 성질을 응용하였다.)
따라서 답은 ①이다.

예제 03.

답 18

[풀이] 원래 방정식을 정리하면

$$\frac{3+2\pi}{6}x + \frac{2+3\pi}{6}y = 4+\pi \text{이고},$$

$(3x+2y) + (2x+3y)\pi = 24+6\pi$이다.

x, y는 모두 유리수이므로 π는 무리수이다.

성질 5로 $3x+2y = 24, 2x+3y = 6$임을 알 수 있다.

두 식을 연립하면 $x = 12, y = -6$을 얻어낼 수 있다.

그러므로 $x-y = 12-(-6) = 18$이다.

02강 인수분해

연습문제 실력다지기

01. 답 (1) $(a-b)(a+b+c)$

(2) $(x^2+x-4)(x^2-x+4)$

(3) $(ax-b)(bx+c)$

(4) $(a-2b)^3$

[풀이] (1) $ac-bc+a^2-b^2$

$= (a-b)c+(a-b)(a+b) = (a-b)(a+b+c)$

(2) $x^4-x^2+8x-16$

$= (x^2)^2-(x-4)^2 = (x^2-x+4)(x^2+x-4)$

(3) $abx^2+(ac-b^2)x-bc = (ax-b)(bx+c)$

(4) $a^3-6a^2b+12ab^2-8b^3 = (a-2b)^3$

02. 답 (1) $(2x-y+1)(2x+y-3)$

(2) $(x-7y)(x-14y+1)$

(3) $(a+b)^2(a^2+b^2)$

[풀이] (1) $4x^2-4x-y^2+4y-3$

$= (4x^2-4x-1)-(y^2-4y+4)$

$= (2x-1)^2-(y-2)^2$

$= (2x-1-y+2)(2x-1+y-2)$

$= (2x-y+1)(2x+y-3)$

(2) $x^2-21xy+x-7y+98y^2$

$= x^2-(21y-1)x+7y(14y-1)$

$= (x-7y)(x-14y+1)$

(3) $a^4+2a^3b+2a^2b^2+2ab^3+b^4$

$= a^4+2a^3b+3a^2b^2+3ab^3+b^4-a^2b^2$

$= (a^4+a^2b^2+b^4)+2ab(a^2+ab+b^2)-a^2b^2$

$= (a^2+ab+b^2)(a^2-ab+b^2)+2ab(a^2+ab+b^2)$
$\qquad -a^2b^2$

$= (a^2+ab+b^2)^2-(ab)^2$

$= (a^2+b^2)(a^2+2ab+b^2)$

$= (a^2+b^2)(a+b)^2$

03. 답 (1) $(a^2+2a+2)(a^2-2a+2)$

(2) $(x+a-1)(x^2+x+1)$

[풀이] (1) $a^4+4 = a^4+4a^4+4-4a^4$

$= (a^2+2)^2-(2a)^2$

$= (a^2-2a+2)(a^2+2a+2)$

(2) $x^3 + ax^2 + ax + a - 1 = x^3 - 1 + a(x^2 + x + 1)$
$= (x-1)(x^2 + x + 1) + a(x^2 + x + 1)$
$= (x + a - 1)(x^2 + x + 1)$

04. 답 (1) $(x+4)(x-1)(x^2+3x+5)$
(2) $(x-1)^2(x^2-3x+1)$
[풀이] (1) $A = x^2 + 3x$라 두면,
$(x^2 + 3x - 3)(x^2 + 3x + 4) - 8$
$= (A - 3)(a + 4) - 8 = A^2 + A - 20$
$= (A + 5)(A - 4)$
$= (x^2 + 3x - 4)(x^2 + 3x + 5)$
$= (x - 4)(x + 1)(x^2 + 3x + 5)$
(2) $A = x^2 + 1$라 두면,
$(x^2 + x + 1)(x^2 - 6x + 1) + 12x^2$
$= (A + x)(A - 6x) + 12x^2$
$= A^2 - 5xA + 6x^2 = (A - 3x)(A - 2x)$
$= (x^2 - 3x + 1)(x^2 - 2x + 1)$
$= (x^2 - 3x + 1)(x - 1)^2$

05. 답 (1) $(x-y)(x-y-1)$ (2) $(a^2 + b^2 + ab)^2$
[풀이] (1) $x(x-1) + y(y+1) - 2xy$
$= x^2 - 2xy + y^2 - (x - y)$
$= (x - y)^2 - (x - y) = (x - y)(x - y - 1)$
(2) $a^4 + 2a^3b + 3a^2b^2 + 2ab^3 + b^4$
$= (a^4 + a^2b^2 + b^4) + 2ab(a^2 + ab + b^2)$
$= (a^2 + ab + b^2)(a^2 - ab + b^2) + 2ab(a^2 + ab + b^2)$
$= (a^2 + ab + b^2)^2$

실력 향상시키기

06. 답 $(3x + 2y - 1)(2x + y - 2)$
[풀이] $6x^2 + 7xy + 2y^2 - 8x - 5y + 2$
$= 6x^2 + (7y - 8)x + 2y^2 - 5y + 2$
$= 6x^2 + (7y - 8)x + (2y - 1)(y - 2)$
$= (3x + 2y - 1)(2x + y - 2)$

07. 답 (1) $(x^2 + 8x + 10)(x + 6)(x + 2)$
(2) $(x^2 + xy + 5y^2)(x + 2y)(x - y)$

[풀이] (1) $(x+1)(x+3)(x+5)(x+7) + 15$
$= (x+1)(x+7)(x+3)(x+5) + 15$
$= (x^2 + 8x + 7)(x^2 + 8x + 15) + 15$
    $A = x^2 + 8x + 11$라고 두면,
$= (A - 4)(A + 4) + 15$
$= A^2 - 1$
$= (A - 1)(A + 1)$
$= (x^2 + 8x + 10)(x^2 + 8x + 12)$
$= (x^2 + 8x + 10)(x + 2)(x + 6)$
(2) $A = x^2 + xy + y^2$라 두면,
$(x^2 + xy + y^2)(x^2 + xy + 2y^2) - 12y^4$
$= A(A + y^2) - 12y^4$
$= A^2 + y^2A - 12y^4$
$= (A - 3y^2)(A + 4y^2)$
$= (x^2 + xy - 2y^2)(x^2 + xy + 5y^2)$
$= (x + 2y)(x - y)(x^2 + xy + 5y^2)$

08. 답 $2(x+5)(x-1)(x^2+4x+19)$
[풀이] $y = x + 2$라 두면,
$(x+1)^4 + (x+3)^4 - 272$
$= (y-1)^4 + (y+1)^4 - 272$
$= y^4 - 4y^3 + 6y^2 - 4y + 1$
    $+ y^4 + 4y^3 + 6y^2 + 4y + 1 - 272$
$= 2y^4 + 12y^2 - 270$
$= 2(y^4 + 6y^2 - 135)$
$= 2(y^2 + 15)(y^2 - 9)$
$= 2(y + 3)(y - 3)(y^2 + 15)$
$= 2(x + 5)(x - 1)(x^2 + 4x + 19)$

09. 답 $(2x^5 + y^5)(4x^{10} - 2x^5y^5 + y^{10})$
[풀이] $8x^{15} + y^{15} = (2x^5)^3 + (y^5)^3$
$= (2x^5 + y^5)(4x^{10} - 2x^5y^5 + y^{10})$

응용하기

10. **답** (1) 등식의 오른쪽 변에서 정식 곱셈 공식을 사용하여 등식의 왼쪽 변을 끌어낸다.

(2) (a) $(a+b-1)(a^2+b^2+1-ab+a+b)$

(b) $(a+b+c)(a^2+b^2+c^2)$

[풀이] (1) $a^3+b^3+c^3-3abc$

$= (a+b)^3-3ab(a+b)+c^3-3abc$

$= (a+b)^3+c^3-3ab(a+b+c)$

$= \{(a+b)+c\}\{(a+b)^2-(a+b)c+c^2\}$
$\qquad\qquad\qquad\qquad -3ab(a+b+c)$

$= (a+b+c)(a^2+b^2+c^2+2ab-bc-ca)$
$\qquad\qquad\qquad\qquad -3ab(a+b+c)$

$= (a+b+c)(a^2+b^2+c^2-ab-bc-ca)$

(2) (a) $a^3+b^3+3ab-1$

$= a^3+b^3+(-1)^3-3ab(-1)$

$= (a+b-1)(a^2+b^2+1-ab+a+b)$

(b) $a^3+b^3+c^3+bc(b+c)+ca(c+a)+ab(a+b)$

$= a^3+b^3+c^3-3abc+(a+b+c)(ab+bc+ca)$

$= (a+b+c)(a^2+b^2+c^2-ab-bc-ca)$
$\qquad\qquad\qquad +(a+b+c)(ab+bc+ca)$

$= (a+b+c)(a^2+b^2+c^2)$

부록 : 인수정리와 인수분해로 근 구하기 방법

예제 01.

답 풀이참조

[풀이] $f(x)$의 각 항의 계수의 합이 $3+5-4-4=0$이므로 $x=1$은 $f(x)=0$의 근(즉, $f(1)=0$)이어야 하고, 이로서 $f(x)$에는 인수 $(x-1)$이 있다. 세로 나눗셈 방법(아래와 같은 세로 나눗셈 식)으로 다음을 알 수 있다.

$$f(x) \div (x-1) = 3x^2+8x+4$$

$$
\begin{array}{r}
3x^2+8x+4 \\
x-1{\overline{\smash{\big)}\,3x^3+5x^2-4x}} \\
\underline{3x^3-3x^2} \\
8x^2-4x \\
\underline{8x^2-8x} \\
4x-4 \\
\underline{4x-4} \\
0
\end{array}
$$

즉, $f(x) = (x-1)(3x^2+8x+4)$

$\qquad\quad = (x-1)(3x+2)(x+2)$

([주] 이차 다항식은 크로스 방법으로 분해할 수 있다.)

예제 02.

답 풀이참조

[풀이] $f(x)$의 홀수 차 항의 계수가 짝수 차 항의 계수와 같으므로(상수항은 0차) $f(x)$는 근이 반드시 $x=-1$ (즉, $f(-1)=0$)이어야 한다. 이로서 $f(x)$는 인수 $(x+1)$을 갖게 된다.

또 아래와 같은 세로 나눗셈법으로

$f(x) \div (x+1) = x^2+x+1$임을 알 수 있다.

$$
\begin{array}{r}
x^2+x+1 \\
x+1{\overline{\smash{\big)}\,x^3+2x^2+2x-}} \\
\underline{x^3+x^2} \\
x^2+2x \\
\underline{x^2+x} \\
x+1 \\
\underline{x+1} \\
0
\end{array}
$$

즉, $f(x) = (x+1)(x^2+x+1)$

연습문제 실력다지기

01. 답 (1) $\dfrac{1}{2}$ (2) 9 (3) 3

[풀이] (1) $\dfrac{1}{2}x^2 + xy + \dfrac{1}{2}y^2 = \dfrac{1}{2}(x+y)^2 = \dfrac{1}{2}$

(2) $a^5 - a^4b - a^4 + a - b - 1 = 0$에서,

$a^4(a-b-1) + (a-b-1) = (a-b-1)(a^4+1) = 0$

이므로 $a - b - 1 = 0$이다.

$a - b - 1 = 0$과 $2a - 3b = 1$을 연립하여 풀면,

$a = 2$, $b = 1$이다. 따라서 $a^3 + b^3 = 9$이다.

(3) $a^2 + b^2 + c^2 - ab - bc - ca$

$= \dfrac{1}{2}\{(a-b)^2 + (b-c)^2 + (c-a)^2\}$

$= \dfrac{1}{2}(1+4+1) = 3$

02. 답 (1) 0 (2) 2021

[풀이] (1) $3a^2 + 12ab + 9b^2 + \dfrac{3}{5}$

$= 3(a+b)(a+3b) + \dfrac{3}{5} = -\dfrac{3}{5} + \dfrac{3}{5} = 0$

(2) $9x^4 + 12x^3 - 3x^2 - 7x + 2017$

$= 3x(3x^3 - x) + 4(3x^3 - x) - 3x + 2017$

$= 3x + 4 - 3x + 2017$

$= 2021$

03. 답 0

[풀이] $a^3 + a^2c - abc + b^2c + b^3$

$= a^3 + b^3 + c(a^2 - ab + b^2)$

$= (a+b)(a^2 - ab + b^2) + c(a^2 - ab + b^2)$

$= (a+b+c)(a^2 - ab + b^2)$

$= 0$

04. 답 (1) $a = c$인 이등변삼각형

  (2) $a = b$인 이등변삼각형 또는 빗변의 길이가

    c인 직각삼각형.

[풀이] (1) $a^2 - 2bc = c^2 - 2ab$에서

$a^2 - c^2 + 2b(a-c) = (a-c)(a+c+2b) = 0$

이므로 $a = c$이다.

따라서 $\triangle ABC$는 $a = c$인 이등변삼각형이다.

(2) $a^4 + b^2c^2 - a^2c^2 - b^4 = 0$에서,

$(a^2 - b^2)(a^2 + b^2) - c^2(a^2 - b^2)$

$= (a^2 - b^2)(a^2 + b^2 - c^2)$

$= (a-b)(a+b)(a^2 + b^2 - c^2) = 0$

이다. 그러므로 $a = b$ 또는 $a^2 + b^2 = c^2$이다.

따라서 $\triangle ABC$는 $a = c$인 이등변삼각형 또는 c가 빗변이 직각삼각형이다.

05. 답 ③

[풀이] $2 + m = 2(x^2 + y^2 + z^2) + 2xy + 2yz + 2zx$

$= (x+y)^2 + (y+z)^2 + (z+x)^2$이다.

그러므로

$m = \dfrac{1}{2}\{(x+y)^2 + (y+z)^2 + (z+x)^2 - 2\}$이다.

따라서 m은 최댓값도 있고, 최솟값도 있다.

답은 ③이다.

실력 향상시키기

06. 답 ②

[풀이] $a^3 + b^3 - a^2b - ab^2 = (a-b)^2(a+b) < 0$이다.

따라서 $a^3 + b^3 < a^2b + ab^2$이다.

답은 ②이다.

07. 답 $k = 4$, 6, 8, 12

[풀이] (i) $k = 4$일 때, $x = 1$이다.

(ii) $k = 8$일 때, $x = -2$이다.

(iii) $k \neq 4$이고, $k \neq 8$일 때,

$(4-k)(8-k)x^2 - (80-12k)x + 32$

$= \{(4-k)x - 8\}\{(8-k)x - 4\} = 0$

그러므로 $x = \dfrac{8}{4-k}$ 또는 $x = \dfrac{4}{8-k}$ 이다.

이 두 근이 모두 정수가 되려면, $k = 6$, 12이다.

따라서 구하는 정수 k의 값은 4, 6, 8, 12이다.

08. 🖺 (1) 홀수 (2) 120

[풀이] (1) $a^2 + b^2 + c^2 - 2ab$

$= (a + b + c)^2 - 4ab - 2bc - 2ca$이므로 홀수이다.

(2) $n^5 - 5n^3 + 4n = n(n^2 - 1)(n^2 - 4)$

$= (n-2)(n-1)n(n+1)(n+2)$이다.

그러므로 연속된 5개의 자연수의 곱은 모두 120의 배수이다.

따라서 $n^5 - 5n^3 + 4n$의 최대공약수는 120이다.

09. 🖺 44개

[풀이] $x^2 + x - n = (x + (m+1))(x - m)$이므로
$m(m+1) = n$이다.

그리고 $44 \times 45 = 1980$, $45 \times 46 = 2070 > 2022$이다. 그러므로 $1 \le n \le 2022$에서 n은 1×2, 2×3, $\cdots$, 44×45로 모두 44개만 가능하다.

응용하기

10. 🖺 (1) $\dfrac{1}{6}$ (2) $\dfrac{25}{6}$

[풀이] (1) $ab + bc + ca$

$= \dfrac{(a+b+c)^2 - (a^2+b^2+c^2)}{2} = -\dfrac{1}{2}$이고,

$a^3 + b^3 + c^3 - 3abc$

$= (a+b+c)(a^2+b^2+c^2 - ab - bc - ca)$에서

$3 - 3abc = 2 + \dfrac{1}{2} = \dfrac{5}{2}$이다.

따라서 $abc = \dfrac{1}{6}$이다.

(2) $a^2b^2 + b^2c^2 + c^2a^2$

$= (ab + bc + ca)^2 - 2abc(a+b+c)$

$= \dfrac{1}{4} - 2 \times \dfrac{1}{6} = -\dfrac{1}{12}$이므로

$a^4 + b^4 + c^4 = (a^2 + b^2 + c^2)^2 - 2(a^2b^2 + b^2c^2 + c^2a^2)$

$\qquad\qquad = 4 - 2 \times \left(-\dfrac{1}{12}\right) = \dfrac{25}{6}$이다.

11. 🖺 (1) -2 (2) 1

[풀이] (1) 두 식 $m^2 = n + 2$, $n^2 = m + 2$을 변변 빼고 정리하면,

$m + n = -1$이다.

이를 $m^2 = n + 2$, $n^2 = m + 2$에 대입하여 각각 정리하면, $m^2 + m - 1 = 0$, $n^2 + n - 1 = 0$이다.

그러므로 m, n은 이차방정식 $x^2 + x - 1 = 0$의 두 근이다. 즉, $mn = -1$이다. 따라서

$m^3 - 2mn + n^3$

$= (m+n)^3 - 3mn(m+n) - 2mn$

$= -1 + mn = -2$이다.

(2) $x^4 + 5x^3y + x^2y + 8x^2y^2 + xy^2 + 5xy^3 + y^4$

$= (x^4 + 4x^3y + 6x^2y^2 + 4xy^3 + y^4)$
$\qquad\quad + xy(x^2 + 2xy + y^2) + xy(x+y)$

$= (x+y)^4 + xy(x+y)^2 + xy(x+y)$

$= 1 + xy - xy$

$= 1$

부록 : 대칭식과 윤환식 인수분해

예제 **01.**

🖺 풀이참조

[풀이] 원식은 a, b, c에 관한 대칭식이다.

$a = -b$일 때, 다음과 같다.

원식
$= \{(-b)b + bc + c(-b)\}(-b + b + c) - (-b)bc$

$= -b^2c + b^2c = 0$

그러므로 인수 정리에 따라 원식에

인수 $\{a - (-b)\} = a + b$가 있음을 알 수 있다.

대칭성에 의해 원식에는 인수 $(b+c)$, $(c+a)$도 갖는다. 그러므로 원식에는 인수 $(a+b)(b+c)(c+a)$가 있다. 이것은 3차(동차)식이고 원식도 3차(동차)식이다. 그러므로 원식과 $(a+b)(b+c)(c+a)$는 많아야 하나의 상수 인수의 차이이다.

따라서 원식 $= k(a+b)(b+c)(c+a)$(k는 미정 상수) $a = b = c = 1$(다른 값을 사용해도 괜찮다. 간단하게 계산하는 것을 원칙으로 한다.)을 대입하면 $8 = 8k$가 나오고 $k = 1$임을 알 수 있다.

즉, 원식 $= (a+b)(b+c)(c+a)$.

🔖 풀이참조

[풀이] 원식은 x, y, z의 4차(동차) 윤환식이다. (대칭식이 아니다.) $x = y$일 때,

원식 $= y^2(y^2 - y^2) + yz(y^2 - z^2) + zy(z^2 - y^2) = 0$

이므로 원식에는 인수 $(x - y)$가 있다.

윤환성에 근거하면 원식에 인수 $(y - z)$, $(z - x)$도 있다. $(x-y)(y-z)(z-x)$는 3차(동차) 윤환식이므로 원식에는 1차(동차) 윤환식 인수 $k(x + y + z)$도 있다. 즉, 다음과 같다.

원식 $= k(x + y + z)(x - y)(y - z)(z - x)$.

그 중 k는 미정 상수이다.

두 변의 동일한 항 $x^3 y$항의 계수를 비교하여 $k = -1$임을 알 수 있다. 그러므로 다음과 같다.

원식 $= -(x + y + z)(x - y)(y - z)(z - x)$.

([주] 이 두 예제의 마지막에는 모두 "미정 계수법"을 이용하여 미정상수를 확정하였다.)

04강 항등식 변형 (Ⅱ)

연습문제 실력다지기

01. 🔖 (1) ④　(2) 98　(3) ①

[풀이] (1) $\sqrt{19 - 8\sqrt{3}} + \sqrt{4 + 2\sqrt{3}}$

$= \sqrt{19 - 2\sqrt{48}} + \sqrt{4 + 2\sqrt{3}}$

$= (\sqrt{16} - \sqrt{3}) + (\sqrt{3} - 1) = 3$

(2) $x = \dfrac{\sqrt{3} + \sqrt{2}}{\sqrt{3} - \sqrt{2}} = 5 + 2\sqrt{6}$,

$y = \dfrac{\sqrt{3} - \sqrt{2}}{\sqrt{3} + \sqrt{2}} = 5 - 2\sqrt{6}$ 이므로

$x + y = 10$,　$xy = 1$,

$x^2 + y^2 = (x + y)^2 - 2xy = 98$이다.

따라서 $\dfrac{x}{y} + \dfrac{y}{x} = \dfrac{x^2 + y^2}{xy} = 98$이다.

(3) $\dfrac{1}{x} = \dfrac{1}{\sqrt{6} + \sqrt{5}} = \sqrt{6} - \sqrt{5}$ 이므로

$x + \dfrac{1}{x} = 2\sqrt{6}$,　$x - \dfrac{1}{x} = 2\sqrt{5}$ 이다.

따라서 $(x + \dfrac{1}{x}) : (x - \dfrac{1}{x}) = \sqrt{6} : \sqrt{5}$ 이다.

02. 🔖 (1) ①　(2) 4　(3) 194

[풀이] (1) $\sqrt{x - \pi}$에서 $x \geq \pi$이고, $\sqrt{\pi - x}$에서 $x \leq \pi$이므로 $x = \pi$이다. 따라서

$\sqrt{x - \pi} + \sqrt{\pi - x} + \dfrac{x - 1}{\pi} = \dfrac{\pi - 1}{\pi} = 1 - \dfrac{1}{\pi}$이다.

(2) $x = \sqrt{\dfrac{1}{2} - \dfrac{\sqrt{3}}{4}} = \dfrac{\sqrt{4 - 2\sqrt{3}}}{2\sqrt{2}}$

$= \dfrac{\sqrt{3} - 1}{2\sqrt{2}} = \dfrac{\sqrt{6} - \sqrt{2}}{4}$ 이다.

$\sqrt{1 - x^2} = \sqrt{1 - \dfrac{8 - 2\sqrt{6}}{16}} = \sqrt{\dfrac{8 + 2\sqrt{6}}{16}}$

$= \dfrac{\sqrt{6} + \sqrt{2}}{4}$ 이다.

그러므로 $\dfrac{x}{\sqrt{1 - x^2}} = \dfrac{\sqrt{6} - \sqrt{2}}{\sqrt{6} + \sqrt{2}} = 2 - \sqrt{3}$ 이고,

$\dfrac{\sqrt{1 - x^2}}{x} = 2 + \sqrt{3}$ 이다.

따라서 $\dfrac{x}{\sqrt{1 - x^2}} + \dfrac{\sqrt{1 - x^2}}{x} = 4$이다.

(3) $x = \dfrac{\sqrt{3}-1}{\sqrt{3}+1} = 2-\sqrt{3}$,

$y = \dfrac{\sqrt{3}+1}{\sqrt{3}-1} = 2+\sqrt{3}$ 이므로

$x+y=4$, $xy=1$, $x^2+y^2=(x+y)^2-2xy=14$
이다.

따라서 $x^4+y^4 = (x^2+y^2)^2 - 2x^2y^2 = 194$ 이다.

[풀이] (2) $x = \dfrac{\sqrt{6}-\sqrt{2}}{4} = \sin 15^\circ$ 이고,

$\sqrt{1-x^2} = \cos 15^\circ = \dfrac{\sqrt{6}+\sqrt{2}}{4}$ 이다.

그러므로 $\dfrac{x}{\sqrt{1-x^2}} = \tan 15^\circ = 2-\sqrt{3}$ 이고,

$\dfrac{\sqrt{1-x^2}}{x} = 2+\sqrt{3}$ 이다.

따라서 $\dfrac{x}{\sqrt{1-x^2}} + \dfrac{\sqrt{1-x^2}}{x} = 4$ 이다.

03. 🔲 $3+\sqrt{6}$

[풀이] $AC^2+BC^2=1$,

$BC+AC = (2+\sqrt{6})-AB = 1+\sqrt{6}$ 이다.

$AC \cdot BC = \dfrac{(AC+BC)^2-(AC^2+BC^2)}{2}$

$\qquad\qquad = 3+\sqrt{6}$ 이다.

04. 🔲 2015

[풀이] 필수예제2의 (2)에서

$\sqrt{1+\dfrac{1}{n^2}+\dfrac{1}{(n+1)^2}} = 1+\dfrac{1}{n}-\dfrac{1}{n+1}$ 이다.

따라서

$P = \left(1+\dfrac{1}{1}-\dfrac{1}{2}\right) + \left(1+\dfrac{1}{2}-\dfrac{1}{3}\right) + \left(1+\dfrac{1}{3}-\dfrac{1}{4}\right)$

$\qquad\qquad + \cdots + \left(1+\dfrac{1}{2014}-\dfrac{1}{2015}\right)$

$\quad = 2015 - \dfrac{1}{2015}$

이다. 따라서 P에 가장 가까운 정수는 2015이다.

05. 🔲 (1) 58　　(2) $\sqrt{5}-\sqrt{2}$

[풀이] (1) $(x+\sqrt{x^2+2002})(y+\sqrt{y^2+2002})$
$= 2002$ 에서,

$x+\sqrt{x^2+2002} = \dfrac{2002}{y+\sqrt{y^2+2002}}$

$\qquad\qquad = \sqrt{y^2+2002}-y$ 이고,

$y+\sqrt{y^2+2002} = \dfrac{2002}{x+\sqrt{x^2+2002}}$

$\qquad\qquad = \sqrt{x^2+2002}-x$ 이다.

두 식을 변변 더하고 정리하면, $x+y=0$ 이다.

따라서 $x^2-3xy-4y^2-6x-6y+58$
$= (x+y)(x-4y)-6(x+y)+58 = 58$ 이다.

(2) $xy = \dfrac{(x+y)^2-(x-y)^2}{4}$

$\quad = \dfrac{3\sqrt{5}-\sqrt{2}-3\sqrt{2}+\sqrt{5}}{4} = \sqrt{5}-\sqrt{2}$ 이다.

실력 향상시키기

06. 🔲 (1) a, b가 모두 양수일 때, 원식 $= -\dfrac{1}{a^2(a+1)}$

$\qquad\qquad a$, b가 모두 음수일 때, 원식 $= \dfrac{2a-1}{a^2(a-1)}$

　　(2) ③

[풀이] (1) $|a-b| \geq 0$ 이므로 a와 b의 부호는 같다.

(i) a, b가 모두 양수일 때, $\left(\dfrac{b}{a}<1\right.$ 이므로 $b<a$ 이다.$)$ $a-b = \dfrac{b}{a}<1$ 이고, $a^2-ab=b$, $b = \dfrac{a^2}{a+1}$ 이다. 그러므로 $\dfrac{1}{a}-\dfrac{1}{b} = \dfrac{1}{a}-\dfrac{a+1}{a^2} = -\dfrac{1}{a^2}$ 이고,

$a-b-1 = a-\dfrac{a^2}{a+1}-1 = -\dfrac{1}{a+1}$ 이다.

$\left(\dfrac{1}{a}-\dfrac{1}{b}\right)\sqrt{(a-b-1)^2} = -\dfrac{1}{a^2}\times\dfrac{1}{a+1}$

$\qquad\qquad\qquad = -\dfrac{1}{a^2(a+1)}$ 이다.

(ii) a, b가 모두 음수일 때, $\left(\dfrac{b}{a}<1\right.$ 이므로 $b>a$ 이다.$)$ $-a+b = \dfrac{b}{a}<1$ 이고, $-a^2+ab=b$,

$b = \dfrac{a^2}{a-1}$ 이다.

그러므로 $\dfrac{1}{a}-\dfrac{1}{b}=\dfrac{1}{a}-\dfrac{a-1}{a^2}=\dfrac{1}{a^2}$ 이고,

$a-b-1=a-\dfrac{a^2}{a-1}-1=\dfrac{-2a+1}{a-1}$ 이다.

$\left(\dfrac{1}{a}-\dfrac{1}{b}\right)\sqrt{(a-b-1)^2}=\dfrac{1}{a^2}\times\dfrac{2a-1}{a-1}$

$\qquad\qquad\qquad\qquad\quad =\dfrac{2a-1}{a^2(a-1)}$ 이다.

(2) 삼각형 ABC에서 $\angle C=90^\circ$, $CA=a$, $CB=b$, $AB=c$라고 하고, 점 C에서 변 AB에 내린 수선의 발을 D라 하고, $AD=m$, $DB=n$, $CD=h$라 하자.

① 피타고라스 정리에 의하여

$a^2b^2=(h^2+n^2)(h^2+m^2)>h^4$이다.

그러므로 $ab>h^2$이다. (거짓)

② 피타고라스 정리에 의하여,

$a^2+b^2=(h^2+n^2)+(h^2+m^2)>2h^2$이다.

그러므로 $a^2+b^2>2h^2$이다. (거짓)

③ 피타고라스 정리와 사영정리($h^2=mn$, 즉, $h^4=m^2n^2$)을 이용하면,

$\dfrac{1}{a^2}+\dfrac{1}{b^2}-\dfrac{1}{h^2}=\dfrac{b^2h^2+a^2h^2-a^2b^2}{a^2b^2h^2}$

$=\dfrac{(h^2+m^2)h^2+(b^2+n^2)h^2-(h^2+n^2)(h^2+m^2)}{a^2b^2h^2}$

$=0$이다. 그러므로 $\dfrac{1}{a^2}+\dfrac{1}{b^2}=\dfrac{1}{h^2}$이다. (참)

④ ③에 의하여 $\left(\dfrac{1}{a}+\dfrac{1}{b}\right)^2-\dfrac{1}{h^2}>0$이다. 그러므로

$\dfrac{1}{a}+\dfrac{1}{b}>\dfrac{1}{h}$이다. (거짓)

07. 🔲 (1) ① (2) 0

[풀이] (1) $x=\sqrt{3}-\sqrt{2}$에서 양변을 제곱하면 $x^2=5-2\sqrt{6}$이고, $x^2-5=-2\sqrt{6}$의 양변을 제곱하면, $x^4-10x^2+25=24$이다.

따라서 $x^4-10x^2+1=0$이다.

$x^7+3x^6-10x^5-29x^4+x^3-2x^2+x-1$

$=(x^3+3x^2+1)(x^4-10x^2+1)+5x^2+x-2$

$=5(5-2\sqrt{6})+\sqrt{3}-\sqrt{2}-2$

$=23+\sqrt{3}-\sqrt{2}-10\sqrt{6}$

(2) $x=2+\sqrt{2}$이면, $(x-2)^2=2$이다.

$f(x)=(x^2-4x+3)^{2021}+(x^2-4x+1)^{2021}$

$\qquad =\{(x-2)^2-1\}^{2021}+\{(x-2)^2-3\}^{2021}$

따라서 $f(2+\sqrt{2})=(2-1)^{2021}+(2-3)^{2021}=0$ 이다.

08. 🔲 풀이참조

[풀이] $a+c=2b$에서 $a-b=b-c$이다.

$\dfrac{1}{\sqrt{c}+\sqrt{a}}-\dfrac{1}{\sqrt{a}+\sqrt{b}}$

$=\dfrac{\{(\sqrt{a}+\sqrt{b})-(\sqrt{c}+\sqrt{a})\}(\sqrt{b}+\sqrt{c})}{(\sqrt{a}+\sqrt{b})(\sqrt{b}+\sqrt{c})(\sqrt{c}+\sqrt{a})}$

$=\dfrac{b-c}{(\sqrt{a}+\sqrt{b})(\sqrt{b}+\sqrt{c})(\sqrt{c}+\sqrt{a})}$

이다. 같은 방법으로,

$\dfrac{1}{\sqrt{b}+\sqrt{c}}-\dfrac{1}{\sqrt{c}+\sqrt{a}}$

$=\dfrac{\{(\sqrt{c}+\sqrt{a})-(\sqrt{b}+\sqrt{c})\}(\sqrt{a}+\sqrt{b})}{(\sqrt{a}+\sqrt{b})(\sqrt{b}+\sqrt{c})(\sqrt{c}+\sqrt{a})}$

$=\dfrac{a-b}{(\sqrt{a}+\sqrt{b})(\sqrt{b}+\sqrt{c})(\sqrt{c}+\sqrt{a})}$

이다. 따라서 $\dfrac{1}{\sqrt{c}+\sqrt{a}}-\dfrac{1}{\sqrt{a}+\sqrt{b}}$

$=\dfrac{1}{\sqrt{b}+\sqrt{c}}-\dfrac{1}{\sqrt{c}+\sqrt{a}}$ 이다.

즉, $\dfrac{1}{\sqrt{a}+\sqrt{b}}+\dfrac{1}{\sqrt{b}+\sqrt{c}}=\dfrac{2}{\sqrt{c}+\sqrt{a}}$ 이다.

09. 🔲 $\dfrac{1}{2}(bc-ad)$

[풀이] 아래 그림과 같이 삼각형 $\triangle ABE$를 만든다. 세 변의 길이는 각각 $\sqrt{a^2+c^2}$, $\sqrt{b^2+d^2}$, $\sqrt{(b-a)^2+(d-c)^2}$ 이다.

따라서 이 삼각형의 넓이는

$S_{\square AEBD}-S_{\triangle ABC}$

$=\dfrac{1}{2}(b-a)(d-c)+\dfrac{1}{2}ac-\dfrac{1}{2}bd=\dfrac{1}{2}(bc-ad)$

이다.

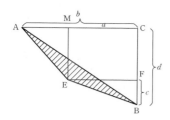

응용하기

10. 🗒 (1) 1   (2) 5   (3) 9

[풀이] (1) $(\sqrt[3]{2}-1)a=1$이므로 $\dfrac{1}{a}=\sqrt[3]{2}-1$이다.

따라서 $\dfrac{3}{a}+\dfrac{3}{a^2}+\dfrac{1}{a^3}=\left(1+\dfrac{3}{a}+\dfrac{3}{a^2}+\dfrac{1}{a^3}\right)-1$

$=\left(1+\dfrac{1}{a}\right)^3-1=2-1=1$이다.

(2) $f(n)$

$=\dfrac{1}{\sqrt[3]{(n+1)^2}+\sqrt[3]{(n+1)(n-1)}+\sqrt[3]{(n-1)^2}}$

$=\dfrac{\sqrt[3]{n+1}-\sqrt[3]{n-1}}{(n+1)-(n-1)}$

$=\dfrac{1}{2}\left(\sqrt[3]{n+1}-\sqrt[3]{n-1}\right)$

이다. 따라서

$f(1)+f(3)+f(5)+\cdots+f(999)$

$=\dfrac{1}{2}\left(\sqrt[3]{2}-\sqrt[3]{0}\right)+\dfrac{1}{2}\left(\sqrt[3]{4}-\sqrt[3]{2}\right)+\cdots$

$\qquad\qquad +\dfrac{1}{2}\left(\sqrt[3]{1000}-\sqrt[3]{998}\right)$

$=5$이다.

(3) $\sqrt[3]{\sqrt[3]{2}-1}=\dfrac{1}{\sqrt[3]{a}}\left(1-\sqrt[3]{2}+\sqrt[3]{4}\right)$의 양변에

$\left(1+\sqrt[3]{2}\right)\sqrt[3]{\sqrt[3]{4}+\sqrt[3]{2}+1}$ 를 곱하면,

$1+\sqrt[3]{2}=\dfrac{3\sqrt[3]{\sqrt[3]{4}+\sqrt[3]{2}+1}}{\sqrt[3]{a}}$

이다. 양변을 세제곱하면,

$1+3\sqrt[3]{4}+3\sqrt[3]{2}+2=\dfrac{27\left(\sqrt[3]{4}+\sqrt[3]{2}+1\right)}{a}$

이다. 이를 정리하면, $a=9$이다.

11. 🗒 풀이참조

[풀이] (1) $\dfrac{a\sqrt{a}+b\sqrt{b}}{\sqrt{a}+\sqrt{b}}-\sqrt{ab}$

$=\dfrac{a\sqrt{a}+b\sqrt{b}-b\sqrt{a}-a\sqrt{b}}{\sqrt{a}+\sqrt{b}}$

$=\dfrac{(a-b)(\sqrt{a}-\sqrt{b})}{\sqrt{a}+\sqrt{b}}$

$=\dfrac{(a-b)(\sqrt{a}-\sqrt{b})}{\sqrt{a}+\sqrt{b}}\times\dfrac{\sqrt{a}+\sqrt{b}}{\sqrt{a}+\sqrt{b}}$

$=\left(\dfrac{a-b}{\sqrt{a}+\sqrt{b}}\right)^2$

(2) $ax^3=by^3=cz^3=t^3$라고 하자.

그러면, $a=\dfrac{t^3}{x^3}$, $b=\dfrac{t^3}{y^3}$, $c=\dfrac{t^3}{z^3}$이다.

따라서

$\sqrt[3]{ax^2+by^2+cz^2}=\sqrt[3]{t^3\left(\dfrac{1}{x}+\dfrac{1}{y}+\dfrac{1}{z}\right)}=t$,

$\sqrt[3]{a}+\sqrt[3]{b}+\sqrt[3]{c}=\dfrac{t}{x}+\dfrac{t}{y}+\dfrac{t}{z}=t$

이다.

그러므로 $\sqrt[3]{ax^2+by^2+cz^2}=\sqrt[3]{a}+\sqrt[3]{b}+\sqrt[3]{c}$이다.

연습문제 실력다지기

01. 답 (1) $x = 2$ 또는 3

(2) $x = 1 \pm \sqrt{6}$

(3) $x = \dfrac{16}{3}$ 또는 $\dfrac{4}{7}$

[풀이] (1) $3(x-2)^2 - x(x-2) = 0$에서

$(x-2)\{3(x-2) - x\} = 0$,

$(x-2)(2x-6) = 0$,

$2(x-2)(x-3) = 0$이다.

따라서 $x = 2$ 또는 3이다.

(2) $x^2 - 2x - 5 = 0$에서 $(x-1)^2 = 6$이다.

그러므로 $x - 1 = \pm \sqrt{6}$이다.

즉, $x = 1 \pm \sqrt{6}$이다.

(3) $4(x+3)^2 = 25(x-2)^2$에서

$2(x+3) = \pm 5(x-2)$이다.

(i) $2(x+3) = 5(x-2)$를 풀면, $x = \dfrac{16}{3}$이다.

(ii) $2(x+3) = -5(x-2)$를 풀면, $x = \dfrac{4}{7}$이다.

따라서 $x = \dfrac{16}{3}$ 또는 $\dfrac{4}{7}$이다.

02. 답 풀이참조

[풀이] (1) (i) $m = 1$일 때, $x = 1$이다.

(ii) $m \neq 1$일 때, 인수분해하여 풀면

$$x = 1 \ \text{또는} \ \frac{2}{1-m}\text{이다.}$$

(2) 식을 정리하면 $(1-n^2)\left(\dfrac{x^2 - n^2}{n^2}\right) = 0$이다.

(i) $n \neq 0$, ± 1일 때, $x = \pm n$이다.

(ii) $n = \pm 1$일 때, 해는 모든 실수이다.

03. 답 $m = 0$ 또는 16

[풀이] $x_1 = \dfrac{m}{3}$을 $3x^2 - 19x + m = 0$에 대입하면

$\dfrac{m^2}{3} - \dfrac{19m}{3} + m = 0$, $m^2 - 16m = 0$이다.

따라서 $m(m-16) = 0$이다.

즉, $m = 0$ 또는 16이다.

04. 답 -7 또는 6

[풀이] 두 식을 서로 더한 후 정리하면

$(x+y)^2 + (x+y) - 42 = 0$이다.

이를 인수분해하면, $(x+y-6)(x+y+7) = 0$이다.

따라서 $x + y = 6$ 또는 -7이다.

05. 답 ①

[풀이] $(a+b)^2 = (a+2b)b$에 $a = 1$를 대입한 후 정리

하면, $b^2 - b - 1 = 0$이다. 이를 풀면,

$b = \dfrac{1 + \sqrt{5}}{2} \ (\because b > 0)$이다.

정사각형의 넓이는 $\left(\dfrac{3 + \sqrt{5}}{2}\right)^2 = \dfrac{7 + 3\sqrt{5}}{2}$이다.

따라서 답은 ①이다.

실력 향상시키기

06. 답 풀이참조

[풀이] 원래의 방정식을 a에 대한 이차방정식으로 생각한

후 근의 공식을 이용하여 해를 구하면,

$a = x^2 - 5x - 1 \pm (x-1)$이다.

(i) $a = x^2 - 5x - 1 + (x-1)$일 때,

$x^2 - 4x - a - 2 = 0$이다. 근의 공식으로 해를 구하면,

$x = 2 \pm \sqrt{6+a}$이다. (단, $a \geq -6$)

(ii) $a = x^2 - 5x - 1 - (x-1)$일 때,

$x^2 - 6x - a = 0$이다. 근의 공식으로 해를 구하면,

$x = 3 \pm \sqrt{9+a}$이다. (단, $a \geq -6$)

따라서 구하는 해는

$x_{1,\,2} = 2 \pm \sqrt{6+a}$, $x_{3,\,4} = 3 \pm \sqrt{9+a}$

$(a \geq -6)$이다.

07. 답 ②

[풀이] 원래의 방정식에 x_0을 대입하면

$ax_0^2 + bx_0 + c = 0$이 된다. 이 식에 $4a$를 곱하면

$4a^2x_0^2 + 4abx_0 + ac = 0$이 되고 양변에 b^2을 더한 후

정리하면 $(2ax_0 + b)^2 = b^2 - 4ac$이다.

따라서 $\triangle = \text{M}$이다. 즉, ②이다.

08. **답** 4

[풀이] $\sqrt{b^2 - 4ac} = b - 2ac$에서 양변을 제곱 후 간단히 정리 하면 $-4ac = -4b + 4$이다.

그러므로 $b^2 - 4ac = (b - 2)^2$이다.

그런데, $b \le 0$이므로 $(b-2)^2 \ge 4$이다.

따라서 $b^2 - 4ac$의 최솟값은 4이다.

09. **답** $\sqrt{3} < d < 2\sqrt{3}$

[풀이] 먼저 $a + b + c = 0$와 $a \ne 0$, $a > b > c$로부터 $a > 0$, $c < 0$이다.

따라서 $\dfrac{b}{a} < 1 (\because a > 0, \ a > b)$이다.

$a > b > -a - b$이고, $2a > -b$이므로 $-\dfrac{1}{2} < \dfrac{b}{a}$이다.

결국, $0 < \dfrac{b}{a} + \dfrac{1}{2} < \dfrac{3}{2}$에서, $0 < \left(\dfrac{b}{a} + \dfrac{1}{2}\right)^2 < \dfrac{9}{4}$이다.

$d = \left| \dfrac{\sqrt{\triangle}}{a} \right| = \sqrt{\dfrac{4b^2 - 4ac}{a^2}} = 2\sqrt{\dfrac{b^2 + a(a+b)}{a^2}}$

$= 2\sqrt{\left(\dfrac{b}{a} + \dfrac{1}{2}\right)^2 + \dfrac{3}{4}}$ 이므로 $\sqrt{3} < d < 2\sqrt{3}$ 이다.

응용하기

10. **답** $n = 36$

[풀이] $1 + 2 + 3 + \cdots + n = \dfrac{n(n+1)}{2}$이므로

$n(n+1) = 2 \times 111k = 2 \times 3 \times 37 \times k$이다.

$k = 1, 2, \cdots, 9$에 대하여 n과 $n+1$은 연속된 자연수가 되는 k를 찾으면 $k = 6$일 때, 36×37의 형태를 갖고 이때, $n = 36$이다.

11. **답** 3

[풀이] $x = \sqrt{5} - 2$를 방정식에 대입하고 정리하면 $(m-4)\sqrt{5} + 9 - 2m + n = 0$이고, 무리수의 상등에 의하여 $m - 4 = 0$, $9 - 2m + n = 0$이다.

두 식을 연립하여 풀면 $m = 4$, $n = -1$이다.

따라서 $m + n = 3$이다.

06^{강} 판별식($\triangle$)과 비에트의 정리

연습문제 실력다지기

01. **답** (1) 2 (2) ①

[풀이] (1) 근과 계수와의 관계에 의하여 $a + b = m + 1$, $ab = m$이다. 이를 $a^2 + b^2 = (a+b)^2 - 2ab = 5$에 대입하면, $(m+1)^2 - 2m = 5$이다. 이를 정리하여 풀면, $m = \pm 2$이다. 두 변 길이의 합이 $m + 1$이므로 $m > -1$이고, 따라서 $m = 2$이다.

(2) 다른 두 변의 길이를 a, b라 하면 $a^2 + b^2 = 25$이고, 근과 계수와의 관계에 의하여 $a + b = 2m - 1$, $ab = 4m - 4$이다. 그러므로

$(2m-1)^2 - 2(4m-4) = 25$,

$4m^2 - 12m - 16 = 0$,

$m^2 - 3m - 4 = 0$,

$(m-4)(m+1) = 0$

이다. 따라서 $m = 4$ $(a + b > 0, \ ab > 0)$이다.

즉, 답은 ①이다.

02. **답** 8

[풀이] $(x+1) + y = 6$, $y(x+1) = z^2 + 9$이므로 $(x+1)$, y는 $t^2 - 6t + z^2 + 9 = 0$의 두 개의 근으로 즉, $\triangle = 36 - 4z^2 - 36 \ge 0$, $4z^2 \le 0$, $z = 0$이다.

$x + 1 = y = 3$이고 $x = 2$, $y = 3$이다.

따라서 $x + 2y + 3z = 8$이다.

03. **답** $S \ge -\dfrac{15}{2}$, $S \ne 3$, $S \ne 5$

[풀이] 이차방정식이므로 $m^2 - 4 \ne 0$이고, 두 실근이 존재하므로

$\triangle = (2m-1)^2 - 4(m^2 - 4) = -4m + 17 \ge 0$이다.

즉, $-2m \ge -\dfrac{17}{2}$이다.

이차방정식의 두 실근을 α, β라 하면, 근과 계수와의 관계에 의하여 $\alpha + \beta = -\dfrac{2m-1}{m^2 - 4}$, $\alpha\beta = \dfrac{1}{m^2 - 4}$이다. 그러므로 $S = 1 - 2m \ge -\dfrac{15}{2}$이다.

$m \ne \pm 2$이므로 $S \ne -3$, $S \ne 5$이다.

04. 目 ③

[풀이] $\triangle = 0$이므로 $(a-1)(b-1) = 2$이다.
$(a-1, b-1) = (\pm 2, \pm 1)(\pm 1, \pm 2)$이다.
따라서 $a-b = \pm 1$이다. 즉, 답은 ③이다.

05. 目 $\dfrac{\sqrt[3]{2}}{2}$

[풀이] a에 관한 이차방정식 $xa^2 + a + x^2 = 0$이 실근을 가지므로, 판별식 $\triangle = 1 - 4x^3 \geq 0$이다.
그러므로 $x \leq \dfrac{\sqrt[3]{2}}{2}$ (또 $a = -\dfrac{\sqrt[3]{4}}{2}$일 때, 등호는 성립한다.)이다.
따라서 x의 최댓값은 $\dfrac{\sqrt[3]{2}}{2}$이다.

실력 향상시키기

06. 目 $a > -1$

[풀이] 주어진 두 식으로부터 $(b+c)^2 = 4(a+1)^2$이다. 즉, $b+c = \pm 2(a+1)$이다.
b, c를 두 근으로 하는 방정식을 세우면,
$x^2 \pm 2(a+1)x + a^2 - 4a - 5 = 0$이다.
이 방정식이 서로 다른 두 실근이 가지므로,
판별식 $\triangle > 0$이다.
이를 풀면 $a > -1$이다.

07. 目 $k = 0$ 또는 1

[풀이] 이차방정식이 두 실근을 가지므로,
판별식 $\triangle \geq 0$에서 $k \leq \dfrac{5}{3}$이다.
두 실근을 x_1, x_2라고 하면, $x_1^2 + x_2^2 \geq x_1 x_2$에서 $(x_1 + x_2)^2 \geq 3x_1 x_2$이고, 근과 계수와의 관계로 부터 얻은 $x_1 + x_2 = -4$, $x_1 x_2 = 3k-1$를 위 식에 대입하여 풀면 $k \leq \dfrac{19}{9}$이다.
또한 $1 + 5k > 0$에서 $k > -\dfrac{1}{5}$이다.
따라서 $-\dfrac{1}{5} < k \leq \dfrac{5}{3}$이다.

08. 目 풀이참조

[풀이] 만약 $x + y > 0$일 때, x, y에서 적어도 한 개는 0보다 크다는 사실을 이용하자.
$\triangle_1 = 2a + b - 2\sqrt{cd}$, $\triangle_2 = 2b + c - 2\sqrt{ad}$,
$\triangle_3 = 2c + d - 2\sqrt{ab}$, $\triangle_4 = 2d + a - 2\sqrt{bc}$
라고 하면,
$$\triangle_1 + \triangle_3 = a + c + (\sqrt{a} - \sqrt{b})^2 + (\sqrt{c} - \sqrt{d})^2 > 0,$$
$$\triangle_2 + \triangle_4 = b + d + (\sqrt{a} - \sqrt{d})^2 + (\sqrt{b} - \sqrt{c})^2 > 0$$
이므로 $\triangle_1$과 $\triangle_3$ 중 적어도 하나는 0보다 크고, $\triangle_2$와 $\triangle_4$ 중 적어도 하나는 0보다 크다.
따라서 적어도 두 개의 방정식은 실근을 가진다.

09. 目 $10 < a \leq 10\sqrt{2}$

[풀이] $AC = x$, $BC = y$, 즉 $x + y = a$, $a > 10$이다. $x^2 + y^2 = 10^2$이므로 $xy = \dfrac{a^2 - 10^2}{2}$이다.
x, y를 두 근으로 하는 이차방정식을 생각하자.
$t^2 - at + \dfrac{a^2 - 10^2}{2} = 0$에서 판별식은 $\triangle \geq 0$이다.
즉, $a \leq 10\sqrt{2}$이다. 따라서 $10 < a \leq 10\sqrt{2}$이다.

응용하기

10. 目 $\dfrac{n}{m} = \dfrac{7}{12}$

[풀이] a는 1, 3, 5, 7 중 하나이고, b는 0, 4, 8 중 하나이므로 m은 총 12가지가 가능하다. 그들 중 방정식이 실근을 가지려면, 판별식 $\triangle \geq 0$여야 하므로 $\triangle = a^2 - 4b \geq 0$가 되는 순서쌍 (a, b)는 b가 0일 때, a는 1, 3, 5, 7이고, b가 4일 때, a는 5, 7이고, b가 8일 때, a는 7이므로 n은 7이다. 따라서 $\dfrac{n}{m} = \dfrac{7}{12}$이다.

11. 답 ②

[풀이] 주어진 방정식이 실근을 가지므로

판별식 $\triangle = b^2 - 4ac \geq 0$이고,

$\triangle$이 하나의 실근이므로 $\dfrac{-b \pm \sqrt{\triangle}}{2a} = \triangle$이다.

이를 정리하면 $2a\sqrt{\triangle}^2 \pm \sqrt{\triangle} + b = 0$이다.

이때, $\sqrt{\triangle}$에 대한 이차방정식이 실근을 가지므로

판별식 $1 - 8ab \geq 0$이다. 따라서 $ab \leq \dfrac{1}{8}$이다.

연습문제 실력다지기

01. 답 $k = -2$ 또는 4일 때, 존재한다.

[풀이] 먼저 ①을 구하면 한 근이 0이므로

$m^2 - 2m - 3 = 0$이다. 이를 풀면 $m = -1$ 또는 3인데, $m = -1$은 조건에 모순되므로 $m = 3$이다.

이를 ②에 대입하면 $x^2 - (k-3)x - k + 4 = 0$이다. 좌변을 인수분해하면, $(x - k + 4)(x + 1) = 0$이다.

즉, $x = k - 4$, 또는 $x = -1$이다.

두 근의 차가 1이 되기 위해서는 $k - 4 = -2$ 또는 0이다. 즉, $k = -2$ 또는 4이다.

이때, $|x_1 - x_2| = 1$이다. 따라서 존재한다.

02. 답 음의 실근의 절댓값이 양의 실근보다 크다.

[풀이] 방정식 ①에서 조건에 따르면, $p < 0$, $q < 0$이다.

방정식 ②에서 두 근의 합 $= -\dfrac{p}{q} < 0$, 두 근의 곱 $= \dfrac{1}{q} < 0$이므로 두 근은 서로 다른 부호이며, 또 음의 실근의 절댓값은 양의 실근보다 크다.

03. 답 $m = 5, \dfrac{15}{2}$

[풀이] 두 근을 2α, 3α라 하면 근과 계수와의 관계에 의하여 $2\alpha + 3\alpha = -m$, $6\alpha^2 = 3m - 9$이다.

두 식으로부터 m에 관한 이차방정식을 만들면 $2m^2 - 25m - 75 = 0$이다.

이를 풀면 $m = 5$ 또는 $m = \dfrac{15}{2}$이다.

(i) $m = 5$일 때, 두 근은 $-2, -3$이다.

(ii) $m = \dfrac{15}{2}$일 때, 두 근은 $-3, -\dfrac{9}{2}$이다.

04. 답 없다.

[풀이] 두 식을 빼면 $\{ab - (a+b)\}(x-1) = 0$이다.

그러므로 $ab = a + b$ 또는 $x = 1$이다.

(i) $ab = a + b$일 때, $b = \dfrac{a}{a-1} = 1 + \dfrac{1}{a-1}$이다.

$a > 2$이므로 $b < 2$이다. 이는 모순이다.

(ii) $x=1$이 근일 때는 $ab=a+b$여야 하므로
(i)에서와 같이 모순이다.
따라서 공통근이 없다.

05. 📖 (1) $k<4$　(2) $m=0$, $\dfrac{8}{3}$

[풀이] (1) 주어진 방정식이 서로 다른 두 실근을 가지므로 판별식 $\triangle=16-4k>0$이다. 즉, $k<4$이다.
(2) (1)에서 구한 k의 최대 정수는 3이므로 $k=3$이다. 이때, 방정식 ①의 두 근은 1, 3이고, 이를 방정식 ②에 대입하면 $m=0$, $\dfrac{8}{3}$이다.

실력 향상시키기

06. 📖 (1) $S=3$　(2) $a=0$　(3) 존재한다.
[풀이] (1) $a=-2$일 때, 주어진 이차방정식은
$x^2-5x+4=0$이다. 즉, $x_1=1$, $x_2=4$이다.
그러므로 $S=\sqrt{1}+\sqrt{4}=3$이다.
(2) 주어진 이차방정식을 정리하면
$x^2+(2a-1)x+a^2=0$이다. 두 실근을 가지므로,
판별식 $\triangle\geq0$이다. 이를 풀면 $a\leq\dfrac{1}{4}$이다.
또 $x_1+x_2>0$, $x_1x_2\geq0$이다.
$S=1$이므로 $1=\sqrt{x_1}+\sqrt{x_2}$에서 양변을 제곱하면
$1=x_1+x_2+2\sqrt{x_1x_2}=1-2a+2|a|$
이다. 따라서 $a\geq0$이다.
그러므로 $0\leq a\leq\dfrac{1}{4}$이다. 즉, $a=0$이다.
(3) $S^2=1-2a+2|a|\geq25$에서
$a<0$일 때, $S^2=1-4a\geq25$이다.
이를 풀면 $a\leq-6$이다. 따라서 존재한다.

07. 📖 ②
[풀이] a, b는 $(x+1)^2+3(x+1)-3=0$의 두 개의 음수 근이다. 또, 근과 계수와의 관계에 의하여
$a+b=-5$, $ab=1$이다.
$b\sqrt{\dfrac{b}{a}}+a\sqrt{\dfrac{a}{b}}=-\dfrac{b\sqrt{ab}}{a}-\dfrac{a\sqrt{ab}}{b}(\because a,\ b<0)$
$=-\dfrac{a^2+b^2}{ab}=-23$이다.

08. 📖 6
[풀이] 갑은 2차 계수 a를 잘못 본 것이기 때문에, a 대신 다른 문자 가령, 바꾸어 관계식을 찾으면
$-\dfrac{b}{t}=6$, $\dfrac{c}{t}=8$이다. 즉, $-\dfrac{b}{6}=\dfrac{c}{8}$, $b=-\dfrac{3}{4}c$이다.
을은 a, b, c 중 한 문자의 부호만 잘못 보았다고 하였으므로 가령 a의 부호를 잘못 본 것이라면
$\dfrac{b}{a}=3$, $\dfrac{c}{a}=-4$인데 이때, 원래의 방정식이 실근이 없다는 조건을 만족하는지 확인해 보면
$\triangle=b^2-4ac=9a^2+16a^2=25a^2>0$이므로 모순이다.
b의 부호를 잘못 본 경우도 마찬가지이다.
따라서 c의 부호를 잘못 본 것이며 $\dfrac{c}{a}=4$이다.
그러므로 $\dfrac{2b+3c}{a}=2\dfrac{b}{a}+3\dfrac{c}{a}=-6+12=6$이다.

09. 📖 풀이참조
[풀이] $x^2-\sqrt{p}\,x+\dfrac{q}{8}=0$의 판별식을 $\triangle_1=p-\dfrac{q}{2}$,
$x^2-\sqrt{q}\,x+\dfrac{r}{8}=0$의 판별식을 $\triangle_2=q-\dfrac{r}{2}$,
$x^2-\sqrt{r}\,x+\dfrac{p}{8}=0$의 판별식을 $\triangle_3=r-\dfrac{p}{2}$
라고 하자.
$\triangle_1+\triangle_2+\triangle_3=\dfrac{1}{2}(p+q+r)$이고 p, q, $r>0$이므로 적어도 한 방정식의 판별식 $\triangle>0$이 되고 모든 방정식의 상수항>0이므로 적어도 한 방정식은 서로 다른 양의 실근을 갖는다.

응용하기

10. 📖 $b=3$, $a>0\left(a\neq\dfrac{9}{2}\right)$
[풀이] 원래의 방정식을 변형하면
$x^2+(b-3)x-2a=0$이다.
두 근의 비가 -1이므로 두 근은 절댓값은 같고 부호가 반대인 수이므로 $b=3$이다.
즉, 이차방정식은 $x^2-2a=0$이다.
두 실근이 존재하므로 $a>0$이다.

그런데, $x \neq -b = -3$이므로 $2a \neq (-3)^2$이다.

따라서 $b = 3$, $a > 0\left(a \neq \dfrac{9}{2}\right)$이다.

11. 📄 $a = -3$

[풀이] 방정식 ①, ②, ③의 판별식을 각각 $\triangle_1$, $\triangle_2$, $\triangle_3$이라 하면, $\triangle_1 \geq 0$, $\triangle_2 \geq 0$, $\triangle_3 \geq 0$이다.

이를 연립하여 풀면 $a \leq -2\sqrt{2}$이다.

①, ②의 공통근을 구하면 $\dfrac{1-2a}{4-a}$이고,

②, ③의 공통근을 구하면 $\dfrac{4-a}{a^2-2}$이다.

그러므로 $\dfrac{1-2a}{4-a} = \dfrac{4-a}{a^2-2}$이다.

이를 정리하면 $(a+3)(a^2-3a+3) = 0$이다.

$a^2 - 3a + 3 \neq 0$이므로 $a + 3 = 0$이다.

따라서 $a = -3$이다.

연습문제 실력다지기

01. 📄 근은 없다.

[풀이] 유리수근을 가지려면 판별식 $\triangle$이 완전제곱식이어야 한다. 그런데, $\triangle = 4m(m-1) + 5 = 8k + 5$꼴인데, 홀수의 제곱은 $8k + 1$의 꼴인 수이므로 $\triangle$은 완전제곱수가 아니다.

따라서 유리수의 근은 없다.

02. 📄 93

[풀이] $x_1 + x_2 = a$, $x_1 x_2 = b = a + 2013$이므로 $x_1 x_2 - (x_1 + x_2) = b - a = 2013$이다.

그러므로 $(x_1 - 1)(x_2 - 1) = 2014 = 2 \times 19 \times 53$, $x_1 < x_2$라 하자.

(i) $x_1 - 1 = 2$, $x_2 - 1 = 19 \times 53$일 때,
   $x_1 + x_2 = a = 1011$이다.

(ii) $x_1 - 1 = 38$, $x_2 - 1 = 53$일 때,
   $x_1 + x_2 = a = 93$이다.

(iii) $x_1 - 1 = 19$, $x_2 - 1 = 106$일 때,
   $x_1 + x_2 = a = 127$이다.

따라서 최소의 a는 93이다.

03. 📄 -5

[풀이] 두 근 x_1, x_2에서 $0 < x_1 < x_2$라고 하자.

$x_1 x_2 = -k + 1$, $x_1 + x_2 = -k$이다.

즉, $x_1 x_2 - (x_1 + x_2) = 1$이므로

$(x_1 - 1)(x_2 - 1) = 2$에서 이를 풀면,

$x_1 = 2$, $x_2 = 3$이고, $-k = x_1 + x_2 = 5$이다.

따라서 $k = -5$이다.

04. 📄 $p = 13$, $q = 7$

[풀이] $pq = \dfrac{15}{4}(p+q) + 16$의 양변에 16을 곱하면

$16pq = 60(p+q) + 16^2$이다.

$(4p-15)(4q-15) = 16^2 + 15^2$이고,

$16^2 + 15^2 = 481 = 1 \times 481$
$\qquad\qquad = 481 \times 1 = 13 \times 37 = 37 \times 13$

이다. 정수조건을 만족하는 경우는 $4p - 15 = 37$일 때뿐이고 이때, $4q - 15 = 13$이므로 $p = 13$, $q = 7$이다.

05. 풀이참조

[풀이] $\dfrac{b}{a} = \dfrac{c}{b} = x$ 라 하면, $b = ax$, $c = bx = ax^2$,

$a + b + c = a(x^2 + x + 1) = 13$이다.

$x^2 + x + 1 - \dfrac{13}{a} = 0$의 해는 유리수이므로 판별식은 완

전제곱수이고, $\triangle = 1 - 4(1 - \dfrac{13}{a}) = k^2 \geq 0$이다.

$k^2 + 3 = \dfrac{52}{a} > 0$이고, $k^2 = \dfrac{52}{a} - 3 > 0$이므로

a는 $0 < a \leq 17$인 정수이다. 조건을 만족하는 a중

최소는 1이고 그때, $x = 3$ 또는 -4인데

$x = 3$일 때, $b = 3$, $c = 9$이고,

$x = -4$일 때, $b = -4$, $c = 16$이다.

조건을 만족하는 a 중 최대는 16이고,

이때, $x = -\dfrac{1}{4}$ 또는 $x = -\dfrac{3}{4}$이다.

(i) $x = -\dfrac{1}{4}$일 때, $b = -4$, $c = 1$이고

(ii) $x = -\dfrac{3}{4}$일 때, $b = -12$, $c = 9$이다.

실력 향상시키기

06. 30, 16, 34

[풀이] $c^2 = a^2 + b^2$ (c는 빗변), $c = 80 - (a + b)$이다.

준식에 대입 후 정리하면

$ab - 80(a + b) + \dfrac{80^2}{2} = 0$이다.

$(80 - a)(80 - b) = 40 \times 80 = 2^7 \times 5^2$이고,

$a, b < 80$이므로 적당한 수를 택하면

$a = 30$, $b = 16$, $c = 34$이다.

07. $a = 23$, $b = 17$

[풀이] $a + b = \dfrac{a^2 - 9}{13}$에서 근의 공식으로부터

$a = \dfrac{13 + \sqrt{205 + 52b}}{2}$이다.

즉, $\sqrt{205 + 52b} = 2a - 13$,

$ab = 10b + 56 + 5(2a - 13)$,

$(a - 10)(b - 10) = 91$,

$91 = 1 \times 91 = 91 \times 1 = 7 \times 13 = 13 \times 7$이므로

$a - 10 = 13$, $b - 10 = 7$이다.

즉, $a = 23$, $b = 17$이 원래의 방정식의 정수근이다.

따라서 $a = 23$, $b = 17$이다.

08. (1) $m = -3$, (2) $k = 4$ 또는 -2

[풀이] (1) $x_1 + x_2 = m^2 + 2m - 3 = 0$이고, 이를 풀면,

$m = 1$ 또는 -3이다. 그러나 $m = 1$일 때, 실근이 없

으므로 $m = -3$이다.

(2) 원래의 방정식에서 $m = -3$일 때,

$x_1 + x_2 = k - 3$, $x_1 x_2 = 4 - k$이므로

$k - 3 = 4 - x_1 x_2 - 3 = x_1 + x_2$에서

$x_1 x_2 + x_1 + x_2 = 1$, $(x_1 + 1)(x_2 + 1) = 2$이다.

$2 = 1 \times 2 = (-1) \times (-2)$이므로 $k = 4$ 또는 -2이

다.

09. 존재한다. $n = 0$

[풀이] 두 번째 방정식을 풀면

$\{x - (2n + 2)\}\{x + (n - 1)\} = 0$이다.

(i) $x = 2n + 2$일 때, $2n + 2$는 완전제곱수가 될 수 없다.

(ii) $x = -n + 1$일 때, $n = 0$이면 완전제곱수가 될 수

있다. 이때, 첫 번째 방정식의 근은 0(중근)이다.

응용하기

10. 2025, 3025

[풀이] $n = 100x + y$이고, $(10 \leq x, \ y \leq 99)$

$(x + y)^2 = 100x + y$이다.

$x^2 + 2(y - 50)x + y^2 - y = 0$에서

$\triangle = (y - 50)^2 - y^2 + y = 50^2 - 99y = k^2 \geq 0$이다.

(단, k는 정수) 그러므로 $y \leq 25$이다.

y는 $50^2 - 100y + y = k^2$에서 y의 일의 자리는 0, 1,

4, 5, 6, 9 중 하나이다.

즉, 가능한 y는 10, 11, 14, 15, 16, 19, 20, 21,

24, 25이다.

$(50 - k)(50 + k) = 99y$에서 좌변의 두 항 모두 홀짝성

이 같으므로 하나라도 짝수이면 오른쪽 항은 4의 배수이

다. $y = 16$일 때, 등식성립이 안되므로, 홀수들만 확인

해보면 $y = 25$이고, 그때, $k = 5$이다.

그러므로 $x = 20$ 또는 30이다.

따라서 $n = 2025$ 또는 3025이다.

11. 🔲 풀이참조

[풀이] (1) 귀류법을 이용하자.

만약 $x_1 > 0$, $x_2 > 0$이라면

$x_1 + x_2 = -b > 0$이고, $b < 0$이 되어

$x_1 x_2 = b < 0$이 되어 $b > 0$에 모순이다.

그러므로 $x_1 < 0$, $x_2 < 0$이다.

같은 방법으로 보이면 $x_1' < 0$, $x_2' < 0$이다.

(2) $x^2 + bx + c = 0$에서

$c - (b-1) = x_1 x_2 + (x_1 + x_2) + 1$

$\qquad\qquad = (x_1 + 1)(x_2 + 1) \geq 0$

($\because$ x_1, $x_2 \leq -1$), 즉 $b - 1 \leq c$이다.

같은 방법으로 $x^2 + cx + b = 0$에서

$b + 1 - c = x_1' x_2' - (x_1' + x_2') + 1$

$\qquad\qquad = (x_1' + 1)(x_2' + 1) \geq 0$

(3) x^2계수가 1이므로 b, c도 정수이다. (2)번 답에 근거하면 $c = b-1$ 또는 $c = b$ 또는 $c = b+1$이다.

(i) $c = b+1$일 때, $x_1 x_2 = -(x_1 + x_2) + 1$,

$(x_1 + 1)(x_2 + 1) = 2 = (-1) \times (-2)$

$\qquad\qquad\qquad\qquad = (-2) \times (-1)$,

따라서 $b = -(-2-3) = 5$,

$c = (-2) \times (-3) = 6$이다.

(ii) $c = b$일 때, (i)과 같은 방법으로

$x_1 x = -x_1 - x_2$, $(x_1 + 1)(x_2 + 1) = 1$에서,

$x_1 = x_2 = -2$이다. 따라서 $b = c = 4$이다.

(iii) $c = b-1$일 때는 $x^2 + cx + b = 0$의 두 근을 활용하자. 즉 $-(x_1' + x_2') = x_1' x_2' - 1$,

$(x_1' + 1)(x_1' + 2) = 2$이다.

여기서 부터는 $c = b+1$일 때의 풀이법과 같다.

이때, $b = 6$, $c = 5$이다.

따라서 $(b, c) = (5, 6)$, $(4, 4)$, $(6, 5)$이다.

연습문제 실력다지기

01. 🔲 (1) $x = 3$, -7. (2) $x = \sqrt{3} \pm 2$

[풀이] (1) $\dfrac{1}{n(n+1)} = \dfrac{1}{n} - \dfrac{1}{n+1}$ 을 활용하면,

$\dfrac{1}{x(x+1)} + \dfrac{1}{(x+1)(x+2)} + \dfrac{1}{(x+2)(x+3)}$

$+ \dfrac{1}{(x+3)(x+4)} = \dfrac{4}{21}$ 은 $\dfrac{1}{x} - \dfrac{1}{x+4} = \dfrac{4}{21}$ 이다.

이를 풀면 $x = 3$, -7이다.

(2) $1 > a > 0$, $b < -1$, $ab = -1$, $\dfrac{2a}{1-a^2} = \dfrac{2b}{1-b^2}$,

$a^2 + b^2 = 30 + 16\sqrt{3}$ 이다.

$\dfrac{2a}{1-a^2} \times \dfrac{2b}{1-b^2} = (2-\sqrt{3})^2$에서 $\dfrac{2a}{1-a^2} > 0$이므로

$\dfrac{2a}{1-a^2} = \dfrac{2b}{1-b^2} = 2 - \sqrt{3}$ 이다.

$\dfrac{2x}{1-x^2} + 2(2-\sqrt{3}) = \dfrac{2x}{1-x^2} \times (7 - 4\sqrt{3})$를 정리

하면, $\dfrac{2x}{1-x^2} = -\dfrac{\sqrt{3}}{3}$ 이다.

이를 풀면 $x = \sqrt{3} \pm 2$이다.

02. 🔲 (1) $x = \dfrac{5 \pm \sqrt{89}}{2}$, -1, -4

　　　 (2) $x = 1$, -2

[풀이] (1) $\dfrac{x^2 + 3x}{x^2 + x - 4} = t$라 치환하면

$\dfrac{1}{2}t + \dfrac{1}{3t} = \dfrac{11}{12}$, $6t^2 - 11t + 4 = 0$이다.

이를 풀면 $t = \dfrac{1}{2}$ 또는 $\dfrac{4}{3}$이다.

(i) $\dfrac{x^2 + 3x}{x^2 + x - 4} = \dfrac{1}{2}$ 일 때,

$2x^2 + 6x = x^2 + x - 4$이다.

이를 정리하여 풀면 $x = -1$ 또는 -4이다.

(ii) $\dfrac{x^2 + 3x}{x^2 + x - 4} = \dfrac{4}{3}$ 일 때,

$3x^2 + 9x = 4x^2 + 4x - 16$이다.

이를 정리하여 풀면 $x = \dfrac{5 \pm \sqrt{89}}{2}$ 이다.

따라서 구하는 해는 $x = \dfrac{5 \pm \sqrt{89}}{2}$, -1, -4이다.

(2) $x^2 + x = t$ 라 하면

$t + 1 = \dfrac{6}{t}$, $t^2 + t - 6 = 0$이다.

이를 풀면 $t = 2$ 또는 -3이다.

(i) $t = 2$일 때, $x = 1$ 또는 -2이다.

(ii) $t = 3$일 때, 실근이 존재하지 않는다.

따라서 구하는 해는 $x = 1$, -2이다.

03. 📋 $x = 2 \pm \sqrt{2}$

[풀이] $x^2 + 4 + \dfrac{4}{x^2} - 3\left(x + \dfrac{2}{x}\right) - 4 = 0$,

$\left(x + \dfrac{2}{x}\right)^2 - 3\left(x + \dfrac{2}{x}\right) - 4 = 0$,

$\left(x + \dfrac{2}{x} - 4\right)\left(x + \dfrac{2}{x} + 1\right) = 0$이다.

(i) $x + \dfrac{2}{x} - 4 = 0$일 때,

$x^2 - 4x + 2 = 0$이다. 이를 풀면 $x = 2 \pm \sqrt{2}$이다.

(ii) $x + \dfrac{2}{x} + 1 = 0$일 때,

$x^2 + x + 2 = 0$이다. 이를 풀면 실근이 존재하지 않는다.

따라서 구하는 해는 $x = 2 \pm \sqrt{2}$이다.

04. 📋 0, $\dfrac{1}{2}$

[풀이] 양변에 $x(x-1)$를 곱하고 정리하면,

$kx^2 - (3k-2)x - 1 = 0$ $\cdots\cdots$ ①

$k = 0$일 때, $x = \dfrac{1}{2}$이고 유일한 해이다.

$k \neq 0$일 때, 항상 $\triangle = 9k^2 - 8k + 4 > 0$이므로 정방정식으로 바꾼 ①식은 원래의 방정식의 무연근 중 하나를 근으로 갖아야 한다.

$x = 0$은 ①의 근이 아니므로, ①의 한 근 $x = 1$이고 대입시 $k = \dfrac{1}{2}$이다.

05. 📋 을 팀

[풀이] 갑, 을, 병 팀이 단독으로 할 때, 각각 x, y, z일에 완성한다고 하면,

$\dfrac{1}{x} + \dfrac{1}{y} = \dfrac{5}{12}$, $\dfrac{1}{y} + \dfrac{1}{z} = \dfrac{4}{15}$, $\dfrac{1}{z} + \dfrac{1}{x} = \dfrac{7}{20}$

이다. 이를 연립하여 풀면 $x = 4$, $y = 6$, $z = 10$이다.

다시 연립 방정식으로 각 팀의 작업 일에 필요한 비용을 구하고, 마지막으로 각 팀이 단독으로 할 때의 비용을 구한다.(병 팀은 일주일 내에 완성하지 못함) 그리고 갑, 을 팀을 비교하여 알 수 있듯이 을 팀이 적다.

따라서 답은 을 팀이다.

실력 향상시키기

06. 📋 $x = 1$, 6, $3 \pm \sqrt{2}$

[풀이] $y = \dfrac{13 - x}{x + 1}$를 원래의 방정식에 대입하여 풀면

$xy(x+y) = 42$이다. 또 $xy = -(x+y) + 13$이다.

$xy = t$라 하고 t에 관한 식을 세우면,

$t(13 - t) = 42$, 이를 풀면 $t = 6$ 또는 7이다.

$xy = 7$ 또는 6이고, 이때 xy에 대응하는 $x + y = 6$ 또는 7이다. 이를 풀면 $x = 1$, 6, $3 \pm \sqrt{2}$이다.

07. 📋 $a > 3$, $a \neq 11$

[풀이] 준식을 정방정식으로 변형하면

$2x^2 - 6x + 3 - a = 0$이고, 두 근의 합이 3이므로 두 근 모두 음일 수 없다.

$\triangle = 3 + 2a \geq 0$이고, $x_1 x_2 = \dfrac{3 - a}{2} < 0$이므로 $a > 3$이다.

무연근인 $x = -1$과 $x = 2$를 근으로 가질 수 없다.

따라서 $a \neq 11$이고, $a \neq -1$이다.

그러므로 $a > 3$, $a \neq 11$이다.

08. 📋 1

[풀이] $y = 1 - \dfrac{1}{z}$, $z = \dfrac{7}{3} - \dfrac{1}{x}$을 $x = 4 - \dfrac{1}{y}$에 대입

하면 $(2x - 3)^2 = 0 \geq x = \dfrac{3}{2}$이다.

따라서 $z = \dfrac{5}{3}$, $y = \dfrac{2}{5}$이다.

그러므로 $xyz = 1$이다.

09 답 갑, 을은 매일 각각 54000원, 36000원을 받는다.

[풀이] 갑, 을이 단독으로 할 때 각각 x, y일이 필요하고, 갑, 을이 매일 받는 보수는 각각 a, b원이라고 하면,

$\dfrac{1}{x}+\dfrac{1}{y}=\dfrac{1}{6}$, $x=y-5$, $a-b=18000$, $ax=by$

이다. 이를 풀면 $x=10$, $y=15$, $a=54000$, $b=36000$이다.

따라서 갑, 을은 매일 각각 54000원, 36000원을 받는다.

응용하기

10. 답 $-\dfrac{1}{2} \leq a \leq \dfrac{1}{2}$

[풀이] 준식을 간단히 정리하면,

$\left\{a(x+a)-\dfrac{x}{x+a}\right\}^2=0$, $a(x+a)=\dfrac{x}{x+a}=0$,

$ax^2+(2a^2-1)x+a^3=0$이다.

(i) $a=0$일 때, 주어진 방정식의 해가 없다.

(ii) $a \neq 0$일 때, 판별식 $\triangle=1-4a^2 \geq 0$이므로

이를 풀면 $-\dfrac{1}{2} \leq a \leq \dfrac{1}{2}$이다.

그러므로 $xyz=1$이다.

11. 답 $x=y=z=-4$

[풀이] 비례식의 성질을 이용하자. 즉

준식을 $\dfrac{a}{b}=\dfrac{c}{d}=\dfrac{e}{f}$일 때, $\dfrac{a-b}{b}=\dfrac{c-d}{d}=\dfrac{e-f}{f}$

를 이용하면,

$\dfrac{-3xy}{x+y+2xy}=\dfrac{-5yz}{y+z+3yz}=\dfrac{-7zx}{z+x+4zx}$

$\dfrac{x+y+2xy}{3xy}=\dfrac{y+z+3yz}{5yz}=\dfrac{z+x+4zx}{7zx}$,

$\dfrac{1}{3y}+\dfrac{1}{3x}+\dfrac{2}{3}=\dfrac{1}{5y}+\dfrac{1}{5z}+\dfrac{3}{5}=\dfrac{1}{7x}+\dfrac{1}{7z}+\dfrac{4}{7}$

이다. 이와 $\dfrac{2}{x}=\dfrac{3}{y}-\dfrac{1}{z}$를 연립하여 풀면

$x=y=z=-4$이다.

10강 연립 이차방정식

연습문제 실력다지기

01. 답 $(x, y)=\left(\dfrac{3}{2}, \dfrac{7}{2}\right)$, $\left(\dfrac{7}{2}, -\dfrac{3}{2}\right)$

[풀이] $10x+4y=29$에서 $y=\dfrac{29-10x}{4}$를

$x^2+y^2-5x-2y=0$에 대입하여 정리하면,

$4x^2-20x+21=0$, $(2x-3)(2x-7)=0$이다.

따라서 $x=\dfrac{3}{2}$, $\dfrac{7}{2}$이다. 이때, $y=\dfrac{7}{2}$, $-\dfrac{3}{2}$이다.

즉, $(x, y)=\left(\dfrac{3}{2}, \dfrac{7}{2}\right)$, $\left(\dfrac{7}{2}, -\dfrac{3}{2}\right)$이다.

02. 답 $3+\sqrt{2}$

[풀이] ㉡ $+$ ㉠ $\times 2$를 하면

$(x+y+1)^2=(3+\sqrt{2})^2$이다.

그러므로 $x+y=2+\sqrt{2}$, $xy=2\sqrt{2}$

또는 $x+y=-4-\sqrt{2}$, $xy=6+4\sqrt{2}$이다.

그런데 두 번째의 경우는 허근을 갖게 된다.

따라서 $(x, y)=(2, \sqrt{2})$ 또는 $(\sqrt{2}, 2)$이다.

즉, $|x+y+1|=3+\sqrt{2}$이다.

03. 답 ③

[풀이] 두 식을 연립하면 $x^2-4x+4m=0$이 된다.

판별식 $\triangle=0$이므로 $16-16m=0$이다.

즉, $m=1$이다. 따라서 답은 ③이다.

04. 답 $\dfrac{13}{3}$

[풀이] $x+y=5-z$, $xy=z^2-5z+3$이므로 근과

계수와의 관계에 의하여 x, y는

$t^2-(5-z)t+(z^2-5z+3)=0$의 두 실근이다.

따라서 판별식 $\triangle \geq 0$이다.

즉, $(5-z)^2-4(z^2-5z+3) \geq 0$이다.

이를 풀면 $-1 \leq z \leq \dfrac{13}{3}$이다.

그러므로 z의 최댓값은 $\dfrac{13}{3}$이다.

05. 답 $\dfrac{\sqrt{2} \pm \sqrt{6}}{2}$

[풀이] a, b는 $t^2 - 8t + c^2 - 8\sqrt{2}\,c + 48 = 0$의 두 실근이다. 따라서 판별식 $\triangle \geq 0$으로부터 $c = 4\sqrt{2}$이고 $a = b = 4$이다.

실력 향상시키기

06. 답 ①

[풀이] $|x| = a$, $|y| = b$라 하면 $x^2 = a^2$, $y^2 = b^2$이므로

$$\begin{cases} a^2 - 5a + b = 0 \cdots \bigcirc \\ b^2 - 5b + a = 0 \cdots \bigcirc\!\!\!\bigcirc \end{cases}$$

두 식을 변변 빼고 정리하면,

$(a - b)(a + b - 6) = 0$이다.

(i) $a = b$일 때, 두 쌍의 해가 있다.

(ii) $a + b = 6$일 때, 네 쌍의 해가 있다.

그러므로 해가 5개보다 많다. 즉, 답은 ①이다.

07. 답 33

[풀이] $(a, b) = d$일 때, $a = dx$, $b = dy$ $(x, y) = 1$, $[a, b] = dxy$이다.

단, (a, b)는 최대공약수, $[a, b]$는 최소공배수이다. $x \leq y$이다.

$x^2 + y^2 = \dfrac{585}{d^2} = \dfrac{3^2 \times 5 \times 13}{d^2}$, $d = 3$이다.

따라서 $x^2 + y^2 = 65$, $xy = 28$이다.

이를 풀면 $x = 4$, $y = 7$이다.

그러므로 $a = 12$, $b = 21$이다.

따라서 $a + b = 33$이다.

08. 답 풀이참조

[풀이] (1) 두 식을 연립하여 x에 대하여 정리하면

$x^4 + 2x^3 - 6x^2 - 8x + 8 = 0$,

$(x - 2)(x + 2)(x^2 + 2x - 2) = 0$이다.

따라서 $x = \pm 2$, $x = -1 \pm \sqrt{3}$이다.

그러므로 $(x, y) = (2, -2)$, $(-2, 2)$,

$(-1 + \sqrt{3}, 1 + \sqrt{3})$, $(-1 - \sqrt{3}, 1 - \sqrt{3})$이다.

(2) 두 식을 더하여 정리하면,

$(x + y)^2 + (x + y) - 42 = 0$이다.

이를 풀면, $x + y = 6$, $x + y = -7$이다.

이를 $x^2 + xy + x = 14$, 즉, $x(x + y) + x = 14$에 대입하면, $x = 2$, $-\dfrac{7}{3}$이다. 이에 대응하는 y를 구하면,

$y = 4$, $-\dfrac{14}{3}$이다.

따라서 $(x, y) = (2, 4)$, $\left(-\dfrac{7}{3}, -\dfrac{14}{3}\right)$이다.

(3) 두 식을 변변 빼고 정리하면, $x - y = 3$이다.

이를 $xy - x + y - 7 = 0$에 대입하면 $xy = 10$이다.

x, $-y$를 두 근으로 하는 이차방정식을 만들면

$t^2 - 3t - 10 = 0$이다. 즉, $t = -2$, 5이다.

그러므로 $(x, y) = (-2, -5)$, $(5, 2)$이다.

(4) 두 식을 변변 빼고 정리하면

$x^2 - 5x + 6 = 0$이다. 즉, $x = 3$, 2이다.

이를 $3x^2 - xy - 2x - 12 = 0$에 대입하여 y를 구하면,

$y = 3$, -2이다.

따라서 $(x, y) = (3, 3)$, $(2, -2)$이다.

09. 답 풀이참조

[풀이] (1) 대칭 형태의 연립방정식이므로

$x + y = u$, $xy = v$로 변형한다.

그러면, $uv = 30$, $u^3 - 3uv = 35$이다.

그러므로 $u^3 = 125 = 5^3$이다. 즉, $u = 5$, $v = 6$이다.

따라서 비에트의 정리에 의하여 x, y는 이차방정식

$t^2 - 5t + 6 = 0$의 두 근이다.

그러므로 $(x, y) = (3, 2)$, $(2, 3)$이다.

(2) 두 식을 변변 빼고 정리하면,

$(x - y)(x + y - 15) = 0$이다.

즉, $x = y$ 또는 $x + y = 15$이다.

(i) $x = y$일 때,

이를 $5x^2 + 4y^2 - 10x + 5y = 0$에 대입하여 이차방정식을 풀면 $x = \dfrac{5}{9}$, 0이다.

그러므로 $(x, y) = \left(\dfrac{5}{9}, \dfrac{5}{9}\right)$, $(0, 0)$이다.

(ii) $x + y = 15$일 때,

이를 $5x^2 + 4y^2 - 10x + 5y = 0$에 대입하여 이차방정식을 풀면 실근이 존재하지 않는다.

따라서 구하는 해는 $(x, y) = \left(\dfrac{5}{9}, \dfrac{5}{9}\right)$, $(0, 0)$이다.

10. 답 4000, 6000, 8000

[풀이] 원래의 3년 증산계획에 의한 매년의 제품 개수를 등차수열로 $(x-y)$개, x개, $(x+y)$개와 같이 나타내면,

$$\frac{x}{x-y} = \frac{x+y+1000}{x}, \quad x+y+1000 = \frac{3x}{2}$$

이다. 이를 연립하여 풀면 $x=6000$, $y=2000$이다. 따라서 매년 생산하는 제품의 개수는 4000, 6000, 8000이다.

11. 답 $S=120\mathrm{km}$, $v_갑=12\mathrm{km/h}$, $v_을=8\mathrm{km/h}$

[풀이] AB간의 거리를 S라 하고,

갑, 을의 속력을 $V_갑$, $V_을$이라 하자.

만났을 때, 을이 간 거리를 A라 하면,

갑은 $A+24$를 갔으므로 $2A+24=S$이고,

즉, $A = \dfrac{S-24}{2}$이다.

따라서 만날 때까지 갑이 이동한 거리는 $\dfrac{S}{2}+\dfrac{24}{2}$이고,

을이 이동한 거리는 $\dfrac{S}{2}-\dfrac{24}{2}$이다.

그러므로 $\dfrac{\dfrac{S}{2}+\dfrac{24}{2}}{v_갑} = \dfrac{\dfrac{S}{2}-\dfrac{24}{2}}{v_을}$,

$\dfrac{\dfrac{S}{2}-\dfrac{24}{2}}{v_갑} = 4$, $\dfrac{\dfrac{S}{2}+\dfrac{24}{2}}{v_을} = 9$이다.

이를 연립하여 풀면 $S=120$, $v_갑=12$, $v_을=8$이다. 따라서 $S=120\mathrm{km}$, $v_갑=12\mathrm{km/h}$, $v_을=8\mathrm{km/h}$이다.

11강 무리방정식의 해법

연습문제 실력다지기

01. 답 $x=\dfrac{10}{3}$, $y=5$, $z=\dfrac{20}{3}$

[풀이] $x=2t$, $y=3t$, $z=4t$라 하면,

$9t = \sqrt{9t+1}+11$(단, $t \geq \dfrac{11}{9}$)이다.

이를 풀면 $t=\dfrac{5}{3}$이다.

따라서 $x=\dfrac{10}{3}$, $y=5$, $z=\dfrac{20}{3}$이다.

02. 답 $(x,\ y)=(26,\ 0)$, $(-2,\ 28)$

[풀이] $u=\sqrt[3]{x+1}$, $v=\sqrt[3]{y-1}$라 하면,

$x=u^3-1$, $y=v^3+1$이다.

$(u+v)^3 - 3uv(u+v) = 26$에서

$u^3+v^3=26$, $u+v=2$이므로

$(u+v)^2 - 3uv = 13$, $uv=-3$이다.

비에트의 정리를 이용해서 풀면

$(u,\ v)=(-1,\ 3)$ 또는 $(3,\ -1)$이다.

따라서 $(x,\ y)=(26,\ 0)$ 또는 $(-2,\ 28)$이다.

03. 답 ③

[풀이] $x \leq 0$이고 양변을 제곱한 후 정리하면

$x^2+2x-p=0$이다.

이 이차방정식의 판별식 $\triangle > 0$이다. 즉, $p>-1$이다. 근과 계수와의 관계에 의하여 양이 아닌 두 실근의 곱은

$x_1 x_2 = -p \geq 0$이다.

따라서 $-1 < p \leq 0$이다.

04. 답 $\sqrt{5}$

[풀이] $x<0$일 때, $y=-x+1$이다.

$-x+1 = \dfrac{1}{x}$를 풀면 실수인 x가 존재하지 않는다.

$x>0$일 때, $y=x+1$이다.

$x+1 = \dfrac{1}{x}$를 풀면, $x=\dfrac{-1+\sqrt{5}}{2}$이고,

$y=\dfrac{1+\sqrt{5}}{2}$이다.

따라서 $x+y = \sqrt{5}$이다.

05. 📋 풀이참조

[풀이] $x^2 + ax - 4 = 0 \cdots$ ①, $x^2 + ax + 4 \cdots$ ②
두 방정식은 공통근이 없다.
이 때, ①의 $\triangle_1 = a^2 + 16$은 항상 > 0이므로
②의 $\triangle_2 = a^2 - 16 = 0$이여야 한다.
(i) $a = 4$일 때, 세 근은 -2, $-2 \pm \sqrt{2}$
(ii) $a = -4$일 때, 세 근은 2, $2 \pm \sqrt{2}$

실력 향상시키기

06. 📋 -125

[풀이] 주어진 등식을 변형하면
$\{x - 2\sqrt{x} + 1\} + \{(y - 1) - 2\sqrt{y - 1} + 1\}$
$\quad + \{(z - 2) - 2\sqrt{z - 2} + 1\} = 0$,
$(\sqrt{x} - 1)^2 + (\sqrt{y - 1} - 1)^2 + (\sqrt{z - 2} - 1)^2 = 0$
이다. 이를 풀면 $x = 1$, $y = 2$, $z = 3$이다.
따라서 $(x - yz)^3 = -125$이다.

07. 📋 $y \geq 1.8$ 또는 $y \leq -1.8$

[풀이] 주어진 등식을 x에 관한 이차방정식으로 보면
x가 실근이므로
판별식 $\triangle / 4 = (|y| + 3)^2 - y^2 + 4|y| - 27 \geq 0$이다.
이를 풀면 $|y| \geq 1.8$이다.
따라서 $y \geq 1.8$ 또는 $y \leq -1.8$이다.

08. 📋 ④

[풀이] $a > 0$일 때, $a = \dfrac{\sqrt{5} - 1}{2}$이고,
$a < 0$일 때, 무연근이다.
주어진 문제에 $a = \dfrac{\sqrt{5} - 1}{2}$을 대입하면, 답은 ④이다.

09. 📋 (1) $x = 1$　(2) $x = 1$ 또는 2

[풀이] (1) $2(x + 1) - 2\sqrt{x(x + 8)}$을
$(\sqrt{x} - \sqrt{x + 8})^2 - 6$로 변형하면 준식은
$(\sqrt{x} - \sqrt{x + 8})^2 - (\sqrt{x} - \sqrt{x + 8}) - 6 = 0$이다.
이때, $\sqrt{x} - \sqrt{x + 8} < 0$이므로
$\sqrt{x} - \sqrt{x + 8} = -2$이고, $x = 1$이다.

(2) 일단 $x \geq 1$이어야 한다. 그리고 방정식을 다음과 같
이 변형시켜서 풀면 된다.
$(\sqrt{x + 1} + \sqrt{x - 1})^2 = (x - 1 + \sqrt{x + 1})^2$
따라서 $x = 1$ 또는 2이다.

응용하기

10. 📋 $x = \dfrac{-3 \pm \sqrt{17}}{4}$

[풀이] $2x^2 + x + 5 = u$, $x^2 + x + 1 = v$라 하면
$x^2 - 3x + 13 = 4u - 7v$이므로
$\sqrt{u} + \sqrt{v} = \sqrt{4u - 7v}$이고, 양변을 제곱한 후 정리하면
$9u^2 - 52uv + 64v^2 = (9u - 16v)(u - 4v) = 0$이다.

(i) $\dfrac{u}{v} = \dfrac{16}{9}$일 때, $\dfrac{2x^2 + x + 5}{x^2 + x + 1} = \dfrac{16}{9}$이다.
$\triangle < 0$이므로 실근은 존재하지 않는다.

(ii) $\dfrac{u}{v} = 4$일 때, $\dfrac{2x^2 + x + 5}{x^2 + x + 1} = 4$이다.
이를 풀면 $x = \dfrac{-3 \pm \sqrt{17}}{4}$이다.
따라서 $x = \dfrac{-3 \pm \sqrt{17}}{4}$이다.

11. 📋 (1) $a = -1$ 또는 -2
　　　(2) $a = -1$일 때 $k = 5$, $a = -2$일 때 $k = 12$

[풀이] (1) $f(a) + f\left(\dfrac{2}{a}\right) = 0$,
$a^2 + \dfrac{4}{a^2} + a + \dfrac{2}{a} - 6 = 0$에서
$a + \dfrac{2}{a} = t$라 하면, $t^2 + t - 6 = 0$이다.

(i) $t = 2$, $a + \dfrac{2}{a} = 2$ 이때는 실근이 존재하지 않는다.

(ii) $t = -3$, $a + \dfrac{2}{a} = -3$, $a = -1$ 또는 -2이다.

(2) $a = -1$일 때, 원래의 방정식을 제곱하여 정리하면
$4(2x - 4) = (x - 3 - k)^2$이고 무연근인 $x = 4$를 대입
하면 $k = 5$ 또는 -3인데, $k = -3$이면 $x = 4$가 원래
의 방정식의 근이 되므로 안 된다. $k = 5$이다.
$a = -2$일 때도 마찬가지로 풀면 $k = -4$ 또는 12인데,
$k = -4$는 안 되고 $k = 12$만이 답이 된다.

연습문제 실력다지기

01. 답 4

[풀이] 준식과 주어진 방정식으로부터

$xy(x-y)(x-2y)$

$= xy(x^2 - 3xy + 2y^2)$

$= xy(4 - xy)$

이다. 위 식의 최댓값을 구하기 위해서 xy와 $4-xy$를 양의 실수라고 가정하자. 이제 산술-기하평균 부등식으로부터

$$xy(4-xy) \leq \left(\frac{xy + 4 - xy}{2}\right)^2 = 4$$

이다. 그러므로 구하는 최댓값은 4이다. 단, 등호는 $x = \sqrt{4 - 2\sqrt{2}}$, $y = \sqrt{2 + \sqrt{2}}$일 때, 성립한다.

02. 답 $\dfrac{3}{4\sqrt[3]{4}}$

[풀이] $y = x(1 - x^3)$라고 두자. 그러면
$3y^3 = 3x^3(1 - x^3)(1 - x^3)(1 - x^3)$이다.
산술-기하평균 부등식에 의하여

$$3y^3 \leq \left(\frac{3x^3 + (1 - x^3) + (1 - x^3) + (1 - x^3)}{4}\right)^4$$

$$= \left(\frac{3}{4}\right)^4$$

이다. 따라서 $y \leq \dfrac{3}{4\sqrt[3]{4}}$이다.

등호는 $x = \dfrac{1}{\sqrt[3]{4}}$일 때, 성립한다.

03. 답 풀이참조

[풀이] 보조정리 1과 산술-기하평균 부등식으로부터

$$\frac{a^3}{c(a^2 + bc)} + \frac{b^3}{a(b^2 + ca)} + \frac{c^3}{b(c^2 + ab)}$$

$$= \frac{a^4 b^2}{ab^2 c(a^2 + bc)} + \frac{b^4 c^2}{bc^2 a(b^2 + ca)} + \frac{c^4 a^2}{ca^2 b(c^2 + ab)}$$

$$\geq \frac{(a^2 b + b^2 c + c^2 a)^2}{a^3 b^2 c + ab^3 c^2 + ab^3 c^2 + c^3 a^2 b + c^3 a^2 b + a^3 b^2 c}$$

$$= \frac{(a^2 b + b^2 c + c^2 a)^2}{2abc(a^2 b + b^2 c + c^2 a)}$$

$$= \frac{a^2 b + b^2 c + c^2 a}{2abc} \geq \frac{3\sqrt[3]{a^3 b^3 c^3}}{2abc}$$

$$= \frac{3}{2}$$

이다. 단, 등호는 $a = b = c$일 때, 성립한다.

04. 답 8

[풀이1] 산술-기하평균 부등식에 의하여

$$\frac{x^2}{y - 1} + \frac{y^2}{x - 1} \geq \frac{2xy}{\sqrt{y - 1}\sqrt{x - 1}}$$

이다. 그런데,

$(x - 2)^2 \geq 0 \Leftrightarrow x^2 \geq 4x - 4$

$\Leftrightarrow \dfrac{x^2}{x - 1} \geq 4 \Leftrightarrow \dfrac{x}{\sqrt{x - 1}} \geq 2$

이다. 마찬가지로, $\dfrac{y}{\sqrt{y - 1}} \geq 2$이다. 그러므로

$$\frac{x^2}{y - 1} + \frac{y^2}{x - 1} \geq \frac{2xy}{\sqrt{y - 1}\sqrt{x - 1}} \geq 8$$

이다. 등호는 $x = y = 2$일 때, 성립한다.

[풀이2]

$a = x - 1$, $b = y - 1$라 두면, 주어진 식은

$\dfrac{(a + 1)^2}{b} + \dfrac{(b + 1)^2}{a}$이다.

보조정리1과 산술-기하평균 부등식에 의하여

$$\frac{(a + 1)^2}{b} + \frac{(b + 1)^2}{a}$$

$$\geq \frac{(a + b + 2)^2}{a + b}$$

$$= (a + b) + \frac{4}{a + b} + 4$$

$$\geq 2\sqrt{(a + b) \cdot \frac{4}{(a + b)}} + 4 = 8$$

이다. 등호는 $a = b = 1$일 때, 성립한다.

따라서 $\dfrac{x^2}{y - 1} + \dfrac{y^2}{x - 1}$의 최솟값은 8이다.

등호는 $x = y = 2$일 때, 성립한다.

05. 답 $\dfrac{34}{3}$

[풀이] 산술-기하평균 부등식을 이용하면,

$$a+b+c+\frac{25}{a+b+c}$$

$$\geq 2\sqrt{(a+b+c)\cdot\frac{25}{(a+b+c)}}=10$$

이다. 등호는 $(a+b+c)^2=25$일 때,

즉, $a+b+c=5$일 때 성립한다. 그런데,

$25=(a+b+c)^2\leq(1^2+1^2+1^2)(a^2+b^2+c^2)=9$

에 모순된다. 따라서 주어진 식의 최솟값은 10이 아니다.

최솟값은 $a=b=c=1$일 때 성립할 것이다.

예제 3의 풀이와 같이 생각하자.

$a+b+c=\dfrac{k}{a+b+c}$라 두면, $k=25$이다.

주어진 식을 다음과 같이 변형하자.

$$a+b+c+\frac{25}{a+b+c}$$

$$=a+b+c+\frac{9}{a+b+c}+\frac{16}{a+b+c}.$$

그러면, 산술-기하평균 부등식과

$3(a^2+b^2+c^2)\geq(a+b+c)^2$을 이용하면,

$$a+b+c+\frac{9}{a+b+c}$$

$$\geq 2\sqrt{(a+b+c)\cdot\frac{9}{(a+b+c)}}\geq 6,$$

$$\frac{1}{a+b+c}\geq\frac{1}{\sqrt{3(a^2+b^2+c^2)}}=\frac{1}{3}$$

이다. 따라서

$$a+b+c+\frac{9}{a+b+c}+\frac{16}{a+b+c}\geq 6+\frac{16}{3}=\frac{34}{3}$$

이다. 단, 등호는 $a=b=c=1$일 때, 성립한다.

06. 답 $4\sqrt{3}$

[풀이] 산술-기하평균 부등식에 의하여

$$x+y+z+\frac{1}{xyz}\geq 4\sqrt[4]{x\cdot y\cdot z\cdot\frac{1}{xyz}}=4$$

이다. 등호는 $x=y=z=\dfrac{1}{xyz}$일 때,

즉, $x=y=z=1$일 때, 성립한다.

그런데, $x^2+y^2+z^2=3\neq 1$에 모순된다.

최솟값은 $x=y=z=\dfrac{1}{\sqrt{3}}$일 때, 성립할 것이다.

예제3의 풀이와 같이 생각하자.

$x=y=z=\dfrac{1}{kxyz}=\dfrac{1}{\sqrt{3}}$라 하면, $k=9$이다.

그러면

$$x+y+z+\frac{1}{xyz}=x+y+z+\frac{1}{9xyz}+\frac{8}{9xyz}$$

이다. 산술-기하평균부등식에 의하여

$$x+y+z+\frac{1}{9xyz}\geq 4\sqrt[4]{x\cdot y\cdot z\cdot\frac{1}{9xyz}}$$

$$=4\sqrt[4]{\frac{1}{9}}=\frac{4}{\sqrt{3}}$$

이고,

$$1=x^2+y^2+z^2\geq 3\sqrt[3]{x^2y^2z^2}$$

$$\Leftrightarrow\quad\frac{1}{xyz}\geq 3\sqrt{3}$$

이다. 따라서

$$x+y+z+\frac{1}{xyz}=x+y+z+\frac{1}{9xyz}+\frac{8}{9xyz}$$

$$\geq\frac{4}{\sqrt{3}}+\frac{8}{9}\cdot 3\sqrt{3}=4\sqrt{3}$$

이다. 단, 등호는 $x=y=z=\dfrac{1}{\sqrt{3}}$일 때, 성립한다.

07. 답 풀이참조

[풀이] 주어진 부등식은

$$\frac{x}{y}+\frac{y}{z}+\frac{z}{x}+\frac{y}{x}+\frac{z}{y}+\frac{x}{z}\leq 7$$과 동치이다.

$x\geq y\geq z$라고 가정해도 일반성을 잃지 않는다. 그러면

$(x-y)(y-z)\geq 0$이다. 즉, $xy+yz\geq y^2+zx$이다.

양변을 yz로 나누면 $\dfrac{x}{z}+1\geq\dfrac{x}{y}+\dfrac{y}{z}$이다. 또,

$xy+yz\geq y^2+zx$에서 양변을 xy로 나누면

$\dfrac{z}{x}+1\geq\dfrac{z}{y}+\dfrac{y}{x}$이다. 그러므로

$$\frac{x}{y}+\frac{y}{z}+\frac{z}{y}+\frac{y}{x}\leq\frac{x}{z}+\frac{z}{x}+2$$

이다. 그래서

$$\frac{x}{y}+\frac{y}{z}+\frac{z}{x}+\frac{y}{x}+\frac{z}{y}+\frac{x}{z}\leq 2+2\left(\frac{x}{z}+\frac{z}{x}\right)$$

이다. $a=\dfrac{x}{z}$라 두면, $2\geq a\geq 1$이다. 즉,

$(a-2)(a-1) \leq 0$이다. 그러므로 $a + \dfrac{1}{a} \leq \dfrac{5}{2}$이다.

즉, $\dfrac{x}{z} + \dfrac{z}{x} \leq \dfrac{5}{2}$이다.

따라서

$\dfrac{x}{y} + \dfrac{y}{z} + \dfrac{z}{x} + \dfrac{y}{x} + \dfrac{z}{y} + \dfrac{x}{z} \leq 2 + 2\left(\dfrac{x}{z} + \dfrac{z}{x} \right) \leq 7$

이다. 그러므로

$(x+y+z)\left(\dfrac{1}{x} + \dfrac{1}{y} + \dfrac{1}{z} \right) \leq 10$

이다.

단, 등호는 $x = y = 2$, $z = 1$ 또는 $x = 2$, $y = z = 1$일 때, 성립한다.

08. 🔲 4

[풀이] $x^2 > 0$이므로 산술-기하평균 부등식에 의하여

$$\dfrac{x^6 + 64}{x^4 + 4x^2} = \dfrac{(x^2+4)(x^4 - 4x + 16)}{x^2(x^2+4)}$$

$$= \dfrac{x^4 - 4x + 16}{x^2}$$

$$= x^2 + \dfrac{16}{x^2} - 4$$

$$\geq 2\sqrt{x^2 \cdot \dfrac{16}{x^2}} - 4 = 4$$

이다. 등호는 $x^2 = 2$일 때, 성립한다.

09. 🔲 196

[풀이] 주어진 식의 분모의 최댓값을 구하기 위해 코시-슈바르츠 부등식을 이용하면

$(\sqrt{x^2 - 9} + \sqrt{y^2 - 16})^2$
$= (\sqrt{x-3}\sqrt{x+3} + \sqrt{y-4}\sqrt{y+4})^2$
$= (x+y)^2 - 49$

이다. 그러므로 산술-기하평균 부등식에 의하여

$$\left(\dfrac{(x+y)^2}{\sqrt{x^2-9} + \sqrt{y^2-16}} \right)^2$$

$$\geq \dfrac{(x+y)^4}{(x+y)^2 - 49}$$

$$= (x+y)^2 + 49 + \dfrac{49^2}{(x+y)^2 - 49}$$

$$= (x+y)^2 - 49 + \dfrac{49^2}{(x+y)^2 - 49} + 98$$

$$\geq 2 \times 49 + 98 = 196$$

이다. 등호는 $x = 3\sqrt{2}$, $y = 4\sqrt{2}$일 때, 성립한다.

10. 🔲 13

[풀이] 산술-기하평균 부등식에 의하여

$x + \dfrac{4}{x} \geq 4$, $y + \dfrac{9}{y} \geq 6$, $z + \dfrac{16}{z} \geq 8$

이다. 그러므로

$\dfrac{3}{4}\left(x + \dfrac{4}{x} \right) \geq 3$, $\dfrac{1}{2}\left(y + \dfrac{9}{y} \right) \geq 3$, $\dfrac{1}{4}\left(z + \dfrac{16}{z} \right) \geq 2$

이다. 위 세 식을 변변 더하면,

$\dfrac{3}{4}x + \dfrac{1}{2}y + \dfrac{1}{4}z + \dfrac{3}{x} + \dfrac{9}{2y} + \dfrac{4}{z} \geq 8$

이다. 또, $x + 2y + 3z \geq 20$이므로

$\dfrac{1}{4}x + \dfrac{1}{2}y + \dfrac{3}{4}z \geq 5$이다.

따라서 $x + y + z + \dfrac{3}{x} + \dfrac{9}{2y} + \dfrac{4}{z} \geq 13$이다.

등호는 $x = 2$, $y = 3$, $z = 4$일 때, 성립한다.

연습문제 실력다지기

01. 目 ③

[풀이] $y = x^2 + bx + c$에서 왼쪽으로 2만큼, 위로 3만큼 평행이동한 함수식은

$y = (x+2)^2 + b(x+2) + c + 3$이다.

이를 정리하면 $y = x^2 + (b+4)x + 2b + c + 7$이다.

이 식이 $y = x^2 - 2x + 1$과 같아야 하므로

$b + 4 = -2$, $2b + c + 7 = 1$이다.

따라서 $b = -6$, $c = 6$이다.

02. 目 ③

[풀이] ① $x = 1$일 때, $y < 0$이므로 $a + b + c < 0$이다. (거짓)

② $x = -1$일 때, $y > 0$이므로 $a - b + c > 0$이다. 즉, $b < a + c$이다. (거짓)

③ $-\dfrac{b}{2a} = 1$이므로 $a = -\dfrac{1}{2}b$이다.

이를 $a - b + c > 0$에 대입하면 $-\dfrac{3}{2}b + c > 0$이다.

즉, $c > \dfrac{3}{2}b$이다. $b < 0$이므로 $\dfrac{3}{2}b > 2b$가 되어

$c > 2b$이다. (참)

④ $a > 0$, $b < 0$, $c < 0$이므로 $abc > 0$이다. (거짓)

03. 目 A$(1, 4)$, B$(-1, -4)$ 또는 A$(-1, -4)$, B$(1, 4)$

[풀이] A(x_1, y_1), B(x_2, y_2)라 하자.

그러면 $x_1 + x_2 = 0$, $y_1 + y_2 = 0$이다.

$y_1 + y_2 = 2x_1^2 + 4x_1 - 2 + 2x_2^2 + 4x_2 - 2$
$\qquad\quad = 2(x_1 + x_2)^2 - 4x_1 x_2 + 4(x_1 + x_2) - 4$
$\qquad\quad = -4x_1 x_2 - 4 = 0$

이다. 따라서 $x_1 x_2 = -1$이다.

$x_1 + x_2 = 0$, $x_1 x_2 = -1$을 풀면

$(x_1, x_2) = (1, -1)$, $(-1, 1)$이다.

$x_1 = 1$일 때 $y_1 = 4$이고, $x_1 = -1$일 때 $y_1 = -4$이다.

마찬가지로 $x_2 = 1$일 때 $y_2 = 4$이고, $x_2 = -1$일 때 $y_2 = -4$이다.

따라서 A$(1, 4)$, B$(-1, -4)$ 또는 A$(-1, -4)$, B$(1, 4)$이다.

04. 目 $y = -\dfrac{1}{2}x^2 + \dfrac{3}{2}x + 2$

[풀이] $\triangle$AOC $\sim$ $\triangle$COB이므로 $\overline{OC}^2 = \overline{AO} \cdot \overline{AB}$이다. 즉, C$(0, 2)$이다.

$y = a(x+1)(x-4)$에서 C$(0, 2)$를 대입하면

$2 = -4a$, $a = -\dfrac{1}{2}$이다. 따라서

$y = -\dfrac{1}{2}(x+1)(x-4) = -\dfrac{1}{2}x^2 + \dfrac{3}{2}x + 2$이다.

05. 目 $y = -\dfrac{1}{2}x^2 + 3x + 8$

[풀이] A$(-k, 0)$ $(k > 0)$이라 하면

B$(4k, 0)$, C$(0, 4k)$이다.

$\triangle$AOB $= 5k \times 4k \times \dfrac{1}{2} = 40$, $k^2 = 4$, $k = 2$이다.

즉, A$(-2, 0)$, B$(8, 0)$, C$(0, 8)$이다.

$y = a(x+2)(x-8)$에서 C$(0, 8)$를 대입하면

$8 = -16a$, $a = -\dfrac{1}{2}$이다.

따라서

$y = -\dfrac{1}{2}(x+2)(x-8) = -\dfrac{1}{2}x^2 + 3x + 8$이다.

실력 향상시키기

06. 目 $y = -ax^2 + bx - c$

[풀이] $C_1 : y = a(-x)^2 + b(-x) + c = ax^2 - bx + c$,

$C_2 : -y = ax^2 - bx + c$,

즉 $C_2 : y = -ax^2 + bx - c$이다.

07. 目 $m = 2$

[풀이] A$(x_1, 0)$, B$(x_2, 0)$라고 하면

$x_1 x_2 = -\dfrac{3}{4}m^2 < 0$이므로 $x_1 < 0$, $x_2 > 0$이다.

$\overline{OA} = -x_1$, $\overline{OB} = x_2$이다.

$$\frac{1}{\mathrm{OB}} - \frac{1}{\mathrm{OA}} = \frac{1}{x_2} + \frac{1}{x_1} = \frac{x_1 + x_2}{x_1 x_2}$$

$$= \frac{-m}{-\frac{3}{4}m^2} = \frac{4}{3m} = \frac{2}{3} \ \text{이므로} \ m = 2 \text{이다.}$$

08. 답 ①

[풀이] $-\dfrac{b}{2a} = 4$, $\dfrac{c}{a} < 0$이므로 $a > 0$, $b < 0$, $c < 0$

이다. (※ 만약 $a < 0$이면 x축과의 교점이 없다.)

09. 답 (1) $\dfrac{1}{a(1+1)}$ (2) $\dfrac{2015}{2016}$

[풀이] (1) $\mathrm{A}(x_1, 0)$, $\mathrm{B}(x_2, 0)$이라 하면

$x_1 + x_2 = \dfrac{2a+1}{a(a+1)}$, $x_1 x_2 = \dfrac{1}{a(a+1)}$이다.

$(x_1 - x_2)^2 = (x_1 + x_2)^2 - 4x_1 x_2 = \left(\dfrac{1}{a(a+1)}\right)^2$

이므로 $\mathrm{AB} = |x_1 - x_2| = \dfrac{1}{a(a+1)}$이다.

(2) $\dfrac{1}{1 \cdot 2} + \dfrac{1}{2 \cdot 3} + \cdots + \dfrac{1}{2015 \cdot 2016}$

$= \left(\dfrac{1}{1} - \dfrac{1}{2}\right) + \left(\dfrac{1}{2} - \dfrac{1}{3}\right) + \cdots + \left(\dfrac{1}{2015} - \dfrac{1}{2016}\right)$

$= 1 - \dfrac{1}{2016}$

$= \dfrac{2015}{2016}$

응용하기

10. 답 (1) $y = (x-1)^2 - 2$ 또는

$\qquad y = (1 + \sqrt{2})(x-1)^2 - 2$

(2) $\sqrt{2}$ 또는 $(\sqrt{2} - 1)\sqrt{2(\sqrt{2} - 1)}$

[풀이] (1) $y = a(x-1)^2 - 2$ $(a > 0)$에서 $\mathrm{A}(x_1, 0)$,

$\mathrm{B}(x_2, 0)$, $\mathrm{C}(0, a-2)$라 하자.

$ax^2 - 2ax + a - 2 = 0$에서 두 근 x_1, x_2에 대하여

$x_1 + x_2 = 2$, $x_1 x_2 = \dfrac{a-2}{a}$이다.

$|\mathrm{OC}|^2 = |\mathrm{OA}| \cdot |\mathrm{OB}|$이므로 $(a-2)^2 = \left|\dfrac{a-2}{a}\right|$

이다.

$a > 0$이므로 $a(a^2 - 4a + 4) = |a-2|$이다.

즉, $a^3 - 4a^2 + 4a = |a-2|$이다.

(i) $a = 2$이면 점 C가 원점이 되므로 모순이다.

(ii) $a > 2$이면 $a(a-2) = 1$이다.

즉, $a^2 - 2a - 1 = 0$, $a = 1 + \sqrt{2}$ $(a > 0)$이다.

(iii) $a < 2$이면 $a(a-2) = -1$이다.

즉, $a^2 - 2a + 1 = 0$, $a = 1$이다.

그러므로 $y = (x-1)^2 - 2$ 또는

$y = (1 + \sqrt{2})(x-1)^2 - 2$이다.

(2) (i) $y = (x-1)^2 - 2$일 때,

$\mathrm{S}_{\triangle \mathrm{ABC}} = 2\sqrt{2} \times 1 \times \dfrac{1}{2} = \sqrt{2}$이다.

(ii) $y = (1 + \sqrt{2})(x-1)^2 - 2$일 때,

$\mathrm{S}_{\triangle \mathrm{ABC}} = 2\sqrt{2(\sqrt{2} - 1)} \times (\sqrt{2} - 1) \times \dfrac{1}{2}$

$\qquad\qquad = (\sqrt{2} - 1)\sqrt{2(\sqrt{2} - 1)}$이다.

연습문제 실력다지기

01. 달 $m = \dfrac{2}{3}$, 최솟값 $\dfrac{8}{9}$

[풀이] $x_1 + x_2 = 2m$, $x_1 x_2 = m^2 + \dfrac{3}{2}m - 1$이므로

$$
\begin{aligned}
x_1^2 + x_2^2 &= (x_1 + x_2)^2 - 2x_1 x_2 \\
&= 4m^2 - 2m^2 - 3m + 2 \\
&= 2m^2 - 3m + 2 \\
&= 2\left(m^2 - \dfrac{3}{2}m + \dfrac{9}{16}\right) + \dfrac{7}{8} \\
&= 2\left(m - \dfrac{3}{4}\right)^2 + \dfrac{7}{8}
\end{aligned}
$$

그런데, $D/4 = 4m^2 - 4m^2 - 6m + 4 \geq 0$이므로 $m \leq \dfrac{2}{3}$이다.

따라서 $m = \dfrac{2}{3}$일 때, 최솟값 $\dfrac{8}{9}$을 갖는다.

02. 달 (1) $y = -\dfrac{1}{2}(x-1)^2 + 2$　(2) 4

[풀이] (1) $x = 1$이 대칭축이고, $A(-1, 0)$이므로 이차함수식은 $y = a(x+1)(x-3)$이다.

이 이차함수가 $\left(0, \dfrac{3}{2}\right)$를 지나므로 $a = -\dfrac{1}{2}$이다.

따라서 $y = -\dfrac{1}{2}(x-1)^2 + 2$이다.

(2) P가 꼭짓점일 때, 넓이의 최댓값 4를 갖는다.

03. 달 $a = 1$, $y_1 = -2x^2 + 4x + 3$,

　　　$y_2 = 3x^2 + 12x + 10$

[풀이] $y_1 = k(x-a)^2 + 5$라고 놓으면

$y_2 = (1-k)x^2 + (16 + 2ak)x + 8 - ka^2$이다.

$x = a$일 때, $y_2 = 25$이므로

$25 = (1-k)a^2 + (16 + 2ak)a + 8 - ka^2$,

$a^2 + 16a - 17 = 0$, $(a + 17)(a - 1) = 0$

따라서 $a = 1$ $(a > 0)$이다.

$$
\begin{aligned}
y_2 &= (1-k)x^2 + (16 + 2k)x + 8 - k \\
&= (1-k)\left(x + \dfrac{8+k}{1-k}\right)^2 - \dfrac{(8+k)^2}{1-k} + 8 - k
\end{aligned}
$$

에서 최솟값이 -2이므로

$$
-\dfrac{(8+k)^2}{1-k} + 8 - k = -2
$$

이다. 이를 풀면, $k = -2$이다.

따라서 $y_1 = -2(x-1)^2 + 5 = -2x^2 + 4x + 3$이고,

$y_2 = 3x^2 + 12x + 10$이다.

04. 달 (1) $P\left(3 - x, \dfrac{4}{3}x\right)$　(2) $x = \dfrac{3}{2}$　(3) 1, $\dfrac{54}{43}$, $\dfrac{9}{8}$

[풀이] (1) AC의 직선의 방정식이 $y = -\dfrac{4}{3}x + 4$이므로 $P\left(3 - x, \dfrac{4}{3}x\right)$이다.

(2)
$$
\begin{aligned}
S_{\triangle MPA} &= \dfrac{1}{2} \times (3 - x) \times \dfrac{4}{3}x \\
&= -\dfrac{2}{3}\left(x^2 - 3x + \dfrac{9}{4}\right) + \dfrac{3}{2} \\
&= -\dfrac{2}{3}\left(x - \dfrac{3}{2}\right)^2 + \dfrac{3}{2}
\end{aligned}
$$
이다.

$x = \dfrac{3}{2}$일 때, 최댓값 $\dfrac{3}{2}$을 갖는다.

(3) (i) $MP = PA$인 경우

$$
(3 - 2x)^2 + \left(\dfrac{4}{3}x\right)^2 = (-x)^2 + \left(\dfrac{4}{3}x\right)^2
$$

이다. 이를 정리하면

$3x^2 - 12x + 9 = 0$, $x^2 - 4x + 3 = 0$,

$(x-1)(x-3) = 0$, $x = 1$ $(x < 3)$이다.

(ii) $MP = MA$인 경우

$$
(3 - 2x)^2 + \left(\dfrac{4}{3}x\right)^2 = (3 - x)^2
$$
이다.

이를 정리하면

$43x^2 - 54x = 0$, $x = \dfrac{54}{43}$ $(x > 0)$이다.

(iii) $MA = PA$인 경우

$$
(-x)^2 + \left(\dfrac{4}{3}x\right)^2 = (3 - x)^2
$$
이다.

이를 정리하면

$16x^2 + 54x - 81 = 0$,

$(8x - 9)(2x + 9) = 0$, $x = \dfrac{9}{8}$이다.

05. 답 ③

[풀이] k등급의 이익을 y만 원이라고 하면

$y = \{60 - 3(k-1)\} \times \{8 + 2(k-1)\}$

$\quad = 6(-k^2 + 18k + 63)$

$\quad = -6(k-9)^2 + 864$

이다. 따라서 $k = 9$이다. 즉, 9등급이다.

실력 향상시키기

06. 답 $m \geq -\dfrac{3}{4}$

[풀이] $y = (x - 2m)^2 - 4m^2 + 3$에서 꼭짓점의 좌표는 $(2m, -4m^2 + 3)$이다.

(i) $2m \leq -1$일 때,

$\quad 4 + 4m \geq 1$, $m \geq -\dfrac{3}{4}$이다.

$\quad$ 그러므로 $-\dfrac{3}{4} \leq m \leq -\dfrac{1}{2}$이다.

(ii) $-1 < 2m < 0$일 때,

$\quad -4m^2 + 3 > 1$, $m^2 < \dfrac{1}{2}$,

$\quad -\dfrac{\sqrt{2}}{2} < m < \dfrac{\sqrt{2}}{2}$인데, 조건 $-\dfrac{1}{2} < m < 0$과

$\quad$ 공통부분인 $-\dfrac{1}{2} < m < 0$이다.

(iii) $2m \geq 0$일 때,

$\quad x = 0$일 때의 함숫값 3이 1보다 크므로 성립한다.

따라서 구하는 m의 범위는 $m \geq -\dfrac{3}{4}$이다.

07. 답 (1) $y = \dfrac{\pi}{2}x^2 + \pi x - \pi$ $\quad$ (2) $(3 - 2\sqrt{2})\pi$

[풀이] (1) 반원 O_1, O_2의 반지름을 각각 R, r이라 하자. 그러면,

R + r = x, $(1 - R)^2 + (1 - r)^2 = x^2 = (R + r)^2$

이다. 이를 정리하면 Rr = $1 - x$이다.

$y = \dfrac{1}{2}(R^2 + r^2)\pi$

$\quad = \dfrac{1}{2}\pi\{(R + r)^2 - 2Rr\}$

$\quad = \dfrac{1}{2}\pi\{x^2 - 2(1 - x)\}$

$\quad = \dfrac{1}{2}\pi x^2 + \pi x - \pi$

(2) $(R - r)^2 \geq 0$이므로 $(R + r)^2 \geq 4Rr$이다.

이에 R + r = x, Rr = $1 - x$를 대입하면

$x^2 \geq 4 - 4x$, $x^2 + 4x - 4 \geq 0$, $x \geq 2\sqrt{2} - 2$

$(x > 0)$이다.

$y \geq \dfrac{1}{2}\pi(2\sqrt{2} - 2)^2 + \pi(2\sqrt{2} - 2) - \pi$

$\quad = (3 - 2\sqrt{2})\pi$

08. 답 $\dfrac{18050}{3}$

[풀이] EA와 BC의 연장선의 교점을 원점 O라고 하고, 직교좌표계를 생각하자. OB = x라 하면 AB의 직선의 방정식은 $y = -\dfrac{2}{3}x + 20$이다.

토대의 넓이는 $y = (100 - x)\left(80 + \dfrac{2}{3}x - 20\right)$이다.

$y = -\dfrac{2}{3}x^2 + \dfrac{20}{3}x + 6000$

$\quad = -\dfrac{2}{3}(x - 5)^2 + \dfrac{18050}{3}$

따라서 $x = 5$일 때, 토대의 넓이의 최댓값은 $\dfrac{18050}{3}$이다.

09. 답 풀이참조

[풀이] $y_A > y_B$이면 $x^2 + 3mx - 2 > 2x^2 + 6mx - 2$이고, 이를 풀면 $x^2 + 3mx < 0$, $x(x + 3m) < 0$이다. 즉 $-3m < x < 0$이다.

따라서 $-3m < x < 0$이면 $y = y_A$이고,

$x \leq -3m$ 또는 $x \geq 0$이면 $y = y_B$이다.

y_A와 y_B 모두 대칭축의 방정식이 $x = -\dfrac{3}{2}m$이다.

(i) $-\dfrac{3}{2}m \leq -2$일 때, 즉 $m \geq \dfrac{4}{3}$일 때,

y의 최솟값은 $y_A(-2) = 2 - 6m$이고,

최댓값은 $y_B(1) = 6m$이다.

(ii) $-2 < -\dfrac{3}{2}m < -\dfrac{1}{2}$일 때, 즉 $\dfrac{1}{3} < m < \dfrac{4}{3}$일 때,

y의 최솟값은 $y_A\left(-\dfrac{3}{2}m\right) = -\dfrac{9}{4}m^2 - 2$이고

최댓값은 $y_B(1) = 6m$이다.

(iii) $-\dfrac{1}{2} \leq -\dfrac{3}{2}m < 0$일 때, 즉 $0 < m \leq \dfrac{1}{3}$일 때,

y의 최솟값은 $y_A\left(-\dfrac{3}{2}m\right) = -\dfrac{9}{4}m^2 - 2$이고

최댓값은 $y_B(-2) = 6 - 12m$이다.

응용하기

10. 🔡 (1) 4개 (2) 192

[풀이] (1) $\mathrm{AB} = m$, $\mathrm{CD} = n$, $\mathrm{AC} = p$라 하고, A에서 CD까지 거리를 h_1, C에서 AB까지 거리를 h_2라 하자. 그러면,

$$S_{\square \mathrm{ABCD}} = \frac{1}{2}(h_1 n + h_2 m) \leq \frac{1}{2}p(m+n)$$

$$(\because h_1, \ h_2 \leq p)$$

등호는 $\mathrm{AC} \perp \mathrm{AB}$, $\mathrm{AC} \perp \mathrm{CD}$일 때,

즉, $h_1 = h_2 = p$일 때, 성립한다.

$32 \leq \dfrac{1}{2}p(m+n)$, $\dfrac{1}{2}p(16-p) \geq 32$,

$(p-8)^2 \leq 0$이다.

따라서 $p = 8$, $m + n = 8$이다.

그러므로 $(m, n, p) = (1, 7, 8)$, $(2, 6, 8)$, $(3, 5, 8)$, $(4, 4, 8)$이다.

(2) $\mathrm{AD} = x$, $\mathrm{BC} = y$라 하면,

$x^2 + y^2 + m^2 + n^2 = 2m^2 + 2n^2 + 2p^2$

$= 2m^2 + 2(8-m)^2 + 128$

$= 4(m-4)^2 + 192$

이다. 따라서 $m = 4$일 때, 최솟값 192를 갖는다.

15강 이차방정식의 근의 분포

연습문제 실력다지기

01. 🔡 $-5 < m \leq -4$

[풀이]
$$\begin{cases} \triangle = (m+2)^2 - 4(m+5) \geq 0 & \cdots \ ① \\ -\dfrac{(m+2)}{2} > 0 & \cdots \ ② \\ m + 5 > 0 & \cdots \ ③ \end{cases}$$

①에서 $m \geq 4$ 또는 $m \leq -4$이다.

②에서 $m < -2$이다.

③에서 $m > -5$이다.

따라서 $-5 < m \leq -4$이다.

02. 🔡 $p < -1$

[풀이] $f(x) = x^2 + 2px + 1$에서 $f(1) < 0$이다.

그러므로 $p < -1$이다.

03. 🔡 (1) 풀이참조 (2) $-\dfrac{4028}{2005}$

[풀이] (1) $f(x) = x^2 - 2x - a^2 - a$에서 $a > 0$이므로

$f(2) = 4 - 4 - a^2 - a < 0$이다.

따라서 $x^2 - 2x - a^2 - a = 0$의 한 근을 2보다 크고 다른 한 근은 2보다 작다.

(2) $\alpha_n + \beta_n = 2$, $\alpha_n \beta_n = -n(n+1)$이므로

$$\frac{1}{\alpha_n} + \frac{1}{\beta_n} = \frac{\alpha_n + \beta_n}{\alpha_n \beta_n} = \frac{2}{-n(n+1)} = \frac{2}{n+1} = \frac{2}{n}$$

이다. 따라서

$$\frac{1}{\alpha_n} + \frac{1}{\beta_n} + \cdots + \frac{1}{\alpha_{2014}} + \frac{1}{\beta_{2014}}$$

$$= \left(\frac{2}{2} - \frac{2}{1}\right) + \left(\frac{2}{3} - \frac{2}{2}\right) + \cdots + \left(\frac{2}{2015} - \frac{2}{2014}\right)$$

$$= \frac{2}{2015} - \frac{2}{1} = -\frac{4028}{2015}$$

이다.

04. 답 $m=6$, $n=9$

[풀이] $f(x)=4x^2-2mx+n$에서

$$\begin{cases} f\left(\dfrac{m}{4}\right)\le 0 & \cdots ① \\ f(1)=4-2m+2>0 & \cdots ② \\ f(2)=16-4m+n>0 & \cdots ③ \\ 1<\dfrac{m}{4}<2 & \cdots ④ \end{cases}$$

①에서 $-\dfrac{m^2}{4}+n\le 0$, 즉 $n\le \dfrac{m^2}{4}$이다.

④에서 $4<m<8$이므로 가능한 m은 5, 6, 7이고 이를 식 ①, ②, ③에 대입하여 확인하면 $m=6$, $n=9$이다.

05. 답 $\dfrac{4}{7}<m<\dfrac{6}{5}$

[풀이] $f(x)=x^2-(2m-3)x+m-4$라 하면

$$\begin{cases} f(-3)>0 & \cdots ① \\ f(-2)<0 & \cdots ② \\ f(0)<0 & \cdots ③ \end{cases}$$

①에서 $9+6m-9+m-4>0$이다.

이를 정리하면 $m>\dfrac{4}{7}$이다.

②에서 $4=4m-6+m-4<0$이다.

이를 정리하면 $m<\dfrac{6}{5}$이다.

③에서 $m-4<0$이다. 즉, $m<4$이다.

따라서 $\dfrac{4}{7}<m<\dfrac{6}{5}$이다.

06. 답 5

[풀이] a, b가 양의 정수이므로 두 점 A, B는 모두 -1과 0 사이에 있다. (끝점 포함)

$f(x)=ax^2+bx+1$이라 하면,

$$\begin{cases} f(-1)=a-b+1\ge 0 & \cdots ① \\ \triangle=b^2-4a>0 & \cdots ② \\ -1<-\dfrac{b}{2a}<0 & \cdots ③ \end{cases}$$

①, ②에서 $b-1\le a<\dfrac{b^2}{4}$이고 ③에서 $2a>b$이다.

$b\le a+1$이므로 a의 최솟값은 $b=a+1$이다.

$a<\dfrac{(a+1)^2}{4}$이므로 $a=2$, $b=3$이다.

07. 답 풀이참조

[풀이] (1) $y=x^2+px+q$에서 $y_0<0$이므로

$$\left(x+\dfrac{p}{2}\right)^2-\dfrac{p^2-4q}{4}<0$$이다.

따라서 $p^2-4q>0$이다. 즉 $\triangle=p^2-4q>0$이므로 서로 다른 두 실근이 존재한다.

(2) $\triangle=p^2-4q>0$, $y(x_0)=y_0<0$이다.

$x<x_1$에서 $f(x)>0$이고 $x_2>x$에서 $f(x)>0$이므로 $x_1<x_0<x_2$이다.

단, $f(x)=x^2+px+q$이다.

08. 답 $m=4$

[풀이] $f(x)=4x^2-4mx+2m-1$라고 하자.

$$\begin{cases} f(0)=2m-1>0 & \cdots ① \\ f(1)=4-m+2m-1<0 & \cdots ② \\ f(3)=36-12m+2m-1<0 & \cdots ③ \\ f(4)=64-16m+2m-1>0 & \cdots ④ \end{cases}$$

이다.

식 ①에서 $m>\dfrac{1}{2}$이고, 식 ②에서 $m>\dfrac{3}{2}$이고,

식 ③에서 $m>\dfrac{7}{2}$이고, 식 ④에서 $m<\dfrac{9}{2}$이다.

이를 정리하면 $\dfrac{7}{2}<m<\dfrac{9}{2}$이다.

따라서 정수 $m=4$이다.

09. 답 $m\le 1$

[풀이] (i) $m=0$일 때, $-3x+1=0$이 되어 $x=\dfrac{1}{3}$ (양수)를 갖는다. 주어진 조건을 만족한다.

(ii) $m\ne 0$일 때, 두 실근이 존재하려면

$\triangle=(m-3)^2-4m\ge 0$ $\cdots ①$ 에서

$m^2-10m+9\ge 0$, $(m-9)(m-1)\ge 0$이다.

그러므로 $m\ge 9$ 또는 $m\le 1$ $\cdots ②$이다.

두 실근이 모두 음수이려면

두 근의 합 $-\dfrac{m-3}{m}<0$ $\cdots ③$,

두 근의 곱 $\dfrac{1}{m}>0$ $\cdots ④$ 이다.

이를 연립하여 풀면 $m>3$이다.

그러므로 두 실근 중 적어도 하나의 근이 양수이려면
$m \leq 1$, $m \neq 0$
(식 ②의 범위 안에서 구함)이다.
따라서 (i), (ii)에 의하여 $m \leq 1$이다.

응용하기

10. 🖋 ①

[풀이] $x > 0$에서 $y = \dfrac{2}{x}$의 그래프와

$y = 2x - x^2 = -(x-1)^2 + 1$의 그래프는 만나지 않으

므로 방정식 $2x - x^2 = \dfrac{2}{x}$의 양의 실근의 개수는 0개

이다.

11. 🖋 $a = 1$, $b = -1$, $c = -1$ 또는 $a = -1$, $b = 1$,

$c = 1$, $x_1 = \dfrac{1 + \sqrt{5}}{2}$, $x_2 = \dfrac{1 - \sqrt{5}}{2}$

[풀이] a, b, c는 정수이고, $\triangle = b^2 - 4ac = 5$이므로
$b^2 = 1$, $ac = -1$ $\cdots$ ①이다.

$x_1 > 0$, $-1 < x_2 < 0$이므로 $x_1 + x_2 = -\dfrac{b}{a} > 0$,

$x_1 x_2 = \dfrac{c}{a} < 0$ $\cdots$ ②이다.

식 ①, ②에서 $a > 0$, $b < 0$, $c < 0$
또는 $a < 0$, $b > 0$, $c > 0$이다.
따라서 $a = 1$, $b = -1$, $c = -1$
또는 $a = -1$, $b = 1$, $c = 1$이다.
또, $x_1 = \dfrac{1 + \sqrt{5}}{2}$, $x_2 = \dfrac{1 - \sqrt{5}}{2}$이다.

부록 모의고사

영재 모의고사 1회

01. 답 45

[풀이] 주어진 식을 정리하면 $f(x) = \sqrt{x} - \sqrt{x-1}$ 이다. 따라서

$f(1) + f(2) + f(3) + \cdots + f(2024) + f(2025)$
$= (\sqrt{1} - \sqrt{0}) + (\sqrt{2} - \sqrt{1}) + (\sqrt{3} - \sqrt{2})$
$\quad + \cdots + (\sqrt{2024} - \sqrt{2023}) + (\sqrt{2025} - \sqrt{2024})$
$= \sqrt{2025}$
$= 45$

이다.

02. 답 4

[풀이] 주어진 조건 $a + b + c = \dfrac{11}{3}$ 의 양변에 $\dfrac{1}{3}$ 을 더하면 $a + b + c + \dfrac{1}{3} = 4$이다.

따라서

$\dfrac{a + \dfrac{1}{3}}{b + c} + \dfrac{b + \dfrac{1}{3}}{c + a} + \dfrac{c + \dfrac{1}{3}}{a + b}$

$= \dfrac{4 - (b+c)}{b+c} + \dfrac{4 - (c+a)}{c+a} + \dfrac{4 - (a+b)}{a+b}$

$= 4\left(\dfrac{1}{a+b} + \dfrac{1}{b+c} + \dfrac{1}{c+a} \right) - 3$

$= 4 \cdot \dfrac{7}{4} - 3 = 4$

이다.

03. 답 34

[풀이] 주어진 이차방정식 $x^2 + 8px - q^2 = 0$에서 근과 계수의 관계에 의하여 $\alpha + \beta = -8p$, $\alpha\beta = -q^2$이다. 그런데 α, β가 모두 정수이고, 두 근의 곱이 $-q^2$이므로 α, β가 q 또는 $-q$, -1 또는 q^2, 1 또는 $-q^2$인 경우뿐이다.

(i) $\alpha = q$, $\beta = -q$ 일 때, $\alpha + \beta = q + (-q) = 0$이 되어 모순이다.

(ii) $\alpha = -1$, $\beta = q^2$ 일 때, $\alpha + \beta = -1 + q^2 = -8p$이다. $p > 1$이므로 $-1 + q^2 = -8p < 0$이다. 즉 $q^2 < 1$이다. 그런데 $q > 1$이므로 $q^2 > 1$이 되어 모순이다.

(iii) $\alpha = 1$, $\beta = -q^2$ 일 때, $\alpha + \beta = 1 - q^2 = -8p$이다. 즉 $(1-q)(1+q) = -8p$이다.

이를 만족하는 소수는 $p = 3$, $q = 5$뿐이다.

따라서 이차방정식 $x^2 + 24x - 25 = 0$의 두 근은 1, -25이므로 $|\alpha - \beta| = 26$이다.

따라서 $|\alpha - \beta| + p + q = 26 + 3 + 5 = 34$이다.

04. 답 $a = 1$, $b = 7$, $c = 3$

[풀이] 조건 (나)에서 $6 < \alpha + \beta < 8$, $5 < \alpha\beta < 12$이다.

근과 계수와의 관계에서 $\alpha + \beta = \dfrac{b}{a}$이므로

$6 < \dfrac{b}{a} < 8$ 즉, $6a < b < 8a$이다.

이때, 조건 (가)에서 a, b는 한 자리 자연수이므로 $a = 1$이고 $b = 7$이어야 한다. ($\because$ $a \geq 2$이면 $12 \leq 6a < b$)

또한 근과 계수와의 관계에서 $\alpha\beta = \dfrac{3c}{a}$이므로

$5 < 3c < 12$에서 $\dfrac{5}{3} < c < 4$이다.

조건 (가)에서 $c = 2$또는 $c = 3$이어야 한다. 그런데 $c = 2$이면

$ax^2 - bx + 3c = x^2 - 7x + 6 = (x-1)(x-6)$

이므로 조건 (나)에 위배된다.

따라서 $c = 3$이다. 그러므로 $a = 1$, $b = 7$, $c = 3$이다.

05. 답 7039

[풀이] $\sqrt{7} + \sqrt{3} = x$, $\sqrt{7} - \sqrt{3} = y$라면,
$x + y = 2\sqrt{7}$, $xy = 4$이다.

그러므로

$x^2 + y^2 = (x+y)^2 - 2xy = 20$,
$x^6 + y^6 = (x^2 + y^2)^3 - 3(xy)^2(x^2 + y^2) = 7040$

이다.

그러므로 $(\sqrt{7} + \sqrt{3})^6 + (\sqrt{7} - \sqrt{3})^6 = 7040$이다.

그런데 $0 < \sqrt{7} - \sqrt{3} < 1$이므로

$0 < (\sqrt{7} - \sqrt{3})^6 < 1$이다.

따라서 $\left[(\sqrt{7} + \sqrt{3})^6\right] = 7039$이다.

06. 🔑 $(x, y, z) = (2, 3, 1), (3, 2, 1)$

[풀이] $x + y = u$, $xy = v$라 하면

$x^2 + y^2 = (x+y)^2 - 2xy = u^2 - 2v$,

$x^3 + y^3 = (x+y)^3 - 3xy(x+y) = u^3 - 3uv$

이다. 위 식을 원 연립방정식에 대입하면

$$\begin{cases} u - z = 4 & \cdots ① \\ u^2 - 2v - z^2 = 12 & \cdots ② \\ u^3 - 3uv - z^3 = 34 & \cdots ③ \end{cases}$$

이다. 식 ①과 ②를 변형하면

$u = z + 4 \qquad\qquad\qquad \cdots ④$

$v = \dfrac{1}{2}(u^2 - z^2 - 12) = 4z + 2 \; \cdots ⑤$

이다. 식 ④, ⑤를 식 ③에 대입하면

$(z+4)^3 - 3(z+4)(4z+2) - z^3 = 34$

이다. 이를 간단히 정리하면 $-6z + 40 = 34$이다.

이를 풀면 $z = 1$이다.

따라서 $u = 5$, $v = 6$이다.

이제 연립방정식 $\begin{cases} x + y = 5 \\ xy = 6 \end{cases}$ 을

풀면 원래의 연립방정식의 해를 구할 수 있다.

따라서 $x = 2$, $y = 3$, $z = 1$ 또는 $x = 3$, $y = 2$, $z = 1$이다.

07. 🔑 $m = 9$

[풀이] 먼저 비에트의 정리(근과 계수와의 관계)로부터, 이 방정식에는 두 개의 서로 다른 양의 실수해를 가지므로 $m - 17 < 0$이고, $m - 2 > 0$이다.

즉 $2 < m < 17$이다.

이 방정식의 두 근은 모두 양의 정수이므로 m도 정수이고, 판별식

$\triangle = (m-17)^2 - 4(m-2) = m^2 - 38m + 297$이 완전제곱수이어야 한다.

$m^2 - 38m + 297 = n^2$(n은 양의 정수)라 하고, 식을 완전제곱형태로 변형하면 $(m-19)^2 - n^2 = 64$이다.

이를 인수분해하면 $(m + n - 19)(m - n - 19) = 64$이다.

$m + n - 19 > m - n - 19$이고, $m + n - 19$와 $m - n - 19$는 모두 홀짝성이 같으므로

$$\begin{cases} m + n - 19 = 16 \\ m - n - 19 = 4 \end{cases} , \begin{cases} m + n - 19 = 32 \\ m - n - 19 = 2 \end{cases} ,$$

$$\begin{cases} m + n - 19 = -4 \\ m - n - 19 = -16 \end{cases} , \begin{cases} m + n - 19 = -2 \\ m - n - 19 = -32 \end{cases}$$

이다. 네 개의 방정식을 풀면 $m = 29, 36, 9, 2$이다. 그런데 $m = 9$만이 조건 $2 < m < 17$을 만족한다.

따라서 $m = 9$일 때, 원 방정식은 두 개의 양의 정수근 $x = 1$, 7을 가진다. 그러므로 $m = 9$이다.

08. 🔑 $3 \leq x \leq 8$

[풀이] 원래 등식을 변형하면

$$\sqrt{(x+1) - 4\sqrt{x+1} + 4}$$
$$+ \sqrt{(x+1) - 6\sqrt{x+1} + 9} = 1$$

이다.

즉, $\sqrt{(\sqrt{x+1} - 2)^2} + \sqrt{(\sqrt{x+1} - 3)\sqrt{2}} = 1$

따라서 $|\sqrt{x+1} - 2| + |\sqrt{x+1} - 3| = 1 \qquad \cdots ①$

이다. 이 식은 오직 $x + 1 \geq 0$일 때, 즉 $x \geq -1$때만 성립한다.

(i) $\sqrt{x+1} \geq 3$일 때, 즉 $x \geq 8$일 때, 식 ①을 간단히 하면 $\sqrt{x+1} - 2 + \sqrt{x+1} - 3 = 1$이다. 이를 정리하면 $2\sqrt{x+1} = 6$이다. 즉 $x + 1 = 9$이다.

따라서 $x = 8$이다.

(ii) $2 \leq \sqrt{x+1} < 3$일 때, 즉, $3 \leq x < 8$일 때, 식 ①을 간단히 하면 $\sqrt{x+1} - 2 + 3 - \sqrt{x+1} = 1$이다. 이를 정리하면 $1 = 1$이다. 따라서 $3 \leq x < 8$인 모든 x에 대하여 등식이 성립한다.

(iii) $0 \leq \sqrt{x+1} < 2$일 때, 즉 $-1 \leq x \leq 3$일 때, 식 ①을 간단히 하면 $2 - \sqrt{x+1} + 3 - \sqrt{x+1} = 1$이다. 이를 정리하면 $\sqrt{x+1} = 2$이다. 이를 풀면 $x = 3$이다. 그런데, $-1 \leq x \leq 3$에 속하지 않으면 이 경우 해가 없다.

따라서 (i), (ii), (iii)에 의하여 주어진 등식을 만족하는 해는 $3 \leq x \leq 8$이다.

09. 답 $2\sqrt{5}$

[풀이] 주어진 조건식을 b를 미지수로 하는 방정식으로 고치면 $b^2 - ab - a^2 = 0$이다.

따라서 $b = \dfrac{1+\sqrt{5}}{2}a$ ($\because a, b > 0$)이다.

$\dfrac{b}{a} = \dfrac{1+\sqrt{5}}{2}$이므로

$\left(\dfrac{b}{a}\right)^3 = \left(\dfrac{1+\sqrt{5}}{2}\right)^3 = 2+\sqrt{5}$이다.

$\dfrac{a}{b} = \dfrac{2}{1+\sqrt{5}}$이므로 $\left(\dfrac{a}{b}\right)^3 = \sqrt{5}-2$이다.

따라서 $\left(\dfrac{b}{a}\right)^3 + \left(\dfrac{a}{b}\right)^3 = 2\sqrt{5}$이다.

10. 답 11시 40분

[풀이] 자동차들의 움직임을 그래프로 표현하자.

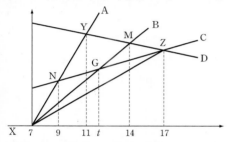

B가 C와 만나는 시간을 t라고 하자.

N은 XY의 중점, M은 YZ의 중점이므로 G는 삼각형 XYZ의 무게중심이다.

따라서 $\overline{XG} : \overline{GM} = (t-7) : (14-t) = 2:1$,

$t - 7 = 28 - 2t$, $3t = 35$, $t = \dfrac{35}{3}$이다.

따라서 만나는 시간은 11시 40분이다.

11. 답 9

[풀이] $\begin{cases} a^2 - bc - 8a + 7 = 0 & \cdots ① \\ b^2 + c^2 + bc - 6a + 6 = 0 & \cdots ② \end{cases}$

①에서 $bc = a^2 - 8a + 7$ $\cdots ③$

(②$-$③)하면

$(b+c)^2 = (a-1)^2$, $b+c = \pm(a-1)$ $\cdots ④$

③, ④로부터 근과 계수관계에 의해 b, c는

$t^2 \mp (a-1)x + (a^2 - 8a + 7) = 0$의 두 근임을 알 수 있다.

판별식을 사용하면,

$D = \{\mp(a-1)\}^2 - 4(a^2 - 8a + 7) \geq 0$이다.

따라서 $1 \leq a \leq 9$이다.

그러므로 a의 최댓값은 9이다.

12. 답 385

[풀이] $(1+2+\cdots+10)^2 = 1^2 + 2^2 + \cdots + 10^2 + 2a_2$

이므로

$a_1^2 - 2a_2 = 1^2 + 2^2 + \cdots + 10^2 = \dfrac{10 \cdot 11 \cdot 21}{6}$

$= 385$이다.

13. 답 421

[풀이] $n^4 + \dfrac{1}{4} = n^4 + n^2 + \dfrac{1}{4} - n^2$

$= \left(n^2 + \dfrac{1}{2}\right)^2 - n^2$

$= \left(n^2 - n + \dfrac{1}{2}\right)\left(n^2 + n + \dfrac{1}{2}\right)$

$= \left\{\left(n - \dfrac{1}{2}\right)^2 + \dfrac{1}{4}\right\}\left\{\left(n + \dfrac{1}{2}\right)^2 + \dfrac{1}{4}\right\}$

이다.

원식의 분자

$= \left\{\left(2 - \dfrac{1}{2}\right)^2 + \dfrac{1}{4}\right\}\left\{\left(2 + \dfrac{1}{2}\right)^2 + \dfrac{1}{4}\right\} \cdots$

$\left\{\left(14 - \dfrac{1}{2}\right)^2 + \dfrac{1}{4}\right\}\left\{\left(14 + \dfrac{1}{2}\right)^2 + \dfrac{1}{4}\right\}$

원식의 분모

$= \left\{\left(1 - \dfrac{1}{2}\right)^2 + \dfrac{1}{4}\right\}\left\{\left(1 + \dfrac{1}{2}\right)^2 + \dfrac{1}{4}\right\} \cdots$

$\left\{\left(13 - \dfrac{1}{2}\right)^2 + \dfrac{1}{4}\right\}\left\{\left(13 + \dfrac{1}{2}\right)^2 + \dfrac{1}{4}\right\}$

이다. 따라서

원식 $= \dfrac{\left\{\left(14 + \dfrac{1}{2}\right)^2 + \dfrac{1}{4}\right\}}{\left\{\left(1 - \dfrac{1}{2}\right)^2 + \dfrac{1}{4}\right\}} = \dfrac{\dfrac{842}{4}}{\dfrac{2}{4}} = 421$이다.

14. 답 (1) 4, (2) 6

[풀이] (1) a를 a, b, c 중의 가장 큰 수라고 해도 일반성을 잃지 않는다. 즉 $a \geq b$, $a \geq c$이다.

그런데, $a+b+c=2$이므로 $a>0$이다.

또 $b+c=2-a$, $bc=\dfrac{4}{a}$로부터 b, c는 이차방정식

$x^2-(2-a)x+\dfrac{4}{a}=0$의 두 실근이다. 즉, 판별식

$\triangle=(2-a)^2-\dfrac{16}{a} \geq 0$이다.

$a>0$이므로 $a^3-4a^2+4a-16 \geq 0$이고,

즉 $(a^2+4)(a-4) \geq 0$이면,

$a^2+4>0$이므로 $a-4 \geq 0$이고, $a \geq 4$이다.

즉, $a=4$ $b=c=-1$일 때, 문제의 조건을 만족하므로 a, b, c 중에서 제일 큰 수의 최솟값은 4이다.

(2) $abc=4>0$이므로 즉 $a>0$, $b>0$, $c>0$ 또는 $a>0$, $b<0$, $c<0$(a는 가장 크다)

(i) 만약 $a>0$, $b>0$, $c>0$이면 $a \geq 4$와 $a+b+c=2$는 성립되지 않는다.

(ii) 만약 $a>0$, $b>0$, $c>0$이면
$$|a|+|b|+|c|=a-b-c=a-(b+c)$$
$$=a-(2-a)$$
$$=2a-2 \text{ 이다.}$$

$a \geq 4$이므로 $2a-2 \geq 6$이다.

또한 $a=4$, $b=c=-1$은 부등식의 등호 조건이 되고 부등식의 등호가 성립할 때 주어진 식이 최소가 된다. 따라서 $|a|+|b|+|c|$의 최솟값은 6이다.

15. 답 10

[풀이] 삼차방정식 $f(x)=0$의 정수근을 $x=n$이라 할 때, 주어진 조건에 의해서
$$f(x)=(x-n)(x^2+ax+b) \quad (a,\ b\text{는 정수})$$
로 놓을 수 있다.

$f(7)=(7-n)(49+7a+b)=-3$ ······ ㉠

$f(11)=(11-n)(121+11a+b)=73$ ······ ㉡

$49+7a+b$, $121+11a+b$ 모두 정수이므로

$7-n$, $11-n$은 정수범위에서 각각 3, 73의 약수이어야 한다.

$7-n=\pm1$, ±3이어야 하므로 $n=4, 6, 8, 10$이다.

이때, $11-n=1, 3, 5, 7$이다.

그런데 $11-n$은 73의 약수이어야 하므로

$11-n=1$이어야 한다.

따라서 $n=10$이다.

16. 답 $\dfrac{3}{8}$

[풀이] xy 좌표평면에서 A 의 위치를 원점으로 잡고 B$(1, 0)$, C$(1, 1)$, D$(0, 1)$ 라 하자. 점 G, H 의 위치를 각각 $(1, a)$, $(0, b)$ 라 놓으면 평행사변형 EFGH 의 넓이 S 는 두 삼각형 ABH, BGH 넓이의 합과 같으므로 $S=\dfrac{1}{2}(a+b) \cdots$ (1)

점 E 의 위치를 $(x, 1)$ 이라 하면 직각 삼각형 DHE 와 HE = HA 로부터

$b^2=(1-b)^2+x^2$, $b=\dfrac{1+x^2}{2}$ 이다.

또한, 직각 삼각형 ABG 와 EFG 에서 빗변의 길이를 비교하면

$(1-x)^2+(1-a)^2=1+a^2$, $a=\dfrac{(1-x)^2}{2}$

이들 관계를 식 (1)에 대입하면

$S=\dfrac{1}{4}\{(1-x)^2+1+x^2\}=\dfrac{1}{2}(x^2-x+1)$

이다. 따라서 넓이의 최솟값은 $x=\dfrac{1}{2}$ 일 때, $\dfrac{3}{8}$ 이다.

17. 답 $a=\dfrac{1-\sqrt{13}}{2}$

[풀이] $y=x$ 와 $y=2-x^2$ 의 두 교점이 A, B 이므로

$2-x^2=x$, $x^2+x-2=0$, $(x+2)(x-1)=0$

이므로 A$(-2, -2)$, B$(1, 1)$ 라고 하자.

이다. 두 점 A, B 의 중점을 C라 하면

C$\left(-\dfrac{1}{2}, -\dfrac{1}{2}\right)$ 이 된다.

점 C 를 지나고, 선분 $\overline{\text{AB}}$ 에 수직한 직선을 $y=mx+n$ 라 하면

$-\dfrac{1}{2}=-\dfrac{1}{2}m+n \cdots$ (1)

$m \cdot 1=-1 \cdots$ (2)

로부터 $m=-1$, $n=-1$ 이다. 따라서 $\triangle$ABP 가 이등변 삼각형이 되도록 하는 점 P 의 위치는 직선 $y=-x-1$ 과 $y=2-x^2$의 교점이다.

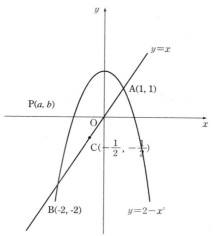

$2-x^2=-x-1$, $x^2-x-3=0$,

따라서 $x=\dfrac{1\pm\sqrt{13}}{2}$ 이다.

점 P 는 점 A 와 점 B 사이의 곡선 위에 존재하므로 x좌표는 음수이다.

따라서 $a=\dfrac{1-\sqrt{13}}{2}$ 이다.

18. 답 $\dfrac{5}{4}$

[풀이] $a=\dfrac{1}{c}$, $b=\dfrac{1}{d}$ 이므로

$$a+b+ab=\frac{1}{c}+\frac{1}{d}+\frac{1}{cd}=\frac{c+d+1}{cd}=\frac{5}{cd}$$ 이다.

산술–기하평균 부등식에 의하여

$\dfrac{c+d}{2}\geq\sqrt{cd}$, $2\geq\sqrt{cd}$ 이다.

즉, $0<cd\leq4$, $\dfrac{1}{cd}\geq\dfrac{1}{4}$ 이다.

따라서 $a+b+ab=\dfrac{5}{cd}\geq\dfrac{5}{4}$ 이다.

단, 등호는 $c=d=2$일 때, 성립한다.

19. 답 (1) $5\sqrt7$ (cm) (2) $\dfrac{10\sqrt3}{3}$ (cm)

[풀이] (1)

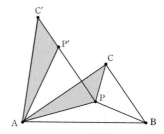

그림과 같이 삼각형 APC 를 점 A 를 중심으로 $60°$ 회전하여 삼각형 $AP'C'$를 나타내면

$\overline{PA}=\overline{PP'}$, $\overline{PC}=\overline{P'C'}$ 이므로

$\overline{PA}+\overline{PB}+\overline{PC}=\overline{C'P'}+\overline{P'P}+\overline{PB}$

가 성립한다. 따라서 그 최솟값은 $\overline{C'B}$ 의 길이와 같다.

한편 $\angle CAB=30°$ 이고, $\angle C'AC=60°$ 이므로 $\angle C'AB=90°$ 이다.

따라서 구하려는 길이의 최솟값은

$\sqrt{(5\sqrt3)^2+10^2}=5\sqrt7$ (cm)

(2) (1)과 같은 방법으로 세 삼각형 $\triangle PAB$, $\triangle PBC$, $\triangle PCA$를 각각 세 점 B, C, A 를 중심으로 $60°$ 회전하여 생각하면 세 직선이 만나는 점에서 각 꼭짓점에 이르는 선들은 서로 $120°$를 이룬다. 즉 거리의 합이 최소일 때,

$\angle APB=\angle BPC=\angle CPA=120°$ 가 성립한다.

따라서 세 점 P, A, B 를 지나는 원은 $\overline{AB}$ 를 한 변으로 갖는 정삼각형의 외접원이다. 따라서 구하려는 원의

반지름은 $\dfrac{10\sqrt3}{3}$ (cm) 이다.

20. 답 (1) $\dfrac{1}{27}$ (2) 풀이참조 (3) $\dfrac{100}{3}$

[풀이]

(1) $\sqrt[3]{abc}\leq\dfrac{a+b+c}{3}=\dfrac{1}{3}$, $abc\leq\left(\dfrac{1}{3}\right)^3=\dfrac{1}{27}$

따라서 $a=b=c=\dfrac{1}{3}$ 일 때, 최댓값 $\dfrac{1}{27}$ 이다.

(2)

$3(a^2+b^2+c^2)-1=3(a^2+b^2+c^2)-(a+b+c)^2$
$=(a-b)^2+(b-c)^2+(c-a)^2\geq0$

따라서 $a^2+b^2+c^2\geq\dfrac{1}{3}$ (단, 등호는 $a=b=c$일 때 성립)

[다른 풀이]

$(a^2 + b^2 + c^2)(x^2 + y^2 + z^2) \geq (ax + by + cz)^2$

(단, 등호는 $x = y = z = 1$일 때, 성립)

(3) (주어진 식) $= a^2 + b^2 + c^2 + \dfrac{1}{a^2} + \dfrac{1}{b^2} + \dfrac{1}{c^2} + 6$

(2)에서 $a^2 + b^2 + c^2 \geq \dfrac{1}{3}$

또한, (산술평균) $\geq$ (기하평균)에서

$\dfrac{1}{a^2} + \dfrac{1}{b^2} + \dfrac{1}{c^2} \geq \dfrac{3}{\sqrt[3]{(abc)^2}}$ 이다.

(1)에서

$$\dfrac{3}{\sqrt[3]{(abc)^2}} = 3 \cdot \left(\dfrac{1}{abc}\right)^{\frac{2}{3}} \geq 3 \cdot (3^3)^{\frac{2}{3}} = 3^3 = 27$$

이다. 단, 등호는 $a = b = c = \dfrac{1}{3}$일 때 성립한다.

따라서

$$\left(a + \dfrac{1}{a}\right)^2 + \left(b + \dfrac{1}{b}\right)^2 + \left(c + \dfrac{1}{c}\right)^2$$

$$= a^2 + b^2 + c^2 + \dfrac{1}{a^2} + \dfrac{1}{b^2} + \dfrac{1}{c^2} + 6$$

$$\geq \dfrac{1}{3} + 27 + 6 = \dfrac{100}{3}$$

이다. 그러므로 최솟값은 $\dfrac{100}{3}$ 이다.

영재 모의고사 2회

01. 답 $\dfrac{31}{30}$

[풀이] $x < y < z$ 라 하면

$$\dfrac{3}{z} < \dfrac{1}{x} + \dfrac{1}{y} + \dfrac{1}{z} < \dfrac{3}{x},$$

$$\dfrac{3}{z} - 1 < \dfrac{1}{x} + \dfrac{1}{y} + \dfrac{1}{z} - 1 < \dfrac{3}{x} - 1$$

이다. $\dfrac{1}{x} + \dfrac{1}{y} + \dfrac{1}{z} > 1$ 이므로 $\dfrac{3}{x} - 1 > 0$ 이다.

즉 $x < 3$이다.

그런데, x, y, z 가 1 보다 큰 자연수이므로 $x = 2$이다.

또한,

$$\dfrac{1}{2} + \dfrac{1}{y} + \dfrac{1}{z} > 1, \qquad \dfrac{1}{y} + \dfrac{1}{z} > \dfrac{1}{2}$$

이다. 비슷한 방법을 이용하면

$$\dfrac{2}{z} < \dfrac{1}{y} + \dfrac{1}{z} < \dfrac{2}{y}, \qquad \dfrac{2}{y} > \dfrac{1}{2}$$

이다.

그러므로 $y < 4$이다. 그런데, $x < y$이므로 $y = 3$이다.

또한,

$$\dfrac{1}{2} + \dfrac{1}{3} + \dfrac{1}{z} > 1, \qquad \dfrac{1}{z} > \dfrac{1}{6}$$

이다. 그러므로 $z < 6$이다.

그런데, $y < z$ 이므로 $z = 5$이다.

따라서 $\dfrac{1}{x} + \dfrac{1}{y} + \dfrac{1}{z}$ 의 최솟값은 $\dfrac{1}{2} + \dfrac{1}{3} + \dfrac{1}{5} = \dfrac{31}{30}$

이다.

02. 답 63

[풀이] $a(ax - 1) - (x + 1) = 0$

$\Leftrightarrow (a^2 - 1)x = a + 1$

$\Leftrightarrow (a + 1)(a - 1)x = a + 1$ ······ ㉠

방정식 ㉠은 $a = 1$ 일 때 근을 갖지 않으며 $a = -1$일 때, 무수히 많은 근을 갖는다.

따라서 $a = 1$이다.

방정식 $x^2 - (4a - 1)x - 5a + 1 = 0$ 이다.

근과 계수와의 관계를 이용하면

$\alpha + \beta = 4a - 1 = 3, \quad \alpha\beta = -5a + 1 = -4$

이다. 따라서

$$\alpha^3 + \beta^3 = (\alpha + \beta)^3 - 3\alpha\beta(\alpha + \beta)$$

$$= 3^3 - 3 \cdot (-4) \cdot 3 = 63$$

이다.

03. 답 $\dfrac{6\sqrt{6}-2}{25}$

[풀이] $2f(x)+3f(\sqrt{1-x^2})=x \cdots$ ㉠ 라고 하자.

$\sqrt{1-x^2}=t\,(0\le t\le 1)$라 하면 $1-x^2=t^2$ 이다.

따라서 $x=\sqrt{1-t^2}\,(\because\ 0\le x\le 1)$이다.

따라서 주어진 식에 x 대신에 $\sqrt{1-x^2}$ 을 대입하면

$2f(\sqrt{1-x^2})+3f(x)=\sqrt{1-x^2} \cdots$ ㉡

이다. ㉠$\times 2-$㉡$\times 3$ 을 계산하면

$f(x)=\dfrac{3\sqrt{1-x^2}-2x}{5}$ 이다.

따라서 구하는 값은

$$f\left(\dfrac{1}{5}\right)=\dfrac{3\sqrt{\dfrac{24}{25}}-\dfrac{2}{5}}{5}=\dfrac{6\sqrt{6}-2}{25}\ \text{이다.}$$

04. 답 $1-\dfrac{\sqrt{2020}}{2020}$

[풀이] 다음 관계식을 이용하자.

$$\dfrac{1}{(k+1)\sqrt{k}+k\sqrt{k+1}}$$

$$=\dfrac{1}{\sqrt{k(k+1)}\,(\sqrt{k+1}+\sqrt{k})}$$

$$=\dfrac{\sqrt{k+1}-\sqrt{k}}{\sqrt{k(k+1)}}=\dfrac{1}{\sqrt{k}}-\dfrac{1}{\sqrt{k+1}}$$

그러므로 $k=1,\,2,\,\cdots\cdots,\,2020$을 원식에 대입하면

$$\text{원식}=\left(\dfrac{1}{\sqrt{1}}-\dfrac{1}{\sqrt{2}}\right)+\left(\dfrac{1}{\sqrt{2}}-\dfrac{1}{\sqrt{3}}\right)+\cdots$$

$$+\left(\dfrac{1}{\sqrt{2019}}-\dfrac{1}{\sqrt{2020}}\right)$$

$$=1-\dfrac{1}{\sqrt{2020}}$$

$$=1-\dfrac{\sqrt{2020}}{2020}$$

이다.

05. 답 $18,\ \dfrac{59}{9}$

[풀이] 원 방정식은 두 개의 실근을 가지므로

판별식 $\triangle=[-(k-2)]^2-4(k^2+3k+5)\ge 0$이다.

이를 풀면 $-4\le k\le -\dfrac{4}{3}$이다.

또, 비에트의 정리에 의하여

$x_1+x_2=k-2,\ x_1 x_2=k^2+3k+5$

이다. 그러므로

$$x_1^2+x_2^2=(x_1+x_2)^2-2x_1 x_2$$

$$=(k-2)^2-2(k^2+3k+5)$$

$$=-k^2-10k-6$$

$$=-(k+5)^2+19$$

이다.

$k=-5$는 $-4\le k\le -\dfrac{4}{3}$의 범위 안에 없으므로

$k=-4$일 때, $x_1^2+x_2^2$의 최댓값은 18,

$k=-\dfrac{4}{3}$ 일 때, $x_1^2+x_2^2$의 최솟값은 $\dfrac{59}{9}$을 갖는다.

06. 답 2018

[풀이]

$2019^2<k+2019^2<2020^2,\ (k=1,\,2,\,\cdots,\,2019)$

이므로 $2019<\sqrt{k+2019^2}<2020$이다.

그러므로 $\dfrac{1}{2020}<\dfrac{1}{\sqrt{k+2019^2}}<\dfrac{1}{2019}$이다.

따라서 $\dfrac{2019}{2020}<\dfrac{2019}{\sqrt{k+2019^2}}<1 \cdots$ ①이다.

식 ①에 $k=1,\,2,\,\cdots\cdots,\,2019$를 대입하면

$$\dfrac{2019}{2020}<\dfrac{2019}{\sqrt{1+2019^2}}<1,$$

$$\dfrac{2019}{2020}<\dfrac{2019}{\sqrt{2+2019^2}}<1,$$

$$\cdots\cdots$$

$$\dfrac{2019}{2020}<\dfrac{2019}{\sqrt{2019+2019^2}}<1$$

이다. 위의 부등식을 변변 더하면

$$\dfrac{2019^2}{2020}<2019y<2019$$

이다. 그런데

$2019^2-2020\times 2018$

$=2019^2-(2019+1)(2019-1)$

$=2019^2-2019^2+1=1>0$

이므로 $\dfrac{2019^2}{2020}>2018$이다.

즉 $2018 < 2019y < 2019$이다.

따라서 $[2019y] = 2018$이다.

07. 답 $\dfrac{1}{2}$

[풀이] $x^2 - 10x - 5 = ax + b$에서

$x^2 - (a+10)x - (b+5) = 0$ $\cdots\cdots$ ㉠

근과 계수와의 관계에서 $\alpha + \beta = a + 10$

α, β가 양수이므로 $a + 10 > 0$ 즉, $a > -10$이다.

따라서 정수 a의 최솟값 -9이다.

이때, ㉠은 $x^2 - x - (b+5) = 0$이고

$D = 1 + 4(b+5) \geq 0$에서 $(b+5) \geq -\dfrac{1}{4}$

근과 계수와의 관계에서 $\alpha\beta = -(b+5)$이므로

$$\begin{aligned}
\alpha^2 + \beta^2 &= (\alpha+\beta)^2 - 2\alpha\beta \\
&= 1 - 2\alpha\beta \\
&= 1 + 2(b+5) \geq 1 + 2\cdot\left(-\dfrac{1}{4}\right) \\
&= \dfrac{1}{2}
\end{aligned}$$

이다. 따라서 $\alpha^2 + \beta^2$의 최솟값 $\dfrac{1}{2}$이다.

08. 답 1

[풀이] 비에트의 정리에 의하여 $a+b=1, ab=m$이다.

따라서

$$\begin{aligned}
&a^3 + b^3 + 3(a^3b + ab^3) + 6(a^3b^2 + a^2b^3) \\
&= (a+b)^3 - 3ab(a+b) + 3ab[(a+b)^2 - 2ab] \\
&\quad + 6(ab)^2(a+b) \\
&= 1^3 - 3m\cdot 1 + 3m(1^2 - 2m) + 6m^2\cdot 1 \\
&= 1 - 3m + 3m - 6m^2 + 6m^2 = 1
\end{aligned}$$

이다.

09. 답 -1

[풀이] $x^2 + x + 1 = 0$일 때, $x^3 - 1 = 0$에서 $x^3 = 1$이다.

따라서 $\alpha + \beta = -1$, $\alpha\beta = 1$, $\alpha^3 = 1$, $\beta^3 = 1$이다.

그러므로

$$\dfrac{1}{\alpha^5} + \dfrac{1}{\beta^5} = \dfrac{1}{\alpha^2 \cdot \alpha^3} + \dfrac{1}{\beta^2 \cdot \beta^3}$$

$$= \dfrac{1}{\alpha^2} + \dfrac{1}{\beta^2} = \dfrac{\alpha^2 + \beta^2}{(\alpha\beta)^2} = \dfrac{(\alpha+\beta)^2 - 2\alpha\beta}{(\alpha\beta)^2} = -1$$

이다.

10. 답 $x = 3, y = 2, z = 1$

[풀이]

$$x^2 + y^2 + z^2 = (x+y+z)^2 - 2(xy + yz + zx)$$

$= 14$ 이므로 $xy + yz + zx = 11$ 이다.

$$\begin{aligned}
&x^3 + y^3 + z^3 - 3xyz + 3xyz \\
&= (x+y+z)(x^2 + y^2 + z^2 - xy - yz - zx) \\
&\quad + 3xyz = 36
\end{aligned}$$

이므로 $xyz = 6$ 이다. 그러므로 x, y, z 는 삼차방정식

$t^3 - 6t^2 + 11t - 6 = 0$ 의 세 실근이다.

즉, $(t-1)(t-2)(t-3) = 0$ 의 세 실근이다.

그러므로 $x = 3, y = 2, z = 1$ 이다.

11. 답 $y = 7x + 4$

[풀이] $y = ax^2$에서, 점 $A(-2, 2)$를 지나는 이차함수의 방정식은 $y = \dfrac{1}{2}x^2$이다.

또한, 점 $A(-2, 2)$를 지나고 기울기가 1인 직선의 식은 $y = x + 4$이다. $y = \dfrac{1}{2}x^2$과 $y = x + 4$가 만나는 나머지 한 점을 구하면, $\dfrac{1}{2}x^2 = x + 4$,

$x^2 - 2x - 8 = 0, (x+2)(x-4) = 0$이다.

즉, $x = -2$ 또는 $x = 4$이다.

그러므로 $B(4, 8)$이다.

$y = x + 4$인 직선과 수직이고, 점 $B(4, 8)$를 지나는 직선의 방정식은 $y = -x + b$에 점 $B(4, 8)$를 대입하여 b를 구하면 $b = 12$이다.

따라서 $y = -x + 12$이고 $C(0, 12)$이다.

이때, 직선 AB와 y축과의 교점을 $D(0, 4)$라고 하자.

$\triangle ACD = 8 \times 2 \times \dfrac{1}{2} = 8$,

$\triangle BCD = 8 \times 4 \times \dfrac{1}{2} = 16$이므로 넓이가 이등분되기 위해서는 구하려는 직선과 $\overline{BC}$와의 교점을 $E(x, -x+12)$라 할 때, $\triangle CDE = 4$ 이여야 한다.

즉, $8 \times x \times \dfrac{1}{2} = 4$, $x = 1$이다. 즉 $E(1, 11)$이다.

그러므로 $(0,\ 4)$와 $(1,\ 11)$을 지나는 직선의 방정식은 $y=7x+4$이다.

12. 🈸 512

[풀이] 산술-기하평균부등식에 의하여

$$\frac{(x+y)^4}{(x-y)^2}=\left\{\frac{(x-y)^2+4xy}{x-y}\right\}^2$$

$$=\left\{x-y+\frac{128}{x-y}\right\}^2\geq\left\{2\sqrt{128}\right\}^2$$

$$=512$$

이다.

13. 🈸 풀이참조

[풀이] $y=\dfrac{x^2-2x+21}{6x-14}$ $\cdots$ ①라고 하면

양변에 $6x-14$를 곱하고 정리하여 x에 관한 방정식 $x^2-2(1+3y)x+(21+14y)=0$로 변형한다.

x가 실수이므로 이 방정식은 반드시 2개의 실근이 존재한다. 따라서

$\triangle=4(3y+1)^2-4(14y+21)\geq 0$이다.

즉, $9y^2-8y-20\geq 0$이다. 이를 풀면

$y\leq-\dfrac{10}{9}$ 또는 $y\geq 2$이다.

이를 검산하면 $y=-\dfrac{10}{9}$, 2일 때, 방정식 ①은 모두 실근을 가진다.

따라서 $\dfrac{x^2-2x+21}{6x-14}\leq-\dfrac{10}{9}$ 또는

$\dfrac{x^2-2x+21}{6x-14}\geq 2$이다.

14. 🈸 7

[풀이] $x>0$인 모든 실수 x에 대하여

$(x-1)(x^2-1)\geq 0$임을 이용하자.

즉, $x^3-x^2-x+1\geq 0$이다.

그러므로 $x=a$, $x=2b$를 대입하면

$a^3-a^2-a+1\geq 0$,

$8b^3-4b^2-2b+1\geq 0$이다.

그러므로 $a^3-a^2+3\geq a+2$,

$8b^3-2b+3\geq 4b^2+2$이다.

따라서

준식$\geq(a+2)(4b^2+2)$

$=4ab^2+4+2a+8b^2\geq 1+4+2\sqrt{16ab^2}$

$=7$

이다.

15. 🈸 $x^2-478x-1=0$

[풀이] 비에트의 정리에 의하여

$x_1+x_2=2,\ x_1\bullet x_2=-1$이다.

또 $x_1^2+x_2^2=(x_1+x_2)^2-2x_1x_2=4+2=6$,

$x_1^3+x_2^3=(x_1+x_2)^3-3x_1x_2(x_1+x_2)$

$=8+6=14$,

$x_1^4+x_2^4=(x_1^2+x_2^2)^2-2(x_1x_2)^2=36-2=34$

이다. 그러므로

$x_1^7+x_2^7=(x_1^4+x_2^4)(x_1^3+x_2^3)-(x_1x_2)^3(x_1+x_2)$

$=34\times 14+2=478$

$x_1^7\bullet x_2^7=(x_1x_2)^7=-1$이다.

따라서 구하는 이차방정식은 $x^2-478x-1=0$이다.

16. 🈸 18

[풀이] $f(x)$가 $f(6+x)=f(6-x)$를 만족하므로 $f(x)$의 그래프는 $x=6$에 대하여 대칭이다.

방정식 $f(x)=0$이 세 개의 실근을 가지므로, $f(x)$의 그래프는 x축과 세 개의 교점이 있다.

그러므로 한 근은 $x=6$이다. 다른 한 근을 α라 하면 $x=6$에 대한 대칭인 근은 $\alpha-2(\alpha-6)$, 즉 $12-\alpha$이다.

따라서 세 근의 합은 $6+\alpha+12-\alpha=18$이다.

17. 답 -4

[풀이] $a+b+c=2$, $a^2+b^2+c^2=14$,
$a^3+b^3+c^3=20$으로부터

$$ab+bc+ca=\frac{(a+b+c)^2-(a^2+b^2+c^2)}{2}$$

$$=\frac{4-14}{2}=-5$$

이고, 또
$a^3+b^3+c^3-3abc$
$=(a+b+c)(a^2+b^2+c^2-ab-bc-ca)$에서
$20-3abc=2\times(14+5)=38$, $abc=-6$이다.
그러므로
$(a+b)(b+c)(c+a)$
$=(2-c)(2-a)(2-b)$
$=8-4(a+b+c)+2(ab+bc+ca)-abc$
$=8-4\times2+2\times(-5)-(-6)$
$=-4$
이다. 따라서 $(a+b)(b+c)(c+a)=-4$이다.

18. 답 36개

[풀이] 항상 일정하게 보이는 계단수를 x라고 하자.
이때, A , B는 각각 32걸음, 20걸음으로 도착하였으므로 에스컬레이터가 올라감으로 인해서 A, B가 걷지 않고 자동으로 올라가버린 계단의 수는 각각 $x-32$, $x-20$이 된다. 그런데 에스컬레이터는 항상 일정한 속도로 올라오기에 이를 v라 하자.
A, B가 각각 에스컬레이터에서 보낸 시간은
$$\frac{x-32}{v},\quad\frac{x-20}{v}\quad\text{가 된다. 따라서}$$
A의 걸음걸이 속력 : B의 걸음걸이 속력$=4:1$임을
이용하자. $\dfrac{vx}{x-32}:\dfrac{vx}{x-20}=4:1$을 정리하면
$x-20=4(x-32)$
$3x=108$, $x=36$
즉, 에스컬레이터의 일정한 계단 수는 36개이다.

19. 답 $a=b=1$

[풀이] 원 방정식이 두 개의 실근이 존재하므로
판별식 $\triangle=(a+b)^2-2(a^2+2b^2-2b+1)\geq0$이다.

즉, $a^2+3b^2-2ab-4b+2\leq0$이다.
이를 완전제곱형태로 변형하면
$$(a-b)^2+2(b-1)^2\leq0$$
이다. 또, $(a-b)^2\geq0,\,2(b-1)^2\geq0$이므로
$(a-b)^2+2(b-1)^2\geq0$이다.
따라서 $(a-b)^2+2(b-1)^2=0$이다. 즉,
$(a-b)^2=0$이고 $(b-1)^2=0$이다.
따라서 $a=b=1$이다.

20. 답 (1) $a=4$, $b=2$
　　　 (2) $c=15$, $d=8$
　　　 (3) $e=2018$, $f=1014$

[풀이] (1) $12=(1+2+3+4)+2=\mathrm{R}(4,2)$이므로
$a=4$, $b=2$이다.
(2) $39+\mathrm{R}(12,11)$
$=(13+14+12)+(1+2+\cdots 12)+11$
$=(1+2+\cdots+14)+12+11$
$=(1+2+\cdots+14)+15+8$
$=(1+2+\cdots+15)+8$
$=\mathrm{R}(15,8)$
이다. 그러므로 $c=15$, $d=8$이다.
(3)
$\mathrm{R}(2015,2007)+\mathrm{R}(100,8)$
$=(1+2+\cdots+2015)+2007+(1+2+\cdots+100)+8$
$=(1+2+\cdots+2015)+2015+(1+2+\cdots+100)$
$=(1+2+\cdots+2015)+2015+\dfrac{100\times101}{2}$
$=(1+2+\cdots+2015)+2015+5050$
$=(1+2+\cdots+2015)+2016+5049$
$=(1+2+\cdots+2015)+2016+2017+2018+1014$
$=(1+2+\cdots+2018)+1014$
$=\mathrm{R}(2018,1014)$
이다. 그러므로 $e=2018$, $f=1014$이다.

국내 교육과정에 맞춘 사고력 · 응용력 · 추리력 · 탐구력을 길러주는 영재수학 기본서

新영재수학의 지름길(중학 G&T)은 특목고, 영재학교, 과학고를 준비하는 학생들을 위한 학년별 필수 기본서로
핵심요점 ➡ 예제문제 ➡ 실력다지기 문제 ➡ 실력향상시키기 문제 ➡ 응용문제 ➡ 최종 모의고사까지 단계적으로
문제를 제시하여 구성하였습니다.

각 학년 학기별 15강의와 모의고사 2회로 총 90강, 모의고사 12회로 엄선한 2000여개 문제 이상이 수록되어 있습니다.

한 문제의 다양한 풀이방식으로 수학적 사고력의 깊이와 지능 개발에 탁월한 효과를 얻을 수 있습니다.

차후 대학 입시 준비시 대학별 고사(수리논술)와 학습 연계성을 가질 수 있습니다.

차근차근 공부하다 보면 수학에 단단한 자신감을 가진 수학영재로 성장할 수 있습니다.

Gifted and Talented
in mathematics step5

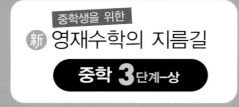

최상위권을 향한 아름다운 도전!

www.sehwapub.co.kr

＊도서출판 세화의 학습서 게시판에서 정오표 및 학습
자료를 내려받으실 수 있습니다.

www.sehwapub.co.kr
수학의 품격을
즐기고 다진다!
전국 5%영재들이 인정한 최우수 슈퍼 교재
60만 독자들이 강추하는 사고력 수학 최고의 정상교재!

국내 교육과정에 맞춘 사고력 · 응용력 · 추리력 · 탐구력을 길러주는 영재수학 기본서

新영재수학의 지름길(중학 G&T)은 특목고, 영재학교, 과학고를 준비하는 학생들을 위한 학년별 필수 기본서로 핵심요점 ➡ 예제문제 ➡ 실력다지기 문제 ➡ 실력향상시키기 문제 ➡ 응용문제 ➡ 최종 모의고사까지 단계적으로 문제를 제시하여 구성하였습니다.

각 학년 학기별 15강의와 모의고사 2회로 총 90강, 모의고사 12회로 엄선한 2000여개 문제 이상이 수록되어 있습니다.

한 문제의 다양한 풀이방식으로 수학적 사고력의 깊이와 지능 개발에 탁월한 효과를 얻을 수 있습니다.

차후 대학 입시 준비시 대학별 고사(수리논술)와 학습 연계성을 가질 수 있습니다.

차근차근 공부하다 보면 수학에 단단한 자신감을 가진 수학영재로 성장할 수 있습니다.

Gifted and Talented
in mathematics step 5

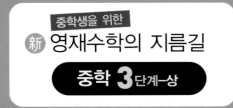

중학생을 위한
新 영재수학의 지름길
중학 3단계-상

최상위권을 향한 아름다운 도전!

www.sehwapub.co.kr

*도서출판 세화의 학습서 게시판에서 정오표 및 학습 자료를 내려받으실 수 있습니다.

중학 G&T 3-2

중학생을 위한

新 영재수학의 지름길 | 3단계 -하

■ 특목고, 영재학교, 과학고를 준비하는 학생들을 위한 최적 참고서
■ 경시대회 · 올림피아드 수학 대비서 | 중학내신심화 대비서

중국 사천대학교 지음

G&T MATH

'지앤티'는 영재를 뜻하는 미국 · 영국식
약어로 Gifted and talented의 줄임말로 '축복
받은 재능' 이라는 뜻을 담고 있습니다.

씨실과 날실

씨실과 날실은 도서출판 세화의 자매브랜드입니다.

중학
사고력

중학생을 위한
新 영재수학의 지름길

G&T MATH

- 🔹 **新** 영재수학의 지름길(G&T)은 초등 12단계, 중학 6단계로 총 18단계로 구성되어 있으며 영재교육원, 특목중, 특목고까지 대비할 수 있는 단계별 교재로서 수학의 사고력과 지능을 개발하는 목적을 달성하고 창의적 능력을 향상시키는 효과를 얻을 수 있습니다.

- 🔹 경시 및 영재교육 과정에서 다루는 수학의 전 과정을 체계적으로 설명하고 있으며, 특히 학년별 최고 수준 수학에서 다루는 기본 개념을 중심으로 자세한 설명을 하였습니다.

★은 무리수와 이차방정식의 개념을 공부한 후 푸는 것이 이해에 도움이 됩니다.

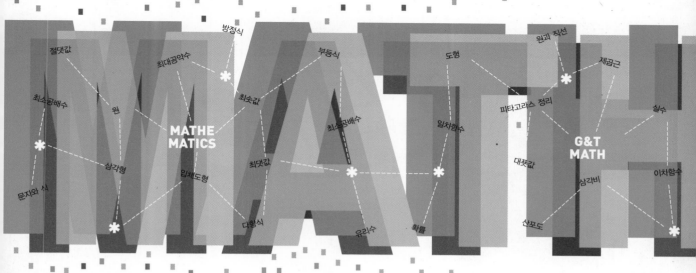

중학생을 위한

新 영재수학의

지름길 3단계 -하

중국 사천대학교 지음

新 영재수학의 지름길(중학G&T)과 함께
꿈의 날개를 활짝 펼쳐보세요.

新 영재수학의 지름길

중학 **3** 단계 하

■ 이 책을 감수하신 선생님들

이주형 선생님 e-mail : moidlee@dreamwiz.com

이성우 선생님 e-mail : superamie@naver.com

조현득 선생님 e-mail : gegura12@naver.com

김 준 선생님 e-mail : matholic_kje@naver.com

문지현 선생님 e-mail : yubkidrug@hanmail.net

정한철 선생님 e-mail : jdteacher@daum.net

현해균 선생님 e-mail : suhaksesang@hanmail.net

* 이 책의 내용에 관하여 궁금한 점이나 상담을 원하시는 독자 여러분께서는 www.sehwapub.co.kr의 게시판에 글을
  남겨주시거나 전화로 연락을 주시면 적절한 확인 절차를 거쳐서 상세 설명을 받으실수 있습니다.

본 도서는 중국 사천대학교의 도서를 공식 라이선스한 책으로 원서 내용 중 우리나라 교육과정과 정서에 맞지 않는 부분은 수정, 보완 편집하였습니다.

중학 사고력 新 영재수학의 지름길 **3**단계–하 | 중학 G&T 3-2

원저 중국사천대학교 **이 책을 감수하신 선생님들** 이주형, 이성우, 조현득, 김준, 문지현, 정한철 **이 책에 도움을 주신 분들** 정호영, 김강식, 한승우 선생님

펴낸이 박정석 펴낸곳 (주)씨실과 날실 발행일 3판 1쇄 2020년 1월 30일 등록번호 (등록번호: 2007.6.15 제302-2007-000035)
주소 경기도 파주시 회동길 325-22(서패동 469-2) 1층 전화 (02)523-3143~4 팩스 (02)597-6627
표지디자인/제작 dmisen* 삽화 부창조 인쇄 (주)대우인쇄 종이 (주)신승제지

판매대행 도서출판 세화 주소 경기도 파주시 회동길 325-22(서패동 469-2)
전화 (031)955-9332~3 구입문의 (02)719-3142, (031)955-9332 팩스 (02)719-3146 홈페이지 www.sehwapub.co.kr

*독자여러분의 의견을 기다립니다. 잘못된 책은 바꾸어드립니다.

Copyright ⓒ Ssisil & nalsil Publishing Co.,Ltd.

이 책에 실린 모든 글과 일러스트 및 편집 형태에 대한 저작권은 (주)씨실과 날실에 있으므로 무단 복사, 복제는 법에 저촉됩니다.

머리말

新 영재 수학의 지름길(중학 G&T) 중학편 감수 및 편집을 마치며

본 도서는 국내 많은 선생님과 학생들의 사랑을 받아온 '올림피아드 수학의 지름길 중급편'의 최신 개정판 교재로 내신 심화와 영재고 및 경시대회 준비 학생 교육용 교재입니다.

'올림피아드 수학의 지름길'은 중국사천대학교의 영재교육용 교재로 이미 탁월한 효과를 입증한 바 있습니다. 이 시리즈 또한 최신 영재유형 문제와 상세한 풀이를 수록하였기 때문에 더욱더 우수한 학습효과를 얻을 수 있을것입니다. 영재교육 프로그램에 참여하지 않는 일반 학생들에게도 내신심화와 연결된 좋은 참고서가 될것이며 혼자서도 익혀갈 수 있도록 잘 꾸며져 있습니다. 또한 특수분야를 제외한 나머지 대부분의 내용은 정규과정의 학습에도 많은 도움을 주도록 잘 가꾸어진 내용들로 꾸며져 있습니다. 그리고 영재교육을 담당하는 교사들에게도 좋은 교재와 참고자료가 되리라고 생각합니다.

원서 내용 중 우리나라 교육과정에 맞게 장별 순서와 목차를 바꾸었으며 정서에 맞지 않는 부분과 문제 및 강의를 수정, 보완 편집하였고 각 단계 상하에 모의고사 2회분을 추가하였습니다.

무엇보다도 영재수학학습은 지도하시는 선생님들과 공부하는 학생들의 포기하지 않는 인내와 끈기 그리고 반드시 해내겠다는 집념과 노력이 가장 중요합니다.

우리나라의 우수한 학생들이 축복받은 재능의 날개를 활짝 펴고 세계적인 인재로 성장할 수 있도록 수학 능력 개발에 조금이나마 도움이 되길 바라며 이 책을 출판하기까지 많은 질책과 격려를 아끼지 않았던 독자님들과 많은 도움을 주신 여러 학원 종사자 및 학부모, 선생님들께 무한한 감사를 드리며 도와주신 중국 사천대학 및 세화출판사 임직원 여러분께 감사드립니다.

감수자 및 (주) 씨실과 날실 편집부 일동

이 책의 구성과 활용법

이 책은 중학교 내신심화와 경시 및 영재교육 과정에서 다루는 수학 과정을 체계적으로 나열하고 있으며 주제들의 구성과 전개에 있어 몇가지 특징을 두어 엮었습니다. 특히 영재수학에서 다루는 기본개념을 중심으로 자세한 설명을 하였습니다.

이 책으로 공부하는 학생들은 이 기본개념과 문제의 풀이과정을 충분히 이해함으로써 어떠한 유형의 문제라도 해결할 수 있는 단단한 능력을 갖추게 될 것입니다.

기본개념의 숙지와 응용문제 해결 능력을 키우기 위하여 각 장별로 다음과 같이 구성하였습니다.

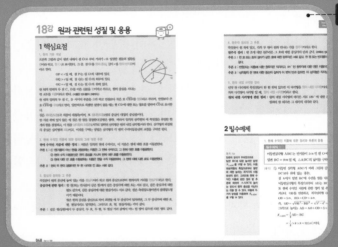

1 필수예제문제

■ 핵심요점과 필수예제

각 강의에서 꼭 알아야 하는 핵심요점을 설명하고 이와 관련된 필수예제를 실어 기본개념을 확고히 인식할 수 있도록 하였습니다.

1. 각 강의별로 핵심이론 설명 후 강의에 따른 필수예제를 구성하였습니다.
2. 예제풀이 과정을 상세히 기술하여 문제에 대한 적용력 및 집중도를 높이도록 하였습니다.

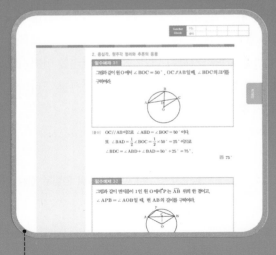

2 참고 및 분석

■ 참고 및 분석

예제문제 풀이시 난이도가 높은 문제는 참고할 수 있는 팁(TIP)을 구성하여 유형연습에 도움이 되도록 하였습니다.

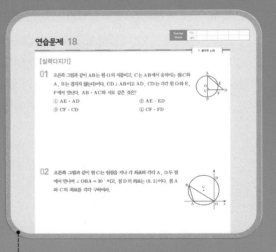

3 연습문제

■ 연습문제

앞에서 학습한 내용을 확인하는 문제를 실력다지기 문제, 실력향상 문제, 응용 문제 3단계로 분류하여 개념을 확인하고 고급 문제를 대비할 수 있도록 하였습니다.

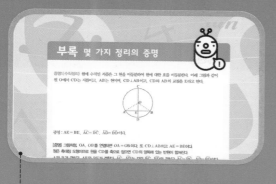

4 부록문제

■ 부록문제

강의별 부록으로 심화이론 설명 및 단원별 Test 문제를 수록
하여 앞에서 배웠던 단원의 핵심을 꿰뚫어 보고 부족한 부분
은 다시 학습할 수 있는 기회를 제공합니다.

5 부록_자주 출제되는 경시문제 유형

■ 자주 출제되는 경시문제 유형 (Ⅰ)~(Ⅲ)

단계별 강의에서 다루지 못했던 심화강의를 전체 커리큘럼 후
부록으로 엮어 최대한 원문을 전달하도록 하엿습니다.

6 영재모의고사

■ 영재모의고사

모의고사 2회 분(각 20문제)을 수록하여 단계별로 학습한 강의
에 대한 최종점검 및 실전 연습을 갖도록 하였습니다.

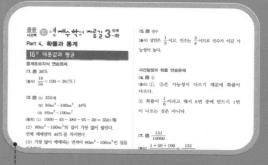

7 연습문제 정답과 풀이

■ 연습문제 정답과 풀이

책속의 책으로 연습문제 정답과 풀이를 분권으로 분리하여
강의 및 학습배양에 편의를 기하도록 하였습니다.
문제의 이해력을 높일수 있도록 하였습니다.

이 책의 활용법

기본 개념을 충분히 숙지해야 합니다. 창의적 사고력은 기본개념에 대한 지식 없이 길러질 수 없습니다. 각 강의
의 핵심요점 설명을 정독하여야 합니다. 만약 필수예제를 풀 수 없는 학생이 있다면, 핵심요점에 나와 있는 개념
설명을 자신이 얼마나 소화했는가를 판단해 보고 다시 한번 정독하여 기본개념을 충분히 숙지하도록 해야 할 것
입니다.

종합적인 사고를 할 수 있어야 합니다. 기본 개념을 숙지한 후에는 수학 과목 상호간의 다른 개념들과의 연관성을
항상 염두에 두고 있어야 합니다. 하나의 문제는 여러가지 기본 개념들을 종합적으로 활용할 때 풀릴수 있는 경우
가 많기 때문입니다. 필수예제문제와 연습문제는 이를 확인하기 위해 설정된 코너입니다.

Contents

新 영재수학의 지름길 **3단계-하**

중학 G&T 3-2

Part Ⅳ 확률과 통계

Part Ⅴ 기하

영재수학의 新 지름길 3 단계 하

Gifted and Talented in mathemathics

위대한 성취는 부지런한 노동과 정비례된다. 즉 일한것만큼 수확이 있게 되고 그 수확이 하나하나 쌓여 기적을 창조하게 된다. 〈로신〉

Part IV 확률과 통계

16강 대푯값과 평균

1 핵심요점

1. 대푯값
자료 전체의 특징을 하나의 수로 나타낸 것을 그 자료의 **대푯값**이라 한다.
대푯값에는 평균, 중앙값, 최빈값 등이 있으며, 이 중에서 가장 많이 쓰이는 것은 **평균**이다.

2. 평균의 정의
n개의 변량 x_1, x_2, $\cdots$, x_n의 평균 m은

$$m = \frac{x_1 + x_2 + \cdots + x_n}{n}$$

이다.

3. 도수분포표에서의 평균의 정의
변량 x_i의 도수분포표가 아래와 같이 주어졌을 때, 변량의 평균 m은

$$m = \frac{x_1 f_1 + x_2 f_2 + \cdots + x_n f_n}{f_1 + f_2 + \cdots + f_n}$$

이다.

변량 (x_i)	도수 (f_i)
x_1	f_1
x_2	f_2
$\vdots$	$\vdots$
x_n	f_n

4. 가평균을 이용한 평균의 계산
(1) 변량 x_1, x_2, $\cdots$, x_n의 가평균을 A라 하면 변량의 평균 m은

$$m = A + \frac{(x_1 - A) + (x_2 - A) + \cdots + (x_n - A)}{n}$$

이다.

(2) 변량 x_i의 도수분포표가 아래와 같이 주어졌을 때, 변량의 가평균을 A라 하면 변량의 평균 m은

$$m = A + \frac{(x_1 - A)f_1 + (x_2 - A)f_2 + \cdots + (x_n - A)f_n}{f_1 + f_2 + \cdots + f_n}$$

이다.

5. 중앙값

(1) 중앙값 : 작은 것부터 크기순으로 나열하여 가운데 위치한 값

(2) 중앙값 구하기

   (i) 주어진 자료를 작은 값부터 크기순으로 나열한다.

   (ii) ① 자료의 개수가 홀수인 경우에는 가운데 위치한 자료의 값

        예   4, 5, <u>7</u>, 9, 10 의 **중앙값**은 7이다.

      ② 자료의 개수가 짝수인 경우에는 가운데 위치한 두 자료의 평균

        예   5, 7, <u>9</u>, <u>11</u>, 39, 47 의 **중앙값**은 $\dfrac{9+11}{2}=10$ 이다.

6. 최빈값

(1) 최빈값 : 자료의 값 중에 가장 많이 나타나는 값

(2) 최빈값의 특징

   ① 자료의 수가 많은 경우에 평균이나 중앙값 보다 구하기 쉽고 숫자로 나타내지 못하는
     자료의 경우에는 구할 수 있다.

   ② 자료에 따라 존재하지 않을 수도 있고 두 개 이상일 수도 있으며 자료의 수가 적은
     경우에는 자료의 중심 경향을 잘 반영하지 못할 수도 있다.

(3) 최빈값 구하기

자료 중에서 가장 많이 나타나는 값을 찾는다.

   예 ① 3, 4, 4, 4, 5, 7 의 **최빈값**은 4이다.
      ② 밤, 사과, 사과, 포도, 포도, 포도, 감, 감의 **최빈값**은 포도이다.
        (→ 자료가 숫자가 아니어도 된다)
      ③ 2, 3, 9, 6, 8, 10 의 **최빈값**은 없다.

2 필수예제

필수예제 1

세 변량 a, b, c의 평균을 m이라고 할 때,
$\dfrac{2a-m}{3}$, $\dfrac{2b-m}{3}$, $\dfrac{2c-m}{3}$ 의 평균을 구하여라.

[풀이] $\dfrac{a+b+c}{3}=m$ 이므로 $a+b+c=3m$ 이다.

$$\dfrac{\dfrac{2a-m}{3}+\dfrac{2b-m}{3}+\dfrac{2c-m}{3}}{3}$$

$$=\dfrac{\dfrac{2(a+b+c)-3m}{3}}{3}$$

$$= \frac{2(a+b+c)-3m}{9}$$

$$= \frac{2 \cdot 3m - 3m}{9} = \frac{3m}{9} = \frac{m}{3} \quad (\because a+b+c=3m)$$

답 $\dfrac{m}{3}$

필수예제 2

다음 표는 승우와 연우의 사격 점수를 조사하여 정리한 것이다. 승우의 사격 점수의 중앙값을 a, 연우의 사격 점수의 최빈값을 b라고 할 때, $a-b$의 값을 구하여라.

(단위 : 점)

반	1차	2차	3차	4차	5차	6차	7차	8차
승우	1	7	3	9	3	8	10	2
연우	3	2	10	3	7	9	3	2

[풀이] 승우의 자료를 크기 순으로 나열하면 1, 2, 3, 3, 7, 8, 9, 10이다.

그러므로 (중앙값)$= \dfrac{3+7}{2} = \dfrac{10}{2} = 5$이다. 즉, $a=5$이다.

연우의 자료를 크기 순으로 나열하면 2, 2, 3, 3, 3, 7, 9, 10이다.

그러므로 (최빈값)$=3$이다. 즉, $b=3$이다.

따라서 $a-b=5-3=2$이다.

답 2

필수예제 3

어떤 농구 선수는 매일 40번씩 자유투 연습을 하였다. 아래의 줄기와 잎 그림은 처음 10일 동안 매일 성공한 횟수에 대하여 십의 자리의 수를 줄기로, 일의 자리의 수를 잎으로 나타낸 것이다. 11일째의 자유투 성공 횟수가 n번이었으며 처음 11일 동안의 자유투 성공 횟수에 대한 평균이 아래의 줄기와 잎 그림에서의 최빈값과 같았을 때, n의 값을 구하여라.

줄기	잎
0	9
1	7 9
2	1 4 4 6
3	0 1 3

[풀이] 주어진 줄기와 잎 그림에서 최빈값은 24이다.

한편, 10일 동안의 자유투 성공 횟수의 총합은

$9+17+19+21+24+24+26+30+31+33=234$이므로

11일 동안의 자유투 성공 횟수에 대한 평균은 $\dfrac{234+n}{11}$ 이다.

이때, $\dfrac{234+n}{11}=24$이어야 하므로 $234+n=264$이다. 따라서 $n=30$이다.

답 30

필수예제 4

다음은 20개의 자료에 대하여 십의 자리의 수를 줄기로, 일의 자리의 수를 잎으로 하는 줄기와 잎 그림이다.

줄기	잎
0	1 2
1	0 0 0 0 a
2	0 0 b b
3	0 0 0 0 c
4	0 2 2 3

이 자료의 평균이 23이고 중앙값이 24일 때, $a+b+c$의 값을 구하여라. (단, a, b, c는 $0 \le a \le 9$, $0 \le b \le 9$, $0 \le c \le 9$인 정수이다.)

[풀이] (평균)$= \{1+2+4\times 10+(10+a)+2\times 20+2(20+b)$

$\qquad\qquad +4\times 30+(30+c)+40+2\times 42+43\} \div 20$

$= \dfrac{450+a+2b+c}{20}=23$

그러므로 $a+2b+c=10$ $\cdots$ ㉠

한편, 중앙값은 20개의 자료 중 10번째로 큰 수와 11번째로
큰 수의 평균과 같으므로

$$(중앙값)=\frac{(20+b)+(20+b)}{2}=20+b=24$$

그러므로 $b=4$ $\cdots$ ㉡

㉠$-$㉡을 계산하면 $a+b+c=6$ 이다.

答 6

필수예제 5

아래의 표는 어느 학교 중학교 3학년 1반의 20명 학생이 한 수학시험에서 받은
성적을 통계한 통계표이다.

성적(점)	60	70	80	90	100
사람 수(명)	1	5	x	y	2

(1) 20명의 학생의 평균이 82점일 때, x와 y의 값을 구하여라.

(2) (1)의 조건하에서 이 20명 학생의 이번 시험의 성적의 최빈값을 a라고 하고
중앙값을 b라고 한다면 a와 b를 구하여라.

[풀이] (1) $y=20-(1+5+x+2)=12-x$이므로 평균을 구하는 공식에 의하여
방정식을 만들면,
$$60\times1+70\times5+80x+90(12-x)+100\times2=82\times20$$
이다. 이를 풀면, $x=5$이고, $y=12-5=7$이다.

答 $x=5$, $y=7$

(2) (1)에서 구한 $x=5$, $y=7$을 대입하면, 최빈값은 $a=90$, 중앙값은
$b=80$이다.

答 $a=90$, $b=80$

필수예제 6

환경 보호 의식을 보급하고 높이기 위하여 어떤 중학교에서는 환경 보호 지식 대회를 개최하였다. 중학교에서는 예선의 성적을 근거로 하여 각 학년 10명의 학생을 선택하여 결승에 출전시켰다. 이 선수들의 결승 성적(100점 만점)은 아래의 표와 같다.

결승 성적 (단위 : 점)

중 1	80	86	88	80	88	99	80	74	91	89
중 2	85	85	87	97	85	76	88	77	87	88
중 3	82	80	78	78	81	96	97	88	89	86

(1) 아래의 표를 완성하여라.

	평균	최빈값	중앙값
중 1	85.5		87
중 2	85.5	85	
중 3			84

(2) 3학년의 결승성적에 대하여 두개의 각도로 분석하여라.

    (a) 평균과 최빈값을 결합하여(어느 학년의 성적이 좋은지) 분석하여라.

    (b) 평균과 중앙값을 결합하여(어느 학년의 성적이 좋은지) 분석하여라.

(3) 만약, 각 학년에서 결승에 참가한 학생들 중에서 3명을 골라 최종결승에 참가하게 한다면 어느 학년의 실력이 좋은지 밝히고, 그 이유를 설명하여라.

[풀이] (1) 표를 채우면

	평균	최빈값	중앙값
중 1학년	85.5	80	87
중 2학년	85.5	85	86
중 3학년	85.5	78	84

📋 풀이참조

(2)-(a) 평균은 모두 같고, 중 2학년의 최빈값이 제일 높으므로 중 2학년의 성적이 비교적 좋다. 📋 풀이참조

(2)-(b) 평균이 모두 같고, 중 1학년의 중앙값이 제일 높으므로 중 1학년의 성적이 비교적 좋다. 📋 풀이참조

(3) 중 1, 중 2, 중 3학년의 3등까지의 학생들의 평균은 각각 다음과 같다.

$$\frac{99+91+89}{3}=93, \quad \frac{97+88+88}{3}=91, \quad \frac{97+96+89}{3}=94$$

그러므로 각 학년에서 결승에 참가한 학생 중 3명만 골라서 최종 결승에 참석시키면 중 3학년의 실력이 좋은 편이다. 📋 풀이참조

통계초보지식 연습문제

01 4개국 리그전에서 한국남자축구는 일본, 브라질, 멕시코와 경기를 한다. 시합 전에 50명의 축구팬들은 어느 팀이 2위가 될 것인지에 대해 내기를 했으며, 오른쪽 그림은 그 통계이다. 한국 팀이 2위를 한다고 한 사람 수의 백분율을 구하여라.

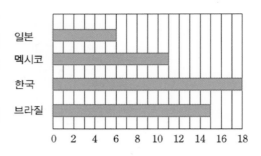

02 사람들의 생활수준이 높아짐에 따라 집을 구입한 사람들의 거주면적에 대한 요구는 새로운 변화가 있었다. 우리 구에서는 최근에 매매된 서로 다른 유형의 집들 중 1000채의 집을 골라서 통계 결과를 오른쪽 그림의 막대그래프로 표시하였다. 막대그래프에서 제공한 정보를 이용하여 아래의 물음에 답하여라.

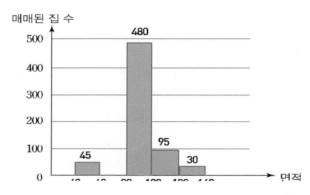

(1) 면적이 $60 \sim 80\,\text{m}^2$인 집은 몇 채인지 구하여라.

(2) 가장 많이 팔린 집의 면적의 범위를 구하고, 전체 매매량의 백분율은 얼마인가?

(3) 만약 당신이 부동산 개발가라면 이상에 제공된 정보에 의하여 당신은 어느 면적 내의 집을 건축하겠는가?

03 아래의 두 그래프([그림 1], [그림 2])는 어느 시의 A, B 두 중학교의 학생의 방과후 활동에 참여하는 상황이다. 아래의 그림에서 제공하는 정보를 이용하여 아래의 물음을 답하여라.

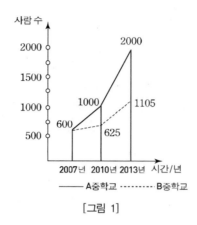

[그림 1]

(1) [그림 1]을 분석하여 여러분이 정확하다고 생각하는 결론을 서술하여라.

(2) [그림 2]를 분석하여 여러분이 정확하다고 생각하는 결론을 서술하여라.

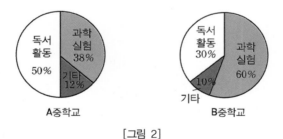

[그림 2]

(3) 2013년 A, B 두 중학교의 학생들 중 과학실험 활동에 참가한 학생은 총 몇 명인지 구하여라.

04 2014년 어느 학교의 학생은 796명이다. 학생을 출생월별로 통계한 내용은 다음과 같다.
아래 그림을 참고하여 다음 물음에 답하여라.

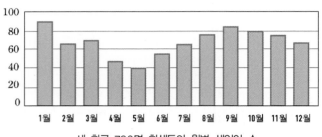

세 학급 796명 학생들의 월별 생일인 수

(1) 출생인원이 60명이 넘는 월은 몇 월인지 구하여라.

(2) 출생 인원의 수가 가장 많은 달은 몇 월인지 구하여라.

(3) 이 학생들 중 최소한 두 학생의 생일이 10월 5일인 것에 대해 가능성 여부를 설명하여라.

(4) 만약 여러분이 이 학교의 학생 중의 어떤 한 명을 만나게 된다면, 이 학생의 생일날로 가장 가능
성이 없는 달은 몇 월인지 구하여라.

05 상인이와 민수가 한 동전을 각각 3번씩 던지는 동전던지기 놀이를 한다. 상인이는 모두 윗면이 나와야 이기고 민수는 윗면이 한번만 나오면 이길 때, 이길 가능성이 높은 사람을 구하여라.

사건발생의 확률 연습문제

06 아래의 확률에 관한 설명 중 옳은 것은?

① 압정을 던져서 침이 위를 향하고 아래를 향할 확률은 같다.

② 동전을 던져서 윗면을 향할 확률은 $\frac{1}{2}$이다.

③ 동일한 복권에서 당첨과 비당첨의 두 가지 유형이 있다. 그러므로, 당첨될 확률은 $\frac{1}{2}$이다.

④ 주사위를 던져서 각 숫자가 나올 수 있는 확률은 $\frac{1}{6}$이다. 그러므로, 6번 던지면 1이 꼭 한번은 나온다.

07 어느 상점에서 상품추첨 판매활동을 하며 방법은 다음과 같다.

> 100원 이상 구입하는 사람에게는 쿠폰을 1장주고 많이 사면 많이 준다. 10000장의 쿠폰이 발급된 후 추첨을 통하여 특별상 1명, 1등상 50명, 2등상 100명을 선정한다.

100원을 써서 이 상을 받을 수 있는 확률을 구하여라.

08 숫자가 적혀있는 카드가 6장 있다. 이것들의 뒷면은 모두 같다. 지금 뒷면이 위로 향해 있고(아래 그림처럼) 임의로 카드를 뽑았을 때 숫자 3이 나올 확률을 구하여라.

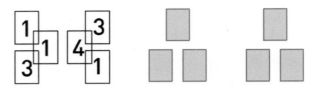

09 상자에 3개의 빨간 공과 11개의 노란 공이 있다. 상자에서 아무 공이나 꺼낼 때, 노란 공을 꺼낼 수 있는 확률을 구하여라.

10 색상만 다른 6개의 공이 한 상자에 있다. 이 공들을 가지고 공을 꺼내는 게임을 만든다. 이 공을 가지고 공을 꺼낼 확률이 아래와 같을 때, 각각 공의 색상과 개수를 구하여라.

(1) 하얀 공을 꺼낼 확률은 $\frac{1}{2}$ 이고 빨간 공을 꺼낼 확률도 $\frac{1}{2}$ 이다.

(2) 하얀 공을 꺼낼 확률은 $\frac{1}{2}$ 이고 빨간 공을 꺼낼 확률은 $\frac{1}{3}$ 이며 초록 공을 꺼낼 확률은 $\frac{1}{6}$ 이다.

평균, 최빈값, 중앙값 연습문제

11 기상청에서 2014년 5월 8일 9시 30분에 발표한 일기예보에서 우리나라 내륙지방 31개 도시의 5월 9일의 최고기온(℃)을 통계한 표는 다음과 같다.

기온(℃)	19	21	22	23	24	25	27	28	29	30	31	32	33	34
도시 수	1	1	1	3	1	3	1	5	4	3	1	4	1	2

이때, 5월 9일의 최고기온의 중앙값과 최빈값을 각각 구하여라.

12 다음은 40명 학생의 수학 시험 성적을 통계한 표이다. 다음 물음에 답하여라.

성적(점)	50	60	70	80	90	100
사람 수(명)	2	x	10	y	4	2

(1) 학생들의 평균점수가 69점일 때, 그렇다면 x와 y의 값을 구하여라.

(2) 이 학생들 성적의 최빈값을 a라 하고 중앙값을 b라 할 때, $(a-b)^2$을 구하여라.

13 수학 능력 검증시험에 참여한 8000명의 학생들의 성적을 빠르게 분석하기 위해서, 학생들을 선택하여 씨실과 날실 두 조로 표본을 정하여 분석하여 표1을 만들었다. 표본의 모든 변량을 종합하여 부분적인 결과를 얻어 표2를 만들었다. 표1, 표2를 근거로 아래의 물음에 답하여라.

표1

	씨실 조	날실 조
학생 수(명)	100	80
평균 점수(점)	94	90

표2

점수범위	0점 이상 60점 미만	60점 이상 72점 미만	72점 이상 84점 미만	84점 이상 96점 미만	96점 이상 108점 미만	108점 이상 120점 미만
빈도 수	3	6	36		50	13
빈도			20%	40%		
등급	C		B		A	

(1) 표본에서 학생들의 수학성적의 평균을 구하여라.(소수 첫째자리까지 나타내어라.)

(2) 표본에서 수학 성적이 [84, 96]의 빈도수는 (　　　)이다. A 등급의 학생 수를 표본의 학생의 총 수에 대해 백분율을 구하고, 중앙값이 있는 범위를 구하여라.

(3) 8000명의 학생의 평균성적은 약 (　　　　)점이다.(소수 첫째 자리까지 나타내어라.)

14 어떤 수들을 작은 수부터 큰 수로 배열한 것이 1, 2, 4, x, 6, 9이다. 이 변량의 중앙값이 5일 때, 그렇다면 이 변량 중에서 최빈값을 구하여라.

15 한 신발가게에서 새로운 여자신발을 판매한 매출현황은 아래의 표와 같다.

사이즈	220	225	230	235	240	245	250
수량(켤레)	3	5	10	15	8	4	2

이 신발가게의 사장님에게 있어서 표 중의 변량 중에 가장 중요한 것은?

① 평균　　　　② 최빈값　　　　③ 중앙값　　　　④ 표준편차

16 다음은 어느 10개 기관에서 전망한 2015년도 하반기 한국 경제성장률을 조사하여 나타낸 도수분포표이다.

계급(%)	도수(개)
1.5이상 ~ 2.5미만	2
2.5 ~ 3.5	4
3.5 ~ 4.5	4
계	10

이때, 10개 기관이 전망한 2015년도 하반기 한국 경제 성장률의 평균을 구하여라.

17 한 수학 시험에서 두개 조의 학생 성적을 통계한 표이다.

점수		60	70	80	90	100
인원	A조	1	3	5	4	2
수	B조	1	2	4	5	3

각 조의 최빈값과 중앙값 및 평균을 구하여라. (결과는 0.1까지 정확하게 한다.)

18 다음은 승우의 10회에 걸친 수학 성적이다. 평균이 80점 이상~83점 미만이 되려면 x의 범위를 구하여라.

$$75, \quad 80, \quad 90, \quad 85, \quad 75, \quad x, \quad 85, \quad 80, \quad 90, \quad 85$$

19 다음 표는 한 동물의 수태기간을 x (개월), 평균 수명을 y (년)이라고 할 때, 동물들의 수태기간과 평균수명을 (x, y)로 나타낸 것이다.

동물	다람쥐	여우	늑대	사자
(x, y)	$(1, 10)$	$(2, 11)$	$(2, 13)$	$(3.5, 18)$

노루	곰	사슴	낙타	기린
$(9.5, 11)$	$(7, 20)$	$(7.5, 15)$	$(13, 35)$	$(15, 25)$

평균수명이 긴 동물부터 차례로 다섯 가지 동물들의 수태기간의 평균을 구하여라.

17강 산포도와 표준편차

1 핵심요점

1. 산포도
대푯값을 중심으로 자료가 흩어져 있는 정도를 하나의 수로 나타낸 값으로 산포도에는 여러 가지가 있으나 주로 분산과 표준편차를 많이 사용한다.

2. 편차
어떤 자료의 각 변량에서 그 자료의 평균을 뺀 값

3. 분산
어떤 자료의 각 변량에서 그 자료의 평균을 뺀 값
각 편차의 제곱의 합을 변량의 개수로 나눈 값, 즉 편차의 제곱의 평균
도수분포표에서는 분산을 다음과 같이 구한다.

$$(\text{분산}) = \frac{\{(\text{편차})^2 \times (\text{도수})\}\text{의 총합}}{(\text{도수})\text{의 총합}}$$

4. 표준편차
분산의 양의 제곱근

5. 평균과 분산의 성질
변량 x_1, x_2, $\cdots$, x_n의 평균을 m, 분산을 S^2라 하고, x_1^2, x_2^2, $\cdots$, x_n^2의 평균을 k라 하자. 그러면, 다음과 같은 관계가 성립한다.

(1) $S^2 = k - m^2$이다. 즉, $S = \dfrac{x_1^2 + x_2^2 + \cdots x_n^2}{n} - \left(\dfrac{x_1 + x_2 + \cdots + x_n}{n}\right)^2$이다.

(2) $ax_1 + b$, $ax_2 + b$, $\cdots$, $ax_n + b$의 평균은 $am + b$이다.

(3) $ax_1 + b$, $ax_2 + b$, $\cdots$, $ax_n + b$의 분산은 $a^2 S^2$이다.

2 필수예제

총 5회에 걸친 승우의 수학 수행평가 결과가 다음과 같을 때, 다음 물음에 답하여라.

회	1	2	3	4	5
점수	8	9	3	7	8

(1) 평균을 구하여라.

(2) 분산을 구하여라.

[풀이] (1) 그림에서 가로축은 점수 구간을 나타내고, 세로축은 점수 구간의 인원수를 나타내므로 (평균) $= \dfrac{8+9+3+7+8}{5} = 7$이다. 답 7

(2) (분산) $= \dfrac{(8-7)^2+(9-7)^2+(3-7)^2+(7-7)^2+(8-7)^2}{5}$

$= \dfrac{22}{5} = 4.4$ 답 4.4

다음 표는 20명의 학생이 수행평가에서 얻은 점수의 평균에 대한 편차와 도수를 나타낸 것이다.

편차	-2	-1	0	1	2	합계
학생 수(명)	2	4	8	a	b	20

위의 표에서 20명의 수행평가 점수에 대한 분산을 구하여라.

[풀이] 학생수의 합계가 20이므로 $2+4+8+a+b=20$에서 $a+b=6$ ····· ㉠ 이다.

(편차)×(도수)의 총합은 0이므로

$(-2)\times 2+(-1)\times 4+0\times 8+1\times a+2\times b=0$

그러므로 $a+2b=8$ ····· ㉡이다.

㉠, ㉡을 연립하여 풀면 $a=4$, $b=2$이다.

(분산) $= \dfrac{\{(편차)^2\times(도수)\}의\ 총합}{(도수)의\ 총합}$ 이므로

$S^2 = \dfrac{(-2)^2\times 2+(-1)^2\times 4+0^2\times 8+1^2\times 4+2^2\times 2}{20} = \dfrac{24}{20} = \dfrac{6}{5}$ 이다.

답 $\dfrac{6}{5}$

변량 x, y, z의 평균이 8이고 분산이 4일 때, $x+4$, $y+4$, $z+4$, 12의 분산을 구하여라.

[풀이] (평균)$= \dfrac{x+y+z}{3} = 8$이므로 $x+y+z=24$ $\cdots$ ㉠이다.

$$(분산) = \frac{(x-8)^2+(y-8)^2+(x-8)^2}{3}$$

$$= \frac{x^2+y^2+z^2-16(x+y+z)+64\times 3}{3}$$

$$= \frac{x^2+y^2+z^2-16\times 24+64\times 3}{3} \quad (\because ㉠)$$

$$= \frac{x^2+y^2+z^2-192}{3} = 4$$

이다. 즉, $x^2+y^2+z^2-192=12$이다. 그러므로 $x^2+y^2+z^2=204$ $\cdots$ ㉡이다.

$$(x+4,\ y+4,\ z+4,\ 12의\ 평균) = \frac{(x+4)+(y+4)+(z+4)+12}{4}$$

$$= \frac{x+y+z+24}{4}$$

$$= \frac{24+24}{4} = \frac{48}{4} = 12 \quad (\because ㉠)$$

$(x+4,\ y+4,\ z+4,\ 12의\ 분산)$

$$= \frac{(x+4-12)^2+(y+4-12)^2+(z+4-12)^2+(12-12)^2}{4}$$

$$= \frac{(x-8)^2+(y-8)^2+(z-8)^2}{4}$$

$$= \frac{x^2+y^2+z^2-16(x+y+z)+64\times 3}{4}$$

$$= \frac{204-16\times 24+192}{4} \quad (\because ㉠,\ ㉡)$$

$$= \frac{12}{4} = 3$$

이다. <답> 3

필수예제 4

다음 표는 학생 20명의 수행평가 점수에 대한 편차를 나타낸 것이다.

점수	10	9	8	7	6
학생 수	3	6	4	2	5
편차	2	1	0	-1	-2

위의 표에서 20명의 수행평가 점수에 대한 분산을 구하여라.

[풀이] (분산) $= \dfrac{2^2 \times 3 + 1^2 \times 6 + (-1)^2 \times 2 + (-2)^2 \times 5}{20} = 2$

目 2

필수예제 5

5개의 변량 x_1, x_2, x_3, x_4, x_5 의 평균이 10, 표준편차가 6일 때, $3x_1^2 + 1$, $3x_2^2 + 2$, $3x_3^2 + 3$, $3x_4^2 + 4$, $3x_5^2 + 5$ 의 평균을 구하여라.

[풀이] 5개의 변량의 평균이 10이므로 $\dfrac{x_1 + x_2 + x_3 + x_4 + x_5}{5} = 10$이다.

즉, $x_1 + x_2 + x_3 + x_4 + x_5 = 50$ ⋯⋯⋯㉠

또, 표준편차가 6이므로 분산은 36이다.

즉, $\dfrac{(x_1-10)^2 + (x_2-10)^2 + (x_3-10)^2 + (x_4-10)^2 + (x_5-10)^2}{5} = 36$

이다.

$(x_1^2 + x_2^2 + \cdots + x_5^2) - 20(x_1 + x_2 + \cdots + x_5) + 500 = 180$

$(x_1^2 + x_2^2 + x_3^2 + x_4^2 + x_5^2) - 20 \times 50 + 500 = 180$ $(\because ㉠)$

즉, $x_1^2 + x_2^2 + x_3^2 + x_4^2 + x_5^2 = 680$ ⋯⋯⋯㉡

따라서 구하는 평균은

$\dfrac{(3x_1^2+1) + (3x_2^2+1) + (3x_3^2+1) + (3x_4^2+1) + (3x_5^2+1)}{5}$

$= \dfrac{3(x_1^2 + x_2^2 + x_3^2 + x_4^2 + x_5^2) + 15}{5}$

$= \dfrac{3 \times 680 + 15}{5}$ $(\because ㉡)$

$= 411$

目 411

변량 a, b, c 의 분산이 10 이고 변량 a^2, b^2, c^2 의 평균이 25 이다.
변량 a, b, c 의 평균을 m 이라 할 때, m^2 의 값을 구하여라.

[풀이] 변량 a, b, c 의 평균을 m, 분산을 S^2 이라 하면 $m = \dfrac{a+b+c}{3}$ 이다.

$$S^2 = \frac{(a-m)^2 + (b-m)^2 + (c-m)^2}{3}$$
$$= \frac{1}{3}\{a^2 + b^2 + c^2 - 2m(a+b+c) + 3m^2\}$$
$$= \frac{1}{3}(a^2 + b^2 + c^2) - 2 \times \frac{1}{3}(a+b+c)m + m^2$$
$$= \frac{1}{3}(a^2 + b^2 + c^2) - 2m^2 + m^2 = \frac{a^2 + b^2 + c^2}{3} - m^2$$

$S^2 = 10$, $\dfrac{a^2 + b^2 + c^2}{3} = 25$ 에서 $10 = 25 - m^2$ 이다.

따라서 $m^2 = 15$ 이다.

답 15

통계 지식과 종합 응용

수학 경시대회에 참가한 두 조의 학생들의 성적 통계를 보면 다음과 같다.

점수		50	60	70	80	90	100
인원 수	A 조	2	5	10	13	14	6
	B 조	4	4	16	2	12	12

두 조의 평균 점수는 모두 80 점이다. 지금까지 배운 통계 지식에 근거하여 이번 수학 경시대회에서 더 좋은 성적을 거둔 조는 어느 조인지 판단하고 그 이유를 설명하여라.

[풀이] (1) A조 성적의 최빈값은 90 점이고, B조 성적의 최빈값은 70 점이다. 성적의 최빈값으로 보았을 때 A조의 성적이 더 좋다.

(2) $S_A^2 = \dfrac{1}{50}[2(50-80)^2 + 5(60-80)^2 + 10(70-80)^2$
$\qquad\qquad + 13(80-80)^2 + 14(90-80)^2 + 6(100-80)^2]$
$\quad = 172$

같은 원리로 $S_B^2 = 256$ 임을 알 수 있다.

$S_A^2 < S_B^2$ 이므로 A 조의 성적이 B조의 성적보다 안정적이다.

(3) A, B 두 조의 성적의 중앙값, 평균은 모두 80 점이고, A조에서 80 점 (80 점 포함)을 넘는 사람은 33 명, B조에서 80 점(80 점 포함)을 넘는 사람은 26 명이다. 이 각도에서 보았을 때, A조의 전체 성적이 더 좋다.

분석 tip
이 문제는 논술형 문제이다. 두 조의 경시대회 성적을 비교하려면 최빈값, 분산, 중앙값, 고득점을 얻은 사람 수 등 다양한 각도에서 분석, 비교해야 어느 조의 성적이 더 우수한지 알 수 있다. ("분산"만 가지고 알 수 있는 내용이 아니다.)

(4) 성적 통계로 보았을 때 A조에서 90점 이상(90점 포함) 받은 사람은 $14+6=20$(명)이고 B조에서 90점 이상(90점 포함) 받은 사람은 $12+12=24$(명)이므로 고득점을 받은 사람은 B조가 더 많다. 또 B조에서 만점을 받은 사람은 A조에서 만점을 받은 사람보다 6명이 많으므로 이 각도에서 보면 B조의 성적이 더 좋다.

종합적으로 4가지 방면에서 평가했을 때, A조가 3가지 방면에서 우위를 차지하므로 전체적인 각도에서 A조의 성적이 B조보다 우수하다고 할 수 있겠다.

📋 풀이참조

수형도와 도표의 응용

필수예제 8·1

주머니에 노란색 공 2개와 빨간색 공 2개가 들어있다. 주머니를 흔들어 공을 하나 꺼낸 후 그 공을 다시 집어넣고 주머니를 흔들어 다시 2번째 공을 꺼냈을 때 발생할 수 있는 사건을 아래에 나열하였다. 발생한 확률이 낮은 순부터 높은 순으로 수직선 위에 표시하여라.

① 꺼낸 공은 모두 빨간색 공이다.

② 꺼낸 공은 모두 노란색 공이다.

③ 꺼낸 공은 빨간색 하나 노란색 하나이다.

④ 꺼낸 공은 빨간색 하나 검은색 하나이다.

[풀이] 주머니 안에 있는 4개의 공에 노랑₁, 노랑₂, 빨강₁, 빨강₂라고 번호를 붙이고 수형도를 그려보자.

위의 수형도로 다음과 같은 사실을 알 수 있다.

① 꺼낸 공이 두 번 모두 빨간색 공일 확률은 $\dfrac{4}{16}=\dfrac{1}{4}$이다.

② 꺼낸 공이 두 번 모두 노란색 공일 확률은 $\dfrac{4}{16}=\dfrac{1}{4}$이다.

③ 꺼낸 공이 하나는 빨간색, 하나는 노란색 공일 확률은 $\dfrac{8}{16}=\dfrac{1}{2}$이다.

④ 꺼낸 공이 하나는 빨간색, 하나는 검은색 공일 확률은 $\dfrac{0}{16}=0$이다.

①~④ 중 확률이 큰 순서대로 수직선 위에 나타내면 다음과 같다.

④ ① ② ③
$0 \quad \dfrac{1}{4} \quad \dfrac{1}{2} \quad 1$

📋 풀이참조

주사위를 2번 던져서 얻을 수 있는 숫자의 곱은 총 몇 개일까? 어느 숫자가 나올 확률이 가장 높을까?

[풀이] 이 문제의 수형도는 매우 복잡하므로 "표"를 사용하여 풀어보자.
주사위를 두 번 던져서 나온 숫자의 곱을 나열하면 다음과 같다.

두번째 \ 첫번째	1	2	3	4	5	6
1	1	2	3	4	5	6
2	2	4	6	8	10	12
3	3	6	9	12	15	18
4	4	8	12	16	20	24
5	5	10	15	20	25	30
6	6	12	18	24	30	36

표로 주사위를 던져 얻을 수 있는 숫자의 곱이 총 36개라는 것을 알 수 있다. 각 칸에 써 있는 숫자가 나타날 확률은 동일하므로 6과 12가 나올 확률이 $\frac{4}{36} = \frac{1}{9}$로 가장 높다.

📄 풀이참조

▶ 풀이책 p.04

[실력다지기]

01 n 개의 변량 x_1, x_2, x_3, $\cdots$, x_n 에 대하여 다음이 성립한다.

> • 변량 x_1-1, x_2-1, x_3-1, $\cdots$, x_n-1 의 평균과 변량 x_1+2, x_2+2, x_3+2, $\cdots$, x_n+2 의 평균의 합은 9 이다.
>
> • 변량 x_1-1, x_2-1, x_3-1, $\cdots$, x_n-1 의 분산과 변량 x_1+2, x_2+2, x_3+2, $\cdots$, x_n+2 의 분산의 합은 40 이다.

변량 x_1, x_2, x_3, $\dots$, x_n 의 평균과 분산을 구하여라.

02 x 에 관한 삼차 방정식 $x^3+ax^2+bx+c=0$ 의 세 실근 -1, α, β 의 평균이 2 이고 분산이 6 일 때, 상수 c 의 값을 구하여라.

03 서로 다른 세 개의 수 x_1, x_2, x_3에 대하여 $d_1 = x_1 - x_2$, $d_2 = x_2 - x_3$, $d_3 = x_3 - x_1$이라 하자. 이때, x_1, x_2, x_3의 분산을 d_1, d_2, d_3으로 나타내어라.

04 각 문항 당 배점이 10점씩인 서술형 문제 6개를 푸는 수학시험에서 A, B, C는 각 문항 당 점수를 다음과 같이 받아 모두 합계가 42점이었다.

A의 점수	9, 9, 9, 3, 9, 3
B의 점수	7, 6, 6, 8, 7, 8
C의 점수	8, 8, 8, 8, 8, 2

이때, 표준편차가 가장 큰 사람을 구하여라.

05 서로 다른 세 실수 a, b, c 에 대하여 $l = \dfrac{a+c}{2}$, $m = \dfrac{a+b}{2}$, $n = \dfrac{b+c}{2}$ 가 성립한다. $l + m + n = 0$ 이고 l, m, n의 분산이 12일 때, a, b, c의 분산을 구하여라.

06 1이 1개, 2가 1개, 3이 $(n-2)$개로서 모두 n개의 값이 있을 때, 다음 물음에 답하여라.

(1) 평균이 2.9 이상이 될 때, n의 범위를 구하여라.

(2) 분산이 0.1 이하가 될 때, n의 범위를 구하여라.

07 민호와 수정 두 학생이 중학교 3학년 수학에 대해 자체적으로 본 10번의 시험 성적은 아래 표와 같다. (성적은 모두 정수이며 일의 자리 수는 모두 0이다.)

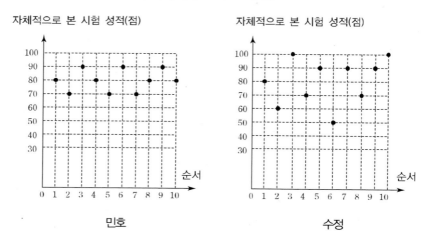

자체적으로 본 시험 성적(점)   자체적으로 본 시험 성적(점)

민호   수정

그림에서 제공한 정보를 사용하여 다음 문제에 답하여라.

(1) 아래 표를 완성하여라.

이름	평균 성적	중앙값	최빈값	분산(S^2)
민호		80	80	
수정				260

(2) 90점 이상(90점 포함)의 점수를 우수하다고 본다면 우수한 점수를 받은 비율이 높은 학생은 누구일까?

08 갑, 을 두 양궁대표 선수는 동일한 조건에서 10발씩 양궁 연습을 하였다. 그들이 과녁을 맞힌 결과를 보니 다음과 같았다.

명중한 숫자	5	6	7	8	9	10
갑이 명중시킨 횟수	1	4	2	1	1	1
을이 명중시킨 횟수	1	2	4	2	1	0

	평균	최빈값	분산
갑	7	6	2.2
을			

(1) 을 학생의 데이터를 완성하여라.

(2) 지금까지 배운 통계 지식에 근거하여 상술한 데이터로 갑, 을 두 양궁선수의 실력을 비교하여라.

09 $a^2+b^2+c^2=7$을 만족시키는 실수 a, b, c에 대하여 세 수 $a+b$, $b+c$, $c+a$의 평균은 $\dfrac{4}{3}$이다. 분산을 구하여라.

[응용하기]

10 가로의 길이, 세로의 길이, 높이가 각각 x, y, z인 직육면체에서 모서리 12개의 길이의 평균이 8, 표준편차가 2이다. 이때, 6개 면의 넓이의 합을 구하여라.

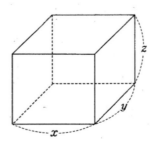

11 다섯 개의 수 a, b, c, d, e 가 다음의 세 조건을 만족한다.

> (가) a, b 의 평균은 9 이다.
>
> (나) c, d, e 의 평균은 4 이다.
>
> (다) a, b, c, d, e 의 표준편차는 $\sqrt{10}$ 이다.

이때, $a^2 + b^2 + c^2 + d^2 + e^2$의 값을 구하여라.

12 같은 종류의 두 자료를 다음 표와 같이 정리하였다.

자료	도수	평균	표준편차
A	n_1	m_1	s_1
B	n_2	m_2	s_2

다음 물음에 답하여라.

(1) 두 자료 전체에 대한 평균 m은 $m = \dfrac{m_1 n_1 + m_2 n_2}{n_1 + n_2}$ 임을 보여라.

(2) 두 자료 전체에 대한 분산 s^2은

$$s^2 = \frac{1}{n_1 + n_2}\left\{ n_1 s_1^2 + n_2 s_2^2 + \frac{n_1 n_2}{n_1 + n_2}(m_1 - m_2)^2 \right\}$$

임을 보여라.

Part V 기하

18강 원과 관련된 성질 및 응용

1 핵심요점

1. 원의 기본 개념

오른쪽 그림과 같이 평면 내에서 점 O 로 부터 거리가 r로 일정한 점들의 집합을 원이라 하고, 원 O 로 표시한다. 그 중, 점 O 를 원의 중심, 길이 r을 원의 반지름이라고 한다.

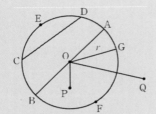

$$OP < r일 때, 점 P 는 원 O 의 내부에 있다.$$
$$OQ > r일 때, 점 Q 는 원 O 의 외부에 있다.$$
$$OG = r일 때, 점 G 는 원 O 의 위에 있다.$$

원 위의 임의의 두 점 C, D를 이은 선분을 현이라고 부르고, 원의 중심을 지나는 현 AB 를 지름이라고 한다. (지름은 반지름의 2배이다.)

원 위의 임의의 두 점 C, D 사이의 부분을 호라 하고 반원보다 작은 호 $\overset{\frown}{CED}$를 열호라고 부르며, 반원보다 큰 호 $\overset{\frown}{CFD}$를 우호라고 한다. 일반적으로 특별한 설명이 없을 때는 현 CD 에 대한 호는 열호를 말하며 $\overset{\frown}{CD}$로 표시한다.

원은 축대칭도형(각 지름이 대칭축)이며, 또 점대칭도형(원의 중심이 대칭의 중심점)이다.

한 직선 위에 있지 않은 세 점은 한 원을 결정한다(증명은 생략). 따라서 임의의 삼각형의 세 꼭짓점은 유일한 한 개의 원을 결정하고, 이 원을 삼각형의 외접원(거꾸로 말하면 삼각형은 원의 내접 삼각형)이라 한다. 삼각형의 외접원의 중심은 삼각형의 외심이고, 이것을 구하는 방법은 삼각형의 각 변의 수직이등분선의 교점을 구하면 된다.

2. 현에 수직인 지름에 대한 정리와 그에 대한 추론

현에 수직인 지름에 대한 정리 : 지름은 임의의 현에 수직이고, 이 지름은 현에 대한 호를 이등분한다.

추론 1 : ① 현(지름이 아닌 현)을 2등분하는 지름은 그 현에 수직이고, 그 현에 대한 호를 이등분한다.
② 현의 수직 이등분선은 원의 중심을 지나며 현에 대한 호를 이등분한다.
③ 현에 대한 한 호를 이등분하는 지름은 현을 수직 이등분하며, 그 현에 대해 다른 호도 이등분한다.

추론 2 : 원의 두 현이 평행이면 두 현 사이에 낀 호는 서로 같다.

3. 중심각 정리와 그 추론

꼭짓점이 원의 중심에 놓여 있는 각을 중심각이라 하고 원의 중심으로부터 현까지의 거리를 현심거리라고 한다.

중심각에 관한 정리 : 한 원(또는 반지름이 같은 원)에서 같은 중심각에 대한 호는 서로 같고, 같은 중심각에 대한 현도 같으며, 같은 중심각에 대한 현심거리도 서로 같다. 원은 축대칭도형이면서 점대칭도형이기 때문이다.

원은 원의 중심을 중심으로 하여 회전할 때 두 중심각이 일치하면, 그 두 중심각에 대한 호, 현, 현심거리도 일치한다. 그러므로 호, 현, 현심거리는 각각 같다.

추론 : 같은 원(등원)에서 두 중심각, 두 호, 두 현, 두 현심 거리 중에서 어느 한 쌍이 같으면 다른 쌍도 같다.

4. 원주각 정리와 그 추론

꼭짓점이 원 위에 있고, 각의 두 변이 원과 만나는 각을 **원주각**이라고 한다.

원주각 정리 : 한 호에 대한 원주각은 그 호에 대한 중심각의 반과 같다. (부록의 정리 2 참고)

추론 1 : 한 호 또는 호의 길이가 같은 호에 대한 원주각은 서로 같고, 한 원 또는 반지름이 같은 원주각에 대한 호도 서로 같다.

추론 2 : 반원(또는 지름)에 대한 원주각은 직각이고, 90°인 원주각에 대한 현은 지름이다.

추론 3 : 삼각형의 한 변에 대한 중선의 길이가 이 변의 반과 같으면 이 삼각형은 직각삼각형이고, 역도 성립한다.

5. 원의 내접 사각형 정리

만약 한 다각형의 꼭짓점들이 한 원 위에 있으면 이 다각형을 **원의 내접 다각형**이라고 한다.

특히 다각형이 사각형 일 때, **원의 내접 사각형**이라고 한다.

원의 내접 사각형에 관한 정리 : 원의 내접 사각형의 대각은 서로 180°에 대한 보각이고, 임의의 한 외각은 그 대각의 내각과 같다.

2 필수예제

1. 현에 수직인 지름에 대한 정리와 추론의 응용

필수예제 1

이등변삼각형 ABC는 반지름이 5cm인 원 O에 내접하고 밑변 BC = 8cm일 때, △ABC의 넓이를 구하여라.

분석 tip

밑변의 길이가 주어졌으므로 밑변 BC에 대한 높이만 알면 $S_{\triangle ABC}$를 구할 수 있다. 이등변삼각형의 특징으로부터 밑변에 대한 높이는 꼭지각의 이등분선이 된다. 그러므로 현에 수직인 지름에 관한 정리 및 추론에 의하여 △ABC의 높이는 반드시 원의 중심을 지난다는 것을 알 수 있다. 이렇게 두 가지 방법을 이용하여 $S_{\triangle ABC}$를 구할 수 있다.

[풀이] ① 이등변 삼각형 ABC가 아래 그림과 같은 경우(즉, 원의 중심이 밑변 BC보다 위에 있는 경우),

점 A에서 밑변 BC에 수선을 발을 내리고 그 점을 D라고 하면, 이등변삼각형의 특징으로부터 AD는 BC의 수직 이등분선이다.

또 현에 수직인 지름에 관한 정리 및 추론으로 AD는 원의 중심 O를 지난다. OB를 연결하고, 직각삼각형 OBD에서

OB = 5cm, BD = CD = 4cm.

즉, $OD = \sqrt{OB^2 - BD^2} = \sqrt{5^2 - 4^2} = 3\,(cm)$,

그러므로 높이는 AD = AO + OD = 5 + 3 = 8 (cm).

$$S_{\triangle ABC} = \frac{1}{2}AD \cdot BC$$
$$= \frac{1}{2} \times 8 \times 8 = 32\,(cm^2) \text{이다.}$$

② 만약 이등변삼각형 ABC가 아래 그림과 같은 경우 (즉, 원의 중심이 밑변 BC의 아래에 있는 경우). 같은 방법으로 점 A에서 BC에 수선의 발을 내리고 그 점을 D라고 하자. AD를 연장하면 원의 중심 O를 지난다. 그리고 OB와 연결한다.

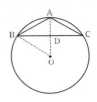

$$OD = \sqrt{OB^2 - BD^2} = \sqrt{5^2 - 4^2} = 3(\text{cm})$$

즉, $AD = 5 - 3 = 2(\text{cm})$이므로 $S_{\triangle ABC} = \frac{1}{2} \times 2 \times 8 = 8(\text{cm}^2)$이다.

그러므로 △ABC의 넓이는 32cm^2 또는 8cm^2이다.

📋 32cm^2 또는 8cm^2

필수예제 2

PQ는 한 변의 길이가 1인 정삼각형 ABC의 외접원 위의 한 현이고 AB와 AC의 중점은 모두 PQ 위에 있을 때, PQ의 길이를 구하여라.

[풀이] 오른쪽 그림과 같이 A에서 변 BC에 내린 수선의 발을 D라 하고, AD와 PQ의 교점을 E라고 하자.
이때, D는 BC의 중점이고,
AD는 원의 중심 O를 지난다.
PQ는 AB, AC의 중점을 지나므로,
삼각형 중점연결정리에 의하여 PQ//BC이다.
즉, AD(즉, AE)는 PQ의 수직이등분선이다.

정삼각형 ABC의 외접원의 중심 O는 △ABC의 중심으로 $AO = \frac{2}{3}AD$이다.

정삼각형 ABC의 높이는 피타고라스 정리 또는 삼각비(22강 참고)로부터 구하면, $AD = AB \cdot \sin 60° = \frac{\sqrt{3}}{2}$이다.

즉, $AE = \frac{1}{2}AD = \frac{\sqrt{3}}{4}$, $AO = \frac{2}{3}AD = \frac{\sqrt{3}}{3}$이다.

그러므로 $OE = AO - AE = \frac{\sqrt{3}}{3} - \frac{\sqrt{3}}{4} = \frac{\sqrt{3}}{12}$.

PO와 연결하면, 직각삼각형 POE에서,

$$PE = \sqrt{\left(\frac{\sqrt{3}}{3}\right)^2 - \left(\frac{\sqrt{3}}{12}\right)^2} = \frac{\sqrt{5}}{4}$$이다.

그러므로 $PQ = 2PE = \frac{\sqrt{5}}{2}$이다.

📋 $\frac{\sqrt{5}}{2}$

2. 중심각, 원주각 정리와 추론의 응용

필수예제 3-1

그림과 같이 원 O 에서 $\angle BOC = 50°$, $OC /\!/ AB$ 일 때, $\angle BDC$ 의 크기를 구하여라.

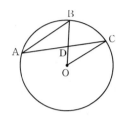

[풀이] $OC /\!/ AB$ 이므로 $\angle ABD = \angle BOC = 50°$ 이다.

또 $\angle BAD = \dfrac{1}{2} \angle BOC = \dfrac{1}{2} \times 50° = 25°$ 이므로

$\angle BDC = \angle ABD + \angle BAD = 50° + 25° = 75°$.

답 $75°$

필수예제 3-2

그림과 같이 반지름이 1인 원 O 에서 P 는 $\overset{\frown}{AB}$ 위의 한 점이고, $\angle APB = \angle AOB$ 일 때, 현 AB 의 길이를 구하여라.

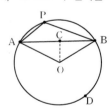

[풀이] 그림에서 $\angle AOB = \angle APB$, 즉, $\overset{\frown}{APB} = \dfrac{1}{2}\overset{\frown}{ADB}$ 이다.

그러므로 $\overset{\frown}{APB} = \dfrac{1}{3} \times 360° = 120°$, $\overset{\frown}{ADB} = \dfrac{2}{3} \times 360° = 240°$ 이다.

그러므로 $\angle AOB = 360° - 240° = 120°$ 이다.

O는 $OC \perp AB$, 즉 C 는 AB 의 중점으로, $\angle AOC = 60°$ 이다.

직각삼각형 AOC 에서, $AC = AO \cdot \sin 60°$ 이다.

그러므로 $AB = 2AC = 2AO \cdot \sin 60° = 2 \times 1 \times \dfrac{\sqrt{3}}{2} = \sqrt{3}$ 이다.

답 $\sqrt{3}$

오른쪽 그림과 같이, $\triangle ABC$는 원 O에 내접하고, 지름 CD는 AB와 직교하고 그 교점은 E이다. 현 BF는 CD와 점 M에서 만나고, AC와 만나는 점 N에서 만난다. 또 $BF = AC$이다. AD, AM을 연결하고 다음을 증명하여라.

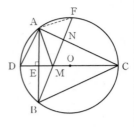

(1) $\triangle ACM \equiv \triangle BCM$

(2) $AD \cdot BE = DE \cdot BC$

(3) $BM^2 = MN \cdot MF$

[증명] (1) 지름 $CD \perp AB$, 즉 현에 수직인 지름 정리에 의해 CD는 현 AB의 수직이등분선이 된다. M, C는 모두 현 AB의 수직이등분선 CD 위의 점이 되므로 $AM = BM$, $AC = BC$, 또 CM은 공통이다.

그러므로 $\triangle ACM \equiv \triangle BCM$(SSS)이다.

(2) $\triangle AED$와 $\triangle CEB$에서 $\angle AED = \angle CEB = 90°$,

$\angle DAE = \angle BCE$(같은 호에 대한 원주각은 서로 같다.),

즉 $\triangle AED \backsim \triangle CEB$이므로 $\dfrac{BE}{DE} = \dfrac{BC}{AD}$이다.

그러므로 $AD \cdot BE = DE \cdot BC$이다.

(3) AF를 연결한다. $BF = AC$이므로, $\overset{\frown}{BAF} = \overset{\frown}{AFC}$이고, $\overset{\frown}{AB} = \overset{\frown}{FC}$이며 $\angle CBF = \angle AFB$(같은 호에 대한 원주각은 서로 같다.)

또 (1)에서 $\triangle ACM \equiv \triangle BCM$을 구하면

$\angle CBM = \angle CAM$, 즉 $\angle AFM = \angle NAM$이다.

또한 $\angle AMF = \angle NMA$(같은 각이다).

그러므로 $\triangle MAN \sim \triangle MFA$이고, $\dfrac{MN}{MA} = \dfrac{MA}{MF}$이다.

즉, $AM^2 = MN \cdot MF$이다.

또 $BM = AM$이므로 $BM^2 = MN \cdot MF$이다.

[평주] (2), (3)의 결론을 증명할 때, 먼저 증명하려는 등식을 비례식으로 고치면 $\dfrac{BE}{DE} = \dfrac{BC}{AD}$, $\dfrac{MN}{BM} = \dfrac{BM}{MF}$(즉, $\dfrac{MN}{AM} = \dfrac{AM}{MF}$), 이제 비례식의 각 변을 관찰하여 각각 어느 두 삼각형에 위치하는가를 증명하는 일반적인 방법이다.

📘 풀이참조

필수예제 5

오른쪽 그림과 같이 △ABC에서 D는 AC 위의 점으로, AD = DC + CB이다. D를 지나 AC에 수직인 선분은 외접원과 M에서 만난다. M이 우호 $\widehat{AB}$의 중점임을 증명하여라.

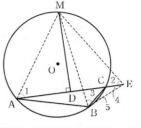

[증명] 그림처럼 AC의 연장선 위에 CE = BC가 되는 점 E를 잡는다.
MA, MB, ME, BE를 연결한다.
AD = DC + BC = DC + CE = DE, 또 MD⊥AE이다.
즉 MA = ME이고, ∠1 = ∠2, 또한 ∠1 = ∠3이다.
그러므로 ∠2 = ∠3. CE = BC, 즉 ∠4 = ∠5이다.
그러므로 ∠2 + ∠4 = ∠3 + ∠5이다.
또한 ME = MB이고, 또 ME = MA이므로 MA = MB이다.
또, $\widehat{AM} = \widehat{BM}$이므로 즉, M은 우호 $\widehat{AB}$의 중점이다.

📋 풀이참조

3. 원의 내접 사각형 정리에 대한 응용

필수예제 6

오른쪽 그림에서 AB는 반원 O의 지름이고, C는 반원 위에 한 점이다.
∠AOC = 60°, 점 P는 AB의 연장선 위의 점이다. 또한, PB = BO = 3cm이다.
PC를 연결하면 반원의 점 D와 만나고, PC와 AD의 연장선의 교점이 E이다. PE의 길이를 구하여라.

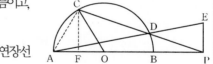

[풀이] 그림처럼, 점 C에서 AO에 내린 수선의 발을 F라 하고, AC, BD를 연결한다.
한 변의 길이가 3인 정삼각형 CAO에서 높이 $CF = \dfrac{3\sqrt{3}}{2}$, $FO = \dfrac{3}{2}$이다.
직각삼각형 CFP에서, $CP = \sqrt{(\dfrac{3\sqrt{3}}{2})^2 + (2 \times 3 + \dfrac{3}{2})^2} = 3\sqrt{7}$이다.
△PDB와 △PAC에서, ∠PDB = ∠PAC (내대각),
∠BPD = ∠CPA(공통각)이므로, 즉, △PDB∽△PAC이다.
그러므로 $\dfrac{PD}{PA} = \dfrac{PB}{PC} = \dfrac{DB}{AC}$이다.
앞의 등식으로부터 $PD = \dfrac{3}{3\sqrt{7}} \times 9 = \dfrac{9\sqrt{7}}{7}$이고,
뒤의 등식으로부터 $DB = \dfrac{3}{3\sqrt{7}}$이다.

그러므로 피타고라스 정리에 의해 $AD = \sqrt{AB^2 - DB^2} = \dfrac{9}{7}\sqrt{21}$ 이다.

또 직각삼각형 $EPA \backsim$ 직각삼각형 BDA 이므로 즉, $\dfrac{PE}{DB} = \dfrac{PA}{DA}$ 이다.

그러므로 $PE = \dfrac{PA}{DA} \cdot DB = \dfrac{9}{\frac{9\sqrt{21}}{7}} \times \dfrac{3\sqrt{7}}{7} = \sqrt{3}$ 이다.

답 $\sqrt{3}$

4. 종합예제

필수예제 7

오른쪽 그림에서와 같이 △ABC에서 AD는 ∠BAC의 이등분선이고, C는 원의 중심이며, CD를 반지름으로 하는 반원은 BC의 연장선과 E에서 만나고, AD와 F에서 만나며, AE와 M에서 만난다.

∠B = ∠CAE, FE : FD = 4 : 3일 때, 다음 물음에 답하여라.

(1) AF = FD 임을 증명하여라.

(2) $\cos AED$ 값을 구하여라. (HINT $\cos AED = \dfrac{ME}{DE}$ 이다.)

(3) BD = 10일 때, △ABC의 넓이를 구하여라.

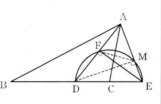

[풀이] (1) AD는 ∠BAC의 각의 이등분선이므로 ∠BAD = ∠DAC이다.
주어진 조건에 의해 ∠B = ∠CAE, 즉
∠BAD + ∠B = ∠DAC + ∠CAE이다.
∠ADE = ∠BAD + ∠B (삼각형 외각의 정리)이고,
∠DAC + ∠CAE = ∠DAE이다.
그러므로 ∠ADE = ∠DAE이다. 또한 EA = ED이다.
즉, △EAD는 이등변삼각형이다.
그리고 DE는 반원 C의 지름으로, ∠DFE = 90°, 즉, CF⊥AD이다.
따라서 이 결과와 이등변삼각형의 성질에 의해 AF = DF이다.

답 풀이참조

(2) DM, FM을 연결한다. DE는 반원 C의 지름이다.
∠DME = 90°이고, FE : FD = 4 : 3이므로
FE = 4k, FD = 3k일 때, 피타고라스 정리에 의하여
DE = $\sqrt{(3k)^2 + (4k)^2}$ = 5k이다.
그러므로 AE = DE = 5k, AF = FD = 3k, AD = 2AF = 6k이다.
사각형 DEMF가 반원 C에 내접하므로, ∠AMF = ∠ADE,

$\angle \mathrm{AFM} = \angle \mathrm{AED}$ (내대각)이다.

그러므로 $\triangle \mathrm{AFM} \backsim \triangle \mathrm{AED}$, 또 $\dfrac{\mathrm{AF}}{\mathrm{AE}} = \dfrac{\mathrm{AM}}{\mathrm{AD}}$이다.

그러므로, $\mathrm{AM} = \dfrac{\mathrm{AF} \cdot \mathrm{AD}}{\mathrm{AE}} = \dfrac{3k \cdot 6k}{5k} = \dfrac{18}{5}k$이고,

$\mathrm{ME} = \mathrm{AE} - \mathrm{AM} = 5k - \dfrac{18}{5}k = \dfrac{7}{5}k$이다.

그러므로 직각삼각형 DME에서,

$\cos \angle \mathrm{AED} = \dfrac{\mathrm{ME}}{\mathrm{DE}} = \dfrac{7}{5}k \div 5k = \dfrac{7}{25}$이다.

답 $\dfrac{7}{25}$

(3) $\angle \mathrm{CAE} = \angle \mathrm{B}$, $\angle \mathrm{AEC} = \angle \mathrm{BEA}$(공통)이므로

$\triangle \mathrm{CAE} \sim \triangle \mathrm{ABE}$이다. 그러므로 $\dfrac{\mathrm{AE}}{\mathrm{BE}} = \dfrac{\mathrm{CE}}{\mathrm{AE}}$이다.

즉, $\mathrm{AE}^2 = \mathrm{BE} \cdot \mathrm{CE}$이다.

그러므로 $(5k)^2 = (10 + 5k) \times \dfrac{5}{2}k$이다. 이를 풀면 $k = 2$이다.

즉, $\mathrm{AD} = 6k = 12$, $\mathrm{EF} = 4k = 8$, $\mathrm{DE} = 5k = 10$이다.

그러므로 $\mathrm{BD} = 10$이고, $\mathrm{BD} = \mathrm{DE}$이다.

$S_{\triangle \mathrm{ABC}} = S_{\triangle \mathrm{ADE}} = \dfrac{1}{2}\mathrm{AD} \cdot \mathrm{EF} = \dfrac{1}{2} \times 12 \times 8 = 48$이다.

또 C는 DE의 중점이므로 $S_{\triangle \mathrm{ACD}} = \dfrac{1}{2}S_{\triangle \mathrm{ADE}} = \dfrac{1}{2} \times 48 = 24$이다.

그러므로 $S_{\triangle \mathrm{ABC}} = S_{\triangle \mathrm{ABD}} + S_{\triangle \mathrm{ACD}} = 48 + 24 = 72$ 이다.

답 72

[평주] (2), (3)은 다음과 같이 풀 수도 있다.

점 N에서 $\mathrm{AN} \perp \mathrm{BE}$, 넓이 관계식은

$S_{\triangle \mathrm{ADE}} = \dfrac{1}{2}\mathrm{AD} \cdot \mathrm{FE} = \dfrac{1}{2}\mathrm{DE} \cdot \mathrm{AN} = \mathrm{AN} = \dfrac{24}{5}k$를 구할 수 있다.

또 피타고라스 정리로 구하면 $\mathrm{EN} = \dfrac{7}{5}k$, 즉, $\cos \angle \mathrm{AED} = \dfrac{\mathrm{EN}}{\mathrm{AE}} = \dfrac{7}{25}$이다.

같은 원리로 풀면 $k = 2$, 그러므로 $\mathrm{AN} = \dfrac{24}{5}k = \dfrac{48}{5}$,

$\mathrm{BC} = \mathrm{BD} + \mathrm{DC} = 10 + \dfrac{5}{2} \times 2 = 15$이다.

그러므로 $S_{\triangle \mathrm{ABC}} = \dfrac{1}{2}\mathrm{BC} \cdot \mathrm{AN} = \dfrac{1}{2} \times 15 \times \dfrac{48}{5} = 72$이다.

그림에서 사각형 $ABCD$ 의 외접원 O 의 반지름이 2 이고, 대각선 AC 와 BD 의 교점은 E 이다. $AE = EC$, $AB = \sqrt{2}\,AE$, $BD = 2\sqrt{3}$ 일 때, 사각형 $ABCD$ 의 넓이를 구하여라.

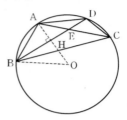

[풀이] $AE = EC$, $AB = \sqrt{2}\,AE$, $AB^2 = 2AE^2 = AE \cdot AC$ 이므로,

$\dfrac{AB}{AC} = \dfrac{AE}{AB}$ 이다.

또 $\angle EAB = \angle BAC$ 이므로 $\triangle ABE \sim \triangle ACB$ 이다.

$\angle ABE = \angle ACB$, $\angle ACB = \angle ADB$

(같은 호에 대한 원주각은 서로 같다.)이다.

그러므로 $AB = AD$ 이다. OB 를 연결하고, O 와 A 를 연결한 선분 OA 와 선분 BD 의 교점을 H 라 하자. 그러면 현 BD 는 OA 에 의해 수직이등분 된다.

그러므로 $BH = HD = \sqrt{3}$, 또 $OH = \sqrt{OB^2 - BH^2} = \sqrt{4-3} = 1$ 이다.

그리고 $AH = OA - OH = 2 - 1 = 1$ 이므로

$$S_{\triangle ABD} = \frac{1}{2} BD \cdot AH = \frac{1}{2} \times 2\sqrt{3} \times 1 = \sqrt{3}.$$

E 는 AC 의 중점이므로, $S_{\triangle ABE} = S_{\triangle BCE}$, $S_{\triangle ADE} = S_{\triangle CDE}$ 이다.

서로 더하면 $S_{\triangle ABD} = S_{\triangle BCD}$, $S_{\text{사각형}ABCD} = 2S_{\triangle ABD} = 2\sqrt{3}$ 이다.

🖪 $2\sqrt{3}$

[실력다지기]

01 오른쪽 그림과 같이 AB는 원 O의 지름이고, C는 AB에서 움직이는 점(C와 A, B는 겹치지 않는다)이다. $CD \perp AB$이고 AD, CD는 각각 원 O와 E, F에서 만난다. $AB \cdot AC$와 서로 같은 것은?

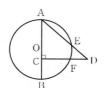

① $AE \cdot AD$

② $AE \cdot ED$

③ $CF \cdot CD$

④ $CF \cdot FD$

02 오른쪽 그림과 같이 원 C는 원점을 지나 각 좌표와 각각 A, D 두 점에서 만나며 $\angle OBA = 30°$이고, 점 D의 좌표는 $(0, 2)$이다. 점 A와 C의 좌표를 각각 구하여라.

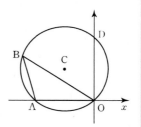

03 오른쪽 그림과 같이 $\triangle ABC$에서 $\angle C = 90°$, $AC = \sqrt{11}$, $BC = 5$이다. C는 원의 중심이고, BC를 반지름으로 하는 원과 BA의 연장선이 D에서 만날 때, AD의 길이는?

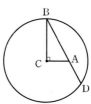

① $\dfrac{3}{7}$

② $\dfrac{5}{7}$

③ $\dfrac{7}{3}$

④ $\dfrac{5}{3}$

04 오른쪽 그림과 같이 원 O 의 반지름이 2이고, 현 AB 의 길이가 $2\sqrt{3}$ 이며, 점 C 와 D 는 각각 열호 $\overarc{AB}$ 와 우호 $\overarc{ADC}$ 위의 임의의 점이다. (단, C, D 는 A, B 와 겹치지 않는다.)

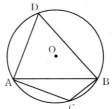

(1) $\angle ACB$ 를 구하여라.

(2) $\triangle ABD$ 의 넓이의 최댓값을 구하여라.

05 오른쪽 그림과 같이 정삼각형 ABC 는 원에 내접한다. 열호 $\overarc{AB}$ 위의 A, B 와 겹치지 않도록 점 M 을 잡는다. 직선 AC 와 BM 은 K 에서 만나고, CB 와 AM 은 N 에서 만난다.
선분 AK 와 BN 의 길이의 곱은 점 M 과 관계없이 항상 일정함을 증명하여라.

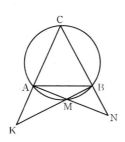

[실력 향상시키기]

06 원의 내접사각형의 변의 길이가 차례로 5, 10, 11, 14일 때, 이 사각형의 넓이는?

① $78\frac{1}{2}$　　　　② $97\frac{1}{2}$　　　　③ 90　　　　④ 102

07 오른쪽 그림과 같이 C는 반원 위의 한 점으로, $\overset{\frown}{AC} = \overset{\frown}{CE}$, 점 C를 지나
반원의 지름 AB에 수선을 내려 수선의 발을 P라고 한다.
현 AE는 각각 CP, CB와 점 D, F에서 만난다.

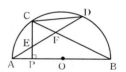

(1) AD = CD 임을 증명하여라.

(2) $DF = \dfrac{5}{4}$, $\tan \angle ECB = \dfrac{3}{4}$일 때, PB의 길이를 구하여라. ('tan'는 제 **22**강 참조)

08 오른쪽 그림과 같이 원의 내접하는 $\triangle ABC$는 정삼각형이고, 열호 $\overset{\frown}{BC}$ 위에 한 점 P가 있다. AP와 BC의 교점은 D이고, 또 $PB = 21$, $PC = 28$일 때, PD의 값을 구하여라.

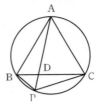

09 오른쪽 그림과 같이 원에 육각형 $ABCDEF$가 내접하며, $AB = CD = EF$를 만족할 때, 대각선 AD, BE, CF의 교점을 Q라 하고, AD와 CE의 교점은 P라 하자. 이때, 다음을 증명하여라.

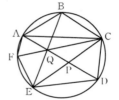

(1) $\dfrac{QD}{ED} = \dfrac{AC}{EC}$

(2) $\dfrac{CP}{PE} = \dfrac{AC^2}{CE^2}$

[응용하기]

10 오른쪽 그림과 같이 원 O에 △ABC가 내접한다. AC > BC이며 점 D 는 $\widehat{ACB}$의 중점이다. $AD^2 = AC \cdot BC + CD^2$임을 증명하여라.

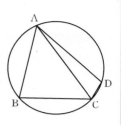

11 오른쪽 그림과 같이 원 O는 △ABC의 외접원이고, ∠BAC = 60°, H는 AC의 수선 BD와 AB의 수선 CE의 교점이다. BD의 중점은 M이고, BM = CH이다. 다음 물음에 답하여라.

(1) ∠BOC = ∠BHC 임을 증명하여라.

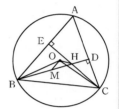

(2) △BOM ≡ △COH 임을 증명하여라.

(3) $\dfrac{MH}{OH}$ 의 값을 구하여라.

증명1(수직정리) 현에 수직인 지름은 그 현을 이등분하여 현에 대한 호를 이등분한다. 아래 그림과 같이 원 O에서 CD는 지름이고, AB는 현이며, CD⊥AB이고, CD와 AB의 교점을 E라고 한다.

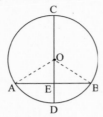

증명 : $AE = BE$, $\overset{\frown}{AC} = \overset{\frown}{BC}$, $\overset{\frown}{AD} = \overset{\frown}{BD}$ 이다.

[증명] 그림처럼, OA, OB를 연결하면 OA = OB이다. 또 CD⊥AB이고 AE = BE이다.
원은 축대칭 도형이므로 원을 CD를 축으로 접으면 CD의 양쪽에 있는 반원이 합쳐진다.
A와 B가 겹치고, AE와 BE가 겹친다. $\overset{\frown}{AC}$, $\overset{\frown}{AD}$는 각각 $\overset{\frown}{BC}$, $\overset{\frown}{BD}$와 겹치고 $\overset{\frown}{AC} = \overset{\frown}{BC}$, $\overset{\frown}{AD} = \overset{\frown}{BD}$이다.

정리2(원주각 정리) 한 호에 대한 원주각은 그 호에 대한 중심각의 반과 같다.
   아래 그림과 같이 원 O에서 $\overset{\frown}{BC}$에 대한 원주각은 ∠BAC이고,

   중심각은 ∠BOC이다. $\angle BAC = \frac{1}{2} \angle BOC$ 임을 증명하자.

[증명] 3가지 경우로 나누어 증명한다.

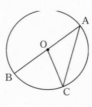
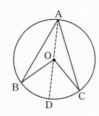
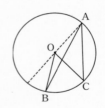

[그림 1]   [그림 2]   [그림 3]

(1) [그림 1]에서 원 O의 중심 O가 ∠BAC의 한 변 위에 있을 때, OA = OC이므로
    즉, ∠C = ∠BAC, 또 ∠BOC = ∠BAC + ∠C (삼각형의 외각정리)
    그러므로 $\angle BAC = \frac{1}{2} \angle BOC$ 이다.

(2) [그림 2]에서 원의 중심이 ∠BAC의 내부에 있을 때, 지름은 AD이고, (1)의 결과를 이용한다.
    $\angle BAD = \frac{1}{2} \angle BOD$, $\angle DAC = \frac{1}{2} \angle DOC$, 두 식을 서로 더하면
    $\angle BAD + \angle DAC = \frac{1}{2}(\angle BOC + \angle DOC)$. 즉, $\angle BAC = \frac{1}{2} \angle BOC$ 이다.

(3) [그림 3]에서 원의 중심이 $\angle BAC$ 의 위에 있을 때 지름은 AD이고, (1)의 결과를 이용한다.

$$\angle DAB = \frac{1}{2}\angle DOB, \quad \angle DAC = \frac{1}{2}\angle DOC, \text{ 두 식을 서로 더하면}$$

$$\angle DAC - \angle DAB = \frac{1}{2}(\angle DOC - \angle DOB).$$

즉, $\angle BAC = \frac{1}{2}\angle BOC$ 이다.

정리3(원과 내접하는 사각형에 대한 정리) 원의 내접 사각형의 대각은 서로 180° 에 대한 보각으로, 임의의 한 외각은 그 내각의 대각(내대각)과 같다.

아래 그림과 같이 사각형 $ABCD$는 원 O에 내접한다. $\angle DCE$는 사각형 $ABCD$의 한 외각이다.
$\angle A + \angle BCD = 180°$, $\angle B + \angle D = 180°$, $\angle DCE = \angle A$ 임을 증명하자.

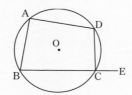

[증명] $\overset{\frown}{BAD}$와 $\overset{\frown}{BCD}$에 대한 중심각의 합은 360° 이다. 원주각에 관한 정리에 의하여
$\angle A + \angle BCD = 180°$, 같은 원리로 $\angle B + \angle D = 180°$.
또 $\angle BCD + \angle DCE = 180°$ 이므로, $\angle DCE = \angle A$ 이다.

19강 직선과 원의 위치관계(I)

1 핵심요점

1. 직선과 원의 위치관계

아래 그림과 같이 직선과 원은 세 가지 위치 관계가 있다. : 서로 만난다. 서로 접한다. 서로 만나지 않는다.

만약 원 O의 반지름이 r이면, 원심 O로부터 직선 l까지의 거리를 d라고 하면

(1) 직선 l과 원 O는 서로 만난다. $\Leftrightarrow d < r$

(2) 직선 l과 원 O는 서로 접한다. $\Leftrightarrow d = r$

(3) 직선 l과 원 O는 서로 만나지 않는다. $\Leftrightarrow d > r$

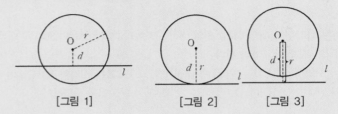

[그림 1]   [그림 2]   [그림 3]

2. 접선의 판정 방법(정리)

접선의 판정 정리 : 반지름의 바깥 끝점을 지나며 그 반지름에 수직인 직선은 **원의 접선**이다.

3. 접선의 특징

(1) **접선의 특징** : 원의 접선은 접점을 지나는 반지름에 수직이다.

　　추론 1 : 원의 중심을 지나며 접선에 수직인 직선은 반드시 접점을 지난다.

　　추론 2 : 접점을 지나며 접선에 수직은 반드시 원의 중심을 지난다.

(2) **접선의 길이에 관한 정리** : 원 밖의 한 점에서 그은 원의 두 접선의 길이는 서로 같고, 원의 중심과 그 점을
　　　　　　　　　　　　　연결한 선분은 두 점 사이에 낀 각을 이등분한다.

(3) **접현각에 대한 정리** : 접현각은 그 접현각 안에 있는 호에 대한 원주각과 같다.

　　추론 : 두 접현각 안에 있는 두 호의 길이가 같으면 두 접현각은 서로 같다.

4. 삼각형의 내접원

삼각형의 각 변과 모두 접하는 원을 삼각형의 **내접원**(아래 그림에서의 원 O)이라 부르고 내접원의 중심을 **삼각형의 내심**이라 부른다. 이때, 삼각형을 원의 **외접 삼각형**이라 한다.

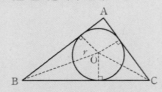

2 필수예제

1. 접선의 판정

분석 tip
그림과 같이 OC를 연결하고, 접선의 판정 정리에 근거하여 OC⊥PC임을 보이면 된다.

> **필수예제 1**
>
> 오른쪽 그림과 같이 AB는 원 O의 지름이고, P는 원 O 밖의 한 점이며, PA⊥AB이고, BC∥OP이다. PC는 원 O의 접선임을 증명하여라.

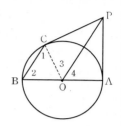

[증명] 그림과 같이 OC를 연결한다.

OC = OB이므로 ∠1 = ∠2이다.

또 BC∥OP이므로 ∠1 = ∠3, ∠2 = ∠4이다.

즉, ∠3 = ∠4이다.

또한, OP는 공통, OC = OA이므로, △OCP ≡ △OAP(SAS합동)이다.

따라서 ∠OCP = ∠OAP = 90°이다.

그러므로 OC⊥OP이다. 즉 PC는 원 O의 접선이다.

📋 풀이참조

2. 접선의 특징을 이용한 응용

> **필수예제 2**
>
> 그림 (1)에서 AB는 원 O의 지름이고, P는 AB 위의 점으로(A, B와 겹치지 않음) QP⊥AB이다. 직선 QA는 원 O와 점 C에서 만나고, 점 C를 지나는 접선은 직선 QP와 점 D에서 만나며 △CDQ는 이등변삼각형이 된다. P가 BA의 연장선에 있을 때도 다른 조건이 변하지 않는다면(그림 (2)), △CDQ는 여전히 이등변삼각형이 되는가?

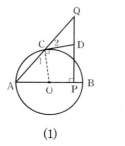

(1)

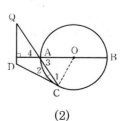

(2)

그림 (1)에서 OC를 연결하고, ∠1 = ∠A와

∠DCO = ∠1 + ∠2 = ∠A + ∠Q = 90° 로 부터 ∠2 = ∠Q이다.

그러므로 △DCQ는 이등변삼각형이 성립된다.

[풀이] 그림 (2)에서 OC와 연결한다. DC는 원 O의 접선으로, OC ⊥ CD이다.

그러므로 ∠1 + ∠2 = 90°. 또 OC = OA이므로 즉, ∠1 = ∠3.

또 ∠3 = ∠4, 즉 ∠1 = ∠4.

BP ⊥ PQ이므로 ∠Q + ∠4 = 90°, ∠1 + ∠Q = 90°가 있다.

그러므로 ∠2 = ∠Q. 즉, DC = DQ이고, △DCQ는 이등변삼각형이다.

🖩 풀이참조

3. 접선의 길이와 관련된 응용

필수예제 3

정사각형 ABCD 의 변의 길이가 4이고, AB를 지름으로 하여 정사각형의 내부에 반원을 그렸다. CM과 DN은 반원의 접선이고, 접점은 M, N이다. CM과 DN이 P에서 만날 때, △PMN의 넓이를 구하여라.

[풀이] 다음 그림에서 CM의 연장선이 AD와 E, DN의 연장선이 BC와 F에서
만나고, EF를 연결한다.
대칭성으로 알 수 있듯이, 사각형 EFCD는 직사각형이다.

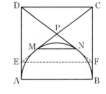

접선의 길이에 관한 정리로부터 CM = CB = 4.

만약 $x = EA = EM$라고 하면, DE = 4 − x, CE = 4 + x이다.

직각삼각형 CDE에서, 피타고라스 정리에 의해 $(4 - x)^2 + 4^2 = (4 + x)^2$이다.

이를 풀면 $x = 1$이다. 즉, EA = 1, DE = 3, CE = 5이다.

그러므로 $S_{\square EFCD} = 12$이다. 즉, $S_{\triangle PEF} = \frac{1}{4} S_{\square EFCD} = 3$이다.

대칭성으로 알 수 있듯이, MN // EF, 즉 △PMN ∽ △PEF이다.

또 $PM = PE - x = \frac{5}{2} - 1 = \frac{3}{2}$이다.

또한 $\dfrac{\triangle PMN}{\triangle PEF} = \left(\dfrac{PM}{PE} \right)^2 = \left(\dfrac{3}{2} \div \dfrac{5}{2} \right)^2 = \left(\dfrac{3}{5} \right)^2 = \dfrac{9}{25}$이므로

$S_{\triangle PMN} = \dfrac{9}{25} S_{\triangle PEF} = \dfrac{9}{25} \times 3 = \dfrac{27}{25}$이다.

🖩 $\dfrac{27}{25}$

필수예제 4

그림과 같이 이등변삼각형 ABC에서 O는 밑변 BC의 중점이다. O를 원의 중심으로 하는 반원과 AB, AC는 서로 접하며, 접점은 각각 D, E이다. 반원 위의 한 점 F에서의 접선과 AB, AC와의 교점을 각각 M, N이라 한다.

$\dfrac{BM \cdot CN}{BC^2}$의 값을 구하여라.

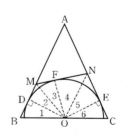

[풀이] 그림에서, OD, OM, OF, ON, OE를 연결하고, 접선의 길이에 관한 정리로 부터 $\angle 2 = \angle 3$, $\angle 4 = \angle 5$이다.

또 직각삼각형 ODB와 직각삼각형 OEC에서 $\angle B = \angle C$, 즉 $\angle 1 = \angle 6$이다.

그러므로 $\angle 1 + \angle 2 + \angle 3 + \angle 4 + \angle 5 + \angle 6 = 180°$이다.

이를 정리하면 $2(\angle 1 + \angle 2 + \angle 5) = 180°$, 즉, $\angle 1 + \angle 2 + \angle 5 = 90°$이다.

그러므로 $\angle 1 + \angle 2 = 90° - \angle 5$이다.

또 $\angle BOM = \angle 1 + \angle 2 = 90° - \angle 5 = \angle ONE$,

$\angle MBO = \angle OCN (\because AB = AC)$,

즉, $\triangle MBO \backsim \triangle OCN$, 그러므로 $\dfrac{BM}{CO} = \dfrac{OB}{CN}$이다.

$BM \cdot CN = CO \cdot OB = \dfrac{1}{4} BC^2$이므로 $\dfrac{BM \cdot CN}{BC^2} = \dfrac{1}{4}$이다.

답 $\dfrac{1}{4}$

4. 접현각 성질의 응용

오른쪽 그림과 같이 AB는 원 O의 지름이고, $AB = a$이다. 점 A를 지나는 원 O의 접선 위에 점 C를 잡고 $AC = AB$가 되게 한다. OC를 연결하고 원 O와 만나는 점을 D라 하고, BD의 연장선과 AC가 만나는 점은 E이다. AE의 길이를 구하여라.

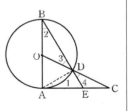

[풀이] 그림과 같이 AD를 연결한다.

CA는 원 O의 접선이다. 접현각에 관한 정리로부터 $\angle 1 = \angle 2$.

또 $OB = OD$이므로 즉, $\angle 2 = \angle 3$이고,

또 $\angle 3 = \angle 4$이므로 $\angle 1 = \angle 2 = \angle 3 = \angle 4$이며, $\triangle CDE \sim \triangle CAD$이다.

즉, $\dfrac{CD}{DE} = \dfrac{CA}{AD}$이다. ········⊙

또 $\triangle ADE \backsim \triangle BDA$이므로 (직각삼각형 BAE의 빗변 BE의 높이는 AD이고, 두 개의 직각삼각형의 닮음을 이용하면(닮음 삼각형의 성질을 이용하면)

$\dfrac{AE}{DE} = \dfrac{AB}{AD}$이다. ········ⓒ

⊙, ⓒ과 $AB = AC$로부터 $AE = CD$이다.

또 $\triangle CDE \backsim \triangle CAD$으로, $\dfrac{CD}{CA} = \dfrac{CE}{CD}$이다.

즉, $CD^2 = CE \cdot CA$이므로 $AE^2 = CE \cdot CA$이다.

$AE = x$로 잡으면 $CE = a - x$이고, $x^2 = a(a-x)$이며,

즉 $x^2 + ax - a^2 = 0$이다.

이를 풀면 $x = \dfrac{-a \pm \sqrt{a^2 + 4a^2}}{2} = \dfrac{-1 \pm \sqrt{5}}{2}a \ (x > 0)$이다.

그러므로 $AE = \dfrac{\sqrt{5}-1}{2}a$이다.

답 $\dfrac{\sqrt{5}-1}{2}a$

필수예제 6

오른쪽 그림과 같이 평행사변형ABCD에서, A, B, C 세 점을 지나는 원이 AD와 E에서 만나고, CD와 접한다. AB = 4, BE = 5일 때, DE의 길이는?

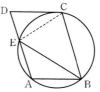

① 3

② 4

③ $\dfrac{15}{4}$

④ $\dfrac{16}{5}$

[풀이] EC를 연결한다. AD//BC이므로 $\overparen{CE} = \overparen{AB}$이다.

따라서 CE = AB = CD = 4이다. BC//AD에서 ∠BCE = ∠CED이다.

CD는 접선으로, 접현각에 관한 정리로부터 ∠DCE = ∠CBE이다.

따라서 △DCE ∽ △CEB이다. 즉, $\dfrac{DE}{DC} = \dfrac{CE}{BE}$이다.

그러므로 $DE = \dfrac{DC \cdot CE}{BE} = \dfrac{4 \times 4}{5} = \dfrac{16}{5}$이다.

답은 ④이다.

답 ④

5. 삼각형의 내심의 응용

필수예제 7

오른쪽 그림에서 I는 예각삼각형 ABC의 내심이다. A_1, B_1, C_1은 각각 점 I를 각각 변 BC, CA, AB에 대해 대칭시킨 대칭점이다. 점 B가 △$A_1B_1C_1$의 외접원에 있다면 ∠ABC는?

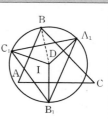

① 30°

② 45°

③ 60°

④ 90°

[풀이] 그림에서 △ABC의 내접원의 반지름을 r이라 하면,

$IA_1 = IB_1 = IC_1 = 2r$,

그러므로 I는 동시에 △$A_1B_1C_1$의 내접원의 중심이다.

만약 IA_1와 BC의 교점이 D이면, IB를 연결한다. 즉, $IB = IA_1 = 2 \cdot ID$.

직각삼각형 IBD에서, ∠IBD = 30°.

마찬가지로 ∠IBA = 30°,

그러므로 ∠ABC = 30° + ∠30° = 60°이다. 답은 ③이다.

답 ③

필수예제 8

그림과 같이 AC, BD는 원 O의 내접 사각형 ABCD의 대각선이고, BD는 반지름 OC의 수직이 등분이다. AC 위에 점 P를 잡고 CP = OC이게 한다. BP를 연결하며 AD와 E에서 만나게 하고 연장하여 원 O와 F에서 만난다. PF^2 = EF · BF임을 증명하여라.

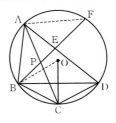

[증명] 그림과 같이 AF, OB를 연결한다.

BD에 의해 수직이등분 되는 반지름 OC에서, BO = BC이다.
또 OB = OC = CP이므로 CP = BC이며, ∠PBC = ∠BPC이다.
∠PBD = ∠PBC − ∠CBD, ∠ABP = ∠BPC − ∠BAC이고
OC⊥BD이므로
C는 열호(짧은 호) $\overset{\frown}{BD}$의 중점이다. 즉, ∠BAC = ∠DAC = ∠CBD.
그러므로 ∠PBD = ∠ABP.
따라서 점 P는 △ABD의 내심이고, ∠EAF = ∠ABF, ∠F = ∠F이므로
△AEF ∼ △BAF이다. 즉, AF^2 = EF · BF이다.
또 ∠FAP = ∠FAE + ∠CAD, ∠FPA = ∠ABF + ∠BAC이다.
내심의 특징에 의해 ∠CAD = ∠BAC이고,
∠FBD = ∠ABF, 즉, $\overset{\frown}{DF}$ = $\overset{\frown}{AF}$이므로 ∠FAE = ∠ABF이다.
그러므로 ∠FAP = ∠FPA, PF = AF이다. 즉, PF^2 = EF · BF이다.

🔲 풀이참조

[실력다지기]

01 P는 원 O의 지름 AB의 연장선 위의 한 점이고, PC와 원 O는 점 C에서 접하며
∠APC의 이등분선은 AC와 Q에서 만난다. ∠PQC의 크기를 구하여라.

02 오른쪽 그림에서, 원 O는 △ABC의 내접원이고
∠C = 90°이며, AO의 연장선은 BC와 D에서 만나고
AC = 4, CD = 1일 때, 원 O의 반지름은?

① $\dfrac{4}{5}$　　　　　　② $\dfrac{5}{4}$

③ $\dfrac{3}{4}$　　　　　　④ $\dfrac{5}{6}$

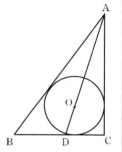

03 오른쪽 그림에서 O를 같은 중심으로 갖는 두 개의 동심원에서, 작은 원
의 반지름은 2이고, 큰 원의 현 AB와 작은 원은 C, D에서 만나며,
AC = CD, ∠COD = 60°이다.

(1) 큰 원의 반지름을 구하여라.

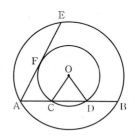

(2) 큰 원의 현 AE는 작은 원과 F에서 만난다. AE의 길이를 구하여라.

04 아래 그림 (A)에서 AB는 원 O의 지름이고, AC는 현이다. 직선 EF와 원 O는 점 C에서 접하고, AD⊥EF이다.

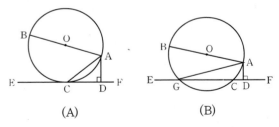

(A) (B)

(1) ∠DAC = ∠BAC 임을 보여라.

(2) 직선 EF를 위로 평행이동 하면 그림 (B)와 같게 된다. 이때, EF와 원 O는 G, C에서 만난다. 다른 조건이 변하지 않을 때, ∠DAC와 같은 각은 어느 것인가? 이유는 무엇인가?

05 아래 그림과 같이 변의 길이가 서로 다른 △ABC는 원 O에 내접하고 I는 내심이며, AI⊥OI이다. AB + AC = 2BC 임을 증명하여라.

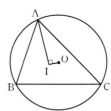

[실력 향상시키기]

06 오른쪽 그림과 같이 이등변삼각형 ABC에서 AB = AC이다. AB를 지름으로 하는 원 O는 각각 AC, BC와 D, E에서 만난다. 점 B를 지나는 접선은 OE의 연장선과 F에서 만난다. FD를 연결하면 아래의 결론을 내릴 수 있다.

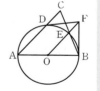

(A) $\overparen{DE} = \overparen{BE}$ (B) FD는 원 O의 접선이다.

(C) $\angle C = \angle DFB$ (D) $AD \cdot OF = 2 \cdot OA^2$

위의 결론들 중 알맞은 것들로 짝지은 것은?

① (A), (B), (C) ② (A), (B), (D) ③ (A), (C), (D) ④ (B), (C), (D)

07 [그림 1]에서 반원 O는 △ABC의 외접 반원이고, AC는 지름이며, D는 호 $\overparen{BC}$ 위의 동점이다. P는 CB의 연장선 위에 있고, $\angle BAP = \angle BDA$이다.

(1) AP는 반원 O의 접선임을 증명하여라.

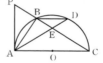
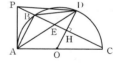

[그림 1]　　[그림 2]

(2) 기타 조건이 변하지 않을 때, 어떤 조건을 추가하면 $BD^2 = BE \cdot BC$가 성립되는가? 이유를 설명하여라.

(3) [그림 2]에서 (2)의 조건을 만족하면서 점 H에서 OD와 BC가 직교하고, BE = 2, EC = 4이다. PD를 연결할 때, 사각형 ABDO는 어떠한 사각형인지 결정하고, $\tan \angle DPC$의 값을 구하여라.

08 $\triangle ABC$와 $\triangle A'B'C'$에서 $AB < A'B'$, $BC < B'C'$, $CA < C'A'$이다. 아래의 결론 중 알맞은 것의 개수는?

(A) $\triangle ABC$의 변 AB의 길이는 $\triangle A'B'C'$의 변 $A'C'$의 길이보다 짧다.

(B) $\triangle ABC$의 외접원의 반지름은 $\triangle A'B'C'$의 넓이보다 작다.

(C) $\triangle ABC$의 외접원의 반지름은 $\triangle A'B'C'$의 외접원의 반지름보다 짧다.

(D) $\triangle ABC$의 내접원의 반지름은 $\triangle A'B'C'$의 내접원의 반지름보다 짧다.

① 0개　　　　　② 1개　　　　　③ 2개　　　　　④ 4개

09 오른쪽 그림과 같이 반지름이 r인 원 O에서 AB는 지름이고, C는 $\overset{\frown}{AB}$의 중점이며, D는 $\overset{\frown}{CB}$의 3분의 1인 점이다. $\overset{\frown}{DB}$의 길이는 $\overset{\frown}{CD}$의 길이의 2배이다. AD를 연결하고 연장하면 원 O의 접선 CE와 E(C는 접점)에서 만난다. AE의 길이를 구하여라.

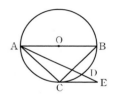

[응용하기]

10 오른쪽 그림에서 $\triangle ABC$의 내접원의 반지름 r이고, $\angle A = 60°$, $BC = 2\sqrt{3}$일 때, r의 범위를 구하여라.

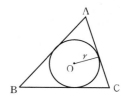

11 아래 그림에서 PA, PB는 원 O와 A, B 두 점에서 접하고, PC는 임의의 할선으로, 원 O와 E, C에서 만나고, AB와 D에서 만난다. $\dfrac{AC^2}{BC^2} = \dfrac{AD}{BD}$ 임을 증명하여라.

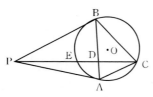

부록 몇 가지 정리의 증명

정리1 (접선의 판정정리) 반지름의 바깥 점을 지나며 반지름에 수직인 직선은 원의 접선이다.

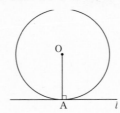

위의 그림에서 직선 l은 원 O에서 반지름 OA의 바깥의 점 A를 지나며 $l \perp OA$이다.
l은 원 O의 접선임을 증명하여라.

[증명] 직선 l은 반지름 OA의 바깥의 점 A를 지나며 $OA \perp l$이고, l까지의 거리 $OA = r$(반지름)이다.
그러므로 l과 원 O는 서로 접한다.

정리2 (접선의 특징에 관한 정리) 원과 접선은 접점을 지나는 반지름에 수직이다.

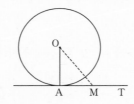

위의 그림에서 직선 AT는 원 O의 접선이고, 접점은 A이다.
$AT \perp OA$임을 증명하여라.

[증명] (귀류법) AT와 OA가 수직이 되지 않는다고 가정하고, 이때, 점 O를 지나면서 AT와 점 M에서
수직으로 만나는 선분 OM을 그리자. 수직이 되는 선분은 가장 짧은 선분임에 근거하여 $OM < OA$이다.
여기서 원의 중심으로부터 직선 AT의 거리는 반지름 보다 작다는 것을 설명한다. 따라서 AT는 원 O와
교차해야 한다. 이것과 AT는 원 O의 접선이라는 것과 모순이다.
그러므로 $AT \perp OA$이다.

정리3 (접선의 길이에 관한 정리) 원 밖의 한 점에서 원에 그은 두 접선의 길이는 서로 같고, 두 접선 사이에
끼인 각은 점과 원의 중심을 이은 선분에 의하여 이등분한다.

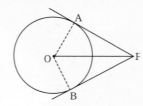

위의 그림에서 P는 원 O 밖의 한 점이고, PA, PB는 원 O의 접선이며, 접점은 A, B이다.

 PA＝PB, ∠OPA＝∠OPB임을 증명하여라.

[증명] OA, OB를 연결한다. 접선의 성질에 관한 정리로 부터 OA⊥AP, OB⊥BP, 또 OA＝OB,

　　OP＝OP. 그러므로 직각삼각형 AOP ≡ 직각삼각형 BOP이고, PA＝PB, ∠OPA＝∠OPB

　　이다.

정리4 (접현각에 관한 정리) 접현각은 그 접현각 안에 있는 호에 대한 원주각과 같다.

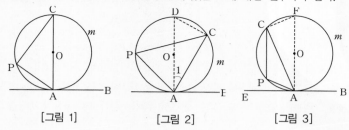

[그림 1]　　　　　[그림 2]　　　　　[그림 3]

[그림 1]에서 AC는 원 O의 현이고, AB는 원 O의 접선이며, $\overset{\frown}{AmC}$는 접현각 ∠BAC 사이에 끼인 호이다.

∠P는 $\overset{\frown}{AmC}$에 대한 원주각이다.

∠BAC＝∠P임을 증명하여라.

3가지 경우를 나누어 증명한다.

(1) [그림 1]에서 원의 중심 O는 ∠BAC의 변 AC에 있을 때, AB는 원 O의 접선이다.

　　즉, AC⊥AB이므로, ∠BAC＝90°. 또 $\overset{\frown}{AmC}$는 반원이다.

　　즉, ∠P＝90°, 그러므로 ∠BAC＝∠P이다.

(2) [그림 2]에서 원의 중심 O는 ∠BAC의 외부에 있다.

　　이때, 원 O의 지름 AD는 CD와 연결한다. ∠BAD＝∠ACD＝90°,

　　즉, ∠BAC＝90°－∠1, ∠D＝90°－∠1,

　　그러므로 ∠BAC＝∠D이고, 또 ∠P＝∠D, 따라서 ∠BAC＝∠P이다.

(3) [그림 3]에서 원의 중심 O는 ∠BAC의 내부에 있다.

　　원 O의 지름 AF이고, CF와 연결한다.

　　∠BAC＝180°－∠EAC, ∠P＝180°－∠F, 또 위의 (2)에서 알 수 있듯이 ∠EAC＝∠F이다.

　　그러므로 ∠BAC＝∠P이다.

부록 삼각형의 사심(내심, 외심, 중심, 수심)

1. 삼각형의 내심과 내접원

정의 : 삼각형의 세 내각의 이등분선(반드시 한 점에서 만난다.)의 교점을 **삼각형의 내심**이라고 한다.
내심으로부터 세 변까지의 거리를 반지름으로 하는 원을 **삼각형의 내접원**이라고 하고,
이때, 삼각형은 내접원의 외접 삼각형이 된다.

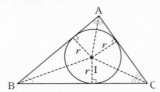

위의 그림에서 I는 △ABC의 내심이고, 원 I는 △ABC의 내접원이며, △ABC는 원 I의 외접 삼각형이다. 이 정의로부터 우리는 삼각형의 내심을 결정하는 방법(두 내각의 이등분선의 교점이 내심)을 알게 되고, 또 삼각형의 내접원을 그리는 방법을 알 수 있다. 여기서 우리는 삼각형의 내심의 특징을 알 수 있다.

특징

(1) 내심과 각 꼭짓점을 연결한 선은 삼각형의 세 각을 이등분한다.
(2) 내심으로부터 세 변까지의 거리는 같고, 이 거리는 내접원의 반지름이 된다.
(3) 내심으로부터 각 변에 내린 수선의 발은 접점이며 반대로 내심과 각 접점을 연결한 선은 변에 수직이다.

2. 삼각형의 외심과 외접원

정의 : 삼각형의 세 변의 수직이등분선(한 점에서 만난다.)의 교점을 **삼각형의 외심**이라고 한다.
외심으로부터 세 꼭짓점까지의 거리는 같고, 이 거리를 반지름으로 하는 원을
삼각형의 외접원이라고 부르며, 이때, 삼각형은 원의 내접 삼각형이 된다.

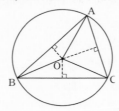

그림에서 O는 △ABC의 외심이다. 원 O는 △ABC의 외접원이고, △ABC는 원 O의 내접 삼각형이다. 이 정의로부터 우리는 삼각형의 외심을 정할 수 있고, 또 삼각형의 외접원을 그릴 수 있다.

특징

(1) 외심으로부터 세 변에 그은 수선은 각 변을 이등분한다.
(2) 외심과 각 변의 중점을 이은 선은 각 변에 수직이다.
(3) 외심과 각 꼭짓점을 이은 선분의 길이는 서로 같다.(외접원의 반지름)

3. 삼각형의 무게중심

정의 : 삼각형의 세 중선의 교점을 **삼각형의 무게 중심**이라 한다. 이 정의로부터 우리는 무게 중심을
결정 할 수 있으며, 또한 무게 중심의 성질 또한 알 수 있다. 즉, 무게중심과 꼭짓점을 이은 선분의
연장선은 각 변의 중점을 지난다. 반대로 무게 중심과 각 변의 중점을 이은 선분의 연장선은
각 꼭짓점을 지난다.
무게중심의 또 다른 중요한 성질이 있다. 무게중심과 꼭짓점 사이의 거리는 무게중심과 대응변의
중점을 연결한 거리의 2배이다. 즉, 아래 그림에서 P 는 △ABC 의 무게중심이고,
AD 는 한 중선이다.

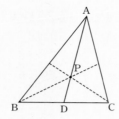

이때, $AP = 2PD \left(PD = \frac{1}{2}AP = \frac{1}{3}AD \text{ 또는 } AD = \frac{2}{3}AD \right)$

4. 삼각형의 수심

정의 : 삼각형의 세 높이의 교점을 **삼각형의 수심**이라고 한다. 이 정의로부터 우리는 삼각형의 수심을
정할 수 있으며 수심과 꼭짓점을 이은 선은 대응변과 수직이라는 것을 알 수 있다.
즉, 아래 그림에서 H가 △ABC 의 수심이다. 즉, $AH \perp BC$, $BH \perp AC$, $CH \perp AB$ 이다.

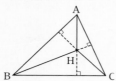

20강 직선과 원의 위치관계(Ⅱ)

1 핵심요점

1. 서로 만나는 현에 관한 정리와 추론

서로 만나는 현에 관한 정리 : 한 원에서 두 현이 서로 만날 때, 만나는 교점에 나누어진 두 선분의 값은 서로 같다. 아래 그림과 같이 현 AB와 CD가 원 O내에 한 점 P에서 만나면 $PA \cdot PB = PC \cdot PD$이다. (부록 1 참고)

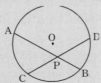

추론 만약 현과 지름이 수직으로 만날 때 현의 반은 지름을 나누는 두 선분의 비례중항이다. 즉, 아래 그림에서 CD는 현이고, AB는 지름이며, $CD \perp AB$이고, 그 교점(수직점)이 P이면, $PC^2 = PA \cdot PB$이다.

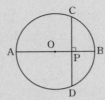

2. 접선의 길이에 관한 정리 및 할선의 정리(접현선의 정리)

접선의 길이에 관한 정리 : 원 밖의 한 점에서 원에 접선과 할선을 긋자. 접선의 길이는 이 점과 할선에 의해 생긴 원과의 두 교점을 이어 만든 두 선분의 비례 중항이다. [그림 1]과 같이 P는 접점이고, PA는 할선이다. 점 A와 B는 원 O와 만나는 교점이다. 그러면 $PT^2 = PA \cdot PB$이다.

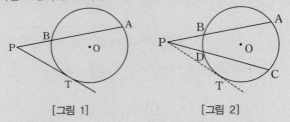

[그림 1]   [그림 2]

추론(할선에 관한 정리) 원 밖의 한 점에서 원에 두 할선이 있을 때, 각 할선과 원이 만나는 교점에 의해 생긴 두 선분은 [그림 2]와 같이 $PA \cdot PB = PC \cdot PD$이다.

2 필수예제

1. 서로 만나는 현의 정리의 응용

필수예제 1

그림과 같이 원 O의 두 현 AB, CD는
서로 만나고, E는 AB의 중점이며,
AB = 4, DE = CE + 3이다. CD의 길이는?

① 4　　　　② 5

③ 8　　　　④ 10

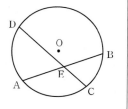

[풀이]　CE = x 라고 하면, DE = $x+3$ 이고, E는 AB의 중점이므로, AB = 4이다.

　　　　그러므로 AE = BE = 2이다.

　　　　서로 만나는 현의 정리로부터 CE · DE = AE · BE 이다.

　　　　그러므로 $x(x+3) = 2 \times 2$ 이다. 이를 풀면 $x = 1(x > 0)$ 이다.

　　　　그러므로 CD = CE + DE = 1 + (1 + 3) = 5이다.

　　　　따라서 답은 ②이다.

답 ②

필수예제 2

그림과 같이 사각형 ABCD는 원 O의 내접하는
정사각형이고, P는 $\widehat{AB}$의 중점이다.
PD와 AB는 점 E에서 만날 때, $\dfrac{PE}{DE}$의 값을
구하여라.

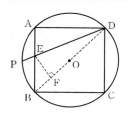

[풀이]　만약 원에 내접하는 정사각형의 길이를 1이라 가정하고, BD를 연결한다.

　　　　점 F에서 EF⊥BD이다.

　　　　$\widehat{AP} = \widehat{BP}$ 이므로 ∠ADP = ∠PDB이고,

　　　　또, ∠A = 90°, 즉 EA⊥BD이므로 AE = EF이다.

　　　　직각삼각형 EFB에서, ∠EBF = 45°이다.

　　　　즉, BE = $\dfrac{EF}{\sin \angle EBF} = \dfrac{EF}{\sin 45°} = \sqrt{2}$ EF이다.

　　　　AE = EF = x 라고 하면, 즉 BE = $\sqrt{2}x$ 이다.

　　　　AE + BE = 1이므로 $x + \sqrt{2}x = 1$, 이를 풀면 $x = \sqrt{2} - 1$,

　　　　그러므로 AE = $\sqrt{2} - 1$, BE = $\sqrt{2}(\sqrt{2} - 10) = 2 - \sqrt{2}$.

　　　　또 피타고라스 정리에 의하여 DE = $\sqrt{AE^2 + AD^2} = \sqrt{4 - 2\sqrt{2}}$ 이다.

또 서로 만나는 현의 정리로부터 $PE \cdot DE = AE \cdot BE$ 이다.

즉, $PE = \dfrac{AE \cdot BE}{DE} = \dfrac{(\sqrt{2}-1)(2-\sqrt{2})}{\sqrt{4-2\sqrt{2}}} = \dfrac{3\sqrt{2}-4}{\sqrt{4-2\sqrt{2}}}$ 이므로

$\dfrac{PE}{DE} = \dfrac{3\sqrt{2}-4}{\sqrt{4-2\sqrt{2}}} \div \sqrt{4-2\sqrt{2}} = \dfrac{3\sqrt{2}-4}{4-2\sqrt{2}} = \dfrac{\sqrt{2}-1}{2}$ 이다.

답 $\dfrac{\sqrt{2}-1}{2}$

2. 접선과 분할선에 관한 정리(접현선의 정리)의 응용

필수예제 3

오른쪽 그림과 같이 AD는 $\triangle ABC$의 이등분선이고, 원 O는 점 A를 지나고 BC와 점 D에서 접하며, AB, AC와는 각각 E, F에서 만난다. $BD = AE$, $BE = 3$, $CF = 2$일 때, AF의 길이는?

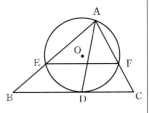

① $\dfrac{1+\sqrt{5}}{2}$ ② $\dfrac{2+2\sqrt{5}}{3}$

③ $1+\sqrt{5}$ ④ $\dfrac{3+3\sqrt{5}}{2}$

[풀이] 할선의 정리로 $BD^2 = BE \cdot BA = BE \cdot (BE + AE)$ 이다.

또 $BD = AE$, $BE = 3$이므로 즉, $AE^2 = 3(3 + AE)$ 이다.

이를 풀면 $AE = \dfrac{3(1+\sqrt{5})}{2}$ ($\because AE > 0$)이고,

AD는 $\angle A$의 이등분선이므로 $\angle BAD = \angle CAD$이다.

그러므로 $\overset{\frown}{ED} = \overset{\frown}{FD}$이다.

$\angle FED = \angle EDB$이므로 $EF // BC$이다.

$\triangle AEF \backsim \triangle ABC$이므로, $\dfrac{AE}{AB} = \dfrac{AF}{AC}$이고,

즉, $\dfrac{AE}{AE+BE} = \dfrac{AF}{AF+CF}$, $AE \cdot (AF+CF) = AF \cdot (AE+BE)$이다.

이를 정리하면 $AF = \dfrac{AE \cdot CF}{BE} = 2 \times \dfrac{3(1+\sqrt{5})}{2} \div 3 = 1+\sqrt{5}$이다.

그러므로 답은 ③이다.

답 ③

필수예제 4

그림과 같이 △ABC는 예각삼각형이고, BC를 지름으로 하는 원 O가 있다.

AD는 원 O의 접선이고, 접점은 D이다.

AB 위의 점 E를 수선의 발로 하는

EF를 그어 AC의 연장선과 만나는 점을 F라 한

다. $\dfrac{AB}{AF} = \dfrac{AE}{AC}$ 일 때, AD = AE 임을 증명하여라.

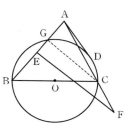

[증명] 그림에서 원 O와 AB가 만나는 점을 G라고 하고, CG와 연결한다.

BC는 원 O의 지름이므로, CG⊥AB이고,

또 EF⊥AB이므로 즉, CG∥FE이다.

또한 $\dfrac{AG}{AE} = \dfrac{AC}{AF}$, 즉 AC · AE = AG · AF ······㉠

또 조건에 의해 AE · AF = AB · AC ······㉡

㉠×㉡을 하면, $AE^2 = AG · AB$ 이다.

접현선의 정리로부터 $AD^2 = AG · AB$ 이다.

그러므로 $AD^2 = AE^2$ 이다. 즉 AD = AE이다.

답 풀이참조

필수예제 5

오른쪽 그림과 같이 사각형 ABCD는 원 O에 내접하고, A는 $\overparen{BDC}$의 중점이며, 점 A에서 AE⊥AC이다. 원 O 및 CB의 연장선과 각각 F, E에서 만나고, $\overparen{BF} = \overparen{AD}$, EM은 원 O와 M에서 접한다.

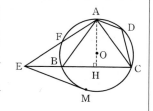

(1) △ADC ∼ △EBA 임을 증명하여라.

(2) $AC^2 = \dfrac{1}{2}BC · CE$ 임을 증명하여라.

(3) AB = 2, EM = 3일 때, cot∠CAD 의 값을 구하여라.

(단, $\cot x = \dfrac{1}{\tan x}$ 이다.)

[풀이] (1) 사각형 ABCD는 원 O에 내접하므로

∠CDA = ∠ABE이다. 또, $\overparen{AD} = \overparen{BF}$, ∠DCA = ∠BAE이다.

그러므로 △ADC ∼ △EBA.

답 풀이참조

(2) 그림에서 점 H에서 $AH \perp EC$, A는 $\overarc{BDC}$의 중점이므로

$$CH = BH = \frac{1}{2}BC.$$

또 $AE \perp AC$(와 $AH \perp EC$)이므로 직각삼각형 ACE ~ 직각삼각형 HCA이다.

그러므로 $\dfrac{AC}{CH} = \dfrac{CE}{AC}$, 즉 $AC^2 = CH \cdot CE$이므로

$$AC^2 = \frac{1}{2}BC \cdot CE \text{이다.}$$

🔖 풀이참조

(3) A는 $\overarc{BDC}$의 중점이고, $AB = 2$, 즉 $AC = AB = 2$이다.
또 EM는 원 O의 접선으로, $EM = 3$이다.
접현선 정리로부터 $EB \cdot EC = EM^2 = 9$. ·········㉠

또 (2)에서 $AC^2 = \dfrac{1}{2}BC \cdot CE$,

그러므로 $BC \cdot CE = 2 \cdot AC^2 = 8$.　　　······㉡
㉠+㉡를 하면, $EC(EB + BC) = 17$, 즉, $EC^2 = 17$.
또 $EC^2 = AC^2 + AE^2$, 즉 $17 = 2^2 + AE^2$이다.
그러므로 $AE = \sqrt{13}$이다.
(1)에서 $\triangle ADC \backsim \triangle BEA$, 즉 $\angle CAD = \angle AEC$이므로

$$\cot \angle CAD = \cot \angle AEC = \frac{AE}{AC} = \frac{\sqrt{13}}{2} \text{이다.}$$

🔖 풀이참조

[평주] 이 결론은 평면기하에서 일반적으로 "사영정리"라고 부른다.
그림에서 AH는 직각삼각형 ACE의 빗변의 높이이다.
$AC^2 = CH \times CE$, $AE^2 = EH \times BC$, $AH^2 = EH \times CH$를 이용하면,
다시 증명할 필요가 없다.

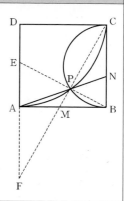

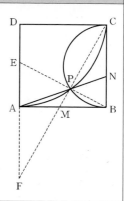

필수예제 6

오른쪽 그림과 같이 ABCD는 변의 길이가 a인 정사각형이다. D는 원의 중심이고, DA를 반지름으로 하는 호와 BC를 지름으로 하는 반원은 P에서 만난다. AP의 연장선과 BC는 N에서 만날 때, $\dfrac{BN}{NC}$의 값을 구하여라.

[풀이] 그림에서 BP를 연결하고, 연장선 AD가 E와 만난다.
CP를 연결하고, 연장선 AB와 M에서 만나고,
DA는 연장선과 F에서 만난다. BE⊥CF이다.
$MA^2 = MP \cdot MC$, $MB^2 = MP \cdot MC$,
그러므로 MA = MB이다.
또 접현각의 정리에 의해 ∠ABE = ∠BCM이고,
△EAB ≡ △MBC이며, $AE = MB = \dfrac{1}{2}a$이다.
또, △MAF ∽ △CDF으로, AF = a이다.
그러므로 $EF = AE + AF = \dfrac{3}{2}a$이다.
∠EFP = ∠BCP이므로 △FPE ∽ △CPB, △FPA ∽ △CPN이다.
즉, $\dfrac{NC}{AF} = \dfrac{CP}{PF} = \dfrac{BC}{EF}$이다.
따라서 $NC = AF \cdot \dfrac{BC}{EF} = a \cdot \dfrac{a}{\frac{3}{2}a} = \dfrac{2}{3}a$, $BN = a - \dfrac{2}{3}a = \dfrac{1}{3}a$이다.
그러므로 $\dfrac{BN}{NC} = \dfrac{1}{2}$이다.

답 $\dfrac{1}{2}$

3. 종합응용

필수예제 7

그림과 같이 AB는 원의 지름이고, O는 원의 중심이다. 점 C는 원 O의 반지름 AO 위의 움직이는 점이고, PC⊥AB이며, 원 O와 만나는 점은 E이며, AB와 C에서 만난다. PC = 5, PT는 원 O의 접선이다. (접점 T)

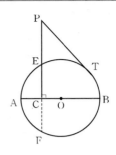

(1) CE가 원 O의 반지름일 때, PT = 3이다. 원 O의 반지름을 구하여라.

(2) 점 C와 A가 겹칠 때, CT의 길이를 구하여라.

(3) $PT^2 = y$, $AC = x$일 때, y, x 사이의 함수 관계식을 구하고, x의 범위를 구하여라.

[풀이] (1) CE가 원 O의 반지름일 때, 다음 그림과 같이 변형된다.

OT를 연결하고, PT는 원 O의 접선이다. 즉, OT⊥PT이다.

그러므로 반지름

$$OT = \sqrt{PO^2 - PT^2} = \sqrt{5^2 - 3^2} = 4$$이다.

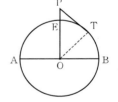

답 4

(2) 점 C와 A를 합하면 아래 그림과 같다.

PO, AT, OT를 연결하고, PC⊥AB, PC는 원 O의 접선 PA = PT이다.

OP는 ∠APT의 이등분선이다.

따라서 PO⊥CT이고, CG = TG이다.

직각삼각형 PCO에서

$$PO = \sqrt{PC^2 + OC^2} = \sqrt{5^2 + 4^2} = \sqrt{41}$$ 이다.

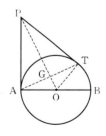

직각삼각형 PCO ∽직각삼각형 PGC 이므로 $\dfrac{PO}{PC} = \dfrac{CO}{CG}$이다.

즉, $CG = CO \cdot \dfrac{PC}{PO} = 4 \cdot \dfrac{5}{\sqrt{41}} = \dfrac{20\sqrt{41}}{41}$ 으로,

$$CT = 2CG = \dfrac{40\sqrt{41}}{41}$$ 이다.

답 $\dfrac{40\sqrt{41}}{41}$

(3) 그림에서 PC의 연장선과 원 O는 F에서 만난다.

AB는 지름이고, EC⊥AB이다.

그러므로 CE = CF, $CE^2 = AC \cdot BC = x(8-x)$이다.

또, $PT^2 = PE \cdot PF$에서

$$y = (PC - EC)(PC + CF) = (PC - EC)(PC + EC)$$ 이다.

그러므로 $y = \mathrm{PC}^2 - \mathrm{EC}^2 = 5^2 - x(8-x)$ 이다.

그러므로 $y = x^2 - 8x + 25 \, (0 \le x \le 4)$ 이다.   📄 $0 \le x \le 4$

필수예제 8

직각삼각형 ABC 에서 $\angle \mathrm{ABC} = 90°$, D 는 AC 의 중점이고, 원 O 는 A, D, B, 세 점을 지나며, CB 의 연장선은 원 O 와 점 E ([그림 1])에서 만나며, 이상의 조건을 만족시키면서 점들이 이동한다([그림 2]). 이 변화 과정에서 어떤 선분은 언제나 길이가 일정하다.

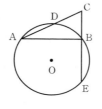
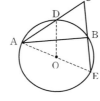

[그림 1]   [그림 2]

(1) [그림 1]에서 일정한 어떤 선분을 구하고, 이 선분과 CE 가 서로 같음을 증명하여라.

(2) [그림 2]에서 점 E 를 지나는 원 O 의 접선이 있고, 이 접선이 AC 의 연장선과 만나는 교점을 F 라고 한다.

  ① $\mathrm{CF} = \mathrm{CD}$ 일 때, $\sin \angle \mathrm{CAB}$ 의 값을 구하여라.

  ② $\dfrac{\mathrm{CF}}{\mathrm{CD}} = n \, (n > 0)$ 일 때, $\sin \angle \mathrm{CAB}$ 의 값을 n 의 식으로 표현하여라.

[풀이] (1) 관찰을 통해 그림의 선분 중에서 $\mathrm{AE} = \mathrm{CE}$ 임을 추측할 수 있다. 이제 그 증명을 해 보자.

    [그림 2]에서 AE 를 연결한다. $\angle \mathrm{ABC} = 90°$, 즉 $\angle \mathrm{ABE} = 90°$ 이며, AE 는 원 O 의 지름이다.

    OD 를 연결하고, D 는 AC 의 중점으로, O 는 AE 의 중점이다.

    $\mathrm{OD} = \dfrac{1}{2} \mathrm{CE}$ 이므로 $\mathrm{CE} = 2 \cdot \mathrm{OD} = \mathrm{AE}$ 이다.

[평주] 다음과 같이 증명할 수 있다.

    DE 를 연결하고, DE 는 AC 의 수직이등분선이므로, $\mathrm{AE} = \mathrm{CE}$ 이다.

    또는 BD 를 연결하고, $\mathrm{BD} = \mathrm{AD} = \mathrm{CD}$ 로부터 $\angle \mathrm{DBC} = \angle \mathrm{C}$ 이다.

    또 사각형 AEBD 가 원 O 에 내접하므로 $\angle \mathrm{DBC} = \angle \mathrm{DAE}$ 이다.

    $\angle \mathrm{DAE} = \angle \mathrm{C}$ 이므로 $\mathrm{AE} = \mathrm{CE}$ 이다.

📄 풀이참조

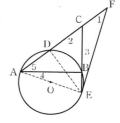

(2) ①에 근거하여 다음 그림을 그려 보자.

EF는 원 O의 접선이고, 접점은 E이다.

그러므로 CF = CD이다. (1)에서 AE는 지름이다.

접현각의 성질에 의하여 $\angle 3 = \angle 4$이다.

또 $\angle 2 = \angle 1 + \angle 3$ (외각정리),

$\angle 2 = \angle 4 + \angle 5$ ($\because CE = AE$)이다.

즉, $\angle 1 + \angle 3 = \angle 4 + \angle 5$이므로 $\angle 1 = \angle 5$이고, $\angle 1 = \angle CAB$이다.

AD = $k(k>0)$라고 하면

CF = CD = AD = k, FD = $2k$, FA = $3k$이다.

그러므로 접현선의 정리로부터 $EF^2 = FD \cdot FA = 2k \cdot 3k = 6k^2$이다.

즉, $EF = \sqrt{6}\,k$이다.

또 $AE \perp EF$이므로 직각삼각형 AEF에서

$AE = \sqrt{FA^2 - EF^2} = \sqrt{9k^2 - 6k^2} = \sqrt{3}\,k$이다.

그러므로 $\sin \angle 1 = \dfrac{AE}{FA} = \dfrac{\sqrt{3}\,k}{3k} = \dfrac{\sqrt{3}}{3}$이다.

즉 $\sin \angle CAB = \dfrac{\sqrt{3}}{3}$이다.

답 $\dfrac{\sqrt{3}}{3}$

(3) 결론 : $\sin \angle CAB = \dfrac{\sqrt{n+2}}{n+2}$ $(n>0)$,

아래와 같이 증명하자. :

$\dfrac{CF}{CD} = n(n>0)$이므로, $CF = nCD$이다.

그래서 $DF = CD + CF = CD + nCD = (n+1)CD$이다.

$AD = CD = k(k>0)$라 하면 $DF = (n+1)k$이다.

사영 정리로부터 $DE^2 = AD \cdot DF = (n+1)k^2$이다.

즉, $CE^2 = DE^2 + CD^2 = (n+2)k^2$, $CE = \sqrt{n+2}\,k$로,

$\sin \angle CAB = \sin \angle DEC = \dfrac{CD}{CE} = \dfrac{k}{\sqrt{n+2k}} = \dfrac{\sqrt{n+2}}{n+2}$이다.

[평주] [그림 1]은 이와 같이 풀이할 수도 있다. 위의 그림과 같이 DE를 연결한다.

사영정리(또는 직각삼각형 ADE ~ 직각삼각형 EDF)로부터

$DE^2 = AD \cdot DF$, $AD = k(k>0)$이라 하면 $DF = 2k$이다.

또, 직각삼각형 CDE에서 $CE^2 = CD^2 + DE^2 = k^2 + 2k^2 = 3k^2$이다.

즉, $CE = \sqrt{3}\,k$이므로 $\sin \angle CAB = \sin \angle DEC = \dfrac{CD}{CE} = \dfrac{\sqrt{3}}{3}$이다.

답 $\dfrac{\sqrt{n+2}}{n+2}$

[실력다지기]

01 오른쪽 그림에서와 같이 AB는 원 O의 접선이고, B는 접점이다. OA
와 원 O는 C에서 만나고, $AB = \sqrt{5}$, $OC = 2$이다. AC의 길이는?

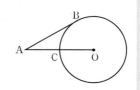

① $\sqrt{6} - 1$ ② 1

③ 2.5   ④ $\dfrac{5}{4}$

02 오른쪽 그림과 같이 △ABC에서 점 A를 지나는 원의 외접선을 그어 BC의
연장선과 만나는 점을 P라 하면 $\dfrac{PC}{PA} = \dfrac{\sqrt{2}}{2}$이다. 점 D는 AC 위에 있고,
$\dfrac{AD}{CD} = \dfrac{1}{2}$이다. PD의 연장선과 AB는 E에서 만난다. $\dfrac{AE}{BE}$의 값은?

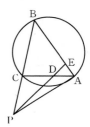

① $\dfrac{1}{4}$ ② $\dfrac{\sqrt{2}}{4}$

③ $\dfrac{1}{2}$ ④ $\dfrac{\sqrt{2}}{2}$

03 오른쪽 그림과 같이 직각삼각형 ABC에서 ∠C = 90°이고, BC가 지름인
원 O는 AB와 D에서 만난다. OD를 연장하면 CA의 연장선과 E에서 만
난다. 점 D를 지나 DF ⊥ OE가 되고, EC와 F에서 만난다.

(1) AF = CF임을 증명하여라.

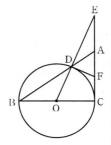

(2) 만약 ED = 2, $\sin \angle E = \dfrac{3}{5}$일 때, AD의 길이를 구하여라.

04 사각형 ABCD는 반지름이 R인 원의 내접 사각형이다. AB = 12, CD = 6이다. AB와 DC를 각각 연장하면 점 P에서 만난다. BP = 8, ∠APD = 60°일 때, R의 값은?

① 10   ② $2\sqrt{21}$

③ $12\sqrt{2}$ ④ 14

05 오른쪽 그림과 같이 AB는 △ABC의 외접원 O의 지름이고, D는 원 O의 한 점이며, DE와 AB는 점 E에서 직교한다. DE의 연장선은 각각 AC, 원 O, BC의 연장선과 F, M, G에서 만난다.

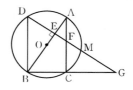

(1) AE · BE = EF · EG임을 증명하여라.

(2) BD를 연결하고, BD⊥BC, EF = MF = 2일 때, AE와 MG의 길이를 구하여라.

[실력 향상시키기]

06 오른쪽 그림과 같이 PA는 원 O의 접선이고, 접점은 A이다. 할선 PCB
는 원 O와 C, B에서 만난다. 반지름 OD와 BC는 E에서 직교하고,
AD와 PB의 교점을 F라고 한다.

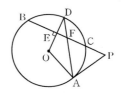

(1) PA = PF임을 증명하여라.

(2) F는 PB의 중점이고, CF = 1.5일 때, 접선 PA의 길이를 구하여라.

07 오른쪽 그림과 같이 정사각형 내부에 정사각형 ABCD의 AB를 지름으
로 하는 반원을 그리고, 그 중심을 O라 하자. DF는 반원의 접선이고
접점은 E이며, AB의 연장선과 F에서 만나고, BF = 4이다.

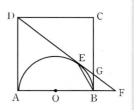

(1) cos ∠F의 값을 구하여라.

(2) BE의 길이를 구하여라.

08 그림과 같이 AB는 원 O의 지름이고, 점 P는 BA의 연장선의 점이다. PC는 원 O의 접선이고, C는 접점이다. BD는 PC와 D에서 직교하고, 원 O와 E에서 만난다. AC, BC, EC를 연결한다.

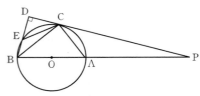

(1) $BC^2 = BD \cdot BA$ 임을 증명하여라.

(2) $AC = 6$, $DE = 4$일 때, PC의 길이를 구하여라.

09 오른쪽 그림과 같이 좌표평면에서 원 O_1은 x축과 $A(-2, 0)$에서 만나고, y축과 점 B, C에서 만난다. O_1B의 연장선은 x축과 $D\left(\dfrac{4}{3}, 0\right)$에서 만난다.

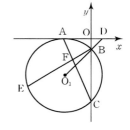

(1) $\angle ABO_1 = \angle ABO$ 임을 증명하여라.

(2) E 는 우호 $\overparen{AC}$ 의 중점이고, AC , BE 를 연결하고 만나는 점을 F 라 할 때, BE · BF 의 값을 구하여라.

(3) 오른쪽 그림에서 점 A , B 두 점을 지나는 원 O_2 를 그리고, y 축의 양의 축과 만나는 점은 M 이고, BD 의 연장선은 점 N 에서 만난다. 원 O_2 의 크기가 변할 때, 내린 결론은 아래와 같다.

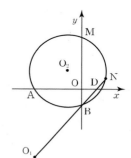

① BM − BN 의 값은 변하지 않는다.

② BM + BN 의 값은 변하지 않는다.

이 중에서 한 개의 결론은 맞는데, 어느 것이 옳은 결론인지 증명하고, 값을 구하여라.

[응용하기]

10 오른쪽 그림과 같이 P 는 사각형 ABCD 의 변 AB 의 연장선 위의 한 점이다. DP 는 AC , BC 와 각각 E , F 에서 만난다. EG 는 점 B , F , P 세 점을 지나는 원의 접선이고, 접점은 G 이다. EG = DE 임을 증명하여라.

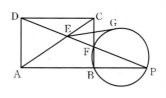

11 이차함수 $y = -x^2 - 2kx + 3k^2 \, (k > 0)$은 x축과 A, B에서 만나고, y축과 C에서 만난다. AB를 지름으로 하는 원 E는 y축과 D, F(아래 그림)에서 만나고, DF = 4이다. G는 열호 $\overarc{\text{AD}}$ 위의 동점(점 A, D와는 겹치지 않는다.)이며, 직선 CG와 x축과의 교점을 P라 하자.

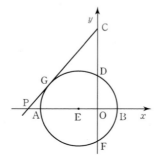

(1) 이차함수의 함수식을 구하여라.

(2) 직선 CG는 원 E의 접선 일 때(위의 그림), $\tan \angle \text{PCO}$의 값을 구하여라.

(3) 오른쪽 그림과 같이 CG가 원 E의 할선이 될 때, 선분 GN은 AB와 점 H에서 직교하고, PF와는 M에서 만나며, 원 E와 다른 한 점 N에서 만난다. MN = t, GM = u일 때, u와 t의 관계식을 구하여라.

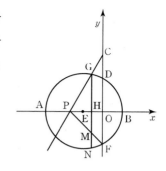

부록 두 개의 정리 증명

정리1(서로 만나는 현에 관한 정리) 아래 그림과 같이 원 O 안에 임의의 두 현 AB와 CD는 점 P에서 만난다. $PA \cdot PB = PC \cdot PD$ (핵심요점 참고)

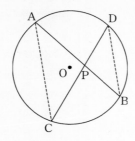

[증명] AC, BD를 연결한다. 원주각의 정리로 부터, $\angle A = \angle D$, $\angle C = \angle B$ 이다.

즉, $\triangle PAC \backsim \triangle PDB$ 이므로 $\dfrac{PA}{PD} = \dfrac{PC}{PB}$, $PA \cdot PB = PC \cdot PD$ 이다.

정리2 (접선과 할선에 관한 정리) 아래 그림의 원 O 밖의 한 점 P로부터 원 O의 접선 PT(접점 T), 할선 PA(원 O와 A, B에서 만난다)일 때, $PT^2 = PA \cdot PB$ 이다.

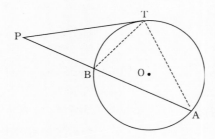

[증명] AT, BP를 연결한다. 접현각의 정리로 부터, $\angle PTB = \angle A$ 이다.

또 $\angle P = \angle P$(공통)이므로, 즉 $\triangle PTB \sim \triangle PAT$ 이다.

$\dfrac{PT}{PA} = \dfrac{PB}{PT}$ 이므로 $PT^2 = PA \cdot PB$ 이다.

21강 원과 원의 위치관계

1 핵심요점

1. 원과 원의 위치관계

두 개의 원 사이의 관계를 아래의 표와 같이 5가지의 위치 관계로 나타낼 수 있다.

두 원의 위치 관계	도형표시	교점의 개수	외심거리 d와 두 원의 반지름 R, r의 관계	공통 외접선의 개수	공통 내접선의 개수
만나지 않음		0	$d > R+r\,(d = O_1O_2)$	2	2
외접		1	$d = R+r$	2	1
서로 다른 두점에서 만남		2	$R-r < d < R+r$	2	0
내접		1	$d = R-r$	1	0
포함		0	$d < R-r$	0	0

2. 두 원의 위치관계 성질의 결론과 정리

두 원의 중심선은 두 원이 이루는 도형의 대칭축이다. 이로부터 아래와 같은 중요한 특징과 정리를 구할 수 있다.

(1) 두 원의 중심선은 두 원을 이등분하여, 두 원 사이(두 원은 만나거나 내접하거나, 포함한다.)의 면적을 이등분한다.

(2) 만약 두 원이 접하면(내접 또는 외접), 접점은 꼭 두 원의 중심선 위에 있다.

(3) 서로 다른 두점에서 만나는 두 원의 중심선은 두 원의 공통현을 수직이등분 한다. 아래 그림과 같이 중심선 $O_1O_2 \perp AB$ (공통현)이고, $AP = BP$이다.

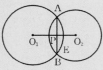

(4) 반지름이 다른 두 원이 떨어져 있을 때, (또는 외접, 또는 서로 만날 때)두 원의 공통 외접선의 길이는 서로 같고, 연장선은 서로 만나며 그 교점은 중심선 위에 있다. (🔷 공통외접선의 두 접점 사이의 선분길이를 공통외접선의 길이라고 한다).

(5) 두 원이 떨어져 있을 때, 두 공통 내접선의 길이는 서로 같고, 그 교점은 중심선 위에 있다.

2 필수예제

두 원 또는 여러 원의 문제를 해결할 때, 이번 단원의 내용 외에도 앞에서 소개한 원의 지식과 기타 평면기하 지식(예 삼각형의 합동, 닮음 등)이 사용되므로, 관계되는 원의 문제는 하나의 종합적인 문제이다.

1. 공통현의 응용

필수예제 1

오른쪽 그림과 같이 반지름이 서로 다른 두 원이 A, B 두 점에서 만나고, 선분 CD는 점 A를 지나며, 두 원과 각각 C, D에서 만난다. BC, BD를 연결하고, P, Q, K를 각각 BC, BD, CD의 중점으로 잡고, M, N은 각각 $\widehat{BC}$, $\widehat{BD}$의 중점으로 잡는다.

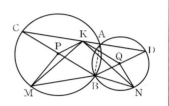

(1) $\dfrac{BP}{MP} = \dfrac{NQ}{BQ}$ 임을 증명하여라.

(2) $\triangle PKM \sim \triangle NQK$ 임을 증명하여라.

분석 tip

(1)을 증명하기 위해서는 BP, MP와 NQ, BQ가 각각 △BPM과 △NQB의 변이므로 이 두 삼각형의 닮음을 증명하면 된다. 공통현 AB로 인해서 두 삼각형의 대응각이 같게 된다.

[증명] (1) 그림에서, M은 $\widehat{BC}$의 중점이다.

즉, MP⊥PC, ∠BPM = 90°, ∠NQB = 90° 이다.

즉, $\angle PBM = \dfrac{1}{2}\angle CAB = \dfrac{1}{2}(180° - \angle DAB)$

$= 90° - \dfrac{1}{2}\angle DAB$

$= 90° - \angle NBD$

$= \angle QNB,$

그러므로 △BPM ∼ △NQB, $\dfrac{BP}{MP} = \dfrac{NQ}{BQ}$ 이다.

📋 풀이참조

(2) P, K는 CB, CD의 중점이고, 삼각형의 중점연결정리로부터 KP//DB이다.

또한 $KP = \dfrac{1}{2}BD = BQ$이며, 사각형 PBQK는 평행사변형이다.

또 BP = KQ, BQ = KP이므로 $\dfrac{KQ}{MP} = \dfrac{NQ}{KP}$이다.

∠KPM = ∠KPB + 90° = ∠KQB + 90° = ∠NQK,

그러므로 △PKM ∼ △QNK이다.

📋 풀이참조

오른쪽 그림에서 원 O_1과 원 O_2는 A, B 두 점에서 만난다. 점 A를 지나는 원 O_1의 접선이 원 O_2와 만나는 점을 E라고 한다. EB를 연결하고, EB의 연장선이 원 O_1과 만나는 점을 C라 하자. 직선 CA가 원 O_2와 점 D에서 만난다.

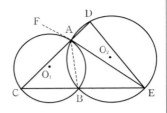

(1) 그림에서 점 D와 점 A가 일치하지 않을 때, EA = ED 임을 보여라.

(2) 점 D와 A가 겹칠 때, 직선 AC와 원 O_2는 어떤 관계인가? 또 BC = 2, CE = 8일 때, 원 O_1의 지름을 구하여라.

[풀이] (1) 공통현 AB를 연결하고, 원 O_1의 접선 EA의 연장선 위에 점 F를 잡는다. 접현각 정리로부터 ∠FAC = ∠ABC 이다.

또 ∠FAC = ∠DAE(맞꼭지각), 즉, ∠ABC = ∠DAE 이다.

또 ∠ABC는 원 O_2의 내접사각형 ABED의 하나의 외각으로, ∠ABC = ∠D 이다. 즉, ∠DAE = ∠D 이다.

따라서 EA = ED 이다.

🔖 풀이참조

(2) 점 D가 점 A가 될 때, 직선 CA와 원 O_2는 공통점 하나만 가진다. 그러므로 CA와 원 O_2와 접한다(아래그림)이다.

AB를 연결하고, CA, EA를 연장하면, 접현각의 정리로부터 ∠1 = ∠3, ∠2 = ∠4, 또 ∠1 = ∠2(맞꼭지각)이다.

그러므로 ∠3 = ∠4 = $\frac{1}{2} \times 180° = 90°$ 이다.

따라서 AC, AE는 각각 원 O_1, 원 O_2의 지름이다.

또, $AC^2 = CB \cdot CE = 2 \cdot 8 = 16$, 즉, AC = 4 이므로 원 O_1의 지름은 4이다.

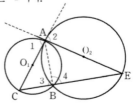

🔖 풀이참조

[평주] ∠EAB = ∠C, ∠CAB = ∠E,

또 ∠EAB + ∠CAB + ∠C + ∠E = 180° 이므로 2(∠EAB + ∠CAB) = 180° 이고, 따라서 ∠CAE = ∠EAB + ∠CAB = 90° 이다.

또한 EA는 원 O_1과 점 A에서 접하므로, AC는 원 O의 지름이다. 그러므로 접현선 정리로부터 원 O_1의 지름은 $AC = \sqrt{CB \cdot CE} = \sqrt{2 \cdot 8} = 4$ 이다.

2. 중심선의 응용

필수예제 3

그림과 같이 A는 원 O 위의 점이고, B는 원 A와 OA의 교점이다.
원 A와 원 O의 반지름은 각각 r, R이며, $r < $ R이다.

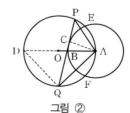

그림 ①   그림 ②

(1) 그림 ①에서 점 B를 지나는 원 A의 접선은 원 O의 두 점 M, N을 지난
다. $\overline{AM} \cdot \overline{AN} = 2Rr$을 증명하여라.

(2) 그림 ②에서 원 A와 원 O의 교점은 E, F이고, C는 $\overset{\frown}{EBF}$ 위의 임의의
한 점이다. 점 C를 지나는 원 A의 접선이 원 O와 만나는 교점을 P, Q라
고 한다. $\overline{AP} \cdot \overline{AQ} = 2Rr$이 성립되는가? 결론을 증명하여라.

[증명] (1) 그림 ①에서 두 원의 중심선 AO가 원 O와 만나는 점을 D라 하고,
DM을 연결하자. AD는 원 O의 지름이므로 $\angle AMD = 90°$ 이다.
또한 MN은 원 A의 접선이므로 $\overline{AB} \perp \overline{MN}$이다.
따라서 $\triangle ABM \sim \triangle AMD$, $\dfrac{\overline{AB}}{\overline{AM}} = \dfrac{\overline{AM}}{\overline{AD}}$ 이다.
즉, $\overline{AM}^2 = \overline{AB} \cdot \overline{AD}$(또는 사영정리로부터 이 식을 직접 구할 수 있다.).
$\overline{AM} = \overline{AN}$, ($\because$ 현에 수직인 지름에 관한 정리), $\overline{AB} = r$, $\overline{AD} = 2R$ 이다.
그러므로 $\overline{AM} \cdot \overline{AN} = 2Rr$이다.

📋 풀이참조

(2) 그림 ②에서 $\overline{AP} \cdot \overline{AQ} = 2Rr$은 성립한다.
그림 ②에서 중심선 AO는 원 O가 D 점에서 만나며, DQ, AC를 연결하자.
PQ는 원 A의 접선이므로 $\overline{AC} \perp \overline{PQ}$이고 $\angle ACP = 90°$ 이다.
AD는 원 O의 지름이므로 $\angle AQD = 90°$이다.
또한 $\angle ADQ = \angle APC$, 즉, $\triangle ADQ \backsim \triangle APC$ 이다.
그러므로 $\dfrac{\overline{AD}}{\overline{AP}} = \dfrac{\overline{AQ}}{\overline{AC}}$, $\overline{AP} \cdot \overline{AQ} = \overline{AD} \cdot \overline{AC} = 2Rr$이다.

📋 풀이참조

3. 공통 접선의 응용

오른쪽 그림에서 원 O_1과 원 O_2는 점 P에서 외접하고, 직선 AB는 두 원의 공통 외접선이며, 접점은 A, B이다. 선분 AB를 지름으로 하는 원과 직선 O_1O_2의 위치 관계를 판단하고, 이유를 설명하여라.

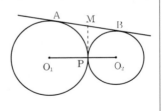

분석 tip

원이 외접할 때는 보통 보조선으로 공통 내접선을 그려서 문제를 푼다.

그림에서 점 P를 지나 공통 내접선 PM을 그리자. M은 공통내접선과 AB의 교점이다. 그러므로 선분 AB를 지름으로 하는 원과 O_1O_2는 접한다.

[풀이] 결론 : 선분 AB를 지름으로 하는 원과 직선 O_1O_2는 접한다.

증명은 다음과 같다.

점 P는 원 O_1, 원 O_2의 접점이다. 즉, $AM = MB = MP$, $O_1O_2 \perp MP$이다.

따라서 M은 선분 AB를 지름하는 원의 중심이다.

그리고 P는 원 M에 있다.

원 O_1과 원 O_2는 점 P에서 외접하므로, O_1O_2는 점 P를 지난다.

그러므로 직선 O_1과 O_2는 선분 AB를 지름으로 하는 원과 접한다. (점 P에서)

📖 풀이참조

필수예제 5

오른쪽 그림과 같이 원 O_1과 원 O_2는 점 A와 외접하며, 두 원의 한 공통 외접선은 원 O_1과 점 B에서 접한다. $\overline{AB}$와 두 원의 한 공통외접선 CD가 평행하다면, 원 O_1과 원 O_2의 반지름의 비는?

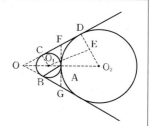

① $2 : 5$ ② $1 : 2$

③ $1 : 3$ ④ $2 : 3$

[풀이] 그림에서 두 공통 외접선의 연장선이 만나는 교점을 O이라 하고, 원 O_1과 원 O_2의 중심선을 연결하면, 연장선이 점 O를 지난다.

접점 A를 지나는 공통 내접선 FG를 잇고, 두 공통 외접선과 만나는 점을 F, G라고 하자.

O_1C와 O_2D를 연결하고, 중심 O_1에서 O_2D에 내린 수선의 발을 점 E라 하자.

원 O_1의 반지름을 r_1, 원 O_2의 반지름을 r_2라 하면,

$O_1O_2 = r_1 + r_2$, $O_2E = r_2 - r_1$이다.

OO_2는 그림의 대칭축이므로 $OG = OF$이고,

OO_2는 $\angle FOG$의 이등분선(즉, $\angle FOO_2 = \dfrac{1}{2}\angle FOG$이며,

이것은 접선의 길이에 관한 정리로부터도 얻는다.)이다.

$BA // OF$, 즉 $\angle GAB = \angle GFO$이므로 $\angle GBA = \angle GOF$.

또 $\angle GAB = \angle GBA(GA = GB)$이다.

그러므로 $\angle GFO = \angle GOF$이고, 즉, $OG = FG$이다.

따라서 $OG = OF = FG$, 즉 $\triangle OFG$는 정삼각형이다.

$\angle FOG = 60°$, 그러므로 $\angle FOO_2 = \dfrac{1}{2} \times 60° = 30°$이다.

또 $OD \perp O_2D$, $O_1E \perp O_2D$, 즉 $O_1E // OD$이다.

또한 $\angle EO_1O_2 = \angle FOO_2 = 30°$이다.

그러므로 직각삼각형 O_2EO_1에서, $\overline{O_1O_2} = 2 \cdot EO_2$이며,

즉, $r_1 + r_2 = 2(r_2 - r_1)$, $r_2 = 3r_1$이므로 $r_1 : r_2 = r_1 : 3r_1 = 1 : 3$이다.

따라서 답은 ③이다.

답 ③

그림 ①에서 원 O_1과 원 O_2는 점 P에서 내접하고, C는 원 O_1 위의 임의의 점(P와 겹쳐지지 않는)이다. 직각 삼각자의 직각의 꼭짓점을 C에 놓고, 한 직각변이 원 O_1을 지나게 한다. 다른 한 직각변의 높이가 속하는 직선은 원 O_2와 점 A, B에서 만난다. 직선 PA, PB는 각각 원 O_1과 E, F에서 만난다. CE를 연결한다.

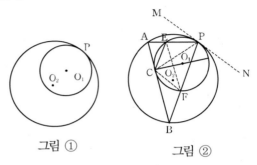

그림 ①   그림 ②

(1) $\overset{\frown}{CE}$, $\overset{\frown}{CF}$는 어떤 관계가 있는가? 그 이유를 증명하여라.

(2) 선분 CE, PE, BF는 어떤 비례관계가 있는지 찾고, 증명하여라.

(3) 원 O_1과 원 O_2가 외접하고 기타 다른 조건은 변하지 않는다면 선분 CE, PE, BF는 서로 어떤 관계를 갖는지 보여라.

[풀이] (1) 결론 : $\overset{\frown}{CE} = \overset{\frown}{CF}$이다.

증명은 다음과 같다.

그림 ②에서 점 P를 지나는 두 원의 공통외접선을 MN이라 하자.

선분 EF를 연결하면 접현각의 성질에 의해 $\angle NPB = \angle A = \angle PEF$이다.

그러므로 EF // AB이고, 또 $O_1C \perp AB$이므로 $O_1C \perp EF$이다.

따라서 O_1C는 원 O_1의 반지름이므로 $\overset{\frown}{CE} = \overset{\frown}{CF}$이다.

📄 풀이참조

(2) 결론 : CE는 PE와 BF의 비례중항이다.

즉, $\dfrac{BF}{CE} = \dfrac{CE}{PE}$, $CE^2 = BF \cdot PE$이다.

증명은 다음과 같다.

그림 ②에서 CF, CP를 연결하면 (1)로부터 CF = CE이다.

접현각의 정리로부터 $\angle BCF = \angle CPB$이다.

(1)에서 $\angle CPB = \angle CPE$이다.

그러므로 $\angle BCF = \angle CPE$, 또 사각형 ECFP가 원 O_1에 내접하므로

$\angle CFB = \angle CEP$야다. 그러므로 $\triangle BCF \backsim \triangle CPE$, 즉 $\dfrac{BF}{CE} = \dfrac{CF}{PE}$야다

또 $CF=CE$이므로 $\dfrac{BF}{CE}=\dfrac{CE}{PE}$이다. 즉, $CE^2=BF \cdot PE$이다.

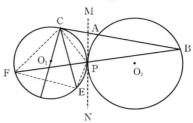

🖹 풀이참조

(3) 결론 : $\overset{\frown}{CE}=\overset{\frown}{EF}$, $CE^2=BF \cdot PE$이다.

CF, CP, EF를 연결하고, 점 P를 지나는 두 원의 공통외접선을 MN 이라 하자.

즉, $\angle PFE=\angle EPN=\angle MPA=\angle B$이다.

그러므로 FE // CB이다.

또 $O_1C \perp BC$이므로 $O_1C \perp EF$이고, $\overset{\frown}{CE}=\overset{\frown}{EF}$로부터 $CE=CF$이다.

$\angle B=\angle PFE=\angle ECP$에서, $\angle BFC=\angle CEP$이다. 즉, $\triangle BCF$ $\backsim\triangle CPE$이다.

그러므로 $\dfrac{BF}{CE}=\dfrac{CE}{PE}$이다. 즉, $CE^2=BF \cdot PE$이다.

🖹 풀이참조

4. 종합 응용 예제

마지막으로 세 원이 서로 서로 접하고, 이 세 원과 직선이 접하는 종합적인 경시 대회 문제를 살펴보자.

필수예제 7

그림과 같이 원의 중심이 A, B, C인 세 원이 서로 서로 접한다. 세 원은 직선 l과 접하고, 원 A, B, C의 반지름이 각각 a, b, $c(0 < c < a < b)$이다. a, b, c를 만족시키는 관계식은 어느 것인가?

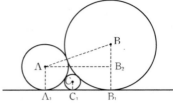

① $2b = a + c$　　　　　　② $2\sqrt{b} = \sqrt{a} + \sqrt{c}$

③ $\dfrac{1}{c} = \dfrac{1}{a} + \dfrac{1}{b}$　　　　④ $\dfrac{1}{\sqrt{c}} = \dfrac{1}{\sqrt{a}} + \dfrac{1}{\sqrt{b}}$

[풀이]　그림에서 중심 A, B, C를 지나 각각 직선 l에 수선을 발을 내리고 그 점을 각각 A_1, B_1, C_1이라 하자.

중심 A에서 BB_1에 내린 수선의 발을 B_2라 하자.

AB를 연결한다. 직각삼각형 ABB_2에서, $AB^2 = AB_2^2 + BB_2^2$이다.

또 $AB^2 = (a+b)^2$, $AB_2 = A_1B_1$, $BB_2^2 = (b-a)^2$이다.

그러므로 $(a+b)^2 = A_1B_1^2 + (b-a)^2$, 따라서 $A_1B_1^2 = 4ab$이다.

같은 이유로 $A_1C_1^2 = 4ac$, $C_1B_1^2 = 4bc$이다.

$A_1B_1 = A_1C_1 + C_1B_1$이므로, 즉 $\sqrt{4ab} = \sqrt{4ac} + \sqrt{4bc}$이고,

따라서 $\dfrac{1}{\sqrt{c}} = \dfrac{1}{\sqrt{a}} + \dfrac{1}{\sqrt{b}}$ 이다. 답은 ④이다.　　　답 ④

필수예제 8

오른쪽 그림과 같이, 직각삼각형 ABC에서 $\angle C = 90°$, $AC = 4$, $BC = 3$이다. 여기서 원O_1, 원O_2, $\cdots$, 원O_n은 $n\,(n \geq 2)$개의 합동인 원이 있다. 원O_1과 원O_2는 외접한다. 원O_2와 원O_3도 외접한다. 원O_{n-1}과 원O_n은 외접한다. 원O_1, 원O_2, $\cdots$, 원O_n은 모두 변AB와 접하고, 원O_1은 변AC와 접하며, 원O_n은 변BC와 접한다. 이와 같은 원의 반지름 r을 구하여라. (n으로 표시)

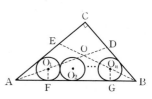

[풀이] 그림에서 AO_1을 연결하고, 연장하여, BC와 만나는 점을 D라 하자.

BO_n을 연결하고, 연장하여, AD, AC와 만나는 점을 각각 O, E라 하자.

점 O_1과 점 O_n에서 AB에 내린 수선을 발을 각각 F, G라 하자.

원O_1, 원O_n은 AB와 접하는 합동인 원이고, $O_1F \perp AB$, $O_nG \perp AB$이므로 $O_1F = O_nG = r$이다.

또 원 O_1과 AB, AC는 모두 서로 접하므로 $\angle O_1AF = \angle DAC$이다.

따라서 $\dfrac{AC}{AB} = \dfrac{CD}{DB}$이며, 또한 $\dfrac{AC}{AC+AB} = \dfrac{CD}{BC}$이다.

$AC = 4$, $BC = 3$이므로 $AB = 5$이고, 또한 $CD = \dfrac{4}{3}$이다.

또 $\triangle O_1AF \backsim \triangle DAC$이므로 $\dfrac{O_1F}{CD} = \dfrac{AF}{AC}$이다. 즉, $\dfrac{r}{\frac{4}{3}} = \dfrac{AF}{4}$이다.

따라서 $AF = 3r$이고, 같은 이유로 $BG = 2r$, $FG = 2(n-1)r$이다.

그러므로 $3r + 2(n-1)r + 2r = 5$이다.

따라서 $r = \dfrac{5}{2n+3}$이다.

답 $r = \dfrac{5}{2n-3}$

주 여기서 평면기하의 중요한 정리(각의 이등분선의 정리)를 이용했다. 오른쪽 그림과 같이 $\triangle ABC$에서 $\angle A$의 이등분선을 AD라 하면, $\dfrac{AC}{AB} = \dfrac{CD}{BD}$이다.

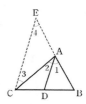

[증명] 점 C를 지나 DA에 평행한 직선을 그리고, BA의 연장선과 만나는 점을 E라고 하자.

평행선의 정리로 부터 $\dfrac{AE}{AB} = \dfrac{CD}{BD}$이다. 또 $\angle 2 = \angle 3$(내각), $\angle 1 = \angle 4$(동위각), $\angle 1 = \angle 2$(주어진 값), $\angle 3 = \angle 4$, 즉 $AE = AC$.

그러므로 $\dfrac{AC}{AB} = \dfrac{CD}{BD}$이다.

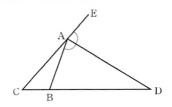

이 정리는 역정리도 성립된다. 만약 $\dfrac{AC}{AB} = \dfrac{CD}{BD}$ 일 때, AD는 ∠A의 이등분선이다. 내각의 이등분선의 정리와 비슷한 외각의 이등분선의 정리가 있다. ∠BAE는 ∠A의 외각이고, $\overline{AD}$는 ∠A의 외각의 이등분선으로서 $\dfrac{AC}{AB} = \dfrac{CD}{BD}$ (역정리가 성립된다.)를 만족한다.

▶ 풀이책 p.13

[실력 다지기]

01 그림에서 세 개의 색칠한 부분은 반지름이 1인 두 원과 공통외접선으로 이루어져 있다. 만약 중간의 한 개의 색칠한 부분의 넓이가 위아래 두 색칠한 부분의 넓이의 합과 같다면 이때, 이 두 원의 공통현의 길이는?

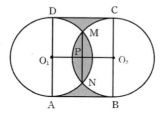

① $\dfrac{\sqrt{5}}{2}$

② $\dfrac{\sqrt{6}}{2}$

③ $\dfrac{1}{2}\sqrt{25-\pi^2}$

④ $\dfrac{1}{2}\sqrt{16-\pi^2}$

02 그림과 같이 큰 원 O의 지름은 $AB = a\,\mathrm{cm}$이고, OA, OB를 지름으로 하는 원 O_1, 원 O_2라 하자. 그리고 원 O, 원 O_1, 원 O_2에 모두 접하는 합동인 두 원을 원 O_3와 원 O_4라 하자. 이 원들은 서로 내접 또는 외접한다. 사각형 $O_1O_4O_2O_3$의 넓이를 구하여라.

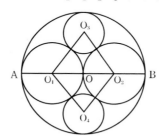

03 오른쪽 그림과 같이 AD는 ∠ABC의 이등분선이고, AD의 연장 선은 △ABC의 외접원인 원 O_1과 점 E에서 만난다. 세 점 C, D, E를 지나는 원 O_2와 AC의 연장선이 F에서 만난다. EF, DF를 연결한다.

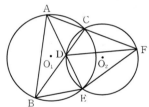

(1) △AEF ∼ △FED를 증명하여라.

(2) AD = 6, DE = 3일 때, EF의 길이를 구하여라.

(3) DF∥BE일 때, △ABE가 어떤 삼각형인지 결정하고 이유를 설명하여라.

04 오른쪽 그림과 같이 ABCD는 변의 길이가 a인 정사각형이고, D를 중심으 로 하고, DA를 반지름으로 하는 사분원과 BC를 지름으로 하는 반원이 만나 는 점은 P이다. AP의 연장선과 BC가 만나는 점을 N이라 할 때, $\dfrac{BN}{NC}$의 값을 구하여라.

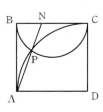

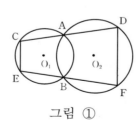

05 그림 ①에서 원 O_1과 원 O_2는 A, B 두 점에서 만난다. 점 A를 지나는 직선이 원 O_1과 C 에서 원 O_2와 D 에서 만난다. 점 B를 지나는 직선이 원 O_1과 E, 원 O_2와 F 에서 만난다.

그림 ①   그림 ②

(1) EC // DF를 증명하여라.

(2) 그림 ①에서 직선 CD와 EF가 각각 A와 점 B를 중심으로 회전하여 C와 E가 만나면 그림 ②가 된다. 점 E를 지나는 직선 MN이 DF와 평행할 때, 직선 MN과 원 O_1의 위치관계를 판단하고, 결론을 증명하여라.

[실력 향상시키기]

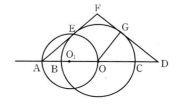

06 오른쪽 그림과 같이 AO는 원 O_1의 지름이고, 원 O_1과 원 O 의 한 교점을 E 라고 하며, 직선 AO와 원 O 의 교점을 B, C 라 하자. 원 O 위의 점 G를 지나는 접선이 직선 AO와 D 에서 만나며, AE의 연장선과 점 F 에서 직교한다.

(1) AE는 원 O 의 접선임을 증명하여라.

(2) AB = 2, AE = 6일 때, △ODG의 둘레의 길이를 구하여라.

07 원 O_1과 원 O_2는 A, B 두 점에서 만나고, 점 B를 지나고 AB와 수직인 직선이 원 O_1과 원 O_2와 만나는 점을 각각 C, D라 하자.

그림 ①　　　　그림 ②　　　　그림 ③

(1) 그림 ①에서 AC는 원 O_1의 지름임을 증명하여라.

(2) AC = AD일 때,

(a) 그림 ②에서 BO_2, O_1O_2를 연결한다. 사각형 O_1CBO_2는 평행사변형임을 증명하여라.

(b) 만약 점 O_1이 원 O_2의 밖에 있을 때, O_2O_1의 연장선과 원 O_1의 점 M에서 만난다. $\overarc{BM}$ 위의 임의의 점 E를 잡고, (점 E와 B는 일치하지 않는다.) EB의 연장선과 $\overarc{BDA}$는 F에서 만난다. 그림 ③과 같이 AE, AF를 연결한다. AE, AB의 대소 관계를 결정하고 그 이유를 설명하여라.

08 그림과 같이 원 O 위에 점 P를 중심으로 하는 원 P를 그리면 원 O와 원 P는 A, B 두 점에서 만난다. 점 P를 지나는 직선이 원 P와 G, D, 원 O와는 C에서 만난다. CA, CB는 각각 원 P와 E, F에서 만난다. DF, EG, BG를 연결한다.
이때, DF · CE = EG · CD 임을 증명하여라.

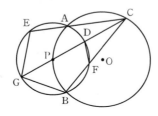

09 그림과 같이 D, E는 △ABC의 변 BC의 두 점이고, F는 BA의 연장선 위의 점으로, ∠DAE = ∠CAF이다.

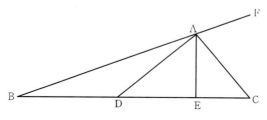

(1) △ABD의 외접원과 △AEC의 외접원의 위치관계를 결정하고, 결론을 증명하여라.

(2) △ABD의 외접원의 반지름은 △AEC의 외접원의 반지름의 두 배이다.
BC = 6, AB = 4일 때, BE의 길이를 구하여라.

10 오른쪽 그림과 같이 점 O_2는 원 O_1 위의 점이고, 원 O_2와 원 O_1은 A, D에서 만난다. BC와 AD는 점 D에서 직교하고, 원 O_1, 원 O_2와는 B, C에서 만난다. DO_2의 연장선은 원 O_2와 점 E에서 만나고, BA의 연장선과는 F에서 만난다. BO_2와 AD는 점 G에서 만난다. AC를 연결한다.

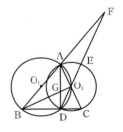

(1) $\angle BGD = \angle C$ 임을 증명하여라.

(2) $\angle DO_2C = 45°$ 일 때, $AD = AF$ 임을 증명하여라.

(3) $BF = 6CD$, 선분 BD, BF의 길이는 x에 관한 방정식 $x^2 - (4m+2)x + 4m^2 + 8 = 0$ 의 두 실근이다. BD와 BF의 길이를 구하여라.

11 오른쪽 그림과 같이 AB는 반원 O의 지름이다. C는 반원 위의 점이며, CD에서 AB에 내린 수선의 발은 D이다. 원 O_1은 BD와 E에서 접하고, CD와 F에서 접하며, 반원과 G에서 접한다.

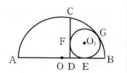

(1) A, F, G 세 점은 한 직선 위에 있음을 증명하여라.

(2) AC = AE 임을 증명하여라.

22강 삼각비

1 핵심요점

1. 직각삼각형의 개념
직각삼각형의 주어진 각과 변을 알고, 기타 각과 변을 구하는 과정을 **직각삼각형을 푼다**라고 말한다.
직각삼각형에서 두 예각과 세 변 (모두 5개 원소)에서 두 개의 원소(적어도 한 요소는 변)가 주어질 때 기타 원소를 구할 수 있다. (**참고** 필수예제 1, 2, 3)

2. 직각삼각형의 변과 각의 관계
직각삼각형의 변과 각의 관계는 직각삼각형을 풀 때 중요한 근거이다.
아래 그림에서와 같이 변과 각 사이의 관계는

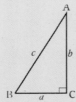

(1) 변과 변 사이의 관계(피타고라스 정리)
$$a^2 + b^2 = c^2$$

(2) 각과 각 사이의 관계
$$\angle A + \angle B = 90°$$

(3) 변과 각 사이의 관계
$$\sin A = \frac{\angle A의 \ 대응변}{빗변} = \frac{a}{c}, \ \cos A = \frac{\angle A의 \ 이웃변}{빗변} = \frac{b}{c},$$
$$\tan A = \frac{\angle A의 \ 대응변}{\angle A의 \ 이웃변} = \frac{a}{b}, \ \cot A = \frac{\angle A의 \ 이웃변}{\angle A의 \ 대응변} = \frac{b}{a}$$

여기서 $\tan A$, $\sin A$, $\cos A$, $\cot A$ 모두 다 $\angle A$의 **예각 삼각함수**라고 부른다.
① $\tan A$와 $\cot A$는 서로 역수이다. 즉, $\tan A \cdot \cot A = 1$
$(\sin A)^2 + (\cos A)^2 = 1$(간단히 표기하면 $\sin^2 A + \cos^2 A = 1$)
$0 < \sin A < 1, \ 0 < \cos A < 1$
② $\angle A + \angle B = 90°$, 즉 $\angle B = 90° - \angle A$이므로,
$\sin A = \cos B = \cos(90° - \angle A)$
$\cos A = \sin(90° - \angle A)$
$\tan A = \cot(90° - \angle A)$
$\cot A = \tan(90° - \angle A)$

3. 특수각 30°, 45°, 60°의 삼각비의 값

[그림 1], [그림 2]에서와 같이 30°, 45°, 60°의 삼각비표는 아래와 같다.

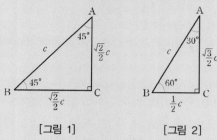

[그림 1]   [그림 2]

명칭 값 각도 α	$\sin\alpha$	$\cos\alpha$	$\tan\alpha$	$\cot\alpha$
30°	$\dfrac{1}{2}$	$\dfrac{\sqrt{3}}{2}$	$\dfrac{\sqrt{3}}{3}$	$\sqrt{3}$
45°	$\dfrac{\sqrt{2}}{2}$	$\dfrac{\sqrt{2}}{2}$	1	1
60°	$\dfrac{\sqrt{3}}{2}$	$\dfrac{1}{2}$	$\sqrt{3}$	$\dfrac{\sqrt{3}}{3}$

기타 예각의 삼각비의 값은 계산기 또는 삼각비의 표를 이용하여 구한다.

4. 직각삼각형 풀이의 실제 응용

직각삼각형의 풀이는 실제로 광범위하게 응용된다. 거리(높이)를 구하는 문제에서 정상적으로 아래의 명칭을 사용한다.

(1) 양의 각, 음의 각 : 아래 그림에서와 같이 측정할 때, 아래로부터 위로 볼 때 시선(시초선)과 수평선이 이루는 각을 양의 각이라 하고, 위에서 아래로 불 때 시선(시초선)과 수평선이 이루는 각을 음의 각이라고 한다.

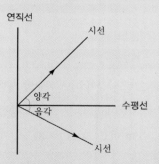

(2) 가울기, 경사각 : 오른쪽 그림에서와 같이 높이 h와 밑변의 길이 l의 비를 **가울기**라고 부르고, 기호 i로 표기한다.

일반적으로 $i = h : l$이고, $1 : m$이라고 자주 쓴다.

경사면과 수평면이 이루는 각은 **경사각**이라 부르고 기호는 $\alpha(0° < \alpha < 90°)$이며, $i = \tan\alpha$이다. 여기서 경사가 크면 클수록 경사각 α가 더 크고 경사면이 더 가파르다.

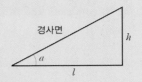

(3) 방위선과 방위각 : 오른쪽 그림에서와 같이 관찰점 O와 목표 P를 연결한 선을 **방위선**이라 한다. 북쪽에서 시계방향으로 회전하여 구한 각을 P의 **방위각**(0°보다 크고 360°보다 작다)이라 부른다. 중학교 단계에서는 예각의 삼각함수만을 고려한다. 때문에 방위각의 개념으로 위치를 정하지 않는다. 일반적으로 방향각으로 방향을 결정한다.

(4) 방향각 : 아래 그림과 같이 목표 P와 방위선과 동, 서, 남, 북의 방위선과 이루는 각을 **방향각**(0°보다 크고 90°보다 작다)이라 한다. 기호는 °로 표기한다.

예 그림의 목표 P_1점은 관찰점 O의 북동 43°, 또는 동북 47°로 표현한다.

(어떤 책에서는 북43°동, 또는 동47°북으로 표시하기도 한다.)

목표 P_2점은 관찰점 O의 서남 20°, 또는 남서 70°로 표시하거나 서 20° 남, 남 70° 서로 표시한다.

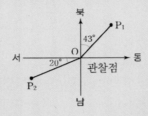

2 필수예제

1. 직각삼각형의 풀이

필수예제 1

> 오른쪽 그림과 같이 어느 학교의 자전거막의 윗부분이 이등변삼각형이고, D는 AB의 중점이며, 중간 기둥 CD = 1m이고, $\angle A = 30°$일 때, AB의 길이를 구하여라.

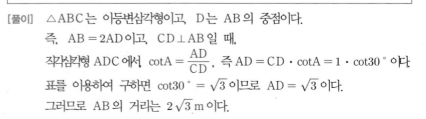

[풀이] △ABC는 이등변삼각형이고, D는 AB의 중점이다.

즉, AB = 2AD이고, CD ⊥ AB일 때,

직각삼각형 ADC에서 $\cot A = \dfrac{AD}{CD}$, 즉 $AD = CD \cdot \cot A = 1 \cdot \cot 30°$ 이다.

표를 이용하여 구하면 $\cot 30° = \sqrt{3}$ 이므로 $AD = \sqrt{3}$ 이다.

그러므로 AB의 거리는 $2\sqrt{3}$ m 이다.

[평주] $\tan A = \dfrac{CD}{AD}$ 에서 AD를 구할 수 있다. AC의 길이를 모르므로,
이 문제는 $\sin A$, $\cos A$ 로 풀이할 수 없다.

답 $2\sqrt{3}\,\mathrm{m}$

필수예제 2

오른쪽 그림에서 전봇대 AB는 지면에 수직
으로 세워져 있다. 전봇대의 그림자는 변 CD
와 지면의 BC에 있다. CD와 지면이 $45°$
이고, $A = 60°$, $CD = 4\mathrm{m}$,
$BC = (4\sqrt{6} - 2\sqrt{2})\mathrm{m}$ 일 때,
전봇대 AB의 길이를 구하여라.

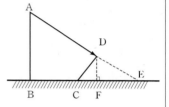

[풀이] 만약 그림처럼 AD의 길이를 연장하여 지면과 만나는 점을 E라 할 때,
$DF \perp CE$ 이다.

$\angle DCF = 45°$, $\angle A = 60°$, $CD = 4$ 이므로

$CF = DF = CD \cdot \sin 45° = 4 \times \dfrac{\sqrt{2}}{2} = 2\sqrt{2}$,

$EF = DF \cdot \tan \angle FDE = DF \cdot \tan 60° = 2\sqrt{2} \times \sqrt{3} = 2\sqrt{6}$ 이다.

그러므로 $BE = BC + CF + EF$
$$= (4\sqrt{6} - 2\sqrt{2}) + 2\sqrt{2} + 2\sqrt{6} = 6\sqrt{6}$$

이다.

또 $\dfrac{AB}{BE} = \cot A$, 즉,

$AB = BE \cdot \cot A = 6\sqrt{6} \cdot \cot 60°$
$$= 6\sqrt{6} \times \dfrac{\sqrt{3}}{3} = 6\sqrt{2}$$ 이다.

그러므로 전봇대 AB의 길이는 $6\sqrt{2}\,\mathrm{m}$ 이다.

[평주] 예각은 특히, 특수각인 $30°$, $45°$, $60°$ 으로 주어졌을 때, 피타고라스 정
리와 삼각비를 활용하여 직각삼각형 문제를 풀 수 있다.

답 $6\sqrt{2}\,\mathrm{m}$

$\tan\angle DBA = \dfrac{1}{5}$ 이다.

$\angle DBA$ 의 예각을 직각삼각형으로 만들어야 한다.

직각이등변삼각형 ABC 에서 $\angle C = 90°$, AC = 6 이며 D 는 AC 위의 점이다. $\tan\angle DBA = \dfrac{1}{5}$ 일 때, AD 의 길이는?

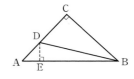

① $\sqrt{2}$　　　　　　　② 2

③ 1　　　　　　　　　④ $2\sqrt{2}$

[풀이]　그림에서 점 D 에서 변 AB 에 내린 수선의 발을 E 라고 하자.

$\angle C = 90°$, AC = BC = 6 이므로, $AB = \sqrt{AC^2 + BC^2} = 6\sqrt{2}$ 이다.

직각삼각형 BDE 에서, $\dfrac{DE}{BE} = \tan\angle DBE = \dfrac{1}{5}$ 이다.

그러므로 BE = 5DE 이다.

또, 직각삼각형 AED 에서 $\angle A = 45°$ 이므로, $ADE = 45°$ 이다.

즉, AE = DE 이다. AB = AE + BE, $AB = 6\sqrt{2}$ 이므로

$6\sqrt{2} = \overline{DE} + 5\overline{DE}$ 이다.

그러므로 $DE = \sqrt{2}$ 이다.

직각삼각형 AED 에서 $\dfrac{DE}{AD} = \sin A$, $\angle A = 45°$ 이다.

$AD = DE \div \sin 45° = \sqrt{2} \div \dfrac{\sqrt{2}}{2} = 2$, 그러므로 답은 ②이다.

[평주]　마지막 부분은 다음과 같이 구할 수도 있다.

$AD = \sqrt{AE^2 + DE^2} = \sqrt{2 \cdot DE^2} = \sqrt{2}\,DE = 2$

답 ②

2. 직각삼각형 풀이의 실제 응용문제

필수예제 4

오른쪽 그림에서 신혜네 집의 맞은편에 새로운 오피스텔을 짓는데, 신혜의 집 가장 아래층 A에서 오피스텔의 꼭대기 B를 바라볼 때의 각은 60°이고, 꼭대기 D에서 B를 바라본 각은 30°이다. 신혜네 집의 높이가 82m일 때, 오피스텔의 높이 BC와 오피스텔과 집 사이의 거리 AC를 구하여라.

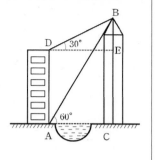

[풀이] 그림에서 $DE \perp BC$이다. 즉, 사각형 ACED는 직사각형이므로,
$AC = DE$, $EC = DA = 82m$이다.
$\angle BDE = 30°$이고 $\angle BAC = 60°$이므로 직각삼각형 BDE에서
$$\tan \angle BDE = \frac{BE}{DE} = \frac{1}{\sqrt{3}} \text{이다.}$$
따라서 $BE = DE \cdot \tan \angle BDE = DE \cdot \tan 30° = \frac{\sqrt{3}}{3} DE$이다.

직각삼각형 BAC에서, $\tan \angle BAC = \dfrac{BC}{AC} = \dfrac{BE + EC}{AC}$이므로,
$$\tan 60° = \frac{\frac{\sqrt{3}}{3} DE + EC}{AC} \text{이다. 즉, } \sqrt{3} = \frac{\frac{\sqrt{3}}{3} AC + 82}{AC} \text{에서}$$
AC의 길이를 구하면 $AC = 41\sqrt{3}$이다. 그러므로
$$BC = BE + EC = \frac{\sqrt{3}}{3} DE + EC = \frac{\sqrt{3}}{3} \overline{AC} + DA$$
$$= \frac{\sqrt{3}}{3} \times 41\sqrt{3} + 82 = 123 \text{이다.}$$
따라서 오피스텔의 높이 BC는 123m이고, 신혜의 집(아파트)과 오피스텔과의 거리 AC는 $41\sqrt{3}$ m이다.

답 $41\sqrt{3}$ m

(2) 기울기, 경사각 응용 예제

필수예제 5

그림과 같이 뚝방의 가로 단면은 등변사다리꼴 $ABCD$ 이고, 뚝방 윗면의 너비 BC 는 $6\,m$, 높이는 $3.2\,m$ 이다. 뚝방을 더 튼튼히 하기 위해서 높이를 $2\,m$ 높였고, 너비는 변함이 없고 경사면 CD 의 기울기도 변하지 않았다. 그러나 뚝방의 뒷면의 기울기는 원래의 $i' = \dfrac{1}{2}$ 에서 $i = \dfrac{2}{5}$ 로 변하였다.

이때, 높이를 높인 후 뚝방의 HD 의 길이는 얼마인가?

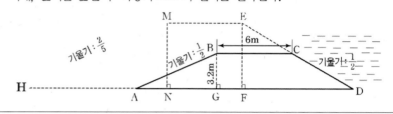

[풀이]   그림에서 $BG = 3.2\,m$, 즉 높인 후 $MN = EF = 5.2\,m$, $ME = NF = 6\,m$ 이다.

주어진 경사의 기울기를 구하면 $\dfrac{MN}{HN} = \dfrac{2}{5}$, $\dfrac{EF}{DF} = \dfrac{1}{2}$ 이다.

그러므로 $HN = 2.5MN = 2.5 \times 5.2 = 13\,(m)$, $DF = 2EF = 2 \times 5.2 = 10.4$ (m) 이다.

그러므로 높인 후의 $HD = HN + NF + DF = 13 + 6 + 10.4 = 29.4\,(m)$ 이다.

📖 $29.4\,m$

(3) 방위각의 응용 예제

필수예제 6

기상대에서 예보하기를 태풍의 중심이 대구(시내지역)의 동남 방향 $(36\sqrt{6}+108\sqrt{2})$km의 바다 위에 있다. 태풍의 중심은 20km/h 의 속도로 북서 60° 방향으로 이동한다. 태풍의 영향권은 중심으로 부터 50km 까지이다. 창원은 정남방향 72km 의 곳에 있다. 대구, 창원, 울산은 이번 태풍의 영향을 받는가? 받는다면 시간을 구하고 받지 않는다면 이유를 설명하여라. (울산은 창원의 북동 60도 방향으로 50km 지점에 있다.)

[풀이] 그림에서 P는 태풍의 중심이 있는 곳이다. PQ는 태풍 중심이 지나는 곳이다. A는 대구, B는 창원, C는 울산이다. AB의 연장선과 점 P를 지나는 동서선이 O에서 만나고, PQ와 AO가 M에서 만난다.

$AP = 36\sqrt{6}+108\sqrt{2}$, $\angle OAP = 45°$, $AO \perp OP$이므로,

$AO = PO = AP \cdot \sin45° = (36\sqrt{6}+108\sqrt{2}) \cdot \dfrac{\sqrt{2}}{2} = 36\sqrt{3}+108$이다.

그러므로 $BO = AO - AB = (36\sqrt{3}+108) - 72 = 36\sqrt{3}+36$.

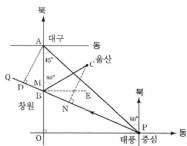

직각삼각형 POM에서, $\angle MPO = 90° - 60° = 30°$ 이므로

$PO = 36\sqrt{3}+108$이다.

그러므로 $MO = PO \cdot \tan30° = (36\sqrt{3}+108) \times \dfrac{\sqrt{3}}{3} = 36\sqrt{3}+36$이다.

즉, $MO = BO$이다. 따라서 B, M은 겹치게 된다.

그러므로 태풍의 중심이 창원을 지나고, 창원이 태풍의 영향을 받는 시간은 $\dfrac{50 \times 2}{20} = 5$(시)이다.

점 C에서 PQ에 내린 수선의 발을 N이라 하고,

M을 지나 OP에 평행한 직선과 CN의 교점을 E라 하자.

그러면 $\angle CMN = \angle CME + \angle EMN = 30° + 30° = 60°$이다.

직각CMN에서, $CN = CM \cdot \sin60° = 56 \times \dfrac{\sqrt{3}}{2} = 28\sqrt{3}$ (km)이다.

즉, $CN = 28\sqrt{3} < 50$, 그러므로 울산도 이 태풍의 영향을 받는다.

점 A에서 PQ에 내린 수선의 발을 D라 하면,

직각삼각형 ADM에서 $\angle AMD = \angle PBO = 60°$이다.

즉, $AD = AM \cdot \sin 60° = 72 \times \dfrac{\sqrt{3}}{2} = 36\sqrt{3}$ (km)이다.

$36\sqrt{3} > 50$이므로 대구는 태풍의 영향을 받지 않는다.

(주의) 우리가 원의 기본성질을 배우지 않았으므로 울산이 태풍의 영향을 받는 시간은 계산할 수 없다. 원의 기본 성질을 배운 후 C를 중심으로 50km를 반지름으로 하는 원과 PQ가 만나서 생긴 현의 길이는

$\sqrt{50^2 - (28\sqrt{3})^2} \times 2 = 4\sqrt{37}$ (km)이므로 울산이 태풍의 영향을 받는 시간은

$\dfrac{4\sqrt{37}}{20} = \dfrac{\sqrt{37}}{5}$ (시)이다.　　　　　　　　　📑 풀이참조

3. 임의의 삼각형 넓이공식 $S = \dfrac{1}{2}ab\sin C$ 의 증명과 응용

오른쪽 그림에서, 임의의 $\triangle ABC$의 넓이는 양 변과
그 사이에 끼인각의 $\sin$ 값의 곱의 절반과 같다.

즉, $S_{\triangle ABC} = \dfrac{1}{2}ab\sin C = \dfrac{1}{2}ac\sin B$

$\qquad\qquad = \dfrac{1}{2}bc\sin A$

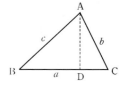

A를 지나 $AD \perp BC$ 이다.

$AD = c\sin B$ 이므로, $S_{\triangle ABC} = \dfrac{1}{2}BC \cdot AD = \dfrac{1}{2}ac\sin B$

같은 원리로 $S_{\triangle ABC} = \dfrac{1}{2}ab\sin C$, $S_{\triangle ABC} = \dfrac{1}{2}bc\sin A$

이 결과는 매우 광범위하게 활용할 수 있다.

필수예제 7

아래 그림에서 육각형 $ABCDEF$의 대각선 AD, BE, CF는 점 O에서 만난다. $AD = BE = CF = 2$이고 $\angle AOB = \angle COD = \angle EOF = 60°$이고 S는 $\triangle AOB$와 $\triangle COD$와 $\triangle EOF$의 넓이의 합이라 할 때, 다음 중 옳은 것은?

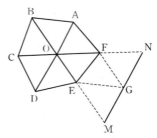

① $S < \sqrt{3}$　　　　　　　　　② $S = \sqrt{3}$

③ $S > \sqrt{3}$　　　　　　　　　④ S와 $\sqrt{3}$ 의 크기를 알 수 없다.

[풀이] 그림과 같이 BE를 M까지 연장하여, $FN = CO$가 되게 하고, $EM = BO$가 되게 하자. 이때, MN을 연결하면 $\angle EOF = 60°$이고 $ON = OM = 2$이므로 $\triangle OMN$는 변의 길이가 2인 정삼각형이 된다. 또한 $MG = AO$이고 $GN = OD$이며 EG, FG를 연결하면 $\triangle AOB \equiv \triangle GME$와 $\triangle COD \equiv \triangle FNG$이 된다.

따라서 $S = S_{\triangle AOB} + S_{\triangle COD} + S_{\triangle EOF}$

$= S_{\triangle GME} + S_{\triangle FNG} + S_{\triangle EOF} < S_{\triangle OMN}$이고,

$S_{\triangle OMN} = \dfrac{1}{2} \times 2 \times 2 \cdot \sin 60° = 2 \times \dfrac{\sqrt{3}}{2} = \sqrt{3}$ 이다.

그러므로 $S < \sqrt{3}$으로 답은 ①이다.

답 ①

4. 예각 범위 내에서의 삼각함수의 특징과 그의 간단한 응용

예각 범위 내에서의 삼각함수는 많은 특징이 있다.

① $0 < \sin A < 1,\ 0 < \cos A < 1$

② $\sin^2 A + \cos^2 A = 1$($\sin^2 A$는 $(\sin A)^2$을 간단히 쓴 것, 다른 것도 마찬가지다.)

③ $\tan A \cdot \cot A = 1$(즉, $\tan A$와 $\cot A$는 서로 역수이다.)

④ $\angle A + \angle B = 90°$이면

$$\sin A = \cos B,\ \cos A = \sin B$$

$$\tan A = \cot B,\ \cot A = \tan B$$

$\sin A = \cos(90° - \angle A)$이므로, $\cos A = \sin(90° - \angle A)$

$\tan A = \cot(90° - \angle A)$, $\cot A = \tan(90° - \angle A)$

필수예제 8

직각삼각형의 두 예각 $\angle A$, $\angle B$의 $\sin$값은 방정식 $x^2 + px + q = 0$의 두 개의 근이다.

(1) 실수 p, q는 어떤 조건을 만족하는지 구하여라.

(2) p, q가 조건을 만족할 때, 방정식 $x^2 + px + q = 0$의 두 근이 직각삼각형의 두 예각 $\angle A$, $\angle B$의 $\sin$값을 구하여라.

[풀이] (1) $\angle A$, $\angle B$는 직각삼각형의 두 예각이다.

$\sin A$, $\sin B$는 방정식 $x^2 + px + q = 0$의 두 개의 근이므로

판별식 $\triangle = p^2 - 4q \geq 0$ ⋯⋯⋯(a)

$\sin A + \sin B = -p$, $\sin A \cdot \sin B = q$에서, $\sin A > 0$, $\sin B > 0$이므로

$p < 0$, $q > 0$이고, 또 $\sin B = \cos A$이므로

$\sin A + \cos A = -p$, $\sin A \cdot \cos A = q$ 이다. 그러므로

$p^2 = (-p)^2 = (\sin A + \cos A)^2$

$= \sin^2 A + \cos^2 A + 2\sin A \cdot \cos A = 1 + 2q$,

즉, $p^2 - 2q = 1 \cdots\cdots(b)$

이것을 (a)에 대입하면 $(1+2q) - 4q \geq 0$, 즉 $q \leq \dfrac{1}{2}$ 이다.

$q = \dfrac{p^2-1}{2}$, $0 < q \leq \dfrac{1}{2}$ 이므로, $0 < \dfrac{p^2-1}{2} \leq \dfrac{1}{2}$, $1 < p^2 \leq 2$ 이다.

$1 < p^2$ 에 의해, $p > 1$ 또는 $p < -1 \cdots\cdots$㉠

$p^2 \leq 2$ 에 의해 $-\sqrt{2} \leq p \leq \sqrt{2} \cdots\cdots$㉡

또한 $p < 0$ 이며 $\cdots\cdots$㉢

㉠, ㉡, ㉢에 의해 p는 $-\sqrt{2} \leq p \leq -1$의 범위를 갖는다.

구하려는 조건은 $-\sqrt{2} \leq p \leq -1$과 $0 < q \leq \dfrac{1}{2}$ 이고

또한 p, q 사이에는 $p^2 - 2q = 1$의 관계식을 갖는다.

📋 풀이참조

[풀이] (2) (b)의 조건으로부터 $\triangle = p^2 - 4q = 1 - 2q \geq 0$이므로

방정식 $x^2 + px + q = 0$에는 두 개의 실근이 있다.

그 두 근을 각각 α, β로 잡고 $\alpha \leq \beta$라 하자. 그러면

$\alpha = \dfrac{-p - \sqrt{p^2-4q}}{2} = \dfrac{-p - \sqrt{1-2q}}{2}$,

$\beta = \dfrac{-p + \sqrt{p^2-4q}}{2} = \dfrac{-p - \sqrt{1-2q}}{2}$ 이다.

$0 < \alpha$, $\beta < 1$이며 $\alpha^2 + \beta^2 = 1$일 때, α, β를 어느 직각삼각형의 두 개의 예각 $\angle A$, $\angle B$의 대변인 $\sin A$, $\sin B$라 하자. (이때, (a), (b)의 특징을 만족시킨다.)

$p < 0$, $p^2 - 2q = 1$에 의해, $p = -\sqrt{1+2q}$ 이다.

$\alpha = \dfrac{\sqrt{1+2q} - \sqrt{1-2q}}{2} > 0$.

따라서 $\alpha^2 = \dfrac{1}{4}\left\{(1+2q) + (1-2q) - 2\sqrt{1-4q^2}\right\}$

$\qquad = \dfrac{1}{2}(1 - \sqrt{1-4q^2}) \leq \dfrac{1}{2} < 1$,

즉, $0 < \alpha < 1$ 이다.

같은 이유로, $\beta^2 = \dfrac{1}{2}(1 + \sqrt{1-4q^2}) < \dfrac{1+1}{2} = 1$, 즉, $0 < \beta < 1$이다.

$\alpha \leq \beta$로 가정했으므로

$\alpha^2 + \beta^2 = \dfrac{1}{2}(1 - \sqrt{1-4q^2}) + \dfrac{1}{2}(1 + \sqrt{1-4q^2}) = 1$.

그러므로 α, β는 $0 < \alpha \leq \beta < 1$, $\alpha^2 + \beta^2 = 1$이다.

따라서 α, β는 어떤 직각삼각형의 두 예각의 대변이다.

📋 풀이참조

[실력다지기]

01 △ABC는 ∠C = 90°인 직각삼각형이다. $\tan A = \dfrac{5}{12}$ 일 때, $\sin A$ 의 값은?

① $\dfrac{5}{13}$ ② $\dfrac{12}{13}$ ③ $\dfrac{5}{12}$ ④ $\dfrac{12}{5}$

02 오른쪽 그림에서, △ABC는 ∠B = 30°, $\sin C = \dfrac{4}{5}$, AC = 10일 때, AB의 길이를 구하여라.

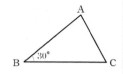

03 오른쪽 그림에서, 어느 여행지에 한명의 여행객이 산 아래 A에서 경사도가 30°인 비탈길 AB를 400m 가고 나서 어느 B지점에 도착했다. 또 B에서 비탈길 BC를 향해 320m를 올라가 산꼭대기 C지점에 도착했다. B지점에서 산꼭대기 C지점까지의 경사각이 60°일 때, 산의 높이는 얼마인가?

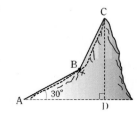

04 오른쪽 그림에서 어느 배가 정동 방향으로 항해 중이다. A 에서 어느 섬 C 를 올려본 각은 북동 $60°$ 이다. 앞으로 6 해리만큼 전진하여 B 지점에 도착했을 때, 이 섬이 북동 $30°$ 방향에 위치함을 알게 되었다. 섬의 주위 6 해리 내에 암석이 있는데 만약 배가 계속 동쪽으로 항하면 암석에 부딪힐 위험이 있는가? ($\sqrt{3} = 1.732$)

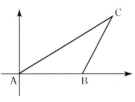

05 고속도로에서 도로구간을 넓히는 작업이 시작되었다. 과거 양방향으로 4 대의 차가 다니던 고속도로를 8 대의 차가 다닐 수 있게 넓히려고 한다.

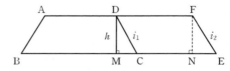

위의 그림과 같이 도로의 가로 면은 등변사다리꼴 ABCD 이고, AD // BC 이다.
빗변 DC 의 기울기는 i_1 이며, 한 쪽 면은 DF $= 7.75 \mathrm{m}$ 넓혔다. 점 E, F 는 각각 BC, AD 의 연장선 위에 있고, 기울기 FE 는 $i_2 (i_2 < i_1)$ 이며, 도로면의 높이를 DM $= h(\mathrm{m})$ 로 하자. 도로를 넓힌 후 가로면의 한 쪽이 증가된 사각형 DCEF 의 넓이는 $S(\mathrm{m}^2)$ 라 한다.

(1) $i_2 = \dfrac{1}{1.7}$, $h = 3$ 일 때, ME 의 길이를 구하여라.

(2) i_1, i_2, h 로 넓이 S 를 구하는 공식을 유도하여라. (i_1, i_2, h 의 수식으로 표시함)

[실력 향상시키기]

06 어느 크레인의 높이 $EF = 2m$, 기둥 $AB = 24m$ 이다.

지금 오른쪽 그림 (1)의 원주형의 장식물을 14m 높이의 꼭대기에 올려 설치하려 하는데, 크레인으로 들어 올리는 과정에서 장식물은 시종 수평을 유지했다.

그림 (2)에서와 같이 크레인으로 올렸을 때 지면과 양의 방향으로 $59°$의 각으로 장식물을 올려 놓을 수 있는가?

$(\sin 59° = 0.8572, \quad \cos 59° = 0.5150, \quad \tan 59° = 1.6643,$

$\cot 59° = 0.6009)$

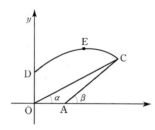

07 오른쪽 그림은 유도탄의 운동궤도와 목표물 C를 좌표평면에 나타낸 것이다. O, A 두 점에서 공격목표 C를 본 양의 각은 각각 α, β이고 $OA = 1km$, $\tan\alpha = \dfrac{9}{28}$, $\tan\beta = \dfrac{3}{8}$ 이다. O 점의 위의 방향 $\dfrac{5}{3}$ km 인 D 점에서 목표를 향해 유도탄을 발사하였는데 그림 중의 E 점까지 움직인 수평거리는 4km 이고 높이가 3km 이다.

(1) 유도탄의 운행궤도가 이차함수 형태의 포물선이라면 이 이차함수의 함수식을 구하여라.

(2) 유도탄이 (1)의 운행궤도대로 움직일 때 목표 C를 명중할 수 있는가? 그 이유를 설명하여라.

08 x에 관한 일원이차방정식 $x^2 - 3(m+1)x + m^2 - 9m + 20 = 0$은 두 개의 실근이 있고, a, b, c는 각각 $\triangle ABC$의 $\angle A$, $\angle B$, $\angle C$의 마주보는 변의 길이이다. $\angle C = 90°$이고, $\cos B = \dfrac{3}{5}$, $b - a = 3$이다. 일원이차방정식의 두 개의 실근의 제곱의 합은 직각삼각형 ABC의 빗변 c의 제곱과 같다면 정수 m이 존재하는지 구하여라.

만약 존재하면, 조건을 만족시키는 m의 값을 구하고, 만약 존재하지 않다면 그 이유를 설명하여라.

09 아래 그림과 같이 $\triangle ABC$에서 $\angle ACB = 90°$, $AC = BC$, AD는 변 BC의 중선으로 $CE \perp AD$일 때, 수선의 발은 E이고 AB와 만나는 점은 F이다.

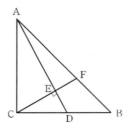

(1) $AE : DE$의 값을 구하여라.

(2) $\tan \angle BAD$의 값을 구하여라.

[응용하기]

10 a, b, c는 $\triangle ABC$에서 $\angle A$, $\angle B$, $\angle C$의 마주보는 변$(a > b)$이다. x에 관한 방정식 $x^2 - 2(a+b)x + 2ab + c^2 = 0$은 중근(실근)을 가지며, $\angle A$, $\angle B$의 sin값은 x에 관한 방정식 $(m+5)x^2 - (2m-5)x + m - 8 = 0$의 두 개의 근이라 하자.
$\triangle ABC$의 외접원의 넓이가 25π이라면 $\triangle ABC$의 둘레의 길이를 구하여라.

11 오른쪽 그림에서, 정삼각형 ABC는 변의 길이가 1이고 AB, BC, CA 위의 점 R, P, Q는 $AR + BP + CQ = 1$을 만족하고 이동한다. $BP = x$, $CQ = y$, $AR = z$, $\triangle PQR$의 넓이는 S라고 하자.

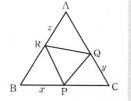

(1) x, y, z로 S를 구하여라.

(2) 동점 P, Q, R은 각각 어떤 위치에 있을 때, $\triangle PQR$의 넓이 S가 가장 큰가? S의 최댓값을 구하여라.

Part VI 종합

23강 특수한 고차 부정 방정식

1 핵심요점

비일차 부정 연립방정식의 종류는 매우 많고, 방정식 형식에 있어 일차 부정 연립방정식처럼 규범화되어있지 않으며, 기본적인 정수해를 구하는 방법과 일반해 공식을 가지고 있다. 그러므로 비일차 부정 연립방정식에 대해서는 문제가 다르면 "풀이방법"도 달라야 한다. 여기에서는 실례(최근 몇 년간 각 지역 경시대회에 출제된 문제들)를 일반화 해 일부 자주 사용되는 방법을 소개하도록 하겠다.

예를 들어 정수를 사용하여 분석하는 방법, 정수 나눗셈 성질을 사용하여 분석하는 방법, 소인수 분해를 이용하는 방법, 홀수·짝수를 이용하여 분석하는 방법, 인수분해를 이용하는 등 일부 특수한 풀이 방법이 있다.

2 필수예제

1. 정수를 사용하여 분석

필수예제 1

방정식 $6xy + 4x - 9y - 7 = 0$의 정수해 (x, y)를 구하여라.

[풀이] 원래 방정식을 변형하면 $x = \dfrac{9y+7}{6y+4}$ 이다.

즉, $x = \dfrac{3}{2} + \dfrac{1}{6y+4}$ 이다.

x, y는 정수이므로 $6y + 4 = \pm 2$만 가능하다.

(i) $6y + 4 = 2$일 때, $y = -\dfrac{1}{3}$ 인데 정수가 아니므로 성립되지 않는다.

(ii) $6y + 4 = -2$일 때, $y = -1$이다.

　이때, $x = \dfrac{9 \times (-1) + 7}{6 \times (-1) + 4} = 1$이다.

따라서 방정식의 정수해 $(x, y) = (1, -1)$이다.

[평론과 주석] y에 대하여 변형해도 된다.

$$y = \frac{-(4x-7)}{3(2x-3)} = -\frac{2}{3} + \frac{1}{3(2x-3)}$$

위에 식에서 $2x - 3 = -1$(즉, $x = 1$)일 경우에만 정수 $y = -1$이 나온다. 그러므로 방정식의 정수해 $(x, y) = (1, -1)$이다.

답 $(1, -1)$

2. 정수 나눗셈 성질 이용하기

필수예제 2

방정식 $x^3 + 6x^2 + 5x = 27y^3 + 9y^2 + 9y + 1$을 만족시키는 양의 정수쌍 (x, y)는 총 몇 쌍인지 구하여라.

[풀이] 원래 방정식을 다음의 순서대로 변형하자.
$$x(x^2 + 6x + 5) = 3(9y^3 + 3y^2 + 3y) + 1,$$
$$x(x+1)(x+5) = 3(9y^3 + 3y^2 + 3y) + 1,$$
$$x(x+1)\{(x+2) + 3\} = 3(9y^3 + 3y^2 + 3y) + 1,$$
$$x(x+1)(x+2) + 3x(x+1) = 3(9y^3 + 3y^2 + 3y) + 1.$$
연속하는 세 개의 자연수의 곱은 반드시 3으로 나누어떨어지므로
위 식의 왼쪽 변은 반드시 3으로 나누어떨어지지만
오른쪽 변은 3으로 나누어떨어지지 않는다.
따라서 이를 만족하는 양의 정수 x, y가 존재하지 않는다.
즉, 원래 방정식에는 양의 정수해가 없다.

답 0쌍

3. 소인수 분해 이용하기

필수예제 3-1

a, b의 방정식 $x^2 y = 180$에는 양의 정수해가 총 몇 쌍인지 구하여라.

[풀이] $180 = 1 \times 2^2 \times 3^2 \times 5$이므로 $a^2 \times b$ 꼴로 나타내면
$1^2 \times 180$, $2^2 \times 45$, $3^2 \times 20$, $6^2 \times 5$이다.
즉, $x^2 y = 180$의 양의 정수해의 쌍은 다음의 4쌍이 있다.
$(x, y) = (1, 180), (2, 45), (3, 20), (6, 5)$
그러므로 답은 4쌍이다.

답 4쌍

필수예제 3-2

승기는 문구점에 가서 연필 x개를 사고 y원(y는 자연수)을 지불했다. 며칠 후에 다시 문구점에 갔더니 승기가 산 연필을 20% 싸게 팔고 있어서 4000원으로 전에 산 개수보다 10개를 더 샀다. 승기가 두 번에 걸쳐 산 연필의 총 개수를 구하여라. (단, 연필의 가격은 100원 단위로만 생각한다.)

[풀이] 문제의 조건으로부터 $(x+10) \times y \times 0.8 = 4000$이다.

이를 정리하면 $y(x+10) = 5000$이다.

$5000 = 100 \times 50$ 또는 200×25이므로

$$y = 100, \quad x+10 = 50 \qquad \cdots\cdots \text{㉠}$$
$$\text{또는 } y = 200, \quad x+10 = 25 \qquad \cdots\cdots \text{㉡}$$

이다.

㉠에서 $y = 100$, $x = 40$이다.

㉡에서 $y = 200$, $x = 15$이다.

그러므로 승기가 두 번에 걸쳐 산 연필의 총 개수는 $40 + (40+10) = 90$(개)

또는 $15 + (15+10) = 40$(개)이다.

📋 90개 또는 40개

4. 인수분해 이용하기

필수예제 4

직각삼각형의 세 변의 길이는 모두 자연수이고, 이 직각삼각형의 직각변의 길이가 15일 때, 다른 직각변의 길이를 모두 구하여라. (단, 직각변이란 빗변이 아닌 변을 말한다.)

[풀이] 이 직각삼각형의 다른 직각변의 길이를 a라고 하고,

빗변의 길이를 c(a, c는 자연수)라고 하면

$c^2 - a^2 = 15^2$, 즉, $(c-a)(c+a) = 3^2 \times 5^2$이다.

그러므로 다음의 경우가 가능하다.

① $c-a = 1$, $c+a = 3^2 \times 5^2$. 이를 풀면 $a = 112$, $c = 113$이다.

② $c-a = 3$, $c+a = 3 \times 5^2$. 이를 풀면 $a = 36$, $c = 39$이다.

③ $c-a = 3^2$, $c+a = 5^2$. 이를 풀면 $a = 8$, $c = 17$이다.

④ $c-a = 5$, $c+a = 3^2 \times 5$. 이를 풀면 $a = 20$, $c = 25$이다.

따라서 다른 직각변의 길이는 112, 36, 8, 20이다.

📋 112, 36, 8, 20

필수예제 5

a, b는 정수이고 $\left(\dfrac{\dfrac{1}{a}}{\dfrac{1}{a}-\dfrac{1}{b}}-\dfrac{\dfrac{1}{b}}{\dfrac{1}{a}+\dfrac{1}{b}}\right)\times\left(\dfrac{1}{a}-\dfrac{1}{b}\right)\times\dfrac{1}{\dfrac{1}{a^2}+\dfrac{1}{b^2}}=\dfrac{2}{3}$ 를

만족시킬 때, $a+b$의 값을 구하여라.

[풀이] $x=\dfrac{1}{a}$, $y=\dfrac{1}{b}$ 라 두고 주어진 식에 대입하면

$$\text{좌변}=\left(\frac{x}{x-y}-\frac{y}{x+y}\right)(x-y)\frac{1}{x^2+y^2}$$

$$=\frac{x^2+y^2}{(x-y)(x+y)}(x-y)\frac{1}{x^2+y^2}=\frac{1}{x+y}$$

이다.

따라서 $\dfrac{1}{\dfrac{1}{a}+\dfrac{1}{b}}=\dfrac{2}{3}$, $\dfrac{ab}{a+b}=\dfrac{2}{3}$ 이다

즉, $3ab-2a-2b=0$, $9ab-6a-6b+4=4$이다.

따라서 $(3a-2)(3b-2)=4$이다.

문제에서 $a\neq b$(그렇지 않을 경우 답이 없음)이고 정수이므로

$(3a-2)$, $(3b-2)$의 가능한 값은 1, 4 또는 -1, -4이다.

① $3a-2=4$, $3b-2=1$이면, $a=2$, $b=1$이다. 즉, $a+b=3$이다.

② $3a-2=1$, $3b-2=4$이면, $a=1$, $b=2$이다. 즉, $a+b=3$이다.

③ $3a-2=-1$, $3b-2=-4$이면 a, b에는 정수해가 없다.

④ $3a-2=-4$, $3b-2=-1$이면 a, b에는 정수해가 없다.

그러므로 $a+b=3$이다.

답 3

5. 홀수, 짝수 분석 이용하기

필수예제 6-1

방정식 $x^2-y^2=12$의 정수의 해가 몇 쌍인지 구하여라.

[풀이] 원래 방정식은 $(x-y)(x+y)=12$이다.

또, $(x-y)$, $(x+y)$는 같은 홀짝성을 가진다.

12는 짝수이므로 $(x-y)$, $(x+y)$는 반드시 둘 다 짝수여야 한다.

따라서 $(x-y)(x+y)=2\times6$, 6×2, $(-2)\times(-6)$, $(-6)\times(-2)$이다.

이 네 가지 경우(이로서 4쌍의 정수해를 얻을 수 있음)만 가능하다.

답 4쌍

이 선생님은 자신의 책을 책장에 상, 중, 하 세 층으로 구분하여 진열하였다. 33권은 상층에 진열하였고, 총 권수의 $\frac{1}{5}$은 중간 층, 총 권수의 7분의 몇(기억이 잘 나지 않음)은 하층에 진열하였다. 이 선생님이 가지고 있는 책의 총 권수를 구하여라.

[풀이] 이 선생님이 가진 책의 수를 x권, 총 권수의 $\frac{y}{7}$가 하층에 있다고 가정하자.

문제에 따라 방정식을 만들면 $\frac{x}{5} + \frac{y}{7}x + 33 = x$이다.

이를 정리하면 $5xy + 33 \times 5 \times 7 = 28x$이다.

위 식의 홀짝성에 의하여 x, y는 반드시 홀수이어야 하므로,

y는 1, 3, 5만 가능하다.

① $y = 1$일 때, $5x + 33 \times 5 \times 7 = 28x$이므로 이 방정식에는 정수해가 없다.

② $y = 3$일 때, $15x + 33 \times 5 \times 7 = 28x$이므로 이 방정식에는 정수해가 없다.

③ $y = 5$일 때, $25x + 33 \times 5 \times 7 = 28x$이다. 이를 풀면 $x = 385$이다.

따라서 이 선생님이 가지고 있는 책은 총 385권이다.

目 385권

6. 비일차 부정 연립방정식의 실례

x, y, z은 양의 정수이고, 다음 연립방정식을 만족시킨다.

$$3x - 4y = 0 \quad \cdots\cdots\cdots\cdots\cdots\cdots ㉠$$
$$x + y + z = \sqrt{x + y + z - 3} + 15 \quad \cdots\cdots\cdots ㉡$$

이때, $x - y + z$의 값을 구하여라.

[풀이] ㉡으로부터 $(\sqrt{x+y+z-3})^2 - \sqrt{x+y+z-3} - 12 = 0$이다.

인수분해하면 $(\sqrt{x+y+z-3} - 4)(\sqrt{x+y+z-3} + 3) = 0$이다.

$\sqrt{x+y+z-3} + 3 > 0$이므로 $\sqrt{x+y+z-3} - 4 = 0$이다.

그러므로 $x + y + z - 3 = 16$, 즉 $x + y + z = 19$ ㉢이다.

㉠에서 $3x = 4y$이다. x, y는 양의 정수이고, 3과 4는 서로소이므로

$x = 4k$, $y = 3k$(k는 양의 정수)라고 두자.

이를 ㉢에 대입하면, $z > 0$이므로 $z = 19 - 7k > 0$이다. 즉, $k < \frac{19}{7}$이다.

k가 양의 정수이므로 k는 1, 2만 가능하다.

① $k = 1$일 때, $x = 4, y = 3, z = 12$이고 이때, $x - y + z = 13$이다.

② $k = 2$일 때, $x = 8, y = 6, z = 5$이고 이때, $x - y + z = 7$이다.

그러므로 $x - y + z$의 값은 7 또는 13이다.

目 7 또는 13

[실력다지기]

01 다음 물음에 답하여라.

(1) x, y는 양의 정수이고, $x^2 + y^2 + 4y - 96 = 0$일 때, xy의 값을 구하여라.

(2) 방정식 $4x^2 - 2xy - 12x + 5y + 11 = 0$는 총 몇 쌍의 양의 정수의 해가 있는지 구하여라.

(3) 방정식 $\dfrac{x+3}{x+1} - y = 0$의 정수의 해가 총 몇 쌍인지 구하여라.

02 다음 물음에 답하여라.

(1) $1998^2 + m^2 = 1997^2 + n^2 \ (0 < m < n < 1998)$을 만족시키는 정수 쌍 (m, n)은 총 몇 쌍인지 구하여라.

(2) 방정식 $2x^2 - 3xy - 2y^2 = 98$의 양의 정수해가 총 몇 쌍인지 구하여라.

03 1부터 시작하는 연속되는 정수 n개의 합은 십의 자리 수와 일의 자리 수의 숫자가 동일한 두 자리 수와 같다. n의 값을 구하여라.

04 방정식 $\dfrac{x}{3} + \dfrac{14}{y} = 3$에는 총 몇 쌍의 양의 정수해가 있는지 구하여라.

05 삼각형의 두 직각변의 길이는 자연수이고, 둘레가 x㎝ 이며, 면적이 x㎠ 일 때, 이런 직각삼각형의 개수를 구하여라.

[실력 향상시키기]

06 다음 물음에 답하여라.

(1) 방정식 $19x + 97y = 4xy$를 만족시키는 모든 양의 정수해 $(x,\ y)$를 구하여라.

(2) 양의 정수 $x,\ y$가 $x^2 + y^2 = 1997$일 때, $x + y$를 구하여라.

07 다음 물음에 답하여라.

(1) 정수 a, b가 $6ab = 9a - 10b + 303$일 때, $a + b$를 구하여라.

(2) x, y는 모두 양의 정수이며 $\dfrac{2}{x} - \dfrac{3}{y} = \dfrac{1}{4}$일 때, 이 방정식을 만족하는 해를 구하여라.

08 다음 물음에 답하여라.

(1) x, y는 양의 정수이고, $2x^2 + 3y^2 = 4x^2y^2 + 1$일 때, $x^2 + y^2$의 값을 구하여라.

(2) 직각삼각형의 각 변의 길이는 양의 정수이고, 둘레는 80일 때, 세 변의 길이를 구하여라.

09 다음 물음에 답하여라.

(1) 연립방정식 $xy + yz = 63 \cdots$ ①, $xz + yz = 23 \cdots$ ②의 양의 정수의 해가 총 몇 쌍인지 구하여라.

(2) 연립방정식 $x + y + z = 0$, $x^3 + y^3 + z^3 = -36$에서 x, y, z는 서로 같지 않은 정수일 때, 이 방정식의 해는 총 몇 쌍인지 구하여라.

[응용하기]

10 다음 물음에 답하여라.

(1) x, y는 양의 정수이고, $\dfrac{1}{x} - \dfrac{1}{y} = \dfrac{1}{100}$일 때, y의 최댓값을 구하여라.

(2) x, y, z는 양의 정수이고, $x < y < z$일 때, $\dfrac{1}{x} + \dfrac{1}{y} + \dfrac{1}{z} = \dfrac{7}{8}$의 해를 모두 구하여라.

11 다음 물음에 답하여라.

(1) 방정식 $\sqrt{x} + \sqrt{y} = \sqrt{2001}$ 의 정수의 해는 모두 몇 쌍인지 구하여라.

(2) x, y는 모두 양의 정수이고, $\sqrt{x-116} + \sqrt{x+100} = y$일 때, y의 최댓값을 구하여라.

24강 비음수(음이 아닌 수) 문제

1 핵심요점

1. 기본 개념

0과 양수를 통틀어 **비음수(음이 아닌 수)**라고 하며, 자주 등장하는 비음수(음이 아닌 수)는 다음 세 가지이다.

① 실수의 절댓값 : $|a| \geq 0$, 여기에서 a는 임의의 실수이다.

② 실수의 짝수 거듭제곱 : $a^{2n} \geq 0$, 여기에서 a는 임의의 실수, n은 양의 정수이다.

③ 제곱근 산술 : $\sqrt[2n]{a} \geq 0$, 여기에서 $a \geq 0$이다. 특히 제곱근 계산 $\sqrt{a} \geq 0$ ($a \geq 0$인 임의의 실수, n은 양의 정수)이다.

2. 비음수(음이 아닌 수)의 성질 : 비음성

성질 1 비음수(음이 아닌 수)의 합, 곱, 몫(나머지가 0이 아닌)은 여전히 비음수이다.

성질 2 비음수(음이 아닌수)의 합이 0이면, 각 비음수(음이 아닌 수)는 반드시 0이어야 한다.

　　즉, $a_1 + a_2 + \cdots + a_n = 0$이고, $a_i \geq 0$ ($i = 1, 2, \cdots, n$)이면 $a_1 = 0$, $a_2 = 0$, $\cdots$, $a_n = 0$이다.

성질 3 가장 작은 비음수(음이 아닌 수)는 0이고, 가장 큰 비음수(음이 아닌 수)는 없다.

성질 4 비음수(음이 아닌 수)는 어떠한 음수보다 크다.

3. 비음수를 응용하여 문제 풀기

키포인트는 문제에 숨어있는 숫자나 식의 비음성(음이 아닌 수의 성질)을 찾는 데 있다.

2 필수예제

1. 기본 개념, 성질의 간단한 응용

필수예제 1·1

$|a - 4| + \sqrt{b - 9} = 0$일 때, $\dfrac{a^2 + ab}{b^2} \cdot \dfrac{a^2 - ab}{a^2 - b^2}$ 의 값을 구하여라.

[풀이] $|a - 4|$, $\sqrt{b - 9}$ 는 비음수(음이 아닌 수)이므로 성질 2에 따라,

$|a - 4| = 0$, $\sqrt{b - 9} = 0$이다. 따라서 $a - 4 = 0$, $b - 9 = 0$이다.

즉 $a = 4$, $b = 9$이다. 그러므로

$$\frac{a^2 + ab}{b^2} \times \frac{a^2 - ab}{a^2 - b^2} = \frac{4^2 + 4 \times 9}{9^2} \times \frac{4^2 - 4 \cdot 9}{4^2 - 9^2} = \frac{16}{81}$$

이다.

답 $\dfrac{16}{81}$

필수예제 1-2

$|a-b+1| + \sqrt{a+2b+4} = 0$ 일 때, $(a+b)^{2014}$을 구하여라.

[풀이] $|a-b+1| + \sqrt{a+2b+4} = 0$이므로 $a-b+1=0$, $a+2b+4=0$이다.
연립하여 풀면 $a=-2$, $b=-1$이다.
따라서 $(a+b)^{2014} = (-3)^{2014} = 3^{2014}$이다.

■ 3^{2014}

필수예제 2-1

$|x+y-5| + (xy-6)^2 = 0$일 때, x^2+y^2의 값을 구하여라.

[풀이] 비음수(음이 아닌수)의 성질 2로부터 $|x+y-5|=0$, $(xy-6)^2=0$이다.
즉, $x+y-5=0$, $xy-6=0$이다.
따라서 $x+y=5 \cdots$㉠ $xy=6 \cdots$㉡이다.
㉠×㉠-2×㉡으로 $x^2+y^2 = 5^2 - 2 \times 6 = 13$이다.

■ 13

필수예제 2-2

실수 a, b가 $(2a+b)^2 + \dfrac{|2a^2-32|}{\sqrt{3-a}} = 0$일 때, a와 b를 구하여라.

[풀이] 주어진 등식과 비음수(음이 아닌 수) 성질로

$$(2a+b)^2 = 0, \quad \frac{|2a^2-32|}{\sqrt{3-a}} = 0$$이다. 즉,

$2a+b=0$ ⋯⋯⋯㉠

$2a^2-32=0$ ⋯⋯⋯㉡

$a<3$ ⋯⋯⋯㉢

㉡, ㉢으로부터, $a=-4$이다.
이를 ㉠에 대입하면 $b=8$이다.
그러므로 $a=-4$, $b=8$이다.

■ $a=-4$, $b=8$

2. 비음수 성질을 이용하여 부정방정식을 풀고 해를 구하기

필수예제 3-1

a, b는 유리수이고 $2a^2 - 2ab + b^2 + 4a + 4 = 0$일 때, $a^2b + ab^2$을 구하여라.

[풀이] 주어진 관계식을 변형하면 $(a-b)^2 + (a+2)^2 = 0$이다.

그러므로 $a - b = 0$, $a + 2 = 0$이다.

이를 연립하여 풀면 $a = -2$, $b = -2$이다. 그러므로

$a^2b + ab^2 = (-2)^2 \times (-2) + (-2) \times (-2)^2 = -16$

이다.

답 -16

필수예제 3-2

$|x - y + 3| + x^2 + y^2 - 2x - 2y + 2xy + 1 = 0$일 때, x, y를 각각 구하여라.

[풀이] 주어진 관계식을 변형하면 $|x - y + 3| + (x + y - 1)^2 = 0$이다.

그러므로 $x - y + 3 = 0$, $x + y - 1 = 0$이다.

이를 연립하여 풀면 $x = -1$, $y = 2$이다.

답 $x = -1$, $y = 2$

[평론과 주석] 비음수(음이 아닌 수) 성질을 이용하는 것은 (고차)부정 연립방정식을 푸는 중요한 방법 중 하나이다.

필수예제 4-1

실수 x, y가 관계식 $(x^2+2x+3)(3y^2+2y+1)=\dfrac{4}{3}$ 을 만족할 때, $x+y$를 구하여라.

[풀이] 주어진 관계식을 다음과 같은 순서로 변형시킨다.

$$\{(x^2+2x+1)+2\}(9y^2+6y+3)=4$$
$$\{(x+1)^2+2\}\{(3y+1)^2+2\}=4$$
$$(x+1)^2(3y+1)^2+2(x+1)^2+2(3y+1)^2+4=4$$
$$(x+1)^2(3y+1)^2+2(x+1)^2+2(3y+1)^2=0$$

비음수 성질에 의해 $x+1=0$, $3y+1=0$이다. 즉, $x=-1$, $y=-\dfrac{1}{3}$이다.

그러므로 $x+y=-1-\dfrac{1}{3}=-\dfrac{4}{3}$이다.

답 $-\dfrac{4}{3}$

필수예제 4-2

실수 x, y, z가 $x+y=5$와 $z^2=xy+y-9$를 만족할 때, $x+2y+3z$를 구하여라.

[풀이] $x+y=5$에서 $y=5-x$로 변형하여 이를 다른 식에 대입하면

$$z^2=(5-x)(x+1)-9$$
$$z^2=-(x^2-4x+4),$$
$$z^2=-(x-2)^2$$

이다. 따라서 $z^2+(x-2)^2=0$이다.

비음수 성질에 따라 $z=0$, $x=2$이다.

따라서 $y=5-2=3$이다.

그러므로 $x+2y+3z=2+2\times3+3\times0=8$이다.

답 8

3. 비음수 성질을 이용하여 삼각형의 형태 결정하기

필수예제 5-1

$\triangle ABC$의 세 변을 각각 a, b, c이고,
$a^2 + c^2 + 8b^2 - 4ab - 4bc = 0$이 성립할 때, $\triangle ABC$는 어떤 삼각형인지
구하여라.

[풀이] 주어진 관계식을 변형하면
$$(a^2 - 4ab + 4b^2) + (c^2 - 4bc + 4b^2) = 0, \quad (a-2b)^2 + (c-2b)^2 = 0$$
이다. 즉, $a - 2b = 0$, $c - 2b = 0$이다.

따라서 $a = c = 2b$이다. 즉, $\triangle ABC$는 이등변삼각형이다.

📋 이등변삼각형

필수예제 5-2

삼각형의 세 변 a, b, c가 $a^2 + b^2 + c^2 + 338 = 10a + 24b + 26c$를 만족
할 때, 이 삼각형은 어떤 삼각형인지 구하여라.

[풀이] 관계식을 변형하면
$$(a^2 - 10a + 5^2) + (b^2 - 24b + 12^2) + (c^2 - 26c + 13^2)$$
$$= 5^2 + 12^2 + 13^2 - 338$$
이다. 즉, $(a-5)^2 + (b-12)^2 + (c-13)^2 = 0$이다.

비음수(음이 아닌 수) 성질로 부터
$a - 5 = 0$, $b - 12 = 0$, $c - 13 = 0$이다.

따라서 $a = 5$, $b = 12$, $c = 13$이다.

$5^2 + 12^2 = 13^2$이므로 이 삼각형은 직각삼각형이다.

📋 직각삼각형

4. 결론 "$a \geq 0$ 이고 $a \leq 0$ 이면, 반드시 $a = 0$ 임"을 이용하여 문제 풀기

필수예제 6

정수 a, b, c가 부등식 $a^2 + b^2 + c^2 + 43 \leq ab + 9b + 8c$을 만족할 때, a, b, c를 각각 구하여라.

[풀이] 주어진 부등식으로부터 $a^2 + b^2 + c^2 + 43 - ab - 9b - 8c \leq 0$이고, 이를 변형

하면, $\left(a - \dfrac{b}{2}\right)^2 + 3\left(\dfrac{b}{2} - 3\right)^2 + (c - 4)^2 \leq 0$이다.

그런데 비음수(음이 아닌 수) 성질 1에 의해

$\left(a - \dfrac{b}{2}\right)^2 + 3\left(\dfrac{b}{2} - 3\right)^2 + (c - 4)^2 \geq 0$이다.

그러므로 $\left(a - \dfrac{b}{2}\right)^2 + 3\left(\dfrac{b}{2} - 3\right)^2 + (c - 4)^2 = 0$이다.

따라서 $a - \dfrac{b}{2} = 0$, $\dfrac{b}{2} - 3 = 0$, $c - 4 = 0$이다.

이를 연립하여 풀면 $c = 4$, $b = 6$, $a = 3$이다.

📄 $a = 3$, $b = 6$, $c = 4$

필수예제 7

a, b, c는 실수이고 $a + b = 4$, $2c^2 - ab = 4\sqrt{3}\,c - 10$를 만족할 때, ab, c^2을 각각 구하여라.

[풀이] $2c^2 - ab = 4\sqrt{3}\,c - 10$으로부터 $ab - 4 = 2(c^2 - 2\sqrt{3}\,c + 3)$이다.

$ab - 4 = 2(c - \sqrt{3})^2 \geq 0$이므로

$\quad ab \geq 4$ $\qquad\qquad$ ·········㉠

이다. 또 $a + b = 4$로부터 $a^2 + 2ab + b^2 = 16$이다.

따라서 $0 \leq (a - b)^2 = a^2 - 2ab + b^2 = (a + b)^2 - 4ab$이다. 그러므로

$\quad ab \leq \dfrac{(a + b)^2}{4} = \dfrac{4^2}{4} = 4$, 즉 $ab \leq 4$ ···㉡

이다.

㉠, ㉡으로부터 $ab = 4$이다.

또 $2(c - \sqrt{3})^2 = ab - 4$에서 $2(c - \sqrt{3})^2 = 4 - 4 = 0$이다.

그러므로 $c - \sqrt{3} = 0$, 즉 $c = \sqrt{3}$이다.

따라서 $c^2 = 3$이다.

📄 $ab = 4$, $c^2 = 3$

5. 기타 응용

비음수(음이 아닌 수)는 여러 방면에서 응용된다. 그 예를 들어보도록 하겠다.

> **필수예제 8**
>
> a, b, c는 서로 같지 않은 실수이며
>
> ① $b^2 + c^2 = 2a^2 + 16a + 14$와   ② $bc = a^2 - 4a - 5$를 만족할 때,
>
> a의 범위를 구하여라.

[풀이]   ①$-2\times$②로부터 $(b-c)^2 = 24a + 24$이다.

　　　　$(b-c)^2 > 0$이므로 $24a + 24 > 0$이다.

　　　　따라서 $a > -1$이다.

([주] a, b, c는 같지 않으므로 $(b-c)^2 \neq 0$이다. 따라서 $a \neq -1$이다.)

답 $a > -1$

▶ 풀이책 p.20

[실력다지기]

01 다음 물음에 답하여라.

(1) $|a+b+1|+(a-b+1)^2=0$일 때, a와 b의 대소 관계를 구하여라.

(2) $|(3a-b-4)x|+|(4a+b-3)y|=0$이고 $xy \neq 0$일 때, $|2a|-3$을 구하여라.

(3) $|x+y-5|+\sqrt{2x+y-4}=0$일 때, y^x을 구하여라.

02 다음 물음에 답하여라.

(1) $y=\sqrt{2x-3}+\sqrt{3-2x}+2$일 때, $2x+y$를 구하여라.

(2) 실수 a, b, x, y는 $y+|\sqrt{x}-\sqrt{3}|=1-a^2$과 $|x-3|=y-1-b^2$일 때, $2^{x+y}+2^{a+b}$을 구하여라.

(3) a, b, c는 유리수이며,
$(3a-2b+c-4)^2+(a+2b-3c+6)^2+(2a-b+2c-2)^2 \leq 0$일 때, $2a+b-4c$를 구하여라.

03 다음 물음에 답하여라.

(1) $x^2 + y^2 + z^2 - 2x + 4y - 6z + 14 = 0$일 때, $x + y + z$를 구하여라.

(2) a, b는 모두 유리수이고 $a^2 - 2ab + 2b^2 + 4a + 8 = 0$일 때, ab를 구하여라.

(3) $a + b - 2\sqrt{a-1} - 4\sqrt{b-2} = 3\sqrt{c-3} - \dfrac{1}{2}c - 5$일 때, $a + b + c$를 구하여라.

(4) $a + b + |\sqrt{c-1} - 1| = 4\sqrt{a-2} + 2\sqrt{b+1} - 4$일 때, $a + 2b - 3c$를 구하여라.

04 다음 물음에 답하여라.

(1) $a + 2b + 3c = 12$이고 $a^2 + b^2 + c^2 = ab + bc + ca$일 때, $a + b^2 + c^3$을 구하여라.

(2) $\triangle ABC$의 세 변은 a, b, c이고, $\dfrac{a^2 + b^2}{c^2} + 3.25 = 2 \times \dfrac{a + 1.5b}{c}$일 때, $\triangle ABC$는 어떤 삼각형인지 구하여라.

05 다음 물음에 답하여라.

(1) 실수 x, y, z에 대하여 $x-1 = \dfrac{y+1}{2} = \dfrac{z-2}{3}$일 때, $x^2+y^2+z^2$의 최솟값을 구하여라.

(2) p, q는 실수이고, $q > 3$이며, $p^2q + 12p - 12 \leq 3p^2 + 4pq - 4q$일 때, $\dfrac{p-2}{q-3}$의 값을 구하여라.

(3) $m^2 + n^2 + mn + m - n + 1 = 0$일 때, $\dfrac{1}{m} + \dfrac{1}{n}$의 값을 구하여라.

[실력 향상시키기]

06 다음 물음에 답하여라.

(1) $\triangle ABC$에서 세 변 $BC = a$, $AC = b$, $AB = c$이고, $a^4 + b^4 + \dfrac{1}{2}c^4 = a^2c^2 + b^2c^2$일 때, $\triangle ABC$의 형태를 결정하여라.

(2) $\triangle ABC$의 세 변의 길이는 a, b, c이고, $a^4 = b^4 + c^4 - b^2c^2$, $b^4 = c^4 + a^4 - a^2c^2$, $c^4 = a^4 + b^4 - a^2b^2$일 때, $\triangle ABC$의 형태를 결정하여라.

07 다음 물음에 답하여라.

(1) 실수 x, y가 $x \geq y \geq 1$, $2x^2 - xy - 5x + y + 4 = 0$를 만족할 때, $x + y$를 구하여라.

(2) 실수 x, y, z가 $\begin{cases} x = 6 - 3y \\ x + 3y - 2xy + 2z^2 = 0 \end{cases}$를 만족할 때, x^{2y+z}의 값을 구하여라.

08 정수 x, y가 부등식 $x^2 + y^2 + 1 \leq 2x + 2y$를 만족할 때, $x + y$의 값을 모두 구하여라.

09 다음 물음에 답하여라.

(1) a, b에 대하여 $3\sqrt{a} + 5|b| = 7$일 때, $S = 2\sqrt{a} - 3|b|$의 범위를 구하여라.

(2) $k = \dfrac{a+b-c}{c} = \dfrac{a-b+c}{b} = \dfrac{-a+b+c}{a}$, $\sqrt{m-5} + n^2 + 9 = 6n$일 때, x에 대한 일차함수 $y = kx + m + n$이 반드시 지나는 사분면을 구하여라.(단, $abc \neq 0$이다.)

[응용하기]

10 실수 a, b가 $a^3 + b^3 + 3ab = 1$를 만족할 때, $a+b$를 모두 구하여라.

11 다음 물음에 답하여라.

(1) a, b, c, d가 실수이고, $a^2 + b^2 = 1$, $c^2 + d^2 = 1$, $ac + bd = 0$이면 $a^2 + c^2 = 1$, $b^2 + d^2 = 1$, $ab + cd = 0$이다. 이때, 역도 성립함을 증명하여라.

(2) x_1, x_2, $\cdots$, x_n은 모두 실수이고, $x_1{}^2 + x_2{}^2 + \cdots + x_n{}^2 = \dfrac{1}{n}(x_1 + x_2 + \cdots + x_n)^2$일 때, $x_1 = x_2 = \cdots = x_n$임을 증명하여라.

25강 미정 계수법

1 핵심요점

*. 두 다항식 $f(x) = a_n x^n + a_{n-1} x^{n-1} + \cdots + a_1 x + a_0$, $g(x) = b_n x^n + b_{n-1} x^{n-1} + \cdots + b_1 x + b_0$이 있다.

결론 I $f(x) = g(x)$이면, $a_i = b_i$ ($i = 0$, 1, 2, $\cdots$, n)일 때, 즉 동일한 항의 계수는 서로 동일하다.

(간단하게 대응하는 계수는 동일하다.) 이를 계수비교법이라 한다.

결론 II $f(x) = g(x)$이면 x에 어떤 수를 넣어도 가능한 x_0는 모두 $f(x_0) = g(x_0)$이다.

(간단하게 특수값을 취한다.) 이를 수치대입법이라 한다.

* 이 두 가지 결론(중 하나)으로 **미정계수법**을 사용하여 문제를 해결하는 방법과 단계를 얻을 수 있다.

첫 번째 단계, 문제의 내용에 근거하여 미정계수를 포함한 항등식을 가정한다.

두 번째 단계, 위의 두 결론 중 하나로 미정계수(미지수)의 (연립)방정식을 얻을 수 있다.

세 번째 단계, 얻은 (연립)방정식으로 미정계수 풀기

네 번째 단계, 답안 제시하기

2 필수예제

1. 미정계수를 구하는 세 가지 방법

분석 tip
이 문제는 x의 다항식
$5x^3 - 34x^2 + 94x - 81$을
$(x-2)$의 다항식(즉, $(x-2)$
에 관한 전개식)
$a(x-2)^3 + b(x-2)^2$
$+ c(x-2) + d$로 나타내었다.
여기에서 a, b, c, d는 결정해
야 하는 상수(즉, 미정계수)이다.

필수예제 1

다항식 $5x^3 - 34x^2 + 94x - 81$을

$a(x-2)^3 + b(x-2)^2 + c(x-2) + d$로 나타낼 때, $ad + bc$를 구하여라.

[풀이 방법 1] (계수비교법 – 결론 I 응용)

$$a(x-2)^3 + b(x-2)^2 + c(x-2) + d$$
$$= a(x^3 - 6x^2 + 12x - 8) + b(x^2 - 4x + 4) + c(x-2) + d$$
$$= ax^3 + (-6a+b)x^2 + (12a-4b+c)x + (-8a+4b-2c+d)$$
$$5x^3 - 34x^2 + 94x - 81$$
$$= ax^3 + (-6a+b)x^2 + (12a-4b+c)x + (-8a+4b-2c+d)$$

계수를 비교하면

$$\begin{cases} a = 5 \\ -6a+b = -34 \\ 12a-4b+c = 94 \\ -8a+4b-2c+d = -81 \end{cases}$$

이를 풀면 $a = 5$, $b = -4$, $c = 18$, $d = 11$이다.

따라서 $ad + bc = 5 \times 11 + (-4) \times 18 = -17$이다.

[풀이 방법 2] (수치대입법을 이용하는 방법–결론Ⅱ 응용)

$5x^3 - 34x^2 + 94x - 81 = a(x-2)^3 + b(x-2)^2 + c(x-2) + d$에서

$x = 2$를 넣으면 $d = 5 \times 2^3 - 34 \times 2^2 + 94 \times 2 - 81 = 11 \cdots \text{㉠}$

이다.

$x = 0$을 넣으면 $-81 = a \cdot (-2)^3 + b \cdot (-2)^2 + c \cdot (-2) + d$,

즉, $8a - 4b + 2c - d = 81$ $\qquad\qquad$ ....㉡

이다.

$x = 1$을 넣으면 $5 - 34 + 94 - 81 = -a + b - c + d$,

즉, $a - b + c - d = 16$ $\qquad\qquad$ ....㉢

이다.

$x = -1$을 넣으면 $-5 - 34 - 94 - 81 = -27a + 9b - 3c + d$,

즉, $27a - 9b + 3c - d = 214$ $\qquad\qquad$ ....㉣

이다.

㉠~㉣을 연립하여 풀면 $a = 5$, $b = -4$, $c = 18$, $d = 11$이다.

따라서 $ad + bc = 5 \times 11 + (-4) \times 18 = -17$이다.

[풀이 방법 3] (결론 Ⅰ, Ⅱ를 종합하여 응용하는 방법)

$5x^3 - 34x^2 + 94x - 81 = a(x-2)^3 + b(x-2)^2 + c(x-2) + d$에서

양변의 최고차항 계수를 비교하면 $a = 5$이다.

$x = 2$를 넣으면 $d = 5 \times 2^3 - 34 \times 2^2 + 94 \times 2 - 81 = 11$이다.

$a = 5$를 위의 등식에 대입하면 두 변의 이차항, 일차항 계수를 비교하면

$\begin{cases} 5 \times (-6) + b = -34 \\ 5 \times 12 - 4b + c = 94 \end{cases}$이다.

이를 풀면 $b = -4$, $c = 18$이다.

따라서 $ad + bc = 5 \times 11 + (-4) \times 18 = -17$이다.

[풀이 방법 4] 조립제법을 이용하면

$$
\begin{array}{r|rrrr}
2 & 5 & -34 & 94 & -81 \\
  &   & 10 & -48 & 92 \\
\hline
2 & 5 & -24 & 46 & \boxed{11} = d \\
  &   & 10 & -28 & \\
\hline
2 & 5 & -14 & \boxed{18} = c \\
  &   & 10 & \\
\hline
  & 5 & \boxed{-4} = b \\
  & \| & \\
  & a &
\end{array}
$$

[평론과 주석] 결론 Ⅰ, Ⅱ를 종합하여 응용한 풀이 방법 3은 풀이방법 1, 2보다 간단하다. 특수값를 대입하는 방법은 임의의 미지수의 값을 넣을 수 있지만 "계산이 간단한 문제"여야 하고 개수는 미정 계수의 개수보다 많으면 안된다.

이 문제는 미정 계수를 사용하여 문제를 푸는 단계와 구체적인 방법에 대해서 전체적으로 설명하였다. 아래의 예에 대해서는 하나하나 소개하거나 설명하지 않겠다.

답 -17

2. 인수분해에서의 미정계수법의 응용

필수예제 2

x, y에 관한 이차식 $x^2 + 7xy + my^2 - 5x + 43y - 24$는 두 개의 일차 인수의 곱으로 분해할 때, m의 값을 구하여라.

분석 tip

계산을 간단히 하기 위해 이미 알고 있는 조건을 이용하여 미정계수의 개수를 줄인다. 이 문제는 이미 알고 있는 $x^2 - 5x - 24 = (x-8)(x+3)$을 이용하여 원래의 식을 $(x + Ay - 8)(x + By + 3)$ (두 개의 미정계수 A, B만을 사용함)이라고 가정한다. 원래의 식을 $(a_1x + b_1y + c_1)(a_2x + b_2y + c_2$ (6개의 미정계수 a_1, a_2, b_1, b_2, c_1, c_2가 있음)이라고 가정하지 않는다. 이 두 식의 결과는 같지만 후자가 훨씬 복잡하다.

[풀이] $x^2 - 5x - 24 = (x-8)(x+3)$이므로

$x^2 + 7xy + my^2 - 5x + 43y - 24 = (x + Ay - 8)(x + By + 3)$라고 가정하자.

여기에서 A, B는 미정계수이다.

$(x + Ay - 8)(x + By + 3)$

$= x^2 + (A+B)xy + A \cdot By^2 - 5x + (3A - 8B)y - 24$이므로

계수를 비교하면 $\begin{cases} A + B = 7 & \cdots\cdots\cdots ⊙ \\ A \cdot B = m & \cdots\cdots\cdots ⓛ \\ 3A - 8B = 43 & \cdots\cdots ⓒ \end{cases}$ 이다.

⊙, ⓒ을 연립하여 풀면 A = 9, B = -2이다.

ⓛ에서 $m = -18$이다.

🔲 -18

필수예제 3-1

$6x^2 + 7xy + 2y^2 - 8x - 5y + 2$를 인수분해 하여라.

[풀이] $6x^2 + 7xy + 2y^2 = (3x + 2y)(2x + y)$이므로

$6x^2 + 7xy + 2y^2 - 8x - 5y + 2 = (3x + 2y + A)(2x + y + B)$라고 가정하자.

여기에서 A, B는 미정계수이다.

$(3x + 2y + A)(2x + y + B)$

$= 6x^2 + 7xy + 2y^2 + (2A + 3B)x + (A + 2B)y + A \cdot B$이므로 계수비교하면

$\begin{cases} 2A + 3B = -8 & \cdots\cdots ⊙ \\ A + 2B = -5 & \cdots\cdots\cdots ⓛ \\ A \cdot B = 2 & \cdots\cdots\cdots\cdots ⓒ \end{cases}$ 이다.

⊙, ⓛ을 연립하여 풀면 A = -1, B = -2이다. 이것은 ⓒ도 만족시킨다.

따라서 $6x^2 + 7xy + 2y^2 - 8x - 5 + 2 = (3x + 2y - 1)(2x + y - 2)$이다.

🔲 풀이참조

필수예제 3-2

$6x^2 + 7xy - 3y^2 - 8x + 10y + c$가 두 개의 일차식의 곱으로 인수분해 될 때, 상수 c를 구하여라.

[풀이] $6x^2 + 7xy - 3y^2 = (2x + 3y)(3x - y)$이므로

$6x^2 + 7xy - 3y^2 - 8x + 10y + c = (2x + 3y + a)(3x - y + b)$라고 가정하자.

여기에서 a, b는 미정계수이다.

$$(2x+3y+a)(3x-y+b)$$
$$=6x^2+7xy-3y^3+(3a+2b)x+(3b-a)y+ab$$이므로

계수비교하면

$$\begin{cases} 3a+2b=-8 & \cdots\cdots\cdots ㉠ \\ 3b-a=10 & \cdots\cdots\cdots ㉡ \\ ab=c & \cdots\cdots\cdots ㉢ \end{cases}$$ 이다.

㉠, ㉡을 연립하여 풀면 $a=-4$, $b=2$이다.

이를 ㉢식에 대입하면 $c=ab=-8$이다.

답 $c=-8$

3. 미정계수법을 이용하여 계수 구하기

필수예제 4-1

a, b는 정수이고, x^2-x-1은 ax^3+bx^2+1의 인수일 때, b의 값을 구하여라.

[풀이] ax^3+bx^2+1의 또 다른 인수는 최고차항의 계수가 a인 일차식이다.

그러므로 $ax^3+bx^2+1=(x^2-x-1)(ax+c)$라고 가정하자.

여기에서 a, c는 미정계수이다.

$(x^2-x-1)(ax+c)=ax^3+(c-a)x^2-(a+c)x-c$이므로 계수비교하면,

$b=c-a$, $a+c=0$, $-c=1$이다.

이를 연립하여 풀면 $c=-1$, $a=1$, $b=-2$이다.

답 -2

필수예제 4-2

x^2+2x+5는 x^4+ax^2+b의 인수일 때, $a+b$의 값을 구하여라.

[풀이] 주어진 조건으로부터 $x^4+ax^2+b=(x^2+2x+5)(x^2+mx+n)$라고 가정하자.

여기에서 m, n은 미정계수이다.

$(x^2+2x+5)(x^2+mx+n)$
$$=x^4+(m+2)x^3+(2m+n+5)x^2+(5m+2n)x+5n$$이므로 계수비교하면

$$\begin{cases} m+2=0 & \cdots\cdots\cdots ㉠ \\ 2m+n+5=a & \cdots\cdots ㉡ \\ 5m+2n=0 & \cdots\cdots\cdots ㉢ \\ 5n=b & \cdots\cdots\cdots ㉣ \end{cases}$$ 이다.

㉠, ㉢을 연립해서 풀면 $m=-2$, $n=5$이다.

이를 ㉡, ㉣에 대입하면 $a=2\times(-2)+5+5=6$, $b=5\times5=25$이다.

따라서 $a+b=6+25=31$이다.

답 31

4. 정식 나눗셈에서의 미정계수법의 응용

필수예제 5

$3x^2 - kx + 4$를 $3x - 1$로 나눈 나머지가 3일 때, k의 값을 구하여라.

[풀이] 주어진 조건으로 부터 $3x^2 - kx + 4 = (3x-1)(x+A) + 3$이라고 가정하자.
여기에서 A는 미정계수이다.
$(3x-1)(x+A) + 3 = 3x^2 + (3A-1)x - A + 3$이므로
계수비교하면 $-k = 3A - 1$, $4 = -A + 3$이다.
따라서 $A = -1$, $k = 4$이다.

[평론과 주석]

① 이 문제는 "수치대입법"을 사용하는 것이 가장 간단하다.
주어진 (미정계수) 등식에 $x = \dfrac{1}{3}$을 넣으면
$3 \times \left(\dfrac{1}{3}\right)^2 - k \cdot \dfrac{1}{3} + 4 = 0 + 3$이다.

이를 풀면 $k = 4$이다.

② 이 문제는 "나머지 정리"를 사용하여 풀 수도 있다.
나머지 정리에 의해 $3 = 3 \times \left(\dfrac{1}{3}\right)^2 - k \cdot \dfrac{1}{3} + 4$이다.

이를 풀면 $k = 4$이다.

답 4

필수예제 6

a, b, c는 실수이고, 다항식 $x^3 + ax^2 + bx + c$가 $x^2 + 3x - 4$로 나누어떨어진다. 이때, 다음 물음에 답하여라.

(1) $4a + c$의 값을 구하여라.

(2) $2a - 2b - c$의 값을 구하여라.

(3) a, b, c는 정수이고, $c \geq a > 1$일 때, a, b, c의 대소 관계를 구하여라.

[풀이] (1) 주어진 조건으로부터 $x^3 + ax^2 + bx + c = (x^2 + 3x - 4)(x + A)$라고 가정하자.

여기에서 A는 미정계수이다.

$(x^2 + 3x - 4)(x + A) = x^3 + (A + 3)x^2 + (3A - 4)x - 4A$이므로

계수 비교하면

$$\begin{cases} A + 3 = a & \cdots\cdots\cdots ㉠ \\ 3A - 4 = b & \cdots\cdots ㉡ \\ -4A = c & \cdots\cdots\cdots ㉢ \end{cases} \text{이다.}$$

㉠, ㉡으로부터 $b = 3a - 13$이다.

㉠, ㉢으로부터 $c = -4a + 12$이다.

그러므로 $4a + c = 4a + (-4a + 12) = 12$이다.　　　　　답 12

(2) $2a - 2b - c = 2a - 2(3a - 13) - (-4a + 12) = 14$　　　답 14

(3) $c \geq a > 1$이고, $a = \dfrac{12 - c}{4} = 3 - \dfrac{c}{4} < 3$이므로 $1 < a < 3$이다.

따라서 정수 $a = 2$이다. 이를 대입하면

$c = -4 \times 2 + 12 = 4$, $b = 3 \times 2 - 13 = -7$이다.

따라서 $b < a < c$이다.　　　　　　　　　　답 $b < a < c$

[평론과 주석] 이 문제도 나머지 정리를 사용하여 다음과 같이 풀 수 있다.

$x^2 + 3x - 4 = (x - 1)(x + 4)$이므로 $(x - 1)$, $(x + 4)$로 나누어떨어진다.

나머지 정리로부터 $1^3 + a \cdot 1^2 + b \cdot 1 + c = 0$, 즉 $a + b + c = -1$이다.

$(-4)^3 + a \cdot (-4)^2 + b \cdot (-4) + c = 0$, 즉, $16a - 4b + c = 64$이다.

(1) 위의 두 식에서 b를 소거하면 $4a + c = 12$이다.

(2) 위의 두 식에서 c를 소거하면 $3a - b = 13$이다.

(3) 위의 풀이방법과 동일하다.

5. "부분 분수" 분해에서의 미정계수법의 응용

필수예제 7-1

$\dfrac{A}{x-5} + \dfrac{B}{x+2} = \dfrac{5x-4}{x^2-3x-10}$ 일 때, A, B의 값을 구하여라.

[풀이]
$$\dfrac{A}{x-5} + \dfrac{B}{x+2} = \dfrac{A(x+2) + B(x-5)}{(x-5)(x+2)}$$
$$= \dfrac{(A+B)x + (2A-5B)}{x^2-3x-10}$$

에서

$\dfrac{(A+B)x + (2A-5B)}{x^2-3x-10} = \dfrac{5x-4}{x^2-3x-10}$ 이다.

따라서 $(A+B)x + (2A-5B) = 5x-4$ 이다.

계수비교하면 $A+B = 5$, $2A-5B = -4$ 이다.

위의 두 식을 연립하여 풀면 A = 3, B = 2이다.

답 A = 3, B = 2

필수예제 7-2

$\dfrac{2x^3 - 3x^2 + 6x + 1}{(x^2+1)(x^2+3)} = \dfrac{Ax+B}{x^2+1} + \dfrac{Cx+D}{x^2+3}$ 이며, A, B, C, D가 상수

일 때, A를 구하여라.

[풀이]
$$\dfrac{Ax+B}{x^2+1} + \dfrac{Cx+D}{x^2+3} = \dfrac{(A+C)x^3 + (B+D)x^2 + (3A+C)x + (3B+D)}{(x^2+1)(x^2+3)}$$

이므로,

$2x^3 - 3x^2 + 6x + 1$

$= (A+C)x^3 + (B+D)x^2 + (3A+C)x + (3B+D)$ 이다.

계수비교하면

$\begin{cases} A+C = 2 & \cdots\cdots\cdots\cdots ㉠ \\ B+D = -3 & \cdots\cdots\cdots\cdots ㉡ \\ 3A+C = 6 & \cdots\cdots\cdots\cdots ㉢ \\ 3B+D = 1 & \cdots\cdots\cdots\cdots ㉣ \end{cases}$ 이다.

㉠, ㉢을 연립하여 풀면 A = 2이다. (C = 0도 얻을 수 있다.)

㉡, ㉣을 연립하면 B = 2, D = -5를 얻을 수 있다.)

답 A = 2

6. 기타

미정계수법은 매우 광범위하게 응용되고 있다. 여기에서 또 다른 예를 들어보도록 하겠다.

필수예제 8

어느 이차식의 완전제곱식이 $x^4 - 6x^3 + 7x^2 + ax + b$ 일 때, 이 이차식을 모두 구하여라.

[풀이] 이 이차식을 $\pm(x^2 + Ax + B)$ 라고 가정하자. 여기에서 A, B 는 미정계수이다.

$$x^4 - 6x^3 + 7x^2 + ax + b = (x^2 + Ax + B)^2$$
$$= x^4 + 2Ax^3 + (A^2 + 2B)x^2 + 2A \cdot Bx + B^2$$

계수비교하면 $2A = -6$, $A^2 + 2B = 7$, $a = 2A \cdot B$, $b = B^2$이다.

앞의 두 식을 연립하여 풀면 $A = -3$, $B = -1$이다.

(대입한 후 두 식으로부터 $a = 6$, $b = 1$을 얻을 수 있다.)

따라서 구하는 이차식은 $x^2 - 3x - 1$ 또는 $-x^2 + 3x + 1$이다.

📖 $x^2 - 3x - 1$ 또는 $-x^2 + 3x + 1$

[실력다지기]

01 다음 물음에 답하여라.

(1) $x^2 + mx - 7 = (x + 7)(x - n)$일 때, m과 n의 값을 각각 구하여라.

(2) 다항식 $x^2 - 2xy + ky^2 + 3x - 5y + 2$가 두 일차식의 곱으로 분해될 때, k의 값을 구하여라.

02 다음 물음에 답하여라.

(1) $x + 1$과 $x + 2$는 $x^3 + ax^2 + bx + 8$의 두 인수일 때, $a + b$를 구하여라.

(2) $(x + y - 2)$는 다항식 $x^2 + axy + by^2 - 5x + y + 6$의 인수일 때, $a + b$를 구하여라.

03 a는 상수이고, 다항식 $x^3 + ax^2 + 1$을 $x^2 - 1$로 나누었을 때의 나머지가 $x + 3$일 때, a의 값을 구하여라.

04 다항식 $2x^4 + x^3 - ax^2 + bx + a + b - 1$은 $x^2 + x - 6$으로 정확히 나누어떨어질 때, a와 b의 값을 각각 구하여라.

05 임의의 $x(x \neq \pm 3)$는 항상 등식 $\dfrac{m}{x+3} - \dfrac{n}{x-3} = \dfrac{8x}{x^2 - 9}$를 만족할 때, mn의 값을 구하여라.

[실력 향상시키기]

06 다음 물음에 답하여라.

(1) $x + 1$이 $x^3 + 3x^2 - 3x + k$의 인수일 때, k의 값을 구하여라.

(2) $y - 2x + 1$은 $4xy - 4x^2 - y^2 - k$의 인수일 때, k의 값을 구하여라.

07 $8x^2 - 2xy - 3y^2$은 두 개의 정수계수 다항식의 제곱의 차로 바꿀 수 있음을 증명하여라.

08 다항식 $ax^3 + bx^2 + cx + d$를 $x-1$로 나누면 나머지는 1이고, $x-2$로 나누면 나머지는 3일 때, 다항식 $ax^3 + bx^2 + cx + d$를 $(x-1)(x-2)$로 나눈 나머지를 구하여라.

09 다음 물음에 답하여라.

(1) $\dfrac{3x^2 + 2x + 1}{(x+1)(x^2+2)} = \dfrac{A}{x+1} + \dfrac{Bx+C}{x^2+2}$ 이고, A, B, C는 상수일 때, B의 값을 구하여라.

(2) $\dfrac{3x+4}{x^2-x-2} = \dfrac{A}{x-2} - \dfrac{B}{x+1}$ 이고, A, B는 상수일 때, $4A - B$의 값을 구하여라.

[응용하기]

10 $\dfrac{6x^3+10x}{x^4+x^2+1}=\dfrac{Ax+B}{x^2+x+1}+\dfrac{Cx+D}{x^2-x+1}$ 이고, A, B, C, D는 상수일 때,

A + B + C + D를 구하여라.

11 $x^6+4x^5+2x^4-6x^3-3x^2+2x+1=[f(x)]^2$ 이고, $f(x)$는 x의 다항식일 때,

$f(x)$를 모두 구하여라.

26강 선택문제에서 자주 사용하는 풀이법

1 핵심요점

수학에서 선택문제는 하나의 보편적인 유형이다.

문제의 결론 부분을 먼저 설계하여, 보통 (A), (B), … 으로 표기한다.

문제의 조건에 근거하여 선택하며, 정확한 결론을 괄호 안에 써 넣는다.

선택문제 풀이 방법은 문제의 특징에 근거하여 몇 가지 방법이 있는데, 그 중에서 일반적으로 사용하는 것은

① 직접 풀이

② 특수값을 구하여 직접 계산하기

③ 검증법

④ 직관적 풀이법 등이 있다.

2 필수예제

1. 직접 풀이하는 방법

문제의 조건에서 출발하여 비슷한 기초 지식과 방법을 이용하여, 추리 또는 계산을 통해 정확한 결론을 구한다. 이것은 일반적으로 많이 사용하는 방법이다.

분석 tip
문제의 조건에 따라 연립 방정식으로 직접 구한다.

필수예제 1

그림에서 양팔저울 접시 위에 올려져 있는 물체는 모양이 같으면 질량도 같다.

그림 (1)에서 저울은 평형이고, 두 번째도 평형이다. 세 번째 저울의 오른쪽에 공 모양의 물체들로만 놓아 평형이 되게 할 때, 그 개수를 구하여라.

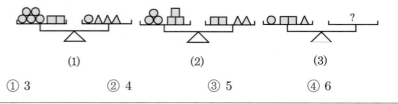

(1)   (2)   (3)

① 3   ② 4   ③ 5   ④ 6

[풀이] 공 모양, 네모 모양, 세모 모양 하나의 무게를 각각 $x\,g$, $y\,g$, $z\,g$ 라고 하자. 그림(3)의 오른쪽에 n개의 공을 놓으면 평행이 된다고 하자.

$$\begin{cases} 5x+2y=x+3z & \cdots\cdots\cdots ㉠ \\ 3x+3y=2y+2z & \cdots\cdots\cdots ㉡ \\ x+2y+z=mx & \cdots\cdots\cdots ㉢ \end{cases}$$

㉠, ㉡에서 $y=x$, $z=2x$를 식 ㉢에 대입하면,

$x+2x+2x=mx$, $m=5(x\neq 0)$, 그러므로 ③이 답이다.

답 ③

필수예제 2

그림과 같이 사각형 ABCD는 마름모이고, △AEF는 정삼각형이다.
점 E, F는 각각 변 BC, CD에 있고, AB = AE이다. ∠B를 구하여라.

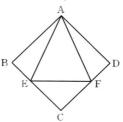

① $60°$

② $80°$

③ $100°$

④ $120°$

[풀이] 사각형 ABCD는 마름모이므로 AB = AD, ∠B = ∠D이다.

△AEF는 정삼각형이므로, AE = AF이고, 또 AB = AE이므로,

△ABE와 △ADF는 이등변삼각형이고, 더욱이 △ABE ≡ △ADF이다.

즉, BE = DF이다. 또 BC = CD이므로 CE = CF이다.

그래서 $\angle CEF = \dfrac{1}{2}(180° - \angle C)$이다.

AB = AE에서, ∠AEB = ∠B이므로

∠AEB + ∠AEF + ∠CEF = 180°이다.

그러므로 ∠C + ∠B = 180°, ∠AEF = 60°이다.

즉, $\angle B + \dfrac{1}{2} \angle B = 120°$이므로 ∠B = 80°이다.　　　　답 ②

필수예제 3

그림과 같이 △ABC에서 △ABC = 60°, AD, CE는 각각 ∠BAC,
∠ACB의 이등분선이고. AD와 CE의 교점이 O이다. 이때, AC의 길이
와 AE + CD의 관계로 옳은 것은?

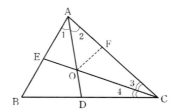

① $AC > AE + CD$

② $AC = AE + CD$

③ $AC < AE + CD$

④ 알 수 없음

[풀이] 변 AC 위에 AF = AE가 되는 점 E를 잡으면

△AEO ≡ △AFO(SAS합동)이다. 즉 ∠AEO = ∠AFO이다.

∠B = 60°이므로, 60° + ∠BAC + ∠ACB = 180°이고,

또 $\angle 1 = \angle 2$, $\angle 3 = \angle 4$이므로 $30° + \angle 1 + \angle 3 = 90°$이다.

즉, $\angle 1 + \angle 3 = 60°$이다.

또 삼각형 외각정리로부터, $\angle ADC = 60° + \angle 1$이다.

$\angle AEO = \angle AFO$이므로 $\angle OFC = \angle CEB$이다. 즉,

$2\angle 1 + \angle 3 = (\angle 1 + \angle 3) + \angle 1 = 60° + \angle 1$이다.

그러므로 $\angle ADC = \angle OFC$이다. 또한 $\angle 3 = \angle 4$, OC는 공통이므로,

$\triangle ODC \equiv \triangle OFC$이다. $CD = CF$이므로, $AC = AF + CF = AE + CD$이다.

따라서 답은 ②이다.

답 ②

2. 특수 값의 풀이 방법

문제의 어떤 특수 값 (특수 식, 특수기하도형, 위치 등)을 만족시키는 조건을 이용하여 선택 문제를 직접 계산한다. 선택한 것의 정확성을 검증하고, 올바른 답을 선택한다.

필수예제 4

$r \geq 4$이고 $a = \dfrac{1}{r} - \dfrac{1}{r+1}$, $b = \dfrac{1}{\sqrt{r}} - \dfrac{1}{\sqrt{r+1}}$,

$c = \dfrac{1}{r(\sqrt{r} + \sqrt{r+1})}$ 일 때, 다음 중 성립하는 것은?

① $a > b > c$ ② $b > c > a$

③ $c > a > b$ ④ $c > b > a$

[풀이] 특수값 $r = 8$를 a, b, c에 대입하면

$$a = \frac{1}{8} - \frac{1}{9} = \frac{1}{8 \times 9} = \frac{1}{72}, \quad b = \frac{1}{\sqrt{8}} - \frac{1}{\sqrt{9}} = \frac{3 - \sqrt{8}}{3\sqrt{8}}$$

$c = \dfrac{1}{8(3 + \sqrt{8})} = \dfrac{3 - \sqrt{8}}{8}$ 이므로 $c > b$이다.

또 $b = \dfrac{3 - \sqrt{8}}{3\sqrt{8}} = \dfrac{(3 - \sqrt{8}) \times 3\sqrt{8}}{8 \times 9}$

$\qquad = \dfrac{9\sqrt{8} - 24}{8 \times 9} > \dfrac{9 \times 2.8 - 24}{8 \times 9} > \dfrac{1}{8 \times 9}$ 이므로

$b > a$이다.

그러므로 $c > b > a$이다. 즉, 정답은 ④이다.

[평주] 직접 풀면 $r \geq 4$, $\dfrac{1}{\sqrt{r}} + \dfrac{1}{\sqrt{r+1}} < 1$이고,

$$a = \left(\frac{1}{\sqrt{r}} + \frac{1}{\sqrt{r+1}} \right)\left(\frac{1}{\sqrt{r}} - \frac{1}{\sqrt{r+1}} \right) < \frac{1}{\sqrt{r}} - \frac{1}{\sqrt{r+1}} = b$$이다.

또 $c = \dfrac{\sqrt{r+1} - \sqrt{r}}{r} > \dfrac{\sqrt{r+1} - \sqrt{r}}{\sqrt{r} \cdot \sqrt{r+1}} = \dfrac{1}{\sqrt{r}} - \dfrac{1}{\sqrt{r+1}} = b$이다.

그러므로 $c > b > a$이므로 답은 ④이다.

답 ④

필수예제 5·1

AD는 △ABC의 ∠A의 이등분선이고, $AB + BD = m$, $AC - CD = n$일 때, AD의 길이는?

① $m + n$

② $\sqrt{mn}$

③ $\sqrt{m + n}$

④ $\dfrac{m + n}{2}$

[풀이] 문제에서 △ABC의 형태에는 제한이 없다.

따라서 문제의 조건은 정삼각형에서도 성립된다.

그러므로 정삼각형 ABC를 생각하자.

오른쪽 그림에서 △ABC의 변의 길이가 $2a$라 하면,

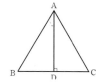

$m = AB + BD = 3a$,

$n = AC - CD = a$, $mn = 3a^2$이다.

또한 $AD = \sqrt{3}\,a$이므로

$AD = \sqrt{mn}$이다. 즉, 답은 ②이다.

답 ②

필수예제 5·2

△ABC의 변의 길이가 각각 a, b, c이고, 넓이는 S이다.

△$A_1B_1C_1$의 세 변의 길이가 각각 a_1, b_1, c_1이고, 넓이가 S_1이며,

$a > a_1$, $b > b_1$, $c > c_1$일 때, S와 S_1의 크기 관계는?

① $S > S_1$

② $S < S_1$

③ $S = S_1$

④ 알 수 없다.

[풀이] △ABC와 △$A_1B_1C_1$은 각각 아래와 같다.

① △ABC ∽ △$A_1B_1C_1$, $a > a_1 (b > b_1,\ c > c_1)$라고 하면,

$\dfrac{S}{S_1} = \left(\dfrac{a}{a_1}\right)^2 > 1$, 그러므로 $S > S_1$이다.

② $a = b = \sqrt{101}$, $c = 20$라고 하면, 높이는 $h_c = 1$, 넓이는 $S = 10$이다.

$a_1 = b_1 = c_1 = 10$라고 하면, $S_1 = \dfrac{\sqrt{3}}{4} \times 10 \times 10 > 10$이다.

그러므로 $S < S_1$이다.

③ $a = b = \sqrt{101}$, $c = 20$라고 하면, 높이는 $h_c = 1$, 넓이는 $S = 10$이다.

$a_1 = b_1 = \sqrt{29}$, $c_1 = 10$라고 하면, 높이는 $h_c = 2$, 넓이는 $S_1 = 10$이다.

그러므로 $S = S_1$이다.

종합하면 ①, ②, ③으로 알 수 있듯이, $a > a_1$, $b > b_1$, $c > c_1$을 모두 만족시키지만, 두 삼각형의 넓이 S, S_1은 세 가지 경우가 다 가능하다. 그러므로 크기 관계를 알 수 없다. 그러므로 답은 ④이다.

답 ④

[평주] 특수한 값을 대입하여 객관식 문제를 푸는 방법은 매우 효과적인 방법이지만, 이것을 사용할 때 주의할 점은

(1) 대입하는 특수한 값은 문제와 맞아야 하며 연산이 간단해야 한다.

(2) 특수한 값을 대입하여 계산할 때, 틀린 것은 반드시 배제해야 한다.

3. 검증법의 예제

검증법은 객관식 문제에서 4가지 대입하여 검증하거나, 답에서 특수한 값을 대입하여 검증한다.

필수예제 6-1

$\begin{cases} x > 3m+2 \\ x > m+4 \end{cases}$ 의 해의 집합은 $x > -1$일 때, m의 값은?

① 5 　　　　　　　　　　② 1

③ -5 　　　　　　　　　④ -1

[풀이] m에 보기의 4가지 값 5, 1, -5, -1을 각각 대입한다.

$m = -5$일 때 해의 집합 $x > -1$이다. 그러므로 ③이 답이다.

답 ③

필수예제 6-2

부등식 $\begin{cases} x > a+2 \\ x < 3a-2 \end{cases}$ 는 해가 없을 때, a의 범위는?

① $a < 2$ 　　　　　　　　② $a \leq 2$

③ $a > 2$ 　　　　　　　　④ $a \geq 2$

[풀이] $a = 2$일 때, 연립 부등식 $\begin{cases} x > 4 \\ x < 4 \end{cases}$ 를 구한다. 이때, 해가 없으므로, ①, ③는 아니다.

$a = 1$을 대입하면, 연립 부등식에 해가 없으므로, 답은 ②이다.

답 ②

필수예제 6-3

x에 관한 방정식 $||x-2|-1| = a$는 3개의 정수를 가질 때, a의 값은?

① 0 　　　　　　　　　　② 1

③ 2 　　　　　　　　　　④ 3

[풀이] $a = 0$, 1, 2, 3을 방정식에 대입한다.

$a = 1$일 때, 원 방정식($|x-2|-1 = \pm 1$로 변함)방정식은 3개의 해를 가진다. 그러므로 답은 ②이다.

답 ②

4. 도형을 이용한 방법의 문제 풀이

문제에 근거하여 대응하는 도형(주어진 도형)을 그리고 도형의 특징과 성질에 근거하여 분석 추리하고, 필요한 계산으로 올바른 답을 선택, 틀린 답을 제외하는 방법이다.

필수예제 7

[그림 1]과 같이 3×3인 정사각형이 있다. 두 개의 정사각형은 몇 개를 검은색을 칠하고, 정사각형 ABCD 를 대칭축에 접어 일치되는 그림, 또는 정사각형 ABCD 의 중심에 따라 회전하여 일치되는 그림을 동일한 그림으로 생각한다.

[그림 2]에는 3개의 같은 그림이 있다. 이때, 서로 다르게 칠하는 방법은?

[그림 1]

       (1)   (2)   (3)

[그림 2]

① 4가지   ② 6가지

③ 8가지   ④ 12가지

[풀이] (이 문제는 계산을 통하여 풀기에는 매우 어렵다.) 그림을 그려 답을 구한다. 이웃하는 작은 정사각형의 나머지 도형은 다음 그림에 4가지가 있다.

작은 정사각형이 서로 이웃하지 않는 그림은 다음 그림에 4가지가 있다.

그러므로 모두 8가지 방법이 있다. 답은 ③이다.

답 ③

$b > a$일 때, 일차함수 $y = bx + a$와 $y = ax + b$의 그래프를 좌표평면 위에 바르게 나타낸 것은? (두 그래프의 교점은 1개이다.)

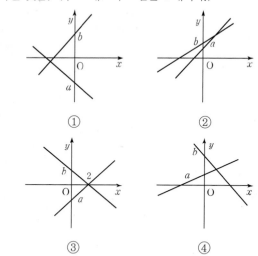

[풀이] 두 직선의 한 점에서 만나므로

연립방정식 $\begin{cases} y = bx + a \\ y = ax + b \end{cases}$의 해 $x = 1$, $y = a + b$이다.

즉, 두 직선의 만나는 점은 $(1,\ a+b)$이다.

①에서 만나는 점의 x좌표는 음수이므로 1이 아니다.

③에서의 만나는 점의 x좌표는 2이므로 1이 아니다.

④에서 만나는 점의 y좌표는 a보다 크고, b보다 작은 수이므로 $a+b$가 아니다.

그러므로 ④도 아니므로, 답은 ②이다.

(🈷 직선의 방정식의 성질로부터 ①, ③, ④를 배제한다.

그리고 ①에서 $a < 0$, $b > 0$이므로 직선 $y = ax + b$는 아래쪽 직선인데, 이 직선의 y절편은 $b > 0$이므로 $a < 0$이 아니므로 맞지 않는다.

③에서 두 직선의 x절편은 서로 같지만 $-\dfrac{a}{b} \neq -\dfrac{b}{a}$이다. 그러므로 ③도 아니다.

④에서 두 직선의 y절편이 모두 양수이므로 $a > 0$, $b > 0$이어서 두 직선은 모두 기울기가 양수이다. 그런데 ④에서 한 직선은 기울기가 음수이므로 ④도 아니다.

그러므로 ②가 답이다.)

답 ②

필수예제 8-2

$abc \neq 0$이고, $\dfrac{a+b}{c} = \dfrac{b+c}{a} = \dfrac{c+a}{b} = p$일 때, 직선 $y = px + p$들이 공통으로 지나는 사분면은?

① 제 1, 2사분면   ② 제 2, 3사분면

③ 제 3, 4사분면   ④ 제 1, 4사분면

[풀이] $a+b = cp$, $b+c = ap$, $c+a = bp$라 하고, 세 식을 서로 더하면
$2(a+b+c) = p(a+b+c)$이다. 즉, $(p-2)(a+b+c) = 0$이므로
$p = 2$ 또는 $a+b+c = 0$이다.

① $p = 2$일 때, 직선 $y = px+p$는 $y = 2x+2$, 이때, 제 1, 2, 3사분면을 지난다.

② $a+b+c = 0$일 때, $a+b = -c$, 즉, $p = \dfrac{a+b}{c} = -1\,(c \neq 0)$이다.

    그러므로 직선 $y = px+p$는 $y = -x-1$가 되고 제 2, 3, 4사분면을 지난다.

종합하면 직선 $y = px+p$가 항상 지나는 곳은 제 2, 3사분면이므로 답은 ②이다.

답 ②

[실력다지기]

01 특수값을 대입하는 방법으로 다음 문제를 풀어라.

(1) $M = 3x^2 - 8xy + 9y^2 - 4x + 6y + 13$ $(x, y$는 실수$)$ 일 때, M의 값은?

   ① 양수　　　　　　② 음수　　　　　③ 0　　　　　④ 상수

(2) $\triangle ABC$에서 a, b, c는 각각 $\angle A$, $\angle B$, $\angle C$의 대변이고, $\angle B = 60°$일 때,

   $\dfrac{c}{a+b} + \dfrac{a}{c+b}$ 의 값은?

   ① $\dfrac{1}{2}$　　　　　② $\dfrac{\sqrt{2}}{2}$　　　　③ 1　　　　④ $\sqrt{2}$

(3) 사각형 $ABCD$에서 E, F, G, H는 각각 AB, BC, CD, AD 위의 점이고,

   $\dfrac{AE}{EB} = \dfrac{BF}{FC} = \dfrac{CG}{GD} = \dfrac{DH}{AH} = 3$일 때, $\dfrac{S_{\square EFGH}}{S_{\square ABCD}}$ 는?

   ① $\dfrac{3}{8}$　　　　　② $\dfrac{5}{8}$　　　　③ $\dfrac{4}{9}$　　　　④ $\dfrac{5}{9}$

(4) 예각삼각형 ABC에서 $AC = 1$, $AB = c$, $\angle A = 60°$이고, $\triangle ABC$의 외접원의 반지름은 $r \leq 1$일 때, C의 값의 범위는?

   ① $\dfrac{1}{2} < c < 2$　　② $0 < c \leq \dfrac{1}{2}$　　③ $c > 2$　　④ $c = 2$

02 다음 물음에 답하여라.

(1) 연립방정식 $\begin{cases} kx - y = 1 \\ 4x + my = 2 \end{cases}$ 는 무수히 많은 해를 가진다. 이때, k와 m의 값은 각각 얼마인가?

① $k = 1$, $m = 1$ 　　　　　　② $k = 2$, $m = 1$

③ $k = 2$, $m = -2$ 　　　　　④ $k = 2$, $m = 2$

(2) 오른쪽 그림과 같이 변의 길이가 $12\,\text{m}$ 인 정사각형의 목욕탕의 주변에 풀밭이 있다. A, B, C, D 에 각각 나무 한 그루를 심고, $\overline{AB} = \overline{CB} = \overline{CD} = 3\,\text{m}$ 이다. 길이가 $4\,\text{m}$ 인 끈으로 양 한 마리를 나무에 묶어 놓았을 때, 이 양이 풀밭에서 움직일 수 있는 넓이를 가장 크게 하려면 어느 곳에 묶어야 하는가?

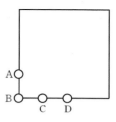

① A곳 　　　　　　　　② B곳

③ C곳 　　　　　　　　④ D곳

03

수열 a_1, a_2, a_3, $\cdots$, $a_n \cdots$ 에서 $a_1 = 0$, $a_2 = 2a_1 + 1$, $a_3 = 2a_2 + 1$, $\cdots$, $a_{n+1} = 2a_n + 1$, $\cdots$ 일 때, $a_{2017} - a_{2016}$ 의 일의 자리 수는?

① 2 　　　　　② 4 　　　　　③ 6 　　　　　④ 8

04 그림과 같이 사다리꼴 $ABCD$에서 M, N은 각각 AB, CD의 중점이고 AN, BN, DM, CM 은 각각 사각형을 7개의 구역으로 나누는데, 각 구역의 넓이는 S_1, S_2, S_3, S_4, S_5, S_6, S_7이라 한다. 이때, 항상 성립되는 식은?

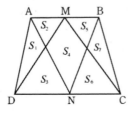

① $S_2 + S_6 = S_4$

② $S_1 + S_7 = S_4$

③ $S_2 + S_3 = S_4$

④ $S_1 + S_6 = S_4$

05 이차함수 $f(x) = ax^2 + bx + c$의 그래프를 그리면 아래 그림과 같다.

$p = |a - b + c| + |2a + b|$, $q = |a + b + c| + |2a - b|$라고 할 때, 다음 중 옳은 것은?

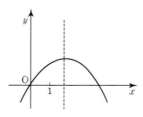

① $p > q$

② $p = q$

③ $p < q$

④ 알 수 없다.

06 다음 물음에 답하여라.

(1) 그림과 같이 $\triangle ABC$에서 $EF /\!\!/ BC$, $S_{\triangle AEF} = S_{\triangle BCE}$, $S_{\triangle ABC} = 1$일 때, $S_{\triangle CEF}$는?

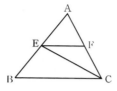

① $\dfrac{1}{4}$　　　② $\dfrac{1}{5}$　　　③ $\sqrt{5}-2$　　　④ $\sqrt{3}-\dfrac{2}{3}$

(2) 삼각형의 세 변의 길이가 각각 a, a, b이고, 또 다른 삼각형의 세 변의 길이는 a, b, b이다. $a > b$일 때, 두 삼각형의 가장 작은 내각의 크기는 같다. 이때, $\dfrac{a}{b}$는?

① $\dfrac{\sqrt{3}+1}{2}$　　　② $\dfrac{\sqrt{5}+1}{2}$　　　③ $\dfrac{\sqrt{3}+2}{2}$　　　④ $\dfrac{\sqrt{5}+2}{2}$

(3) $\triangle ABC$의 넓이는 1이고, D는 변 AB 위의 한 점이며, $\dfrac{AD}{AB} = \dfrac{1}{3}$이다. 변 AC에서 점 E를 잡으면, 사각형 $EDBC$의 넓이는 $\dfrac{3}{4}$이다. $\dfrac{CE}{EA}$의 값은?

① $\dfrac{1}{2}$　　　② $\dfrac{1}{3}$　　　③ $\dfrac{1}{4}$　　　④ $\dfrac{1}{5}$

07 (1) 부등식 $0 \le ax + 5 \le 4$을 만족하는 x의 정수의 값은 1, 2, 3, 4이다. a의 범위는?

① $a \le -\dfrac{5}{4}$　　② $a < -1$　　③ $-\dfrac{5}{4} \le a < -1$　　④ $a \ge -\dfrac{5}{4}$

(2) $a + b + c = 0$이고, $\dfrac{1}{a+1} + \dfrac{1}{b+2} + \dfrac{1}{c+3} = 0$일 때,

$(a+1)^2 + (b+2)^2 + (c+3)^2$의 값은?

① 36　　　　② 16　　　　③ 14　　　　④ 3

08 오른쪽 그림에서 사각형 $ABCD$에서 $AB = BC$, $\angle ABC = \angle CDA = 90°$, $BE \perp AD$이며, $S_{\square ABCD} = 8$일 때, BE의 길이는?

① 2　　　　　　　　　② 3

③ $\sqrt{3}$　　　　　　　　④ $2\sqrt{2}$

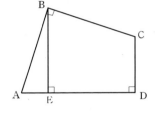

09 오른쪽 그림에서 $\triangle ABC$에서 $DE /\!/ AB /\!/ FG$이고, FG에서 DE, AB의 거리의 비는 $1 : 2$이다.

$S_{\triangle ABC} = 32$, $S_{\triangle CDE} = 2$일 때, $S_{\triangle CFG}$는?

① 6　　　　　　　　　② 8

③ 10　　　　　　　　　④ 12

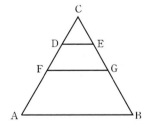

[응용하기]

10 그림과 같이 정삼각형 ABC에서 BD = 2DC, DE⊥BE이고, CE와 AD는 점 P에서 만난다. 다음 중 옳은 것은?

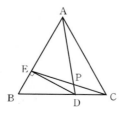

① AP > AE > EP
③ AP > EP > AE

② AE > AP > EP
④ EP > AE > AP

11 그림과 같이 평행사변형 ABCD에서 BC = 2AB, CE⊥AB이고, E는 수선의 발이고 F는 AD의 중점이다. ∠AEF = 54°라면, ∠B의 크기는?

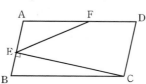

① 54°　　　② 60°　　　③ 66°　　　④ 72°

27강 고차 방정식

1 핵심요점

1. 정의
차수가 2보다 큰 방정식을 고차 방정식이라고 한다.

2. 고차 방정식의 개념
대수에서 "차수가 5이상인 고차 방정식의 근의 공식이 없다는 것"은 대수의 중요한 정리이다.
특수한 고차방정식의 풀이법에 대하여 얘기해 보자.
고차 방정식의 기본 풀이법은 두 가지 유형으로 나눈다. 인수분해법과 식의 치환이다.
이 두 가지 방법으로 고차 방정식을 일차 또는 이차 방정식으로 전환하여 해를 구한다.

3. 매개변수가 포함된 고차 방정식을 풀어 구하는 매개변수의 값과 범위를 구하는 문제

2 필수예제

분석 tip

방정식 (1)에서 한 가지 특징(각 항의 계수의 합이 0이다)이 있다. 그러므로 좌변에 하나의 근은 $x = 1$이다.
방정식 $(x-1) \cdot g(x) = 0$의 형태로 고친다. 여기서 $g(x)$는 x의 이차식
$(x^3 + 2x^2 + 2x - 3) \div (x-1)$
이 된다.
비슷한 방법으로 방정식(2)의 특징(홀수차항의 계수의 합은 짝수차항의 계수의 합과 같다)을 이용한다. 왼쪽의 하나의 근은 $x = -1$이다.
방정식 $(x+1) \cdot g(x) = 0$의 형태로 고치고, 여기서
$g(x) = (x^3 + 2x^2 - 5x - 6) \div (x+1)$은 이차식이다.

1. 인수 분해법으로 고차 방정식 풀이하기

필수예제 1·1

$$3x^3 - 2x^2 + 2x - 3 = 0$$

[풀이] 원 방정식을 인수분해하면 $(x-1)(3x^2 + x + 3) = 0$이다.
그러므로 $x - 1 = 0$ 또는 $3x^2 + x + 3 = 0$이다.
$3x^2 + x + 3 = 0$은 실근이 없으므로 원 방정식의 해는 $x = 1$이다.

탑 $x = 1$

필수예제 1·2

$$x^3 + 2x^2 - 5x - 6 = 0$$

[풀이] 원 방정식을 인수분해하면 $(x+1)(x^2 + x - 6) = 0$이다.
그러므로 $x + 1 = 0$ 또는 $x^2 + x - 6 = 0$이다.
$x^2 + x - 6 = 0$을 풀면 $x = 2, -3$이다.
원 방정식의 해는 $x = -1, 2, -3$이다.

탑 $x = -1, 2, 3$

필수예제 2

방정식 $x^3 - \sqrt{3}\,x^2 - (2\sqrt{3}+1)x + 3 + \sqrt{3} = 0$을 풀어라.

[풀이] 원 방정식을 다음과 같이 변형하자.

$x^3 - (\sqrt{3}+1)x^2 + x^2 - (2\sqrt{3}+1)x + \sqrt{3}(\sqrt{3}+1) = 0$,

$x^2\{x - (\sqrt{3}+1)\} + \{x - (\sqrt{3}+1)\}(x - \sqrt{3}) = 0$,

$\{x - (\sqrt{3}+1)\}\{x^2 + x - \sqrt{3}\} = 0$

즉, $x - (\sqrt{3}+1) = 0$ 또는 $x^2 + x - \sqrt{3} = 0$이다.

$x^2 + x - \sqrt{3} = 0$의 해는 $x = \dfrac{-1 \pm \sqrt{1 + 4\sqrt{3}}}{2}$이다.

원 방정식의 해는 $\sqrt{3}+1$, $\dfrac{-1 \pm \sqrt{1 + 4\sqrt{3}}}{2}$이다.

답 $\sqrt{3}+1$, $\dfrac{-1 \pm \sqrt{1 + 4\sqrt{3}}}{2}$

2. 식의 치환으로 고차방정식 풀기

(1) 식의 치환으로 "상반 방정식" 풀기

필수예제 3

다음 방정식을 풀어라.

$2x^4 + 7x^3 - 5x^2 + 7x + 2 = 0$

분석 tip

이 방정식의 특징은 방정식의 왼쪽의 첫 항과 마지막 항, 두 번째 항과 마지막 두 번째 항의 계수가 같다.

$x = 0$은 방정식의 근이 아니다. 그러므로 상반 방정식으로 풀이한다.

방정식의 양변을 x^2으로 나누고, $y = x + \dfrac{1}{x}$라 두면, y에 관한 이차 방정식이 된다. 이를 풀면 된다.

[풀이] $x = 0$는 방정식의 근이 아니므로, 양변을 x^2으로 나누면

$2x^2 + 7x - 5 + 7 \times \dfrac{1}{x} + 2 \times \dfrac{1}{x^2} = 0$

이다. 즉, $2\left(x^2 + \dfrac{1}{x^2}\right) + 7\left(x + \dfrac{1}{x}\right) - 5 = 0$ $\cdots$ ①이다. $y = x + \dfrac{1}{x}$라 두면

$x^2 + \dfrac{1}{x^2} = y^2 - 2$이다.

그러므로 식 ①은 $2(y^2 - 2) + 7y - 5 = 0$이 된다.

즉 $2y^2 + 7y - 9 = 0$이다. 이를 풀면 $y = 1$ 또는 $-\dfrac{9}{2}$이다.

(i) $y = 1$일 때, $x + \dfrac{1}{x} = 1$이고, 즉 $x^2 - x + 1 = 0$이다. 이를 풀면 해가 없다.

(ii) $y = -\dfrac{9}{2}$일 때, $x + \dfrac{1}{x} = -\dfrac{9}{2}$이고, 즉, $2x^2 + 9x + 2 = 0$이다.

이를 풀면 $x = \dfrac{-9 \pm \sqrt{65}}{4}$이다.

따라서 원 방정식의 해는 $x = \dfrac{-9 \pm \sqrt{65}}{4}$이다.

답 $x = \dfrac{-9 \pm \sqrt{65}}{4}$

제27강

(2) 식의 치환을 복이차식 방정식에의 응용

$ax^4 + bx^2 + c = 0 (a \neq 0)$인 방정식을 복이차 방정식이라고 한다.

$a[f(x)]^2 + b[f(x)] + c = 0 (a \neq 0 , f(x)$인 x의 이차방정식$)$.

$y = x^2$ 또는 $y = f(x)$라면 y에 관한 이차방정식이 된다.

분석 tip

방정식 (1)은 일반적인 복이차 방정식이다. 방정식 (2)를 풀면
$\{(x+1)(x-4)\}$
· $\{(x+2)(x-5)\}+8=0,$
$\{(x^2-3x)-4\}$ · $\{(x^2-3x)-\}$
$=0, (x^2-3x)^2-14(x^2-3x$
$)+48=0$으로 복이차방정식의
확장형태가 된다.

필수예제 4-1

$3x^4 - 2x^2 - 1 = 0$

[풀이] $y = x^2$이라고 두면, 원 방정식은 $3y^2 - 2y - 1 = 0$이다.

이를 풀면 $y = 1$ 또는 $-\dfrac{1}{3}$이다. 그런데 $y \geq 0$이므로 해는 $y = 1$이다.

$y = 1$일 때, $x^2 = 1$, 즉 $x = \pm 1$이다.

따라서 원 방정식의 해는 $x = \pm 1$이다.

답 $x = \pm 1$

필수예제 4-2

$(x+1)(x+2)(x-4)(x-5) + 8 = 0$

[풀이] 원 방정식을 변형하면 (분석 참고)

$(x^2 - 3x)^2 - 14(x^2 - 3x) + 48 = 0$이다.

$u = x^2 - 3x$라 두면, 위 방정식은 $u^2 - 14u + 48 = 0$이다.

이를 풀면 $u = 8$ 또는 6이다.

(i) $u = 8$일 때, $x^2 - 3x = 8$이다. 이를 풀면 $x = \dfrac{3 \pm \sqrt{41}}{2}$이다.

(ii) $u = 6$일 때, $x^2 - 3x = 6$이다. 이를 풀면 $x = \dfrac{3 \pm \sqrt{33}}{2}$이다.

원 방정식의 해는 $x = \dfrac{3 \pm \sqrt{41}}{2}$, $\dfrac{3 \pm \sqrt{33}}{2}$이다.

답 $x = \dfrac{3 \pm \sqrt{41}}{2}$, $\dfrac{3 \pm \sqrt{33}}{2}$

(3) 식의 치환을 이용한 기타 응용예제

필수예제 5

$a^3 - 3a^2 + 5a = 1$, $b^3 - 3b^2 + 5b = 5$를 만족시키는 $a + b$를 구하여라.

[풀이] 첫 번째 관계식에서 $(a-1)^3 = -2a$이고,

두 번째 관계식에서 $(b-1)^3 = -2b + 4$이다.

$x = a - 1$, $y = b - 1$라고 하면

$x^3 = -2(x+1)$에서 $x^3 = -2x - 2$이다.

$y^3 = -2(y+1) + 4$에서 $y^3 = -2y + 2$이다.

위의 두식을 더하면, $x^3 + y^3 = -2(x+y)$이다.

즉, $(x+y)(x^2-xy+y^2)+2(x+y)=0$이다.

따라서 $(x+y)(x^2-xy+y^2+2)=0$이다.

그런데, $x^2-xy+y^2+2=\left(x-\dfrac{1}{2}y\right)^2+\dfrac{3}{4}y^2+2>0$이므로 $x+y=0$이다.

즉 $(a-1)+(b-1)=0$이다. 따라서 $a+b=2$이다.

目 $a+b=2$

3. 비에트의 정리의 고차 방정식에의 풀이 응용

필수예제 6

연립방정식 $\begin{cases}(x^2+3x)(x+y)=40 \\ x^2+4x+y=14\end{cases}$ 의 해 (x, y)를 구하여라.

[풀이] 연립방정식을 변형하면 $\begin{cases}(x^2+3x)(x+y)=40 \\ (x^2+3x)+(x+y)=14\end{cases}$ 이다.

비에트의 정리(근과 계수와의 관계)에 의하여 (x^2+3x), $(x+y)$는

이차방정식 $u^2-14u+40=0$의 두 근이다.

그런데, $u^2-14u+40=0$을 풀면 $u=4$ 또는 10이다.

그러므로 ① $\begin{cases}x^2+3x=4 \\ x+y=10\end{cases}$ 또는 ② $\begin{cases}x^2+3x=10 \\ x+y=4\end{cases}$ 이다.

①에서, 연립방정식을 풀면 $(x, y)=(1, 9)$, $(-4, 14)$이다.

②에서, 연립방정식을 풀면 $(x, y)=(2, 2)$, $(-5, 9)$이다.

따라서 원 방정식의 해는 $(x, y)=(1, 9)$, $(-4, 14)$, $(2, 2)$, $(-5, 9)$이다.

目 $(x, y)=(1, 9)$, $(-4, 14)$, $(2, 2)$, $(-5, 9)$

제27강

4. 고차 방정식의 계수 문제

필수예제 7

방정식 $(x^2-1)(x^2-4)=k$에는 4개의 0이 아닌 실근이 있다. 네 실근의 수직선 위에 대응하는 이웃한 두 점 사이의 거리가 서로 같을 때, k의 값을 구하여라.

[풀이] $y=x^2$이라 두면 원 방정식은 $y^2-5y+4-k=0$가 된다.

이 방정식의 실근을 α, $\beta(0<\alpha<\beta)$라 하자.

그러면, 원 방정식의 4개의 실근은 $\pm\sqrt{\alpha}$, $\pm\sqrt{\beta}$이다.

이를 수직선 위에 대응하는 이웃한 두 점 사이의 거리가 같으므로

$\sqrt{\beta}-\sqrt{\alpha}=\sqrt{\alpha}-(-\sqrt{\alpha})$이다. 즉, $\beta=9\alpha$이다.

비에트의 정리(근과 계수와의 관계)로 부터

$\alpha+\beta=5$, 즉, $\alpha+9\alpha=5$이다. 이를 풀면 $\alpha=\dfrac{1}{2}$, $\beta=\dfrac{9}{2}$이다.

비에트의 정리(근과 계수와의 관계)로 부터 $4-k=\alpha\beta=\dfrac{9}{4}$이다.

즉, $k=4-\dfrac{9}{4}=\dfrac{7}{4}$이다.

답 $k=\dfrac{7}{4}$

필수예제 8

x에 관한 방정식 $x^3-ax^2-2ax+a^2-1=0$에 하나의 실근이 있다. a가 취할 수 있는 값의 범위를 구하여라.

[풀이] 원 방정식을 a에 관한 이차방정식으로 변형하고 인수분해하면

$a^2-(x^2+2x)a+(x-1)(x^2+x+1)=0$,

$\{a-(x-1)\}\{a-(x^2+x+1)\}=0$

이다. 그러므로 $a-(x-1)=0$, 또는 $a-(x^2+x+1)=0$이다.

그러므로 $x=a+1$, 또는 $x^2+x+(1-a)=0$이다.

원 방정식은 하나의 실근을 가지므로

이차방정식 $x^2+x+(1-a)=0$의 판별식 $\triangle=1-4(1-a)<0$이어야 한다.

이를 풀면 $a<\dfrac{3}{4}$이다.

따라서 a가 구하는 범위는 $a<\dfrac{3}{4}$이다.

답 $a<\dfrac{3}{4}$

[실력다지기]

01 다음 방정식을 풀어라.

(1) $6x^4 - 25x^3 + 12x^2 + 25x + 6 = 0$

(2) $(x-6)^4 + (x-8)^4 = 16$

02 직각삼각형 ABC의 둘레는 14이고, 넓이는 7이다. 이때, 세 변의 길이를 구하여라.

03 연립방정식 $\begin{cases} x^3 - y^3 - z^3 = 3xyz \\ x^2 = 2(y+z) \end{cases}$ 의 양의 정수의 해 (x, y, z)를 구하여라.

04 x, y는 양의 정수이고, $xy + x + y = 23$, $x^2y + xy^2 = 120$일 때, $x^2 + y^2$의 값을 구하여라.

05 방정식 $x^4 + (m-4)x^2 + 2(1-m) = 0$의 한 근은 2보다 같거나 클 때, m의 범위를 구하여라.

06 실수 x, y는 식 $(x^2+2x+3)(3y^2+2y+1) = \dfrac{4}{3}$ 를 만족시킬 때, $x+y$의 값을 구하여라.

07 $\dfrac{x}{y+z} = a$, $\dfrac{y}{z+x} = b$, $\dfrac{z}{x+y} = c$ 이고, $x+y+z \neq 0$일 때, $\dfrac{a}{1+a} + \dfrac{b}{1+b} + \dfrac{c}{1+c}$ 의 값을 구하여라.

08 a, b는 실수이고, $\dfrac{4}{a^4} - \dfrac{2}{a^2} - 3 = 0$, $b^4 + b^2 - 3 = 0$를 만족할 때, $\dfrac{a^4 b^4 + 4}{a^4}$ 의 값은?

① 6   ② 7   ③ 8   ④ 9

09 x에 관한 방정식 $x^3 + (1-a)x^2 - 2ax + a^2 = 0$은 오직 한 개의 실근을 갖는다고 한다. 이때, 실수 a가 취할 수 있는 값의 범위를 구하여라.

[응용하기]

10 x에 관한 방정식 $x^4 + 6x^3 + 9x^2 - 3px^2 - 9px + 2p^2 = 0$이 오직 한 개의 실근을 가질 때, p의 값을 구하여라.

11 x에 관한 방정식 $(x^2 - 10x + a)^2 = b$ ········· ①에서

(1) $a = 24$일 때, 3개의 서로 다른 실수 x가 식 ①을 만족시키는 실수 b를 구하여라.

(2) $a \geq 25$일 때, 3개의 서로 다른 실수 x가 식 ①을 만족시키는 실수 b가 존재하는가? 그 이유를 설명하여라.

28강 탐구형 문제

1 핵심요점

이 강에서 소개하는 탐구형 문제는 하나의 문제로 결론을 풀거나 증명하는 것이 아니고, 소문제들을 바탕으로 여러 단계에서 필요로 하는 조건이나 결과물을 단계별로 얻거나 증명하고, 이를 바탕으로 구하려는 최종적인 결론을 해결하는 문제를 말한다. 따라서 각각의 소문제를 정확하게 해결하여야 마지막 소문제를 해결할 수 있다.

이러한 탐구형 문제들을 해결하기 위해서는 문제문의 조건을 정확히 관찰, 분석, 비교, 귀납적 사고 등의 탐구방법을 사용하고, 보충해야 할 조건들은 각각의 소문제를 해결함으로써 최종적인 결론을 찾거나 증명해야 한다.

2 필수예제

필수예제 1

아래 그림과 같이 이차함수 $y = x^2$ 위의 세 점 A, B, C의 x좌표가 각각 a, b, c이다. 세 직선 AB, BC, CA의 기울기가 각각 1, $-\dfrac{1}{2}$, 3일 때, 다음 물음에 답하여라.

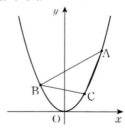

(1) a, b, c의 값을 구하여라.

(2) $\triangle ABC$의 넓이를 구하여라.

[풀이] (1) AB의 기울기에서 $a+b=1$ $\cdots$ ①,

BC의 기울기에서 $b+c=-\dfrac{1}{2}$ $\cdots$ ②,

CA의 기울기에서 $c+a=3$ $\cdots$ ③이다.

식 ①, ②, ③을 연립하여 풀면 $a=\dfrac{9}{4}$, $b=-\dfrac{5}{4}$, $c=\dfrac{3}{4}$이다.

目 $a=\dfrac{9}{4}$, $b=-\dfrac{5}{4}$, $c=\dfrac{3}{4}$

(2) 점 C를 지나 y축에 평행한 직선과 AB와의 교점을 D라 하자.

직선 AB의 방정식이 $y=x+\dfrac{45}{16}$이므로 $D\left(\dfrac{3}{4}, \dfrac{57}{16}\right)$이다.

따라서 $\triangle ABC = \left(\dfrac{57}{16}-\dfrac{9}{16}\right) \times \left\{\dfrac{9}{4}-\left(-\dfrac{5}{4}\right)\right\} \times \dfrac{1}{2} = \dfrac{21}{4}$이다. 目 $\dfrac{21}{4}$

필수예제 2

다음 그림과 같이 가로의 길이가 $25\,\mathrm{cm}$이고, 세로의 길이가 $9\,\mathrm{cm}$인 직사각형 ABCD에 선분 OB를 반지름으로 하고 변 AD에 접하는 반원 O와 변 AD, CD 및 반원 O에 접하는 원 O′가 있다. 원 O′의 반지름을 r이라 할 때, 다음 물음에 답하여라.

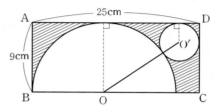

(1) r의 값을 구하여라.

(2) 빗금 친 부분의 넓이를 구하여라.

[풀이] (1)

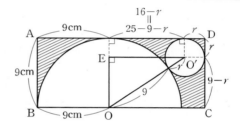

원 O의 반지름이 $9\,\mathrm{cm}$이고, 그림과 같이 직각삼각형 OO′E를 만들어 피타고라스 정리를 이용하면,

$$\overline{OE}^2 + \overline{O'E}^2 = \overline{OO'}^2, \quad (9-r)^2 + (16-r)^2 = (9+r)^2$$

이다. 이를 풀면, $r=4$ 또는 64이다.

그런데, $0 < r < 9$이므로 $r=4$이다.

답 4

(2) 빗금 친 부분의 넓이는 직사각형 ABCD의 넓이에서 반원 O와 원 O′의 넓이를 빼면 된다.

따라서 $9 \times 25 - \pi \times 9^2 \times \dfrac{1}{2} - \pi \times 4^2 = 225 - \dfrac{113}{2}\pi\,(\mathrm{cm}^2)$이다.

답 $225 - \dfrac{113}{2}\pi\ (\mathrm{cm}^2)$

직선 l, m이 각각 $y = \dfrac{3}{4}x + \dfrac{9}{2}$, $y = -x + 8$이다. 직선 l과 m의 교점을 A라 하고, l, m이 x축과 만나는 점을 각각 B, C라 하자. 점 P는 직선 l위의 점으로 점 A에서 점 B까지 매 초당 1의 속력으로 진행한다. 점 Q는 x축 위의 점으로 B에서 점 C까지 매 초당 1의 속력으로 진행한다. 점 P, Q가 동시에 각각 점 A, B에서 출발해서 점 P가 점 B에 도착하면, 점 Q는 멈춘다. 이때, 다음 물음에 답하여라.

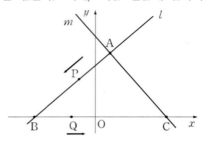

(1) 점 A의 좌표를 구하여라.

(2) 출발한 지 x초 후의 삼각형 PBQ의 넓이를 x를 사용하여 나타내어라. (단, $0 < x < 10$이다.)

(3) △PBQ의 넓이가 △ABC의 넓이의 $\dfrac{3}{20}$이 될 때는 출발한 지 몇 초 후인지 구하여라.

[풀이] (1) $y = \dfrac{3}{4}x + \dfrac{9}{2}$와 $y = -x + 8$을 연립하여 풀면

$x = 2$, $y = 6$이다. 그러므로 A$(2, 6)$이다.

🔲 A$(2, 6)$

(2)

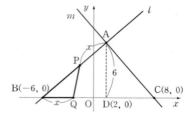

x초 후, AP $=$ BQ $= x$이다. 점 A에서 x축에 내린 수선의 발을 D라 하면, 직선 l의 기울기가 $\dfrac{3}{4}$이므로, 삼각형 ABD는 $3 : 4 : 5$인 직각삼각형이다.

그러므로 AB $= \dfrac{5}{3}$AD $= \dfrac{5}{3} \times 6 = 10$이다.

AP $= x$이므로, BP $= 10 - x$로 나타낼 수 있다.

따라서

$$\triangle \text{PBQ} = \dfrac{\text{BP}}{\text{BA}} \times \dfrac{\text{BQ}}{\text{BD}} \times \triangle \text{ABD} = \dfrac{10 - x}{10} \times \dfrac{x}{8} \times (8 \times 6 \div 2)$$

$$= 3x - \frac{3}{10}x^2$$

이다.　　　　　　　　　　　　　　 **답** $3x - \dfrac{3}{10}x^2$ (단, $0 < x < 10$)

(3) $\triangle PBQ = \dfrac{BP}{BA} \times \dfrac{BQ}{BC} \times \triangle ABC = \dfrac{10-x}{10} \times \dfrac{x}{14} \times \triangle ABC$ 이므로,

$\dfrac{10-x}{10} \times \dfrac{x}{14} = \dfrac{3}{20}$ 이다. 이를 풀면, $x = 3$, 7이다.

모두 $0 < x < 10$을 만족하므로, 구하는 답은 3초 후 또는 7초 후이다.

답 3초 후 또는 7초 후

필수예제 4

다음 그림과 같이 원기둥의 내부에 반지름이 $2\,\mathrm{cm}$인 구 3개와 반지름이 $1\,\mathrm{cm}$인 구 1개가 서로 접하고 있다. 반지름이 $2\,\mathrm{cm}$인 구는 원기둥의 밑면과 옆면에 접하고, 반지름이 $1\,\mathrm{cm}$인 구는 원기둥의 윗면과 접한다. 이때, 다음 물음에 답하여라.

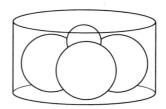

(1) 원기둥의 밑넓이를 구하여라.

(2) 원기둥의 높이를 구하여라.

[풀이] (1) 반지름이 $2\,\mathrm{cm}$인 3개의 구의 중심을 각각 A, B, C라 하자.
세 점 A, B, C를 지나는 평면으로 원기둥을 절단하자.
그러면 절단면은 다음 그림의 원과 같고, 이 원의 중심을 O라 하자.
그러면, 구하는 넓이는 원의 넓이와 같다.

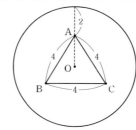

삼각비와 무게중심으로 이용하면
$AO = 2\sqrt{3} \times \dfrac{2}{3} = \dfrac{4\sqrt{3}}{3}\,(\mathrm{cm})$이다.

그러므로 원의 반지름은 $2+\dfrac{4\sqrt{3}}{3}$ (cm)이다.

따라서 구하는 넓이는 $\pi\left(2+\dfrac{4\sqrt{3}}{3}\right)^2=\dfrac{16\sqrt{3}+28}{3}\pi$ (cm²)이다.

답 $\dfrac{16\sqrt{3}+28}{3}\pi$ (cm²)

(2) 반지름이 1cm인 구의 중심을 D라 하면, 다음 그림과 같은 사각뿔을 생각하자.

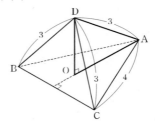

피타고라스 정리에 의하여

$$\mathrm{OD}=\sqrt{\mathrm{DA}^2-\mathrm{AO}^2}=\sqrt{3^2-\left(\dfrac{4\sqrt{3}}{3}\right)^2}=\dfrac{\sqrt{33}}{3}\ (\mathrm{cm})이다.$$

따라서 원기둥의 높이는 $2+\dfrac{\sqrt{33}}{3}+1=\dfrac{9+\sqrt{33}}{3}$ (cm)이다.

답 $\dfrac{9+\sqrt{33}}{3}$ (cm)

필수예제 5

이차함수 $y = x^2$ 위의 두 점 A, B의 x좌표가 각각 a, b이다. 또, $a < 0 < b$이다. 직선 AB와 y축과의 교점을 P, 점 P를 지나고 직선 AB에 수직인 직선과 x축과의 교점을 Q라 할 때, 다음 물음에 답하여라.

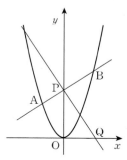

(1) 점 P의 y좌표 p를 a, b를 써서 나타내어라.

(2) 점 Q의 x좌표 q를 a, b를 써서 나타내어라.

(3) $\triangle$AQB의 넓이 S를 a, b를 써서 인수분해하여 나타내어라.

[풀이] (1) 구하는 좌표는 직선 AB의 y절편이다.

직선 AB의 방정식은 $y = (a+b)x - ab$이므로, $p = -ab$이다.

$$\boxed{답}\ p = -ab$$

(2) 직선 AB의 기울기가 $a+b$이므로, 직선 PQ의 기울기는 $-\dfrac{1}{a+b}$이고, 직선 PQ의 방정식은 $y = -\dfrac{1}{a+b}x - ab$이다.

점 Q$(q, 0)$를 대입하면, $0 = -\dfrac{1}{a+b}q - ab$이다.

즉, $q = -ab(a+b)$이다.

$$\boxed{답}\ q = -ab(a+b)$$

(3) 점 Q를 지나고 y축에 평행한 직선과 AB와의 교점을 C라 하자.

직선 AB의 방정식이 $y = (a+b)x - ab$이므로,

C$(-ab(a+b),\ -ab(a+b)^2 - ab)$이다.

그러므로

$$S = \{-(ab(a+b)^2 - ab\} \times (b-a) \times \dfrac{1}{2}$$

$$= \dfrac{1}{2}ab(a-b)(a+b)^2 + \dfrac{1}{2}ab(a-b)$$

$$= \dfrac{1}{2}ab(a-b)\{(a+b)^2 + 1\}$$

이다. 즉, $S = \dfrac{1}{2}ab(a-b)(a^2 + 2ab + b^2 + 1)$이다.

$$\boxed{답}\ S = \dfrac{1}{2}ab(a-b)(a^2 + 2ab + b^2 + 1)$$

제28강

그림과 같이 $BC = 12$, $AC = 8$인 삼각형 ABC에서 변 BC를 지름으로 하고 중심이 O인 원이 있다. 두 변 AB, AC와 원 O와의 교점을 각각 D, E라고 하고, DE와 OA의 교점을 F라 하면, $CE = ED$이다. 다음 물음에 답하여라.

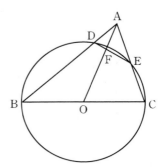

(1) AE의 길이를 구하여라.

(2) BD의 길이를 구하여라.

(3) DF의 길이를 구하여라.

(4) OA의 길이를 구하여라.

[풀이] (1) △BCE와 △BAE에서, $CE = ED$이므로
   $\angle CBE = \angle ABE$ ⋯ ①이다.
   BC가 지름이므로, $\angle BEC = \angle BEA = 90°$ ⋯ ②이다.
   또, BE는 공통 ⋯ ③이다.
   따라서 △$BCE \equiv$ △ABE(ASA합동)이다.
   그러므로 $AE = CE = \dfrac{1}{2}AC = 4$이다.   답 4

(2) (1)에서 △$BCE \equiv$ △BAE이므로, $AB = BC = 12$이다.
   ([그림1] 참고) $CD = h$, $BD = x$, $AD = 12 - x$라 하고,
   △CBD에 피타고라스 정리를 적용하면,
   $h^2 = 12^2 - x^2$ ⋯ ①이다.
   또, △CAD에 피타고라스 정리를 적용하면,
   $h^2 = 8^2 - (12 - x)^2$ ⋯ ②이다.
   식 ①, ②를 연립하여 풀면 $x = \dfrac{28}{3}$이다.

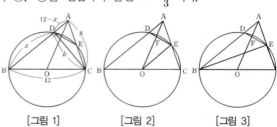

[그림 1]   [그림 2]   [그림 3]   답 $\dfrac{28}{3}$

(3) ([그림 2] 참고) 점 E, O는 각각 선분 CA, BC의 중점이므로 삼각형 중점연결정리에 의하여 EO와 AB는 평행하다.

그러므로 △ADF와 △OEF는 닮음이다.

즉, $DF : EF = AD : OE = 4 : 9$이다.

한편, $ED = CE = AE = 4$이므로,

$DF = \dfrac{4}{13} \times ED = \dfrac{4}{13} \times 4 = \dfrac{16}{13}$ 이다.   답 $\dfrac{16}{13}$

(4) ([그림 3] 참고) 선분 OA와 BE의 교점을 G라 하자.

삼각형 AOC와 직선 BGE에 메넬라우스의 정리를 적용하면,

$\dfrac{AG}{GO} \times \dfrac{OB}{OC} \times \dfrac{CE}{EA} = 1$, $\dfrac{AG}{GO} \times \dfrac{1}{2} \times \dfrac{1}{1} = 1$

이다. $AG : GO = 2 : 1$이다. 즉, $OA = \dfrac{3}{2} AG$ ⋯ ①이다.

또, 삼각형 BCE와 직선 AGO에 메넬라우스의 정리를 적용하면,

$\dfrac{BG}{GE} \times \dfrac{EA}{AC} \times \dfrac{CO}{OB} = 1$, $\dfrac{BG}{GE} \times \dfrac{1}{2} \times \dfrac{1}{1} = 1$

이다. $BG : GE = 2 : 1$이다. 즉, $GE = \dfrac{1}{3} BE$이다.

그런데, $BE = \sqrt{12^2 - 4^2} = 8\sqrt{2}$ 이므로, $GE = \dfrac{8\sqrt{2}}{3}$ 이다.

삼각형 AEG에 피타고라스 정리를 적용하면,

$AG = \sqrt{AE^2 + GE^2} = \dfrac{4\sqrt{17}}{3}$ 이다.

식 ①에서 $OA = \dfrac{3}{2} AG = 2\sqrt{17}$ 이다.

답 $2\sqrt{17}$

연습문제 28

[실력다지기]

01 다음 그림과 같이 함수 $y = ax^2 \cdots$ ①이 점 $(-2, 3)$을 지난다. ① 위의 세 점 A, B, C의 x좌표가 $\dfrac{5}{3}$, 2, $-\dfrac{4}{3}$ 이다. 다음 물음에 답하여라.

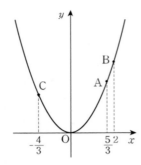

(1) 상수 a의 값을 구하여라.

(2) 점 A를 지나고 기울기가 $-\dfrac{1}{4}$ 인 직선의 방정식 l을 구하여라.

(3) 두 점 B, C를 지나는 직선 m의 방정식을 구하여라.

(4) (2), (3)에 구한 직선 l, m의 교점을 K라 할 때, $\triangle ABK$의 넓이를 구하여라.

02 [그림 1]과 같은 삼각형 ABC에서 AB = AC = 13cm, BC = 10cm이고,
AD : DB = BE : EC = CF : FA = 1 : 2이다. AE와 BF의 교점을 G, BF와 CD의 교점을
H, CD와 AE의 교점을 I라 할 때, 다음 물음에 답하여라.

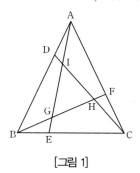

[그림 1]

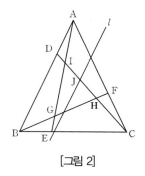

[그림 2]

(1) DI : IC를 구하여라.

(2) △GHI의 넓이를 구하여라.

(3) [그림 2]와 같이 AB에 평행한 직선 l이 △GHI를 2개의 영역으로 나누고, 점 I를 한 꼭짓점으
로 하는 사각형의 넓이와 점 H를 한 꼭짓점으로 하는 삼각형의 넓이의 비가 2 : 1이다. 직선
l과 DC와의 교점을 J라 할 때, IH : JH를 구하여라.

03 다음 그림과 같이 점 $A(0, 1)$과 함수 $y = \dfrac{1}{2}x^2 \cdots$ ①의 그래프가 있다. ①의 그래프 위의 두 점 B, C의 x좌표가 각각 -1, 5이다. 또, 점 P는 직선 AB 위에 있는 점 Q는 ①의 그래프 위에 있다. 다음 물음에 답하여라.

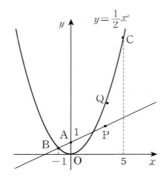

(1) P, Q의 x좌표가 모두 t이며, P의 y좌표가 Q의 좌표보다 작을 때, 선분 PQ의 길이를 t에 관한 식으로 나타내어라.

(2) △OBP의 넓이가 △OAB과 △OAC의 넓이의 합과 같을 때, 점 P의 좌표가 될 수 있는 점을 모두 구하여라.

(3) △OBQ의 넓이가 △OAB와 △OAC의 넓이의 합과 같을 때, 점 Q의 좌표가 될 수 있는 점을 모두 구하여라.

04 BC = 4cm 인 삼각형 모양의 종이 ABC 에서 변 BC 의 4등분점 중 점 B 에 가까운 점을 P 라고 하자. 그림과 같이 꼭짓점 A 가 점 P 에 오도록 접는다. 다음 물음에 답하여라.

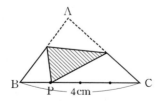

(1) 접은 선이 변 BC와 평행할 때, 겹쳐진 부분의 넓이는 △ABC 의 넓이의 몇 배인지 구하여라.

(2) △ABC 가 AB = AC 인 이등변삼각형일 때, 변 AC 와 변 BC 가 겹친다. 이때, 겹친 부분의 넓이를 구하여라.

(3) △ABC 가 정삼각형일 때, 겹쳐진 부분의 넓이를 구하여라.

05 이차함수 $y = x^2$ 위의 점 A $(2, 4)$ 를 지나는 직선 l 을 생각한다. 단, l 은 y 축에 평행하지 않는다. 다음 물음에 답하여라.

(1) l 과 $y = x^2$ 이 점 A 이외의 교점을 가질 때, 직선 l 의 기울기 k 를 이용하여 점 B 의 좌표를 구하여라.

(2) l 과 $y = x^2$ 이 점 A 이외의 교점을 가지지 않을 때, 직선 l 의 방정식을 구하여라.

(3) (2)에서 구한 직선 l 에 대하여 l 과 x 축과의 교점을 C 라 하고, 점 A 를 지나고 y 축에 평행한 직선을 m 이라 한다. m 과 x 축과의 교점을 D 라 하자. 또, $\angle CAE = \angle CAD$ 가 되도록 점 D 가 아닌 점 E 를 x 축 위에 잡는다. 이때, 다음 물음에 답하여라.

(가) 직선 AE 와 y 축과의 교점을 F 라 할 때, 점 F 의 좌표를 구하여라.

(나) $\triangle AEC$ 의 외접원과 직선 m 과의 교점 중 점 A 가 아닌 점을 G 라 할 때, 점 G 의 좌표를 구하여라.

[실력 향상시키기]

06 다음 그림과 같이 모서리의 길이가 6 cm 인 정사면체 OABC의 네 면에 접하는 구가 있다.
이때, 다음 물음에 답하여라.

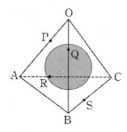

(1) 밑면 ABC와 구의 접점을 D라 할 때, CD의 길이를 구하여라.

(2) 구의 반지름을 구하여라.

(3) 4개의 모서리 OA, OB, AC, BC 위에 OP = OQ = AR = BS = 2 cm 가 되는 점 P,
Q, R, S를 각각 잡자. 사각형 PQSR을 포함하는 평면으로 구를 절단할 때, 구의 절단면의
넓이를 구하여라.

07 그림과 같이 정사각뿔 OABCD가 있다. 밑면 ABCD의 한 변의 길이가 1㎝인 정사각형이고, 다른 변의 길이는 2㎝이다. 변 OA의 중점을 E, 변 OC 위에 OF : FC = 2 : 1이 되는 점을 F, 밑면 ABCD에서 두 대각선의 교점을 H라 하자. 또, 선분 OH와 선분 EF의 교점을 G, 직선 BG와 변 OD의 교점을 I라 하자. 이때, 다음 물음에 답하여라.

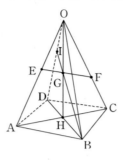

(1) 삼각형 OEF의 넓이를 구하여라.

(2) 선분 OG의 길이를 구하여라.

(3) OI : OD를 구하여라.

(4) 사면체 OEFI의 부피를 구하여라.

08 다음과 같은 사실이 알려져 있다.

다음 그림과 같은 입체도형 EF $-$ ABCD 의 부피는 $S \times \dfrac{AB+EF+CD}{3}$ 이다.

(단, S는 그림에서 색칠된 삼각형의 넓이이다.)

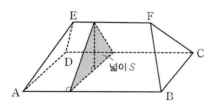

그림과 같이 한 모서리의 길이가 1인 정십이면체가 있다. 이때, 다음 물음에 답하여라.

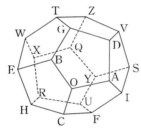

(1) $\angle$ CBD 의 크기를 구하여라.

(2) $\angle$ CBG 의 크기를 구하여라.

(3) 정십이면체의 꼭짓점 중 8개를 선택하여 정육면체를 만든다. 이 정육면체의 부피는 정십이면체의 부피의 몇 배인지 구하여라. (단, 선분 AB 의 길이는 $\dfrac{1+\sqrt{5}}{2}$ 이다.)

09 두 자연수 a, b의 최대공약수가 g이고, 최소공배수가 l일 때, $a^2 + b^2 + g^2 + l^2 = 1300$을 만족한다. (단, $a > b$이다.)

이때, 다음 물음에 답하여라.

(1) $g > 1$일 때, a, b를 구하여라.

(2) $g = 1$일 때, a, b를 구하여라.

10 [그림 1]과 같이 한 변의 길이가 $2\sqrt{3}$ 인 정사면체 $ABCD$ 와 밑면의 반지름이 $6\,\mathrm{cm}$ 인 원뿔이 있다. [그림 2]와 같이 정사면체 $ABCD$ 를 $CD \perp OB$ 가 되도록 원뿔의 밑면에 위치하고, 점 B 와 F 와 겹치도록 놓고, 변 AB 와 모선 EF 가 겹치도록 놓는다. [그림 3]과 같이 $CD \perp OB$ 를 유지하면서 정사면체 $ABCD$ 의 꼭짓점 B 가 원 O 의 원의 둘레를 한바퀴 돈다. 이때, 다음 물음에 답하여라.

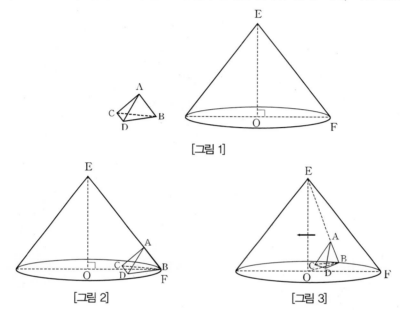

[그림 1]

[그림 2]

[그림 3]

(1) 원뿔의 높이를 구하여라.

(2) $\triangle BCD$ 가 지나간 부분의 넓이를 구하여라.

(3) 정사면체 $ABCD$ 가 지나간 부분의 부피를 구하여라.

1 핵심요점

1. 자주 사용되는 특수각에 대한 삼각비

	0°	15°	30°	45°	60°
sin	0	$\dfrac{\sqrt{6}-\sqrt{2}}{4}$	$\dfrac{1}{2}$	$\dfrac{\sqrt{2}}{2}$	$\dfrac{\sqrt{3}}{2}$
cos	1	$\dfrac{\sqrt{6}+\sqrt{2}}{4}$	$\dfrac{\sqrt{3}}{2}$	$\dfrac{\sqrt{2}}{2}$	$\dfrac{1}{2}$
tan	0	$2-\sqrt{3}$	$\dfrac{\sqrt{3}}{3}$	1	$\sqrt{3}$

	75°	90°	120°	135°	150°	180°
sin	$\dfrac{\sqrt{6}+\sqrt{2}}{4}$	1	$\dfrac{\sqrt{3}}{2}$	$\dfrac{\sqrt{2}}{2}$	$\dfrac{1}{2}$	0
cos	$\dfrac{\sqrt{6}-\sqrt{2}}{4}$	0	$-\dfrac{1}{2}$	$-\dfrac{\sqrt{2}}{2}$	$-\dfrac{\sqrt{3}}{2}$	-1
tan	$2+\sqrt{3}$	없다	$-\sqrt{3}$	-1	$-\dfrac{\sqrt{3}}{3}$	0

※ $\cos\theta = -\cos(180°-\theta)$, $\sin\theta = \sin(180°-\theta)$

2. 사인법칙

삼각형 ABC에서 변 BC = a, CA = b, AB = c, 외접원의 반지름을 R라 할 때,

$$\frac{a}{\sin A} = \frac{b}{\sin B} = \frac{c}{\sin C} = 2R \text{ 이 성립한다.}$$

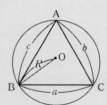

3. 코사인 제1법칙

삼각형 ABC에서 변 BC = a, CA = b, AB = c이라 할 때,

$a = b\cos C + c\cos B$

$b = c\cos A + a\cos C$

$c = a\cos B + b\cos A$ 이 성립한다.

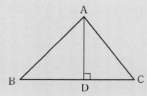

4. 코사인 제2법칙

삼각형 ABC에서 변 $BC = a$, $CA = b$, $AB = c$이라 할 때,

$$a^2 = b^2 + c^2 - 2bc \cos A$$
$$b^2 = c^2 + a^2 - 2ca \cos B$$
$$c^2 = a^2 + b^2 - 2ab \cos C$$

이 성립한다.

5. 삼각형의 넓이

(1) 두 변의 길이와 끼인 각을 알 때, $S = \dfrac{1}{2}ab \sin\theta$

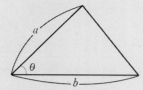

(2) 세 변의 길이를 알 때 (헤론(Heron)의 공식)

$$S = \sqrt{p(p-a)(p-b)(p-c)} \quad (단, \ p = \dfrac{a+b+c}{2})$$

(3) 외접원의 반지름(R)을 알 때

$$S = \dfrac{abc}{4R} = 2R^2 \sin A \sin B \sin C$$

(4) 내접원의 반지름(r)을 알 때

$$S = \dfrac{1}{2}r(a+b+c)$$

(5) 평행사변형의 넓이 : $S = ab \sin\theta$

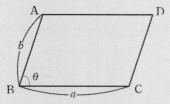

(6) 일반 사각형의 넓이 : $S = \dfrac{1}{2}ab \sin\theta$

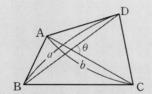

2 필수예제

필수예제 1

삼각형 ABC에서 ∠C의 내각이등분선과 변 AB와의 교점을 D라 하자. 또, $CD = x$, $BC = a$, $AC = b$, $BD = p$, $AD = q$라 할 때, $x^2 = ab - pq$임을 보여라.

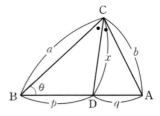

[풀이 1]

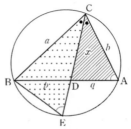

삼각형 ABC의 외접원과 CD의 연장선과의 교점을 E라 하자.
그러면, 삼각형 CBE와 삼각형 CDA는 닮음(AA닮음)이다.
그러므로 $BC : CE = DC : CA$이다.
따라서 $BC \cdot CA = CE \cdot DC = (CD + DE) \cdot DC$
$$= CD^2 + DE \cdot DC$$이다.
방멱의 원리(원과 비례)에 의하여 $DE \cdot DC = DB \cdot DA$가 성립하므로,
$BC \cdot CA = CD^2 + DB \cdot DA$이다. 즉, $ab = x^2 + pq$이다.
따라서 $x^2 = ab - pq$이다.

[풀이 2] 삼각형 CBD와 삼각형 CAD에 코사인 제2법칙을 적용하면,
$$p^2 = a^2 + x^2 - 2ax \cos \angle BCD \cdots ①$$
$$q^2 = b^2 + x^2 - 2bx \cos \angle CAD \cdots ②$$
이다. ①$\times b$ - ②$\times a$를 하면,
$$bp^2 - aq^2 = a^2 b - ab^2 + x^2(b - a) \cdots ③$$
이다. 한편, 내각이등분선의 정리 $a : b = p : q$에 의하여 $bp = aq$이다.
그러므로 $bp^2 - aq^2 = apq - bpq = pq(a - b)$이다.
이를 식 ③에 대입하여 정리하면, $x^2 = ab - pq$이다.

🔖 풀이참조

필수예제 2

삼각형 ABC의 각 A와 각 B의 이등분선이 변 BC, CA와 만나는 점을 각각 D, E라고 하자. 또 $AE + BD = AB$라고 하자. 이때, $\angle C$를 구하여라.

[풀이] $BC = a$, $CA = b$, $AB = c$라 하자.

각의 이등분선의 정리에 의하여, $AE = b \cdot \dfrac{c}{a+c}$, $BD = a \cdot \dfrac{c}{b+c}$이다.

이것을 $AE + BD = AB$에 대입하면 $\dfrac{bc}{a+c} + \dfrac{ac}{b+c} = c$이다.

이를 정리하면, $a^2 + b^2 = ab + c^2$이 된다.

코사인 제 2법칙에 의하여,

$$\cos\angle C = \frac{a^2 + b^2 - c^2}{2ab} = \frac{ab}{2ab} = \frac{1}{2} \text{이므로} \ \angle C = 60° \text{이다.}$$

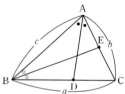

답 60°

필수예제 3

$\triangle ABC$에서 $AB = 6$, $BC = 10$, $AC = 14$이고, $\angle A$의 이등분선 AD와 $\angle C$의 이등분선 CE가 점 P에서 만날 때, 선분 AP^2을 구하여라. (단, 점 D, E는 각각 변 BC, AB 위의 점이다.)

[풀이] 코사인 제 2법칙에 의하여, $\cos\angle B = \dfrac{6^2 + 10^2 - 14^2}{2 \cdot 6 \cdot 10} = -\dfrac{1}{2}$이다.

그러므로 $\angle B = 120°$이다.

점 P는 $\triangle ABC$의 내심이므로, 선분 BP는 각 B의 이등분선이다.

점 P에서 변 AB에 내린 수선의 발을 F라 하자.

그러면 $\triangle ABC$의 넓이로부터

$$\triangle ABC = \frac{1}{2} \cdot 6 \cdot 10 \cdot \sin 120° = 15\sqrt{3},$$

$$\triangle ABC = \frac{1}{2}(AB + BC + CA) \cdot PF = 15 \cdot PF \text{이다.}$$

그러므로 $PF = \sqrt{3}$이고, $BF = 1$이다.

따라서 $AF = 5$이므로 $AP^2 = PF^2 + AF^2 = 3 + 25 = 28$이다.

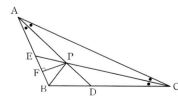

답 28

볼록 사각형 ABCD에서 AB = AC = AD, ∠CAB = 90°이다. 두 대각선 AC와 BD의 교점 M에 대하여 AM = 2, MC = 1이라 할 때, BD를 구하여라.

[풀이] 가정에 의하여 AC = 3이므로 AB = AD = 3이다.

피타고라스 정리에 의하여 $BM = \sqrt{13}$이다.

∠ADB = ∠ABD = θ라 두고 △ABD에서 코사인 제 2법칙을 쓰면,

$$3^2 = 3^2 + BD^2 - 2 \cdot BD \cdot 3\cos\theta \cdots\cdots ①$$

BD = x라 하자. $\cos\theta = \dfrac{3}{\sqrt{13}}$이므로

식 ①은 $x^2 - \dfrac{18}{\sqrt{13}}x = 0$로 변형되고, 이를 풀면 $x = \dfrac{18}{\sqrt{13}}$ ($x > 0$이므로)이다.

따라서 $BD = \dfrac{18}{\sqrt{13}}$이다.

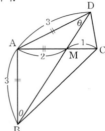

답 $\dfrac{18}{\sqrt{13}}$

원에 내접하는 팔각형 ABCDEFGH가 있다.

AB = BC = CD = DE = 3, EF = FG = GH = HA = 2일 때, 이 팔각형 ABCDEFGH의 넓이를 구하여라.

[풀이] 주어진 원의 중심을 O라 하자. 주어진 조건으로부터

$$\angle HOB = 90° 이고, \quad \angle HAB = \frac{1}{2} \times 270° = 135°$$

이다. 제2코사인 정리를 적용하면,

$$HB = \sqrt{2^2 + 3^2 - 2 \times 2 \times 3 \times \cos135°} = \sqrt{13 + 6\sqrt{2}} \ 이다.$$

또한, 삼각형 HOB가 직각이등변삼각형이므로 주어진 원의 반지름의 길이는 $\dfrac{HB}{\sqrt{2}}$이다.

팔각형 ABCDEFGH의 넓이는 사각형 OHAB의 넓이의 4배이다.

사각형 OHAB의 넓이를 구하면,

$$\square OHAB = \triangle HAB + \triangle OHB$$

$$= \frac{1}{2} \times 2 \times 3 \times \sin135° + \frac{1}{2} \times \frac{\sqrt{13 + 6\sqrt{2}}}{\sqrt{2}} \times \frac{\sqrt{13 + 6\sqrt{2}}}{\sqrt{2}} \times \sin90°$$

$$= \frac{1}{2} \times 2 \times 3 \times \frac{1}{\sqrt{2}} + \frac{1}{2} \times \frac{\sqrt{13 + 6\sqrt{2}}}{\sqrt{2}} \times \frac{\sqrt{13 + 6\sqrt{2}}}{\sqrt{2}} \times 1$$

$$= \frac{13 + 12\sqrt{2}}{4}$$

이다. 따라서 팔각형 ABCDEFGH의 넓이는 $13 + 12\sqrt{2}$ 이다.

🖎 $13 + 12\sqrt{2}$

필수예제 6

다음 그림과 같이 변의 길이가 8과 4로만 이루어진 육각형이 원에 내접하고 있다. 육각형의 넓이를 구하여라.

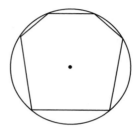

[풀이] 아래 그림과 같이 원의 중심과 육각형의 꼭짓점을 연결하여 여섯 개의 부분으로 나눈 후 각 부분을 이동시킨다.

그러면, 한 변이 $4 + 8 + 4 = 16$인 정삼각형에서 한 변의 길이가 4인 정삼각형 3개를 떼어 낸 모양이다.

육각형은 한 변의 길이가 4인 정삼각형 13개로 이루어져 있으므로

육각형의 넓이는 $\frac{1}{2} \times 4 \times 4 \times \sin 60° \times 13 = 52\sqrt{3}$ 이다.

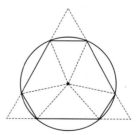

🖎 $52\sqrt{3}$

예각삼각형 ABC에서 ∠A의 이등분선이 BC와 만나는 점을 D라 하자. 점 D를 지나고 BC에 수직인 직선이 선분 AD의 수직이등분선과 만나는 점을 E라 하고, AE가 △ABC의 외접원과 만나는 점을 F라 하자. BC = 5, CA = 7, AB = 6일 때, AF의 길이를 구하여라.

[풀이] AD가 ∠A의 이등분선이므로, ∠BAD = ∠DAC이다.

따라서 ∠③ = ∠① + ∠②이다.

점 D를 지나고 BC에 수직인 직선이 AD의 수직이등분선과

만나는 점이 E이므로, △ABD에서 ∠④ + ∠③ = ∠① + 90°가 성립한다.

따라서 ∠④ + ∠① + ∠② = ∠① + 90°이다. 즉, ∠④ + ∠② = 90°이다.

그러므로 △ABF는 △ABF가 90°인 직각삼각형이다.

AF의 길이는 △ABC의 외접원의 지름이다.

BC = 5, CA = 7, AB = 6이므로, 헤론의 공식으로부터 △ABC = $6\sqrt{6}$이다.

그러므로 $4R = \dfrac{7 \times 5 \times 6}{6\sqrt{6}} = \dfrac{35\sqrt{6}}{6}$이다.

따라서 $AF = \dfrac{35\sqrt{6}}{12}$이다.

$$\boxed{답} \quad \frac{35\sqrt{6}}{12}$$

[실력다지기]

01 △ABC에서 $a\cos A = b\cos B + c\cos C$가 성립할 때, △ABC의 형태를 구하여라.

02 △ABC에서 세 점 A, B, C에서 대변 또는 그 연장선에 내린 수선의 발을 D, E, F라 하자. $AD = 5$, $BE = 10$, $CF = 5$일 때, 다음 물음에 답하여라.

(1) △ABC의 최소각을 A, B, C로 답하여라.

(2) △ABC의 최소각의 코사인(cosine)을 구하여라.

(3) △ABC의 넓이를 구하여라.

(4) △ABC의 세 변의 길이를 구하여라.

03 AB = AC = 3인 △ABC의 내부의 한 점 P에 대하여, BP의 연장선과 변 AC와의 교점을 D라 하고, △ABC, △PAB, △PBC, △PCA의 넓이를 각각 S, S_1, S_2, S_3라 하면, $S_1 : S_2 : S_3 = 1 : 2 : 3$이다. ∠BAC = α라 하자. 다음 물음에 답하여라.

(1) AD의 길이를 구하고, △PDA의 넓이는 S의 몇 배인지 구하여라.

(2) BD는 BP의 몇 배인지 구하고, BP^2을 $\cos\alpha$로 나타내어라.

(3) $\overline{AP}^2$을 $\cos\alpha$로 나타내어라.

04 삼각형 ABC의 세 변의 길이가 9, 10, 17이고, 이 삼각형의 넓이, 내접원의 반지름, 외접원의 반지름을 구하고, 내접원의 중심(내심)과 외접원의 중심(외심) 사이의 거리를 구하여라.

05 세 변의 길이가 각각 20, 24, 28인 삼각형 ABC에 내접하는 원 C_1가 있다. 원 C_1의 중심을 O라고 하자. 또, 원 C_1에 내접하는 정삼각형 PQR에서 세 점 L, M, N은 각각 세 변 PQ, QR, RP의 중점이다. MN과 LR의 교점을 K라 하자.
$\triangle OKN$의 넓이를 구하여라.

[실력 향상시키기]

06 원에 내접하는 사각형 ABCD에서 $AB = 3$, $BC = 2$, $CD = 2$, $DA = 4$이고, 대각선 AC와 BD의 교점을 P라 할 때, 다음 물음에 답하여라.

(1) AC의 길이를 구하여라.

(2) 삼각형 ACD의 넓이를 구하고, 삼각형 APD의 넓이는 사각형 ABCD의 넓이의 몇 배인지 구하여라.

07 $AB = 6$, $\angle A = 120°$인 삼각형 ABC에서 변 AB의 중점을 M이라 하면, MC와 $\angle A$의 내각이등분선은 직교한다. 이때, 다음 물음에 답하여라.

(1) 삼각형 ABC의 넓이를 구하고, 변 BC의 길이를 구하여라.

(2) 삼각형 ABC의 외접원의 반지름을 구하고, 호 BAC의 길이를 구하여라.

(3) $\angle A$의 내각이등분선과 변 BC와의 교점을 D라 하고, 외접원과의 교점(점 A를 제외한 점)을 E라 하자. 이때, $CD : BC$와 AD의 길이, AE의 길이를 구하여라.

08 $AB = AC = \sqrt{10}$ 인 삼각형 ABC의 외접원의 중심을 O라 하자. 원의 반지름의 2이다. 이 원에서 점 A를 포함하지 않는 호 BC 위의 점 D, 직선 AD와 직선 OC의 교점을 E라 할 때, $DB : DC = 3 : 2$를 만족한다. 다음 물음에 답하여라.

(1) DC의 길이를 구하여라.

(2) AD의 길이를 구하여라.

(3) CE의 길이를 구하여라.

09 삼각뿔 $ABCD$는 구 O_1에 내접하고, 구 O_2에 외접한다. 변 CD의 중점을 E, 꼭짓점 A에서 삼각형 BCD에 내린 수선의 발을 G, $AB = AC = AD = \dfrac{\sqrt{19}}{2}$,

$BC = CD = DB = \sqrt{3}$ 이다. 이때, 다음 물음에 답하여라.

(1) BE의 길이와 GE의 길이를 구하여라.

(2) AE의 길이와 AG의 길이를 구하여라.

(3) 삼각뿔 $ABCD$의 부피를 구하여라.

(4) $\cos \angle \mathrm{BAG}$를 구하고, 구 O_1의 반지름을 구하여라.

(5) $\sin \angle \mathrm{EAG}$를 구하고, 구 O_2의 반지름을 구하여라.

30강 수학모형 건립 (Ⅱ)-점화식

1 핵심요점

지금까지 우리는 어떤 유한개의 대상물을 세는데 있어서 주로 직접 셈을 하는 공식이나 원리에 의존하는 방법을 사용하였다. 그러나 때로는 이러한 방법으로 해결하기 어려운 조합문제가 많이 있다.

여기서 우리는 또 다른 중요한 세기 방법인 점화식을 알아본다.

수열을 정의할 때 수열의 일반항을 구체적인 식으로 나타내기도 하지만 이웃하는 항들 사이의 관계식을 이용하여 정의하기도 한다. 예를 들어, 수열 a_1, a_2, $\cdots$ 을

$$a_n = a_{n-1} + a_{n-2}, \quad a_1 = 1, \ a_2 = 1$$

와 같이 수열을 이웃하는 항들 사이의 관계식으로 정의하는 것을 수열의 귀납적 정의라고 하고, 그 관계식을 점화식(recurrence relation)이라고 한다. 특히, $a_1 = 1$, $a_2 = 1$와 같이 처음 몇 개항의 값을 규정한 것을 초기조건(initial condition)이라고 한다.

2 필수예제

필수예제 1

어느 두 직선도 평행하지 않고 어느 세 직선도 한 점에서 만나지 않는다. n개의 직선이 만날 때, 교점의 개수 a_n의 점화식을 구하여라.

[풀이]

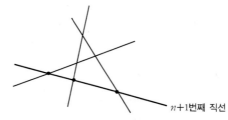

$n+1$번째 직선

$n+1$번째 직선을 그리면 기존의 n개의 직선과 한 점씩 만나므로 n개의 교점이 더 생긴다.

그러므로 $a_{n+1} = a_n + n$이다.

따라서 $a_n = a_{n-1} + (n-1)$, $a_1 = 0$이다.

$$a_n = a_{n-1} + (n-1), \ a_1 = 0$$

어느 두 원도 두 점에서 만나고 어느 세 원도 한 점에서 만나지 않는다. n개의 원이 만날 때, 교점의 개수 a_n의 점화식을 구하여라.

[풀이]

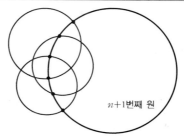

$n+1$번째 원

$n+1$번째 원을 그리면 기존의 n개의 원과 두 점씩 만나므로 $2n$개의 교점이 더 생긴다.

그러므로 $a_{n+1} = a_n + 2n$이다.

따라서 $a_n = a_{n-1} + 2(n-1)$, $a_1 = 0$이다.

$$a_n = a_{n-1} + 2(n-1), \ a_1 = 0$$

그림과 같이 자연수로 번호가 붙여진 방이 있다. 출입하는 사람은 출발 지점에서 오른쪽 방향(즉, →, ↗, ↘)으로만 갈 수 있고 한 번 온 길은 되돌아갈 수 없다고 한다.

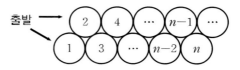

예를 들면, 3번 방으로 갈 수 있는 방법은

$$1 \to 3, \quad 2 \to 3, \quad 1 \to 2 \to 3$$

으로 3가지가 있다. 그림에서 n번 방으로 갈 수 있는 방법의 수 a_n의 점화식을 구하여라.

[풀이] 그림에서 n번 방으로 가기 위해서는 $n-1$번 또는 $n-2$번 방을 거쳐야 한다.

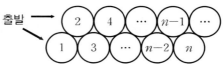

따라서 $a_n = a_{n-1} + a_{n-2}$, $a_1 = 1$, $a_2 = 2$이다.

$$a_n = a_{n-1} + a_{n-2}, \ a_1 = 1, \ a_2 = 2$$

필수예제 4

n개의 계단을 오르는데 한 걸음에 한 칸 또는 두 칸씩 오른다. 이때, 오르는 방법의 총 수 x_n의 점화식을 구하여라.

[풀이] 첫 걸음에 한 칸을 오르면 나머지 $n-1$개의 계단을 오르는 방법의 수는 x_{n-1}이고,

첫 걸음에 두 칸을 오르면 나머지 $n-2$개의 계단을 오르는 방법의 수는 x_{n-2}이다.

따라서 $x_n = x_{n-1} + x_{n-2}$, $x_1 = 1$, $x_2 = 2$이다.

답 $x_n = x_{n-1} + x_{n-2}$, $x_1 = 1$, $x_2 = 2$

필수예제 5

n개의 칸에 다음과 같이 ○와 ×를 그리는 작업을 한다.

×는 이웃하여 그릴 수 없다고 할 때, n개의 칸에 ○와 ×를 그리는 방법의 수 a_n의 점화식을 구하여라.

[풀이] 첫 번째 칸에 ○를 그렸다면 남은 $n-1$칸에는 a_{n-1}만큼 그리면 된다.

첫 번째 칸에 ×를 그렸다면 두 번째 칸에는 반드시 ○를 그려야 하므로 남은 $n-2$칸에는 a_{n-2}만큼 그리면 된다.

따라서 $a_n = a_{n-1} + a_{n-2}$, $a_1 = 2$, $a_2 = 3$이다.

답 $a_n = a_{n-1} + a_{n-2}$, $a_1 = 2$, $a_2 = 3$

필수예제 6

n개의 원이 평면 위에 그려져 있는데, 임의의 두 원은 두 점에서 만난다고 한다. 이때, 만들어지는 호의 최대 개수 a_n의 점화식을 구하여라.

[풀이] 호의 개수가 최대가 되도록 하나의 원을 추가한다면 각 원과 2번씩 만나게 되고 기존에 그렸던 원에 $2n$개의 호가 추가되고 또한 새로 그린 원에 $2n$개의 호가 생기게 된다.

따라서 점화식은 $a_{n+1} = a_n + 4n$, $a_2 = 4$이다.

답 $a_{n+1} = a_n + 4n$, $a_2 = 4$

필수예제 7

집합 $A = \{1, 2, 3, \cdots, n\}$일 때, A에서 A로의 함수 f 중 f가 일대일 대응이면서 $x \in A$에 대하여 $|f(x) - x| \leq 1$을 만족하는 함수 f의 개수 a_n의 점화식을 구하여라.

[풀이] (i) 1이 1로 대응되는 경우 : 나머지 $n-1$개의 원소들이 주어진 조건을 만족하도록 하는 경우의 수는 a_{n-1}이다.

(ii) 1이 2로 대응되는 경우 : 반드시 2가 1로 대응되어야 하고, 나머지 $n-2$개의 원소들이 주어진 조건을 만족하도록 경우의 수는 a_{n-2}이다.

따라서, (i), (ii)에 의하여 $a_n = a_{n-1} + a_{n-2}$, $a_1 = 1$, $a_2 = 2$이다.

📋 $a_n = a_{n-1} + a_{n-2}$, $a_1 = 1$, $a_2 = 2$

필수예제 8

$2n$명의 선수가 토너먼트 경기에 참가한다. 첫 번째 경기에서 짝을 정하는 방법의 수 a_n의 점화식을 구하여라.

(단, 토너먼트 경기는 승자는 다음 경기에 올라가고, 패자는 떨어지는 방식의 경기를 말한다.)

[풀이] 아무 선수나 한 명을 고르면 그의 상대를 구하는 방법의 수는 $(n-1)$가지이다. 이제 남은 것은 $(n-1)$쌍이다.

따라서 구하는 경우의 수는 $a_n = (2n-1) \cdot a_{n-1}$, $a_1 = 1$이다.

📋 $a_n = (2n-1) \cdot a_{n-1}$, $a_1 = 1$

[실력다지기]

01 어느 두 직선도 평행하지 않고 어느 세 직선도 한 점에서 만나지 않는다. n개의 직선에 의해 분할되는 평면의 개수 a_n의 점화식을 구하여라.

02 어느 두 원은 두 점에서 만나고 어느 세 원은 한 점에서 만나지 않는다. n개의 원에 의해 분할되는 평면의 개수 a_n의 점화식을 구하여라.

03 일대일 대응 $f : \{1,2,3,\cdots,n\} \to \{1,2,3,\cdots,n\}$ 중에서 모든 x에 대하여 $f(x) \neq x$를 만족하는 함수 f의 개수 a_n의 점화식을 구하여라.

04 각 자리 수가 모두 1 또는 2 또는 3인 n자리 양의 정수 중, 1도 이웃한 자리에 연속하여 나타나지 않고, 2도 이웃한 자리에 연속하여 나타나지 않는 것의 개수 x_n의 점화식을 구하여라.

05 맨 앞자리 수가 1인 n자리 수 중 2개의 연속한 수의 쌍을 선택하여 두 수의 합을 계산할 때,
어느 자리 수에서도 받아올림이 일어나지 않는 수의 쌍의 개수 a_n의 점화식을 구하여라.
(단, $n \geq 2$이다.)

[실력 향상시키기]

06 다음 그림과 같이 정사면체 ABCD 에서 꼭짓점 A 에서 시작하여 1초 후에는 다른 세 꼭짓점 중 어느 곳으로 이동한다. 이동의 방법에는 특별한 제한이 없다. 이와 같이 이동한 후 n초 후에 꼭짓점 A 에 있도록 하는 방법의 수 a_n 의 점화식을 구하여라.

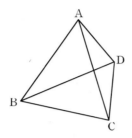

07 집합 A = $\{1, 2, 3, \cdots, n\}$ 일 때, A 에서 A 로의 함수 f 중 $f(f(x)) = x$ 가 되는 함수의 개수 a_n 의 점화식을 구하여라.

08 한 종류의 1×1 보드와 흰색, 검은 색 두 종류의 1×2 보드가 있다. 이 세 종류의 보드를 덮는 방법의 수 a_n의 점화식을 구하여라.

09 1층과 2층을 잇는 n개의 계단(n번째 계단이 2층)이 있다. 이 계단을 1층에 있는 승우가 한 번에 1계단 또는 2계단씩 이동하여 1회 왕복한다. 이때, 모든 계단을 올라갈 때 또는 내려갈 때 적어도 한 번은 밟는다. 이렇게 1회 왕복하는 경우의 수 a_n의 점화식을 구하여라.

10 문자 A, B, C, D를 사용하여 만든 n자리 문자열 중, A가 나타나면 바로 다음에는 항상 B가 나타나고, B가 나타나면 바로 이전에는 항상 A가 나타나는 것의 개수 x_n의 점화식을 구하여라.

부록   자주 출제되는
경시문제 유형

1 핵심요점

수학에서 탐구형 문제는 일반적으로 문제의 조건이 불완전 하거나 결론이 명확하지 않을 때, 직접 탐색을 하고 일련의 조건들을 보충하거나 명확한 결론을 제시하여 문제가 완전히 갖추어진 참인 명제가 되도록 하는 문제를 지칭한다.

이런 탐구형 문제들은 이전 장들에서 이미 만나보았으며, 여기에서는 일련의 문제들을 다시 소개한다.

탐구형문제의 종류는 매우 많은데 판단 탐구형 문제, 조건 탐구형 문제, 결론 탐구형 문제, 존재 탐구형 문제, 규칙 탐구형 문제 등이 있다.

이런 탐구형 문제들을 해결하기 위해서는 일반적으로 관찰, 분석, 비교(또는 대조), 귀납, 추리 등의 탐구방법을 사용하며, 보충해야 할 조건들 또는 성립해야 할 결론과 규칙을 발견하고 그 정확성을 증명해야 한다.

2 필수예제

1. 판단 탐구형 문제

이미 알고 있는 수학 지식을 사용하여 한 명제가 옳은가를 판단 또는 증명하거나, 거짓된 명제를 반례를 들어 증명한다.

필수예제 1

> a, b, c가 실수일 때, 다음 중 명제의 참, 거짓을 판별하고, 그 이유를 밝혀라.
>
> ① $a^2 + ab + c > 0$, $c > 1$이면, $0 < b < 2$이다.
>
> ② $c > 1$, $0 < b < 2$이면, $a^2 + ab + c > 0$이다.
>
> ③ $0 < b < 2$, $a^2 + ab + c > 0$이면, $c > 1$이다.

[풀이] ①은 거짓인 명제이다.

반례 : $b = 4$, $c = 5$라고 하면 $a^2 + ab + c = a^2 + 4a + 5 = (a+2)^2 + 1 > 0$이고, $c > 1$이다. 그런데, $0 < b < 2$이 성립되지 않는다.

②는 참인 명제이다.

$c > 1$이고, $0 < b < 2$이므로, $0 < \dfrac{b}{2} < 1 < c$, $c > \dfrac{b}{2} > \left(\dfrac{b}{2}\right)^2$이다.

그러므로 $c > \dfrac{b^2}{4}$, 즉, $c - \dfrac{b^2}{4} > 0$이다.

그러므로 $a^2 + ab + c = \left(a + \dfrac{b}{2}\right)^2 + \left(c - \dfrac{b^2}{4}\right) > 0$이다.

③은 틀린 명제이다.

반례 : $b = 1$, $c = \dfrac{1}{2}$일 때,

$0 < b < 2$, $a^2 + ab + c = a^2 + a + \dfrac{1}{2} = \left(a + \dfrac{1}{2}\right)^2 + \dfrac{1}{4} > 0$이지만,

$c > 1$은 성립되지 않는다.

🗒 풀이참조

필수예제 2

아래 4개의 명제 중에서 참인 것은 증명을 하고 거짓인 것은 반례를 들어라.

(1) 두 변과 그 중 한 변의 높이가 같으면 두 개의 삼각형은 합동이다.

(2) 두 변과 세 번째 변의 높이가 같으면 두 삼각형은 합동이다.

(3) 삼각형의 세 변과 세 각 이렇게 6개의 요소 중 5개의 요소가 같으면 두 삼각형은 합동이다.

(4) 한 변 및 다른 두 변의 높이가 같은 두 삼각형은 합동이다.

[풀이] (1)의 반례

$\triangle ABC$, $\triangle AB'C$에서, $AC = AC$, $BC = B'C$, 높이를 $AH = AH$라 하자. 그러면 이 두 삼각형은 합동이 아니다. [그림 1]

(2)의 반례

$\triangle ABC$, $\triangle ABC'$에서, $AB = AB$, $AC = AC'$, 높이를 $AH = AH$라 하자. 그러면 이 두 삼각형은 합동이 아니다. [그림 2]

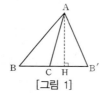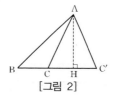

[그림 1]　　　[그림 2]

(3)의 반례

$\triangle ABC$에서 $AB = 16$, $AC = 24$, $BC = 36$라고 하고,

$\triangle A'B'C'$에서 $A'B' = 24$, $A'C' = 36$, $B'C' = 54$라고 하면,

$\triangle ABC$과 $\triangle A'B'C'$의 대응변이 비례하므로, $\triangle ABC \infty \triangle A'B'C'$이다.

그러므로 변과 각 중 5개의 요소는 $\angle A = \angle A'$, $\angle B = \angle B'$, $\angle C = \angle C'$,

$AC = A'B'$, $BC = A'C'$가 각각 같지만, 합동은 아니다.

(4)의 반례

[그림 3]과 같이 $\triangle ABC$에서 AD, BE를 각각 변 BC, AC의 높이라고 하자.

$\angle BAC = \angle BAF$가 되도록 점 F를 잡고, B에서 AF에 내린 수선의 발을 G라 하자.

또한 BC의 연장선과 AF의 연장선이 만난 점을 H라고 하자.

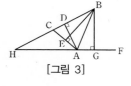

[그림 3]

그러면 $\triangle ABC$와 $\triangle ABH$에서 변 AB는 공통이고, 높이 AD도 공통으로 같으며, $BE = BG$로 다른 한 높이도 같다.

그러나 두 삼각형은 합동이 아니다.

종합하면 문제의 4가지 모두 거짓이다.

　　　　　🖹 (1), (2), (3), (4) 모두 거짓이다.

2. 조건 탐구형 문제

조건 탐구형 문제는 결론은 주어졌으나 조건이 주어지지 않아서(또는 조건이 불완전해서), 분석을 통하여 결론이 성립하는 완전한 조건을 찾아내고 증명하는 것을 지칭한다.

필수예제 3

그림과 같이 정삼각형 ABC 의 한 변의 길이가 6이다. D, E 는 각각 변 AB, AC 위의 점이며, $AD = AE = 2$이다. 점 F 가 B 에서 초당 1단위의 길이만큼 반직선 BC 의 위를 움직인다. F 가 움직인 시간은 $t(t > 0)$이고, 직선 FD 와 점 A 를 지나 BC 에서 평행인 직선과 G 에서 만나고, GE 의 연장선과 BC 의 연장선이 H 에서 만난다. AB 와 GH 는 점 O 에서 만난다.

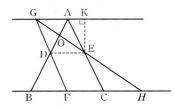

(1) $\triangle EGA$ 의 넓이를 S라 할 때 S와 t의 함수식을 구하여라.

(2) $AB \perp GH$ 일 때 t의 값을 구하여라.

(3) $\triangle GFH$ 의 넓이는 항상 일정한 값임을 증명하여라.

(4) 점 F와 C가 $\overline{BH}$ 를 삼등분할 때의 t값을 구하여라.

[풀이] (1) 그림과 같이 $GA /\!/ BC$이므로 $\dfrac{AG}{BF} = \dfrac{AD}{DB}$이다.

$AB = 6$, $AD = 2$이므로 즉, $DB = 4$이다.

또 $BF = t$라 하면, $\dfrac{AG}{t} = \dfrac{2}{4}$이다. 그러므로 $AG = \dfrac{1}{2}t$이다.

그림과 같이 점 E에서 AG에 내린 수선의 발을 K라 하자.
$\angle BCA = 60°$ 이므로 $\angle CAK = 60°$ 이다.
따라서 $\angle AEK = 30°$,
그러므로 $EK = \sqrt{AE^2 - AK^2} = \sqrt{2^2 - 1^2} = \sqrt{3}$.

따라서 $S = \dfrac{1}{2} AG \cdot EK = \dfrac{1}{2} \times \dfrac{1}{2} t \cdot \sqrt{3} = \dfrac{\sqrt{3}}{4} t$이다.

📑 풀이참조

(2) 그림에서 DE를 연결하고, $AD = AE$이므로 $\triangle ADE$는 이등변삼각형이다.
$AB \perp GH$라고 하면, $AO = OD$이고, $\angle AEO = \angle DEO$이다.
$GA /\!/ DE$이므로 $\angle AGE = \angle GED$이다.
그러므로 $\angle AGE = \angle AEG$이다.

$AG = AE = 2$이고 $\dfrac{1}{2}t = 2$이므로, $t = 4$이다.

따라서 $t = 4$일 때, $AB \perp GH$이다.

📑 풀이참조

(3) △GAD ∽△FBD이므로, $\dfrac{GA}{BF} = \dfrac{AD}{EC} = \dfrac{1}{2}$이다.

또 △GAE ∽△HCE이므로, $\dfrac{GA}{CH} = \dfrac{AE}{EC} = \dfrac{1}{2}$이다.

그러므로 BF = CH이다.

(i) 점 F와 점 C가 겹쳐질 때, BC = FH이다.

(ii) 점 F가 BC 邊에 있을 때 BC = BF + FC = CH + FC = FH이다.

(iii) 점 F가 BC의 연장선 위에 있을 때,

　BC = BF − FC = CH − FC = FH이다. 그러므로 BC = FH이다.

　△ABC와 △GFH의 높이는 서로 같으므로,

　$S_{\triangle GFH} = S_{\triangle ABC} = \dfrac{1}{2} \times 6 \times 3\sqrt{3} = 9\sqrt{3}$이다.

　이는 t에 관계없이 항상 일정한 값이다.

🔖 풀이참조

(4) (3)의 증명에서 BC = FH이다. 즉, $\overline{FC}$가 공통선분이므로 BF = CH 이다.

① F가 선분 BC 위에 있을 때, 점 F와 점C는 선분 BH의 삼등분점 이라고 하면, BF = FC = CH이다.

BF = CH이므로 BF = FC이다. BC = 6이므로, BF = FC = 3이다.

따라서 $t = 3$일 때, 점 F와 점 C는 선분 BH의 삼등분점이다.

② 다음 그림에서 점 F가 BC의 연장선 위에 있을 때 점 F와 점 C는 선분 BH의 삼등분점이면, BC = CF = FH이다.

BC = FH이므로, BC = CF이다. BC = 6이므로 CF = 6이며,

BF = 12이다.

그러므로 $t = 12$일 때, 점 F와 점 C는 선분 BH의 삼등분점이다.

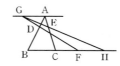

🔖 풀이참조

[평주] 문제 (2), (4)는 조건 탐구형문제이다. t가 어떤 값을 가질 때, AB⊥GH인 가? t가 어떤 값을 가질 때, F, C는 BH의 삼등분 점인가? 문제의 풀이 방법을 먼저 결론이 성립된다는 가정아래에서 조건을 추리한다.

필수예제 4

평면에 7개의 점이 있고 이 점들 사이에 몇 개의 선분을 그린다. 이때, 7개의 점 중에 어떤 세 점을 골라도 이 중 적어도 두 개의 점은 선분으로 연결되어 있다. 이것을 만족하려면 7개의 점들 사이에 적어도 몇 개의 선분을 그려야 하는가? 결론을 증명하여라.

[풀이] (1) 7개의 점 중 한 개의 점이 나머지 점들과 전혀 연결되어 있지 않다면, 나머지 6개의 점에서 각 2개의 점은 모두 연결되어야 하므로

적어도 $\dfrac{6 \times 5}{2} = 15$개의 선분이 필요하다.

(2) 만약 7개의 점 중 한 점이 다른 한 개의 점과만 연결되어 있다면, 나머지 5개의 점에서 각 2개의 점은 모두 연결되어야 하므로

적어도 $1 + \dfrac{5 \times 4}{2} = 11$개의 선분이 필요하다.

(3) 각 점에서 적어도 3개 이상의 선분이 있다면,

$\dfrac{7 \times 3}{2}$개 이상의 선분이 필요하다. 그런데 선분의 개수는 정수이므로 최소 11의 선분이 필요하다.

(4) 각 점에 적어도 2개 이상의 선분이 있다면, 그 중 어떤 한 점(A라 하자.)에는 단지 두 개의 선분 AB, AC만 연결이 되어야 한다.

A점과 연결되지 않은 4개의 점들 중 각 두 점은 모두 연결되어야 하므로 $\dfrac{4 \times 3}{2} = 6$개가 필요하다. B로부터 연결한 선분은 적어도 2개 이상이므로 BA 외에 1개가 더 있어야 한다.

따라서 최소한 $6 + 2 + 1 = 9$개 이상이 필요하다.

종합적으로 (1)~(4)를 보면 적어도 연결한 선분이 9개가 있어야만 조건을 만족시킨다.

📑 풀이참조

[평주] 이 예제의 풀이방법은 이전 세 개 예제의 것과는 다르다. 여기에서는 경우를 나누어서 결론이 요구하는 조건(몇 개의 연결 선분이 있는가?)을 만족하는지를 확인하여 답을 얻었다.

3. 결론 탐구형 문제

결론 탐구형 문제는 조건은 주어졌는데 결론이 명확하지 않아서(또는 결론이 유일하지 않아서) 직접 결론을 찾아야 하는 문제를 지칭한다.

기본적인 방법으로는 조건에 근거하여 분석(관찰, 실험, 귀납적 추측을 포함), 계산과 추리, 추론을 통하여 하나하나씩 결론과 증명을 얻어내는 것이다. 다음에 두 가지 예를 보자.

필수예제 5

수학 수업시간에 선생님이 그림을 그리고 아래의 같은 조건을 주었다.

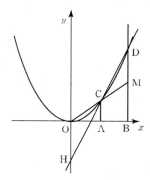

그림에서와 같이 좌표평면에서 원점이 O 이고, A 점의 좌표는 $(1, 0)$ 이고, B 점의 좌표는 x 축 위에서 점 A 의 우측에 있으며, $AB = OA$ 를 만족한다. 점 A 와 B 를 지나 x 축과 수직인 직선을 그리면, 두 직선은 각각 포물선 $y = x^2$ 과 점 C, D 에서 만난다. 직선 OC 는 BD 와 점 M 에서 만나고, CD 는 y 축과 점 H 에서 만난다. 점 C, D 의 x 좌표를 각각 x_C, x_D 로 표시하고, 점 H 의 y 좌표를 y_H 로 표시한다.

학생들이 두 가지 결론을 발견했다.

① $S_{\triangle CMD} : S_{사다리꼴 ABMC} = 2 : 3$

② $x_C \cdot x_D = -y_H$

(1) 위의 두 결론이 성립함을 증명하여라.

(2) 위의 주어진 조건에서 점 A 의 좌표를 $(1, 0)$ 에서 $(t, 0)$(단, $t > 0$)으로 바꾸고, 기타 조건을 그대로 둘 경우, 결론 ①이 여전히 성립하는지 증명하여라.

(3) 위의 주어진 조건에서 점 A 의 좌표를 $(1, 0)$ 에서 $(t, 0)$(단, $t > 0$)으로 바꾸면서, 또한 $y = x^2$ 를 $y = ax^2 (a > 0)$ 으로 바꾼다면(기타 조건은 그대로), x_C, x_D 와 y_H 의 관계는 어떻게 되는가? 결론을 쓰고 이유를 설명하여라.

[풀이] (1) 조건으로부터 B$(2, 0)$, C$(1, 1)$, D$(2, 4)$이다.

그러므로 직선 OC의 함수식은 $y = x$이다.

즉 M$(2, 2)$이고, $S_{\triangle CMD} = 1$, $S_{\text{사다리꼴 ABMC}} = \dfrac{3}{2}$이다.

그러므로 $S_{\triangle CMD} : S_{\text{사다리꼴 ABMC}} = 2 : 3$이다. 즉, ①은 성립한다.

직선 CD를 $y = kx + b$라고 하고, C, D의 두 점의 좌표를 대입하여 연립방정식을 풀면 $k = 3$, $b = -2$이다. 즉, 직선 CD는 $y = 3x - 2$이다.

그러므로 H$(0, -2)$이다. 즉, $y_H = -2$이다. 또 $x_C \cdot x_D = 2$이다.

따라서 $x_C \cdot x_D = -y_H$이다. 즉 결론 ②도 성립된다.

📋 풀이참조

(2) A$(t, 0)$ $(t > 0)$이므로 B$(2t, 0)$이고, C(t, t^2), D$(2t, 4t^2)$이다.

직선 OC를 $y = kx$라고 하면, $t^2 = kt$이다. 즉 $k = t$이다.

그러므로 직선 OC의 함수식은 $y = tx$이다.

점 M$(2t, y_0)$이라고 하면, 점 M은 직선 OC에 있으므로,

$x = 2t$일 때, $y_0 = 2t^2$이다. 그러므로 점 $(2t, 2t^2)$이다.

$$S_{\triangle CMD} : S_{\text{사다리꼴 ABMC}} = \dfrac{1}{2} \times 2t^2 \cdot t : \dfrac{t}{2}(t^2 + 2t^2) = 2 : 3$$이다.

즉 결론 ①은 성립된다.

📋 풀이참조

(3) 조건에 맞게 이차함수 $y = ax^2 (a > 0)$, 점 A$(t, 0)$ $(t > 0)$일 때,

점 C(t, at^2), 점 D$(2t, 4at^2)$이다.

직선 CD를 $y = kx + b$라고 하고, 두 점 C, D의 좌표를 대입하고 연립하여 풀면 $k = 3at$, $b = -2at^2$이다.

즉 직선 CD의 함수식은 $y = 3atx - 2at^2$이다.

그러므로 H$(0, -2at^2)$, $y_H = -2at^2$이다.

$x_C \cdot x_D = 2t^2$이므로, $x_C \cdot x_D = -\dfrac{1}{a}y_H$이다.

📋 풀이참조

필수예제 6

그림과 같이 점 A는 우호(긴 호) BC의 중점이고, 즉 AB = BC이고, E는 열호(짧은 호) BC 위의 점이다.

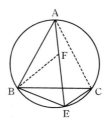

(1) AE = BE + CE 임을 증명하여라.

(2) 점 E가 우호 BC에서 움직일 때 선분 AE, BE, CE 사이에는 어떤 관계인가? 그림을 그리고 예측을 증명하여라.

[풀이] (1) 그림에서 AE 위에 EF = BE가 되도록 점 F를 잡는다. BF, AC를 연결한다. AB = BC이므로 점 A가 우호 BC의 중점이므로, △ABC는 정삼각형이다.

그러므로 ∠AEB = ∠ACB = 60°이다.

또 EF = BE이므로 △EFB는 정삼각형이다.

그러므로 ∠ABC = ∠FBE = 60°이다. 즉 ∠ABF = ∠CBE이다.

또 AB = BC, BF = BE이므로 △ABF ≡ △CBE(SAS합동)이다.

즉, AF = CE이다. 따라서 AE = BE + CE이다.

📋 풀이참조

(2) 아래 그림과 같이 점 E는 우호 BC에 있고, AC를 연결한다.

BE 위에 EF = AE가 되는 점 F를 잡고 AF를 연결한다.

(1)에서와 같이 △ABC와 △EFA는 정삼각형이므로

△ABF ≡ △ACE(SAS합동)이다. 즉 BF = CE이다.

그러므로 AE = BE − CE이다.

📋 풀이참조

4. 존재 탐구형 문제

이전 장에서 이미 소개했으므로, 여기에서는 한 가지 예만 더 보충하도록 한다.

필수예제 7

> 임의의 8개의 연속되는 양의 정수가 있을 때, 이 8개의 수를 4개의 수 씩 두 조로 나누어 각 조에 속한 4개 수의 제곱의 합이 같도록 할 수 있는가? 만약 그렇지 않으면 그 이유를 증명하여라.

[풀이] 임의의 8개의 연속되는 양의 정수는

$$a, \ a+1, \ a+2, \ a+3, \ a+4, \ a+5, \ a+6, \ a+7$$

이라고 하자. 단, a는 임의의 양의 정수이다. 그러면

$$a^2 + (a+1)^2 + (a+2)^2 + \cdots + (a+7)^2$$
$$= 8a^2 + 56a + 140 = 2(4a^2 + 28a + 70)$$

이다. 또 $(a+1)^2 + (a+2)^2 + (a+4)^2 + (a+7)^2 = 4a^2 + 28a + 70$이다. 그러므로

$$(a+1)^2 + (a+2)^2 + (a+4)^2 + (a+7)^2$$
$$= a^2 + (a+3)^2 + (a+5)^2 + (a+6)^2$$

이다. a의 임의의 수이므로, 임의의 8개의 양의 정수는 두 개의 조로 나눌 수 있고, 각 조 4개의 수의 제곱의 합은 같다.

🔲 풀이참조

분석 tip
임의의 연속되는 8개의 정수의 상황은 결론을 내리기 어렵다. 특수한 상황으로부터 출발하여 보자.
1, 2, 3, 4, 5, 6, 7, 8은 8개의 연속된 양의 정수이다.
$1^2 + 2^2 + \cdots + 8^2 = 204$ 이다. 이것의 반은 102로, $64 + 25 + 9 + 4 = 102$, 그러므로 $8^2 + 5^2 + 3^2 + 2^2 = 7^2 + 6^2 + 4^2 + 1^2$. 그러므로 1에서 8까지의 8개의 연속되는 양의 정수를 두 개 조로 나누어 각 조에 속한 4개 수의 제곱의 합이 같도록 할 수 있다. 이를 이용하여 일반적인 경우를 증명할 수 있다.

5. 규칙 탐구형 문제

어떤 문제들은 이미 표면에 드러난 조건들 외에 "은밀한" 규칙들이 깊이 숨겨져 있는 경우가 있다. 이 은밀한 규칙들을 찾아내지 못하면 문제 해결은 매우 어렵게 된다. 따라서 은밀한 규칙을 발견해 내는 것이 규칙 탐구형 문제의 핵심이다.

필수예제 8-1

> 1000개의 수를 일렬로 배열하고, 그 중 임의의 연속되는 3개의 수에서 중간의 수는 모두 앞과 뒤의 수의 합이다. 만약 이 1000개의 수 중 앞의 두 개의 수가 모두 1이라면, 이 1000개의 수의 합은 얼마인가?
>
> ① 1000　　　　② 1　　　　③ −1　　　　④ 0

[풀이] 주어진 조건에 근거하여 이 수를 약간 쓰면

$$\underline{1}, \ \underline{1}, \ \underline{0}, \ \underline{-1}, \ \underline{-1}, \ \underline{0}, \ 1, \ 1, \ 0, \ -1, \ -1, \ 0, \ \cdots$$

이 수열은 "1, 1, 0, −1, −1, 0"의 주기로 반복된다.
$1 + 1 + 0 + (-1) + (-1) + 0 = 0$, $1000 \div 6 = 166 \cdots 4$이므로,
이 수열의 앞 1000개의 수의 합은 $166 \times 0 + (1 + 1 + 0 - 1) = 1$이다.
즉, 답은 ②이다.

🔲 ②

분석 tip
이 수열의 문제는 규칙성이 없다. 우리는 먼저 모든 수를 구할 수 없고, 그러므로 주기성을 찾는 것이 문제의 관건이다.

필수예제 8·2

$a_3 = 5$, $a_5 = 8$이고, 모든 양의 정수에 대하여

$a_n + a_{n+1} + a_{n+2} = 7$이 성립할 때, a_{2001}의 값을 구하여라.

[풀이] $n = 3$일 때, $a_3 + a_4 + a_5 = 7$이므로 $5 + a_4 + 8 = 7$이다. 즉 $a_4 = -6$이다.

$n = 2$일 때, $a_2 + a_3 + a_4 = 7$이므로 $a_2 = 7 - a_3 - a_4 = 7 - 5 + 6 = 8$이다.

$n = 1$일 때, $a_1 + a_2 + a_3 = 7$이므로 $a_1 = 7 - a_2 - a_3 = 7 - 8 - 5 = -6$이다.

그러므로 이 수열은 a_1, a_2, a_3, $\cdots$의 앞의 5개의 수는 -6, 8, 5, -6, 8이다.

$a_n + a_{n+1} + a_{n+2} = 7$, 즉 $a_{n+2} = 7 - a_n - a_{n+1}$에 임의의 양의 정수 n에 대하여 성립하므로,

$a_6 = 7 - (-6) - 8 = 5$, $a_7 = 7 - 8 - 5 = -6$, $a_8 = 8$, $a_9 = 5$, $\cdots$이다.

즉 이 수열은 -6, 8, 5, -6, 8, 5, $\cdots$로 3개의 수 "-6, 8, 5"의 순환으로 구성되어 있으므로, 이 임의의 양의 정수 n에 대하여

$a_{3n-2} = -6$, $a_{3n-1} = 8$, $a_{3n} = 5$이다.

2016은 3의 배수이므로 $a_{2016} = 5$이다.

답 5

[평주] 문제 (2)의 증명방법으로 중요한 결론을 유추할 수 있다. 한 수열 a_1, a_2, a_3, $\cdots$, 만약 $a_n + a_{n+1} + \cdots + a_{n+k} = C$ (C는 상수)가 임의의 양의 정수 n에 대해 모두 성립한다면 ($k \geq 2$는 어느 한 정수), 즉 이 수열은 반드시 "a_1, a_2, $\cdots$, a_k"로 순환하는 수열이다. : a_1, a_2, $\cdots$, a_k, a_1, a_2, $\cdots$, a_k, $\cdots$

즉 $a_{k+1} = a$, $a_{kn+2} = a_2$, $\cdots$, $a_{kn+(k-1)} = a_{k-1}$, $a_{(k+1)} = a_k$

$(n = 0, 1, 2, \cdots)$이다.

이것은 우리가 자주 사용해야 할 결론이다.

[실력다지기]

01 사각형 ABCD에서

① AB∥CD,　② AD∥BC,　③ AB = CD,

④ AD = BC,　⑤ AD = DC,　⑥ CB = AB,

이 6개의 조건에서 임의의 두 개를 선택하여 사각형 ABCD가 평행사변형이 될 수 있는 경우는 모두 몇 가지인가?

① 6가지　　　　　② 5가지　　　　　③ 4가지　　　　　④ 3가지

02 아래의 명제 중 참인 명제를 모두 찾아라.

① 한 쌍의 대변과 한 쌍의 대각이 서로 같은 사각형은 평행사변형이다.

② 두 쌍의 대각의 이등분선이 각각 서로 평행한 사각형은 평행사변형이다.

③ 한 쌍의 대변의 중점 사이의 거리가 다른 한 쌍의 대변 길이 합의 반과 같은 사각형은 평행사변형이다.

④ 두 개의 대각선이 모두 사각형의 넓이를 이등분하는 사각형은 평행사변형이다.

03 다음 물음에 답하여라.

(1) A, B, C, D 4개의 상자 안에 각각 6, 5, 4, 3개의 공을 넣었다. 첫 번째 어린이가 가장 공을 적게 넣은 상자를 찾아, 나머지 다른 상자에서 하나씩 공을 꺼내 그 상자에 넣었다. 이렇게 반복하여 2014번째 어린이가 상자에 넣은 후 A, B, C, D 4개 상자의 공의 개수는?

(2) 수열 $\dfrac{1}{1}$, $\dfrac{2}{1}$, $\dfrac{1}{2}$, $\dfrac{3}{1}$, $\dfrac{2}{2}$, $\dfrac{1}{3}$, $\dfrac{4}{1}$, $\dfrac{3}{2}$, $\dfrac{2}{3}$, $\dfrac{1}{4}$, $\dfrac{5}{1}$, $\dfrac{4}{2}$, …… 에서 왼쪽에서 오른쪽으로 5번째로 $\dfrac{3}{7}$ 의 비례수가 되는 수(즉, $\dfrac{15}{35}$)는 이 수열에서 몇 번째의 수인지 구하여라.

(3) 아래의 수열의 규칙을 관찰하자.

$$\frac{1}{1}, \ \frac{1}{2}, \ \frac{2}{1}, \ \frac{1}{3}, \ \frac{2}{2}, \ \frac{3}{1}, \ \frac{1}{4}, \ \frac{2}{3}, \ \frac{3}{2}, \ \frac{4}{1} \cdots\cdots (*)$$

(a) (*)에서 왼쪽으로부터 m번째의 수를 $F(m)$으로 표시한다. $F(m) = \dfrac{2}{2001}$ 일 때,

m의 값과 이 m개의 수의 곱을 구하여라.

(b) (*)에서 약분 안된 상황에서 분모가 2가 되는 수를 c, 그 다음의 수를 d라 한다. 이때 $cd = 2001000$이 되게 하는 c와 d가 존재 하는가? 존재 한다면 c와 d를 구하고, 만약 그렇지 않다면 이유를 설명하여라.

(4) 아래의 식을 관찰해보자.

$$0 \times 0 = 0 - 0, \ 1 \times \frac{1}{2} = 1 - \frac{1}{2}, \ \cdots$$

위 두 계산식을 만족하는 연산규칙을 찾아서 써라.

(5) 오른쪽 그림에서 정사각형 $ABCD$의 각 변의 중점을 꼭짓점으로 하는 새로운 정사각형을 만들고 C_1이라 하자. 그리고 다시 C_1의 각 변의 중점을 꼭짓점으로 하는 새로운 정사각형을 C_2라 하자. 이런 식으로 계속 C_n을 만든다. 만약 정사각형 $ABCD$의 둘레의 길이가 4일 때, C_6의 둘레의 길이를 구하고 또 C_n의 둘레의 길이를 구하여라.

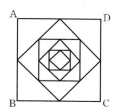

04 그림과 같이 AB는 원 O의 지름이고, BC는 원 O의 접선이며 OC∥AD 이다.
점 D에서 AB에 내린 수선을 발을 E라 하자. AC를 연결하고, AC와 DE의 교점을 P라 하자.
EP와 PD가 같은가? 그 이유를 밝혀라.

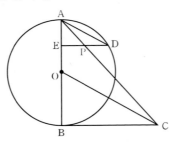

05 그림과 같이 사다리꼴 ABCD에서,
AD∥BC, AB⊥BC, AD = 8 cm, BC = 16 cm, AB = 6 cm이다.
동점 M, N은 각각 점 B, C에서 동시에 출발하고 점 C, D 방향으로 변 BC, CD에서 움직이
고, 점 M, N의 운동 속력은 각각 2 cm/초, 1 cm/초 이다.

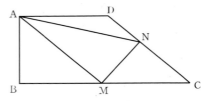

(1) MN∥BD 일 때는 움직인지 몇 초 후인가?

(2) 점 M이 변 BC에서 움직일 때, △AMN의 넓이가 최소가 되게 하는 점 M의 운동시간
t(초)가 존재하는가? 만약 존재한다면 t의 값을 구하고 없다면, 이유를 설명하여라.

[실력 향상시키기]

06 △ABC에서 ∠ACB = 90°이다.

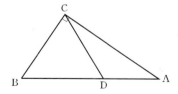

(1) 그림과 같이 점 D가 빗변 AB 위에 있을 때, $\dfrac{CD^2 - BD^2}{BC^2} = \dfrac{AD - BD}{AB}$ 임을 증명하여라.

(2) 점 D와 점 A가 겹쳐질 때 (1)의 등식이 성립되는가? 이유를 설명하여라.

(3) 점 D가 BA의 연장선 위에 있을 때 (1)의 등식이 성립되는가? 이유를 설명하여라.

07 서로 다른 n개의 수를 하나의 원주에 썼을 때, 각 이웃하는 3개의 수 중 중간의 수는 양쪽 두 수의 곱과 같다. 이때, n의 값을 구하여라.

08 사각형 ABCD의 꼭짓점 B, C, D를 지나는 원과 직선 AD는 접하며 직선 AB와는 점 E에서 만난다. AD = 4, AB = 5이다.

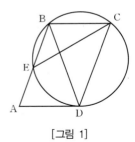

[그림 1]

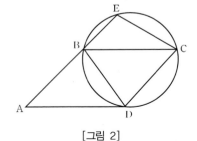

[그림 2]

(1) [그림 1]에서 점 E가 선분 AB 위에 있을 때, AE의 길이를 구하여라.

(2) 점 E가 선분 AB의 연장선 위에 있을 때, AE의 길이를 구할 수 있는가?(즉, [그림 2]와 같은 상황은 존재하는가?) 그 이유를 설명하여라.

09 그림과 같이 △ABC와 △$A_1B_1C_1$에서 CD, C_1D_1는 각각 ∠ACB, ∠$A_1C_1B_1$의 이등분선이다. CD = C_1D_1, AB = A_1B_1, ∠ADC = ∠$A_1D_1C_1$이다.

△ABC와 △$A_1B_1C_1$이 합동이 되는지 판단하고, 증명하여라. 만약 그렇지 않다면 이유를 설명하여라.

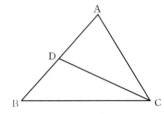

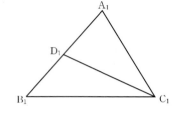

[응용하기]

10 가장 작은 31개의 자연수를 A, B 두 조로 나누고, 10은 A에 있게 한다. 만약 10을 A 조에서 B 조로 옮기면 A 조에 속한 수들의 평균은 $\frac{1}{2}$이 증가하고, B 조에 속한 수들의 평균도 $\frac{1}{2}$이 증가한다. 원래 A 조에 있던 수의 개수를 구하여라.

1 핵심요점

1. 수학모형건립의 개념
생산 활동이나 과학 연구에서 많은 실제 문제들이 수학적인 해결을 요구한다. 따라서 일단은 복잡한 이런 실제 문제들을 전형적인 수학문제로 변형 시키는 것, 즉 수학모형을 세우는 것이 필요하고, 그 후에 대응하는 수학적 방법을 이용하여 문제를 해결하게 된다. 이것이 바로 "수학모형건립"에서 다루는 내용이다. 사실 우리는 이미 "수학모형건립"을 이용하여 실제 응용문제를 푸는 것을 많이 다루었다. 여기서는 단지 몇 가지의 예를 더 들어보면서 어느 정도 결론을 짓고자 한다.

2. 수학모형건립의 실제 문제를 풀이하는 일반적인 절차
① 모형의 건립 : 실질적 문제를 수학문제로 전환하여 합당한 수학 모형으로 건립.
② 모형의 풀이 : 간단하게 하기, 수학 모형을 정리하고, 수학 방법으로 해를 구함.
③ 검산 : 실제 문제의 배경과 그 범위를 결부시켜 수학 문제로 검산하고, 최종적으로 실제 문제로 풀이함.

3. 여러 가지 형태의 수학 모형
방정식형, 함수형, 기하형, 부등식형, 통계확률형 등이 있다.

2 필수예제

1. 함수형 모형의 건립
문제를 한 가지 함숫값 또는 기타 함수 모형의 문제로 전환시키는데 두 가지 경우가 있다.

(1) 조건에 구속 받지 않는 함수형 모형의 예

필수예제 1

최근에 A 도시는 연이어 "여행우수도시" 및 "전국생태환경 건설시범도시" 등 십 여개의 영예를 차지하여, A 도시에 찾아오는 관광객의 수가 계속 늘어났다. 만약 관광객들이 많아지면 유적지 보호에 이롭지 못하므로, 시회의 이익과 경제의 이익에 근거하여 입장료 가격으로 관광객의 수를 억제하려고 한다.

표 한 장의 가격은 4천원인 것을 x 천원으로 올리기로 하고, $(4 \leq x \leq 7)$ 시장 조사를 한 결과 하루의 관광객 수 y 와 표의 가격 x 사이에는 그림과 같은 일차 함수의 관계식이 성립했다.

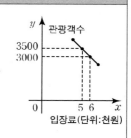

(1) 그래프에 근거하여 y와 x사이의 함수 관계식을 구하여라.

(2) 관광지의 하루 입장료 수입이 w 천원이다.

  (a) w를 x에 관한 식으로 표시하여라.

  (b) 입장료의 가격이 얼마일 때 이 관광지의 입장료 수입이 가장 높은가? 그때의 입장료 수입은 얼마인가?

[풀이] (1) 그래프로부터 관광객 수 y와 표의 가격 x는 직선의 관계이다.

구하려는 함수 관계식을 $y = kx + b$라고 하면

이 직선은 $(5, 3500)$, $(6, 3000)$의 두 점을 지난다.

즉 $\begin{cases} 5k+b = 3500 \\ 6k+b = 3000 \end{cases}$ 으로 구하면 $\begin{cases} k = -500 \\ b = 6000 \end{cases}$ 이다.

그러므로 구하는 함수 관계식은 $y = -500x + 6000$

📋 $y = -500x + 6000$

[풀이] (2)-(a) $w = xy = x(-500x + 6000)$, 즉 $w = -500x^2 + 6000x$ 이다.

📋 $w = -500x^2 + 6000x$

[풀이] (2)-(a) $w = -500x^2 + 6000x = -500(x-6)^2 + 180000$,

그러므로 표의 가격이 6천원 일 때, 수입이 가장 높고,

이때 입장료의 수입은 180000천원(즉, 180000000원)이다.

📋 18000천원(180000000원)

필수예제 2

33층 건물에 엘리베이터가 1층에 서고, 한 번에 최대 32명을 태울 수 있으며, 또한 2층부터 33층까지 중 단 한 개의 층에서만 멈출 수 있다. 조사한 바에 의하면, 각 사람이 계단으로 아래 한 층을 내려가는데 1점 불쾌감을 느끼고, 계단으로 위 한 층을 올라가는데 3점 불쾌감을 느낀다고 한다. 지금 32명의 사람이 1층에 있고, 그들은 각각 2~33층에 산다. 엘리베이터가 어느 층에서 멈출 때, 이 32명의 불쾌감 점수의 합이 가장 작은가? 그 최솟값은 얼마인가? (어떤 사람은 엘리베이터를 타지 않고 직접 걸어 올라갈 수 있다.)

[풀이] 32명은 2층에서 33층까지 한 사람씩 살고 있다.

매 번 엘리베이터를 타고 내리는 사람이 사는 층수는 계단을 직접 올라가는 사람의 층수보다 결코 작지 않다.

만약 s층에 사는 사람이 엘리베이터를 타고 t층에 사는 사람이 걸어서 올라갈 때 $s < t$라면, 두 사람의 올라가는 방식을 바꾸고 나머지 사람들은 그대로 두면 불쾌감의 점수는 줄어들게 된다.

엘리베이터가 x층에 한 번 서고, y명의 사람이 1층에서 엘리베이터를

타지 않고 직접 올라간다고 하자. 이때 불쾌감 점수의 합계는

$$M = 3\{1+2+\cdots+(33-x)\} + 3(1+2+\cdots+y) + 1+2+\cdots(x-y-2)\}$$

$$= \frac{3 \times (33-x)(34-x)}{2} + \frac{3y(y+1)}{2} + \frac{(x-y-2)(x-y-1)}{2}$$

$$= 2x^2 - xy - 102x + 2y^2 + 3y + 1684$$

$$= 2x^2 - (y+102)x + 2y^2 + 3y + 1684$$

$$= 2\left(x - \frac{y+102}{4}\right)^2 + \frac{1}{8}(15y^2 - 180y + 3068)$$

$$= 2\left(x - \frac{y+102}{4}\right)^2 + \frac{15}{8}(y-6)^2 + 316 \geq 316$$

이때, $x=27$, $y=6$, $M=316$이다.

그러므로 엘리베이터가 27층에서 멈추면 불쾌감 점수의 합이 가장 작고, 그 값은 316이다.

🔲 27층, 316

(2) 조건에 구속 받는 함수형 모형의 예

필수예제 3

어느 전자 생산 기업에서 시장 조사에 근거하여 상품의 생산량을 조절한다. 매주(120 작업시간) 에어콘, TV, 냉장고를 모두 360대 생산하며, 냉장고는 60대 이상을 생산한다. 이 공장의 각 대당 필요한 작업시간과 가격표이다.

명칭	에어콘	TV	냉장고
작업시간	$\dfrac{1}{2}$	$\dfrac{1}{3}$	$\dfrac{1}{4}$
생산액(만원)	40	30	20

매주 생산하는 에어콘, TV, 냉장고가 각각 몇 대 일 때 생산액이 최대가 되겠는가? 그때의 최대 생산액을 구하여라.

[풀이] 매주 에어콘, TV, 냉장고는 각각 x, y, z대를 생산하고, 총 생산액을 A만원이라고 하면, $A = 40x + 30y + 20z$이다.

주어진 조건으로부터

$$x + y + z = 360, \quad z \geq 60 \quad \cdots\cdots \text{㉠}$$

$$\frac{1}{2}x + \frac{1}{3}y + \frac{1}{4}z = 120 \quad \cdots\cdots \text{㉡}$$

이다. ㉠, ㉡을 연립하여 풀면 $z = 2x$, $y = 360 - 3x$, $x \geq 30$이다.

따라서 $A = 40x + 30(360 - 3x) + 20 \times 2x$, 즉, $A = -10x + 10800$, $x \geq 30$이다.

그러므로 $x = 30$일 때, A의 최댓값은 $-10 \times 30 + 10800 = 10500$만원이다.

매주 생산하는 에어콘은 30대, TV는 $360 - 3 \times 30 = 270$대,

냉장고 $2 \times 30 = 60$(대)이다.

그러므로 매주 생산하는 최대 생산값은 10500만원이다.

[평주] 이 문제는 모든 변수를 한 변수에 관한 식으로 정리하고 그 변수의 제한변역 내에서 생각하여 해결하는 문제이다.

①, ②를 이용하여 y, z를 풀이하고, 대입하여 함수 A가 x의 함수식으로 반환한다. 또는 ①, ②를 사용하여 x, y(또는 x, z)를 풀이하고 대입하여 함수 A가 z(또는 y)의 함수식으로 바꾸어 최댓값을 구한다.

🗒 10500만원 또는 105000000원

필수예제 4

어느 의류 공장에서 재난 지역에 보낼 긴급 구호 물품을 생산하는데, 1개월 안에 옷(상의 하나, 바지 하나)을 최대한 많이 생산해야 한다. 갑, 을, 병, 정 4명의 생산자가 있는데 하루에 갑이 상의를 4개, 바지를 4개, 을은 상의 9개, 바지 7개, 병은 상의 6개, 바지 8개, 정은 상의 11개, 바지 8개를 만든다. 또한 각 사람은 원료와 설비 배열의 문제 때문에 하루 동안은 상의만 만들거나 또는 바지만 만든다고 한다. 생산 옷 종류를 각 사람에게 어떻게 배치해야 일주일(7일) 동안 옷의 수가 가장 많도록 할 수 있는가? 그때의 옷은 총 몇 벌인가?

[풀이] 4명의 생산자가 만드는 상의 수와 바지 수의 비로부터 알 수 있듯이, 최대한 많이 생산하려면 정은 전부 상의를 병은 전부 바지만 만들어야 한다.

일주일 내에 갑이 x일 동안 상의를 만들면, $(7-x)$일은 바지를 만든다.

을은 y일 동안 바지를 만든다면, $(7-y)$일은 상의를 만든다.

그러므로 $4x + 9(7-y) + 11 \times 7 = 4(7-x) + 7y + 8 \times 7$이다.

즉, $x = 2y - 7$이다.

일주일 동안 생산한 옷의 수를 M이라 하면, $M = 4x + 9(7-y) + 7 \times 11$이다.

이 식에 $x = 2y - 7$을 대입하면 $M = 112 - y$이다.

x, y 모두 양의 정수이므로 $x = 2y - 7$에서, $y \geq 4$이다.

$M = 112 - y$는 y의 일차 함수이고, $k = -1 < 0$이다.

그러므로 M은 y의 값이 클수록 작아진다.

$y = 4$일 때, M은 가장 크며 108이고, 이때 $x = 1$이다.

갑은 상의를 1일과 바지를 4일, 을은 상의를 3일 바지를 4일 만든다.

병은 7일을 바지를 만든다. 정은 7일을 상의를 만든다.

이때 일주일에 생산된 옷의 수가 가장 많고, 108벌이다.

🗒 108벌

2. 방정식형 모형의 건립

문제를 방정식의 문제로 바꾸어 푸는 것이 바로 방정식형 모형의 건립이다. 이것 또한 조건에 구속받는 형태와 조건에 구속받지 않는 형태 두 가지로 나눈다.

(1) 조건에 구속받지 않는 방정식형 모형 건립의 예

필수예제 5

어느 컴퓨터 생산회사에서 2007년의 1대당 평균 생산원가는 50만원이고, 순이익이 20%가 되도록 공장 출고 가격을 정했다. 2008년부터 회사는 관리강화 및 기술발전을 통하여 생산원가를 매년 낮추었다. 2011년의 1대당 출고가격은 2007년 출고가격의 80%로 낮추었지만, 순이익은 50%로 높아졌다. 이때, 2007년의 생산원가에서 시작하여 2007년부터 2011년까지 매년 몇 %씩 생산원가를 낮추었는지 계산하여라. (1%의 단위까지, 단 $\sqrt{2} = 1.414$, $\sqrt{3} = 1.732$, $\sqrt{5} = 2.236$)

[풀이] 2007년 출고 가격은 $50 \times 1.2 = 60$만원이다.

2011년 대당 컴퓨터의 원가를 x만원이라 하면,

$x \times 1.5 = 60 \times 0.8$이다. 이를 풀면 $x = 32$만원이다.

또 매년 생산원가를 y의 비율로 낮추었다면 $(1-y)^4 \times 50 = 32$이다.

이를 풀면 $y = 1 - \dfrac{2}{\sqrt{5}} = 1 - \dfrac{2}{2.236} = 11\%$이다.

이 회사는 2007~2011년의 생산 원가를 평균 11% 낮추었다.

🔲 11%

(2) 조건의 구속을 받는 방정식형 모형의 건립

필수예제 6

한 TV 방송국에서 황금시간대에는 2분 동안 15초와 30초 두 가지 광고를 낸다. 15초 광고는 매번 600만원을 내고, 30초 광고는 매번 1000만원을 낸다. 그리고 각 종류의 광고는 2분 동안 2차례 이상이 되어야 한다.

(1) 두 광고의 횟수를 정하는 방법은 몇 가지인가?

(2) TV 방송국에서 광고의 횟수를 어떻게 정하면 이익이 가장 큰가?

[풀이] (1) 120초 안에 15초 광고를 x라 하고, 30초 광고를 y번 방송하였다고 하면 $15x + 30y = 120$이다. 여기서, x, y는 2보다 큰 양의 정수이다.

위 식에서 $x = 8 - 2y$이고, x, y는 2보다 큰 양의 정수이므로,

$8 - 2y \geq 2$로부터 $y = 2$ 또는 3이다. 이에 대응하는 $x = 4$ 또는 2이다.

그러므로 2종류의 방식이 있다. :

하나는 15초 광고를 4번, 30초 광고를 2번 방송한다. (갑 방식)

다른 하나는 15초 광고를 2번, 30초 광고를 3번 방송한다. (을 방식)

🔲 풀이참조

[풀이] (2) 갑 방식에 따라 방송하면 그 수익은 $(600 \times 4) + (1000 \times 2) = 4400$(만원), 을 방식에 따르면 그 수익은 $(600 \times 2) + (1000 \times 3) = 4200$(만원)이다. 그러므로 방송국은 "15초 광고를 4번, 30초 광고를 2번" 방송하는 방식을 선택해야 한다.

📑 풀이참조

3. 방정식 또는 함수를 구성하여 답을 구하는 수학 문제

필수예제 7

방정식 또는 함수를 구성하는 문제는 "수학모형건립"의 기본적 내용의 하나이다.

$m^2 = m + 1$, $n^2 = n + 1$, $m \neq n$일 때, $m^5 + n^5$의 값을 구하여라.

[풀이] 하나의 이차방정식 $x^2 - x - 1 = 0$을 생각한다.

주어진 조건으로부터 m, n은 위의 방정식의 두 근이다.

그러므로 비에트의 정리(근과 계수와의 관계)에 의하여

$m + n = 1$, $mn = -1$이다.

그러므로

$m^2 + n^2 = (m + n)^2 - 2mn = 1^2 - 2 \times (-1) = 3$,

$m^3 + n^3 = (m + n)(m^2 + n^2 - mn) = 4$,

$m^4 + n^4 = (m^2 + n^2)^2 - 2m^2 n^2 = 7$

이다. 따라서

$m^5 + n^5 = (m + n)(m^4 + n^4) - mn(m^3 + n^3) = 1 \times 7 - (-1) \times 4 = 11$

이다.

[평주] 직접 두 등식으로 m, n을 구하고, 다시 대입하여

$m^5 + n^5$을 풀이하면 매우 복잡하여 그렇게 할 수 없다.

그러므로 이차방정식을 만드는 방식으로 풀이하면 매우 간단하다. 📑 11

필수예제 8

$a < 0$, $b \leq 0$, $c > 0$ 일 때, $\sqrt{b^2 - 4ac} = b - 2ac$이다.

이때, $b^2 - 4ac$의 최솟값을 구하여라.

[풀이] $y = ax^2 + bx + c$라고 하자. 여기서, $a < 0$, $b \leq 0$, $c > 0$이다.

판별식 $\triangle = b^2 - 4ac > 0$이므로, 이 이차 함수의 그래프(아래 그림)가

위로 볼록하므로 x축과 서로 다른 두 개의 교점 $A(x_1, 0)$, $B(x_2, 0)$을 갖는다.

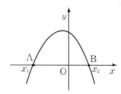

$x_1 x_2 = \dfrac{c}{a} < 0$이므로 일반성을 잃지 않고 $x_1 < x_2$라 할 수 있다.

즉 $x_1 < 0 < x_2$이 되고 대칭축은 $x = -\dfrac{b}{2a} \leq 0$이다.

그러므로 $|x_2| = \left| \dfrac{-b + \sqrt{b^2 - 4ac}}{2a} \right| = \dfrac{b - (b - 2ac)}{2a} =$ 이다.

또, $\dfrac{4ac - b^2}{4a} \geq c = \dfrac{b - \sqrt{b^2 - 4ac}}{2a} \geq -\dfrac{\sqrt{b^2 - 4ac}}{2a}$ 이다.

즉 $\dfrac{b^2 - 4ac}{4a} \leq \dfrac{\sqrt{b^2 - 4ac}}{2a}$ 이고, $a < 0$이므로

$\sqrt{b^2 - 4ac} > 0$, $\sqrt{b^2 - 4ac} \geq 2$이다.

그러므로 $b^2 - 4ac \geq 4$이다. $a = -1$, $b = 0$, $c = 1$일 때 등호는 성립한다.

답 4

[실력다지기]

01 갑, 을 두 대리점(이후 갑, 을로 부른다.)이 자동차 회사에 자동차를 주문했다. 처음에 주문한 수량은 수는 갑이 을의 수의 3배였다. 후에 어떤 이유로 인하여 갑은 주문한 자동차 중 6대를 을에게 넘겨주었다. 자동차회사에서 자동차가 왔을 때, 실제 도착한 자동차의 수는 갑, 을이 주문한 자동차의 수보다 6대가 적었고, 실제로 갑이 구입하게 된 수량은 을의 수의 2배가 되었다. 이때 갑, 을이 실제적으로 구입한 자동차 수의 최솟값 및 최댓값을 구하여라.

02 어느 창고에 50개의 규격이 같은 컨테이너가 있다. 운송 회사에 위탁하여 부두로 보내는데 운송회사는 컨테이너를 각각 1개, 2개, 3개 실을 수 있는 3가지 규격의 화물차를 갖고 있으며, 이 세 규격의 화물차는 각각 운송비용이 12만원, 16만원, 18만원이 소요된다. 20대의 화물차를 이용하여 한 번에 컨테이너를 모두 운송하려고 한다. 세 가지 규격의 화물차는 각각 몇 대가 필요하겠는가? 모든 가능한 방법을 구하여라. 그리고 어떻게 해야 비용이 가장 적게 들게 운송할 수 있겠는가? 그 때의 비용은 얼마인가?

03 몇 명의 사람들이 한 무더기의 화물을 운반하는데, 각 사람의 화물 운반 속도는 동일하며 모든 사람이 동시에 같이 일을 시작했을 때에는 모든 화물을 옮기는데 10시간이 소요된다고 한다. 만약 운반 방식을 바꾸어서 한 사람이 먼저 시작하고, 매 t시간(t는 정수)의 간격을 두고 다른 한 사람이 투입되어 일을 하며, 모든 사람은 끝날 때까지 계속 일을 한다고 하자. 이 때 최후에 일에 투입된 사람은 처음에 일을 시작한 사람의 $\frac{1}{4}$만큼의 시간을 일했다고 한다. 다음 물음에 답하여라.

(1) 물건 운반 방식을 바꿨을 때 물건을 모두 나르는 데 소요된 총 시간은 얼마인가?

(2) 일에 참여한 사람은 몇 명인가?

04 8명의 사람이 속도가 동일한 두 대의 소형차를 기차역으로 동시에 출발했다. 각 차에는 기사를 제외하고 4명의 사람이 탔다. 그 중 차 한 대가 기차역으로부터 15km 떨어진 지점에서 고장이 났다. 이때 개찰 시간은 아직 42분 남았는데, 이제 유일한 교통수단은 나머지 소형차 한 대뿐이며 운전기사가지 포함해서 5명이 탈 수 있다. 이 차의 평균 속력은 60km/h이고, 사람이 걷는 속력은 5km/h이다. 8명이 제 시간에 기차역의 개찰구에 도찰할 수 있는 두 가지 방법을 생각해내고 계산을 통하여 설명하여라.

05 어느 기업이 N억원의 자금($130 < N < 150$)으로 n개의 초등학교를 지원하려고 한다.

분배방법 : 첫 번째 초등학교에 4억원과 남은 금액의 $\dfrac{1}{m}$, 두 번째 학교에 8억원과 남은 금액의 $\dfrac{1}{m}$, 세 번째 학교에 12억원과 남은 금액의 $\dfrac{1}{m}$. 이런식으로 계속하여 k번째 학교에 $4k$억원과 남은 금액의 $\dfrac{1}{m}$을 주었다. 이렇게 n번째 학교까지 지원하여 모든 금액을 다 썼다면, 학교에 기부한 총금액은 N과 지원 받은 학교의 수 n 및 각 학교에 기부한 돈의 액수를 구하여라. (N, n, m, k 모두 양의 정수)

[실력 향상시키기]

06 상품이익률$=\dfrac{상품판매가 - 상품원가}{상품원가}$

한 상인이 갑, 을 두 가지의 상품을 판매하는데 한 개당 갑 상품의 이익률은 40%이고, 을 상품의 이익률은 60%이다. 을 상품의 판매수가 갑 상품 판매수의 50% 만큼 더 많을 때, 이 상인의 총 이익률은 50%이다. 그럼 갑, 을 두 가지 상품의 개수가 같을 때 이 상인의 총 이익률을 구하여라.

07 어느 학교의 1학년 신입생의 남녀 학생수의 비가 $8 : 7$이다. 1년 후 학교로 40명의 남녀학생들이 전학을 와서 남녀 학생수의 비는 $17 : 15$가 되었다. 3학년이 되었을 때 전학 간 학생도 있고 전학온 학생도 있었는데, 통계를 했을 때 총 10명의 학생이 늘게 되었으며, 이때의 남녀 학생수는 $7 : 6$이었다. 1학년 신입생의 남녀 학생수는 각각 몇 명인가? 단, 1학년 신입생의 수는 1000명을 초과하지 않는다.

08 어느 상점에서 어떤 상품을 팔아서 m원의 이익을 얻었고,

이익률은 20% (이익률=$\dfrac{\text{판매가격} - \text{구입가격}}{\text{구입가격}}$)이다. 이 상품의 구입 가격이 25% 증가하여,

판매가격을 m원의 이익이 나도록 높였다. 가격 인상 후의 이익률은 얼마인가?

① 25% ② 20% ③ 16% ④ 12.5%

09 한 통의 커피를 갑, 을 두 사람이 함께 10일 동안 마신다. 갑이 혼자 마시면 12일 동안 마신다. 1kg의 차는 갑, 을 두 사람이 함께 12일 동안 마신다. 을이 혼자 마시면 20일 동안 마신다. 갑은 차가 있으면 커피를 마시지 않고, 을은 커피가 있으면 차를 마시지 않는다고 한다. 두 사람이 함께 1kg의 차와 1통의 커피를 마시려면 총 몇 일이 걸리는지 구하여라.

[응용하기]

10 어느 회사는 한 직원이 매년 일정 부분의 퇴직금을 받도록 규정하고 있다. 그 금액은 그의 근무 년 수의 제곱근에 정비례한다. 그가 근무 년 수가 a년 일 때 그의 퇴직금은 처음 퇴직금보다 p원이 더 많고, 근무 년 수가 $b(b \neq a)$년이라면 퇴직금은 처음 퇴직금보다 q원이 더 많다고 한다. 그렇다면 그의 처음 퇴직금은 얼마인지 구하여라. (단, a, b, p, q로 나타내어라)

11 다음 그림에서 점 $A(0, 3)$, $B(-2, -1)$, $C(2, -1)$이다. 점 $P(t, t^2)$는 포물선 $y = x^2$ 위를 $\triangle ABC$ 내부(변의 경계도 포함)에서 움직이는 점이다. 직선 BP와 변 CA와의 교점을 점 E, 직선 CP와 AB와의 교점을 점 F라 하자. $\dfrac{BF}{CE}$를 t의 함수로 나타내어라.

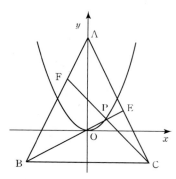

1 핵심요점

1. 기하 문제로 변형
기하 문제로 변형은 (비기하적인) 문제를 기하문제로 바꾸는 것이다.

2. 부등식 문제로 변형
문제를 부등식 푸는 문제 또는 조건의 제약을 받는 부등식 푸는 문제로 바꾸는 것이다.

3. 규칙성 찾기 문제로 변형
규칙에 맞게 문제를 조작, 변환하여 해답을 구하는 문제를 말한다.

4. 리스트(네모칸) 문제로 변형

2 필수예제

분석 tip
어떻게 심으면 비용이 줄일 수 있는냐(기하적 형태가 아닌)의 문제는 주어진 조건(서로 이웃하는 두 곳에 같은 가격의 꽃을 심을 수 없다.)으로 인하여 $(S_1 + S_2)$와 $(S_3 + S_4)$의 넓이를 비교하는 기하 문제로 바뀌게 된다. 넓이가 큰 밭에 가격이 낮은 꽃을 심으면 돈은 절약되기 때문이다.

1. 기하 문제로 변형

필수예제 1

직선 $a /\!/ b$, P, Q는 직선 a 위의 두 점이고, M, N은 직선 b 위의 두 점이다. 그림과 같이 사다리꼴 PMNQ의 화초밭이 있는데, 사다리꼴의 윗변 $PQ = m$, 아랫변 $MN = n$, $m < n$이다.
이제 가격이 다른 두 가지 종류의 꽃을

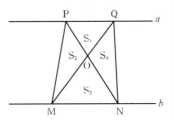

S_1, S_2, S_3, S_4 4곳에 심으려 하는데, 같은 종류의 꽃을 이웃한 곳에 심어서는 안 된다고 한다.

비용을 줄이기 위해서 정원사는 가격이 더 싼 종류의 꽃을 S_1, S_2, S_3, S_4 4곳 중 어떤 2곳에 심어야 하는가? 이유를 설명하여라.

[풀이] $a /\!/ b$이므로 $S_{\triangle PMN} = S_{\triangle QMN}$, 즉, $S_3 + S_2 = S_4 + S_2$이므로, $S_3 = S_4$이다.

또 $\triangle POQ \circ\!\!\circ \triangle NOM$이므로 $\dfrac{S_1}{S_2} = \left(\dfrac{PQ}{MN}\right)^2 = \dfrac{m^2}{n^2}$,

또한 $\dfrac{OQ}{OM} = \dfrac{PQ}{MN} = \dfrac{m}{n}$이다.

그러므로 $S_2 = \dfrac{n^2}{m^2}S_1$, $\dfrac{OQ}{OM} = \dfrac{m}{n}$이다.

같은 높이의 삼각형의 넓이의 비는 밑변의 비와 같으므로 $\dfrac{S_1}{S_3} = \dfrac{\text{OQ}}{\text{OM}} = \dfrac{m}{n}$
이다.

따라서 $S_3 = \dfrac{n}{m}S_1$이다.

또한 $(S_1 + S_2) - (S_3 + S_4) = \left(S_1 + \dfrac{n^2}{m^2}S_1\right) - 2 \cdot \dfrac{n}{m}S_1$

$$= \left(1 + \dfrac{n^2}{m^2} - 2 \cdot \dfrac{n}{m}\right) \cdot S_1 = \left(1 - \dfrac{n}{m}\right)^2 \cdot S_1$$

이다. 여기서, $m < n$이므로 $\left(1 - \dfrac{n}{m}\right)^2 > 0$이다.

그러므로 $(S_1 + S_2) - (S_3 + S_4) > 0$이고, 즉 $S_1 + S_2 > S_3 + S_4$이다.

그러므로 정원사는 S_1과 S_2 두 곳에 가격이 낮은 꽃을 심으면 비용을 절감할 수 있다.

[평주] $(S_1 + S_2)$와 $(S_3 + S_4)$의 크기를 비교해야 한다.

위의 경우는 "빼기방법"이다. 즉 $(S_1 + S_2) - (S_3 + S_4) > 0$임을 보였다.

그런데 이 두 개의 값 $(S_1 + S_2)$와 $(S_3 + S_4)$는 모두 양수이므로,

다음과 같이 "나누기방법"으로도 증명할 수 있다.

$$\dfrac{S_1 + S_2}{S_3 + S_4} = \dfrac{\left(1 + \dfrac{n^2}{m^2}\right)S_1}{2 \cdot \dfrac{n}{m}S_1} = \dfrac{1 + \dfrac{n^2}{m^2}}{2 \cdot \dfrac{n}{m}} > \dfrac{2 \cdot \dfrac{n}{m} \cdot 1}{2 \cdot \dfrac{n}{m}} = 1.$$

그러므로 $S_1 + S_2 > S_3 + S_4$이다.

이 방법의 중요한 결론은 $a^2 + b^2 \geq 2ab$(a, b는 임의의 수, 등호는 $a = b$일 때 성립됨).

📋 풀이참조

a, b가 양수이고, $\sqrt{a^2+b^2}$, $\sqrt{4a^2+b^2}$, $\sqrt{a^2+4b^2}$ 은 삼각형의 세 변의 길이라고 할 때, 이 삼각형의 넓이를 구하여라.

[풀이1] 아래 그림과 같이 두 변의 길이가 $2a$, $2b$가 되는 직사각형 ABCD를 만들고, AB, AD의 중점을 E, F라고 하자.

△CEF의 세 변의 길이는 각각 $\sqrt{a^2+b^2}$, $\sqrt{4a^2+b^2}$, $\sqrt{a^2+4b^2}$ 이다. 이제 이 문제는 $S_{\triangle CEF}$를 구하는 문제로 바뀐다. △CEF의 넓이는

$$S_{\triangle CEF} = S_{\square ABCD} - S_{\triangle AEF} - S_{\triangle BCE} - S_{\triangle CDF}$$

$$= 4ab - \frac{1}{2}ab - ab - ab = \frac{3}{2}ab$$

이다.

[평주] 이 문제는 본래 기하문제이다. 그러나 우리는 새로운 도형을 만들어 이 문제를 해결했다.

[풀이2] 다음 그림과 같이 △ABC에서

$AB = \sqrt{a^2+b^2}$, $AC = \sqrt{4a^2+b^2}$, $BC = \sqrt{a^2+4b^2}$ 이라 하자.

A에서 BC에 내린 수선의 발을 D라 하고, $BD = x$라 하면,

$AD^2 = AB^2 - BD^2 = AC^2 - CD^2$로부터

$(\sqrt{a^2+b^2})^2 - x^2 = (\sqrt{4a^2+b^2})^2 - (\sqrt{a^2+4b^2}-x)^2$이고,

이를 풀면 $x = \dfrac{2b^2-a^2}{\sqrt{a^2+4b^2}}$ 이다. 즉, $BD = \dfrac{2b^2-a^2}{\sqrt{a^2+4b^2}}$ 이다.

따라서 $AD^2 = AB^2 - BD^2 = (\sqrt{a^2+b^2})^2 - \left(\dfrac{2b^2-a^2}{\sqrt{a^2+4b^2}}\right)^2 = \dfrac{9a^2b^2}{a^2+4b^2}$ 이다.

$AD = \dfrac{3ab}{\sqrt{a^2+4b^2}}$ 이므로 이를 대입하면

$$S_{\triangle ABC} = \frac{1}{2}BC \cdot AD = \frac{1}{2} \cdot \sqrt{a^2+4b^2} \cdot \frac{3ab}{\sqrt{a^2+4b^2}} = \frac{3}{2}ab$$이다.

답 $\dfrac{3}{2}ab$

필수예제 3

함수 $f(x) = \sqrt{x^2 + 1} + \sqrt{(4-x)^2 + 4}$ 의 최솟값을 구하여라.

[풀이] 만약 $x < 0$이면, $f(x) > f(-x)$이다.

그러므로 $f(x)$가 최솟값을 가질 때 $x \geq 0$이 된다.

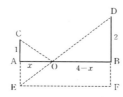

그림과 같이 $AB = 4$, $AC \perp AB$, $DB \perp AB$가 되게 하고,

$AC = 1$, $BD = 2$가 되도록 하자.

AB 위의 임의의 한 점 O에 대해서, $OA = x$라고 하면,

$OC = \sqrt{x^2 + 1}$, $OD = \sqrt{(4-x)^2 + 4}$ 이다.

따라서 이 문제는 $OC + OD$가 최소가 되는 AB 위의 점 O를 찾는 문제로 바뀐다.

점 C의 AB에 대한 대칭점을 E라고 할 때,

DE와 AB의 교점은 O가 되고(평주②를 보라.),

이때 $OC + OD = OE + OD = DE$이다.

$EF // AB$가 되도록 DB의 연장선 위에 점 F를 잡자.

직각삼각형 DEF에서, $EF = AB = 4$, $DF = 3$이다.

그러므로 $DE = \sqrt{4^2 + 3^2} = 5$이다.

따라서 함수 $f(x) = \sqrt{x^2 + 1} + \sqrt{(4-x)^2 + 4}$ 의 최솟값은 5이다.

[평주] ① 이것은 대수문제(최대최소문제)이다.

② $OC + OD$가 최소가 되도록 하는 AB 위의 점 O를 어떻게 찾을 수 있는가? 이것은 유명한 "장군이 말에게 물 먹이기" 문제로서, 그 방법은 다음과 같다. 일단 점 C의 선분 AB에 대한 대칭점을 E를 찾고, 선분 ED를 연결한다. 이때 ED와 AB의 교점이 바로 우리가 찾는 점 O가 된다. 이유를 생각해보면, AB 위에 점 O가 아닌 임의의 한 점 G를 취하여, GC와 GD를 연결하면 항상 $GC + GD > ED = OC + OD$가 된다. 위와 같이 점 O를 찾는 방법은 많은 문제에서 사용될 수 있다.

🔲 5

2. 부등식 문제로 변형

어떤 연못이 있는데 이 연못의 밑바닥에서는 샘물이 끊임없이 솟아나온다. 이 연못에 물이 가득 찼을 때 물을 모두 빼 내려면, 12 대의 양수기를 사용할 때 5 시간이 걸리고 10 대의 양수기를 사용할 때 7 시간이 걸린다고 한다. 2 시간 만에 연못의 가득찬 물을 빼 내려면 적어도 몇 대의 양수기가 필요하겠는가? (각 양수기가 한 시간 동안 물을 빼내는 양은 동일하다.)

분석 tip

각 양수기가 시간당 물을 빼내는 양과 가득 찬 연못의 물의 양 및 샘물이 매 시간 솟아나는 양을 모르기 때문에, 그 양들을 설정한 후에야 그 설정된 것을 가지고 그들의 관계를 얻어낼 수 있다. 만일 각 양수기가 시간당 빼내는 물의 양을 x (단위는 생략한다.), 가득 찬 연못의 물의 양을 y, 매시간 솟아나는 샘물의 양을 z, 2시간 내에 연못의 물을 뽑아내기 위해 필요한 양수기의 대수를 n 이라고 하면,

$2nx \geq y + 2z$ (n은 양의 정수)
 …①

그 중 x, y, z는 다음(문제의 조건)을 만족시킨다.

$$\begin{cases} 5 \times 12x = y + 5z \\ 7 \times 10x = y + 7z \end{cases} \quad \cdots②$$

그러므로 이 문제는 ②의 조건하에서 부등식 ①의 최소 양의 정수 n을 구하는 문제로 바뀐다.

[풀이] 분석으로부터 알 수 있듯이 이 문제는 ②의 조건하에서
부등식 ①의 최소 양의 정수 n을 구하는 것이다.
②로부터 $z = 5x$, $y = 35x$이므로 ①에 대입하면, $2nx \geq 35x + 10x$이다.
$x \neq 0$일 때, $n \geq 22.5$, 그러므로 n의 최솟값은 23이다.
따라서 2시간동안 물을 모두 빼려면 최소한 23대의 양수기가 필요하다.

[평주] 이 예제의 풀이법은 조건부등식을 푸는 일반적인 방법을 설명하고 있으며, 이것은 조건방정식 및 조건최대최소문제 풀이법과 유사하다.

🗒 23대

어느 공장에서 다음의 자료를 바탕으로 해서 내년의 생산계획을 세우려고 한다.

(1) 현재 400 명의 노동자가 있다.

(2) 각 노동자의 1 년 근무시간은 2000 시간이다

(3) 내년의 판매 수량은 10만개~17만개의 상자가 될 것으로 예측된다.

(4) 1 개의 상자를 생산하는 데는 4시간이 소요되고 필요한 원료의 양은 10kg 이다.

(5) 현재 1400 톤의 원료를 비축하고 있는데, 올해 1000 톤의 원료가 더 필요하며, 연말까지 1200 톤의 원료를 보충할 수 있다.

위의 데이터를 근거로 해서 내년의 가능한 최대 생산량을 구하고, 그때의 노동자 수를 계산하여라.

분석 tip

문제에 주어진 5개의 자료는 다음 세 가지 요소로 구성되어 있다.
① 노동자의 노동력 요소
② 원료요소
③ 판매요소
이 세 가지 요소는 모두 연 생산량과 관계되기 때문에, 이 세 요소들을 분석함을 통하여 년 생산량과 그들 사이의 관계를 알아낼 수 있다.

[풀이] 내년의 년 생산량을 x 상자, 필요한 노동자의 수를 y 명이라 하자.
노동력 요소로부터 $4x \leq 400 \times 2000$,
즉 $x \leq 200000$ ……㉠
원료 요소로부터 $10x \leq (1400 - 1000 + 1200) \times 1000 (kg)$,
즉 $x \leq 160000$ ……㉡

판매 요소로부터 $100000 \leq x \leq 170000$ ······ⓒ

그러므로 ㉠, ㉡, ㉢으로부터 $100000 \leq x \leq 160000$

이제 다시 $2000y \leq 160000 \times 4$로부터 $y \leq 320$을 얻는다.

따라서 내년의 생산량으로 가능한 최댓값은 16만 상자이고,

이때의 노동자 수는 320명이다.

🅰 320명

3. 규칙성 찾기 문제로 변형

필수예제 6

현대사회에서 암호는 매우 중요하게 사용되고 있다. 암호화 할 어떤 문장(실제 원문)이 있을 때, 그 문장 중의 알파벳은 컴퓨터 키보드 자판의 순서(왼쪽에서 오른쪽으로, 위에서 아래로)에 따라 자연수 1에서 26까지 아래 표와 같이 대응한다.

Q	W	E	R	T	Y	U	I	O	P	A	S	D
1	2	3	4	5	6	7	8	9	10	11	12	13

F	G	H	J	K	L	Z	X	C	V	B	N	M
14	15	16	17	18	19	20	21	22	23	24	25	26

원문의 알파벳에 대응하는 자연수를 x라고 하고, 암호문에 대응하는 자연수를 x'이라 하자. 예를 들어 아래와 같은 변환 과정에 의하여 암호화가 이루어진다.

$x \rightarrow x'$, 여기서 x'는 $(3x+2)$를 26으로 나눈 나머지와 1의 합 $(1 \leq x \leq 26)$이다.

즉, $x=1$일 때, $x'=6$이다. 곧 Q가 암호문에서 Y로 바뀐다.

$x=10$일 때, $x'=7$이다. 곧 P가 암호문에서 U로 바뀐다.

이제 새로운 변환과정을 생각하자. 원문의 알파벳에 대응하는 자연수를 x, 암호문의 알파벳에 대응하는 자연수를 x'라 하면, $x \rightarrow x'$, x'는 $(3x+b)$를 26으로 나눈 나머지와 1의 합$(1 \leq x \leq 26, 1 \leq b \leq 26)$이다.

이 변환에 의해 H는 암호문에서 T로 바뀐다고 한다. 이 때 원문의 DAY는 암호문에서 어떻게 바뀌겠는가?

[풀이] H가 T로 바뀌므로 H는 16이고, T는 5임을 이용하자.

즉, $x=16$, $(3 \times 16 + b) \div 26$의 나머지는 4이다.

그런데, $1 \leq b \leq 26$이므로 $b=8$이고, 문제의 주어진 변환과정 f는 다음과 같이 된다.

$f : x \rightarrow x' = (3x+8) \div 26$의 나머지$+1$

그러므로 원문 $D(x=13)$에 대응하는 수

$x' = (3 \times 13 + 8) \div 26$의 나머지$+1 = 21+1 = 22$,

즉 대응하는 비밀번호는 C이다.

같은 방법으로 $A(x=11)$에 대응하는 수 $x' = 15+1 = 16$, 그러므로 H이다.

$Y(x=6)$에 대응하는 수 $x' = 0+1 = 1$, 즉 Q이다.

그러므로 DAY의 대응하는 비밀문자는 CHQ이다.

📋 CHQ

분석 tip

$2^n(n$은 양의 정수)장의 카드를 문제에 주어진 조작방식에 따라 진행한다면, 매 번 한 순환의 조작(첫번째 장부터 시작하여 제2^n번째 장까지)을 한 후에는 단지 $\dfrac{2^n}{2^i} = 2^{n-i}$장의 카드(여기서 i는 순환 횟수로 1에서 n의 값을 갖는다.)가 남으며, 항상 가장 밑장(매 순환을 하고 난 다음)은 처음의 제2^n번째 카드가 된다. 예를 들어 2^9장의 카드(편의상 번호를 1번부터 2^9번으로 붙이자.)가 있어 위에서 아래로 1번부터 2^9번까지 순서로 쌓여 있을 때, 문제에 주어진 "조작"을 2^8순환 하고 난 후에는 남은 카드가 2^8번과 2^9번 두 장의 카드가 남을 것이고, 다시 한 번 조작을 하면 2^9번 카드가 최후에 남을 것이다. 108(트럼프 카드 두 세트는 108장이다.)은 2^n 형태의 수가 아니므로, 약간의 조작을 통하여 일부 카드를 버려 남은 카드가 2^n 형태로 만든 후에 문제를 해결할 수 있다.

필수예제 7

트럼프 카드 두 세트가 있는데, 각 트럼프 카드 세트의 순서는 다음과 같다. 첫 번째는 대왕, 두 번째는 여왕, 그 후에 ♣, ♥, ◆, ♠ 4종류의 배열로 놓는데 각 종류에서는 A, 2, 3, ⋯, J, Q, K의 순서로 배열을 한다. 어떤 사람이 이렇게 배열된 두 세트의 트럼프 카드를 위, 아래가 겹치게 놓은 후에, 윗 장에서부터 시작하여 첫 번째 장은 버리고, 두 번째 장은 가장 밑으로 넣는다. 그리고 다시 세 번째 장은 버리고, 네 번째 장은 가장 밑으로 넣는다. 이와 같이 해서 최후에 단지 1장의 카드만 남도록 한다면 남은 카드는 무엇인가?

[풀이] $2^6 = 64$, $2^7 = 128$에서 $2^6 < 108 < 2^7$이고, $108 - 2^6 = 44$(장)이므로 문제의 주어진 조작방법으로 44번의 시행을 하여 44장의 카드를 버리면 된다. 이때 원래 순서의 $(44 \times 2 =)88$번째 카드가 제일 밑장으로 들어가게 된다. (88번째 카드는 남은 2^6장의 카드 중 제일 밑에 있는 카드이다). 이런 식으로 (남은 2^6장의 카드에 대하여) 계속해서 "조작"을 진행하면, (분석으로부터 알 수 있듯이) 최후에 남는 카드는 원래 카드의 88번째 카드가 된다. 따라서 두 세트의 트럼프 카드 배열을 따져보면 $88 - 54 - 2 - 26 = 6$이므로, ◆6의 카드가 된다.

즉, 최후에 남는 한 장의 카드는 ◆6이다.

📋 ◆(다이아몬드)6

4. 리스트(네모칸)형 문제로 변형

필수예제 8

빨강, 노랑, 파랑 3가지 색을 사용하여 3×3 표의 각 칸을 칠하는데 다음의 조건을 만족하도록 칠한다.

(1) 각 행에 3가지 색이 모두 있어야 한다.

(2) 각 열에 3가지 색이 모두 있어야 한다.

(3) 이웃한 칸(공통변을 갖고 있는 두 개의 칸을 말한다.)에는 다른 색을 칠해야 한다.

위의 조건을 만족하면서 색을 칠할 수 있는 서로 다른 방법의 수는 몇 가지인가?

① 12　　　　② 8　　　　③ 24　　　　④ 27

분석 tip

이 문제는 일종의 "개수를 세는 문제"인데, 단순히 앞에서 소개한 덧셈법칙, 곱셈법칙 및 분류열거법 등의 방법을 사용해서는 풀리지 않으며, 3×3 표에 색칠을 적절히 한 후에 계수를 해야 한다.

1	2	3
4	5	6
7	8	9

[풀이] 서술을 편리하게 하기위하여 3×3 표의 각 칸에 1, 2, ⋯, 9의 번호를 붙인다.

왼쪽 상단은 ⌐ 와 같은 각의 형태이며, 1번에는 빨간색, 노란색, 파란색 세 가지의 색깔을 칠할 수 있다.

일단 1번을 와 같이 빨간색으로 칠하면 2, 4칸에는 모두 4가지의 색칠 방법이 있다.

이제 1, 2, 4번 칸의 색이 모두 확정됐다고 하면, 다른 칸의 색칠 방법 또한 확정되는데, 이유는 다음과 같다.

각 행, 각 열에는 3가지 색깔이 모두 있어야 하므로 3, 7번 칸의 색은 저절로 결정되고 5, 6, 8, 9번 칸의 색도 마찬가지로 결정이 된다.

따라서 1번 칸을 빨간색으로 염색하면 3×3 표 전체의 색칠방법은 4가지가 된다.

대칭적으로 1번 칸을 노란색 또는 파란색으로 칠했을 때, 표 전체의 색칠방법 또한 4가지이다.

따라서 모두 $3 \times 4 = 12$(가지)의 색칠방법이 있으므로, 답은 ①이다.

답 ①

[실력다지기]

01 승우는 그림과 같이 표시된 한 변의 길이가 a인 정사각형의 연못을 가지고 있으며, 네 개의 꼭짓점
A, B, C, D에는 각각 큰 나무가 한 그루씩 있다. 이제 승우는 원래의 연못을 원형 또는 정사각
형 모양의 연못으로 확장하려고 한다(원래의 연못 주변은 충분히 넓다고 한다.). 이때 네 개의 나무
는 뽑고 싶지 않아서, 새로운 연못의 둘레에 있도록 하고자 한다.

(1) 원형으로 만들 때 그림을 이용하여 그림으로 나타내고, 그 넓이를 구하여라.

(2) 정사각형으로 만들 때 다음 그림을 이용하여 그림으로 나타내고, 그 넓이를 구하여라.

(3) 그림에서 만든 정사각형의 연못에서 최대넓이가 있는가? 그 이유를 설명하여라.

(4) 승우가 연못의 넓이를 최대한 크게 만들려고 하는데 당신이 생각하기에 새로 만든 연못의 최대 넓이는 얼마인가?

02 두 개의 동일한 분수기를 설치하여 화원의 모든 곳에 물이 닿을 수 있도록 직사각형 화원을 만들려고 한다. 각 분수기의 분수 구역은 반지름이 10m인 원이다. 이 때 어떻게 설계(두 분수기 사이의 거리, 직사각형 화원의 가로 및 세로의 길이)해야 직사각형 화원의 넓이가 최대가 되겠는가?

03 양수 a, b에 대하여 $a + b = 2$ 일 때, $u = \sqrt{a^2 + 1} + \sqrt{b^2 + 4}$ 의 최솟값을 구하여라.

04 어느 날 원숭이들이 복숭아를 따러 갔다. 수확한 복숭아를 나눌 때, 원숭이 한 마리 당 4개씩 가지면 52개가 남고, 원숭이 한 마리당 6개로 나누면 한 마리의 원숭이만 6개를 모두 받지 못한다고 한다. 이 원숭이들이 딴 복숭아는 모두 몇 개인지 구하여라.

05 어느 잡지사의 한 권의 베스트셀러 잡지의 가격은 아래와 같다.

$$C(n) = \begin{cases} 12n, \ 1 \le n \le 24 \\ 11n, \ 25 \le n \le 48 \\ 10n, \ n \ge 49 \end{cases}$$

여기서 n은 구매한 잡지의 수량이고, $C(n)$은 구매한 잡지의 구입한 돈의 액수(단위 : 천원)이다. n권의 잡지를 구입한 가격이, n권보다 더 많은 잡지를 구입한 가격보다 많게 되는 경우의 n의 값은 무엇인가?

[실력 향상시키기]

06 어떤 사람이 차를 렌트하여 A 도시에서 B 도시로 가는데, 도중에 지나갈 수 있는 도시 및 두 도시 사이의 거리(단위 : km)는 오른쪽 그림에 표시한 바와 같다. 차의 평균속력이 80km/h 이고, 1km 를 가는데 소요되는 평균 비용이 120 원일 때, 이 사람이 A 도시에서 B 도시까지 최단거리로 갈 수 있는 경로를 표시해보고, 이 때 드는 비용을 계산하여라.

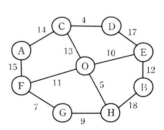

07 A, B 공장에서 생산하는 시멘트를 1번, 2번, 3번 건설장에 배달한다. A, B 공장이 매일 저녁 생산해 내는 시멘트의 생산량은 320톤, 380톤이며, 1번, 2번, 3번 건설장이 저녁에 필요한 시멘트의 양은 200톤, 280톤, 220톤이다. 공장에서 10톤의 시멘트를 건설장으로 운반하는 운반비는 아래와 같고, 운반비를 최소화해서 물건을 배달하려할 때 운송비의 최솟값을 구하여라.

공장 \ 원 \ 건설장	1번	2번	3번
A공장	200천원	400천원	600천원
B공장	400천원	500천원	300천원

08 구호물자들이 각각 16개의 트럭으로 갑 지점에서 출발하여 300km 떨어져 있는 을 지점까지 긴급하게 운반된다. 각 트럭의 평균속력은 v km/h로 모두 같으며, 운행 중에 있는 두 트럭 사이는 적어도 $\left(\dfrac{v}{25}\right)^2$ km 만큼은 떨어져 있어야 한다. 이 구호물자들을 전부 목적지까지 가장 빠르게 운반하면 6시간이 소요된다고 한다. 그렇다면 6시간 내에 구호물자들을 전부 도착하게 하려면 트럭들을 몇 분 간격으로 운행을 해야 하는가?

09 어떤 AB 거리에서 갑은 A에서 B를 향해 걸어가고, 을은 B에서 A를 향해 자전거를 타고 가며, 을의 속력은 갑의 속력의 3배라고 한다. 버스는 A를 출발점으로 해서 B까지 운행을 하며, x분마다의 간격으로 한 대의 버스가 출발한다. 어느 정도의 시간이 지난 후에 갑은 10분 간격으로 한 대의 버스가 자기를 추월하는 것을 보게 됐고, 을은 5분 간격으로 한 대의 버스와 만나게 되었다. 출발점에서 버스를 내보내는 시간간격을 구하여라.

[응용하기]

10 어느 건물에 동일한 속력을 가지고 상하로 움직이는 에스컬레이터가 있다. 갑과 을 두 사람은 서둘러 위층으로 올라가서 일을 보아야 하기 때문에, 에스컬레이터를 타는 동시에 일정한 속력으로 위로 걸어 올라가기 시작했다. 갑은 55개의 계단을 오른 후에 위층에 도달했고, 갑의 속력의 2배의 속력을 갖는 을은(일반 계단에서 단위 시간 당 을이 올라가는 계단 수는 갑이 올라가는 계단 수의 2배이다.) 60개의 계단을 오른 후에 위층에 도달했다. 아래층에서 위층으로 연결되어 있는 에스컬레이터에는 총 몇 개의 계단이 있는지 구하여라.

11 어떤 상자 안에 빨간색, 노란색, 흰색 공이 들어있다. 흰색 공의 개수는 노란색 공 개수의 $\frac{1}{2}$ 이하이고, 빨간색 공 개수의 $\frac{1}{3}$ 이상이다. 또한 노란색 공과 흰색 공의 개수를 합하면 55개 이하이다. 이때 상자 안에 들어 있는 빨간색 공의 최대 개수를 구하여라.

부록 모의고사

제한시간 : 120분

＊모든 문제는 서술형이고 답만 맞으면 0점 처리합니다.

1 다음 그림에서 점 H는 세 수선 AE, BF, CD의 교점이다. 점 A, B, C, D, E, F, H 중에서 네 점을 연결하여 사각형을 만들 때, 원에 내접하는 사각형은 모두 몇 개인지 구하여라.

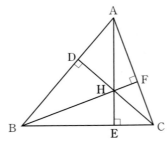

2 다음 그림에서 PC는 원의 접선이고, PB는 할선이다. $\angle P = 30°$, $PA = 8\text{cm}$, $AB = 10\text{cm}$ 일 때, $\triangle ABC$의 넓이를 구하여라.

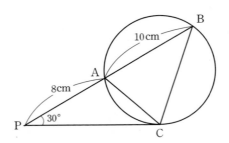

3 다음 그림에서 $\overline{OD} = \overline{DE}$ 일 때, $\overset{\frown}{BD} : \overset{\frown}{AC}$ 를 구하여라.

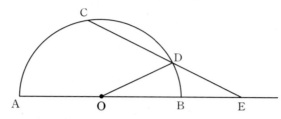

4 반지름의 길이가 1인 원에 내접하는 삼각형 ABC에서 $\angle B = 45°$, $\angle C = 60°$ 이다. 이때, AB와 AC의 길이를 구하여라.

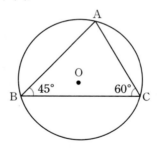

5 그림과 같이 AB를 지름으로 하는 반원 위의 점 P를 잡는다. $\overarc{BP}$ 의 중점을 M이라 할 때, AP 의 연장선과 BM의 연장선의 교점을 Q라 하고, $\overarc{AB}$ 의 3등분점을 C, D라 하자. 점 P가 $\overarc{CD}$ 위를 움직일 때, 점 Q가 움직이는 곡선의 길이를 구하여라. (단, AB = 2 cm 이다.)

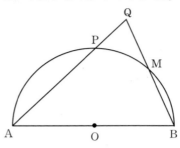

6 그림과 같이 원주 위에 5개의 점 A, B, C, D, E를 잡는다. AE의 연장선과 BD의 연장선과 의 교점을 P라 하고, 원주의 길이를 l이라 하자. 또, ∠APB = 30°, ∠PAC = 40°, $\overarc{AB} + \overarc{CE} = \dfrac{1}{2} l$ 일 때, 다음 물음에 답하여라.

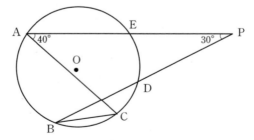

(1) $\overarc{AB}$ 의 길이를 구하여라.

(2) ∠ACB의 크기를 구하여라.

(3) $\overarc{AB} : \overarc{CD} : \overarc{DE}$ 를 구하여라.

7 아래 그림과 같이 정사각형에 내접하는 원이 있고, 원과 정사각형이 만나는 점을 A, G, B, F라 하자. 또, 작은 원이 큰 원에 점 A에서 내접하고 있다. BD = 9, EF = 5일 때, 큰 원의 반지름을 구하여라.

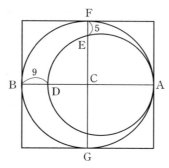

8 오각형 ABCDE가 원에 내접해 있다. 선분 AC와 선분 BE의 교점을 X, 선분 AD와 선분 EC의 교점을 Y라 하자. ∠AXB = ∠AYC = 90°이고, BD = 100일 때, XY의 값을 구하여라.

9 반지름 1인 원에 내접하는 정사각형 ABCD가 있다. AB의 연장선과 점 C에서의 접선의 교점을
P라고 할 때, $\overline{PD}^2$의 길이를 구하여라.

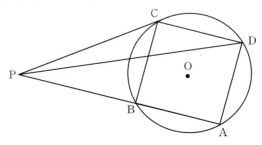

10 다음 그림과 같이 한 변의 길이가 6인 정사각형의 귀퉁이를 잘라 정팔각형을 만들려고
할 때, x의 값을 구하여라.

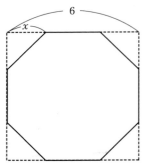

11 다음 그림과 같이 한 모서리의 길이가 4 cm 인 정사면체의 꼭짓점 A 에서 변 BC 에 내린 수선의 발을 E 라 하고, 변 AC 위에 점 P 를 잡을 때, $\overline{EP} + \overline{PD}$ 의 최솟값을 구하여라.

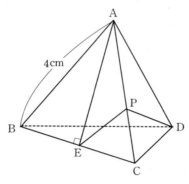

12 다음 그림의 △ABC 에서 ∠C = 120° 이고, AC = 6 cm , BC = 3 cm 일 때, AB 의 길이를 구하여라.

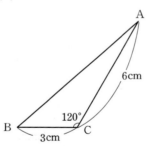

13 그림과 같이, 한 변의 길이가 12cm인 정삼각형 ABC에서 변 BC를 지름으로 하는 반원을 그리고, 반원 위에 BD = 6cm가 되도록 점 D를 잡는다. AD와 BC의 교점을 E라 할 때, 다음 물음에 답하여라.

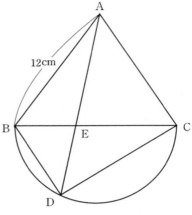

(1) 삼각형 BDC의 넓이를 구하여라.

(2) 삼각형 BDA의 넓이를 구하여라.

(3) AE의 길이를 구하여라.

14 다음 그림과 같이 한 변의 길이가 4㎝인 정사각형 ABCD에서, 변 CD 위에 DF = 3㎝이 되는 점 F를 잡고, 변 BC위에 ∠FAE = 45°가 되는 점 E를 잡는다. 이때, 삼각형 AEC의 넓이를 구하여라.

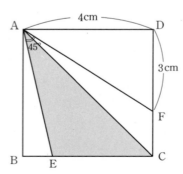

15 다음 그림과 같이 정사각형 ABCD에서 AE : EB = 2 : 3이 되도록 변 AB 위에 점 E를,
BF : FC = 4 : 1이 되도록 변 BC 위에 점 F를 잡는다. 점 D에서 EF 위에 내린 수선의 발을
G라 하면, DG = 5cm이다. 이때, 정사각형 ABCD의 한 변의 길이를 구하여라.

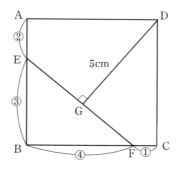

16 다음 그림과 같이 삼각형 ABC에서, DB = 14cm, DA = 13cm, DC = 4cm,
△ADB의 외접원과 △ADC의 외접원이 합동이 되도록 점 D를 변 BC 위에 잡을 때,
△ABC의 넓이를 구하여라.

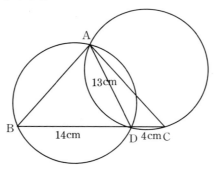

17 다음 그림과 같이 정오각형 ABCDE에서 대각선 AD와 BE, CE와의 교점을 각각 G, F라 하자. 이때, ∠FBE와 ∠BFC의 크기를 구하여라.

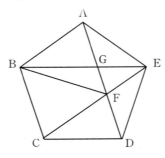

18 다음 그림과 같이 반지름이 15 cm인 원에 내접하는 사각형 ABCD에서 대각선 AC는 원의 지름이고, BD = AB이다. 두 대각선이 점 P에서 만나고, PC의 길이는 6 cm이다. 변 CD의 길이를 구하여라.

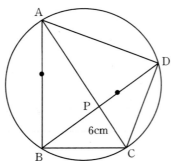

19 넓이가 100㎠인 정삼각형 ABC에서 변 AB의 삼등분점을 각각 D, E, 변 BC의 삼등분점을 각각 F, G, 변 CA의 삼등분점을 각각 H, I라 하자. AF와 BI, EC와의 교점을 각각 P, Q, BH와 EC의 교점을 R, GA와 BH, DC의 교점을 각각 S, T, CD와 BI의 교점을 U라 하자. 이 때, 육각형 PQRSTU의 넓이를 구하여라.

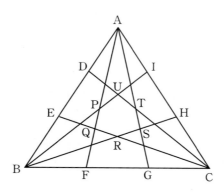

20 다음 그림과 같이 한 변의 길이가 12㎝인 정삼각형 ABC가 원에 내접하고 있다. 호 BC 위의 BP : PC = 1 : 2가 되는 점 P를 잡는다. 이때, AP^2을 구하여라.

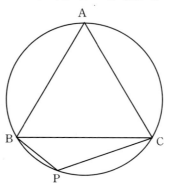

제한시간 : 120분

＊모든 문제는 서술형이고 답만 맞으면 0점 처리합니다.

1 다음 그림과 같이 지름이 AB인 원 O 위의 점 C에서 그은 접선을 CT라 하고, 점 A에서 접선 CT에 내린 수선의 발을 D라 하자. AO＝2, AD＝3일 때, ∠CAD의 크기를 구하여라.

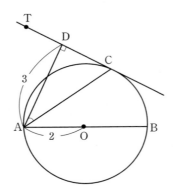

2 다음 그림에서 PT는 원의 접선이고, BQ＝4, CQ＝2, PT＝$7\sqrt{2}$, QT＝6일 때, PA의 길이를 구하여라.

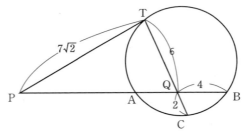

3 다음 그림은 점 O를 중심으로 하고, 반지름이 8㎝인 부채꼴 OBC에서 반지름이 4㎝를 부채꼴 OAD를 잘라서 생긴 도형이다. 이 도형의 둘레의 길이가 26㎝일 때, 다음 물음에 답하여라.

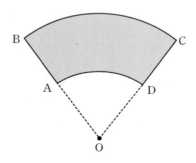

(1) 호 BC의 길이를 구하여라.

(2) 도형(색칠된 부분)의 넓이를 구하여라.

4 다음 그림과 같이 원 O에 내접하는 사각형 ABCD에서 $\angle ACO = 15°$, $\angle COD = 110°$ 이다. $\overset{\frown}{AB} : \overset{\frown}{BC} = 2 : 1$일 때, $\angle ADC$와 $\angle BAD$의 크기를 구하여라.

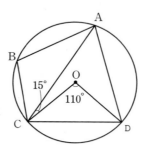

5 그림과 같이 반지름이 $4\,cm$인 원 O 위에 $PS = QS$, $OR \perp QS$, $\angle POQ = 40°$가 되도록 점 P, Q, R, S를 잡는다. 또, PR과 OQ, SQ, OR이 이루는 각을 각각 $x°$, $y°$, $z°$라 할 때, 다음 물음에 답하여라.

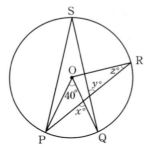

(1) x, y, z의 값을 구하여라.
(2) 삼각형 OPR의 넓이를 구하여라.

6 $\angle C = 90°$인 직각삼각형 ABC에서 빗변 AB 위의 임의의 한 점 D를 잡아 변 BC에 내린 수선의 발을 E라 하자. $BE = AC$, $BD = 5\,cm$, $BC + DE = 10\,cm$일 때, $\angle ABC$의 크기를 구하여라.

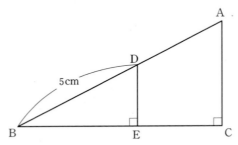

7 삼각형 ABC에서 세 변 BC, CA, AB의 중점을 각각 K, L, M이라 하자. $AK^2 + BL^2 + CM^2 = 600$일 때, $AB^2 + BC^2 + CA^2$의 값을 구하여라.

8 원에 내접하는 $\triangle PQR$은 $PQ = PR = 3$, $QR = 2$인 이등변삼각형이다. 원 위의 점 Q에서 접선과 PR의 연장선과의 교점을 X라 하자. 10RX의 길이를 구하여라.

9 다음 그림과 같이 가로, 세로, 높이가 각각 5, 2, 5인 직육면체가 있다. 이 직육면체의 한 꼭짓점 F에서 두 모서리 BC, AD를 거쳐 꼭짓점 H에 이르는 거리의 최솟값을 구하여라.

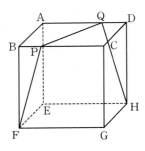

10 다음 그림에서 AC는 원 O의 지름이고, BE는 원 O의 접선이다. EB⊥AE이고, 원 O와 AE의 교점을 D라 하고, AC = 5, AE = 4일 때, DE의 길이를 구하여라.

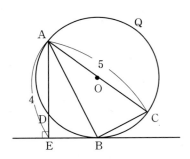

11 다음 그림과 같이 반지름의 길이가 $10\,\text{cm}$ 인 원 O에 내접한 정팔각형의 넓이를 구하여라.

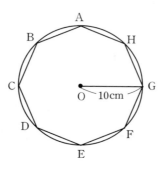

12 그림과 같이 AB를 지름으로 하는 원에서 AO $=$ AC $= 2$ 이고, AC의 수직이등분선과 AC와의 교점을 H, 원 O와의 교점을 D라 하자. AB와 CD의 교점을 E라 할 때, 다음 물음에 답하여라.

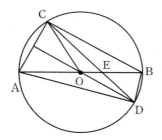

(1) $\angle$ BED 의 크기를 구하여라.

(2) OE : EB 를 구하여라.

(3) 사각형 ADBC의 크기를 구하여라.

13 그림과 같이 원 O에 2개의 현 AB, CD가 점 P에서 수직으로 만난다. 점 A에서 BC에 내린 수선의 발을 E라 하고, AE와 CD의 교점을 F라 할 때, 다음 물음에 답하여라.

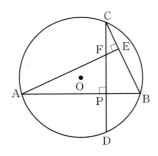

(1) DP = FP임을 보여라.
(2) AB = 12cm, DP = FP = 3cm, CF = 2cm일 때, 원 O의 반지름의 길이를 구하여라.

14 다음 그림과 같이 AB = AC = 20cm, BC = 26cm인 이등변삼각형 ABC에서 변 AB, AC에 각각 점 P, Q에서 접하는 원과 변 BC와의 교점을 각각 R, S(점 B에 가까운 점이 R)라고 하자. AP = 8cm일 때, RS의 길이를 구하여라.

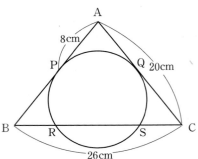

15 다음 그림과 같이 AB = AC = 5㎝, BC = 6㎝인 이등변삼각형에서 외접원의 하나의 지름을 CE라고 하고, CE와 AB와의 교점을 D라 할 때, CD와 DE의 길이의 비를 구하여라.

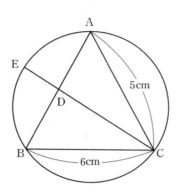

16 다음 그림과 같이 원에 내접하는 오각형 ABCDE에서 AB = BC, DE = EA, ∠BAE = 105°, ∠BCD와 ∠CDE의 차가 25°일 때, ∠BCD와 ∠CDE 중 큰 각의 각도를 구하여라.

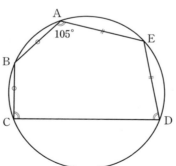

17 다음 그림과 같이 원에 내접하는 사각형 ABCD에서 AB = 20cm, BC = 15cm, CD = 24cm, DA = 7cm일 때, BD의 길이를 구하여라.

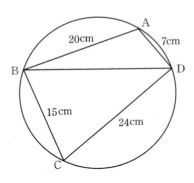

18 다음 그림과 같이 AB = 26cm, BC = 39cm인 삼각형 ABC에서 변 BC 위에 ∠CAD = 90°가 되도록 점 D를 잡으면, ∠DCA = ∠DAB이다.
이때, 삼각형 ABC의 넓이를 구하여라.

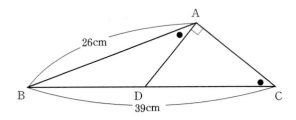

19 다음 그림과 같이 ∠ABC = 60°, ∠CAB < 30°인 삼각형 ABC에서 변 AC 위에 AQ = BQ = 10㎝가 되는 점 Q를 잡고, 변 AB 위에 ∠AQP = 60°가 되는 점 P를 잡으면, PQ : QC = 1 : 2가 된다. 이때, PQ의 길이를 구하여라.

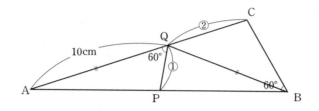

20 다음 그림과 같이 한 점 P에서 접하는 두 원 O, O′가 있다. 원 O, O′에서 한 공통외접선과의 접점을 각각 A, B라 하자. OA = 10㎝, AB = 16㎝일 때, 삼각형 OAP의 넓이를 구하여라.

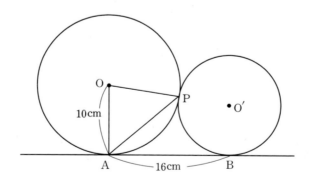

중학생을 위한

중학 G&T 3-2

新 영재수학의 지름길 3단계 −하

연습문제 정답과 풀이

중국 사천대학교 지음

G&T MATH

'지앤티'는 영재를 뜻하는 미국·영국식
약어로 Gifted and talented의 줄임말로 '축복
받은 재능'이라는 뜻을 담고 있습니다.

씨실과 날실

씨실과 날실은 도서출판 세화의 자매브랜드입니다.

연습 문제
정답과 풀이

중학 3단계-하

Part 4. 확률과 통계

16강 대푯값과 평균

통계초보지식 연습문제

01. 답 36%

[풀이] $\dfrac{18}{50}\times 100 = 36\,(\%)$

02. 답 (1) 350채

(2) $80\mathrm{m}^2 \sim 100\mathrm{m}^2$, 48%

(3) $80\mathrm{m}^2 \sim 100\mathrm{m}^2$

[풀이] (1) $1000 - 45 - 480 - 95 - 30 = 350\,(채)$

(2) $80\mathrm{m}^2 \sim 100\mathrm{m}^2$의 집이 가장 많이 팔린다. 전체 매매량의 48%를 차지한다.

(3) 가장 많이 매매되는 면적이 $80\mathrm{m}^2 \sim 100\mathrm{m}^2$인 집을 건축한다.

03. 답 (1) 풀이참조

(2) 풀이참조

(3) 1423명

[풀이] (1) 2007년에서 2013년의 A중학교 학생이 방과 후 활동에 참가한 학생 수가 B중학교보다 빠르게 증가한다.

(2) A중학교의 학생이 독서 활동에 참가한 학생 수는 과학실험에 참가한 학생 수보다 많다. (답은 유일하지 않다.)

(3) $2000 \times 0.38 + 1105 \times 0.6 = 1423\,(명)$이다.

04. 답 (1) 1월, 2월, 3월, 7월, 8월, 9월, 10월, 11월, 12월

(2) 1월

(3) 풀이참조

(4) 5월

[풀이] (1) 1월, 2월, 3월, 7월, 8월, 9월, 10월, 11월, 12월

(2) 1월

(3) 비둘기 집(서랍)의 원리에 의하여 생일이 같은 학생이 적어도 2명 이상 존재하는 날짜가 있다. 그러므로 상당히 가능성이 높다고 할 수 있다.

(4) 5월이 생일인 학생 수가 가장 적으므로 가능성이 적은 달이 5월이다.

05. 답 민수

[풀이] 상인은 $\dfrac{1}{8}$이고, 민수는 $\dfrac{3}{8}$이므로 민수가 이길 가능성이 높다.

사건발생의 확률 연습문제

06. 답 ②

[풀이] ①, ③은 가능성이 다르기 때문에 확률이 다르다.

④ 확률이 $\dfrac{1}{6}$이라고 해서 6번 중에 반드시 1번이 나오는 것은 아니다.

07. 답 $\dfrac{151}{10000}$

[풀이] $\dfrac{1 + 50 + 100}{10000} = \dfrac{151}{10000}$

08. 답 $\dfrac{1}{3}$

[풀이] $\dfrac{2}{6} = \dfrac{1}{3}$이다.

09. 답 $\dfrac{11}{14}$

[풀이] $\dfrac{11}{14}$이다.

10. 답 (1) 풀이참조

(2) 풀이참조

[풀이] (1) 속이 보이지 않는 상자에서 색깔만 다른 6개의 공 중 그 중 3개는 흰 공이고 3개는 빨간 공이다.

(2) 속이 보이지 않는 상자에서 색깔만 다른 6개의 공 중 그 중 3개는 흰 공이고 2개는 빨간 공이고 1개는 초록 공이다.

11. 답 28℃ , 28℃

[풀이] 도시의 수가 31개이므로 중앙값은 16번째이다. 이때 기온은 28℃ 이다. 또, 최빈값은 가장 많은 도시의 기온인 28℃ 이다.

12. 답 (1) $x = 18$, $y = 4$
　　　 (2) $a = 60$, $b = 65$, $(a-b)^2 = 25$

[풀이] (1) $2 + x + 10 + y + 4 + 2 = 40$이므로

$x + y = 22$이다.

$50 \times 2 + 60 \times x + 70 \times 10 + 80 \times y + 90 \times 4$

$+ 100 \times 2 = 69 \times 40$이므로,

$60x + 80y = 1400$이다. 즉, $3x + 4y = 70$이다.

그러므로 두 식 $x + y = 22$과 $3x + 4y = 70$을 연립하여 풀면, $x = 18$, $y = 4$이다.

(2) 최빈값은 60이므로 $a = 60$이고, 중앙값은

$\dfrac{60 + 70}{2} = 65$이므로, $b = 65$이다.

따라서 $(a - b)^2 = 25$이다.

13. 답 (1) 약 92.2점
　　　 (2) 빈도수 72, 35%, 84점 이상 96점 미만
　　　 (3) 92.2점

[풀이] (1) $\dfrac{94 \times 100 + 90 \times 80}{180} = 92.2 \cdots$이므로

약 92.2점이다.

(2) 표본에서 수학 성적이 [84, 96]의 빈도수는 72이다.

A등급의 학생 수를 표본의 학생의 총 수에 대한 백분율은 $\dfrac{63}{180} \times 100 = 35\%$이다.

중앙값이 있는 범위는 84점이상 96점 미만이다.

(3) (1)에서 구한 평균과 같다. 따라서 92.2점이다.

14. 답 6

[풀이] 중앙값이 5이므로 $\dfrac{4+x}{2} = 5$이다. 그러므로

$x = 6$이다.

15. 답 ②

[풀이] 매출량이 가장 많은 사이즈가 중요하므로 사장님에게 있어서 가장 중요한 것은 최빈값이다. 따라서 ②이다.

16. 답 3.2%

[풀이] 10개 기관이 전망한 2015년도 하반기 한국 경제 성장률의 평균은

$\dfrac{2 \times 2 + 3 \times 4 + 4 \times 4}{10} = 3.2\%$이다.

17. 답 풀이참조

[풀이] A조의 최빈값은 80이고 중앙값은 80이고 평균은 82이다.

B조의 최빈값은 90이고 중앙값은 90이고 평균은 84.7이다.

18. 답 $55 \le x < 85$

[풀이] (평균)

$= \dfrac{75 + 80 + 90 + 85 + 75 + x + 85 + 80 + 90 + 85}{10}$

$= \dfrac{745 + x}{10}$이다.

따라서 $80 \le \dfrac{745 + x}{10} < 83$ 이고,

$800 \le 745 + x < 830$ 에서 $55 \le x < 85$ 이다.

19. 답 9.2(개월)

[풀이] (x, y)에서 y가 큰 동물은 차례로 낙타, 기린, 곰, 사자, 사슴이다. 이들의 수태기간은 차례로 13, 15, 7, 3.5, 7.5이다.

따라서 이들의 수태기간의 평균은

$\dfrac{13 + 15 + 7 + 3.5 + 7.5}{5} = \dfrac{46}{5} = 9.2(개월)이다.$

연습문제 실력다지기

01. 답 평균은 4이고, 분산은 2이다.

[풀이] 주어진 변량 x_1, x_2, x_3, $\cdots$, x_n 의 평균과 분산을 각각 m, n 이라 하면

변량 $x_1 - 1$, $x_2 - 1$, $x_3 - 1$, $\cdots$, $x_n - 1$ 의 평균과 분산은 각각 $m - 1$, n 이고,

변량 $x_1 + 2$, $x_2 + 2$, $x_3 + 2$, $\cdots$, $x_n + 2$ 의 평균과 분산은 각각 $m + 2$, n 이다.

따라서 $(m-1) + (m+2) = 9$ 에서 $m = 4$ 이고, $n + n = 4$ 에서 $n = 2$ 이다.

02. 답 10

[풀이] -1, α, β의 평균이 2이므로

$\dfrac{-1 + \alpha + \beta}{3} = 2$이다. 즉, $\alpha + \beta = 7$ $\cdots$ ㉠

-1, α, β의 분산이 6이므로

$\dfrac{(-1-2)^2 + (a-2)^2 + (\beta-2)^2}{3} = 6$이다.

이를 정리하면 $\alpha^2 + \beta^2 = 29$ $\cdots$ ㉡

㉠, ㉡에서 $\alpha^2 + \beta^2 = (\alpha + \beta)^2 - 2\alpha\beta$이다.

그러므로 $\alpha\beta = 10$이다.

따라서 $c = -\{(-1) \times \alpha\beta\} = 10$이다.

03. 답 $\dfrac{1}{9}(d_1^2 + d_2^2 + d_3^2)$

[풀이] x_1, x_2, x_3의 평균을 m, 표준편차를 s라 하면

$m = \dfrac{x_1 + x_2 + x_3}{3}$이므로

$x_1 - m = \dfrac{3x_1 - (x_1 + x_2 + x_3)}{3}$

$\qquad = \dfrac{(x_1 - x_2) + (x_1 - x_3)}{3} = \dfrac{d_1 - d_3}{3}$

$x_2 - m = \dfrac{3x_2 - (x_1 + x_2 + x_3)}{3}$

$\qquad = \dfrac{(x_2 - x_2) + (x_2 - x_3)}{3} = \dfrac{d_2 - d_1}{3}$

$x_3 - m = \dfrac{3x_3 - (x_1 + x_2 + x_3)}{3}$

$\qquad = \dfrac{(x_3 - x_1) + (x_3 - x_2)}{3} = \dfrac{d_3 - d_2}{3}$

$S^2 = \dfrac{1}{3}\left\{(x_1 - m)^2 + (x_2 - m)^2 + (x_3 - m)^2\right\}$

$\quad = \dfrac{1}{27}\left\{(d_1 - d_3)^2 + (d_2 - d_1)^2 + (d_3 - d_2)^2\right\}$

$\quad = \dfrac{1}{27}\left\{3(d_1^2 + d_2^2 + d_3^2) - (d_1 + d_2 + d_3)^2\right\}$

$\quad = \dfrac{1}{9}(d_1^2 + d_2^2 + d_3^2)$ $(\because d_1 + d_2 + d_3 = 0)$

04. 답 A

[풀이] A, B, C 세 사람의 각 문항 당 점수의 평균은 모두 7점이므로 각 문항 당 점수의 편차의 제곱의 합을 구해 보면

$\quad$ A : $4 + 4 + 4 + 16 + 4 + 16 = 48$

$\quad$ B : $0 + 1 + 1 + 1 + 0 + 1 = 4$

$\quad$ C : $1 + 1 + 1 + 1 + 1 + 25 = 30$

따라서 표준편차가 가장 큰 사람은 A이다.

05. 답 48

[풀이] $l = \dfrac{a+c}{2}$, $m = \dfrac{a+b}{2}$, $n = \dfrac{b+c}{2}$ $\cdots$ ㉠

에서 $l + m + n = a + b + c$이다. 그러므로

$\quad a + b + c = 0$ $\cdots\cdots\cdots\cdots\cdots\cdots\cdots\cdots$ ㉡

㉠, ㉡을 풀면 $a = -2n$, $b = -2l$, $c = -2m$이다.

l, m, n의 평균이 $\dfrac{l + m + n}{3} = 0$이므로 a, b, c의

평균도 $\dfrac{a + b + c}{3} = 0$이다.

한편 l, m, n의 분산이 12이므로 $\dfrac{l^2 + m^2 + n^2}{3} = 12$

이다.

a, b, c의 분산은

$\dfrac{a^2 + b^2 + c^2}{3} = \dfrac{(-2n)^2 + (-2l)^2 + (-2m)^2}{3}$

$\qquad\qquad\qquad = 4 \times \dfrac{n^2 + l^2 + m^2}{3} = 48$

이다.

06. 🔑 (1) $n \geq 30$ (2) $n \geq 49$

[풀이] (1) $m = \dfrac{1}{n}\{1+2+3\times(n-2)\} \geq 2.9$ 이다.

이를 정리하여 풀면

$3n-3 \geq 2.9n$, $0.1n \geq 3$ $n \geq 30$ 이다.

(2) $\dfrac{1}{n}\{1^2+2^2+3^2\times(n-2)\}-\left(\dfrac{3n-3}{n}\right)^2 \leq 0.1$

이다. 이를 정리하면

$5n-9 \leq 0.1n^2$, $n^2-50n+90 \geq 0$ 이다.

따라서 $n \leq 25-\sqrt{535} = 1.8\times\times$ 또는

$m \geq 25+\sqrt{535} = 48.1\times\times$ 이다.

그런데, $n \geq 3$ 이므로 $n \geq 49$ 이다.

실력 향상시키기

07. 🔑 풀이참조

[풀이] (1) 민호의 평균성적은 80 점이고, 분산은 60 이다.
수정이의 평균성적은 80 점이고, 중앙값은 85, 최빈값은 90 이다.

(2) 수정

08. 🔑 풀이참조

[풀이] (1) 을 학생의 평균은 7, 최빈값은 7, 분산은 1.2 이다.

(2) 을의 사격 실력이 더 좋다. 그러나 명중을 시킨 수로 보면 갑의 사격 실력이 더 좋다.

09. 🔑 $\dfrac{17}{9}$

[풀이] (평균) $= \dfrac{(a+b)+(b+c)+(c+a)}{3} = \dfrac{4}{3}$ 이므로 $a+b+c = 2$ 이다.

(분산)

$= \dfrac{\left(a+b-\dfrac{4}{3}\right)^2 + \left(b+c-\dfrac{4}{3}\right)^2 + \left(c+a-\dfrac{4}{3}\right)^2}{3}$

$= \dfrac{\left(\dfrac{2}{3}-c\right)^2 + \left(\dfrac{2}{3}-a\right)^2 + \left(\dfrac{2}{3}-b\right)^2}{3}$

$= \dfrac{a^2+b^2+c^2-\dfrac{4}{3}(a+b+c)+\dfrac{4}{3}}{3}$

$= \dfrac{7-2\times\dfrac{4}{3}+\dfrac{4}{3}}{3} = \dfrac{17}{9}$

응용하기

10. 🔑 372

[풀이] (모서리의 평균) $= \dfrac{4(x+y+z)}{12} = 8$ 에서

$x+y+z = 24$ ⋯⋯⋯⋯ ㉠이다.

(분산)

$= \dfrac{(x-8)^2\times4 + (y-8)^2\times4 + (z-8)^2\times4}{12}$

$= 4$ 에서

$(x-8)^2 + (y-8)^2 + (z-8)^2 = 12$ 이다.

즉, $x^2+y^2+z^2-16(x+y+z)+180 = 0$ ⋯㉡
이다.

㉠에 ㉡에 대입하면 $x^2+y^2+z^2 = 204$ 이다.

$(x+y+z)^2 = x^2+y^2+z^2+2(xy+yz+zx)$
이므로

$2(xy+yz+zx)$
$= (x+y+z)^2 - (x^2+y^2+z^2)$
$= 24^2 - 204 = 576 - 204 = 372$

11. 🔑 230

[풀이] (가)에서 $\dfrac{a+b}{2} = 9$ 이다.

즉, $a+b = 18$ ⋯㉠이다.

(나)에서 $\dfrac{c+d+e}{3} = 4$ 이다.

즉, $c+d+e = 12$ ⋯㉡이다.

㉠, ㉡에서 $a+b+c+d+e = 30$ 이므로
a, b, c, d, e 의 평균 m 은

$m = \dfrac{a+b+c+d+e}{5} = \dfrac{30}{5} = 6$ 이다.

a, b, c, d, e 의 표준편차 s 라 하면

$s^2 = \dfrac{(a-6)^2 + (b-6)^2 + \cdots + (e-6)^2}{5}$

$$= \frac{a^2+b^2+\cdots+e^2-12(a+b+\cdots+e)+36\times 5}{5}$$

$$= \frac{a^2+b^2+c^2+d^2+e^2-12\times 30+36\times 5}{5}$$

$$= \frac{a^2+b^2+c^2+d^2+e^2-180}{5}=10$$

따라서 $a^2+b^2+c^2+d^2+e^2=5\times 10+180=230$
이다.

12. 답 풀이참조

[풀이] (1) (n_1+n_2)개의 자료의 평균 m은

$$m_1 = \frac{x_1+x_2+\cdots+x_{n_1}}{n_1},$$

$$m_2 = \frac{y_1+y_2+\cdots+y_{n_2}}{n_2} \text{이므로}$$

$$m = \frac{1}{n_1+n_2}(m_1 n_1 + m_2 n_2)$$

$$= \frac{m_1 n_1 + m_2 n_2}{n_1+n_2} \text{이다.}$$

(2) $s_1^2 = \frac{1}{n_1}(x_1^2+x_2^2+\cdots+x_{n_1}^2)-m_1^2,$

$s_2^2 = \frac{1}{n_2}(y_1^2+y_2^2+\cdots+y_{n_2}^2)-m_2^2 \text{에서}$

$(x_1^2+x_2^2+\cdots+x_{n_1}^2)=n_1 s_1^2+n_1 m_1^2,$

$(y_1^2+y_2^2+\cdots+x_{y_2}^2)=n_2 s_2^2+n_2 m_2^2 \text{이므로}$

$$s^2 = \frac{1}{n_1+n_2}\Big\{(x_1^2+x_2^2+\cdots+x_{n_1}^2)+$$
$$(y_1^2+y_2^2+\cdots+y_{n_2}^2)\Big\}-m^2$$

$$= \frac{1}{n_1+n_2}(n_1 s_1^2+n_1 m_1^2+n_2 s_2^2+n_2 m_2^2)$$
$$-\left(\frac{m_1 n_1 + m_2 n_2}{n_1+n_2}\right)^2$$

$$= \frac{1}{n_1+n_2}\Big\{n_1 s_1^2+n_2 s_2^2$$
$$+\frac{(n_1+n_2)(n_1 m_1^2+n_2 m_2^2)-(n_1 m_2+n_2 m_2)^2}{n_1+n_2}\Big\}$$

$$= \frac{1}{n_1+n_2}\Big\{n_1 s_1^2+n_2 s_2^2+\frac{n_1 n_2(m_1^2+m_2^2-2m_1 m_2)}{n_1+n_2}\Big\}$$

$$= \frac{1}{n_1+n_2}\Big\{n_1 s_1^2+m_2 s_2^2+\frac{n_1 n_2}{n_1+n_2}(m_1-m_2)^2\Big\}$$

Part 5. 기하

18장 원과 관련된 성질 및 응용

연습문제 실력다지기

01. 답 ①

[풀이] $\triangle ADC \backsim \triangle ABE$이므로

$\overline{AB}:\overline{AD}=\overline{AE}:\overline{AC}$ 이므로

$\overline{AB}\times\overline{AC}=\overline{AD}\times\overline{AE}$ 이다. 답은 ①이다.

02. 답 $A\left(-\dfrac{2\sqrt{3}}{3},\,0\right)$, $C\left(-\dfrac{\sqrt{3}}{3},\,1\right)$

[풀이] AD를 연결하면, $\angle AOD=90°$이므로 AD는
지름이다. 또, $\angle ADO=\angle ABO=30°$ 이다.

따라서 $AO:DO=\sqrt{3}:1$이므로 $AO=2\sqrt{3}$이다.

즉, $A\left(-\dfrac{2\sqrt{3}}{3},\,0\right)$이다.

따라서 점 $C\left(-\dfrac{\sqrt{3}}{3},\,1\right)$이다.

03. 답 ③

[풀이] $\overline{BC}$의 연장선이 원과 만나는 점을 E 라 하자.
$\triangle ABC \backsim \triangle EBD$이므로

$\overline{AB}:\overline{BC}=\overline{BE}:\overline{BD}$, $6:10=5:6+\overline{AD}$ 이다.

따라서 $\overline{AD}=\dfrac{7}{3}$ 이다. 즉, 답은 ③이다.

04. 답 (1) $120°$ (2) $3\sqrt{3}$

[풀이] (1) A와 O를 연장했을 때, 원과 만나는 점을 E
라 하자. $\overline{AE}:\overline{AB}=2:\sqrt{3}$ 이므로

$\angle AEB=60°$, $\angle ACB=120°$이다.

(2) AB를 수직이등분하면서 원의 중심을 지나는 직선
이 원과 만나는 점을 D 로 잡을 때 최대넓이가 된다.

따라서 $S_{최대}=\dfrac{1}{2}2\sqrt{3}\times 3=3\sqrt{3}$ 이다.

05. 답 풀이참조

[풀이] $\triangle ABK \backsim \triangle BNA$, 즉 $AK\cdot BN=AB^2$(일
정)이다.

06. 답 ③

[풀이] $AB = 5$, $BC = 10$, $CD = 11$, $DA = 14$라고 하면, $AB^2 + AD^2 = BC^2 + CD^2$이다.

그러므로 BD는 지름이다.

사각형 $ABCD$의 넓이는 90이다.

즉, 답은 ③이다.

07. 답 풀이참조

[풀이] (1) AC를 연결하면

$\angle CAE = \angle CBA = \angle ACP$이므로

$\overline{AD} = \overline{CD}$이다.

(2) $\angle CAD = \angle ACD = a$라 하고, $\angle DCF = b$라 하면, $a + b = 90°$이므로 $\triangle CDF$의 내각의 총합 $= 180°$를 이용하면 $\angle DCF = \angle CFD$이다.

그러므로 $AD = CD = DF = \dfrac{5}{4}$,

또 $\tan \angle DAP = \tan \angle ECB = \dfrac{3}{4} = \dfrac{DP}{PA}$,

즉, $DP^2 + PA^2 = DA^2$이다.

이를 풀면 $PA = 1$이고,

$DP = \dfrac{3}{4}$, $CP = CD + DP = 2$이다.

직각삼각형 APC와 직각삼각형 CPB의 닮음에서

$PB = \dfrac{PC^2}{AP} = 4$이다.

08. 답 12

[풀이] $\triangle ABD \sim \triangle CPD$이므로, $\dfrac{BD}{DP} = \dfrac{AB}{CP}$이고,

$\triangle ACD \sim \triangle BPD$이므로, $\dfrac{DC}{DP} = \dfrac{AC}{BP}$이다.

두 식을 서로 나누면

$\dfrac{BD}{DC} = \dfrac{BP}{CP} = \dfrac{21}{28} = \dfrac{3}{4}$, $\dfrac{BD}{BC} = \dfrac{3}{7}$.

또 $\triangle ABD \sim \triangle CPD$에서 $\dfrac{PD}{BD} = \dfrac{CP}{AB}\left(= \dfrac{CP}{BC}\right)$이다. 따라서

$PD = \dfrac{CP}{BC} \times BD = \dfrac{BD}{BC} \times CP = \dfrac{3}{7} \times 28 = 12$.

09. 답 풀이참조

[풀이] (1) AE를 연결하면

$\angle ACE = \angle QDE$, $\angle CEA = \angle DEQ$이므로

$\triangle ACE \backsim \triangle QDE$이고, $QD : DE = AC : EC$이다.

즉, $\dfrac{QD}{ED} = \dfrac{AC}{EC}$이다.

(2) $\triangle CPQ \backsim \triangle EPD$이므로 $\dfrac{CP}{PE} = \dfrac{QC}{DE}$이고,

$\triangle QDC \backsim \triangle DEQ$($\because \angle DEQ = \angle QDC$(원주각),

$\angle EDQ = \angle CQD$(엇각))이므로

$QD : DE = QC : DQ$이다.

즉, $QD^2 = QC \times DE$, $QC = \dfrac{QD^2}{DE}$이다.

따라서 $\dfrac{CP}{PE} = \dfrac{QC}{DE} = \dfrac{QD^2}{DE^2} = \dfrac{AC^2}{CE^2}$이다.

즉, $\dfrac{CP}{PE} = \dfrac{QC}{DE} = \dfrac{QC \cdot DE}{DE^2} = \dfrac{QD^2}{DE^2} = \dfrac{AC^2}{CE^2}$

이다.

응용하기

10. 답 풀이참조

[풀이] 점 D에서 변 AC와 변 BC의 연장선에 내린 수선의 발을 각각 E, F라 하자.

피타고라스 정리에 의하여

$AD^2 - CD^2 = (AE^2 + ED^2) - (CE^2 + ED^2)$

$= AC \cdot (AE - CE)$

$\triangle AED$와 $\triangle BFD$에서 $AD = BD$이고,

$\angle AED = \angle BFD = 90°$,

$\angle DAE = \angle DBF$(원주각)이므로,

$\triangle AED \equiv \triangle BFD$(RHA합동)이다.

즉, $AE = BF$이고, $DE = DF$이다.

그러므로 $\triangle CED \equiv \triangle CFD$(RHS합동)이다.

즉, $CE = CF$이다. 따라서

$AD^2 - CD^2 = AC \cdot (AE - CF)$

$= AC \cdot (BF - CF)$

$= AC \cdot BC$

이다. 즉, $AD^2 = AC \cdot BC + CD^2$이다.

11. 🔁 풀이참조

[풀이] (1) $\angle BOC = 120°$이고,

$\angle BHC = 90° + 30° = 120°$이므로

$\angle BOC = \angle BHC$ 이다.

(2) O, B, C, H는 한 원 위에 있으므로

$\angle OBM = \angle OCH$이고,

$OB = OC$, $BM = CH$이므로

$\triangle OBM \equiv \triangle OCH$이다.

(3) $\angle OHM = \dfrac{1}{2}\angle(180° - 120°) = 30°$을 증명하

고, $\triangle OMH$에서 MH에 내린 수선의 발을 P라 하면,

$OP = \dfrac{1}{2}OH$이므로 직각삼각형 OPH에서

$\left(\dfrac{1}{2}MH\right)^2 + \left(\dfrac{1}{2}OH\right)^2 = OH^2,$

$\dfrac{1}{4}MH^2 = \dfrac{3}{4}OH^2$, $\dfrac{MH}{OH} = \sqrt{3}$.

연습문제 실력다지기

01. 🔁 $45°$

[풀이] OC를 연결하면 $\angle AOC = 90° + \angle APC$,

$\angle QCR = 45° - \angle CPQ$이다.

그러므로 $\angle PQC = 45°$이다.

02. 🔁 ①

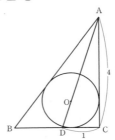

[풀이] $BD = a$라 하면, 내각이등분선의 정리로부터

$AB : AC = BD : DC$가 성립한다. $\therefore AB = 4a$이다.

$AB = 4a$, $BC = a + 1$, $CA = 4$이므로

피타고라스 정리에 의하여

$(4a)^2 = (a + 1)^2 + 4^2$

$16a^2 = a^2 + 2a + 1 + 16$

$15a^2 - 2a - 17 = 0$

$(15a - 17)(a + 1) = 0$

$\therefore a = \dfrac{17}{15}(\because a > 0)$

$S_{\triangle ABC} = \dfrac{1}{2} \times \left(\dfrac{17}{5} + 1\right) \times 4 = \dfrac{64}{5}$

내접원의 반지름을 r이라 하면

$S_{\triangle ABC} = \dfrac{1}{2}\left(\dfrac{68}{15} + \dfrac{32}{15} + 4\right) \times r$ 이다. 그러므로

$\dfrac{64}{5} = \dfrac{80}{5} \times r$, $r = \dfrac{4}{5}$이다. 답은 ①이다.

03. 🔁 (1) $2\sqrt{3}$ (2) $4\sqrt{2}$

[풀이] (1) CD의 중점을 M이라 하고, OM을 연결하

고, $\overline{OA} = 2\sqrt{3}$이다.

(2) OF를 연결하자. $\overline{AF} = 2\sqrt{2}$이고,

$\overline{AF} = \overline{EF}$이므로 $\overline{AE} = 4\sqrt{2}$이다.

04. 답 (1) 풀이참조 (2) ∠BAG

[풀이] (1) BC를 연결하자. ∠CBA = ∠ACD(접현각)이므로 ∠BAC = ∠DAC이다.

(2) 사각형 BGCA가 원에 내접하므로
∠ABG = ∠ACD(내대각)이다.
따라서 ∠DAC = ∠BAG이다.

05. 답 풀이참조

[풀이] AI의 연장선과 원 O와의 교점을 D라 하자. 또, O에서 변 BC에 내린 수선의 발을 E, I에서 변 AB에 내린 수선의 발을 G라 하자. 그러면,
호 $\overparen{BD}$ = 호 $\overparen{DC}$이므로 ∠BAD = ∠CBD(원주각)이다.
$AI = ID$이고, $∠BID = \dfrac{1}{2}(∠A + ∠B) = ∠IBD$
이므로 $AI = ID = BD$이다.
따라서 △AGI ≡ △BED(RHS합동)이다.
즉, $AG = BE = \dfrac{1}{2}BC$이다.
또, $AG = \dfrac{1}{2}(AB + AC - BC)$이므로
$AB + AC = 2BC$이다.

실력 향상시키기

06. 답 ②

[풀이] (A) $OB = OE$이므로
∠OBE = ∠OED = ∠ACB이다.
그러므로 AC // OE이다.
따라서 ∠ADO = ∠DOE(엇각)이다.
그런데 ∠DAO = ∠EOB(동위각)이고
$AO = OD$(반지름)이므로 ∠DOE = ∠BOE이다.
그러므로 $\overparen{DE} = \overparen{BE}$이다. (참)
(B) △ODF와 △OBF에서
OF는 공통, ∠DOF = ∠BOF, $OD = OB$이므로
△ODF ≡ △OBF(SAS합동)이다.
그러므로 ∠ODF = ∠OBF = 90°이다.
즉, FD는 원 O의 접선이다. (참)
(C) ∠C와 ∠DFB가 항상 같다고는 할 수 없다. (거짓)
(D) △ADB와 △OBF가 닮음(AA닮음)이므로
$AD : OB = AB : OF$,
$AD : OF = OB : AB = 2OA^2$이다. (참)

07. 답 풀이참조

[풀이] (1) ∠BAP = ∠BDA이고,
∠BDA = ∠BCA(원주)이므로
∠BAP = ∠BCA이다.
또, ∠BAC + ∠BCA = 90°이므로
∠BAC + ∠BAP = 90°이다.
따라서 AP는 반원 O의 접선이다.

(2) 추가 조건 : $\overparen{AB} = \overparen{BD}$
△BDE 와 △BCD에서
∠DBE = ∠DBC, ∠BED = ∠BDC이므로
△BDE ∽ △BCD(AA닮음)이다.
그러므로 $BD : BC = BE : BD$이다.
즉, $BD^2 = BE \cdot BC$이다.
(3) △ODF와 △ODF가 이등변삼각형이므로
사각형 BOCD는 마름모이다.
그러므로 $BD = AO$이다.
AB // OH이므로 $AB = OD$이다.
따라서 사각형 ABDO는 마름모이다.
직각삼각형 BDH에서 $\overline{DH} = \sqrt{3}$이다.
직각삼각형 OHC와 직각삼각형 PAC가 닮음이므로
$PC = 8$이다.
즉 $PH = PC - HC = 8 - 3 = 5$이다.
따라서 $\tan∠DPC = \dfrac{DH}{PH} = \dfrac{\sqrt{3}}{5}$이다.

08. 답 ①

[풀이] (A), (B), (C), (D) 모두 반례가 존재한다.

09. 답 $2r$

[풀이] BD, BE, OC를 연결하자. AB // CE이므로
$S_{\triangle AEB} = S_{\triangle ACB} = r^2$ ……①이다.
또 $S_{\triangle AEB} = \dfrac{1}{2}AE \cdot BD$ ……②이다.
$\overparen{CD} = \overparen{DB} = 1 : 2$이고, ∠COB = 90°이므로
∠BOD = 60°이다.
그러므로 $OB = OD = DB = r$이다.
따라서 ①, ②에서 $S_{\triangle AEB} = \dfrac{1}{2}AE \cdot r = r^2$이다.
즉, $AE = 2r$이다.

응용하기

10. 🗒 $0 < r < 1$

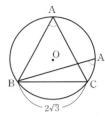

[풀이] 극단적인 경우를 생각하자.

$BC = 2\sqrt{3}$, $\angle A = 60°$인 경우의 삼각형은 중심을 O로 하고 $\angle BOC = 120°$인 원 위에 점 A를 잡은 삼각형이다.

그러므로 r이 가장 큰 경우는 $BC = 2\sqrt{3}$인 정삼각형 ABC이다. 이때, 내접원의 반지름 $r = 1$이다.

따라서 $0 < r < 1$이다.

11. 🗒 풀이참조

[풀이] AE, BE를 연결하면,

$\triangle PAC \backsim \triangle PEA$ (AA닮음)이므로,

$\dfrac{AC}{AE} = \dfrac{PC}{PA}$이다.

같은 이유로 $\dfrac{BC}{BE} = \dfrac{PC}{PB}$이다.

또 $PA = PB$이므로 $\dfrac{AC}{AE} = \dfrac{PC}{PA}$이다.

즉, $\dfrac{AC}{AE} = \dfrac{BC}{BE}$, $\dfrac{AC}{BC} = \dfrac{AE}{BE}$이다.

원 O에서 $\triangle ACD \backsim \triangle EBD$, $\triangle AED \backsim \triangle CBD$를 이용하면

$\dfrac{AC}{BE} = \dfrac{AD}{ED}$, $\dfrac{AE}{BC} = \dfrac{ED}{BD}$이다.

즉, $\dfrac{AC}{BC} \cdot \dfrac{AE}{BE} = \dfrac{AD}{BD}$이다.

그러므로 $\dfrac{AC^2}{BC^2} = \dfrac{AD}{BD}$이다.

20장 직선과 원의 위치관계(Ⅱ)

연습문제 실력다지기

01. 🗒 ②

[풀이] AO의 연장선과 원 O와의 교점을 D라 하자.

그러면 $AB^2 = AC \times AD$이다.

$AC = x$라 하면 $(\sqrt{5})^2 = x(x + 4)$이다.

$x^2 + 4x - 5 = 0$, $x = 1 \, (x > 0)$이다.

02. 🗒 ①

[풀이] $PC = \sqrt{2}$, $PA = 2$, $BC = x$라고 가정하자.

그러면, $PA^2 = PC \times PB$에서

$2^2 = \sqrt{2} \times (\sqrt{2} + x)$이다.

이를 풀면 $x = \sqrt{2}$이다. 즉, $BP : PC = 2 : 1$이다.

$\triangle ABC$와 직선 EDP에서 메넬라우스 정리를 적용하면

$\dfrac{AE}{EB} \times \dfrac{BP}{PC} \times \dfrac{CD}{DA} = 1$, $\dfrac{AE}{EB} \times \dfrac{2}{1} \times \dfrac{2}{1} = 1$

이다. 따라서 $\dfrac{AE}{EB} = \dfrac{1}{4}$이다.

03. 🗒 (1) 풀이참조 (2) $\dfrac{3}{5}\sqrt{5}$

[풀이] (1) $\overline{CD}$를 연결하자.

$\angle BCD = \angle CDO = \angle FDA = a$라 하고,

$\angle CBD = \angle BDO = \angle ADE = b$라 하면

$\angle AFD = 2b$이므로 $\triangle AFD$의 내각의 합이 $180°$이므로 $\overline{AF} = \overline{FD}$, $\overline{DF} = \overline{CF}$이다.

따라서 $\overline{AF} = \overline{CF}$이다.

(2) 원 O의 반지름을 R이라고 할 때,

$\dfrac{R}{R+2} = \dfrac{3}{5}$, $R = 3$이다.

$\dfrac{DF}{EF} = \dfrac{3}{5}$에서 $ED = 2$와 $EF^2 = ED^2 + DF^2$를 이용하여 구하면 $DF = \dfrac{3}{2}$, $EF = \dfrac{5}{2}$이다.

그러므로 $AC = 2AF = 2DF = 3$, 또

$AB = 3\sqrt{5}$를 $AC^2 = AD \cdot AB$에 대입하여 구하면

$AD = \dfrac{3}{5}\sqrt{5}$이다.

04. 답 ②

[풀이] $PC = x$라 하면, $PB \cdot PA = PC \cdot PD$에서
$8 \cdot 20 = x(x+6)$이다.
이를 풀면 $x = 10 (x > 0)$이다.
$\triangle APC$에서 $AP = 20$, $PC = 10$, $\angle APC = 60°$
이므로 $\triangle APC$는 직각삼각형이다.
즉, $AC = 10\sqrt{3}$이다.
또, $\triangle ADC$도 직각삼각형이므로
$AD^2 = AC^2 + CD^2 = 300 + 36 = 336$이다.
즉, $AD = 4\sqrt{21}$이다.
원주각과 중심각 사이의 관계에 의하여 AD가 지름이다.
따라서 $R = 2\sqrt{21}$이다.

05. 답 (1) 풀이참조 (2) $AE = 2\sqrt{2}$, $MG = 4$

[풀이] (1) 직각삼각형 $AEF \backsim$직각삼각형 GEB이므로
$AE : EG = EF : BE$이다.
따라서 $AE \cdot BE = EF \cdot EG$이다.
(2) AD를 연결하면, 직각삼각형 $AEF \backsim$직각삼각형 DEA이므로
$AE = \sqrt{DE \cdot EF} = \sqrt{4 \cdot 2} = 2\sqrt{2}$이다.
서로 만나는 현의 정리로부터
$DE \cdot EM = AE \cdot BE$이다.
또, (1)에서 구한 $DE \cdot EM = EF \cdot EG$로부터
$EG = 8$, $MG = EG - EM = 8 - 4 = 4$이다.

실력 향상시키기

06. 답 (1) 풀이참조 (2) 3

[풀이] (1) $\triangle OAD$가 이등변 삼각형이고,
$\angle DEF = \angle OAP = 90°$이므로
$\angle DFE = \angle FAP$이다. 그런데
$\angle DFE = \angle PFA$ (맞꼭지각)이므로
$\angle PFA = \angle FAP$이다. 즉 $\angle PF = \angle PA$이다.
(2) $PA^2 = PC \cdot PB = (PA - CF) \cdot 2PA$이다.
즉, $PA^2 = 2PA^2 - 3PA$이다.
이를 풀면 $PA = 3$이다.

07. 답 (1) $\dfrac{4}{5}$ (2) $\dfrac{12}{5}\sqrt{5}$

[풀이] (1) OE를 연결하자. 직각삼각형 OEF와 직각삼각형 DAF는 닮음이므로 $AF = 2EF$이다.
이를 $EF^2 = FB \cdot FA$에 대입하면 $EF^2 = 8$이다.
그러므로 $AF = 16$, $AB = 12$, $OF = 10$이다.
따라서 $\cos \angle F = \dfrac{EF}{OF} = \dfrac{4}{5}$이다.

(2) AE를 연결하면 $\triangle BEF$와 $\triangle EAF$는 닮음비가
$1 : 2$인 닮음이다. 즉, $AE = 2BE$이다.
이를 피타고라스 정리 $AE^2 + BE^2 = AB^2$에 대입하면,
$4BE^2 + BE^2 = 12^2$이다.
이를 풀면 $BE = \dfrac{12}{5}\sqrt{5}$이다.

08. 답 (1) 풀이참조 (2) $18\sqrt{5}$

[풀이] (1) 접현각의 성질을 이용하면
$\angle BCD = \angle CAB$이므로
직각삼각형 $BDC \backsim$직각삼각형 BCA이다.
$\dfrac{BC}{AB} = \dfrac{BD}{BC}$이므로 정리하면 된다.
(2) 직각삼각형 $BDC \backsim$직각삼각형 BCA으로 부터
$EC = AC = 6$이고, 직각삼각형 $CED \backsim$직각삼각형
BAC에서 구하면 $AB = 9$이다.
그러므로 $BC = 3\sqrt{5}$이다. $\triangle PCA \backsim \triangle PBC$으로
부터 $PA = \dfrac{2}{\sqrt{5}}PC$이다.
$PC^2 = PA \cdot (PA + 9)$를 풀면
$PC = 18\sqrt{5}$이다.

09. 답 (1) 풀이참조 (2) $3\sqrt{5}$ (3) ①

[풀이] (1) $AO_1 // OB$이므로
$\angle OBA = \angle BAO_1 = \angle ABO_1$이다.
따라서 성립한다.
(2) $\dfrac{DB}{O_1D} = \dfrac{OD}{AD} = \dfrac{2}{5}$, $DB = 2k$라고 하면,
$O_1D = 5k$, $O_1A = O_1B = 3k$이다.
이를 $O_1A^2 + AD^2 = O_1D^2$에 대입하여 풀면
$k = \dfrac{5}{6}$이다. 그러므로 $O_1A = O_1B = \dfrac{5}{2}$,

$DB = \dfrac{5}{3}$, $OB = 1$이다.

이를 $OA^2 = OB \cdot OC$에 대입하여 풀면
$OC = 4$이다. 또한 $BC = 3$, $AB = \sqrt{5}$ 이다.
$\triangle ABF \backsim \triangle EBC$로부터
$BE \cdot BF = BC \cdot AB = 3\sqrt{5}$ 를 구한다.

(3) MB 위에 $MG = BN$이 되는 점 G를 잡는다. 점 A에서 BN의 연장선에 내린 수선의 발을 H라 하면
$AH = AD \cdot \cos \angle DAH = AD \cdot \angle BDO$
$\qquad = \dfrac{10}{3} \times \dfrac{3}{5} = 2$

이다. 즉, $AM = AO$이다.

또, $\angle AMO = \angle ANH$ (원주각),
$\angle MOA = \angle NHA = 90°$이므로
$\triangle MOA \equiv \triangle NHA$이다. 즉, $MA = NA$이다.
$\triangle AMG$와 $\triangle ANB$에서 $MA = NA$,
$\angle AMG = \angle ANB$ (원주각), $MG = NB$이므로
$\triangle AMG \equiv \triangle ANB$이다. 즉, $AG = AB$이다.
또 $BG = 2 \cdot BO = 2$이다.
따라서 $BM - BN = BM - MG = BG = 2$이다.
즉, ①이 맞다.

응용하기

10. 📖 풀이참조
[풀이] $\triangle AED \backsim \triangle CEF$이므로
$DE : EF = AE : EC$이고, $\triangle AEP \backsim \triangle CED$이므로 $AE : EC = EP : DE$이다.
즉 $DE : EF = EP : DE$이다.
$DE^2 = EF \cdot EP$, 또 $EG^2 = EF \cdot EP$이다.
그러므로 $DE^2 = EG^2$이다. 즉 $DE = EG$이다.

11. 📖 (1) $y = -x^2 - \dfrac{4}{3}\sqrt{3}\,x + 4$ (2) $\dfrac{3 + \sqrt{3}}{4}$

$\qquad$ (3) $u = 3t\left(0 < t \le \dfrac{2\sqrt{3}}{3}\right)$

[풀이] (1) 방정식의 두 근은 k, $-3k$이다.
원의 비례 성질에 의하여 $OA \cdot OB = OD \cdot OF$이고,
또 $OD = OF$이므로 이를 이용하여 풀면
$k = \dfrac{2}{3}\sqrt{3}$ ($k > 0$이므로 $-\dfrac{2}{3}\sqrt{3}$ 는 버린다.)이다.

따라서 $y = -x^2 - \dfrac{4}{3}\sqrt{3}\,x + 4$이다.

(2) GE를 연결하면, $AO = 2\sqrt{3}$,
$AB = \dfrac{8}{3}\sqrt{3}$, $EG = \dfrac{4}{3}\sqrt{3}$, $OC = 4$이다.
직각삼각형 PGE $\backsim$ 직각삼각형 POC이므로
$\dfrac{PG}{PO} = \dfrac{EG}{CO} = \dfrac{\sqrt{3}}{3}$이다.

이를 $PG^2 = PA \cdot PB = PA \cdot \left(PA + \dfrac{8}{3}\sqrt{3}\right)$에 대입하여 정리하면
$PO = PA + AO = PA + 2\sqrt{3}$ 이다.
이를 풀면 $PA = 3 - \sqrt{3}$이다. 그러므로
$\tan \angle PCO = \dfrac{PO}{OC} = \dfrac{PA + AO}{OC} = \dfrac{3 + \sqrt{3}}{4}$이다.

(3) $\triangle PGH \backsim \triangle PCO$이므로 $\dfrac{GH}{CO} = \dfrac{PH}{PO}$이다.

$\triangle PMH \backsim \triangle PFO$이므로 $\dfrac{HM}{OF} = \dfrac{PH}{PO}$이다.

즉, $\dfrac{GH}{CO} = \dfrac{HM}{OF}$, $CO = 4$이므로 $OF = 2$이다.

즉, $HM = \dfrac{1}{2}GH = \dfrac{1}{2}HN = MN$, $GM = 3MN$이다. 따라서 $u = 3t\left(0 < t \le \dfrac{2\sqrt{3}}{3}\right)$이다.

21^장 원과 원의 위치관계

연습문제 실력다지기

01. 답 ④

[풀이] MN의 연장선과 DC, AB와의 교점을 각각 Q, R이라 하고, $DQ = y$, $MP = x$라 하자.

그러면 $x^2 + y^2 = 1$이다.

또 직사각형 $DARQ$의 넓이는 반원 O_1의 넓이와 같다.

따라서 $2y = \dfrac{\pi}{2}$, $y = \dfrac{\pi}{4}$이다.

$x^2 + y^2 = 1$에 대입하면

$x = \sqrt{1 - \dfrac{\pi^2}{16}} = \dfrac{\sqrt{16 - \pi^2}}{4}$이다.

따라서 $MN = 2x = \dfrac{1}{2}\sqrt{16 - \pi^2}$이다.

즉, ④가 답이다.

02. 답 $\dfrac{a^2}{6}\,cm^2$

[풀이] O_1의 반지름은 $\dfrac{a}{4}$이고, O_3의 반지름을 x라 하면, $O_1O_3^{\,2} = OO_1^{\,2} + OO_3^{\,2}$,

$\left(\dfrac{a}{4} + x\right)^2 = \left(\dfrac{a}{4}\right)^2 + \left(\dfrac{a}{2} - x\right)^2$

이다. 이를 풀면 $x = \dfrac{a}{6}$이다.

사각형 $O_1O_4O_2O_3$의 넓이는 $\dfrac{a}{2} \times \dfrac{2a}{3} \times \dfrac{1}{2} = \dfrac{a^2}{6}$이다.

03 답 풀이참조

[풀이] (1) CE를 연결하자.

가정에서 $\angle BAD = \angle DAC$이다.

$\angle DEF = \angle FEA$ (공통)이다.

$\angle DFE = \angle DCE$ (원주각),

$\angle DCE = \angle BAE = \angle EAF$이므로

$\angle DFE = \angle EAF$이다.

그러므로 $\triangle AEF \backsim \triangle FED$이다.

(2) $EF : AE = DE : EF$이므로 $EF : 9 = 3 : EF$이다. 이를 풀면 $EF = 3\sqrt{3}$이다.

(3) $DF /\!/ BE$이므로 $\angle FDE = \angle DEB$이다.

$\angle ABE = \angle ECF$ (내대각),

$\angle ECF = \angle FDE$ (원주각)이므로

$\angle ABE = \angle AEB$이다.

즉, $\triangle ABE$는 이등변삼각형이다.

04. 답 $\dfrac{1}{2}$

[풀이] BP를 연결하고 연장선 AD와 만나는 점은 E, CP를 연결하고 연장선 AB와 만나는 점은 M, DA의 연장선과 만나는 점을 F라 하자.

원과 비례의 성질에 의하여 $MA^2 = MP \cdot MC$이고, 직각삼각형의 닮음으로부터 $MB^2 = MP \cdot MC$이다.

두 식으로 부터 $MA = MB$이다.

삼각형 CBM과 삼각형 BPM과 삼각형 BAE가 닮음 (AA닮음)이므로 $BM : BC = AE : AB = 1 : 2$이다.

즉, $AE = MB = \dfrac{1}{2}a$이다.

직각삼각형 $MAF \backsim$ 직각삼각형 MCB이고, M은 AB의 중점이므로, $AF = BC = AD = a$이다.

직각삼각형 $FPE \backsim$ 직각삼각형 CPB이고, $\triangle FPA \backsim \triangle CPN$이므로,

$\dfrac{NC}{AF} = \dfrac{CP}{PE} = \dfrac{BC}{EF}$이다.

그러므로 $NC = AF \cdot \dfrac{BC}{EF} = \dfrac{2}{3}a$이다.

따라서 $BN = a - \dfrac{2}{3}a = \dfrac{1}{3}a$이다.

05. 답 풀이참조

[풀이] (1) 그림에서 AB를 연결하자. 그러면

$\angle CEB = \angle BAD$ (내대각),

$\angle DAB + \angle BFD = 180°$이다.

따라서 $\angle CEB + \angle BFD = 180°$이다.

즉, $CE /\!/ DF$이다.

(2) EO_1의 연장선과 원 O_1과의 교점을 H라 하자.

그러면 $EH \perp AB$이다.

또, EO_1의 연장선은 원 O_2의 중심을 지나므로 $EH \perp DF$이다.

$MN /\!/ DF$이므로 $EH /\!/ MN$이다.

따라서 MN은 원 O_1의 접선이다.

06. 답 (1) 풀이참조 (2) 32

[풀이] (1) OE를 연결하면 $AE \perp OE$이다.

그러므로 AE는 원 O의 접선이다.

(2) $AE^2 = AB \cdot AC$에서 $AC = 18$이다.

그러므로 원 O의 반지름 $= (18 - 2) \div 2 = 8$,

원 O_1의 반지름 $= (8 + 2) \div 2 = 5$이다.

직각삼각형 $AOE \infty$직각삼각형 ODG이므로

$\dfrac{AE}{OG} = \dfrac{OE}{DG} = \dfrac{AO}{OD}$이다. 즉, $\dfrac{6}{8} = \dfrac{8}{DG} = \dfrac{10}{OD}$이다. 그러므로 $DG = \dfrac{32}{3}$, $OD = \dfrac{40}{3}$이다.

$\triangle ODG$의 둘레의 길이 $= 8 + \dfrac{32}{3} + \dfrac{40}{3} = 32$이다.

07. 답 풀이참조

[풀이] (1) $\angle ABC = 90°$이므로 AC는 원의 중심 O_1을 지난다.

(2) (a) O_1, O_2는 각각 AC, AD의 중점이므로 삼각형 중점연결정리에 의하여 $O_1O_2 // CD$이다.

즉, $O_1O_2 // CB$이다.

또, $O_1O_2 = \dfrac{1}{2}CD = BC$ ($\because \triangle ACD$가 이등변삼각형)이다.

따라서 사각형 O_1CBO_2는 평행사변형이다.

(b) (i) E가 열호 $\overset{\frown}{CM}$ 위에 있을 때,

$AE \geq AM > AB$($\because$점 O_1이 원 O_2밖에 있으므로)

(ii) E가 열호 $\overset{\frown}{CB}$ 위에 있을 때, $AE > AB$이다.

따라서 $AE > AB$이다.

08. 답 풀이참조

[풀이] PA, PB, PE를 연결한다.

$PA = PB$이므로 $\angle ACP = \angle BCP$ (원주각)이다.

$\angle BPC = \angle PAE$ (내대각)이므로

$\angle PBF = \angle PFB = \angle PAE = \angle PEA$이다.

$\angle PGB = \angle DFC$ (내대각)이므로

$\angle PGB = \angle PBG = \angle DFC$이다.

$\triangle CEG$와 $\triangle CBG$의 내각을 비교하면

$\angle PEG = \angle PGE = \angle PGB = \angle PBG$이다.

따라서 $\triangle CDF$와 $\triangle CEG$는 닮음이다.

즉, $DF : EG = CD : CE$이다.

그러므로 $DF \cdot CE = EG \cdot CD$이다.

09. 답 풀이참조

[풀이] (1) $\triangle ABD$의 외접원 O를 그린다. 점 A에서의 원 O의 접선을 l이라 하자. OA의 연장선과 $\triangle AEC$의 외접원 O_1의 교점을 P라 하자. (점P ≠ 점 A)

l과 DE의 교점을 G라 하자. $OA \perp l$이므로 $AP \perp l$이다.

또 $\angle ABD + \angle ACE = \angle CAF = \angle DAE$이고

$\angle ABD = \angle DAG$ (접현각)이므로

$\angle ACE = \angle EAG$이다.

그러므로 l은 $\triangle AEC$의 외접원 O_1의 접선이다.

따라서 원 O와 원 O_1은 접한다.

(2) BA 위의 점 F가 원 O_1위의 점이라고 하자.

DA의 연장선 원 O_1과의 교점을 H라 하면 맞꼭지각과 접현각의 성질에 의하여

$\angle BAD = \angle HAF$, $\angle ABDE = \angle HFA$가 되고 원 O와 원 O_1의 반지름의 비가 $2 : 1$이므로 $\triangle BAD$와 $\triangle FAH$는 닮음비가 $2 : 1$인 닮음이다.

즉, $AF = 2$이다. 또 할선정리에 의하여

$BD \times BF = BE \times BC$이다.

즉, $4 \times 6 = BE \times 6$이다.

그러므로 $BE = 4$이다.

10. 답 풀이참조

[풀이] (1) AB, AC가 각각 원 O_1, 원 O_2의 지름이고 $\angle BO_2A = 90°$이므로 $\triangle AGO_2$와 $\triangle ACD$는 닮음이다. 즉, $\angle AGO_2 = \angle ACD$이다.

또, $\angle AGO_2 = \angle BGD$ (맞꼭지각)이므로

$\angle BGD = \angle ACD$이다.

(2) 원주각과 중심각 사이의 관계에 의하여

$\angle DAC = 22.5°$이다. 또 $O_2B = O_2C$ (반지름)이므로

$\angle ADO_2 = 22.5°$이다.

$\angle ABD = \angle CO_2D = 45°$ (내대각)이므로

$\angle BAD = 45°$이다. 따라서 $\angle AFD = 22.5°$이다.

즉, $AD = AF$이다.

(3) $CD = k$라고 하자. 그러면 $BF = 6CD = 6k$이다.
AE를 연결하면 $\angle EAD = 90°$이므로
$AE /\!/ BC$이다. 즉, $AE : BD = AF : BF$이다.
그러므로 $AE \cdot BF = BD \cdot AF \cdots\cdots$①이다.
또, $\triangle AO_2E \equiv \triangle DO_2C$이므로
$AE = CD = k$이다.
또, $BO_2 \perp AC$, $AO_2 = O_2C$이므로 $AB = BC$이다.
그러므로 ①에서
$k \cdot 6k = (BC - k) \cdot (6k - BC)$
이다. 이를 정리하여 풀면 $BC = 3k$ 또는 $4k$이다.
(i) $BC = 3k$일 때, $BD = 2k$이다.
비에트의 정리(근과 계수와의 관계)에 의하여
$BD + BF = 4m + 2$ 즉, $8k = 4m + 2$이고,
$BD \cdot BF = 4m^2 + 8$ 즉, $12k^2 = 4m^2 + 8$이다.
두 식을 연립하여 정리하면
$4m^2 - 12m + 29 = 0$,
그런데 판별식 $\triangle < 0$이므로 $BC \neq 3k$이다.
(ii) $BC = 4k$일 때, $BD = 3k$이다.
비에트의 정리(근과 계수와의 관계)에 의하여
$BD + BF = 4m + 2$ 즉, $9k = 4m + 2$이고,
$BD \cdot BF = 4m^2 + 8$ 즉, $18k^2 = 4m^2 + 8$이다.
두 식을 연립하여 정리하면
$m^2 - 8m + 16 = 0$, $(m-4)^2 = 0$이 되어 $m = 4$이다. 즉, $k = 2$이다.
따라서 $BD = 6$, $BF = 12$이다.

11. 🔲 풀이참조
[풀이] (1) AG와 FG를 연결하자. 또한, O, O_1, G는 한 직선 위에 있다(∵ 두 원이 내접하므로)
$\overline{FO_1} /\!/ \overline{AO}$이므로 $\triangle FO_1G \backsim \triangle AOG$이다.
따라서 A, F, G는 하나의 직선에 있다.
(2) BG를 연결하면
직각삼각형 $ADF \backsim$직각삼각형 AGB이므로
$AF \cdot AG = AD \cdot AB$이다.
또 $AE^2 = AF \cdot AG$, $AC^2 = AD \cdot AB$,
$AE^2 = AC^2$이므로 $AE = AC$이다.

연습문제 실력다지기

01. 🔲 ①
[풀이] $\tan A = \dfrac{5}{12}$이므로 $AC = 12$라고 $BC = 5$하면
$AB = 13$이다. 따라서 $\sin A = \dfrac{BC}{AB} = \dfrac{5}{13}$이다.
즉, 답은 ①이다.

02. 🔲 16
[풀이] 점 A에서 변 BC에 내린 수선의 발을 D라고 하면 $AC = 10$, $\sin C = \dfrac{4}{5}$이므로 $AD = 8$이다.
또 $\sin B = \dfrac{AD}{AB} = \dfrac{8}{AB}$이고,
$\sin B = \sin 30° = \dfrac{1}{2}$이므로 $AB = 16$이다.

03. 🔲 $(200 + 160\sqrt{3})$m
[풀이] 점 B에서 AD, CD에 내린 수선의 발을 각각 E, F라고 하면 $CD = BE + CF$이다.
$BE = AB \cdot \sin A = 400 \times \sin 30°$
$\qquad = 400 \times \dfrac{1}{2} = 200$,
$CF = BC \cdot \sin \angle ABF = 320 \times \sin 60°$
$\qquad = 320 \times \dfrac{\sqrt{3}}{2} = 160\sqrt{3}$이다.
따라서 $CD = 200 + 160\sqrt{3}$이다.

04. 🔲 위험성이 있다.
[풀이] 점 C에서 AB의 연장선에 내린 수선의 발 D라고 하자. $BD = x$라 하면 삼각비에 의하여
$AD = \sqrt{3}x$이다. $\tan 30° = \dfrac{1}{\sqrt{3}}$이므로
$AD = 3x$이다. 그러므로 $3x = 6 + x$이다.
$AD = 3\sqrt{3} = 3 \times 1.732 = 5.196$이다.
$AD = 5.196$은 6보다 작으므로 배가 동쪽으로 향하면 암석에 부딪힐 위험성이 있다.

05. 冒 (1) $ME = 12.85m$

　　(2) $S = \dfrac{1}{2}(15.5 + \dfrac{h}{i_2} - \dfrac{h}{i_1})h$

[풀이] (1) $ME = MN + NE = DF + NE$

$= 7.75 + NE$이다.

$NE = \dfrac{h}{i_2} = 1.7 \times 3 = 5.1$이다.

따라서 $ME = 12.85\,(m)$이다.

(2) $DF = 7.75$,

$CE = MN + NE - MC = 7.75 + \dfrac{h}{i_2} - \dfrac{h}{i_1}$이다.

따라서 $S = \dfrac{1}{2}(15.5 + \dfrac{h}{i_2} - \dfrac{h}{i_1})h$이다.

실력 향상시키기

06. 冒 올려놓을 수 있다.

[풀이] EB의 연장선과 AH와의 교점을 k라 하면,

$AC = DC \times \tan 59° = 3 \times 1.6643 = 4.9929$,

$CG = 3$, $KH = 2$,

$AK = AB \times \sin 59° = 20.5728$이다.

$GH = KH + AK - AC - CG = 14.5799$이다.

즉, $GH > 14$이므로 올려놓을 수 있다.

07. 冒 (1) $y = -\dfrac{1}{12}(x-4)^2 + 3$ 또는

　　　　$y = -\dfrac{1}{12}x^2 + \dfrac{2}{3}x + \dfrac{5}{3}$

　　　(2) 맞출 수 있다.

[풀이] (1) 꼭짓점 $E(4, 3)$이고, y절편 $D(0, \dfrac{5}{3})$이므

로 $y = a(x-4)^2 + 3$에 $(0, \dfrac{5}{3})$를 대입하면

$a = -\dfrac{1}{12}$이다. 따라서 $y = -\dfrac{1}{12}(x-4)^2 + 3$이다.

(2) 점 C의 좌표를 a라 하면

$$\dfrac{-\dfrac{1}{12}(a-4)^2 + 3}{a} = \dfrac{9}{28}, \quad \dfrac{-\dfrac{1}{12}(a-4)^2 + 3}{a-1} = \dfrac{3}{8}$$

이다. 즉, $\dfrac{9}{28}a = \dfrac{3}{8}(a-1)$이다.

이를 풀면 $a = 7$이다. 점 C의 좌표는 $(7, \dfrac{9}{4})$이다. 또

$C(7, \dfrac{9}{4})$는 $y = -\dfrac{1}{12}(x-4)^2 + 3$ 위의 점이다. 따

라서 맞출 수 있다.

08. 冒 존재한다.

[풀이] $\cos B = \dfrac{3}{5}$, $b - a = 3$이므로 $a = 9$, $b = 12$,

$c = 15$이다. 이차방정식의 두 근을 x_1, x_2라 하면

비에트의 정리(근과 계수와의 관계)에 의하여

$x_1 + x_2 = 3(m+1)$, $x_{1}x_{2} = m^2 - 9m + 20$이다.

$x_1^2 + x_2^2 = (x_1 + x_2)^2 - 2x_1 x_2$,

$15^2 = 9(m+1)^2 - 2(m^2 - 9m + 20)$

이다. 이를 풀면 $m = 4$이다. (m은 정수)

09. 冒 (1) $4:1$　(2) $\dfrac{1}{3}$

[풀이] (1) $\triangle ACE$와 $\triangle ADC$가 닮음이므로

$AC^2 = AE \cdot AD$, $CD^2 = DE \cdot AD$이다.

$AC^2 = (2CD)^2 = 4CD^2$이므로

$AE : DE = 4 : 1$이다.

(2) 점 D에서 변 AB에 내린 수선의 발을 G라 하면,

$\angle B = 45°$이므로 $DG = GB$이다.

$GB = a$라 하면, $GD = a$ $DB = \sqrt{2}a$,

$CB = 2\sqrt{2}a$, $AB = 4a$가 된다.

따라서 $\angle B = 45°$이다.

응용하기

10. 冒 24

[풀이] $x^2 - 2(a+b)x + 2ab + c^2 = 0$이 중근을 가지므

로 판별식 $\triangle/4 = (a+b)^2 - 2ab - c^2 = 0$이다.

즉, $a^2 + b^2 = c^2$이다.

따라서 $\triangle ABC$는 $\angle C = 90°$인 직각삼각형이다.

$(m+5)x^2 - (2m-5)x + m - 8 = 0$에서 비에트의

정리에 의하여

$\sin \angle A + \sin \angle B = \dfrac{2m-5}{m+5}$,

$\sin \angle A \cdot \sin \angle B = \dfrac{m-8}{m+5}$

이다. 또, $\angle C = 90°$이므로 $\sin \angle B = \cos \angle A$이

다.

$\sin^2 \angle A + \cos^2 \angle A = 1$이므로

$\left(\dfrac{2m-5}{m+5}\right)^2 - 2 \cdot \dfrac{m-8}{m+5} = 1$ 이다.

이를 정리하면
$$(2m-5)^2 - 2(m-8)(m+5) = (m+5)^2,$$
$m^2 - 24m + 80 = 0$이다.

이를 풀면 $m = 4$ 또는 20이다.

$m = 4$이면 $\sin\angle A \cdot \sin\angle B < 0$이 되어 모순이다.

따라서 $m = 20$이다.

$\triangle ABC$의 외접원의 넓이가 25π이므로

외접원의 반지름 $R = 5$이다. 즉, 지름은 10이다.

따라서 $c = 10$이다.

또, $\sin\angle A + \sin\angle B = \dfrac{7}{5}$,

$\sin\angle A + \sin\angle B = \dfrac{12}{25}$이므로

$\sin\angle A = \dfrac{4}{5}$, $\sin\angle B = \dfrac{3}{5}$($\because a > b$)이다.

따라서 $a = 8$, $b = 6$이다.

그러므로 $\triangle ABC$의 둘레의 길이는 24이다.

11. 🈂 풀이참조

[풀이] (1)

$$S = \frac{\sqrt{3}}{4}(1 - (1-z)x - (1-x)y - (1-y)z)$$

$$= \frac{\sqrt{3}}{4} - \frac{\sqrt{3}}{4}(x+y+z - xy - yz - zx)$$

$$= \frac{\sqrt{3}}{4}(xy + yz + zx)$$

(2) $x^2 + y^2 + z^2 - xy - yz - zx \geq 0$이므로

$(x+y+z)^2 - 3(xy+yz+zx) \geq 0$이다.

따라서 $xy + yz + zx \leq \dfrac{1}{3}$이고,

$$S = \frac{\sqrt{3}}{4}(xy+yz+zx) \leq \frac{\sqrt{3}}{12}$$

(단, 등호는 $x = y = z = \dfrac{1}{3}$일 때이다.)

Part 6. 종합

23강 특수한 고차 부정 방정식

01. 🈂 (1) 32 또는 36　(2) 2쌍　(3) 4쌍

[풀이] (1) $x^2 + y^2 + 4y - 96 = 0$을 변형하면

$x^2 + (y+2) = 10^2$이다.

이는 $x = 6$, $y + 2 = 8$ 또는 $x = 8$, $y + 2 = 6$인 경우만 존재한다.

즉, $x = 6$, $y = 6$ 또는 $x = 8$, $y = 4$이다.

따라서 $xy = 32$ 또는 36이다.

(2) $4x^2 - 2xy - 12x + 5y + 11 = 0$을 변형하면

$y = 2x - 1 + \dfrac{6}{2x-5}$이다.

그러므로 $2x - 5$가 6의 약수이어야 한다.

또, 홀짝성에 의하여 $2x - 5$는 ± 1, ± 3만 가능하다.

즉, $x = 3$, 2, 4, 1이 가능하다.

이때, $y = 11$, -3, 9, -1이다.

x, y는 양의 정수이므로 $(x, y) = (3, 11)$, $(4, 9)$만 가능하다.

(3) $y = \dfrac{x+3}{x+1} = 1 + \dfrac{2}{x+1}$이므로 $x + 1$은 2의 약수이다.

$x + 1 = \pm 1$, ± 2이므로 $x = 0$, -2, 1, -3이다.

이때, $(x, y) = (0, 3)$, $(-2, -1)$, $(1, 2)$, $(-3, 0)$이다.

02. 🈂 (1) 3쌍　(2) 1쌍

[풀이] (1) $n^2 - m^2 = 3995$이므로,

$(n-m)(n+m) = 3995 = 5 \times 17 \times 47$이다.

$$\begin{cases} n - m = 1 \\ n + m = 5 \times 17 \times 47 \end{cases} \cdots ①,$$

$$\begin{cases} n - m = 5 \\ n + m = 17 \times 47 \end{cases} \cdots ②,$$

$$\begin{cases} n - m = 17 \\ n + m = 5 \times 47 \end{cases} \cdots ③,$$

$$\begin{cases} n - m = 47 \\ n + m = 5 \times 17 \end{cases} \cdots ④$$

이다. 식 ①을 풀면 $n = 1998$, $m = 1997$이다. 조건에 맞지 않는다.

식 ②를 풀면 $n = 402$, $m = 397$이다. 조건에 맞는다.

식 ③을 풀면 $n = 126$, $m = 109$이다. 조건에 맞는다.

식 ④를 풀면 $n = 66$, $m = 19$이다. 조건에 맞는다.

(2) $(2x+y)(x-2y)=98=2\times7^2$이므로

$$\begin{cases} 2x+y=98 \\ x-2y=1 \end{cases} \cdots ① \, , \quad \begin{cases} 2x+y=49 \\ x-2y=2 \end{cases} \cdots ② \, ,$$

$$\begin{cases} 2x+y=14 \\ x-2y=7 \end{cases} \cdots ③$$

이다. 식 ①, ③을 풀면 조건에 맞지 않는다.

식 ②에서 $(x,\,y)=(20,\,9)$이다.

03. 답 $n=10$ 또는 11

[풀이] $1+2+\cdots+n=\dfrac{n(n+1)}{2}=11\times a$이므로

$n(n+1)=22\times a=11\times2a$이다.

그러므로 $2a=10$ 또는 12이다. 즉, $a=5$ 또는 6이다. 따라서 $n=10$ 또는 11이다.

04. 답 5쌍

[풀이] $xy+42=9y$, $y=\dfrac{42}{9-x}$이다.

$9-x$가 42의 약수이고, $y>0$이므로 $x<9$이다.

$9-x=1$, 2, 3, 6, 7이고, 이때, $y=42$, 6, 14, 7, 6이다.

따라서 $(x,\,y)=(8,\,42)$, $(7,\,6)$, $(6,\,14)$, $(3,\,7)$, $(2,\,6)$이다.

05. 답 2개

[풀이] 밑변을 a, 높이를 b, 빗변을 $x-a-b$라 하자.

그러면, $\dfrac{ab}{2}=x$이고, 피타고라스 정리에 의하여 $\left(\dfrac{ab}{2}-a-b\right)^2=a^2+b^2$이다. 이를 정리하고 $\dfrac{4}{ab}$를 곱하면 $ab-4a-4b+8=0$이다.

이 부정방정식은 $(a-4)(b-4)=8$이다.

이를 풀면, $(a,\,b)=(8,\,6)$, $(12,\,5)$이다.

세 변의 길이가 6, 8, 10인 직각삼각형과 5, 12, 13인 직각삼각형 2개가 있다.

실력 향상시키기

06. 답 (1) $(x,\,y)=(485,\,5)$, $(29,\,29)$ (2) 63

[풀이] (1) $19x+97y=4xy$에서

$16xy-4\times19x-4\times97+19\times97=19\times97$,

$(4x-97)(4y-19)=19\times97$이다.

$$\begin{cases} 4x-97=19\times97 \\ 4y-19=1 \end{cases} \cdots ① \, ,$$

$$\begin{cases} 4x-97=97 \\ 4y-19=19 \end{cases} \cdots ② \, ,$$

$$\begin{cases} 4x-97=19 \\ 4y-19=97 \end{cases} \cdots ③ \, ,$$

$$\begin{cases} 4x-97=1 \\ 4y-19=19\times97 \end{cases} \cdots ④$$

식 ①을 풀면 $(x,\,y)=(485,\,5)$이다.

식 ②는 양의 정수해가 존재하지 않는다.

식 ③을 풀면 $(x,\,y)=(29,\,29)$이다.

식 ④는 양의 정수해가 존재하지 않는다.

따라서 주어진 방정식을 만족하는 양의 정수해는 $(x,\,y)=(485,\,5)$, $(29,\,29)$이다.

(2) $x^2+y^2=1997$이다. 1997을 4로 나누면 나머지가 1이므로 x, y 중 하나는 홀수이고, 다른 하나는 짝수이다.

$1997=34^2+29^2$이므로 $x+y=34+29=63$이다.

07. 답 (1) 15

(2) $(7,\,84)$, $(6,\,36)$, $(5,\,18)$, $(4,\,12)$, $(2,\,4)$

[풀이] (1) 준식에서 $6ab-9a+10b=303$,

$3a(2b-3)+5(2b-3)=288$,

$(3a+5)(2b-3)=288$이다.

그런데, $288=2^5\times3^2$이고, $2b-3$은 홀수이므로 다음과 같이 나눌 수 있다.

$$\begin{cases} 3a+5=288 \\ 2b-3=1 \end{cases} \cdots ① \, , \quad \begin{cases} 3a+5=96 \\ 2b-3=3 \end{cases} \cdots ② \, ,$$

$$\begin{cases} 3a+5=32 \\ 2b-3=9 \end{cases} \cdots ③ \, , \quad \begin{cases} 3a+5=-288 \\ 2b-3=-1 \end{cases} \cdots ④ \, ,$$

$$\begin{cases} 3a+5=-96 \\ 2b-3=-3 \end{cases} \cdots ⑤ \, , \quad \begin{cases} 3a+5=-32 \\ 2b-3=-9 \end{cases} \cdots ⑥$$

식 ③만 정수해 $a=9$, $b=6$을 갖고,

나머지 식 ①, ②, ④, ⑤, ⑥은 정수해를 갖지 않는다.

따라서 $a+b=15$이다.

(2) $\dfrac{2}{x} - \dfrac{3}{y} = \dfrac{1}{4}$ 에서, $8y - 12x = xy$,

$xy - 8y + 12x = 0$,

$y(x-8) + 12(x-8) = -96$,

$(y+12)(x-8) = -96$ 이다.

$96 = 2^5 \times 3$ 이고, x, y가 양의 정수이므로

$x - 8 \leq -1$, $y + 12 \geq 13$ 이다.

그러므로 다음과 같이 나눌 수 있다.

$\begin{cases} y+12 = 96 \\ x-8 = -1 \end{cases} \cdots ①$, $\begin{cases} y+12 = 48 \\ x-8 = -2 \end{cases} \cdots ②$,

$\begin{cases} y+12 = 32 \\ x-8 = -3 \end{cases} \cdots ③$, $\begin{cases} y+12 = 24 \\ x-8 = -4 \end{cases} \cdots ④$,

$\begin{cases} y+12 = 16 \\ x-8 = -6 \end{cases} \cdots ⑤$

식 ①, ②, ③, ④, ⑤를 풀면, 각각 양의 정수해

(x, y)는 $(7, 84)$, $(6, 36)$, $(5, 18)$, $(4, 12)$,

$(2, 4)$이다.

08. 답 (1) 2 (2) 16, 30, 34

[풀이] (1) 준식에서 $4x^2y^2 - 2x^2 - 3y^2 + 1 = 0$,

$8x^2y^2 - 4x^2 - 6y^2 + 2 = 0$,

$4x^2(2y^2 - 1) - 3(2y^2 - 1) = 1$,

$(4x^2 - 3)(2y^2 - 1) = 1$ 이다.

$\begin{cases} 4x^2 - 3 = 1 \\ 2y^2 - 1 = 1 \end{cases} \cdots ①$, $\begin{cases} 4x^2 - 3 = -1 \\ 2y^2 - 1 = -1 \end{cases} \cdots ②$

식 ①에서, $x^2 = 1$, $y^2 = 1$이 되어 $x^2 + y^2 = 2$이다.

식 ②에서는 정수해가 존재하지 않는다.

따라서 $x^2 + y^2 = 2$이다.

(2) 직각삼각형에서 밑변을 a, 높이를 b라 하면, 빗변은

$80 - a - b$이다.

피타고라스 정리에 의하여 $(80 - a - b)^2 = a^2 + b^2$이

다. 이를 정리하면, $ab - 80a - 80b + 3200 = 0$,

$(a - 80)(b - 80) = 3200$이다.

그런데, a, b는 모두 80보다 작으므로,

$3200 = 50 \times 64$를 이용하면, $a - 80 = -50$,

$b - 80 = -64$만 가능하다.(a와 b가 바뀐 것은 같은

것으로 본다.)

따라서 $a = 30$, $b = 16$이다. 즉, 직각삼각형의 세 변의

길이는 30, 16, 34이다.

09. 답 (1) 2쌍 (2) 6쌍

[풀이] (1) 식 ①에서 $y(x+z) = 63$이고, 식 ②에서

$z(x+y) = 23$이다.

식 ②에서 $z = 1$, $x + y = 23$이다. 이를 식 ①에 대입

하면,

$(23 - x)(x + 1) = 63$, $-x^2 + 22x - 40 = 0$,

$x^2 - 22x + 40 = 0$, $(x-2)(x-20) = 0$이다.

그러므로 $x = 2$, $x = 20$이다.

따라서 주어진 조건을 만족하는 해는

$(x, y, z) = (2, 21, 1)$, $(20, 3, 1)$이다.

즉, 2쌍이다.

(2) 항등식 $x^3 + y^3 + z^3 - 3xyz$

$= (x+y+z)(x^2 + y^2 + z^2 - xy - yz - zx)$에서,

$x + y + z = 0$이므로 $x^3 + y^3 + z^3 = 3xyz$이다.

그러므로 $3xyz = -36$이다. 즉, $xyz = -12$이다.

x, y, z는 $x + y + z = 0$을 만족하는 서로 다른 정수

이므로, 구하는 정수 쌍은 $(x, y, z) = (-4, 3, 1)$,

$(-4, 1, 3)$, $(1, -4, 3)$, $(1, 3, -4)$,

$(3, -4, 1)$, $(3, 1, -4)$이다.

즉, 모두 6쌍이다.

응용하기

10. 답 (1) 9900

(2) $(2, 3, 24)$, $(2, 4, 8)$

[풀이] (1) 준식에서

$100y - 100x = xy$,

$x = \dfrac{100y}{y + 100} = 100 + \dfrac{-10000}{y + 100}$ 이다.

y의 최댓값을 구하는 것이므로, 가장 큰 수를 찾으면 된

다. $y = 9900$일 때, 주어진 조건을 만족한다.

따라서 y의 최댓값은 9900이다.

(2) (i) $x = 2$일 때, $\dfrac{1}{y} + \dfrac{1}{z} = \dfrac{3}{8}$이다. 이를 만족하는

y, z를 구하면, $y = 4$, $z = 8$ 또는 $y = 3$, $z = 24$이

다.

(ii) $x \geq 3$일 때, $x < y < z$를 만족하는 y, z가 존재

하지 않는다.

그러므로 $(x, y, z) = (2, 4, 8)$, $(2, 3, 24)$이다.

11. 답 (1) 2쌍   (2) 108

[풀이] (1) $2001 = 3 \times 23 \times 29$이므로

$\sqrt{x} + \sqrt{y} = \sqrt{2001}$ 의 정수해는

$(x, y) = (0, 2001), (2001, 0)$뿐이다.

따라서 모두 2쌍이다.

(2) $\sqrt{x-116} + \sqrt{x+100} = y$에서 $x - 116 = n^2$,

$x + 100 = m^2 (m > n)$이라 하자.

$x = n^2 + 116 = m^2 - 100$에서 $m^2 - n^2 = 216$,

$(m+n)(m-n) = 2^3 \times 3^3$이다.

홀짝성에 의하여 다음과 같이 나눌 수 있다.

$\begin{cases} m+n = 108 \\ m-n = 2 \end{cases} \cdots ①$, $\begin{cases} m+n = 54 \\ m-n = 4 \end{cases} \cdots ②$,

$\begin{cases} m+n = 36 \\ m-n = 6 \end{cases} \cdots ③$, $\begin{cases} m+n = 18 \\ m-n = 12 \end{cases} \cdots ④$

y의 최댓값은 m과 n의 합이 크고, 차가 작을 때 갖는다.

따라서 식 ①일 때, y가 최대가 됨을 알 수 있다.

식 ①을 풀면, $m = 55$, $n = 53$이다.

즉, y는 최댓값 108을 갖는다.

24강 비음수(음이 아닌 수)문제

연습문제 실력다지기

01. 답 (1) $a < b$ (2) -1 (3) $\dfrac{1}{6}$

[풀이] (1) $|a+b+1| + (a-b+1)^2 = 0$에서

$a+b+1 = 0$, $a-b+1 = 0$이다.

이를 연립하여 풀면, $a = -1$, $b = 0$이다.

그러므로 $a < b$이다.

(2) $xy \neq 0$이므로, $3a - b - 4 = 0$, $4a + b - 3 = 0$이

므로, 이를 풀면 $a = 1$, $b = -1$이다.

$|2a| - 3|b| = 2 - 3 = -1$이다.

(3) $x + y - 5 = 0$, $2x + y - 4 = 0$이므로,

이를 풀면 $x = -1$, $y = 6$이다. $y^x = 6^{-1} = \dfrac{1}{6}$이다.

02. 답 (1) 5   (2) 17   (3) -4

[풀이] (1) $2x - 3 \geq 0$이고, $3 - 2x \geq 0$이므로,

$x = \dfrac{3}{2}$이다. 이때, $y = 2$이다.

따라서 $2x + y = 5$이다.

(2) $y = 1 - a^2 - |\sqrt{x} - \sqrt{3}|$이므로,

$|x - 3| = 1 - a^2 - |\sqrt{x} - \sqrt{3}| - 1 - b^2$이다.

정리하면, $|x-3| + |\sqrt{x} - \sqrt{3}| + a^2 + b^2 = 0$이다.

따라서 $x = 3$, $a = 0$, $b = 0$이다.

그러므로 $y = 1$이다.

따라서 $2^{x+y} + 2^{a+b} = 2^4 + 2^0 = 17$이다.

(3) $3a - 2b + c - 4 = 0 \cdots ①$

$\quad a + 2b - 3c + 6 = 0 \cdots ②$

$\quad 2a - b + 2c - 2 = 0 \cdots ③$

식 ①+②에서 $4a - 2c + 2 = 0 \cdots ④$,

식 ②+③×2에서 $5a + c + 2 = 0 \cdots ⑤$,

식 ④+⑤×2에서 $14a + 6 = 0 \cdots ⑥$이다.

식 ⑥에서 $a = -\dfrac{3}{7}$이고, 이를 식 ⑤에 대입하면

$c = \dfrac{1}{7}$이다.

구한 a, c를 식 ③에 대입하면 $b = -\dfrac{18}{7}$이다.

따라서 $2a + b - 4c = -\dfrac{6}{7} - \dfrac{18}{7} - \dfrac{4}{7} = -4$이다.

03. 답 (1) 2　(2) 8　(3) 20　(4) 0

[풀이] (1) 준식을 변형하면

$(x-1)^2+(y+2)^2+(z-3)^2=0$이다. 이를 풀면

$x=1$, $y=-2$, $z=3$이다.

따라서 $x+y+z=2$이다.

(2) 준식을 2배해서 변형하면

$(a-2b)^2+(a+4)^2=0$이다.

이를 풀면, $a=-4$, $b=-2$이다.

따라서 $ab=8$이다.

(3) 준식을 2배해서 정리하면,

$$2\{(a-1)-2\sqrt{a-1}+1\}$$
$$+2\{b-2+4\sqrt{b-2}+4\}$$
$$+\{c-3+6\sqrt{c-6}+9\}=0$$이다.

이를 완전제곱형태의 합으로 고치면,

$$2(\sqrt{a-1}-1)^2+2(\sqrt{b-2}-2)^2$$
$$+(\sqrt{c-3}-3)^2=0$$

이다. 이를 풀면 $a-1=1$, $b-2=4$, $c-3=9$이다.

즉, $a=2$, $b=6$, $c=12$이다.

따라서 $a+b+c=20$이다.

(4) 준식을 변형하면,

$$\{(a-2)-4\sqrt{a-2}+4\}+|\sqrt{c-1}-1|$$
$$+\{(b+1)-2\sqrt{b+1}+1\}=0,$$
$$(\sqrt{a-2}-2)^2+|\sqrt{c-1}-1|+(\sqrt{b+1}-1)^2=0$$

이다. 이를 풀면 $a-2=4$, $c-1=1$, $b+1=1$이다. 즉, $a=6$, $b=0$, $c=2$이다.

따라서 $a+2b-3c=6+0-6=0$이다.

04. 답 (1) 14　(2) $a=c$인 이등변삼각형

[풀이] (1) $a^2+b^2+c^2=ab+bc+ca$에서,

$a^2+b^2+c^2-ab-bc-ca=0$,

$2a^2+2b^2+2c^2-2ab-2bc-2ca=0$,

$(a^2-2ab+b^2)+(b^2-2bc+c^2)$
$$+(c^2-2ca+a^2)=0,$$

$(a-b)^2+(b-c)^2+(c-a)^2=0$이다.

그러므로 $a=b=c$이다.

이를 $a+2b+3c=12$에 대입하면,

$a=b=c=2$이다.

따라서 $a+b^2+c^3=2+4+8=14$이다.

(2) 준식의 양변에 c^2을 곱하면

$$a^2+b^2+3.25c^2=2ca+3bc$$이다.

다시 양변에 4를 곱하면,

$$4a^2+4b^2+13c^2=8ca+12bc,$$

$$4(a-c)^2+(2b-3c)^2=0$$이다.

이를 풀면, $a=c$, $2b=3c$이다.

따라서 삼각형 ABC는 $a=c$인 이등변삼각형이다.

05. 답 (1) $\dfrac{59}{14}$　(2) 0　(3) 0

[풀이] (1) $x-1=\dfrac{y+1}{2}=\dfrac{z-2}{3}=t$라고 하자.

그러면, $x=t+1$, $y=2t-1$, $z=3t+2$이다.

$x^2+y^2+z^2$
$=(t+1)^2+(2t-1)^2+(3t+2)^2$
$=t^2+2t+1+4t^2-4t+1+9t^2+12t+4$
$=14t^2+10t+6$
$=14\left(t^2+\dfrac{5}{7}t+\dfrac{25}{196}\right)-\dfrac{25}{14}+6$
$=14\left(t+\dfrac{5}{14}\right)^2+\dfrac{59}{14}$

따라서 최솟값은 $\dfrac{59}{14}$이다.

(2) 준식을 변형하면,

$q(p^2-4p+4)-3(p^2-4p+4)\le 0,$

$(q-3)(p-2)^2\le 0$이다.

그런데, $q>3$이므로, $q-3>0$, $(p-2)^2\ge 0$이다.

따라서 $p=2$이다. 즉, $\dfrac{p-2}{q-3}=0$이다.

(3) 준식에 2배를 하면,

$$2m^2+2n^2+2mn+2m-2n+2=0$$

이고, 이를 완전제곱형태의 합으로 나타내면,

$$(m+n)^2+(m+1)^2+(n-1)^2=0$$

이다. 따라서 $m+n=0$, $m+1=0$, $n-1=0$이다.

즉, $m=-1$, $n=1$이다.

그러므로 $\dfrac{1}{m}+\dfrac{1}{n}=0$이다.

06. 圁 (1) 빗변이 c인 직각이등변삼각형 (2) 정삼각형

[풀이] (1) 준식에 2배를 하고 정리하면,

$$4a^4 + 4b^4 + 2c^4 - 4a^2c^2 - 4b^2c^2 = 0$$

이고, 이를 완전제곱형태의 합으로 나타내면,

$$(c^2 - 2a^2)^2 + (x^2 - 2b^2)^2 = 0$$이다.

그러므로 $c^2 = 2a^2 = 2b^2$이다.

즉, $c = \sqrt{2}\,a = \sqrt{2}\,b$이다.

따라서 $a : b : c = 1 : 1 : \sqrt{2}$ 이다.

그러므로 삼각형 ABC는 빗변이 c인 직각이등변삼각형이다.

(2) 주어진 식들을 변변 더하여 정리하면,

$$a^4 + b^4 + c^4 - a^2b^2 - b^2c^2 - c^2a^2 = 0$$이다.

이 식을 2배해서 완전제곱형태의 합으로 정리하면,

$$(a^2 - b^2)^2 + (b^2 - c^2)^2 + (c^2 - a^2)^2 = 0$$

이다. 즉, $a^2 = b^2 = c^2$이다.

그러므로 삼각형 ABC는 정삼각형이다.

07. 圁 (1) 4   (2) 9

[풀이] (1) $2x^2 - 5x + 4 = (x-1)y \le (x-1)x$,

$x^2 - 4x + 4 \le 0$, $(x-2)^2 \le 0$이므로, $x = 2$이다.

이를 준식에 대입하면,

$8 - 2y - 10 + y + 4 = 0$, $y = 2$이다.

따라서 $x + y = 4$이다.

(2) $x = 6 - 3y$를 $x + 3y - 2xy + 2z^2 = 0$에 대입하여

정리하면, $6(y-1)^2 + 2z^2 = 0$이다.

그러므로 $y = 1$, $z = 0$이다. 이로부터 $x = 3$이다.

따라서 $x^{2y+z} = 3^2 = 9$이다.

08. 圁 1, 3

[풀이] $x^2 + y^2 + 1 \le 2x + 2y$에서

$0 \le (x-1)^2 + (y-1)^2 \le 1$이다.

(i) $x - 1 = 0$이면, $y - 1 = -1$ 또는 $y - 1 = 1$이다.

그러면, $x + y = 1$ 또는 $x + y = 3$이다.

(ii) $y - 1 = 0$이면 $x - 1 = -1$ 또는 $x - 1 = 1$이다.

그러면, $x + y = 1$ 또는 $x + y = 3$이다.

따라서, $x + y = 1$ 또는 3이다.

09. 圁 (1) $-\dfrac{21}{5} \le S \le \dfrac{14}{3}$ (2) 제 1사분면, 제 2사분면

[풀이] (1) $3\sqrt{a} + 5|b| = 7$에서 $|b| = \dfrac{7 - 3\sqrt{a}}{5}$이다.

이를 S에 대입하면,

$$S = 2\sqrt{a} - 3|b| = 2\sqrt{a} - \frac{21 - 9\sqrt{a}}{5}$$이다.

이를 정리하면 $\sqrt{a} = \dfrac{5S + 21}{19} \ge 0$이다.

따라서 $S \ge -\dfrac{21}{5}$ $\cdots$ ①이다.

$3\sqrt{a} + 5|b| = 7$에서 $\sqrt{a} = \dfrac{7 - 5|b|}{3}$이다.

이를 S에 대입하면,

$$S = 2\sqrt{a} - 3|b| = \frac{14 - 10|b|}{3} - 3|b|$$이다.

이를 정리하면 $|b| = \dfrac{14 - 3S}{19} \ge 0$이다.

따라서 $S \le \dfrac{14}{3}$ $\cdots$ ②이다.

식 ①, ②로부터 $-\dfrac{21}{5} \le S \le \dfrac{14}{3}$이다.

(2) $a + b + c = 0$일 때, $k = -2$이고,

$a + b + c \ne 0$일 때, $k = 1$이다.

$\sqrt{m - 5} + n^2 + 9 = 6n$에서

$\sqrt{m - 5} + (n - 3)^2 = 0$이다.

즉, $m = 5$, $n = 3$이다.

따라서 $y = -2x + 8$ 또는 $y = x + 8$이다. 두 일차함수는 반드시 제 1사분면과 제 2사분면을 지난다.

10. 圁 1 또는 -2

[풀이] 주어진 식을 변형하면,

$$a^3 + b^3 + (-1)^3 - 3 \cdot a \cdot b \cdot (-1)$$
$$= (a + b - 1)(a^2 + b^2 + 1 - ab + a + b) = 0$$

이다.

(i) $a + b - 1 = 0$일 때, $a + b = 1$이다.

(ii) $a^2 + b^2 + 1 - ab + a + b = 0$일 때, 이 식을 2배하여 완전제곱형태의 합으로 고치면,

$$(a - b)^2 + (a + 1)^2 + (b + 1)^2 = 0$$이다.

즉, $a = b = -1$이다. 그러므로 $a + b = -2$이다.

따라서 $a + b = 1$ 또는 -2이다.

11. 🖋 풀이참조

[풀이] (1) $a^2 + b^2 = 1$, $c^2 + d^2 = 1$, $ac + bd = 0$이면,

$(a^2 + b^2 - 1)^2 + (c^2 + d^2 - 1)^2 + 2(ac + bd)^2 = 0$,

$a^4 + b^4 + 1 + 2a^2b^2 - 2a^2 - 2b^2 + c^4 + d^4 + 1$

$\quad + 2c^2d^2 - 2c^2 - 2d^2 + 2a^2c^2 + 4abcd + 2b^2d^2 = 0$,

$(a^4 + c^4 + 1 + 2a^2c^2 - 2a^2 - 2c^2)$

$\qquad + (b^4 + d^4 + 1 + 2b^2d^2 - 2b^2 - 2d^2)$

$\qquad\qquad + 2(a^2b^2 + 2abcd + c^2d^2) = 0$,

$(a^2 + c^2 - 1)^2 + (b^2 + d^2 - 1)^2 + 2(ab + cd)^2 = 0$

이다.

따라서 $a^2 + c^2 = 1$, $b^2 + d^2 = 1$, $ab + cd = 0$이다.

역은 위 과정을 거꾸로 하면 된다.

(2) $s = \dfrac{1}{n}(x_1 + x_2 + \cdots + x_n)$라고 하면,

$ns = x_1 + x_2 + \cdots + x_n$이다.

$ns^2 = \dfrac{1}{n}(x_1 + x_2 + \cdots + x_n)^2$이다.

그러므로 $0 = (x_1^2 + x_2^2 + \cdots + x_n^2) - ns^2$이다.

이를 변형하면

$0 = (x_1 - s)^2 + (x_2 - s)^2 + \cdots + (x_n - s)^2$

이다. 따라서 $x_1 = x_2 = \cdots = x_n = s$이다.

실제로, $\dfrac{x_1^2 + x_2^2 + \cdots + x_n^2}{n} - s^2$은 분산을 의미한다.

25강 미정 계수법

연습문제 실력다지기

01. 🖋 (1) $m = 6$, $n = 1$ (2) $k = -3$

[풀이] (1) $x^2 + mx - 7 = (x + 7)(x - n)$이므로,

$m = 6$, $n = 1$이다.

(2) $x^2 + 3x + 2 = (x + 1)(x + 2)$이므로,

준식$= (x + Ay + 1)(x + By + 2)$라 두고,

계수비교하면, $A + B = -2$, $2A + B = -5$이다.

이를 연립하여 풀면, $A = -3$, $B = 1$이다.

준식$= (x - 3y + 1)(x + y + 2)$이다.

그러므로 $k = -3$이다.

02. 🖋 (1) 21 (2) 3

[풀이] (1) $f(x) = x^3 + ax^2 + bx + 8$이라 두면,

$f(-1) = 0$, $f(-2) = 0$이므로

$-1 + a - b + 8 = 0$, $-8 + 4a - 2b + 8 = 0$

이다. 이를 연립하여 풀면 $a = 7$, $b = 14$이다.

따라서 $a + b = 21$이다.

(2) 준식$= (x + y - 2)(x + Ay - 3)$이므로, 이를 전개

하여 x의 계수를 계수비교하면 $-2A - 3 = -5$이다.

즉, $A = 1$이다.

따라서 $a = -1$, $b = -2$이다. 즉, $a + b = -3$이다.

03. 🖋 $a = 2$

[풀이] $f(x) = x^3 + ax^2 + 1$이라고 하자. 그러면,

$f(x) = (x^2 - 1)Q(x) + x + 3$이다.

$f(1) = 4 = 1 + a + 1$, $f(-1) = 2 = -1 + a + 1$이

다. 이를 풀면, $a = 2$이다.

04. 🖋 $a = 16$, $b = 3$

[풀이] $f(x) = 2x^4 + x^3 - ax^2 + bx + a + b - 1$이라고

하자.

그러면, $f(x) = (x^2 + x - 6)Q(x)$이다.

$x^2 + x - 6 = (x + 3)(x - 2)$이므로

$f(-3) = 0 = 2 \times 81 - 27 - 9a - 3b + a + b - 1$,

$f(2) = 0 = 32 + 8 - 4a + 2b + a + b - 1$이다.

이를 풀면, $a = 16$, $b = 3$이다.

05. 답 -16

[풀이] 준식의 양변에 x^2-9를 곱한 후 정리하면
$m(x-3)-n(x+3)=8x$,
$(m-n-8)x-3(m+n)=0$
이다. 모든 $x(x\neq\pm3)$에 대하여 성립해야 하므로,
$m-n-8=0$, $m+n=0$이다.
이를 연립하여 풀면, $m=4$, $n=-4$이다.
그러므로 $mn=-16$이다.

실력 향상시키기

06. 답 (1) -5 (2) -1

[풀이] (1) $f(x)=x^3+3x^2-3x+k$라고 하자.
$x+1$은 $f(x)$의 인수이므로, $f(-1)=0$이다.
즉, $-1+3+3+k=0$이다. 따라서 $k=-5$이다.
(2) $4xy-4x^2-y^2-k=-(2x-y)^2-k$이므로,
$y-2x$에 -1을 대입하면 0이 되어야 한다.
그러므로 $k=-1$이다.

07. 답 풀이참조

[풀이] $8x^2-2xy-3y^2=A^2-B^2$라 두면,
$A^2-B^2=(A+B)(A-B)$임을 이용하여 A, B를
구할 수 있다.
$8x^2-2xy-3y^2=(4x-3y)(2x+y)$이므로,
$A+B=4x-3y$, $A-B=2x+y$라 하고 연립하여
풀면, $A=3x-y$, $B=x-2y$이다.
따라서 $8x^2-2xy-3y^2=(3x-y)^2-(x-2y)^2$이
다. 즉, $8x^2-2xy-3y^2$의 두 개의 정수 계수 다항식
의 제곱의 차로 바뀔 수 있다.

08. 답 $2x-1$

[풀이] $f(x)=ax^3+bx^2+cx+d$라고 하자. 그러면,
$f(1)=1$, $f(2)=3$이다.
$f(x)=(x-1)(x-2)Q(x)+mx+n$이므로,
$f(1)=m+n=1$, $f(2)=2m+n=3$이다.
이를 연립하여 풀면, $m=2$, $n=-1$이다.
따라서 나머지는 $2x-1$이다.

09. 답 (1) $B=\dfrac{7}{3}$ (2) 13

[풀이] (1) 준식의 양변에 $(x+1)(x^2+2)$를 곱하고,
정리하면,
$3x^2+2x+1=(A+B)x^2+(B+C)x+2A+C$
이다.
양변의 계수를 비교하면,
$A+B=3$, $B+C=2$, $2A+C=1$이다.
이를 연립하여 풀면,
$A=\dfrac{2}{3}$, $B=\dfrac{7}{3}$, $C=-\dfrac{1}{3}$이다.
(2) 준식의 양변에 $(x-2)(x+1)$을 곱한 후, 정리하면,
$3x+4=(A-B)x+(A+2B)$이다.
양변의 계수를 비교하면,
$A-B=3$, $A+2B=4$이다.
이를 연립하여 풀면, $A=\dfrac{10}{3}$, $B=\dfrac{1}{3}$이다.
그러므로 $4A-B=\dfrac{40}{3}-\dfrac{1}{3}=13$이다.

응용하기

10. 답 6

[풀이] 준식의 양변에 $(x^2+x+1)(x^2-x+1)$을 곱한
후, 정리하면,
$6x^3+10x=(A+C)x^3+(B-A+C+D)x^2$
$\qquad\qquad+(A-B+C+D)x+B+D$이다.
양변의 계수를 비교하면,
$A+C=6$, $B-A+C+D=0$,
$A-B+C+D=10$, $B+D=0$이다.
이를 연립하여 풀면,
$A=3$, $B=-2$, $C=3$, $D=2$이다.
따라서 $A+B+C+D=6$이다.

11. 답 $\pm(x^3+2x^2-x-1)$

[풀이] $x^6+4x^5+2x^4-6x^3-3x^2+2x+1$
$=\left[\pm(x^3+2x^2-x-1)\right]^2$이므로,
$f(x)=\pm(x^3+2x^2-x-1)$이다.

26^강 선택문제에서 자주 사용하는 풀이법

연습문제 실력다지기

01. 답 (1) ① (2) ③ (3) ② (4) ①

[풀이] (1) $M = 2(x-2y)^2 + (x-2)^2 + (y+3)^2$ 에서 $x=2$, $y=3$, $x=2y$를 만족해야 $M=0$인데, 그런 경우는 존재하지 않으므로 $M>0$이다.
따라서 답은 ①이다.

(2) 제2코사인정리(27강 참고)에 의하여
$b^2 = a^2 + c^2 - 2ac\cos 60° = a^2 + c^2 - ac$이다.

$$\frac{c}{a+b} + \frac{a}{c+b} = \frac{c^2 + cb + a^2 + ab}{(a+b)(c+b)}$$
$$= \frac{b^2 + ac + bc + ab}{b^2 + ac + bc + ab} = 1$$이다.

따라서 답은 ③이다.

(3) $S_{\triangle AEH} = S_{\triangle ABD} \times \frac{3}{16}$,

$S_{\triangle CFG} = S_{\triangle BCD} \times \frac{3}{16}$,

$S_{\triangle DHG} = S_{\triangle ADC} \times \frac{3}{16}$,

$S_{\triangle EBF} = S_{\triangle ABC} \times \frac{3}{16}$이므로,

$S_{\square EFGH} = S_{\square ABCD} \times \frac{5}{8}$이다.

따라서 답은 ②이다.

(4) $\angle B = 90°$일 때, $c = \frac{1}{2}$이고,

$\angle C = 90°$일 때, $c = 2$이다.

그러므로 삼각형 ABC는 예각삼각형이므로

$\frac{1}{2} < c < 2$이다. 따라서 답은 ①이다.

02. 답 (1) ③ (2) ②

[풀이] (1) $\frac{k}{4} = \frac{-1}{m} = \frac{1}{2}$에서 $k=2$, $m=-2$이다.
따라서 답은 ③이다.

(2) A : $\frac{33}{4}\pi$, B : 12π, C : $\frac{33}{4}\pi$, D : 8π이다.

따라서 답은 ②이다.

03. 답 ④

[풀이] $a_{n+1} + 1 = 2(a_n + 1)$, 즉, $\frac{a_{n+1}+1}{a_n+1} = 2$이다.

그러므로 $a_n + 1 = 2^{n-1}(a_1 + 1)$이다.

따라서 $a_n = 2^{n-1} - 1$이다.

$a_{2017} - a_{2016} = 2^{2016} - 2^{2015} = 2^{2015}$을 10으로 나눈 나머지는 8이다. 즉, 답은 ④이다.

04. 답 ②

[풀이] 사다리꼴에서 M, N을 연결하면 평행선에 의한 넓이의 성질에 의하여 s_1과 s_7의 합은 s_4가 된다.

05. 답 ③

[풀이] 그림으로부터 $-\frac{b}{2a} > 1$, $c=0$, $a<0$이므로 $b>0$이다. 또, $f(1)>0$, $f(2)>0$, $f(-1)<0$, $f(-2)<0$이다.
$p = |a-b+c| + |2a+b| = a + 2b$이고,
$q = |a+b+c| + |2a-b| = -a + 2b$이다.
따라서 $p<q$이다. 즉, 답은 ③이다.

실력 향상시키기

06. 답 (1) ③ (2) ② (3) ②

[풀이] (1) $S_{\triangle CEF} = x$이라 하면,

$S_{\triangle AEF} = S_{\triangle BCE} = \frac{1-x}{2}$, $S_{\triangle AEC} = \frac{1+x}{2}$이다.

또 $\triangle AEF \backsim \triangle ABC$이고, 닮음비는

$AE : AB = \frac{1+x}{2} : 1$ 이므로

$\left(\frac{1+x}{2}\right)^2 : 1 = \frac{1-x}{2} : 1$이다. 이를 정리하면

$x^2 + 4x - 1 = 0$이다. 이를 풀면 $x = -2 + \sqrt{5}$이다.
따라서 답은 ③이다.

(2) 삼각형 ABC에서 $AB = AC = a$, $BC = b$라고 하자. 변 AC위에 $AD = BD = b$가 되는 점 D를 잡으면
삼각형 ABD는 세 변의 길이가 a, b, b이고, 두 삼각형 ABC와 ABD의 작은 각의 크기가 같다.
또, 삼각형 BCD와 삼각형 ABC는 닮음이므로,

$b : a = a - b : b$이다.

이를 정리하면 $a^2 - ab - b^2 = 0$이다. 양변을 b^2으로 나눈 후 근의 공식으로 해를 구하면 $\dfrac{a}{b} = \dfrac{1+\sqrt{5}}{2}$이다. 따라서 답은 ②이다.

(3) $AD = k$라 두면, $DB = 2k$이다.

$AE = x$, $CE = y$라 하면

$\dfrac{kx}{3k(x+y)} = \dfrac{1}{4}$이다. 이를 정리하면, $x = 3y$이다.

즉, $\dfrac{CE}{EA} = \dfrac{y}{x} = \dfrac{1}{3}$이다.

07. 답 (1) ③　(2) ①

[풀이] (1) $0 \le ax + 5 \le 4$에서

$-5 \le ax \le -1$, $-\dfrac{1}{a} \le x \le -\dfrac{5}{a}$이다.

그러므로 $-\dfrac{5}{4} \le a < -1$이다. 답은 ③이다.

(2) $a + 1 = x$, $b + 2 = y$, $c + 3 = z$라 하면

$x + y + z = 6$, $\dfrac{1}{x} + \dfrac{1}{y} + \dfrac{1}{z} = 0$이다.

즉, $xy + yz + zx = 0$이다.

따라서 $x^2 + y^2 + z^2 = (x+y+z)^2 = 36$이다.

즉, $(a+1)^2 + (b+2)^2 + (c+3)^2 = 36$이다.

따라서 답은 ①이다.

08. 답 ④

[풀이] B에서 CD의 연장선 위에 내린 수선의 발을 F라 하자. 그러면, $\triangle AEB \equiv \triangle CFB$(RHA합동)이다. 즉, 사각형 BEDF는 정사각형이다.

$S_{\square ABCD} = S_{\square BEDF} = 8$이므로, $BE = 2\sqrt{2}$이다.

따라서 답은 ④이다.

09. 답 ②

[풀이] C에서 DE, FG, AB까지의 거리를 x, k, $2k$라 하면, $(x + 3k)^2 : k^2 = 16 : 1$, $x = k$이다.

$S_{\triangle CDE} : S_{\triangle CFG} = 1 : 4$이므로 $S_{\triangle CFG} = 8$이다.

즉, 답은 ②이다.

응용하기

10. 답 ①

[풀이] $BD = 2$, $DC = 1$이라 하면, 삼각비에 의하여 $BE = 1$이다. 따라서 $\triangle ADC \equiv \triangle CEB$이고,

$\angle APE = 60°$, $\angle EAP < 60°$, $\angle AEP > 60°$이다.

따라서 $AP > AE > EP$이다. 즉, 답은 ①이다.

11. 답 ④

[풀이] BC의 중점은 G라 하고, FG, FC를 연결하면 사각형 FGCD는 마름모이다.

또, FG와 EC의 교점을 H라 하면 삼각형 중점연결정리에 의하여 H는 선분 EC의 중점이다.

따라서 $\triangle FEH \equiv \triangle FCH$이다.

그러므로 $\angle GFC = \angle GCF = 54°$,

$\angle FEC = \angle FCE = 36°$이다.

즉, $\angle ECB = 18°$이다.

따라서 $\angle B = 72°$이다. 즉, ④이다.

27강 고차 방정식

연습문제 실력다지기

01. 답 풀이참조

[풀이] (1) $6x^4 - 25x^3 + 12x^2 + 25x + 6 = 0$에서 양변을 x^2으로 나누고 정리하면

$6\left(x - \dfrac{1}{x}\right)^2 - 25\left(x - \dfrac{1}{x}\right) + 24 = 0$이다.

이를 인수분해하면

$\left\{3\left(x - \dfrac{1}{x}\right) - 8\right\}\left\{2\left(x - \dfrac{1}{x}\right) - 3\right\} = 0$이다.

즉, $(3x^2 - 8x - 3)(2x^2 - 3x - 2) = 0$이다.

다시 인수분해하면

$(3x + 1)(x - 3)(2x + 1)(x - 2) = 0$이다.

따라서 $x = -\dfrac{1}{3}$, $-\dfrac{1}{2}$, 2, 3이다.

(2) $(x - 6)^4 + (x - 8)^4 = 16$에서 $y = x - 7$이라 두면

$(y + 1)^4 + (y - 1)^4 = 16$이다.

이를 정리하면 $y^4 + 6y^2 - 7 = 0$이다.

즉, $(y^2 + 7)(y^2 - 1) = 0$이다.

따라서 $y = \pm 1$이다.

즉, $x = 6$, 8이다.

02. 답 $4 \pm \sqrt{2}$, 6

[풀이] 빗변의 길이를 c, 나머지 직각변의 길이를 a, b라고 하면, $a + b + c = 14$, $ab = 14$이다.

피타고라스의 정리에 의하여

$c^2 = a^2 + b^2 = (14 - a - b)^2$이다.

이를 정리하면 $a + b = 8$이다. 즉, $c = 6$이다.

a, b를 두 근으로 하는 이차방정식을 만들면

$x^2 - 8t + 14 = 0$이다. 이를 풀면 $x = 4 \pm \sqrt{2}$이다.

따라서 삼각형 세 변의 길이는 6, $4 + \sqrt{2}$, $4 - \sqrt{2}$이다.

03. 답 $x = 2$, $y = 1$, $z = 1$

[풀이] $x^3 - y^3 - z^3 - 3xyz = 0$에서

$(x - y - z)(x^2 + y^2 + z^2 + xy + xz - yz) = 0$이다.

즉, $x - y - z = 0$ 또는

$x^2 + y^2 + z^2 + xy + xz - yz = 0$이다.

그런데,

$x^2 + y^2 + z^2 + xy + xz - yz$

$= \dfrac{1}{2}\{(x + y)^2 + (y - z)^2 + (z + x)^2\} = 0$

이므로 $x = -y = -z$이다.

(i) $x = y + z$일 때, $x^2 = 2x$가 되어 $x = 2 (x > 0$이므로)이다.

이때, y, z는 양의 정수이므로 $y = z = 1$이다.

(ii) $x = -y = -z$일 때, $x^2 = -2x$이므로 해가 없다.

따라서 구하는 양의 정수 해는 $x = 2$, $y = z = 1$이다.

04. 답 34

[풀이] $x + y = u$, $xy = v$라 두고, 주어진 식을 변형하면 $u + v = 23$, $uv = 120$이다.

u와 v를 두 근으로 하는 이차방정식을 만들면

$t^2 - 23t + 120 = 0$이다.

이를 인수분해하면 $(t - 8)(t - 15) = 0$이다.

즉, $u = 8$, $v = 15$ 또는 $u = 15$, $v = 8$이다.

(i) $u = 8$, $v = 15$일 때, x, y를 두 근으로 하는 이차방정식을 만들면 $a^2 - 8a + 15 = 0$이다.

즉, $a = 3$, 5이다. 그러므로 $x = 3$, $y = 5$ 또는 $x = 5$, $y = 3$이다. 이 경우 모두 $x^2 + y^2 = 34$이다.

(ii) $u = 15$, $v = 8$일 때, x, y를 두 근으로 하는 이차방정식을 만들면 $a^2 - 15a + 8 = 0$이다. 이는 양의 정수해가 존재하지 않는다.

따라서 구하는 답은 34이다.

05. 답 $m \leq -1$

[풀이] $z = x^2$, $f(z) = z^2 + (m - 4)z + 2(1 - m)$라 두면, $f(4) \leq 0$이다. 이를 풀면 $m \leq -1$이다.

실력 향상시키기

06. 답 $-\dfrac{4}{3}$

[풀이] $x^2 + 2x + 3 = (x + 1)^2 + 2 \geq 2$이므로,

$3y^2 + 2y + 1 \leq \dfrac{2}{3}$이어야 한다.

이를 정리하면 $(3y + 1)^2 \leq 0$이다.

즉, $y = -\dfrac{1}{3}$이다.

이를 주어진 식에 대입하면 $x = -1$이다.

따라서 $x + y = -\dfrac{4}{3}$이다.

07. 답 2

[풀이] $1 + a = \dfrac{x+y+z}{y+z}$, $1 + b = \dfrac{x+y+z}{z+x}$,

$1 + c = \dfrac{x+y+z}{x+y}$이다.

$\dfrac{a}{1+a} + \dfrac{b}{1+b} + \dfrac{c}{1+c}$

$= \left(\dfrac{a}{1+a} - 1\right) + \left(\dfrac{b}{1+b} - 1\right) + \left(\dfrac{c}{1+c} - 1\right) + 3$

$= -\dfrac{1}{1+a} - \dfrac{1}{1+b} - \dfrac{1}{1+c} + 3$

$= -\dfrac{y+z}{x+y+z} - \dfrac{z+x}{x+y+z} - \dfrac{x+y}{x+y+z} + 3$

$= -2 + 3 = 1$

08. 답 ②

[풀이] 주어진 조건의 두 방정식에서 3을 매개로 연립하

면, $\dfrac{4}{a^4} - \dfrac{2}{a^2} = b^4 + b^2$이다.

인수분해하면 $\left(\dfrac{2}{a^2} + b^2\right)\left(\dfrac{2}{a^2} - b^2 - 1\right) = 0$이다.

즉, $\dfrac{2}{a^2} = b^2 + 1$이다.

이를 정리하면, $b^2 = \dfrac{2 - a^2}{a^2}$이다.

$\dfrac{a^4 b^4 + 4}{a^4} = \dfrac{a^4 - 4a^2 + 8}{a^4}$

$= 1 - 4\dfrac{1}{a^2} + \dfrac{8}{a^4}$

$= 1 + 2\left(\dfrac{4}{a^4} - \dfrac{2}{a^2}\right) = 7$

따라서 답은 ②이다.

09. 답 $a < -\dfrac{1}{4}$

[풀이] 원 방정식을 풀면

$(x-a)(x^2 + x - a) = 0$이다.

실근이 하나만 존재하므로, $x^2 + x - a = 0$을 만족하는

실수해는 존재하지 않는다. 즉, 판별식 $\triangle < 0$이다. 그

러므로 $1 + 4a < 0$이다. 즉, $a < -\dfrac{1}{4}$이다.

응용하기

10. 답 $-\dfrac{9}{4}$ 또는 $-\dfrac{9}{8}$

[풀이] 원 방정식을 정리하면

$x^2(x+3)^2 - 3px(x+3) + 2p^2 = 0$이다.

이를 풀면, $x(x+3) = p$ 또는 $2p$ 이다.

즉, $9 + 4p = 0$ 또는 $9 + 8p = 0$이다.

따라서 $-\dfrac{9}{4}$ 또는 $-\dfrac{9}{8}$이다.

11. 답 (1) $b = 1$ (2) 풀이참조

[풀이] (1) 원 방정식을 풀면

$(x^2 - 10x + a + \sqrt{b})(x^2 - 10x + a - \sqrt{b}) = 0$

$x = 5 \pm \sqrt{25 - a - \sqrt{b}}$ ⋯⋯⋯ ㉠

$x = 5 \pm \sqrt{25 - a + \sqrt{b}}$ ⋯⋯⋯ ㉡

$a = 24$일 때, 서로 다른 세 근이 존재하려면 ㉠에서

$25 - a - \sqrt{b} = 0$이어야 한다. 따라서 $b = 1$이다.

(2) $a \geq 25$이면, ㉠에서 실근이 존재하지 않으므로 주

어진 방정식이 서로 다른 세 근을 가질 수 없다.

연습문제 실력다지기

01. 달 (1) $\dfrac{3}{4}$　　　　(2) $y = -\dfrac{1}{4}x + \dfrac{5}{2}$

　　(3) $y = \dfrac{1}{2}x + 2$　　(4) $\dfrac{1}{2}$

[풀이] (1) $y = ax^2$에 $(-2, 3)$을 대입하면 $3 = 4a$이다.

즉, $a = \dfrac{3}{4}$이다.

(2) 점 A의 y좌표는 $\dfrac{25}{12}$이므로, $y = -\dfrac{1}{4}x + b$에

$A\left(\dfrac{5}{3}, \dfrac{25}{12}\right)$를 대입하면, $b = \dfrac{5}{2}$이다.

그러므로 $y = -\dfrac{1}{4}x + \dfrac{5}{2}$이다.

(3) 직선 m의 기울기는 $\dfrac{3 - \dfrac{4}{3}}{2 - \left(-\dfrac{4}{3}\right)} = \dfrac{1}{2}$이고,

점 $C(2, 3)$을 지나므로, $y = \dfrac{1}{2}(x - 2) + 3$이다.

즉, $y = \dfrac{1}{2}x + 2$이다.

(4) $y = -\dfrac{1}{4}x + \dfrac{5}{2}$와 $y = \dfrac{1}{2}x + 2$의 교점을 구하면

$x = \dfrac{2}{3}$, $y = \dfrac{7}{3}$이다. 즉, $K\left(\dfrac{2}{3}, \dfrac{7}{3}\right)$이다.

$\triangle ABK$에서 꼭짓점 A를 지나고 y축에 평행한 직선과 직선 KB의 교점을 D라 하자. 교점 D를 구하면,

$D\left(\dfrac{5}{3}, \dfrac{17}{6}\right)$이다. 따라서

$\triangle ABK = \left(\dfrac{17}{6} - \dfrac{25}{12}\right) \times \left(2 - \dfrac{2}{3}\right) \times \dfrac{1}{2} = \dfrac{1}{2}$이다.

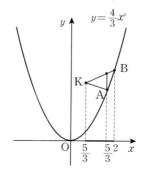

02. 달 (1) $1 : 6$　(2) $\dfrac{60}{7}$(㎠)　(3) $3 : \sqrt{2}$

[풀이] (1) 삼각형 DBC와 직선 AIE에 대하여 메넬라우스의 정리를 적용하면,

$\dfrac{DA}{AB} \times \dfrac{BE}{EC} \times \dfrac{CI}{ID} = 1$, $\dfrac{1}{3} \times \dfrac{1}{2} \times \dfrac{CI}{ID} = 1$, $\dfrac{CI}{ID} = 6$

이다. 따라서 $DI : IC = 1 : 6$이다.

(2) (1)과 같은 방법으로 $BH : HF = 6 : 1$,
$EG : GA = 1 : 6$임을 알 수 있다.

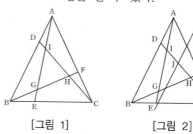

[그림 1]　　　　[그림 2]

그러므로

$\triangle ABG = \dfrac{1}{3} \times \dfrac{6}{7} \times \triangle ABC = \dfrac{2}{7} \times \triangle ABC$이다.

마찬가지로, $\triangle BCH = \triangle CAI = \dfrac{2}{7} \times \triangle ABC$이다.

따라서 $\triangle GHI = \dfrac{1}{7} \times \triangle ABC$이다.

그런데, $\triangle ABC$가 이등변삼각형이므로, 점 A에서 변 BC에 내린 수선의 발을 M이라 할 때, 피타고라스 정리에 의하여 $AM = 12\,cm$이다.

따라서 $\triangle ABC = 60\,(㎠)$이다.

그러므로 $\triangle GHI = \dfrac{60}{7}\,(㎠)$이다.

(3) 직선 l과 GH의 교점을 K라 하자.
$JK // DB$이므로, $\triangle HJK \sim \triangle HDB$이다.
$\triangle ABC = S$라고 하면, (2)에서
$\triangle GHI = \dfrac{1}{7} \times \triangle ABC$이므로, $\triangle GHI = \dfrac{1}{7}S$이고,

$\triangle HJK = \dfrac{1}{3}\triangle GHI = \dfrac{1}{21}S$이다.

한편, $\triangle HDB = \triangle ABC - \triangle BCH - \triangle ACD$이므로, $\triangle HDB = S - \dfrac{2}{7}S - \dfrac{1}{3}S = \dfrac{8}{21}S$이다.

그러므로 $\triangle HJK : \triangle HDB = 1 : 8$이다.
$HJ : HD = 1 : x$라고 하면,
$1^2 : x^2 = 1 : 8$, $x^2 = 8$, $x = 2\sqrt{2}$이다.

그러므로 $HJ = \dfrac{1}{2\sqrt{2}}DH = \dfrac{\sqrt{2}}{4}DH$ … ①이다.

삼각형 ADC와 직선 BHF에 대하여 메넬라우스의 정

리를 적용하면,

$$\frac{AB}{BD} \times \frac{DH}{HC} \times \frac{CF}{FA} = 1, \quad \frac{3}{2} \times \frac{DH}{HC} \times \frac{1}{2} = 1,$$

$$\frac{DH}{HC} = \frac{4}{3}, \quad DH : HC = 4 : 3 \cdots ②$$

이다. 식 ②로부터 $DH = \dfrac{4}{4+3}DC = \dfrac{4}{7}DC$이고 이를 식 ①에 대입하면,

$$HJ = \frac{\sqrt{2}}{4} \times \frac{4}{7}DC = \frac{\sqrt{2}}{7}DC \cdots ③$$

이다. $IH = DH - DI$이므로,

$$IH = \frac{4}{7}DC - \frac{1}{1+6}DC = \frac{3}{7}DC \cdots ④$$이다.

식 ③, ④로부터

$$IH : JH = \frac{3}{7}DC : \frac{\sqrt{2}}{7}DC = 3 : \sqrt{2}$$이다.

03. 🖺 (1) $\dfrac{1}{2}t^2 - \dfrac{1}{2}t - 1$ (2) $\left(5, \dfrac{7}{2}\right), \left(-7, -\dfrac{5}{2}\right)$

(3) $(-4, 8), \left(3, \dfrac{9}{2}\right)$

[풀이] (1) $A(0, 1)$, $B\left(-1, \dfrac{1}{2}\right)$로부터 직선 AB의 방정식은 $y = \dfrac{1}{2}x + 1$이다. 점 P는 직선 AB위의 점이므로, $P\left(t, \dfrac{1}{2}t + 1\right)$.

점 Q는 이차함수 $y = \dfrac{1}{2}x^2$ 위의 점이므로,

$Q\left(t, \dfrac{1}{2}t^2\right)$으로 나타낼 수 있다.

따라서 선분 PQ의 길이는

$\dfrac{1}{2}t^2 - \left(\dfrac{1}{2}t + 1\right) = \dfrac{1}{2}t^2 - \dfrac{1}{2}t - 1$이다.

(2) 점 P의 x좌표가 0보다 클 때, 구하는 점 P를 P_1이라 하자.

그러면, $\triangle OBP_1 = \triangle OAB + \triangle OAP_1$이다.

[그림 1]과 같이, $\triangle OBP_1$이 $\triangle OAB$와 $\triangle OAC$의 넓이의 합과 같으려면 점 P_1의 x좌표와 점 C의 x좌표가 같으면 된다. 따라서 $P_1\left(5, \dfrac{7}{2}\right)$이다.

점 P의 x좌표가 0보다 작을 때, 구하는 점 P를 P_2라 하자.

[그림 2]와 같이, $\triangle OBP_1 = \triangle OBP_2$가 되는 점 P_2

를 구하면 된다.

즉, 점 P_2는 점 P_1을 점 B에 대하여 대칭이동한 점이다. 점 P_2의 x좌표는 -7이다.

따라서 점 $P_2\left(-7, -\dfrac{5}{2}\right)$이다.

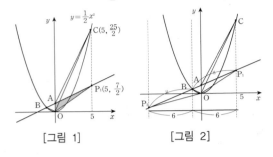

[그림 1]   [그림 2]

04. 🖺 (1) $\dfrac{1}{4}$ 배 (2) $\dfrac{6\sqrt{5}}{7}\{cm^2\}$ (3) $\dfrac{169\sqrt{3}}{140}\{cm^2\}$

[풀이] (1)

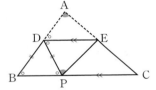

그림과 같이 접은 선분을 DE라 하자.

평행선의 엇각과 동위각이 같다는 사실로부터

$\angle ADE = \angle PDE = \angle DPB = \angle DBP$이다.

따라서 $\triangle DBP$는 이등변삼각형이다.

즉, $AD = DP = DB$이다.

한편, $\triangle ADE \equiv \triangle PDE$, $\triangle ADE \backsim \triangle ABC$으로부터 $\triangle PDE : \triangle ABC = \triangle ADE : \triangle ABC$

$= AD^2 : AB^2 = 1 : 4$이다.

따라서 겹쳐진 부분의 넓이는 $\triangle ABC$의 넓이의 $\dfrac{1}{4}$배이다.

(2)

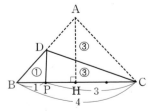

그림과 같이, 점 A에서 변 BC에 내린 수선의 발을 H라 하자.

$AB = AC = PC = \dfrac{3}{4}BC = 3$이다.

△ABH에 피타고라스 정리를 적용하면 AH $= \sqrt{5}$ 이다. 또, △DBP : △DPC $=$ BP : PC $= 1 : 3$ 이다.

△DPC $\equiv$ △DAC로부터 △DPC $= \dfrac{3}{7}$△ABC이다. 따라서 겹쳐진 부분의 넓이는

$\dfrac{3}{7} \times 4 \times \sqrt{5} \times \dfrac{1}{2} = \dfrac{6\sqrt{5}}{7}$ (cm²)이다.

(3)

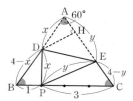

그림과 같이 접은 선분을 DE라 하자. 점 D에서 변 AC에 내린 수선의 발을 H라 하자. 또, PD $=$ AD $= x$, PE $=$ AE $= y$ 라 하면, DB $= 4-x$, EC $= 4-y$ 이고, DH $= \dfrac{\sqrt{3}}{2}$ AD $= \dfrac{\sqrt{3}}{2}x$ 이다.

△PDE $\equiv$ △ADE로부터

$$\triangle PDE = \triangle ADE = y \times \dfrac{\sqrt{3}}{2}x \times \dfrac{1}{2}$$
$$= \dfrac{\sqrt{3}}{4}xy \cdots ①$$

이다. △DBP $\sim$ △PCE이므로,
DE : PC $=$ BP : CE, $(4-x):3 = 1:(4-y)$,
$xy = 4x+4y-13 \cdots ②$ 이고,
DB : PC $=$ DP : PE, $(4-x):3 = x:y$,
$xy = 4y-3x \cdots ③$ 이다.
식 ②, ③에서 $4x+4y-13 = 4y-3x$ 이다.

이를 풀면, $x = \dfrac{13}{7}$ 이고, 이를 식 ③에 대입하여 풀면,

$y = \dfrac{13}{5}$ 이다.

따라서 겹쳐진 부분의 넓이는

$\dfrac{\sqrt{3}}{4} \times \dfrac{13}{7} \times \dfrac{13}{5} = \dfrac{169\sqrt{3}}{140}$ (cm²)이다.

05. **답** (1) B$(k-2, k^2-4k+4)$ (2) $y = 4k-4$

(3) (가) F$\left(0, \dfrac{1}{4}\right)$ (나) G$\left(2, \dfrac{8}{15}\right)$

[풀이] (1) l과 $y=x^2$이 점 A 이외의 교점을 B라 하고, 점 B의 x좌표를 b라 하자. 그러면, $\dfrac{b^2-4}{b-2} = k$이므로, $b = k-2$이다.

따라서 B$(k-2, k^2-4k+4)$이다.

(2) l과 $y=x^2$이 점 A 이외의 교점을 가지지 않는다는 것은 (1)에서 구한 점 B와 점 A가 같은 점일 때를 의미하므로, $k-2 = 2$이다. 즉, $k = 4$이다.
그러므로 $y = 4(x-2)+4$이다.

(3) (가) $l : y = 4x-4$이므로, C$(1, 0)$이다.
이제, E$(e, 0)$이라 하면,
AE $= \sqrt{(2-e)^2+4^2} = \sqrt{e^2-4e+20}$ 이다.
내각이등분선의 정리에 의하여
AE : AD $=$ CE : DC 이므로,
$\sqrt{e^2-4e+20} : 4 = (1-e) : (2-1)$,
$e^2-4e+20 : 4^2 = (1-e)^2 : 1^2$,
$e^2-4e+20 = 16(1-e)^2$,
$15e^2 -28e-4 = 0$, $(15e+2)(e-2) = 0$,
$e = -\dfrac{2}{15}$ 또는 2이다.

그런데, $e < 2$이므로, $e = -\dfrac{2}{15}$이다.
직선 AE의 방정식을 $y = ax+b$라 하고, 이에 A$(2, 4)$와 E$\left(-\dfrac{2}{15}, 0\right)$를 대입하여 풀면,

$a = \dfrac{15}{8}$, $b = \dfrac{1}{4}$이다.

따라서 F$\left(0, \dfrac{1}{4}\right)$이다. ([그림1] 참고)

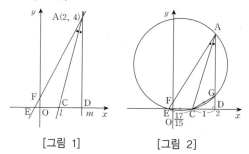

[그림 1]　　　[그림 2]

(나) ∠CAE $=$ ∠CAD이므로, 원주각이 같으므로, 현 EC와 현 CG가 같다. ([그림 2] 참고)

따라서 EC $=$ CG $= \dfrac{17}{15}$이다. 또, ∠CDG $= 90°$이므로 피타고라스 정리에 의하여

$$GD = \sqrt{CG^2 - CD^2} = \sqrt{\left(\frac{17}{15}\right)^2 - 1^2} = \frac{8}{15}$$

이다. 그러므로 $G\left(2, \dfrac{8}{15}\right)$ 이다.

실력 향상시키기

06. 📋 (1) $2\sqrt{3}$ [cm] (2) $\dfrac{\sqrt{6}}{2}$ [cm] (3) $\dfrac{16}{11}\pi$ [cm²]

[풀이] (1)

점 D는 정사면체의 꼭짓점 O에서 밑면에 내린 수선의 발과 일치하므로, 밑면의 정삼각형 ABC의 무게중심과 일치한다.

그러므로 $CD = 3\sqrt{3} \times \dfrac{2}{3} = 2\sqrt{3}$ (cm)이다.

(2) 한 모서리의 길이가 a인 정사면체의 부피는 $\dfrac{\sqrt{2}}{12}a^3$ 이고, 한 변의 길이가 a인 정삼각형의 넓이는 $\dfrac{\sqrt{3}}{4}a^2$ 이므로, 정사면체 OABC의 부피는

$\dfrac{\sqrt{2}}{12} \times 6^3 = 18\sqrt{2}$ 이고, 정사면체의 겉넓이는

$\dfrac{\sqrt{3}}{4} \times 6^2 \times 4 = 36\sqrt{3}$ 이다.

따라서 구하는 구의 반지름을 r이라 하면,

$\dfrac{r}{3} \times 36\sqrt{3} = 18\sqrt{2}$ 이다.

즉, 따라서 $r = \dfrac{\sqrt{6}}{2}$ (cm)이다.

(3)

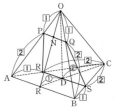

[그림 1]

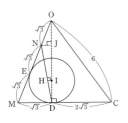

[그림 2]

AB의 중점을 M, PQ의 중점을 N이라 하자.
[그림 1]에서 ON : NM = MD : DC = 1 : 2이므로,

사각형 PQSR을 포함한 평면이 구를 절단하면, 점 D는 RS위의 점이다.

구의 중심을 I라 하고, 면 OAB와의 접점을 E라 하면, I, D, E를 지나는 평면으로 절단한 모양이 [그림 2]와 같이 생긴다. 점 I에서 선분 ND에 내린 수선의 발을 H라 하자. H는 구하는 구의 절단면인 원의 중심이고, 구하는 원의 반지름은 DH이다. N에서 OD에 내린 수선의 발을 J라 하면, 삼각형 DHI와 삼각형 DJN은 닮음이고, DI : DN = DH : DJ이다. 그러므로

$$OD = \frac{\sqrt{6}}{3} \times 6 = 2\sqrt{6},$$

$$DJ = \frac{2}{3} \times OD = \frac{2}{3} \times 2\sqrt{6} = \frac{4\sqrt{6}}{3},$$

$$NJ = \frac{1}{3}MD = \frac{\sqrt{3}}{3}$$ 이다.

한편, $DN = \sqrt{(NJ)^2 + (DJ)^2} = \sqrt{11}$ 이다.
그러므로 DI : DN = DH : DJ,

$$\frac{\sqrt{6}}{2} : \sqrt{11} = DH : \frac{4\sqrt{6}}{3}, \quad DH = \frac{4}{\sqrt{11}}$$ 이다.

그러므로 구하는 절단면의 넓이는 $\dfrac{16}{11}\pi$ (cm²)이다.

07. 📋 (1) $\dfrac{\sqrt{7}}{6}$ [cm²] (2) $\dfrac{2\sqrt{14}}{7}$ [cm]

(3) 2 : 5 (4) $\dfrac{\sqrt{14}}{90}$ [cm³]

[풀이] (1) $AH = \dfrac{1}{2}AC = \dfrac{\sqrt{2}}{2}$ 이므로 △OAH에 피타고라스 정리를 적용하면,

$$OH = \sqrt{OA^2 - AH^2} = \frac{\sqrt{14}}{2}$$ 이다.

그러므로

$$\triangle OEF = \frac{1}{2} \times \frac{2}{3} \times \triangle OAC$$
$$= \frac{1}{2} \times \frac{2}{3} \times \sqrt{2} \times \frac{\sqrt{14}}{2} \times \frac{1}{2} = \frac{\sqrt{7}}{6} \text{ (cm}^2)$$

이다.

(2) EF의 연장선과 AC의 연장선의 교점을 P라 하자.

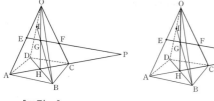

[그림 1]	[그림 2]

[그림 1]에서, 삼각형 OAC와 직선 EFP에 대하여 메넬라우스의 정리를 적용하면,

$$\frac{OE}{EA} \times \frac{AP}{PC} \times \frac{CF}{FO} = 1, \quad \frac{1}{1} \times \frac{AP}{PC} \times \frac{1}{2} = 1$$

이다. 따라서 $AP : PC = 2 : 1$이다.

[그림 2]에서, 삼각형 OHC와 직선 GFP에 대하여 메넬라우스의 정리를 적용하면,

$$\frac{OG}{GH} \times \frac{HP}{PC} \times \frac{CF}{FO} = 1, \quad \frac{OG}{GH} \times \frac{3}{2} \times \frac{1}{2} = 1$$

이다. 따라서 $OG : GH = 4 : 3$이다.

그러므로 $OG = OH \times \dfrac{4}{7} = \dfrac{2\sqrt{14}}{7}$ (cm)이다.

(3)

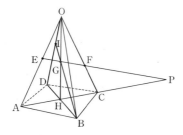

[그림 3]

[그림 3]에서, 삼각형 ODH와 직선 IGB에 대하여 메넬라우스의 정리를 적용하면,

$$\frac{OI}{ID} \times \frac{DB}{BH} \times \frac{HG}{GO} = 1, \quad \frac{OI}{ID} \times \frac{2}{1} \times \frac{3}{4} = 1$$

이다. 따라서 $OI : ID = 2 : 3$이다.

그러므로 $OI : OD = 2 : 5$이다.

(4)

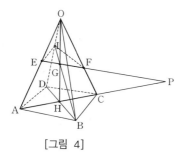

[그림 4]

[그림 4]에서,

사면체 OEFI의 부피

$$= 삼각뿔\ O-ACD의\ 부피 \times \frac{OI}{OD} \times \frac{OE}{OA} \times \frac{OF}{OC}$$

$$= \left(1 \times 1 \times \frac{\sqrt{14}}{2} \times \frac{1}{3} \times \frac{1}{2}\right) \times \frac{2}{5} \times \frac{1}{2} \times \frac{2}{3}$$

$$= \frac{\sqrt{14}}{90}\ (cm^3)$$

08. 📘 (1) 90° (2) 120° (3) $\dfrac{5-\sqrt{5}}{5}$ (배)

[풀이] (1) 절단면 BCID는 정사각형이므로

$\angle CBD = 90^\circ$이다.

(2) [그림 1]에서와 같이, 세 직선 BC, FS, GV의 교점으로 이루어진 삼각형은 정삼각형이다.

또, BG와 FS가 평행하므로

$\angle CBG = 180^\circ - 60^\circ = 120^\circ$이다.

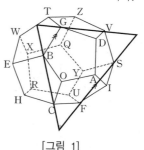

[그림 1]

(3) [그림 2]에서와 같이 꼭짓점 B, D, Z, W, C, I, Y, R을 연결하면, 한 변의 길이가 $\dfrac{1+\sqrt{5}}{2}$인 정육면체가 된다.

정십이면체의 부피는 정육면체의 부피에 [그림 3]과 같은 오면체의 부피 6개를 합한 것이다.

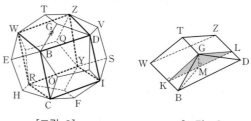

[그림 2]	[그림 3]

(1), (2)에서 $\angle CBG = 120^\circ$이고, $\angle CBM = 90^\circ$이므로, $\angle GBM = 30^\circ$이다.

그러므로 $\triangle GBM$은 30°, 60°, 90°인 직각삼각형이다. $GM = \dfrac{1}{2}GB = \dfrac{1}{2}$이다.

따라서 정육면체의 부피는 $\left(\dfrac{1+\sqrt{5}}{2}\right)^3 = 2 + \sqrt{5}$

(cm^3)이다.

[그림 3]의 오면체의 부피는

$$\triangle GKL \times \frac{WB + TG + ZD}{3}$$이므로

$$\frac{1+\sqrt{5}}{2} \times \frac{1}{2} \times \frac{1}{2} \times \frac{\frac{1+\sqrt{5}}{2}+1+\frac{1+\sqrt{5}}{2}}{3} \ (\text{cm}^3)$$

이다.
따라서 정십이면체의 부피는

$$2+\sqrt{5}+$$

$$\frac{1+\sqrt{5}}{2} \times \frac{1}{2} \times \frac{1}{2} \times \frac{\frac{1+\sqrt{5}}{2}+1+\frac{1+\sqrt{5}}{2}}{3} \times 6$$

$$=\frac{15+7\sqrt{5}}{4}$$

이다. 따라서 구하는 부피의 비는

$$\frac{2+\sqrt{5}}{\frac{15+7\sqrt{5}}{4}}=\frac{5-\sqrt{5}}{5}$$ 이다. 즉, 정육면체의 부피

는 정십이면체의 부피의 $\dfrac{5-\sqrt{5}}{5}$ (배)이다.

09. 目 (1) $a=25$, $b=5$ (2) $a=7$, $b=5$
[풀이] (1) $a=g\mathrm{A}$, $b=g\mathrm{B}$ (단, A와 B는 서로 소이
고, A > B)라고 하자. 그러면, $l=g\mathrm{AB}$이다.
$a^2+b^2+g^2+l^2=1300$,
$(g\mathrm{A})^2+(g\mathrm{B})^2+g^2+(g\mathrm{AB})^2=1300$,
$g^2\mathrm{A}^2+g^2\mathrm{B}^2+g^2+g^2\mathrm{A}^2\mathrm{B}^2=1300$,
$g^2(\mathrm{A}^2+\mathrm{B}^2+1^2+\mathrm{A}^2\mathrm{B}^2)=1300$,
$g^2(\mathrm{A}^2+1)(\mathrm{B}^2+1)=1300=2^2\times5^2\times13$
$=10^2\times13$이다.
$g>1$이므로, $g=2$, 5, 10이 가능하다.
(i) $g=2$일 때,
$(\mathrm{A}^2+1)(\mathrm{B}^2+1)=5^2\times13=65\times5$이다.
A^2+1와 B^2+1이 모두 완전제곱수가 아니므로,
$\mathrm{A}^2+1=65$, $\mathrm{B}^2+1=5$이다.
즉, $\mathrm{A}=8$, $\mathrm{B}=2$이다. 이는 A와 B가 서로 소라는
조건에 모순된다.
(ii) $g=5$일 때,
$(\mathrm{A}^2+1)(\mathrm{B}^2+1)=2^2\times13=26\times2$이다.
A^2+1와 B^2+1이 모두 완전제곱수가 아니므로,
$\mathrm{A}^2+1=26$, $\mathrm{B}^2+1=2$이다.

즉, $\mathrm{A}=5$, $\mathrm{B}=1$이다. 따라서 $a=25$, $b=5$이다.
(2) $g=1$이면, $a=\mathrm{A}$, $b=\mathrm{B}$이므로,
$g^2(\mathrm{A}^2+1)(\mathrm{B}^2+1)=(a^2+1)(b^2+1)=1300$이다.
a^2+1과 b^2+1이 모두 완전제곱수가 아니므로
$$\begin{aligned}1300 &=(2\times5^2)\times(2\times13)\\&=(5\times13)\times(2^2\times5)\\&=(2\times5\times13)\times(2\times5)\\&=(2^2\times5\times13)\times5\\&=(2\times5^2\times13)\times2\end{aligned}$$
의 경우로 나눌 수 있다. 즉,
$(a^2+1, b^2+1)=(50, 26)$, $(65, 20)$, $(130, 10)$,
$(260, 5)$, $(650, 2)$이다. 이 중에서 자연수 조건을 만
족하는 것은 $a^2+1=50$, $b^2+1=26$이다.
따라서 $a=7$, $b=5$이다.

응용하기

10. 目 (1) $6\sqrt{2}$ (cm) (2) 27π (cm²) (3) $26\sqrt{2}\pi$ (cm³)
[풀이] (1) [그림 4]와 같이 정사면체의 꼭짓점 A에서 밑
면에 내린 수선의 발을 H라 하면,

$$\mathrm{AH}=\frac{\sqrt{6}}{3}\times2\sqrt{3}=2\sqrt{2}$$이다.

또, 점 H는 밑면인 정삼각형 BCD의 무게중심과
일치한다.
그러므로 CD의 중점을 M이라하면,
$\mathrm{BH}:\mathrm{HM}=2:1$,

$$\mathrm{BH}=\frac{2}{3}\mathrm{BM}=\frac{2}{3}\times\frac{\sqrt{3}}{2}\mathrm{BC}=\frac{2}{3}\times3=2$$

이다. [그림 5]와 같이 $\triangle \mathrm{ABH}$와 $\triangle \mathrm{EBO}$가 닮음이
므로,
$\mathrm{AH}:\mathrm{EO}=\mathrm{BH}:\mathrm{BO}$, $2\sqrt{2}:\mathrm{EO}=2:6$
이다. 따라서 $\mathrm{EO}=6\sqrt{2}$ (cm)이다.

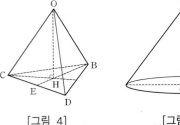

[그림 4] 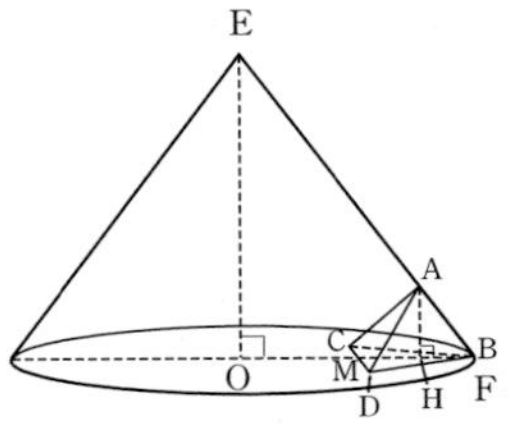　　　　[그림 5]

(2) 구하는 넓이는 [그림 6]의 빗금 친 부분과 같다. 즉, 반지름이 $\overline{OB}$인 원의 넓이에서 반지름이 $\overline{OM}$인 원의 넓이를 빼면 된다.

따라서 $\triangle BCD$가 지나간 부분의 넓이는

$6^2\pi - (6-3)^2\pi = 27\pi\,(\text{cm}^2)$이다.

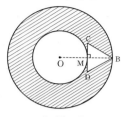

[그림 6]

(3)

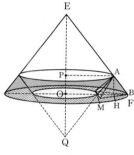

[그림 7]

점 A에서 $\overline{EO}$에 내린 수선의 발을 P라 하자. 그러면 구하는 입체의 부피는 윗면의 반지름이 $\overline{PA}$이고, 밑면의 반지름이 $\overline{OB}$인 원뿔대의 부피에서 아랫면의 반지름이 $\overline{PA}$이고, 윗면의 반지름이 $\overline{OM}$인 원뿔대의 부피를 뺀 것이다.

아랫면의 반지름이 $\overline{PA}$이고, 윗면의 반지름이 $\overline{OM}$인 원뿔대의 부피를 구하기 위해서 [그림 7]과 같이 $\overline{EO}$의 연장선과 $\overline{AM}$의 연장선의 교점을 Q라 하자.

윗면의 반지름이 $\overline{PA}$이고, 밑면의 반지름이 $\overline{OB}$인 원뿔대의 부피는

$6^2\pi \times 6\sqrt{2} \times \dfrac{1}{3} - 4^2\pi \times 4\sqrt{2} \times \dfrac{1}{3} = \dfrac{152\sqrt{2}}{3}\pi$

(cm^3)이다. 아랫면의 반지름이 $\overline{PA}$이고, 윗면의 반지름이 $\overline{OM}$인 원뿔대의 부피는

$4^2\pi \times 8\sqrt{2} \times \dfrac{1}{3} - 3^2\pi \times 6\sqrt{2} \times \dfrac{1}{3} = \dfrac{74\sqrt{2}}{3}\pi\,(\text{cm}^3)$

이다. 따라서 구하는 부피는 $26\sqrt{2}\,\pi\,(\text{cm}^3)$이다.

29강 수학모형건립(I)

연습문제 실력다지기

01. 답 풀이참조

[풀이] $\cos A = \dfrac{b^2+c^2-a^2}{2bc}$, $\cos B = \dfrac{c^2+a^2-b^2}{2ca}$,

$\cos C = \dfrac{a^2+b^2-c^2}{2ab}$ 를 $a\cos A = b\cos B + c\cos C$

에 대입하여 정리하면,

$a^2(b^2+c^2-a^2)$

$= b^2(c^2+a^2-b^2)+c^2(a^2+b^2-c^2)$,

$a^4 = b^4 - 2b^2c^2 + c^4$, $a^4 = (b^2-c^2)^2$이다.

그러므로 $a^2 = \pm(b^2-c^2)$이다.

즉, $c^2+a^2 = b^2$ 또는 $a^2+b^2 = c^2$이다.

따라서 삼각형 ABC는 $\angle B = 90°$인 직각삼각형 또는 $\angle C = 90°$인 직각삼각형이다.

02. 답 (1) B (2) $\dfrac{7}{8}$ (3) $\dfrac{100}{\sqrt{15}}$

(4) $a = c = \dfrac{40}{\sqrt{15}}$, $b = \dfrac{20}{\sqrt{15}}$

[풀이] (1) $\overline{BC} = a$, $\overline{CA} = b$, $\overline{AB} = c$, $\triangle ABC = S$ 라고 하자.

$S = \dfrac{a \cdot 5}{2} = \dfrac{b \cdot 10}{2} = \dfrac{c \cdot 5}{2}$이므로,

$a = \dfrac{2}{5}S$, $b = \dfrac{1}{5}S$, $c = \dfrac{2}{5}S$이다.

따라서 최소각은 B이다.

(2) $\cos B = \dfrac{c^2+a^2-b^2}{2ca} = \dfrac{4+4-1}{8} = \dfrac{7}{8}$이다.

(3) $\sin B = \sqrt{1-\cos^2 B} = \dfrac{\sqrt{15}}{8}$이고,

$S = \dfrac{1}{2}ca\sin B = \dfrac{1}{2} \cdot \dfrac{2}{5}S \cdot \dfrac{2}{5}S \cdot \dfrac{\sqrt{15}}{8}$이다.

이를 풀면 $S = \dfrac{100}{\sqrt{15}}$이다.

(4) (1), (3)을 이용하면, $a = c = \dfrac{40}{\sqrt{15}}$, $b = \dfrac{20}{\sqrt{15}}$ 이다.

03. 답 (1) $\dfrac{1}{6}$배 (2) $\dfrac{5}{2}-\dfrac{3}{2}\cos\alpha$ (3) $\dfrac{5}{2}+\dfrac{3}{2}\cos\alpha$

[풀이] (1) $\dfrac{AD}{DC}=\dfrac{\triangle PAB}{\triangle PBC}=\dfrac{S_1}{S_2}=\dfrac{1}{2}$이므로,

$AD=\dfrac{1}{3}AC=1$이다.

또, $\dfrac{\triangle PDA}{\triangle PCD}=\dfrac{AD}{DC}=\dfrac{1}{2}$이므로,

$\triangle PDA=\dfrac{1}{3}\triangle PCA=\dfrac{1}{3}S_3=\dfrac{1}{6}S$이다.

따라서 $\triangle PDA$는 S의 $\dfrac{1}{6}$배이다.

(2) $\dfrac{BP}{PD}=\dfrac{\triangle PAB}{\triangle PDA}=\dfrac{S_1}{\triangle PDA}=1$이므로,

$BD=2BP$이다.

즉, BD는 BP의 2배이다.

또, $\triangle ABD$에 코사인 제 2법칙을 적용하면,

$BD^2=3^2+1^2-2\cdot3\cdot1\cdot\cos\alpha=10-6\cos\alpha$

이다. 따라서 $BP^2=\left(\dfrac{BD}{2}\right)^2=\dfrac{5}{2}-\dfrac{3}{2}\cos\alpha$이다.

(3) 점 P가 BD의 중점이므로, 파프스의 중선정리에 의하여 $AB^2+AD^2=2(AP^2+BP^2)$이다.

그러므로

$AP^2=\dfrac{AB^2+AD^2}{2}-BP^2$

$=\dfrac{3^2+1^2}{2}-\left(\dfrac{5}{2}-\dfrac{3}{2}\cos\alpha\right)$

$=\dfrac{5}{2}+\dfrac{3}{2}\cos\alpha$

이다.

04. 답 삼각형의 넓이 36, 내접원의 반지름 2, 외접원의 반지름 $\dfrac{85}{8}$, 내심과 외심 사이의 거리 $\dfrac{\sqrt{4505}}{8}$이다.

[풀이] $\triangle ABC$에서 $AB=9$, $AC=10$, $BC=17$, 외접원의 반지름을 R, 내접원의 반지름을 r이라 하자. 코사인 제2법칙에 의하여

$\cos A=\dfrac{9^2+10^2-17^2}{2\cdot9\cdot10}=-\dfrac{3}{5}$이므로,

$\sin A=\sqrt{1-\cos^2 A}=\dfrac{4}{5}$이다.

그러므로

$\triangle ABC=\dfrac{1}{2}\cdot9\cdot10\cdot\sin A$

$=\dfrac{1}{2}\cdot9\cdot10\cdot\dfrac{4}{5}=36$이다.

$\triangle ABC=\dfrac{1}{2}(AB+BC+CA)\times r$

$=\dfrac{1}{2}(9+10+17)\times r=36$이므로,

이를 풀면, $r=2$이다.

사인법칙으로부터 $\dfrac{17}{\sin A}=2R$이고, $\sin A=\dfrac{4}{5}$이므로, $R=\dfrac{85}{8}$이다.

BC의 중점을 M, 내심을 I, 외심을 O라 하자. 내접원과 세 변 AB, BC, CA와의 교점을 각각 D, E, F라 하고, $AD=AF=x$, $BE=BD=y$, $CF=CE=z$라 하면,
$x=1$, $y=8$, $z=9$이다.

그러므로 $BM=\dfrac{17}{2}$, $OB=R=\dfrac{85}{8}$, $IE=r$이다.

$OM=\sqrt{OB^2-BM^2}=\sqrt{\left(\dfrac{85}{8}\right)^2-\left(\dfrac{17}{2}\right)^2}=\dfrac{51}{8}$

이므로,

$IO=\sqrt{(OM+r)^2+ME^2}$

$=\sqrt{(OM+r)^2+(z-BM)^2}$

$=\sqrt{\left(\dfrac{67}{8}\right)^2+\left(\dfrac{1}{2}\right)^2}=\dfrac{\sqrt{4505}}{8}$

이다.

05. 답 $\dfrac{4\sqrt{3}}{3}$

[풀이] 삼각형 ABC의 둘레의 길이의 반은

$s=\dfrac{20+24+28}{2}=36$이므로 헤론의 공식에 의하여 다음을 얻는다.

$\triangle ABC$

$=\sqrt{36\cdot(36-20)\cdot(36-24)\cdot(36-28)}$

$=96\sqrt6$

원 O의 반지름의 길이를 r이라 하면 $\triangle ABC=rs$이므로 $r=\dfrac{8\sqrt6}{3}$이다. 정삼각형 PQR의 한 변의 길이를 a라고 하면 사인법칙에 의하여

$a = 2 \cdot \dfrac{8\sqrt{6}}{3} \cdot \sin\dfrac{\pi}{3} = 8\sqrt{2}$ 이다. 즉,

$\triangle PQR = \dfrac{\sqrt{3}}{4} \cdot a^2 = 32\sqrt{3}$ 이다.

한편, $\triangle LMN$의 넓이는 S의 6배이므로 다음이 성립한다.

$\triangle PQR = 4 \cdot (\triangle LMN) = 4 \cdot 6 \cdot S$ 이다.

따라서 $S = 32\sqrt{3} \cdot \dfrac{1}{24} = \dfrac{4\sqrt{3}}{3}$ 이다.

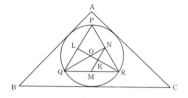

실력 향상시키기

06. 팝 (1) 4 (2) $\dfrac{3}{7}$ 배

[풀이] (1) $\angle ABC = \alpha$, $\angle ADC = 180° - \alpha$라 하자. $\triangle ABC$, $\triangle ADC$에 코사인 제 2 법칙을 적용하면
$AC^2 = 3^2 + 2^2 - 2 \cdot 3 \cdot 2 \cdot \cos\alpha = 13 - 12\cos\alpha$,
$AC^2 = 2^2 + 4^2 - 2 \cdot 2 \cdot 2 \cdot \cos(180° - \alpha)$
$\qquad = 20 + 16\cos\alpha$

이다. 이 두 식을 연립하여 풀면 $\cos\alpha = -\dfrac{1}{4}$ 이다.
$AC^2 = 16$ 이다. $AC = 4$ 이다.

(2) (1)에서 $\sin\alpha = \sqrt{1 - \cos^2\alpha} = \dfrac{\sqrt{15}}{4}$ 이다.

$\triangle ACD = \dfrac{1}{2} \cdot 2 \cdot 4 \cdot \sin(180° - \alpha)$
$= 4\sin\alpha = \sqrt{15}$ 이다. 또,
$\triangle ABC = \dfrac{1}{2} \cdot 3 \cdot 2 \cdot \sin\alpha = 2\sin\alpha = \dfrac{3\sqrt{15}}{4}$ 이
므로, $\triangle ACD = \dfrac{4}{7}\square ABCD$이다.

$\angle BAD = \beta$, $\angle BCD = 180° - \beta$라 하면,
$\sin\beta = \sin(180° - \beta)$이므로,

$\dfrac{\triangle APD}{\triangle CPD} = \dfrac{AP}{PC} = \dfrac{\triangle ABD}{\triangle CBD}$

$= \dfrac{\dfrac{1}{2} \cdot 3 \cdot 4 \cdot \sin\beta}{\dfrac{1}{2} \cdot 2 \cdot 2 \cdot \sin(180° - \beta)} = 3$

이다. 따라서

$\triangle APD = 3\triangle CPD = \dfrac{3}{4}\triangle ACD = \dfrac{3}{7}\square ABCD$이다. 즉, $\triangle APD$의 넓이는 사각형 $ABCD$의 넓이의 $\dfrac{3}{7}$ 배이다.

07. 팝 (1) $3\sqrt{7}$ (2) $\dfrac{2\sqrt{21}}{3}\pi$ (3) 9

[풀이] (1) MC의 중점을 N이라 하자.
$\triangle ACN \equiv \triangle AMN$이므로,
$AC = AM = \dfrac{1}{2}AB = 3$이다.

$\triangle ABC = \dfrac{1}{2} \cdot 6 \cdot 3 \cdot \sin 120° = \dfrac{9\sqrt{3}}{2}$이다.
$\triangle ABC$에서 코사인 제 2법칙을 적용하면
$BC^2 = 6^2 + 3^2 - 2 \cdot 6 \cdot 3 \cdot \cos 120° = 63$
이다. 따라서 $BC = 3\sqrt{7}$이다.

(2) $\triangle ABC$의 외접원의 반지름을 R이라 하자.
사인법칙에 의하여 $\dfrac{3\sqrt{7}}{\sin 120°} = 2R$이다.

이를 풀면, $R = \dfrac{2\sqrt{7}}{\sqrt{3}} = \sqrt{21}$이다.
호 BAC의 중심각은 $360° - 2\angle A = 120°$이다.
그러므로 호 BAC의 길이는
$2R\pi \times \dfrac{120}{360} = \dfrac{2\sqrt{21}}{3}\pi$이다.

(3) 내각이등분선의 정리에 의하여 $BD : DC = 2 : 1$이다. 그러므로 $CD = \dfrac{1}{3}BC$이다.

즉, $CD : BC = 1 : 3$이다.
$\angle DAB = \angle DAC = 60°$,
$\triangle DAB + \triangle DAC = \triangle ABC$이므로
$\dfrac{1}{2} \cdot 6 \cdot AD \cdot \dfrac{\sqrt{3}}{2} + \dfrac{1}{2} \cdot 3 \cdot AD \cdot \dfrac{\sqrt{3}}{2}$
$= \dfrac{1}{2} \cdot 6 \cdot 3 \cdot \dfrac{\sqrt{3}}{2}$
이다. 그러므로 $AD = 2$이다.
또 $\angle EBC = \angle EAC = 60°$,
$\angle ECB = \angle EAB = 60°$이므로,
삼각형 EBC는 정삼각형이고,
$EB = EC = BC = 3\sqrt{7}$이다.
그러므로

$$\frac{AD}{ED} = \frac{\triangle ABC}{\triangle EBC}$$

$$= \frac{\frac{1}{2} \cdot 6 \cdot 3 \cdot \sin 120°}{\frac{1}{2} \cdot 3\sqrt{7} \cdot 3\sqrt{7} \cdot \sin 60°} = \frac{2}{7}$$

이다. 따라서 $AE = \frac{9}{2}AD = 9$ 이다.

08. 冒 (1) $DB = \dfrac{3\sqrt{15}}{4}$, $DC = \dfrac{\sqrt{15}}{2}$

(2) $\dfrac{5\sqrt{10}}{4}$ (3) $\dfrac{5}{3}$

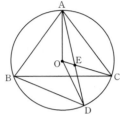

[풀이] (1) $\angle BAC = \alpha$, $\angle ABC = \angle ACB = \beta$, $DB = 3k$, $DC = 2k$ $(k > 0)$ 이라 하자.

삼각형 ABC 의 외접원의 반지름이 2이므로, 사인법칙에 의하여

$$\frac{BC}{\sin \alpha} = \frac{\sqrt{10}}{\sin \beta} = 2 \cdot 2, \qquad BC = 4\sin \alpha \cdots ①,$$

$$\sin \beta = \frac{\sqrt{10}}{4} \cdots ② \text{ 이다.}$$

$\alpha = 180° - 2\beta$ 를 식 ②에 대입하면,

$\cos \alpha = \cos(180° - 2\beta) = -\cos 2\beta$

$= -(1 - 2\sin^2 \beta) = \dfrac{1}{4}$ 이고,

$\sin \alpha = \sqrt{1 - \cos^2 \alpha} = \dfrac{\sqrt{15}}{4}$ 이다.

이를 식 ①에 대입하면, $BC = \sqrt{15}$ 이다.

$\angle BDC = 180° - \alpha$ 이고,

$\cos(180° - \alpha) = -\cos \alpha = -\dfrac{1}{4}$ 이므로,

삼각형 BDC 에 코사인 제2법칙에 의하여

$(\sqrt{15})^2 = (3k)^2 + (2k)^2 - 2 \cdot 3k \cdot 2k \cos(\pi - \alpha)$,

$15 = 9k^2 + 4k^2 + 3k^2$, $k^2 = \dfrac{15}{16}$, $k = \dfrac{\sqrt{15}}{4}$

따라서 $DB = \dfrac{3\sqrt{15}}{4}$, $DC = \dfrac{\sqrt{15}}{2}$ 이다.

(2) $\angle ABD = \gamma$, $\angle ACD = 180° - \gamma$ 라 하고, 삼각형 ABD, 삼각형 ACD 에 코사인 제2법칙을 적용하면,

$$AD^2 = (\sqrt{10})^2 + \left(\frac{3\sqrt{15}}{4}\right)^2$$

$$- 2 \cdot \sqrt{10} \cdot \frac{3\sqrt{15}}{4} \cos \gamma$$

$$= \frac{295}{16} - \frac{15\sqrt{6}}{2} \cos \gamma,$$

$$AD^2 = (\sqrt{10})^2 + \left(\frac{\sqrt{15}}{2}\right)^2$$

$$- 2 \cdot \sqrt{10} \cdot \frac{\sqrt{15}}{2} \cos(180° - \gamma)$$

$$= \frac{55}{4} + 5\sqrt{6} \cos \gamma$$

이다. 이를 풀면, $\cos \gamma = \dfrac{3}{8\sqrt{6}}$, $AD^2 = 12\dfrac{5}{8}$ 이다.

따라서 $AD = \dfrac{5\sqrt{10}}{4}$ 이다.

(3) $AB = AC$, $DB > DC$ 이다.

$$\frac{OE}{CE} = \frac{\triangle AOD}{\triangle ACD}$$

$$= \frac{\frac{1}{2} \cdot 2 \cdot 2 \cdot \sin 2\gamma}{\frac{1}{2} \cdot \sqrt{10} \cdot \frac{\sqrt{15}}{2} \cdot \sin(180° - \gamma)}$$

$$= \frac{8 \sin 2\gamma}{5\sqrt{6} \sin \gamma} = \frac{16 \cos \gamma}{5\sqrt{6}} = \frac{1}{5}$$

따라서 $CE = \dfrac{5}{6}OC = \dfrac{5}{3}$ 이다.

09. 冒 (1) $\dfrac{1}{2}$ (2) $\dfrac{\sqrt{15}}{2}$ (3) $\dfrac{3\sqrt{5}}{8}$ (4) $\dfrac{19\sqrt{15}}{60}$

(5) $\dfrac{\sqrt{15}}{10}$

[풀이] (1) $BC = CD = DB = \sqrt{3}$ 이므로,

삼각형 BCD 는 한 변의 길이가 $\sqrt{3}$ 인 정삼각형이다.

$AB = AC = AD$ 이므로, G 는 삼각형 BCD 의 외심이면서 무게중심이다.

그러므로 $BE = \dfrac{\sqrt{3}}{2} \cdot \sqrt{3} = \dfrac{3}{2}$,

$\mathrm{GE} = \dfrac{1}{3}\mathrm{BE} = \dfrac{1}{2}$ 이다.

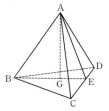

(2) $\mathrm{CE} = \mathrm{DE} = \dfrac{\mathrm{CD}}{2} = \dfrac{\sqrt{3}}{2}$ 이므로,

$\mathrm{AE} = \sqrt{\mathrm{AC}^2 - \mathrm{CE}^2} = \sqrt{\dfrac{19}{4} - \dfrac{3}{4}} = 2,$

$\mathrm{AG} = \sqrt{\mathrm{AE}^2 - \mathrm{GE}^2} = \sqrt{4 - \dfrac{1}{4}} = \dfrac{\sqrt{15}}{2}$ 이다.

(3) 구하는 부피는

$\dfrac{1}{3} \cdot \triangle \mathrm{BCD} \cdot \mathrm{AG}$

$= \dfrac{1}{3} \cdot \dfrac{1}{2} \cdot (\sqrt{3})^2 \cdot \sin 60° \cdot \dfrac{\sqrt{15}}{2} = \dfrac{3\sqrt{5}}{8}$

이다.

(4) $\cos \angle \mathrm{BAG} = \dfrac{\mathrm{AG}}{\mathrm{AB}} = \dfrac{\sqrt{15}}{\sqrt{19}} = \dfrac{\sqrt{285}}{19}$ 이다.

O_1의 중심은 AG 위에 있고, 그 점을 O, O_1의 반지름을 R이라 하면, $\mathrm{OA} = \mathrm{OB} = \mathrm{R}$이므로,

$2 \cdot \mathrm{R}\cos \angle \mathrm{BAG} = \mathrm{AB}$이다.

따라서

$\mathrm{R} = \dfrac{\mathrm{AB}}{2\cos \angle \mathrm{BAG}}$

$= \dfrac{1}{2} \cdot \dfrac{\sqrt{19}}{2} \cdot \dfrac{\sqrt{19}}{\sqrt{15}} = \dfrac{19\sqrt{15}}{60}$

이다.

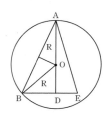

(5) $\sin \angle \mathrm{EAG} = \dfrac{\mathrm{GE}}{\mathrm{AE}} = \dfrac{1}{4}$ 이다.

O_2의 중심은 AG 위에 있고, 그 점을 I라 하고,
O_2는 평면 ACD에 접하고, 그 접점을 H라 하자.
또, O_2의 반지름을 r이라 하면,

$\mathrm{IG} = \mathrm{IH} = r$이다.

$\dfrac{\mathrm{IH}}{\mathrm{AI}} = \sin \angle \mathrm{EAG}, \quad \dfrac{r}{\mathrm{AG} - r} = \dfrac{1}{4}$ 이다.

따라서 $r = \dfrac{1}{5}\mathrm{AG} = \dfrac{\sqrt{15}}{10}$ 이다.

연습문제 실력다지기

01. 🖩 $a_n = a_{n-1} + n$, $a_1 = 2$

[풀이]

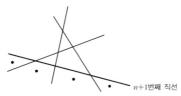

$n+1$번째 직선을 그리면 기존의 n개의 직선과 한 점씩 만나면서 $n+1$개의 평면이 더 생긴다. (● 표시한 것) 그러므로 $a_{n+1} = a_n + (n+1)$이다.

따라서 $a_n = a_{n-1} + n$, $a_1 = 2$이다.

02. 🖩 $a_n = a_{n-1} + 2(n-1)$, $a_1 = 2$

[풀이]

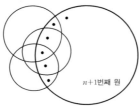

$n+1$번째 원을 그리면 기존의 n개의 원과 두 점씩 만나면서 $2n$개의 평면이 더 생긴다. (● 표시한 것) 그러므로 $a_{n+1} = a_n + 2n$이다.

따라서 $a_n = a_{n-1} + 2(n-1)$, $a_1 = 2$이다.

03. 🖩 $a_n = (n-1)(a_{n-2} + a_{n-1})$, $a_1 = 0$, $a_2 = 1$

[풀이] 문제의 뜻에 따라 1은 2, 3, ⋯, n 중 하나에 대응할 수 있다. 편의상, 1이 2에 대응한다고 가정하자. 이때, 2가 1에 대응한다면 다음 그림과 같은 상황이 된다.

$$\begin{matrix} 1 & \diagdown\!\!\!\diagup & 1 \\ 2 & \diagup\!\!\!\diagdown & 2 \\ 3 & & 3 \\ 4 & & 4 \\ \vdots & & \vdots \end{matrix}$$

따라서 $\{3, 4, \cdots, n\} \to \{3, 4, \cdots, n\}$이 $f(x) \neq x$를 만족하며 대응하면 되므로 그 방법의 수는 a_{n-2}이다.

그러나 만일 2가 1에 대응하지 않는다면 $\{2, 3, 4, \cdots, n\} \to \{1, 3, 4, \cdots, n\}$이 $f(x) \neq x$를 만족하며 대응하면 되므로 그 방법의 수는 a_{n-1}이다.

따라서 1이 2에 대응할 때 생기는 방법의 수는

$$a_{n-2} + a_{n-1} \quad \cdots ①$$

같은 방법으로 생각하면 1이 3, 4, ⋯, n 중의 하나에 대응할 때도 ①과 똑같은 경우의 수가 얻어진다. 따라서 $a_n = (n-1)(a_{n-2} + a_{n-1})$, $a_1 = 0$, $a_2 = 1$이다.

04. 🖩 $x_n = 2x_{n-1} + x_{n-2}$, $x_1 = 3$, $x_2 = 7$

[풀이] 가장 뒤에 1, 2, 3이 오는 n자리의 수의 개수를 각각 a_n, b_n, c_n이라 하자. 그러면,

$$a_n = b_{n-1} + c_{n-1},$$
$$b_n = a_{n-1} + c_{n-1},$$
$$c_n = a_{n-1} + b_{n-1} + c_{n-1}$$

이다.

$x_n = a_n + b_n + c_n$이라 두고, 위 세 식을 변변 더하면,

$$x_n = 2x_{n-1} + c_{n-1} = 2x_{n-1} + x_{n-2}$$

이다. 따라서 $x_n = 2x_{n-1} + x_{n-2}$, $x_1 = 3$, $x_2 = 7$이다.

05. 🖩 $a_n = 5 \times a_{n-1}$, $a_2 = 5$

[풀이] n자리 수일 때, 주어진 조건을 만족하는 수 중 작은 수를 $1x_1x_2 \cdots x_{n-1}$라고 하자.

이를 만족하는 수의 쌍이 a_n이다.

$n+1$자리 수일 때를 살펴보자. 두 번째 자리 수에 0, 1, 2, 3, 4가 들어가면 된다. 즉,

$10x_1x_2 \cdots x_{n-1}$, $11x_1x_2 \cdots x_{n-1}$,

$12x_1x_2 \cdots x_{n-1}$, $13x_1x_2 \cdots x_{n-1}$,

$14x_1x_2 \cdots x_{n-1}$

이 주어진 조건을 만족하는 수 중 작은 수이다.

그러므로 $n+1$자리 수일 때, 주어진 조건을 만족하는 수의 쌍은 $a_{n+1} = 5 \times a_n$이다.

따라서 $a_n = 5 \times a_{n-1}$, $a_2 = 5$이다.

06. 답 $a_n = 2a_{n-1} + 3a_{n-2}$, $a_1 = 0$, $a_2 = 3$

[풀이] n초 후에 꼭짓점 A, B, C, D로 이동할 수 있는 경우의 수를 각각 a_n, b_n, c_n, d_n이라 하자.

그러면,

$$a_{n+1} = b_n + c_n + d_n \quad \cdots \ ①$$
$$b_{n+1} = a_n + c_n + d_n \quad \cdots \ ②$$
$$c_{n+1} = a_n + b_n + d_n \quad \cdots \ ③$$
$$d_{n+1} = a_n + b_n + c_n \quad \cdots \ ④$$

이다. 위 네 식을 변변 더하면,

$$a_{n+1} + (b_{n+1} + c_{n+1} + d_{n+1})$$
$$= 3a_n + 3(b_n + c_n + d_n) \cdots \ ⑤$$

이다. 그런데, $b_n + c_n + d_n = a_{n+1}$,

$b_{n+1} + c_{n+1} + d_{n+1} = a_{n+2}$이므로,

이를 식 ⑤에 대입하여 정리하면,

$a_{n+2} = 2a_{n+1} + 3a_n$이다.

따라서 $a_n = 2a_{n-1} + 3a_{n-2}$, $a_1 = 0$, $a_2 = 3$이다.

07. 답 $a_n = a_{n-1} + (n-1)a_{n-2}$, $a_1 = 1$, $a_2 = 2$

[풀이] (i) 1이 1에 대응되는 경우 : 나머지 $n-1$개의 수가 $n-1$개의 수에 대응되면 되므로, 이 경우의 수가 a_{n-1}이다.

(ii) 1이 1이 아닌 k(즉, $k = 2$, 3, $\cdots$, n)에 대응되는 경우 1이 k에 대응되면, k는 1에 대응되어야 하고, 그러면 나머지 $n-2$개의 수가 $n-2$개의 수에 대응되면 되므로, 이 경우의 수는 a_{n-2}이다. 그런데, k가 될 수 있는 수의 경우의 수가 $n-1$이므로 여기서 나오는 총 경우의 수가 $(n-1)a_{n-2}$이다.

따라서 (i), (ii)에 의하여 구하는 경우의 수는

$a_n = a_{n-1} + (n-1)a_{n-2}$, $a_1 = 1$, $a_2 = 2$이다.

08. 답 $a_n = a_{n-1} + 2a_{n-2}$, $a_1 = 1$, $a_2 = 3$

[풀이] $a_1 = 1$이다. 1×2보드를 덮는 방법은 흰 색 1×2, 검은색 1×2, 2개의 1×1로 덮는 3가지이므로, $a_2 = 3$이다. $n \geq 3$일 때를 두 가지 경우로 나눠 살펴보자.

(i) 왼쪽 끝을 1×1보드로 덮는 경우 : 남은

$1 \times (n-1)$보드를 덮는 방법의 수와 같으므로, a_{n-1}이다.

(ii) 왼쪽 끝을 1×2보드로 덮는 경우 : 왼쪽 끝은 1×2보드로 덮는 방법은 흰 색, 검은 색의 2가지이고, 그 각각에 대하여 남은 $1 \times (n-2)$보드를 덮는 방법의 수는 a_{n-2}이다. 그러므로 모두 $2a_{n-2}$이다.

따라서 (i), (ii)에 의하여

$a_n = a_{n-1} + 2a_{n-2}$, $a_1 = 1$, $a_2 = 3$이다.

09. 답 $a_n = 2a_{n-1} + a_{n-2}$, $a_1 = 1$, $a_2 = 3$

[풀이] $a_1 = 1$, $a_2 = 3$이다.

이제 $n \geq 3$일 때, 첫 번째 계단과 두 번째 계단을 밟는 방법에 의해 분류하자.

(i) 첫 번째 계단을 올라갈 때, 내려올 때 모두 밟을 때,

첫 번째 계단을 1층이라고 보면, 나머지 $n-1$계단에 대해서 주어진 조건을 만족하게 왕복하는 경우의 수는 a_{n-1}이다.

(ii) 첫 번째 계단을 올라갈 때만 밟고, 두 번째 계단은 올라갈 때, 내려갈 때 모두 밟을 때,

두 번째 계단을 1층이라고 보면, 나머지 $n-2$계단에대해서 주어진 조건을 만족하게 왕복하는 경우의 수는 a_{n-2}이다.

(iii) 첫 번째 계단을 올라갈 때만 밟고, 두 번째 계단을 내려갈 때만 밟을 때,

(iv) 첫 번째 계단을 내려갈 때만 밟고, 두 번째 계단은 올라갈 때, 내려갈 때 모두 밟을 때,

(v) 첫 번째 계단을 내려갈 때만 밟고, 두 번째 계단은 올라 갈 때만 밟을 때,

(iii)의 경우에서는 올라갈 때, 1층에서 두 번째 계단에 올라가는 것을 첫 번째 계단에서 올라가는 것으로 바꾸어 생각하고, (iv), (v)의 경우에서는 올라갈 때, 1층에서 두 번째 계단에 올라가는 것을 첫 번째 계단에서 올라가는 것으로 바꾸어 생각하자. 그리고 각각 첫 번째 계단을 1층이라고 생각하면,

(iv)는 두 번째 계단을 올라갈 때, 내려갈 때 모두 밟고,

(v)는 두 번째 계단을 올라갈 때만 밟고,

(iii)은 두 번째 계단을 내려갈 때만 밟는 경우가 된다. 이들을 합하면 두 번째 계단 및 그 이후의 합계인

$n-1$계단에 대해서 주어진 조건을 만족하게 왕복하는 경우의 수 a_{n-1}이다.

따라서 구하는 경우의 수는 $a_n = 2a_{n-1} + a_{n-2}$, $a_1 = 1$, $a_2 = 3$이다.

응용하기

10. 📗 $x_n = 2x_{n-1} + x_{n-2}$, $x_1 = 2$, $x_2 = 5$

[풀이] 주어진 조건을 만족하는 n번째 자리 문자열 중 n번째 문자가 A, B, C, D인 경우의 수를 각각 a_n, b_n, c_n, d_n이라 하면 $x_n = a_n + b_n + c_n + d_n$이다.

또,

$$a_{n+1} = b_n + c_n + d_n \quad \cdots \; ①$$
$$b_{n+1} = a_n \qquad\qquad\quad \cdots \; ②$$
$$c_{n+1} = b_n + c_n + d_n \quad \cdots \; ③$$
$$d_{n+1} = b_n + c_n + d_n \quad \cdots \; ④$$
$$x_{n+1} = a_{n+1} + b_{n+1} + c_{n+1} + d_{n+1}$$
$$\qquad = a_{n+1} + a_{n+2} \quad \cdots ⑤$$

이다. 식 ①, ②, ③, ④를 변변 더하여, a_n에 대한 점화식을 구하면

$$a_{n+1} + a_{n+2} = 3a_{n+1} + a_n,$$
$$a_{n+2} = 2a_{n+1} + a_n$$

이다. $a_1 = 1$, $a_2 = 2$이다.

식 ⑤를 이용하여 x_n의 점화식을 만들면,

$x_n = 2x_{n-1} + x_{n-2}$, $x_1 = 2$, $x_2 = 5$

이다.

연습문제 실력다지기

01. 답 ③

[풀이] 조건 ①과 ③, 조건 ①과 ②, 조건 ②와 ④, 조건 ③과 ④를 선택할 경우 평행사변형이 된다. 따라서 답은 ③ 4가지이다.

02. 답 ②, ④

[풀이] ① 한 쌍의 대변과 한 쌍의 대각이 서로 같은 사각형은 평행사변형이 아닐 수 있으므로 거짓이다.
③ 한 쌍의 대변의 중점 사이의 거리가 다른 한 쌍의 대변 길이 합의 반과 같은 사각형은 평행사변형과 무관하므로 거짓이다.

03. 답 풀이참조

[풀이] (1) 4, 3, 6, 5

(2) 1211번째 수

(3) (a) $m = 2003003$, 곱은 $\dfrac{1}{2003001}$ 이다.

(b) 존재한다. $c = \dfrac{2000}{2}$, $d = \dfrac{2001}{1}$

(4) $mn = m - n$, 여기서 m은 임의의 자연수이다.

$n = \dfrac{m}{m+1}$ 이다.

(5) C_6의 둘레의 길이는 $\dfrac{1}{2}$ 이다.

C_n의 한 변의 길이는 $\left(\dfrac{1}{\sqrt{2}}\right)^n$ 이므로,

C_n의 둘레의 길이는 $4\left(\dfrac{1}{\sqrt{2}}\right)^n$ 이다.

04. 답 서로 같다.

[풀이] 직각삼각형 $AEP \backsim$ 직각삼각형 ABC이고,
직각삼각형 $AED \backsim$ 직각삼각형 OBC이므로
$ED : EP = 2 : 1$이다. 즉, $EP = PD$이다.

05. 답 (1) $\dfrac{40}{9}$초 (2) 존재한다. $t = 7$초

[풀이] (1) $MN /\!/ BD$일 때, $\dfrac{CM}{BM} = \dfrac{CN}{DN}$ 이고,

그 때까지 움직인 시간을 x초라고 하면

$\dfrac{16 - 2x}{2x} = \dfrac{x}{10 - x}$ 이다. 이를 풀면 $x = \dfrac{40}{9}$ 초이다.

(2) $S_{\triangle AMN} = \dfrac{3}{5}(t - 7)^2 + \dfrac{93}{5}$ 이므로,

$t = 7$초일 때, $S_{\triangle AMN}$의 최솟값은 $\dfrac{93}{5}$ (cm^2)이다.

실력 향상시키기

06. 답 풀이참조

[풀이] (1) 점 D에서 BC에 내린 수선의 발을 E라 하면
$$CD^2 - BD^2 = (CE^2 + DE^2) - (BE^2 + DE^2)$$
$$= (CE - BE) \cdot BC \text{이다.}$$

그러므로 $\dfrac{CD^2 - BD^2}{BC^2} = \dfrac{CE}{BC} - \dfrac{BE}{BC}$ 이다..

또 $DE /\!/ AC$에서 알 수 있듯이,

$\dfrac{CE}{BC} = \dfrac{AD}{AB}$, $\dfrac{BE}{BC} = \dfrac{BD}{AB}$ 이다.

(2) 성립된다.

이때 $AD = 0$, $CD = AC$, $BD = AB$.

(3) 성립된다.

점 D에서 BC의 연장선에 내린 수선의 발을 E라 하면,
$$CD^2 - BD^2 = (CE^2 + DE^2) - (BE^2 + DE^2)$$
$$= (CE - BE) \cdot BC \text{이다.}$$

그러므로 $\dfrac{CD^2 - BD^2}{BC^2} = \dfrac{CE}{BC} - \dfrac{BE}{BC}$ 이다..

또 $DE /\!/ AC$에서 알 수 있듯이,

$\dfrac{CE}{BC} = \dfrac{AD}{AB}$, $\dfrac{BE}{BC} = \dfrac{BD}{AB}$ 이다.

07. 답 $n = 6$

[풀이] 처음 두 수를 a, b라 하면 그 다음 수는 $\dfrac{b}{a}$이다.

이런 식으로 계속 써 나가면

a, b, $\dfrac{b}{a}$, $\dfrac{1}{a}$, $\dfrac{1}{b}$, $\dfrac{a}{b}$, a, b, $\cdots$

이다. 따라서 $n = 6$이다.
또 $n = 3$, 4, 5일 때 위의 열의 수는 모순된다.

08. 🔑 (1) $AE = \dfrac{16}{5}$　(2) 구할 수 없다.

[풀이] (1) 원과 비례에 의해 $AD^2 = AE \cdot AB$이다.

따라서 $AE = \dfrac{16}{5}$ 이다.

(2) 귀류법으로 풀면 $CE < 4$와 $CE = 5$는 모순된다. 따라서 구할 수 없다.

09. 🔑 된다.

[풀이] C_1D_1을 CD와 중첩하고, 즉 D_1A_1과 DA의 두 직선은 서로 성립하게 하면, A_1B_1과 AB는 중첩되는 것을 증명할 수 있다.

응용하기

10. 🔑 22개

[풀이] A조에서 $k+1$개의 수 x_0, x_1, $\cdots$ x_k가 있다고 하자. 여기서 $x_0 = 10$이다. 또 B조에는 $30 - k$개의 수 x_{k+1}, x_{k+2}, $\cdots$, x_{30}가 있다고 하자.

주어진 조건으로부터

$$\frac{x_1 + \cdots + x_k}{k} = \frac{x_1 + \cdots + x_k + 10}{k+1} + \frac{1}{2} \text{이다.}$$

이를 정리하면 $x_1 + \cdots + x_k = \dfrac{k^2 + 21k}{2}$ $\cdots$ ①이다.

또,

$$\frac{x_{k+1} + \cdots + x_{30} + 10}{31 - k} = \frac{x_{k+1} + \cdots + x_{30}}{30 - k} + \frac{1}{2} \text{이다.}$$

이를 정리하면

$$x_{k+1} + \cdots + x_{30} = \frac{-330 + 41k - k^2}{2} \cdots \text{②이다.}$$

식 ①, ②를 $x_1 + x_2 + \cdots + x_k + x_{k+1} + \cdots + x_{30} = 486$에 대입하여 풀면 $k = 21$이다.

따라서 A조에 있던 수의 개수는 22개다.

연습문제 실력다지기

01. 🔑 최대 90대, 최소 18대.

[풀이] 갑, 을이 마지막에 구매한 차가 y대일 때, 생산공장은 마지막에 6대가 모자란 것에서 갑은 x대를 적게 필요했으므로 $y = 18 + 12x$ $(0 \le x \le 6)$이다.

그러므로 구입한 자동차 수의 최댓값은 90대, 최솟값은 18대이다.

02. 🔑 풀이참조

[풀이] 운반할 수 있는 것은 1개, 2개, 3개, 컨테이너의 트럭은 각각 x대, y대, z대, 즉 6가지 분배 방법이 있는데 이것은 $(x, y, z) = (0, 10, 10)$, $(1, 8, 11)$, $(2, 6, 12)$, $(3, 4, 13)$, $(4, 2, 14)$, $(5, 0, 15)$이다.

$x = 5$일 때, (즉 분배한 5대는 1개를, 15대는 3개를) 운반할 때 최종 운송료는 가장 낮으므로 330만원이다.

$x + y + z = 20$, $x + 2y + 3z = 50$으로 구하면 $y = 10 - 2x$, $z = 10 + x$이다.

총 운송비 $W = 12x + 16y + 18z$에 대입하면, $W = 340 - 2x$(만원)이다.

03. 🔑 (1) 16시간

　　(2) 2, 3, 4, 5, 7, 13명.

[풀이] (1) 필요한 시간을 x라 하면,

$\dfrac{1}{2}\left(x + \dfrac{x}{4}\right) = 10$이다.

(2) y명이 일에 참여하였다고 하면,

$16 - (y-1)t = 16 \times \dfrac{1}{4}$, $(y-1)t = 12$이다.

$y - 1 = 1$, 2, 3, 4, 6, 12이므로,

$y = 2$, 3, 4, 5, 7, 13이다.

04. 🔑 풀이참조

[풀이] 두 대의 차를 A, B로 표시한다.

방법1 : B차가 고장이 났을 때 B차의 4사람은 내려서 걸어가고, A차는 계속 앞으로가서 일단 4사람을 기차역에 데려다 주고, 곧바로 돌아와 B차의 4사람을 기차역에

데려다 준다.

방법2 : B차가 고장이 났을 때 B차의 4사람은 걸어가고, A차는 A차의 4사람을 태우고 어느 정도의 지점을 가서 4사람을 내려주고 기차역으로 걸어가게 한 후, A차는 곧바로 돌아와 B차의 4사람을 태워가 두 팀의 사람이 동시에 기차역에 도착한다.

05. 🖉 풀이참조

[풀이] $N = (4n) \times n = 4n^2$ 라고 하면,
$130 < 4n^2 < 150$ 이므로 $N = 144$ 이다. 즉, $n = 6$ 이다.
따라서 각 학교는 24억 원이 있다.

실력 향상시키기

06. 🖉 48%

[풀이] 갑, 을의 구입 가격은 각각 a원, b원이라 할 때,
즉 총 이익률 50%로부터 $a = 1.56$ 이다.
따라서 총 이익률은 48% 이다.

07. 🖉 남 : 320명, 여 : 280명

[풀이] 주어진 조건으로부터 1학년 신입생은 모두 $15x$명, 2학년은 $32y$명, 3학년은 $13z$명이라고 가정한다.
즉, $15x + 40 = 32y$, $15x + 50 = 13z$,
따라서 $z = 2y + \dfrac{3(2y-1)}{13}$ 이다.

08. 🖉 ③

[풀이] 먼저 각각 1kg의 차는 갑이 혼자 30일을 마실 수 있고, 1통의 커피는 을이 혼자서 60일을 마실 수 있다.
처음 구입 가격을 a원이라고 하면 $m = \dfrac{1}{5}a$ 이고 처음 판매가격은 $\dfrac{6}{5}a$원이다. 즉, 처음 판매가격은 $6m$원이다.
구입가격이 25% 증가하면 구입가격은 $\dfrac{25}{4}m$원이다.
가격 인상 후의 이익률은 $\dfrac{4}{25} \times 100 = 16\%$ 이다.

09. 🖉 35일

[풀이] 먼저 각각 1kg의 차는 갑이 혼자 30일을 마실 수 있고, 1통의 커피는 을이 혼자서 60일을 마실 수 있다.

응용하기

10. 🖉 $\dfrac{aq^2 - bp^2}{2(bp - aq)}$ 원

[풀이] 원래의 근무한 해를 x년, 퇴직금은 y원, 비례상수는 k라고 하면, $y = k\sqrt{x}\ (y^2 = kx)$,
$y + p = k\sqrt{x+a}\ (y^2 + 2py + p^2 = k^2(x+a))$,
$y + q = k\sqrt{x+b}\ (y^2 + 2qy + q^2 = k^2(x+b))$.
세 식의 연립에서 먼저 y^2을 없애고, 다시 k를 없앤 후 y를 구하면 $\dfrac{aq^2 - bp^2}{2(bp - aq)}$ 이다.

11. 🖉 $\dfrac{t^2 + 2t + 5}{t^2 - 2t + 5}$ $(-1 \le t \le 1)$.

[풀이] $\dfrac{\mathrm{BF}}{\mathrm{CE}} = \dfrac{(\mathrm{F의}\ y좌표) + 1}{(\mathrm{E의}\ y좌표) + 1}$ 이다. BP와 AC의 직선의 방정식을 구해서 점 E의 y좌표를 구하면 $\dfrac{7t^2 - 2t + 3}{t^2 + 2t + 5}$ 이고, CP와 AB의 직선의 방정식을 구해서 점 F의 y좌표를 구하면 $\dfrac{7t^2 + 2t + 3}{t^2 - 2t + 5}$ 이므로, 이를 대입하면 $\dfrac{t^2 + 2t + 5}{t^2 - 2t + 5}$ 이고 점 P는 △ABC 내부를 움직이므로, $-1 \le t \le 1$ 이다.

연습문제 실력다지기

01. 🔑 풀이참조

[풀이] (1) 정사각형 ABCD의 외접원이 되도록 그린다. 이 때의 넓이는 $\frac{1}{2}\pi a^2$이다.

(2) 네 점 A, B, C, D가 새로운 정사각형의 각 변 위에 있도록 잡으면 된다. 이 때의 넓이는 a^2이상 $2a^2$이하이다.

(3) 정사각형의 연못의 최대넓이는 $2a^2$이다.

(4) 정사각형의 연못으로, 최대넓이는 $2a^2$이다.

02. 🔑 풀이참조

[풀이] 두 분수 사이의 거리 : $10\sqrt{2}\,\text{m}$,

가로의 길이 : $20\sqrt{2}\,\text{m}$,

세로의 길이 : $10\sqrt{2}\,\text{m}$.

직사각형의 넓이 : 400m^2

03. 🔑 $\sqrt{13}$

[풀이] 선분 AB $= a+b$, AP $= a$, PB $= b$라고 하자. 직각삼각형 ACP에서, AC $= 1$, CP $= \sqrt{a^2+1}$ 라고 하고, 직각삼각형 BDP에서 BD $= 2$, DP $= \sqrt{b^2+4}$ 라고 하면, 선분 AB 위에 점 P를 잡으면, CP + DP로 최솟값이 된다.

04. 🔑 160개 또는 164개

[풀이] x마리의 원숭이가 있다고 가정하면, $0 < 4x + 52 - 6(x-1) < 6$이다.

이를 풀면 $x = 27$ 또는 28이다.

05. 🔑 풀이 참조

[풀이] $n = 23$, 24, 45, 46, 47, 48일 때 조건에 맞는다.

실력 향상시키기

06. 🔑 460800원

[풀이] A → F → O → E → B이며, 460800원이다.

07. 🔑 2340만 원

[풀이] A공장은 1번, 2번, 3번에 각각 200, 120, 0톤을 배달하고, B공장은 1번, 2번, 3번 건설장에 매일 밤 0, 160, 220톤을 배달하여 최소 운반비는 2340만 원이다.

08. 🔑 12분

[풀이] 주어진 조건으로부터 식을 세우면

첫 번째 트럭이 3시간 안에 도착해야 하고, 마지막 트럭이 3시간 안에 을에 도착하면 된다. 그리고 그 사이의 15대의 트럭이 3시간 안에서 간격을 두면 된다.

따라서 $\frac{180}{15} = 12$분의 간격으로 출발하면 된다.

09. 🔑 $x = 8$분

[풀이] 버스의 속력은 v_1, 갑의 속력은 v_2일 때, 즉 두 대의 거리 S는 서로 같고,

$10(v_1 - v_2) = 5(v_1 + 3v_2)$이므로, 즉 $v_1 = 5v_2$이다.

그러므로 $S = 8v_1$, $x = S \div v_1 = 8$이다.

즉, $x = 8$분이다.

응용하기

10. 🔑 66계단

[풀이] x계단일 때, 즉 $\frac{55}{x-55} \times 2 = \frac{60}{x-60}$이다.

이를 풀면 $x = 66$이다.

11. 🔑 54개

[풀이] 흰색, 노란색, 빨간색의 공은 x, y, z개라고 하면, $x \le \frac{1}{2}y$, $x \ge \frac{1}{3}z$, $x + y \le 55$이다.

이를 풀면 $x \le 18$, $z \le 54$이다.

부록. 모의고사

영재 모의고사 1회

01. 답 6개

[풀이] 원에 내접하는 사각형은 대각의 합이 $180°$이거나 원주각이 같은 공통현을 공유하는 사각형이다.

그러므로 □ADHF에서 $\angle ADH + \angle AFH = 180°$,
□DBEH에서 $\angle BDH + \angle BEH = 180°$,
□HECF에서 $\angle HEC + \angle HFC = 180°$
이므로 원에 내접하는 사각형이다.

□DBCF에서 $\angle BDC = \angle BFC = 90°$,
□ABEF에서 $\angle AFB = \angle AEB = 90°$,
□ADEC에서 $\angle ADC = \angle AEC = 90°$이므로
원에 내접하는 사각형이다.

따라서 원에 내접하는 사각형은 모두 6개다.

02. 답 30cm^2

[풀이] 원과 비례에 의하여 $\overline{PC}^2 = 8 \times (8+10) = 144$
이므로 $\overline{PC} = 12\text{cm}$ ($\because \overline{PC} > 0$)이다.

점 C에서 $\overline{AB}$에 내린 수선의 발을 H라 하면
$$\overline{CH} = \overline{PC} \times \sin 30° = 12 \times \frac{1}{2} = 6(\text{cm})$$
이다. 따라서
$$\triangle ABC = \frac{1}{2} \times \overline{AB} \times \overline{CH} = \frac{1}{2} \times 10 \times 6 = 30\text{cm}^2$$
이다.

03. 답 $1:3$

[풀이]

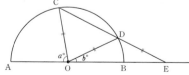

그림과 같이 $\angle AOC = a°$, $\angle BOD = b°$라고 하자.
$\overline{DO} = \overline{DE}$이므로 $\angle ODC = b° + \angle DEO = 2b°$
이다. 또, $\angle OCE = 2b°$이다. 그러므로
$a° = \angle OCD + \angle OEC = 3b°$이다.
호의 길이는 중심각의 크기에 비례하므로
$\overset{\frown}{BD} : \overset{\frown}{AC} = b : a = 1 : 3$이다.

04. 답 $\sqrt{2}$

[풀이]

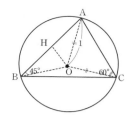

그림과 같이 원 O에서 변 AB에 내린 수선의 발을 H라하자. 그러면, $\angle AOH = \angle C = 60°$이다.
그러므로 삼각비에 의하여
$$AB = 2AH = 2 \times \frac{\sqrt{3}}{2}OA = \sqrt{3}$$
이다.
중심각과 원주각 사이의 관계에 의하여
$\angle AOC = 90°$이다.
그러므로 삼각비에 의하여 $AC = \sqrt{2}OA = \sqrt{2}$이다.

05. 답 $\dfrac{\pi}{3}$(cm)

[풀이]

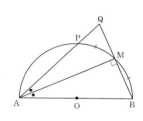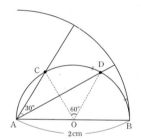

$\overset{\frown}{BM} = \overset{\frown}{MP}$이므로 AM는 $\angle QAB$의 이등분선이고, 원주각의 성질에 의하여 $\angle AMB = 90°$이다. 그러므로 $\triangle AMB \equiv \triangle AMQ$이다. 즉, 삼각형 ABQ는 이등변삼각형이다. 그러므로 $AQ = AB = 2$이다. 점 A를 정점이므로 점 Q는 점 A를 중심으로 하고 반지름이 2인 원의 호 위를 움직인다. 점 P는 호 $\overset{\frown}{CD}$ 위를 움직이므로 원주각과 중심각 사이의 관계에 의하여
$$\angle CAD = \frac{\angle COD}{2} = 30°$$
이다. 따라서 점 Q는 중심각이 $30°$인 호 $\overset{\frown}{EF}$ 위를 움직인다. 그러므로 구하는 곡선의 길이는
$$EF = 2\pi \times 2 \times \frac{30}{360} = \frac{\pi}{3}(\text{cm})$$
이다.

06. 답 (1) $\dfrac{5}{18}l$ (2) $50°$ (3) $5:2:2$

[풀이] $\dfrac{1}{2}l$에 대응하는 원주각은 $90°$이므로

호 $\widehat{AB}$의 원주각$+$호 $\widehat{CE}$의 원주각 $=90°\cdots$ ①

이다.

(1) $\angle CAE = 40°$이므로 $\widehat{CE} = \dfrac{40}{180}l = \dfrac{2}{9}l$이다.

그러므로 $\widehat{AB} = \dfrac{1}{2}l - \dfrac{2}{9}l = \dfrac{5}{18}l$이다.

(2) ①로부터 $\angle ACB = 90° - 40° = 50°$이다.

(3)

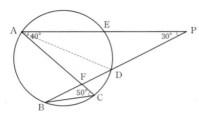

$$\angle DAE = \angle ADB - 30° = \angle ACB - 30°$$
$$= 50° - 30° = 20°$$

이다.

그러므로 $\angle CAD = 20°$이다.

따라서 $\widehat{AB} : \widehat{CD} : \widehat{DE} = 50 : 20 : 20 = 5 : 2 : 2$이다.

07. 답 25

[풀이] 큰 원의 반지름을 x이라고 하면

$AD = 2x - 9$, $CE = x - 5$, $CD = x - 9$이고,

$\triangle ADE$, $\triangle ACE$, $\triangle CDE$에 피타고라스 정리를 적용하면

$AD^2 = AE^2 + ED^2$, $AE^2 = AC^2 + CE^2$

$ED^2 = CE^2 + CD^2$

이다. 모두 더해보면

$AD^2 = AC^2 + CE^2 + CE^2 + CD^2$

이고 x에 관한 식으로 변형하면

$(2x-9)^2 = x^2 + 2(x-5)^2 + (x-9)^2$

이고 정리하면 $2x = 50$이다. 따라서 $x = 25$이다.

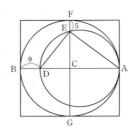

08. 답 50

[풀이] AD와 BE의 교점을 Z라 하자.

$\angle ZXC = \angle ZYC = 90°$이므로 점 Z, X, C, Y는 한 원 위에 있다. 또한, 내대각과 원주각의 성질에 의하여 $\angle ACE = \angle XZA$, $\angle ACE = \angle ABE$이므로 $\triangle ABX \equiv \triangle AZX$이다. 따라서 $BX = ZX$이다.

마찬가지로 내대각과 원주각의 성질에 의하여

$\angle ACE = \angle EZY$, $\angle ACE = \angle EDY$이므로 $\triangle EZY \equiv \triangle EYD$이다.

따라서 $FY = YD$이다. 그러므로 삼각형 ZBD의 중점연결정리에 의하여 $XY = \dfrac{1}{2} \cdot BD = 50$이다.

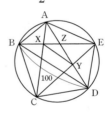

09. 답 10

[풀이] 정사각형의 한 변의 길이는 $\sqrt{2}$이다. PC가 점 C에서의 접선이므로 $\angle BCP = 45°$이다.

그러므로 $PB = BC = \sqrt{2}$이다. $\triangle PAD$가 직각삼각형이므로 피타고라스 정리에 의해

$PD^2 = PA^2 + AD^2 = 10$이다.

10. 답 $3(2 - \sqrt{2})$

[풀이]

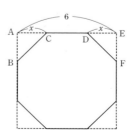

잘라 낼 삼각형을 $\triangle ABC$ 라 할 때, 정팔각형의 한 외각이 45° 이므로 $\triangle ABC$ 는 직각이등변삼각형이다. 그러므로

$\overline{AC} = \overline{DE} = x$, $\overline{BC} = \overline{CD} = 6 - 2x$ 이다.

$\triangle ABC$ 가 직각이등변삼각형이므로

$\overline{AB} : \overline{BC} = 1 : \sqrt{2}$ 이다. 그러므로

$x : (6-2x) = 1 : \sqrt{2}$, $6 - 2x = \sqrt{2}\,x$,

$(2 + \sqrt{2})x = 6$

이다. 이를 정리하면,

$x = \dfrac{6}{2 + \sqrt{2}} = 3(2 - \sqrt{2})$ 이다.

11. 🔓 $2\sqrt{7}\,(\text{cm})$

[풀이]

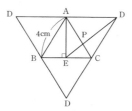

전개도에서 $EP + PD$ 의 최솟값은 ED 이다.

$\triangle AED$ 에서 $\overline{AE}$ 는 정삼각형 ABC 의 높이이므로

$\overline{AE} = \dfrac{\sqrt{3}}{2} \times 4 = 2\sqrt{3}$ 이다.

따라서 $\triangle AED$ 에서

$DE = \sqrt{AE^2 + AD^2} = \sqrt{(2\sqrt{3})^2 + 4^2}$
$\quad = 2\sqrt{7}\,(\text{cm})$ 이다.

12. 🔓 $3\sqrt{7}$

[풀이]

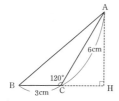

점 A 에서 BC 의 연장선에 내린 수선의 발을 H 라 하면 $\triangle ACH$ 에서 $\angle ACH = 60^\circ$ 이므로

$AC : CH : AH = 2 : 1 : \sqrt{3}$,

$6 : CH : AH = 2 : 1 : \sqrt{3}$ 이다.

그러므로 $CH = 3\,\text{cm}$, $AH = 3\sqrt{3}\,\text{cm}$ 이다.

$\triangle ABH$ 에서 $AB = \sqrt{AH^2 + BH^2}$ 이므로

$AB = \sqrt{(3\sqrt{3})^2 + 6^2} = \sqrt{63} = 3\sqrt{7}\,(\text{cm})$ 이다.

13. 🔓 (1) $18\sqrt{3}\,\text{cm}^2$ (2) $18\sqrt{3}\,\text{cm}^2$ (3) $4\sqrt{7}\,\text{cm}$

[풀이]

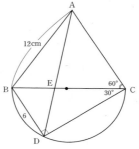

(1) 삼각비에 의하여 $DC = \sqrt{3}\,BD = 6\sqrt{3}$ 이다.

그러므로 $\triangle BDC = \dfrac{6 \times 6\sqrt{3}}{2} = 18\sqrt{3}$ 이다.

(2) $\angle DBC = \angle BCA = 60^\circ$ 이므로 엇각이 같아서 $BD \parallel AC$이다.

따라서 $\triangle BDA = \triangle BDC = 18\sqrt{3}$ 이다.

(3) $BD \parallel AC$이므로 $AE : ED = AC : BD = 2 : 1$ 이다. 또, $\angle ACD = 90^\circ$ 이므로 피타고라스 정리에 의하여,

$AD = \sqrt{AC^2 + DC^2} = \sqrt{12^2 + (6\sqrt{3})^2}$
$\quad = 6\sqrt{2^2 + 3} = 6\sqrt{7}$

이다. 따라서 $AE = AD \times \dfrac{2}{3} = 4\sqrt{7}$ 이다.

14. 🔓 $\dfrac{48}{7}\,\text{cm}^2$

[풀이]

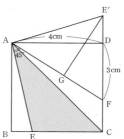

△ABE를 점 A를 기준으로 반시계방향으로 $90°$ 회전이동시켜 AB가 AD와 일치하도록 할 때, 점 E가 이동한 점을 E′라 하고, 점 E′에서 AF에 내린 수선의 발을 G라고 하자.

그러면, $∠E'AG = 45°$가 되어 △AGE′는 직각이등변삼각형이 된다.

또, △AFD는 길이의 비가 $3:4:5$인 직각삼각형이므로 GF $= x$라 하면, AG $= 5 - x =$ E′G이다.

그런데, △E′GF와 △ADF는 닮음이므로

E′G : AD = GF : DF, $5 - x : 4 = x : 3$,

$x =$ GF $= \dfrac{15}{7}$ cm이다.

피타고라스 정리에 의하여 E′F $= \dfrac{25}{7}$ cm이다.

즉, E′D $= \dfrac{4}{7}$ cm = BE이다.

따라서 EC $= \dfrac{24}{7}$ cm이다.

그러므로 △AEC $= \dfrac{1}{2} × \dfrac{24}{7} × 4 = \dfrac{48}{7}$ cm²이다.

15. 🔲 $\dfrac{125}{23}$ cm

[풀이]

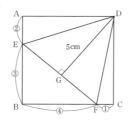

정사각형 ABCD의 한 변의 길이를 $5a$ cm라고 하자.
그러면, 피타고라스 정리에 의하여 EF $= 5a$ cm이다.
그러므로 △EBF $= 6a^2$ cm², △AED $= 5a^2$ cm²,
△DFC $= \dfrac{5}{2} a^2$ cm²이다.

따라서

$△DEF = 25a^2 - \left(6a^2 + 5a^2 + \dfrac{5}{2}a^2\right) = \dfrac{23}{2} a^2$ cm²이다.

그런데, $△DEF = \dfrac{1}{2} × 5a × 5 = \dfrac{25}{2} ac$ cm²이므로

$a = \dfrac{25}{23}$ 이다.

따라서 정사각형 ABCD의 한 변의 길이는 $\dfrac{125}{23}$ cm이다.

16. 🔲 108 cm²

[풀이]

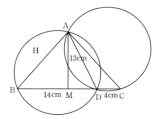

두 원의 공통현이 AD이다. 따라서 원주각의 성질에 의하여, $∠ABC = ∠ACB$이다. 따라서 삼각형 ABC는 이등변삼각형이다. 점 A에서 BC에 내린 수선의 발을 M이라 하면, MC $= 9$ cm, MD $= 5$ cm이다.

또, △AMD는 직각삼각형이므로 피타고라스 정리에 의하여 AM $= 12$ cm이다.

따라서 $△ABC = \dfrac{1}{2} · 12 · 18 = 108$ cm²이다.

17. 🔲 $18°$, $54°$

[풀이] $∠BAC = ∠CAD = ∠DAE = 36°$이다.
AC와 BD의 교점을 O라 하면, $∠BOE = ∠BFE$이므로 네 점 B, O, F, E는 한 원 위에 있고, 그 원의 중심이 A가 된다.

따라서 원주각과 중심각 사이의 관계에 의하여

$∠EBF = \dfrac{1}{2} ∠EAF = 18°$이다.

또한, 내대각의 성질의 의하여 $∠BFC$는 $∠BAE$의 원주각과 같다. 즉, $∠BFC = \dfrac{1}{2} ∠BAE = 54°$이다.

18. 🔲 10 cm

[풀이] 삼각형 ABD가 AB = BD인 이등변삼각형에서 OB의 연장선이 AD와 수직이다. 또, AC가 지름이므로 지름에 대한 원주각으로부터 CD⊥AD이다.

따라서 OB∥CD이므로 엇각으로부터 △POB과 △PCD는 닮음이다.

그러므로 CD : OB = PC : PO이다.

즉, CD : 15 = 6 : 9이므로 CD = 10 cm이다.

19. 답 $10cm^2$

[풀이] 그림과 같이 세 변 BC, CA, AB의 중점을 각각 X, Y, Z, △ABC의 무게중심을 O, QS의 중점을 M이라 하자. 삼각비와 무게중심의 성질에 의하여 OQ : QB = 1 : 3이다.

즉, OQ : OB = OM : OX = QS : BC = 1 : 4이다.

그러므로 SR : RB = 1 : 4이다.

육각형 PQRSTU의 넓이는

정삼각형 UQS + △UPQ + △QRS + △STU이다.

그런데, △UPQ ≡ △QRS ≡ △STU이다.

$$\triangle UQS = \triangle ABC \times \frac{1}{4} \times \frac{1}{4} = \triangle ABC \times \frac{1}{16},$$

$$\triangle QRS = \triangle QBS \times \frac{1}{5} = \triangle QXS \times \frac{1}{5}$$

$$= \triangle ABC \times \frac{1}{4} \times \frac{1}{4} \times \frac{1}{5}$$

$$= \triangle ABC \times \frac{1}{80}$$

이다. 따라서 육각형 PQRSTU의 넓이는

$$\triangle ABC \times \left(\frac{1}{16} + \frac{3}{80} \right) = \triangle ABC \times \frac{1}{10} = 10cm^2 \text{이}$$
다.

20. 답 $\dfrac{1296}{7}cm^2$

[풀이]

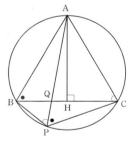

△ABC는 BC = 12cm인 정삼각형이고 같은 호에 대한 원주각의 크기는 같으므로

∠BPA = ∠CPA = 60°이다. 또,

△BPC에서 BQ : CQ = BP : CP = 1 : 2이므로

BQ = 4cm, CQ = 8cm이다.

점 A에서 변 BC에 수선 AH를 내리면,

AH = $6\sqrt{3}$이고 피타고라스 정리에 의하여

$$AQ = \sqrt{AH^2 + QH^2} = \sqrt{(6\sqrt{3})^2 + 2^2} = 4\sqrt{7}$$
이다.

또, BQ · CQ = AQ · PQ에서

$4 \cdot 8 = 4\sqrt{7} \cdot PQ$이므로 $PQ = \dfrac{8}{\sqrt{7}}$이다.

그러므로

$$AP^2 = (AQ + PQ)^2$$

$$= \left(4\sqrt{7} + \frac{8}{\sqrt{7}} \right)^2 = \frac{1296}{7} cm^2$$

이다.

01. 답 $30°$

[풀이]

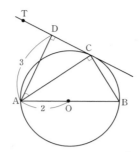

$\overline{BC}$를 그으면 $\angle ACB = 90°$이고, $\overleftrightarrow{CT}$가 원의 접선이므로 $\angle ACD = \angle ABC$(접선과 현이 이루는 각)이다.

그러므로 $\triangle ACD$과 $\triangle ABC$는 닮음(AA 닮음)이다.

그러므로 $3 : AC = AC : 4$이다.

이를 풀면, $AC = 2\sqrt{3}$ ($\because AC > 0$) 이다.

따라서 $\triangle ACD$에서 $DC = \sqrt{(2\sqrt{3})^2 - 3^2} = \sqrt{3}$이므로 삼각비에 의하여 $\angle CAD = 30°$이다.

02. 답 7

[풀이] 원과 비례에 의하여 $AQ \cdot BQ = CQ \cdot DQ$이므로 $AQ \times 4 = 6 \times 2$이다. 즉, $AQ = 3$이다.

또, $PT^2 = PA \times PB$에서 $PA = x$라고 하면,

$(7\sqrt{2})^2 = x(x+7)$, $x^2 + 7x - 98 = 0$,

$(x-7)(x+14) = 0$이다.

이를 풀면, $x = 7$이다.

03. 답 (1) 12cm (2) 36cm^2

[풀이] (1) 그림과 같이 $\overset{\frown}{AD} = x$라 하면 $\overset{\frown}{BC} = 2x$이다.

문제의 조건으로부터 $4 + x + 4 + 2x = 26$이다.

그러므로 $x = 6$이다.

따라서 $\overset{\frown}{BC} = 12$cm이다.

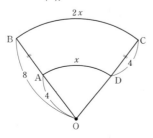

(2) 부채꼴 OBC와 부채꼴 OAD가 닮음이고, 닮음비가 $OB : OA = 2 : 1$이다.

도형(색칠된 부분)의 넓이

= 부채꼴 OBC의 넓이 − 부채꼴 OAD의 넓이

$= \left\{ 1 - \left(\dfrac{1}{2}\right)^2 \right\} \times$ 부채꼴 OBC의 넓이

$= \dfrac{3}{4} \times \dfrac{12 \times 8}{2} = 36\,(\text{cm}^2)$

이다.

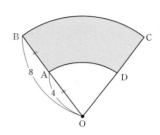

04. 답 $75°$, $80°$

[풀이]

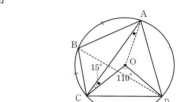

$\angle OCA = 15°$이므로

$\angle ADC = \dfrac{\angle AOC}{2} = \dfrac{180° - 30°}{2} = 75°$이다.

$\overset{\frown}{AB} : \overset{\frown}{BC} = 2 : 1$이므로

$\angle BDC = \dfrac{\angle ADC}{3} = 25°$이다.

$\angle CAD = 55°$이므로

$\begin{aligned}\angle BAD &= \angle BAC + \angle CAD \\ &= \angle BDC + \angle CAD \\ &= 25° + 55° = 80°\end{aligned}$

이다.

05. 🖐 (1) $x = 70$, $y = 60$, $z = 30$ (2) $4\sqrt{3}\,\text{cm}^2$

[풀이] (1)

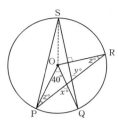

$PS = QS$이므로 $\triangle OPS \equiv \triangle OQS$ (SSS합동)이다.

그러므로 $\angle QOS = \dfrac{360° - 40°}{2} = 160°$이다.

또, $OR \perp QS$이므로 $\angle QOR = 80°$이다.

그러므로 $\angle POR = 40° + 80° = 120°$이다.

따라서 $z = \dfrac{180 - 120}{2} = 30$, $y = 90 - z = 60$이다.

또, 외각의 성질에 의하여 $x = z + 40 = 70$이다.

(2) 삼각형 OPR은 꼭지각이 $120°$인 이등변삼각형이므로 점 O에서 변 PR에 내린 수선의 발을 H라 하면, 삼각비에 의하여 $OH = 2$, $PH = 2\sqrt{3}$이다. 따라서 삼각형 $\triangle OPR = \dfrac{1}{2} \times 4\sqrt{3} \times 2 = 4\sqrt{3}\ (\text{cm}^2)$이다.

06. 🖐 $30°$

[풀이]

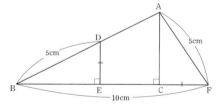

그림과 같이 변 BC의 연장선 위에 $DE = CF$가 되는 점 F를 잡는다.

그러면, 삼각형 BED와 삼각형 ACF에서 $BE = AC$, $DE = CF$, $\angle BED = \angle ACF$이므로 삼각형 BED와 삼각형 ACF는 합동이다.

따라서 $\angle BAC + \angle ABC = 90°$,

$\angle BAC + \angle FAC = 90°$이므로

삼각형 ABF는 직각삼각형이다.

그러므로 삼각형 ABF에서 $AF = BD = 5\text{cm}$, $BF = BC + CF = BC + DE = 10\text{cm}$이다.

따라서 삼각비에 의하여 $\angle ABC = 30°$이다.

07. 🖐 800

[풀이] 중선 정리에 의하여

$$AB^2 + AC^2 = 2\left(AK^2 + \left(\frac{BC}{2}\right)^2\right),$$

$$AC^2 + BC^2 = 2\left(CM^2 + \left(\frac{AB}{2}\right)^2\right),$$

$$BC^2 + AB^2 = 2\left(BL^2 + \left(\frac{AC}{2}\right)^2\right)$$

이다. 위 세 식을 변변 더하면

$$AB^2 + BC^2 + CA^2 = AK^2 + CM^2 + BL^2 + \frac{AB^2 + BC^2 + CA^2}{4}$$

이를 정리하면,

$\dfrac{3}{4}(AB^2 + BC^2 + CA^2) = AK^2 + CM^2 + BL^2$이

다. 따라서

$$AB^2 + BC^2 + CA^2 = \frac{4}{3}(AK^2 + CM^2 + BL^2)$$
$$= 800\,\text{이다.}$$

08. 🖐 24

[풀이] $\angle QPR = \angle XQR$이므로 $\triangle XQR$과 $\triangle XPQ$는 닮음이다. $QX = a$, $RX = b$라 하면 닮음비는 $2 : 3 = a : 3 + b = b : a$이다.

닮음비에 의해 $6 + 2b = 3a$, $a^2 = 3b + b^2$이므로

연립하여 풀면 $\left(2 + \dfrac{2}{3}b\right)^2 = 3b + b^2$이고 정리하면

$5b^2 + 3b - 36 = 0$이다.

인수분해하면 $(5b - 12)(b + 3) = 0$이다.

따라서 $RX = \dfrac{12}{5}$이다.

그러므로 $10RX = 24$이다.

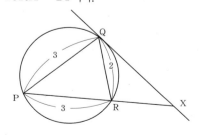

09. 답 13

[풀이] 꼭짓점 F에서 꼭짓점 H까지 갈 때 거치는 면의 전개도를 그리면 그림과 같다.

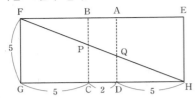

따라서

$$\overline{FH} = \sqrt{\overline{FG}^2 + \overline{GH}^2} = \sqrt{5^2 + (5+2+5)^2}$$
$$= \sqrt{169} = 13$$이다.

10. 답 1

[풀이]

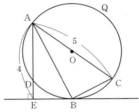

$\overleftrightarrow{BE}$ 는 원 O의 접선이므로 $\angle ABE = \angle ACB$ (접선과 현이 이루는 각)이다.

$\overline{AC}$ 는 원 O의 지름이므로

$\angle AEB = \angle ABC = 90°$ 이다.

따라서 $\triangle AEB$과 $\triangle ABC$은 닮음(AA닮음)이다.

$\overline{AE} : \overline{AB} = \overline{AB} : \overline{AC}$ 이므로 $\overline{AB}^2 = 20$이다.

즉, $\overline{AB} = 2\sqrt{5}$ 이다.

따라서 $\triangle ABE$에서, $\overline{EB} = 2$이다.

그러므로 $\overline{EB}^2 = \overline{DE} \cdot \overline{AE}$이므로 $2^2 = \overline{DE} \times 4$ 이다.

따라서 $\overline{DE} = 1$이다.

11. 답 $200\sqrt{2} \, \text{cm}^2$

[풀이]

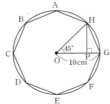

$\triangle HOG$ 의 점 H에서 $\overline{OG}$ 에 내린 수선의 발을 P

라 하면 $\angle HOG = \dfrac{360°}{8} = 45°$ 이므로

$\overline{HP} : \overline{OP} : \overline{OH} = 1 : 1 : \sqrt{2}$ 이다.

즉, $\overline{HP} : \overline{OP} : 10 = 1 : 1 : \sqrt{2}$ 이다.

그러므로 $\overline{HP} = \overline{OP} = 5\sqrt{2}$ (cm)이다.

따라서 정팔각형의 넓이를 S 라 하면

$$S = 8 \times \triangle HOG = 8 \times \left(\frac{1}{2} \times 10 \times 5\sqrt{2} \right)$$
$$= 200\sqrt{2} \, (\text{cm}^2)$$

이다.

12. 답 (1) $45°$ (2) $1 : \sqrt{3}$ (3) $2 + 2\sqrt{3}$

[풀이] (1) $\overline{AC} = \overline{AO}$이므로 삼각형 AOC는 정삼각형이다. 그러므로 $\angle AOH = \angle HOC = 30°$ 이다.

따라서 그림에서 $x = 15$, $y = 30$이다.

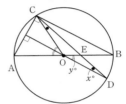

그러므로 $\angle BED = x° + y° = 45°$ 이다.

(2) 삼각형 ABC에서 $\angle ABC = 30°$이므로 삼각비에 의하여 $\overline{CD} = 2\sqrt{3}$ 이다.

$\angle ACB = \angle AHO = 90°$ 이므로 $\overline{OD}$와 $\overline{CB}$는 평행하다.

그러므로 삼각형 EOD와 삼각형 EBC는 닮음이다.

따라서 $\overline{OE} : \overline{EB} = \overline{OD} : \overline{CB} = 1 : \sqrt{3}$ 이다.

(3) $\overline{AH} \perp \overline{HD}$이므로 $\triangle OAD = \dfrac{\overline{OD} \times \overline{AH}}{2} = 1$ 이다.

$\overline{AO} = \overline{OB}$이므로 $\triangle ADB = 2 \times \triangle OAD = 2$이다.

또, $\triangle ABC = \dfrac{\overline{AC} \times \overline{CB}}{2} = 2\sqrt{3}$ 이다.

따라서 사각형 ADBC의 넓이는 $2 + 2\sqrt{3}$ 이다.

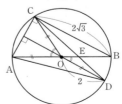

13. 답 (1) 풀이참조 (2) $\sqrt{37}$ cm

[풀이] (1)

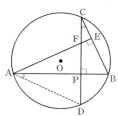

호 $\overgroup{DB}$에 대한 원주각으로부터 $\angle DAB = \angle DCB$이다.

삼각형 CBP와 삼각형 ABE는 $\angle B$를 공유하는 직각삼각형이므로 $\angle BAE = \angle BCD$이다.

그러므로 $\angle DAB = \angle BAE$이다.

또, AP는 공통이고, $\angle FAP = \angle APD = 90\degree$이므로 삼각형 ADP와 삼각형 AFP는 합동이다.

따라서 $DP = PF$이다.

(2)

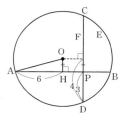

점 O에서 현 AB, 현 CD에 내린 수선의 발을 각각 H, K라 하자.

그러면, $AB = 12$cm, $CD = 8$cm이므로 $AH = 6$cm, $OH = KP = KD - PD = 4 - 3 = 1$cm이다.

따라서 $OA = \sqrt{AH^2 + OH^2} = \sqrt{37}$ cm이다.

14. 답 10cm

[풀이]

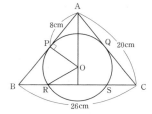

원의 중심을 O라고 하자. 중심 O에서 변 BC에 내린 수선의 발을 H라 하자.

삼각형 ABH에서 피라고라스 정리를 적용하면,

$AH = \sqrt{20^2 - 13^2} = \sqrt{33 \times 7}$이다.

삼각형 AOP와 삼각형 ABH는 닮음이므로

$$AO = 20 \times \frac{8}{\sqrt{33 \times 7}} = \frac{160}{\sqrt{33 \times 7}},$$

$$OP = 13 \times \frac{8}{\sqrt{33 \times 7}} = \frac{104}{\sqrt{33 \times 7}},$$

$$OH = \sqrt{33 \times 7} - \frac{160}{\sqrt{33 \times 7}} = \frac{71}{\sqrt{33 \times 7}}$$

이다. 삼각형 ORH에서 피타고라스 정리를 적용하면,

$$HR^2 = OR^2 - OH^2 = \frac{104^2 - 71^2}{33 \times 7}$$

$$= \frac{175 \times 33}{33 \times 7} = 25$$

이다. 따라서 $HR = 5$cm이다.

그러므로 $RS = 10$cm이다.

15. 답 32 : 7

[풀이]

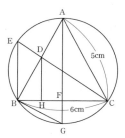

그림과 같이 점 A에서 변 BC에 내린 수선의 발을 각각 F라 하고, AF의 연장선과 원과의 교점을 G라 하자. 그러면, AG는 지름이 된다.

먼저 지름의 길이를 구하자. 삼각형 ABF는 세 변의 길이의 비가 3 : 4 : 5인 직각삼각형이다.

이제, BE의 길이를 구하자.

삼각형 BCE가 직각삼각형이므로 피타고라스 정리에 의하여 $BE = \sqrt{\left(\frac{25}{4}\right)^2 - 6^2} = \frac{7}{4}$이다.

따라서

$$CD : DE = \triangle ABC : \triangle ABE$$
$$= \frac{1}{2} \times 6 \times 4 : \frac{1}{2} \times \frac{7}{4} \times 3 = 32 : 7$$이다.

16. 답 125°

[풀이]

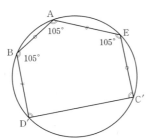

위의 그림과 같이 사각형 BCDE를 잘라내어 점 B와 점 E, 점 E와 점 B가 겹치도록 뒤집어 붙인다.

점 D가 옮겨진 점을 D′, 점 C가 옮겨진 점을 C′라고 하자.

그러면, 삼각형 ABD′, 삼각형 BAE, 삼각형 C′EA는 대응하는 두 변의 길이가 같고, 원주각의 성질에 의하여 사잇각이 같으므로 합동이다.

즉, $\angle ABD' = \angle C'EA = 105°$ 이다.

오각형 내각의 합은 540°이므로

$\angle BD'C' + \angle EC'D' = 540° - 105° \times 3 = 225°$

이고, 두 각의 차가 25°이므로 두 각 중 큰 각은 125°이다.

17. 답 23.4cm

[풀이]

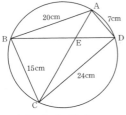

AC와 BD의 교점을 E라 하자. 또,

$15^2 + 20^2 = 25^2 = 7^2 + 24^2$이므로 AC는 원의 지름이고, AC = 25cm이다.

톨레미의 정리에 의하여

$AC \times BD = AB \times CD + BC \times DA$이다.

그러므로 $25 \times BD = 20 \times 24 + 15 \times 7 = 585$이다.

따라서 BD = 23.4cm이다.

18. 답 195cm²

[풀이]

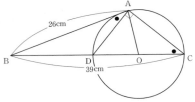

DC의 중점을 O라고 하면, 점 O를 중심으로 하고, DC를 지름으로 하는 원을 그리자.

그러면, $\angle BAO = 90°$이므로 방멱의 원리(원과 비례의 성질)에 의하여 $AB^2 = BD \times BC$이다.

따라서 $BD = \dfrac{26^2}{39} = \dfrac{52}{3}$cm,

$CD = BC - BD = 39 - \dfrac{52}{3} = \dfrac{65}{3}$cm이다.

그러므로 $OA = \dfrac{65}{6}$cm이다.

또, $\dfrac{BC}{BO} = 39 \div \left(\dfrac{52}{3} + \dfrac{65}{6} \right) = \dfrac{18}{13}$이다.

따라서 $\triangle ABC = 26 \times \dfrac{65}{6} \div 2 \times \dfrac{18}{13} = 195$㎠이다.

19. 답 $\dfrac{10}{3}$cm

[풀이]

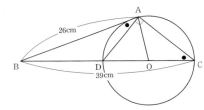

$\angle AQP = 60° = \angle PBC$이므로 내대각의 성질에 의하여 네 점 Q, P, B, C는 한 원 위에 있다.

즉, 사각형 QPBC는 원에 내접한다.

호 QP에 대한 원주각의 성질에 의하여

$\angle PBQ = \angle PCQ$이다.

그런데, $\angle QAB = \angle QBA$이므로

$\angle CAP = \angle ACP$이다.

즉, 삼각형 APC는 이등변삼각형이다.

점 P에서 변 AC에 내린 수선의 발을 H라 하면, AH = HC이다. 또, 삼각형 PQH에서 삼각비에 의하여 $HQ = \dfrac{1}{2} \times PQ$이다.

즉, $QH : QC = 1 : 4$이다.

따라서 $AQ : QH = 5 : 1$이다. 즉, $QH = \dfrac{5}{3} \mathrm{cm}$이다.

그러므로 $PQ = \dfrac{10}{3} \mathrm{cm}$이다.

20. 답 $\dfrac{2000}{41} \mathrm{cm}^2$

[풀이]

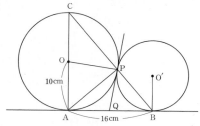

두 원 O, O′의 점 P에서의 접선(공통내접선)과 AB와의 교점을 Q라 하자.

그러면, $AQ = PQ = QB$이다.

즉, 점 Q는 삼각형 PAB의 외심이다.

그러므로 삼각형 PAB는 $\angle APB = 90°$인 직각삼각형이다.

AO의 연장선과 원 O와의 교점을 C라 하자.

그러면 $\angle APC = 90°$이다. 즉 BP, BC는 한 직선이 된다.

따라서 삼각형 ABC는 $\angle CAB = 90°$인 직각삼각형이다.

그러므로 삼각형 ABP, 삼각형 CAP, 삼각형 CBA는 닮음이다.

$CA = 20\mathrm{cm}$, $AB = 16\mathrm{cm}$이므로

$\triangle ACB = 20 \times 16 \div 2 = 160\mathrm{cm}^2$이다.

$CA : AB = 5 : 4$이므로 $\triangle PCA : \triangle PAB = 25 : 16$이다.

그러므로 $\triangle PCA = 160 \times \dfrac{25}{25+16} = \dfrac{4000}{41} \mathrm{cm}^2$이다.

따라서 $\triangle OAP = \dfrac{4000}{41} \times \dfrac{1}{2} = \dfrac{2000}{41} \mathrm{cm}^2$이다.

다양한 수학 학습의 길잡이

씨실과 날실 수학도서

스스로 공부하는 수학학습, 특목고 및 영재학교 진학의 경쟁력을 키워줍니다!

씨실과 날실 수학도서는 다양한 예제로 기초를 다질수 있으며
'풍부한 유형별 문제'를 통해 응용력을 키워줍니다.

수학 학습서 ▶ 다양한 종류별 수학 학습!

영재고 진학을 위한 수학참고서

新 **영재수학의** 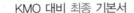 지름길

- 영재고, 특목고 대비 지침서
- 통합적 사고력 문제 2,000개 이상 수록
- 각 15강씩 총 90강 구성, 영재모의고사 각권 2회 수록
- 단계별 상·하 2권

중국사천대학교 지음
멘사수학연구소 감수

각권 25,000원 (전 3권)

KMO 대비 최종 기본서

KMO BIBLE *Premium*

한국수학올림피아드 바이블 [프리미엄]

- KMO 1, 2차 대비 최적개념 정리용
- 중·고등학생을 위한 KMO 지침서
- KMO 준비에 필요한 개념과 예제 포함
- IMO를 비롯한 세계 여러나라의 수학올림피아드 문제 수록

1. 정수론
2. 대수
3. 기하
4. 조합

류한영, 강형종
이주형, 신인숙 지음

각권 13,000원 (전 4권)

영재, 특목고 대비 최종점검

영재학교대비 실전모의고사

- 최근 영재고 기출문제 유형 철저 분석
- 영재고 진학을 위한 최종 파이널테스트

씨실과날실 편집부 엮음

정가 25,000원

수학 학습서 ▶ 외국 경시수학 완전정복!

마두식(MATHUSIC)의 중등수학올림피아드를 위한

정수론 NUMBER THEORY

그 시작부터 끝까지

- KMO를 비롯한 각종 수학경시를 준비하는 중·고등학생
- 올림피아드를 지도하는 선생님의 지침서
- 왜 그렇게 풀수 밖에 없는지 그 상세한 풀이 수록

1. 초급
2. 중급
3. 고급
4. 풀이

김광현 지음

정가 35,000원

국제수학올림피아드 (IMO) 대비

IMO기출문제풀이집

1959~2005년

중국 최고의 IMO기출문제풀이집
세화출판사 출간!!

류배걸 주편

정호영 번역/감수

정가 35,000원

국내 교육과정에 맞춘 사고력 · 응용력 · 추리력 · 탐구력을 길러주는 영재수학 기본서

🌸新영재수학의 지름길(중학 G&T)은 특목고, 영재학교, 과학고를 준비하는 학생들을 위한 학년별 필수 기본서로
핵심요점 ➡ 예제문제 ➡ 실력다지기 문제 ➡ 실력향상시키기 문제 ➡ 응용문제 ➡ 최종 모의고사까지 단계적으로
문제를 제시하여 구성하였습니다.

각 학년 학기별 15강의와 모의고사 2회로 총 90강, 모의고사 12회로 엄선한 2000여개 문제 이상이 수록되어 있습니다.

한 문제의 다양한 풀이방식으로 수학적 사고력의 깊이와 지능 개발에 탁월한 효과를 얻을 수 있습니다.

차후 대학 입시 준비시 대학별 고사(수리논술)와 학습 연계성을 가질 수 있습니다.

차근차근 공부하다 보면 수학에 단단한 자신감을 가진 수학영재로 성장할 수 있습니다.

Gifted and Talented
in mathematics step6

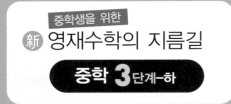

최상위권을 향한 아름다운 도전!

www.sehwapub.co.kr

＊도서출판 세화의 학습서 게시판에서 정오표 및 학습
자료를 내려받으실 수 있습니다.